Springer-Lehrbuch

Florian Scheck

Theoretische Physik 4

Quantisierte Felder

Von den Symmetrien zur Quantenelektrodynamik

Zweite Auflage
mit 53 Abbildungen,
51 Übungen mit Lösungshinweisen
und exemplarischen, vollständigen Lösungen

Springer

Professor Dr. Florian Scheck
Universität Mainz
Institut für Physik, Theoretische Elementarteilchenphysik
Staudinger Weg 7
55099 Mainz
e-mail: scheck@thep.physik.uni-mainz.de

Bibliografische Information der Deutschen Nationalbibliothek
Die Deutsche Bibliothek verzeichnet diese Publikation in der Deutschen Nationalbibliografie; detaillierte bibliografische Daten sind im Internet über http://dnb.d-nb.de abrufbar.

Umschlagabbildung: dem Buch entnommen, siehe Seite 50

ISBN 978-3-540-71340-1 2. Aufl. Springer-Verlag Berlin Heidelberg New York

ISBN 978-3-540-42153-5 1. Aufl. Springer-Verlag Berlin Heidelberg New York

Springer-Verlag Berlin Heidelberg New York
Springer ist ein Unternehmen von Science+Business Media

springer.de

Herstellung, Datenkonvertierung, Umbruch in LaTeX 2_ε: LE-TeX Jelonek, Schmidt & Vöckler GbR, Leipzig
Einbandgestaltung: WMXDesign, Heidelberg

Gedruckt auf säurefreiem Papier SPIN: 11979586 56/3100/YL - 5 4 3 2 1 0

Vorwort zur Theoretischen Physik

Mit diesem mehrbändigen Werk lege ich ein Lehrbuch der Theoretischen Physik vor, das dem an vielen deutschsprachigen Universitäten eingeführten Aufbau der Vorlesungen folgt: die Mechanik und die nichtrelativistische Quantenmechanik, die in Geist, Zielsetzung und Methodik nahe verwandt sind, stehen nebeneinander und stellen die Grundlagen für das Hauptstudium bereit, die eine für die klassischen Gebiete, die andere für Wahlfach- und Spezialvorlesungen. Die klassische Elektrodynamik und Feldtheorie und die relativistische Quantenmechanik leiten zu Systemen mit unendlich vielen Freiheitsgraden über und legen das Fundament für die Theorie der Vielteilchensysteme, die Quantenfeldtheorie und die Eichtheorien. Dazwischen steht die Theorie der Wärme und die wegen ihrer Allgemeinheit in einem gewissen Sinn alles übergreifende Statistische Mechanik.

Als Studentin, als Student lernt man in einem Zeitraum von drei Jahren fünf große und wunderschöne Gebiete, deren Entwicklung im modernen Sinne vor bald 400 Jahren begann und deren vielleicht dichteste Periode die Zeit von etwas mehr als einem Jahrhundert von 1830, dem Beginn der Elektrodynamik, bis ca. 1950, der vorläufigen Vollendung der Quantenfeldtheorie, umfasst. Man sei nicht enttäuscht, wenn der Fortgang in den sich anschließenden Gebieten der modernen Forschung sehr viel langsamer ist, diese oft auch sehr technisch geworden sind, und genieße den ersten Rundgang durch ein großartiges Gebäude menschlichen Wissens, das für fast alle Bereiche der Naturwissenschaften grundlegend ist.

Die Lehrbuchliteratur in Theoretischer Physik hinkt in der Regel der aktuellen Fachliteratur und der Entwicklung der Mathematik um einiges nach. Abgesehen vom historischen Interesse gibt es keinen stichhaltigen Grund, den Umwegen in der ursprünglichen Entwicklung einer Theorie zu folgen, wenn es aus heutigem Verständnis direkte Zugänge gibt. Es sollte doch vielmehr so sein, dass die großen Entdeckungen in der Physik der zweiten Hälfte des zwanzigsten Jahrhunderts sich auch in der Darstellung der Grundlagen widerspiegeln und dazu führen, dass wir die Akzente anders setzen und die Landmarken anders definieren als beispielsweise die Generation meiner akademischen Lehrer um 1960. Auch sollten neue und wichtige mathematische Methoden und Erkenntnisse mindestens dort eingesetzt und verwendet werden, wo sie dazu beitragen, tiefere Zusammenhänge klarer hervortreten zu lassen und gemeinsame Züge scheinbar verschiedener Theorien erkennbar zu machen. Ich verwende in diesem Lehrbuch in einem ausgewogenen Maß moderne mathematische Techniken und traditionelle, physikalisch-intuitive Methoden, die ersteren vor allem dort, wo sie die Theorie präzise fassen, sie effizienter formulierbar und letzten Endes einfacher und transparenter machen – ohne wie ich hoffe in die trockene Axiomatisierung und Algebraisierung zu verfallen, die manche neueren Monographien der Mathematik so schwer leserlich machen;

außerdem möchte ich dem Leser, der Leserin helfen, die Brücke zur aktuellen physikalischen Fachliteratur und zur Mathematischen Physik zu schlagen. Die traditionellen, manchmal etwas vage formulierten physikalischen Zugänge andererseits sind für das veranschaulichende Verständnis der Phänomene unverzichtbar, außerdem spiegeln sie noch immer etwas von der Ideen- und Vorstellungswelt der großen Pioniere unserer Wissenschaft wider und tragen auch auf diese Weise zum Verständnis der Entwicklung der Physik und deren innerer Logik bei. Diese Bemerkung wird spätestens dann klar werden, wenn man zum ersten Mal vor einer Gleichung verharrt, die mit raffinierten Argumenten und eleganter Mathematik aufgestellt ist, die aber nicht zu einem *spricht* und verrät, wie sie zu interpretieren sei. Dieser Aspekt der *Interpretation* – und das sei auch den Mathematikern und Mathematikerinnen klar gesagt – ist vielleicht der schwierigste bei der Aufstellung einer physikalischen Theorie.

Jeder der vorliegenden Bände enthält wesentlich mehr Material als man in einer z. B. vierstündigen Vorlesung in einem Semester vortragen kann. Das bietet den Dozenten die Möglichkeit zur Auswahl dessen, was sie oder er in ihrer/seiner Vorlesung ausarbeiten möchte und, bei Wiederholungen, den Aufbau der Vorlesung zu variieren. Für die Studierenden, die ja ohnehin lernen müssen, mit Büchern und Originalliteratur zu arbeiten, bietet sich die Möglichkeit, Themen oder ganze Bereiche je nach Neigung und Interesse zu vertiefen. Ich habe den Aufbau fast ohne Ausnahme „selbsttragend" konzipiert, so dass man alle Entwicklungen bis ins Detail nachvollziehen und nachrechnen kann. Die Bücher sind daher auch für das Selbststudium geeignet und „verführen" Sie, wie ich hoffe, auch als gestandene Wissenschaftler und Wissenschaftlerinnen dazu, dies und jenes noch einmal nachzulesen oder neu zu lernen.

Bücher gehen heute nicht mehr, wie noch vor wenige Jahrzehnten, durch die klassischen Stadien: handschriftliche Version, erste Abschrift, Korrektur derselben, Erfassung im Verlag, erneute Korrektur etc., die zwar mehrere Iterationen des Korrekturlesens zuließen, aber stets auch die Gefahr bargen, neue Druckfehler einzuschmuggeln. Der Verlag hat ab Band 2 die von mir in LaTeX geschriebenen Dateien (Text und Formeln) direkt übernommen und bearbeitet. Auch bei den neuen Auflagen von Band 1, der vom Fotosatz in LaTeX konvertiert wurde, habe ich direkt an den Dateien gearbeitet. So hoffe ich, dass wir dem Druckfehlerteufel wenig Gelegenheit zu Schabernak geboten haben. Über die verbliebenen, nachträglich entdeckten Druckfehler berichte ich, soweit sie mir bekannt werden, auf einer Webseite, die über den Hinweis *Buchveröffentlichungen/book publications* auf meiner homepage zugänglich ist. Die letztere erreicht man über http://wwwthep.physik.uni-mainz.de

Den Anfang hatte die zuerst 1988 erschienene, seither kontinuierlich weiterentwickelte *Mechanik* gemacht. Ich freue mich zu sehen, dass auch die anderen Bände inzwischen gut etabliert sind und ähnliche Resonanz finden wie dieser erste Band. Dass die ganze Reihe überhaupt zustande kam, daran hatte auch Herr Dr. Hans J. Kölsch (Springer-Verlag) durch Rat und Ermutigung seinen Anteil, wofür ich ihm an dieser Stelle herzlich danke.

Mainz, Januar 2007 *Florian Scheck*

Vorwort zu Band 4

Dieser Band beginnt mit einer vertieften Analyse von Symmetrien und Symmetriegruppen in der Quantenphysik. Deren prinzipielle Bedeutung wird ebenso entwickelt wie ihre praktische Rolle in vielen Anwendungen der Quantenmechanik und der Quantenfeldtheorie. Die Drehgruppe $SU(2)$ spielt eine für die Physik besonders wichtige Rolle, einerseits als praktisches Hilfsmittel für viele Anwendungen der Störungstheorie, andererseits als Musterbeispiel für *innere* Symmetrien, die in der Physik in ganz unterschiedlichen Realisierungen auftreten. Die physikalischen Darstellungen der Poincaré- und der Lorentz-Gruppe schaffen den Rahmen, innerhalb dessen Eigenzustände zur Masse und zum Spin in einer speziell-relativistischen Welt auf ganz natürliche Weise definiert werden. Die hierauf aufbauende Quantisierung von bosonischen Feldern, d. h. von skalaren und von Maxwell-Feldern stellt die Grundlagen für relativistische Quantentheorie bereit, die durch viele Beispiele bereichert und illustriert werden. Ein Kapitel über formale Streutheorie vertieft die Analyse von Streuprozessen des zweiten Bandes und legt gleichzeitig die Basis für die Berechnung von Wirkungsquerschnitten und Zerfallswahrscheinlichkeiten in der Quantenfeldtheorie. Den Teilchen mit Spin $1/2$, der Dirac-Gleichung und vielen ihrer Anwendungen ist ein eigenes Kapitel gewidmet, das auch eine Reihe von wichtigen Beispielen aus den elektroschwachen Wechselwirkungen enthält. Das letzte Kapitel behandelt die kovariante Störungstheorie am Beispiel der Quantenelektrodynamik und gibt neben vielen für die Praxis wichtigen Prozessen in Baumnäherung einen Eindruck vom Programm der Regularisierung und der Renormierung, sowie von der physikalischen Bedeutung von Strahlungskorrekturen. Es schließt mit einigen Beispielen und Bemerkungen zur Theorie der schwachen Wechselwirkungen im Rahmen des Standardmodells der elektroschwachen Wechselwirkung, die direkt zur aktuellen Literatur überleiten.

Neben vielen, detailliert ausgearbeiteten Beispielen enthält das Buch Aufgaben, von denen einige mit Hinweisen, andere mit vollständigen Lösungen versehen sind. Einige historische Bemerkungen zu den Pionieren der Quantenmechanik und der Quantenfeldtheorie runden diesen Band ab.

Meine Bemerkungen zur Literatur in Band 2 gelten weitgehend auch hier: Da es weder praktikabel noch – ohne eingehende Kommentare – sonderlich hilfreich ist, die physikalische und mathematische Literatur zu den hier angesprochenen Themen erschöpfend zu zitieren, beschränke ich mich auf eine Auswahl, von der ich hoffe, dass sie repräsentativ genug ist, um den Weg zum vertiefenden Studium einzelner Themen aufzuzeigen. Unter den Zitaten findet man vereinzelt auch Originalarbeiten, die ich zum Studium empfehle, und Hinweise auf Daten oder Arbeiten, die man über das

Internet findet – eine Informationsquelle, die man als Studentin und Student heutzutage schon früh nutzen und schätzen lernt (oder lernen sollte!).

Auch dieser Band, dessen Inhalt ich aufgrund langjähriger Erfahrung im akademischen Unterricht ausgewählt habe, enthält mehr Stoff, als man in einem Semester behandeln kann. Dies bietet die Chance, dass Dozenten eine den speziellen Bedürfnissen einer Vorlesung angepasste Auswahl treffen können, und hat den Reiz, dass Leserinnen und Leser Themen von besonderem Interesse im Selbststudium vertiefen können. Gegenüber der ersten Auflage neu sind einige Abschnitte über die Methode der Pfadintegrale für bosonische und für fermionische Felder im zweiten bzw. vierten Kapitel. Andererseits habe ich einige Themen ausgelassen, die man in der Quantentheorie für Fortgeschrittene behandeln könnte, so z. B. graduierte Symmetrien in der Physik (Supersymmetrie). Eine nur kursorische Diskussion dieses wichtigen Teilgebiets bliebe unbefriedigend – so interessant dieses Thema ist –, zumal die Art der Realisierung von Supersymmetrie in der Physik nicht abschließend geklärt ist.

Es ist mir ein Vergnügen, den Studentinnen und Studenten, die ich unterrichten durfte, meinen Mitarbeiterinnen und Mitarbeitern sowie meinen Kollegen zu danken, die mit beharrlichen Fragen, mit Kritik oder durch anregende Diskussionen auch im Zusammenhang gemeinsamer Forschungsarbeit viel zum Nachdenken angeregt und zur Ausgestaltung des Stoffes beigetragen haben. Meinem Kollegen Martin Reuter bin ich zu ganz besonderem Dank verpflichtet, der große Teile des Manuskripts sorgfältig gelesen und mir viele nützliche, formale ebenso wie inhaltliche Hinweise gegeben hat.

Die Zusammenarbeit mit den Teams im und um den Springer-Verlag war ausgezeichnet und ich danke Herrn Dr. Thorsten Schneider stellvertretend für alle an diesem Projekt Beteiligten herzlich.

Mainz, im Januar 2007 *Florian Scheck*

Inhaltsverzeichnis

1 Symmetrien und Symmetriegruppen in der Quantenphysik

Einführung

Wenn man von (diskreten oder kontinuierlichen) Gruppen spricht, die Symmetrien von Quantensystemen beschreiben sollen, dann muss man zunächst feststellen, worauf die Elemente dieser Gruppen wirken. Im Falle der Galilei-Gruppe oder der Poincaré-Gruppe wirkt ein Element $g \in G$ auf Punkte der Raum-Zeit, wobei noch die Wahl besteht, ein gegebenes Element g als *aktive* oder *passive* Transformation aufzufassen. Die aktive Interpretation ist die richtige, wenn man zwei identische physikalische Prozesse, die in verschiedenen Bereichen der Raum-Zeit ablaufen, vergleichen und aufeinander abbilden will. Die passive Interpretation andererseits gibt die richtige Lesart, wenn ein und dasselbe physikalische Geschehen von zwei unterschiedlichen Bezugssystemen aus betrachtet wird und beschrieben werden soll.

Wie in Band 2, Kap. 4 ausgeführt, induzieren Transformationen in Raum und/oder Zeit unitäre (oder antiunitäre) Transformationen im Hilbert-Raum. Die Wirkung einer Symmetrietransformation $g \in G$ in Raum und Zeit ist dann die dadurch induzierte Wirkung $\mathbf{U}(g)$ auf Elemente des Hilbert-Raums. In diesen eben skizzierten Fällen spricht man auch von *äußeren Symmetrien.* Die Drehgruppe $G = SO(3)$, als Gruppe von passiven Transformationen aufgefasst, ist ein wichtiges Beispiel hierfür: Ein Element $g \in G$, das wir durch drei Euler'sche Winkel (ϕ, θ, ψ) charakterisieren können, dreht das Bezugssystem um seinen Ursprung derart, dass für jeden Punkt der Raum-Zeit, der im ursprünglichen Bezugssystem die Koordinaten $(t, \boldsymbol{x})$, im gedrehten Bezugssystem die Koordinaten $(t', \boldsymbol{x}')$ hat, der folgende Zusammenhang gilt

$$(t, \boldsymbol{x}) \underset{g}{\longrightarrow} (t', \boldsymbol{x}') : \qquad t' = t\,, \quad \boldsymbol{x}' = \mathbf{R}(\phi, \theta, \psi)\boldsymbol{x}\,.$$

Eine Wellenfunktion $\psi_{jm}(t, \boldsymbol{x})$, die eine Eigenfunktion des Drehimpulses und seiner 3-Komponente ist, wird mit der unitären Matrix $\mathbf{D}^{(j)*}(\phi, \theta, \psi)$ transformiert – wie in Band 2, Abschn. 4.1.3 ausgeführt.

Es gibt aber auch Symmetriewirkungen im Hilbert-Raum, d. h. isometrische Abbildungen von physikalischen Zuständen auf andere, die nichts mit der Raum-Zeit zu tun haben, und die nur innere Eigenschaften des betrachteten physikalischen Systems betreffen. In solchen Fällen spricht man auch von *inneren Symmetrien.* Ein bekanntes Beispiel ist die (allerdings nur näherungsweise gültige) Symmetrie zwischen dem Proton und dem Neutron, die dynamische Zustände des einen auf identische Zustände des anderen abbildet.

Inhalt

Damit werden eine Reihe von grundsätzlichen Fragen aufgeworfen: Welche physikalischen Zustände von Quantensystemen können durch Symmetriewirkungen verknüpft werden, welche nicht? Ist es richtig, dass Symmetrieoperationen immer entweder durch unitäre oder durch antiunitäre Transformationen im Hilbert-Raum verwirklicht werden? Warum werden kontinuierliche Gruppen notwendigerweise durch unitäre Darstellungen realisiert? Wir beantworten die erste Frage, indem wir zunächst feststellen, welche Zustände überhaupt kohärent überlagert werden können. Die zweite Frage ist Gegenstand eines wichtigen Theorems von E. Wigner. Als exemplarisches Beispiel einer Lie'schen Gruppe, die für die Quantenmechanik von zentraler Bedeutung ist, führen wir in einer vertieften Analyse das Studium der Drehgruppe in der Quantenmechanik fort. Auf der Basis der dabei gewonnenen Erfahrung lernen wir damit auch solche kompakten, kontinuierlichen Gruppen zu betrachten, die innere Symmetrien beschreiben. Der letzte Abschnitt behandelt die Poincaré-Gruppe und einige ihrer Darstellungen, die für die Klassifikation von Teilchen nach Masse und Spin von zentraler Bedeutung sind.

1.1 Wirkung von Symmetrien und Wigner'sches Theorem

Ein einfaches Beispiel für die Wirkung einer möglichen Symmetrie liefert die Gruppe $SO(2)$ der Drehungen um den Nullpunkt in der Ebene $M = \mathbb{R}^2$. Als aktive Transformation aufgefasst verschiebt $\mathbf{R}(\phi) \in SO(2)$ jeden Punkt $\boldsymbol{x} \neq \boldsymbol{0} \in M$ auf dem Kreis mit Radius $r = \|\boldsymbol{x}\|$ so wie in Abb. 1.1 skizziert; der Nullpunkt selbst bleibt invariant. Charakteristische Eigenschaft dieser Gruppe von Transformationen ist die Invarianz der Norm und des Skalarprodukts

$$\|\boldsymbol{x}\| = \sqrt{\boldsymbol{x}^2}\,, \qquad \langle \boldsymbol{x}|\boldsymbol{y}\rangle = \boldsymbol{x}\cdot\boldsymbol{y}\ .$$

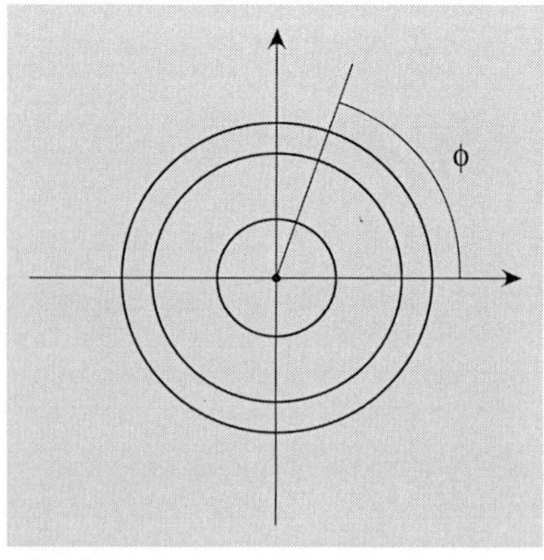

Abb. 1.1. Wenn die Drehgruppe $SO(2)$ auf Punkte des $\mathbb{R}^2$ wirkt, so führt sie diese auf Kreisen um den Nullpunkt. Der Nullpunkt selbst ist Fixpunkt dieser Wirkung

Wenn die Lagrangefunktion oder die Hamiltonfunktion eines physikalischen Systems unter dieser Gruppe invariant ist, dann ist $SO(2)$ eine Symmetrie der Dynamik dieses Systems.

Im Hilbert-Raum der physikalischen Zustände eines Quantensystems wirkt die Darstellung $\mathbf{U}(g)$ des Gruppenelements g auf die Einheitsstrahlen

$$\{\psi^{(i)}\} = \left\{ \mathrm{e}^{\mathrm{i}\alpha}\psi^{(i)} \,\middle|\, \alpha \in \mathbb{R}\right\}$$

in einer solchen Weise, dass mit $\psi_U^{(i)} = \mathbf{U}(g)\psi^{(i)}$ und $\psi_U^{(k)} = \mathbf{U}(g)\psi^{(k)}$ für alle Übergangsamplituden die Relation

$$\left|\left\langle \psi_U^{(i)} \middle| \psi_U^{(k)} \right\rangle\right| = \left|\langle \psi^{(i)} | \psi^{(k)}\rangle\right|$$

gilt. Wiederum, lässt g den Hamiltonoperator des Systems invariant, dann ist mit jeder Lösung ψ der Schrödinger-Gleichung auch $\mathbf{U}(g)\psi$ eine Lösung, die Gruppe G stellt eine Symmetrie des Systems dar.

1.1.1 Kohärente Unterräume des Hilbert-Raums und Superauswahlregeln

Eine der wichtigsten Regeln der Quantenmechanik ist das Superpositionsprinzip, das wir in Band 2 so formuliert haben: Mit je zwei Lösungen ψ_α und ψ_β der Schrödinger-Gleichung ist auch jede kohärente Linearkombination $\lambda\,\psi_\alpha + \mu\,\psi_\beta$, mit $\lambda, \mu \in \mathbb{C}$, eine Lösung. Wenn ψ_α und ψ_β reine Zustände sind, dann ist auch die angegebene Linearkombination ein reiner, d. h. ohne Einschränkung interferenzfähiger Zustand. Um andererseits einen reinen Zustand festzulegen und durch Messungen zu präparieren, benötigen wir einen maximalen Satz von Observablen, die sämtlich miteinander kommutieren. Unsere bisherige Erfahrung zeigt, dass ein reiner Zustand für identisch präparierte Elektronen dann vorliegt, wenn einer der folgenden Sätze von je vier Observablen gewählt wird und wenn jede von diesen einen festen Wert annimmt

$$\{p_1, p_2, p_3, s_3\} \text{ oder } \{x_1, x_2, x_3, s_3\} \\ \text{oder } \left\{E = \boldsymbol{p}^2/(2m), \boldsymbol{\ell}^2, \ell_3, s_3\right\} . \tag{1.1}$$

Im ersten Fall beispielsweise werden die Elektronen in der Ortsraumdarstellung durch eine ebene Welle mit Impuls $\boldsymbol{p}$ und einen Spinor mit gegebenem Eigenwert m_s der Projektion s_3 des Spins auf die 3-Achse beschrieben,

$$\psi_{m_s}(t, \boldsymbol{x}) = \frac{1}{(2\pi\hbar)^{3/2}}\,\mathrm{e}^{-\mathrm{i}/\hbar(Et - \boldsymbol{p}\cdot\boldsymbol{x})}\,\chi_{m_s}\,, \qquad \left(E = \frac{\boldsymbol{p}^2}{2m}\right) .$$

Das ist offensichtlich ein reiner Zustand. Da keine weitere Information vorliegt und auch keine weitere gebraucht wird, gibt $\psi_{m_s}(t, \boldsymbol{x})$ eine *vollständige Beschreibung* des Zustandes von Elektronen mit Impuls $\boldsymbol{p}$ und Spinprojektion m_s wieder.

Im zweiten bzw. dritten Beispiel (1.1) sind die Wellenfunktionen im Ortsraum durch

$$\delta(\boldsymbol{x} - \boldsymbol{x}^{(0)})\,\chi_{m_s}\,, \qquad \text{bzw.} \qquad \sqrt{\frac{2}{\pi\hbar}}k\,\mathrm{e}^{-(\mathrm{i}/\hbar)Et}\,j_\ell(kr)\,Y_{\ell m_\ell}\,\chi_{m_s}$$

gegeben und beschreiben im zweiten Beispiel Elektronen, die sich am Ort $\boldsymbol{x}^{(0)}$ befinden, im dritten Beispiel solche mit scharfen Werten von ℓ und m_ℓ und beide Male mit gegebener Spinprojektion.

Dennoch ist das hier gegebene Bild noch nicht vollständig und die Beschreibung quantenmechanischer Zustände muss, streng genommen, durch weitere Aussagen ergänzt werden. Zum Beispiel gelten alle über die Observablensätze (1.1) gemachten Aussagen genauso für die Beschreibung von Positronen wie die von Elektronen. Die Eigenfunktionen der Observablen (1.1), die zu verschiedenen Eigenwerten gehören, dürfen jederzeit linear kombiniert werden, die Linearkombinationen ergeben wieder reine, physikalisch realisierbare Zustände für Elektronen oder Positronen. Versucht man aber einen Zustand $\psi^{(e)}_{m_s}(t, \boldsymbol{x})$, der Elektronen beschreibt, mit einem Zustand $\psi^{(\overline{e})}_{m_s}(t, \boldsymbol{x})$ zu mischen, der Positronen beschreibt, so ist diese Linearkombination kein physikalisch realisierbarer Zustand. Das liegt daran, dass die elektrische Ladung eine unter allen Wechselwirkungen streng erhaltene Größe ist, das Elektron und das Positron aber Eigenzustände zu verschiedenen Ladungen sind.

Es ist auch nicht zulässig, Zustände $\psi^{(\overline{e})}_{m_s}$ von Positronen und Zustände $\psi^{(p)}_{m_s}$ von Protonen zu mischen. Diese Teilchen tragen zwar denselben Spin und dieselbe elektrische Ladung, sie unterscheiden sich aber durch zwei weitere, ladungsartige Quantenzahlen, die *Baryonzahl* B und die *Leptonzahl* L. Das Positron hat $(B = 0, L = -1)$[1], das Proton aber $(B = 1, L = 0)$. Sowohl B als auch L sind vermutlich absolut erhaltene Größen[2].

Es kann auch sicher nicht sinnvoll sein, Eigenzustände zu *ganz*zahligem Drehimpuls mit solchen zu *halb*zahligem Drehimpuls zu mischen, der Bose-Charakter im ersten, der Fermi-Charakter im zweiten Fall ändern sich unter der zeitlichen Evolution der Dynamik nicht. Würde man dennoch versuchen eine Wellenfunktion Φ_S, die der Bose-Statistik genügt, und eine Wellenfunktion χ_J, die der Fermi-Statistik gehorcht, zu überlagern, $\Psi_+ = \Phi_S + \chi_J$, mit $2S = 2n$ und $2J = 2m+1$, $n, m \in \mathbb{N}_0$, so würde diese Linearkombination bei einer vollständigen Drehung $\mathbf{D}(0, 2\pi, 0)$ in $\Psi_- = \Phi_S - \chi_J$ übergehen. Die Gesamtfunktionen Ψ_+ und Ψ_- müssten, um ununterscheidbar zu sein, demselben Einheitsstrahl angehören. Dies geht aber nur, wenn entweder der erste oder der zweite Summand identisch verschwindet.

Um den Spin-Statistikzusammenhang einer Wellenfunktion festzulegen, führen wir eine Graduierung $\Pi_S := (-)^{\partial}$ ein mit $\partial(\Phi) = 0$ für jeden bosonischen, $\partial(\Psi) = 1$ für jeden fermionischen Zustand. Bosonische Zustände gehören zum Wert $\Pi_S(\Phi) = +1$, fermionische Zustände zu $\Pi_S(\Psi) = -1$. Die elektrische Ladung Q, die Baryonzahl B, die Leptonzahl L, und eventuell sogar die drei Leptonzahlen L_f, $f = e, \mu, \tau$, sind *additiv* erhalten. Additive Erhaltung einer Quantenzahl wie etwa der elektrischen Ladung bedeutet, dass in jeder Reaktion und in jedem Zerfallsprozess

$$A + B \longrightarrow C_1 + C_2 + \ldots + C_m\,, \quad \text{bzw.} \quad A \longrightarrow B_1 + B_2 + \ldots + B_n$$

die Gesamtladung des Anfangszustandes gleich der Summe der Ladungen im Endzustand sein muss,

$$Q(A) + Q(B) = \sum_{i=1}^{m} Q(C_i)\,, \quad \text{bzw.} \quad Q(A) = \sum_{i=1}^{n} Q(B_i)\,.$$

Die Fermi-Bose-Graduierung ∂ ist ebenfalls additiv, allerdings modulo 2 erhalten. Das ist gleichbedeutend damit, dass der Spin-Statistikcharakter Π_S multiplikativ erhalten ist. Die Operatoren Q, B, L, Π_S unterscheiden sich von solchen Observablen wie sie in (1.1) vorkommen dadurch, dass es nicht zulässig ist, Eigenzustände zu verschiedenen Eigenwerten von Q bzw. B usw. zu überlagern. Ein Zustand zum Eigenwert 0 des Ladungsoperators Q, zum Eigenwert $+1$ von B und zum Eigenwert 0 von L beispielsweise, der ein Pion und ein Nukleon enthält, kann durchaus eine Linearkombination aus $\pi^- p$ und $\pi^0 n$ sein,

$$\Psi = c_1 \left|\pi^- p\right\rangle + c_2 \left|\pi^0 n\right\rangle\,, \quad c_1, c_2 \in \mathbb{C}\,,$$

[1]Die Leptonzahl setzt sich darüber hinaus aus individuellen Leptonzahlen für die drei Familien von Leptonen additiv zusammen, die es gibt, $L = L_e + L_\mu + L_\tau$, wobei z. B. das Elektron $L_e(e) = 1$, $L_\mu(e) = L_\tau(e) = 0$ besitzt, das μ^- dagegen $L_e(\mu^-) = 0$, $L_\mu(\mu^-) = 1$, $L_\tau(\mu^-) = 0$. Alle drei Leptonzahlen scheinen absolut erhalten zu sein.

[2]Dies gilt zumindest in sehr guter Näherung, wofür beispielsweise die Stabilität des Wasserstoffatoms spricht – man denke nur an das Alter der irdischen Ozeane! Es gibt allerdings Theorien, in denen sowohl B als auch L nicht mehr exakt erhalten sind, in denen dies aber für die Differenz $B - L$ immer noch gilt.

wobei das Pion und das Nukleon in festen, hier nicht näher bezeichneten dynamischen Zuständen sitzen. Wie gewohnt, gibt $|c_1|^2$ die Wahrscheinlichkeit an, bei einer Messung der Einzelladungen ein π^- und ein Proton vorzufinden, und $|c_2|^2$ die Wahrscheinlichkeit, ein neutrales Pion und ein Neutron anzutreffen. Es ist aber physikalisch nicht sinnvoll, zu diesem Zustand etwa $c_3|\pi^+ n\rangle$ oder $c_4|\pi^-\pi^0\rangle$ hinzuzufügen. Im ersten Fall wäre die gesamte Ladung $+1$, im zweiten Fall wäre die gesamte Baryonzahl 0, und somit in beiden Fällen verschieden vom ursprünglichen Zustand.

Diese aus dem Experiment gewonnenen Aussagen bedeuten, dass es keine Observablen gibt, die Zustände zu verschiedenen Eigenwerten von Q oder B usw. verknüpfen. In einem Zwei-Teilchen-System wie dem aus einem Pion und einem Nukleon können zwar selbstadjungierte Operatoren $\mathcal{O}_{12}$ auftreten, die die Ladung des ersten Teilchens um eine Einheit erhöhen oder erniedrigen, und gleichzeitig die des zweiten Teilchens um eine Einheit erniedrigen, bzw. erhöhen derart, dass die Gesamtladung unverändert bleibt. Zum Beispiel muss der Streuoperator, der den Ladungsaustausch

$$\pi^- + p \longrightarrow \pi^0 + n$$

beschreibt, diese Eigenschaft haben. Es kann aber kein solcher Operator vorkommen, der die Summe der Ladungen ändert.

Ein anderes Beispiel ist der Prozess

$$e^+ + e^- \longrightarrow p + \overline{p}\,,$$

bei dem ein Elektron-Positronpaar vernichtet und ein Proton-Antiprotonpaar erzeugt wird. Die gesamte Leptonzahl, ebenso wie die gesamte Baryonzahl sind vor und nach der Reaktion gleich Null, $L(e^-) + L(e^+) = 1 - 1$, $L(p) + L(\overline{p}) = 0 + 0$, $B(e^-) + B(e^+) = 0 + 0$, $B(p) + B(\overline{p}) = 1 - 1$, die Quantenzahlen der Einzelteilchen ändern sich aber.

An diesen Beispielen erkennt man, dass die Observablen Q, B, L, Π_S qualitativ von denjenigen Observablen wie sie in (1.1) vorkommen, verschieden sein müssen. Der Hilbert-Raum zerfällt offenbar in Unterräume, die durch die Eigenwerte dieser Operatoren nummeriert werden und das Superpositionsprinzip gilt nur innerhalb eines jeden solchen Unterraums, aber nicht für Zustände aus verschiedenen Unterräumen. Dies führt zu folgender Definition.

Definition 1.1 Superauswahlregel

Einen Einheitsstrahl nennt man *physikalisch realisierbar*, wenn der Projektionsoperator P_ψ auf diesen Strahl eine Observable ist. Wenn ein selbstadjungierter Operator, der eine absolut erhaltene Observable darstellt, Einheitsstrahlen in physikalisch realisierbare und physikalisch unzulässige einteilt, so spricht man von einer *Superauswahlregel*[3].

Bemerkungen

1. Diese Einschränkungen an das Superpositionsprinzip sind intuitiv einleuchtend und vermutlich wäre die Leserin, der Leser nie in Versu-

[3] Auf englisch heißt sie *superselection rule*.

chung gekommen, Zustände mit verschiedener Gesamtladung mit festen Phasenbeziehungen zu mischen. Dennoch wurde die Frage der Superauswahlregeln erst relativ spät systematisch geklärt[4]. Etwas anders formuliert könnte man auch folgendes feststellen. Wenn zwei Einheitsstrahlen, die durch die Projektionsoperatoren P_Ψ und P_Φ beschrieben werden, durch eine Superauswahlregel getrennt sind, dann gilt für jede Observable $\langle\Psi|\mathcal{O}|\Phi\rangle = 0$. Würde man darauf bestehen, den Zustand $\lambda\Psi + \mu\Phi$ zu bilden, so wäre der Erwartungswert von $\mathcal{O}$ in diesem Zustand $|\lambda|^2\langle\mathcal{O}\rangle_\Psi + |\mu|^2\langle\mathcal{O}\rangle_\Phi$ und wäre somit von der gemischten Gesamtheit mit dem statistischen Operator $W = w_\Psi P_\Psi + w_\Phi P_\Phi$ mit $w_\Psi = |\lambda|^2$ und $w_\Phi = |\mu|^2$ nicht zu unterscheiden.

2. Es scheint vernünftig anzunehmen, dass die Observablen Q, B usw., die die Superauswahlregeln der Quantentheorie definieren, alle miteinander vertauschen. Wenn dem so ist, dann können diese Operatoren gleichzeitig diagonal gewählt werden. Der Hilbert-Raum wird dadurch in orthogonale Unterräume zerlegt, deren jeder durch einen Satz von definiten Eigenwerten dieser Operatoren charakterisiert wird. Jeden solchen Unterraum, auf dem das Superpositionsprinzip uneingeschränkt gilt, nennt man *kohärenten Unterraum.*
3. In dem in der vorhergehenden Bemerkung angenommenen Fall bilden die Observablen kohärente Unterräume auf sich ab, verschiedene physikalisch zulässige Systeme (d. h. Systeme zu unterschiedlichen Eigenwerten der die Superauswahlregeln definierenden Operatoren) leben in orthogonalen Räumen und können nicht interferieren. Im Gegenzug sind selbstadjungierte Operatoren, die einen kohärenten Unterraum auf sich abbilden und die mit allen Observablen kommutieren, notwendigerweise proportional zur Identität auf diesem Raum.

1.1.2 Wigner'sches Theorem

Wir machen die Annahme, dass die Quantenmechanik nur solche Superauswahlregeln besitzt, die miteinander verträglich sind, oder, anders ausgedrückt, dass alle streng erhaltenen Observablen, die Superauswahlregeln definieren und deren Eigenzustände daher nicht überlagert werden dürfen, untereinander kommutieren. Der Hilbert-Raum zerfällt dann in paarweise orthogonale, kohärente Unterräume $\mathcal{H}_c$, die durch die Eigenwerte dieser Observablen charakterisiert sind, d. h. die festen Eigenwerten $c \equiv \{Q, B, L, \partial, \dots\}$ der elektrischen Ladung, der Baryonzahl, der Leptonzahl, des Spin-Statistikzusammenhangs usw. entsprechen.

Die Einheitsstrahlen seien vorübergehend durch fett gedruckte Symbole abgekürzt,

$$\boldsymbol{\Psi}^{(i)} \equiv \left\{\psi^{(i)}\right\} = \left\{ \mathrm{e}^{\mathrm{i}\alpha}\psi^{(i)} \,\middle|\, \alpha \in \mathbb{R}\right\} , \quad \psi^{(i)} \in \mathcal{H}_c . \tag{1.2}$$

Wie am Beginn dieses Abschnitts erklärt ist eine Symmetriewirkung $g \in G$ eine bijektive Abbildung von Einheitsstrahlen

$$\boldsymbol{\Psi}^{(i)} \underset{g}{\longrightarrow} \boldsymbol{\Psi}^{(i)}_g ,$$

[4] J.C. Wick, A.S. Wightman, E.P. Wigner, Phys. Rev. **88**, 101 (1952)

die so beschaffen ist, dass alle Übergangsamplituden dem Betrage nach erhalten bleiben,

$$\begin{gathered}\left|\langle\psi_g^{(i)}|\psi_g^{(k)}\rangle\right| = \left|\langle\psi^{(i)}|\psi^{(k)}\rangle\right| , \\ \psi^{(i)} \in \boldsymbol{\Psi}^{(i)} ,\ \psi^{(k)} \in \boldsymbol{\Psi}^{(k)} ,\ \psi_g^{(i)} \in \boldsymbol{\Psi}_g^{(i)} ,\ \psi_g^{(k)} \in \boldsymbol{\Psi}_g^{(k)} .\end{gathered} \tag{1.3}$$

Die Bildzustände $\psi_g^{(i)}$ und $\psi_g^{(k)}$ liegen in der Regel im selben kohärenten Unterraum $\mathcal{H}_c$ wie ihre Urbilder. Sie können aber auch im dazu konjugierten kohärenten Unterraum $\mathcal{H}_{\overline{c}}$ liegen, der sich von $\mathcal{H}_c$ dadurch unterscheidet, dass alle additiv erhaltenen Quantenzahlen durch ihr Negatives ersetzt sind, $Q \to -Q$, $B \to -B$, usw. Das ist insbesondere dann der Fall, wenn die Symmetrieoperation die *Ladungskonjugation* **C** oder das Produkt $\boldsymbol{\Theta} := \boldsymbol{\Pi}\mathbf{CT}$ aus Zeitumkehr **T**, aus **C** und aus der Raumspiegelung $\boldsymbol{\Pi}$ ist. Es bleibt aber zunächst offen, durch welche Art Abbildung von Elementen des Hilbert-Raums die Symmetriewirkung realisiert ist. Im allgemeinen bräuchte diese weder linear noch antilinear zu sein, d. h. es würde weder $(\lambda\psi)_g = \lambda\psi_g$ noch $(\lambda\psi)_g = \lambda^*\psi_g$, $\psi \equiv \psi^{(i)}$ oder $\psi^{(k)}$ gelten. Da aber nur die Einheitsstrahlen physikalisch unterscheidbar sind, die Phasen der Zustände $\psi \in \boldsymbol{\Psi}$ also irrelevant sind, kann man die verbleibende Freiheit in der Wahl dieser Phasen ausnutzen und das folgende wichtige Theorem aufstellen:

Satz 1.1 Unitarität – Antiunitarität von Symmetriewirkungen

Eine Symmetriewirkung $\boldsymbol{\Psi} \underset{g}{\longrightarrow} \boldsymbol{\Psi}_g$, $\boldsymbol{\Psi} \in \mathcal{H}_c$, $\boldsymbol{\Psi}_g \in \mathcal{H}_c$ oder $\mathcal{H}_{\overline{c}}$, die die Eigenschaft (1.3) besitzt, kann immer als Abbildung

$$\boldsymbol{\Psi}_g = \mathbf{V}(g)\,\boldsymbol{\Psi} \tag{1.4}$$

realisiert werden, die additiv und normerhaltend ist, d. h. für die

$$\mathbf{V}(g)(\boldsymbol{\Psi}^{(i)} + \boldsymbol{\Psi}^{(k)}) = \mathbf{V}(g)\boldsymbol{\Psi}^{(i)} + \mathbf{V}(g)\boldsymbol{\Psi}^{(k)} \text{ und } \left\|\mathbf{V}(g)\boldsymbol{\Psi}^{(i)}\right\|^2 = \left\|\boldsymbol{\Psi}^{(i)}\right\|^2$$

gilt. Diese Abbildung ist bis auf einen Phasenfaktor eindeutig bestimmt; sie ist entweder *unitär* oder *antiunitär*.

Bemerkungen

1. Dieses Theorem, das zuerst von Wigner bewiesen wurde, stellt sicher, dass die Symmetrie G auf die Elemente eines gegebenen kohärenten Unterraums $\mathcal{H}_c$ durch unitäre *oder* antiunitäre Transformationen $\mathbf{V}(g)$ wirkt. Dabei wird $\mathcal{H}_c$ auf sich selbst oder, wie im Fall von **C** und von $\boldsymbol{\Theta}$, auf den konjugierten kohärenten Unterraum $\mathcal{H}_{\overline{c}}$ abgebildet.
2. Es hängt von der Dynamik des betrachteten Systems ab, welche der beiden Möglichkeiten, die das Theorem zulässt – unitäre oder antiunitäre Realisierung – die richtige ist. Im Fall der Zeitumkehr **T** bleibt die Schrödinger-Gleichung nur dann forminvariant, wenn **V** antiunitär ist, siehe Band 2, Abschn. 4.2.2.

Ist G eine Lie'sche Gruppe, dann muss die Wirkung durch unitäre Transformationen gegeben sein,

$$g \in G : \quad \mathbf{V}(g) \equiv \mathbf{U}(g) \quad \text{mit} \quad \mathbf{U}^{\dagger}(g)\mathbf{U}(g) = \mathbb{1} \; .$$

Dies liegt daran, dass das Produkt aus g_1 und g_2 durch die Wirkung $\mathbf{U}(g_1)\mathbf{U}(g_2) = \mathbf{U}(g_1 g_2)$ realisiert wird. Insbesondere kann jedes Element $g \in G$ als Quadrat eines anderen Elementes g_0 ausgedrückt werden, so dass aufgrund der Gruppeneigenschaft

$$\mathbf{U}(g_0)\mathbf{U}(g_0) = \mathbf{U}(g_0^2) = \mathbf{U}(g)$$

gilt. Hätte man die antiunitäre Wirkung gewählt, dann wäre das Produkt $\mathbf{V}(g_0)\mathbf{V}(g_0)$ der beiden antiunitären Transformationen auf der linken Seite dieser Gleichung wieder unitär, vgl. Band 2, Satz 4.1. Das ergäbe einen Widerspruch.

3. Da nur die Einheitsstrahlen, nicht aber ihre Elemente physikalisch relevant sind, ist die Darstellung $\mathbf{U}(g)$ eines Elementes $g \in G$, wo G eine Lie'sche Gruppe ist, zunächst nur bis auf einen Phasenfaktor bestimmt. Für das Produkt zweier Elemente gilt insbesondere

$$\mathbf{U}(g_1)\mathbf{U}(g_2) = e^{i\varphi(g_1,g_2)}\mathbf{U}(g_1 g_2) \, ,$$

wobei die Phase von g_1 und g_2 abhängen kann. Eine solche Darstellung, die nur bis auf einen Phasenfaktor festliegt, wird *projektive Darstellung* genannt. Da wir aber die Freiheit haben, den Phasenfaktor für jede unitäre Darstellung $\mathbf{U}(g)$ geeignet anzupassen, kann man in jeder Zusammenhangskomponente der Gruppe G aus der projektiven Darstellung immer eine normale, gewohnte Darstellung machen. Ist die Gruppe G überhaupt einfach zusammenhängend, so kann $e^{i\varphi(g)} = 1$ gewählt werden. Ist sie mehrfach zusammenhängend, dann kann $e^{i\varphi(g)} = \pm 1$ erreicht werden, d. h. möglicherweise unterschiedliche Vorzeichen auf den einzelnen Zusammenhangskomponenten.

4. Symmetriewirkungen sind im Zusammenhang mit der Dynamik von physikalischen Systemen, d. h. für die gegebenen Wechselwirkungen von Bedeutung. Betrachten wir ein System, dessen Dynamik durch den Hamiltonoperator H beschrieben wird, so ist die zeitliche Entwicklung von Zuständen $\psi(t, \boldsymbol{x})$ durch

$$\psi(t, \boldsymbol{x}) = e^{-i/\hbar Ht}\psi(0, \boldsymbol{x})$$

gegeben, s. Band 2, Abschn. 3.3.5. Wenn die Symmetriewirkung die Zeitrichtung nicht umkehrt, dann muss der Operator der zeitlichen Entwicklung auch die transformierten Zustände aufeinander abbilden, d. h.

$$\psi_g(t, \boldsymbol{x}) = e^{-i/\hbar Ht}\psi_g(0, \boldsymbol{x}) \, , \quad \psi_g(t, \boldsymbol{x}) = \mathbf{U}(g)\psi(t, \boldsymbol{x}) \, . \tag{1.5}$$

Die Abbildung $\mathbf{U}(g)$ muss zeitunabhängig, linear und unitär sein. Insbesondere muss

$$\mathbf{U}^{-1}(g)\, e^{-i/\hbar Ht}\mathbf{U}(g) = e^{-i/\hbar Ht} \quad \text{und somit} \quad [H, \mathbf{U}(g)] = 0 \tag{1.6}$$

gelten. Eine *anti*unitäre Realisierung $\mathbf{V}(g)$ der Symmetrie würde Zustände mit positiven Energien auf solche mit negativen Energien abbilden. Weiterhin ist ein $\mathbf{U}(g)$, das nicht mit H vertauscht, keine sinnvolle Symmetriewirkung, da der Hamiltonoperator Translationen in der Zeit erzeugt. Die Abbildung $\psi \to \psi_g$ wäre dann nicht unabhängig vom Bezugssystem.
Wenn die Symmetrie die Zeitrichtung umkehrt, dann gilt anstelle von (1.5)

$$\psi_g(t, \boldsymbol{x}) = \mathrm{e}^{+\mathrm{i}/\hbar H t} \psi_g(0, \boldsymbol{x}) \, , \quad \psi_g(t, \boldsymbol{x}) = \mathbf{V}(g)\psi(t, \boldsymbol{x}) \tag{1.7}$$

und anstelle von (1.6)

$$\mathbf{V}^{-1}(g)\, \mathrm{e}^{\mathrm{i}/\hbar H t} \mathbf{V}(g) = \mathrm{e}^{-\mathrm{i}/\hbar H t} \, . \tag{1.8}$$

Diesmal muss $\mathbf{V}$ antiunitär sein, d. h. muss sich als Produkt $\mathbf{V} = \mathbf{K}^{(0)}\mathbf{U}$ der komplexen Konjugation und einer Unitären schreiben lassen. Mit dieser Wahl gilt wieder $[H, \mathbf{V}] = 0$.

5. Zum Beweis des Theorems: Man findet einen einfachen, heuristischen Beweis des Wigner'schen Theorems in [Messiah (1991)], der auf Wigners Originalbeweis zurückgeht[5]. Ein ausführlicher und vollständiger Beweis wurde von V. Bargmann gegeben[6], den wir im Anhang A wiedergeben.
6. Das Wigner'sche Theorem folgt letztlich aus dem sog. Hauptsatz der Projektiven Geometrie, wenn dieser auf unendliche Dimension verallgemeinert wird, siehe z. B. [Haag (1999)]. Die Einzelheiten verlangen allerdings eine genauere Analyse, auf die wir hier nicht eingehen können.

1.2 Die Drehgruppe (Teil 2)

In diesem Abschnitt greifen wir noch einmal die Drehgruppe und ihre besondere Rolle in der Quantenmechanik auf. Wir stellen zunächst fest, dass es nicht die Gruppe

$$SO(3) \;=\; \left\{ \mathbf{R} \text{ reelle } 3 \times 3\text{-Matrix} \mid \mathbf{R}^\dagger \mathbf{R} = \mathbb{1} \, , \det \mathbf{R} = 1 \right\} \tag{1.9}$$

der Drehungen in drei reellen Dimensionen, sondern die sog. *unimodulare Gruppe* in zwei komplexen Dimensionen

$$SU(2) \;=\; \left\{ \mathbf{U} \text{ komplexe } 2 \times 2\text{-Matrix} \mid \mathbf{U}^\dagger \mathbf{U} = \mathbb{1} \, , \det \mathbf{U} = 1 \right\} \tag{1.10}$$

ist, die für die Beschreibung von Spin und Drehimpuls relevant ist. Wir studieren systematisch die unitären Darstellungen von $SU(2)$, leiten daraus die D-Matrizen und aus diesen die Clebsch-Gordan-Koeffizienten und damit verwandte Größen her.

[5] Man findet ihn im Anhang zu Kap. 20 von E.P. Wigner, *Group theory and its application to the quantum mechanics of atomic spectra*, (Academic Press, New York 1959), bzw. in der in Band 2 und im Literaturverzeichnis zitierten deutschen Originalausgabe.

[6] V. Bargmann, J. Math. Phys. **5**, 862 (1964).

1.2.1 Zusammenhang zwischen $SU(2)$ und $SO(3)$

Die Gruppe $SU(2)$ ist die Gruppe der unimodularen, unitären 2×2-Matrizen mit komplexen Einträgen. Man bestätigt leicht, dass jedes Element $U \in SU(2)$ sich in der Form

$$\mathbf{U} = \begin{pmatrix} u_{11} \equiv u & u_{12} \equiv v \\ u_{21} = -v^* & u_{22} = u^* \end{pmatrix} \quad \text{mit} \quad |u|^2 + |v|^2 = 1 \tag{1.11}$$

schreiben lässt, wo u und v komplexe Zahlen sind, die der angegebenen Normierungsbedingung unterworfen sind. In der Tat ist

$$\mathbf{U}^\dagger = \begin{pmatrix} u^* & -v \\ v^* & u \end{pmatrix} \quad \text{und} \quad \mathbf{U}^\dagger\mathbf{U} = \begin{pmatrix} |u|^2+|v|^2 & u^*v - vu^* \\ v^*u - uv^* & |v|^2+|u|^2 \end{pmatrix} = \mathbb{1}_{2\times 2} .$$

Schreiben wir die komplexen Einträge u und v in Real- und Imaginärteile zerlegt, $u = x^1 + \mathrm{i}x^2$ und $v = x^3 + \mathrm{i}x^4$, so lautet die Normierungsbedingung $\sum_{i=1}^4 x_i^2 = 1$ und man sieht, dass diese Parameter auf der Einheitssphäre S^3 im $\mathbb{R}^4$ liegen. Jedes Element von $SU(2)$ wird demnach durch vier reelle Zahlen festgelegt, die Punkte auf der S^3 darstellen. Man kann sich leicht überzeugen, dass diese Mannigfaltigkeit einfach zusammenhängend ist, d. h. dass es nur einen Typus von geschlossenen Kurven gibt, die sich auf einen Punkt zusammenziehen lassen. Dazu wähle man zwei offene Umgebungen $S^3 \setminus \{N\}$ und $S^3 \setminus \{S\}$ auf der S^3, die durch stereographische Projektion (s. Band 1, Abschn. 5.2.3), einmal vom Nordpol N, einmal vom Südpol S, auf zwei Karten $\mathbb{R}^3$ abgebildet werden. Jede geschlossene Kurve auf S^3 hat als Bild eine geschlossene Kurve in einer der Karten. Die Bildkurve im $\mathbb{R}^3$ lässt sich immer auf einen Punkt zusammenziehen. Da die Kartenabbildung umkehrbar eindeutig und in beiden Richtungen stetig ist, gilt dieselbe Aussage auch für die Orginalkurve. Daraus folgt auch, dass die Gruppe $SU(2)$ eine einfach zusammenhängende Mannigfaltigkeit bildet.

Jedes Element $\mathbf{U} \in SU(2)$ lässt sich auch als Exponentialreihe in einer hermiteschen, spurlosen 2×2-Matrix h schreiben

$$\mathbf{U} = \exp\{\mathrm{i}h\} \qquad \text{mit} \quad h^\dagger = h\,, \ \mathrm{Sp}\,h = 0\,. \tag{1.12}$$

Da die drei Pauli-Matrizen σ_i (Band 2, (4.36)) selbst hermitesch sind, die Spur Null haben und linear unabhängig sind, da andererseits eine hermitesche, spurlose Matrix h nur von drei reellen Parametern abhängt, kann man jedes solche h als reelle Linearkombination der Pauli-Matrizen ausdrücken

$$h = \sum_{i=1}^{3} \alpha_i \sigma_i\,, \qquad \alpha_i \in \mathbb{R}\,. \tag{1.13}$$

Die Zerlegung (1.12), die man in den Übungen beweisen soll, kann man sich schon hier plausibel machen: Die Matrix h lässt sich über eine unitäre Transformation diagonalisieren. Da sie die Spur Null hat, sind ihre Eigenwerte a und $-a$, die entsprechend transformierte unitäre Matrix ist also $\mathbf{U}' = \mathrm{diag}(\mathrm{e}^{\mathrm{i}a}, \mathrm{e}^{-\mathrm{i}a})$ und ihre Determinante ist gleich 1. Da sowohl die Spur als auch die Determinante unter unitären Transformationen invariant sind, hat **U** selbst die richtigen Eigenschaften.

Fassen wir die drei reellen Zahlen als Komponenten eines Vektors $\boldsymbol{\alpha} = (\alpha_1, \alpha_2, \alpha_3)$ auf und setzen $\alpha = |\boldsymbol{\alpha}|$, so lässt **U** sich in folgender Form schreiben

$$\mathbf{U} = \exp\left\{ \mathrm{i} \sum_{i=1}^{3} \alpha_i \sigma_i \right\} = \mathbb{1}_{2\times 2} \cos\alpha + \frac{\mathrm{i}}{\alpha} \boldsymbol{\alpha} \cdot \boldsymbol{\sigma} \sin\alpha$$

$$= \frac{1}{\alpha} \begin{pmatrix} \alpha\cos\alpha + \mathrm{i}\alpha_3 \sin\alpha & (\alpha_2 + \mathrm{i}\alpha_1)\sin\alpha \\ -(\alpha_2 - \mathrm{i}\alpha_1)\sin\alpha & \alpha\cos\alpha - \mathrm{i}\alpha_3 \sin\alpha \end{pmatrix} . \tag{1.14}$$

Auch diese Beziehung, die man in Aufgabe 1.3 durch direkte Rechnung herleiten soll, können wir schon jetzt plausibel machen. Für den Spezialfall $\boldsymbol{\alpha} = (0, 0, \alpha)$ folgt sie aus der Eigenschaft $\sigma_3^{2n} = \mathbb{1}_{2\times 2}$ und $\sigma_3^{2n+1} = \sigma_3$ und durch Ausschreiben der Exponentialreihe

$$\exp\{\mathrm{i}\alpha\sigma_3\} = \sum_{n=0}^{\infty} \frac{\mathrm{i}^{2n}}{(2n)!} \alpha^{2n} \mathbb{1}_{2\times 2} + \mathrm{i} \sum_{m=0}^{\infty} \frac{\mathrm{i}^{2m}}{(2m+1)!} \alpha^{(2m+1)} \sigma_3$$

$$= \cos\alpha \, \mathbb{1}_{2\times 2} + \mathrm{i} \sin\alpha \, \sigma_3 .$$

Den allgemeinen Fall, in dem $\boldsymbol{\alpha}$ eine beliebige Richtung hat, kann man auf diesen Spezialfall zurückführen, indem man eine Drehung im $\mathbb{R}^3$ durchführt, die $\boldsymbol{\alpha}$ in $\boldsymbol{\alpha}' = (0, 0, \alpha)$ überführt, dort die eben gegebene Entwicklung einsetzt und schließlich diese Drehung wieder rückgängig macht. Da die drei Pauli-Matrizen $\boldsymbol{\sigma} = (\sigma_1, \sigma_2, \sigma_3)$ sich analog transformieren[7] und da das Skalarprodukt unter Drehungen invariant ist, folgt das Ergebnis (1.14).

Während $SU(2)$ *einfach* zusammenhängend ist, ist die Drehgruppe $SO(3)$ *zweifach* zusammenhängend. Diese Aussage haben wir in Band 1 auf zwei verschiedene Weisen gezeigt, einmal durch eine direkte Analyse der Drehungen (Band 1, Aufgabe 3.11), einmal durch die Angabe einer Abbildung $f : S^3 \to SO(3)$ der Parametermannigfaltigkeit der $SU(2)$ auf die der $SO(3)$ (Band 1, Abschn. 5.2.3). Im ersten Fall zeigte man, dass die Drehungen um die Richtung $\hat{\boldsymbol{n}}$ und um den Winkel φ durch den Ball D^3 mit Radius π (das ist die Vollkugel im $\mathbb{R}^3$, deren Berandung die $S^2_{R=\pi}$ ist) parametrisiert werden können. Jeder Vektor innerhalb dieses Balls stellt eine Drehung dar, wobei seine Richtung die Drehrichtung, sein Betrag den Drehwinkel angibt, und Antipodenpunkte auf der Oberfläche des Balls identifiziert werden. Im zweiten Fall stellte man folgende Eigenschaft der Abbildung $f : S^3 \to SO(3)$ fest: Wenn S^3 einmal ganz überstrichen wird, so wird $SO(3)$ zweimal überstrichen; Antipoden auf der S^3 werden auf dasselbe Element von $SO(3)$ abgebildet.

Dieser Zusammenhang zwischen der für die Quantentheorie relevanten Gruppe $SU(2)$ und der Drehgruppe $SO(3)$, den man in der Aussage zusammenfasst „die Gruppe $SU(2)$ ist die *Überlagerungsgruppe* der $SO(3)$“, wird durch die folgende explizite Konstruktion weiter erhellt:

Es sei $\boldsymbol{x}$ ein beliebiger Vektor im $\mathbb{R}^3$, **X** eine spurlose, hermitesche 2×2-Matrix, die aus den Komponenten von $\boldsymbol{x}$ und den drei Pauli-

[7] Hierauf kommen wir bei der Behandlung von sphärischen Tensoren in Abschn. 1.2.5 zurück.

Matrizen $\boldsymbol{\sigma}$ gebildet wird,

$$\boldsymbol{x} \longleftrightarrow \mathbf{X} := \boldsymbol{\sigma}\cdot\boldsymbol{x} \equiv x^1\sigma_1 + x^2\sigma_2 + x^3\sigma_3 = \begin{pmatrix} x^3 & x^1 - \mathrm{i}x^2 \\ x^1 + \mathrm{i}x^2 & -x^3 \end{pmatrix} . \quad (1.15)$$

Diese Korrespondenz bedeutet, dass der Raum $\mathbb{R}^3$ und der Raum der hermiteschen und spurlosen 2×2-Matrizen isomorph sind.

Zunächst bestätigt man, dass die Determinante dieser Matrix bis auf ein Vorzeichen das Normquadrat von $\boldsymbol{x}$ ist, $\det\mathbf{X} = -\boldsymbol{x}^2$. Weiterhin stellt man fest, dass eine beliebige unitäre Transformation $\mathbf{U} \in SU(2)$ auf die hermitesche Matrix $\mathbf{X}$ angewandt,

$$\mathbf{X}' = \mathbf{U}\,\mathbf{X}\,\mathbf{U}^\dagger \quad (1.16)$$

diese auf eine andere ebensolche abbildet, die nach (1.15) einem Vektor $\boldsymbol{x}'$ zugeordnet ist. Da die Determinante von $\mathbf{X}$ invariant ist, $\det\mathbf{X}' = \det\mathbf{X}$, folgt, dass $\boldsymbol{x}'$ dieselbe Länge wie $\boldsymbol{x}$ hat, der Vektor $\boldsymbol{x}'$ sich von $\boldsymbol{x}$ somit nur durch eine Drehung unterscheiden kann, $\boldsymbol{x}' = \mathbf{R}\boldsymbol{x}$ mit $\mathbf{R} \in SO(3)$. Damit haben wir eine Zuordnung von Drehungen $\mathbf{R} \in SO(3)$ zu Elementen $\mathbf{U} \in SU(2)$ hergestellt, die wir genauer untersuchen wollen.

Jedem $\mathbf{U} \in SU(2)$ ist auf eindeutige Weise ein $\mathbf{R} \in SO(3)$ zugeordnet derart, dass mit $\mathbf{X}' = \mathbf{U}\mathbf{X}\mathbf{U}^\dagger$ auch $\boldsymbol{x}' = \mathbf{R}\boldsymbol{x}$ gilt. Umgekehrt gibt es zu jedem $\mathbf{R} \in SO(3)$ ein $\mathbf{U}(\mathbf{R}) \in SU(2)$ so, dass mit $\mathbf{X}' = \mathbf{U}\mathbf{X}\mathbf{U}^\dagger$ wieder $\boldsymbol{x}' = \mathbf{R}\boldsymbol{x}$ ist; wenn $\mathbf{U}(\mathbf{R})$ das Urbild von $\mathbf{R}$ ist, so gilt dies auch für $-\mathbf{U}(\mathbf{R})$.

Bemerkung

Gruppentheoretisch stellt sich der Zusammenhang zwischen $SU(2)$ und $SO(3)$ folgendermassen dar. Die Gruppe $H := \{\mathbb{1}, -\mathbb{1}\}$ ist eine invariante Untergruppe der Gruppe $G = SU(2)$, d. h. für alle Elemente $g \in G$ gilt

$$g\,H\,g^{-1} = H\,,$$

oder, etwas ausführlicher, zu jedem $h_1 \in H$ und jedem beliebigen $g \in G$ gibt es ein $h_2 \in H$ das die Relation $h_1 g = g h_2$ erfüllt. Wenn G eine invariante Untergruppe H besitzt, dann bilden die Nebenklassen[8] $\{gH\}$ selbst wieder eine Gruppe. Diese Gruppe wird *Faktorgruppe* genannt und wird mit G/H bezeichnet. Dass dies so ist, bestätigt man, indem man die Gruppenaxiome nachprüft:

(i) Die Verknüpfungsoperation ist die Multiplikation von Nebenklassen, denn es gilt

$$(g_1H)(g_2H) = g_1(Hg_2)H = g_1(g_2H)H = g_1g_2H\,,$$

(ii) Die Multiplikation von Nebenklassen ist assoziativ,

(iii) Die Rolle der Einheit wird von H übernommen, da

$$H(gH) = (Hg)H = (gH)H = g(HH) = gH \quad \text{gilt,}$$

(iv) Die Inverse von gH ist $g^{-1}H$.

[8] Auf englisch heißen diese *cosets*.

In der Terminologie dieser Bemerkung bedeutet die oben festgestellte Zuordnung $\pm\mathbf{U} \to \mathbf{R}$, dass die $SO(3)$ isomorph zu derjenigen Faktorgruppe ist, die entsteht, wenn man die Nebenklassen der invarianten Untergruppe $\{\mathbb{1}, -\mathbb{1}\}$ von $SU(2)$ bildet,

$$SO(3) \cong SU(2)\,/\,\{\mathbb{1}, -\mathbb{1}\}\,. \tag{1.17}$$

Jede Drehung im $\mathbb{R}^3$ lässt sich bei Verwendung von Eulerschen Winkeln als Produkt $\mathbf{R}(\phi, \theta, \psi) = \mathbf{R}_{\bar{3}}(\psi)\mathbf{R}_\eta(\theta)\mathbf{R}_3(\phi)$ schreiben. Deshalb genügt es, die Urbilder der Drehung um die 3-Achse und um die 2-Achse zu kennen. Diese sind

$$\pm\, \mathrm{e}^{\mathrm{i}(\phi/2)\sigma_3} = \pm \begin{pmatrix} \mathrm{e}^{\mathrm{i}\phi/2} & 0 \\ 0 & \mathrm{e}^{-\mathrm{i}\phi/2} \end{pmatrix}$$

(und ebenso für die dritte Drehung um den Winkel ψ) für die 3-Achse, sowie

$$\pm\, \mathrm{e}^{\mathrm{i}(\theta/2)\sigma_2} = \pm \begin{pmatrix} \cos\theta/2 & \sin\theta/2 \\ -\sin\theta/2 & \cos\theta/2 \end{pmatrix}$$

für die 2-Achse. Es ist dann nicht schwer nachzuprüfen, dass die Formel (1.16) die jeweilige Drehung richtig wiedergibt. Wir prüfen dies im zweiten, etwas aufwändigeren Fall nach, indem wir das Produkt auf der rechten Seite von (1.16) berechnen: Mit $\mathbf{U}(\theta) = \exp\{\mathrm{i}(\theta/2)\sigma_2\}$ und mit den Abkürzungen $x^+ = x^1 + \mathrm{i}x^2$, $x^- = x^1 - \mathrm{i}x^2$ ist

$$\mathbf{U}(\theta)\mathbf{X}\mathbf{U}^\dagger(\theta) = \begin{pmatrix} \cos\theta/2 & \sin\theta/2 \\ -\sin\theta/2 & \cos\theta/2 \end{pmatrix} \begin{pmatrix} x^3 & x^- \\ x^+ & -x^3 \end{pmatrix} \begin{pmatrix} \cos\theta/2 & -\sin\theta/2 \\ \sin\theta/2 & \cos\theta/2 \end{pmatrix}$$

$$= \begin{pmatrix} x^3(\cos^2\frac{\theta}{2} - \sin^2\frac{\theta}{2}) + (x^+ + x^-)\sin\frac{\theta}{2}\cos\frac{\theta}{2} & -2x^3\sin\frac{\theta}{2}\cos\frac{\theta}{2} - x^+\sin^2\frac{\theta}{2} + x^-\cos^2\frac{\theta}{2} \\ -2x^3\sin\frac{\theta}{2}\cos\frac{\theta}{2} - x^-\sin^2\frac{\theta}{2} + x^+\cos^2\frac{\theta}{2} & x^3(\sin^2\frac{\theta}{2} - \cos^2\frac{\theta}{2}) - (x^+ + x^-)\sin\frac{\theta}{2}\cos\frac{\theta}{2} \end{pmatrix}$$

$$= \begin{pmatrix} x^3\cos\theta + x^1\sin\theta & -x^3\sin\theta + x^1\cos\theta - \mathrm{i}x^2 \\ -x^3\sin\theta + x^1\cos\theta + \mathrm{i}x^2 & -(x^3\cos\theta + x^1\sin\theta) \end{pmatrix}.$$

Löst man nach den kartesischen Komponenten auf, so ergeben sich die vertrauten Formeln

$$\begin{aligned} x'^1 &= x^1\cos\theta - x^3\sin\theta \\ x'^2 &= x^2 \\ x'^3 &= x^1\sin\theta + x^3\cos\theta\,. \end{aligned}$$

Beachtenswert ist dabei, wie die halben Winkelargumente in $\mathbf{U}$ im Produkt der rechten Seite von (1.16) vermöge bekannter Formeln für trigonometrische Funktionen zu ganzen werden.

Fassen wir die drei Drehungen zusammen, so entsteht

$$\mathbf{U}(\mathbf{R}) = \exp\{\mathrm{i}(\frac{\psi}{2})\sigma_3\} \exp\{\mathrm{i}(\frac{\theta}{2})\sigma_2\} \exp\{\mathrm{i}(\frac{\phi}{2})\sigma_3\} = \begin{pmatrix} u & v \\ -v^* & u^* \end{pmatrix}, \quad (1.18)$$

mit

$$u = \mathrm{e}^{\mathrm{i}/2(\psi+\phi)} \cos\frac{\theta}{2}, \qquad v = \mathrm{e}^{\mathrm{i}/2(\psi-\phi)} \sin\frac{\theta}{2}. \quad (1.19)$$

1.2.2 Die irreduziblen, unitären Darstellungen der $SU(2)$

In diesem Abschnitt leiten wir die irreduziblen, unitären Darstellungen der für die Beschreibung des Drehimpulses zuständigen Gruppe $SU(2)$ in einem expliziten Verfahren her. Es sei

$$\mathbf{U} = \begin{pmatrix} u & v \\ -v^* & u^* \end{pmatrix} \quad \text{mit} \quad |u|^2 + |v|^2 = 1$$

ein beliebiges Element der $SU(2)$. Lassen wir dieses auf Vektoren $(c_1, c_2)^T$, d. h. auf Elemente eines $\mathbb{C}^2$ wirken, so ist

$$\begin{pmatrix} (c_1)_U \\ (c_2)_U \end{pmatrix} = \mathbf{U}(u, v) \begin{pmatrix} c_1 \\ c_2 \end{pmatrix} = \begin{pmatrix} uc_1 + vc_2 \\ -v^* c_1 + u^* c_2 \end{pmatrix}. \quad (1.20)$$

Weiterhin werde zu jedem festen Wert von j folgender Satz von homogenen Polynomen vom Grad j in den Komponenten c_1 und c_2 definiert

$$f_m^{(j)} := \frac{(c_1)^{j+m}(c_2)^{j-m}}{\sqrt{(j+m)!(j-m)!}}, \quad j = 0, \frac{1}{2}, 1, \frac{3}{2}, 2, \ldots, \quad m = -j, -j+1, \ldots, +j. \quad (1.21)$$

Man beachte, dass die Exponenten $j \pm m$ genau dann ganzzahlig sind, die Definition (1.21) also sinnvoll ist, wenn j ganz- oder halbzahlig ist und m aus dem angegebenen Wertevorrat genommen wird. Für die ersten drei Werte von j als Beispiel sind diese Polynome

$$\begin{aligned} j = 0 \quad &: \quad f_0^{(0)} = 1, \\ j = \frac{1}{2} \quad &: \quad f_{1/2}^{(1/2)} = c_1, \quad f_{-1/2}^{(1/2)} = c_2, \\ j = 1 \quad &: \quad f_1^{(1)} = \frac{c_1^2}{\sqrt{2}}, \quad f_0^{(1)} = c_1 c_2, \quad f_{-1}^{(1)} = \frac{c_2^2}{\sqrt{2}}. \end{aligned}$$

Unter der Transformation $\mathbf{U} \in SU(2)$ werden die Polynome (1.21) zu festem j nur untereinander transformiert. Sie können daher als Basis für eine $(2j+1)$-dimensionale Darstellung dienen. Gesucht ist die $(2j+1) \times (2j+1)$-Matrix $\mathbf{D}^{(j)}(u, v)$, die diese Transformation bewirkt.

Setzt man die Wirkung (1.20) ein, so folgt im einzelnen

$$\begin{aligned}
(f_m^{(j)})_U &= \frac{1}{\sqrt{(j+m)!(j-m)!}}(uc_1+vc_2)^{j+m}(-v^*c_1+u^*c_2)^{j-m} \\
&= \sum_{\mu,\nu=0} \frac{1}{\sqrt{(j+m)!(j-m)!}} \frac{(j+m)!}{\mu!(j+m-\mu)!} \frac{(j-m)!}{\nu!(j-m-\nu)!} \cdot \\
&\quad \times (uc_1)^{j+m-\mu}(vc_2)^{\mu}(-v^*c_1)^{j-m-\nu}(u^*c_2)^{\nu} \\
&= \sum_{\mu,\nu=0} \frac{\sqrt{(j+m)!(j-m)!}}{(j+m-\mu)!\mu!(j-m-\nu)!\nu!} u^{j+m-\mu}u^{*\nu}v^{\mu}(-v^*)^{j-m-\nu} \\
&\quad \times c_1^{2j-\mu-\nu}c_2^{\mu+\nu} .
\end{aligned}$$

Im zweiten Schritt haben wir die Binomialentwicklung der runden Klammern ausgeschrieben. Die Summen über μ und ν beginnen bei Null und enden dort, wo das Argument einer der Fakultäten im Nenner negativ wird[9]. Was uns zu tun bleibt, ist die rechte Seite der letzten Gleichung wieder durch die Funktionen $f_m^{(j)}(c_1, c_2)$ auszudrücken. Dies gelingt, wenn wir $j-\mu-\nu =: m'$ setzen, denn dann hat der Exponent von c_1 die erforderliche Form $2j-\mu-\nu = j+m'$, wobei der Exponent von c_2 zugleich in $\mu+\nu = j-m'$ übergeht. Wie erwartet ergibt sich der Zusammenhang

$$(f_m^{(j)})_U = \sum_{m'} D_{mm'}^{(j)}(u, v)\, f_{m'}^{(j)} ,$$

wobei die gesuchte Matrix aus der eben durchgeführten Rechnung abgelesen werden kann

$$\begin{aligned}
D_{mm'}^{(j)}(u, v) &= \sum_{\mu} \frac{\sqrt{(j+m)!(j-m)!(j+m')!(j-m')!}}{(j+m-\mu)!\mu!(j-m'-\mu)!(m'-m+\mu)!} \cdot \\
&\quad \times u^{j+m-\mu}(u^*)^{j-m'-\mu}v^{\mu}(-v^*)^{m'-m+\mu} .
\end{aligned} \tag{1.22}$$

Bevor wir diese Formel (1.22) weiter auswerten, machen wir folgende Feststellungen:

(i) Es ist offensichtlich, dass die Polynome $f_m^{(j)}$ linear unabhängig sind.

(ii) Berechnen wir $|f_m^{(j)}|^2$ und summieren über m, so folgt

$$\begin{aligned}
\sum_m |f_m^{(j)}|^2 &= \sum_m \frac{|c_1^{j+m}c_2^{j-m}|^2}{(j+m)!(j-m)!} \\
&= \frac{1}{(2j)!}\left\{|c_1|^2+|c_2|^2\right\}^{2j} = \sum_m |(f_m^{(j)})_U|^2 .
\end{aligned}$$

Dieses Normquadrat $(f_m^{(j)}, f_m^{(j)}) = \sum_m |f_m^{(j)}|^2$ ist invariant unter unitären Transformationen (dieses Ergebnis rechtfertigt nachträglich den Normierungsfaktor in der Definition (1.21)). Das bedeutet, dass die Darstellungen (1.22) *unitär* sind.

(iii) Man kann schließlich anhand der Formel (1.22) zeigen, dass diese Darstellungen auch *irreduzibel* sind. Das geht folgendermaßen:

[9] Man ersetze z. B. $(j+m-\mu)! = \Gamma(j+m-\mu+1)$ und beachte, daß die Gammafunktion $\Gamma(z)$ bei $z = 0, -1, -2, \ldots$ Pole, ihr Kehrwert also Nullstellen hat.

Aus dem Ergebnis (1.22) liest man folgende Spezialfälle ab. Für beliebiges m, aber $m'=j$ kann μ nur den Wert Null annehmen und es ist

$$D^{(j)}_{m,m'=j}(u,v)=\sqrt{\frac{(2j)!}{(j+m)!(j-m)!}}\,u^{j+m}(-v^*)^{j-m} \tag{1.23}$$

Setzt man andererseits $u=\mathrm{e}^{\mathrm{i}\alpha/2}$, $v=0$, so gilt für beliebige Werte von m und m'

$$D^{(j)}_{mm'}(\mathrm{e}^{\mathrm{i}\alpha/2},0)=\delta_{mm'}\,\mathrm{e}^{\mathrm{i}m\alpha}\,.$$

Wenn eine $(2j+1)\times(2j+1)$-Matrix $\mathbf{A}$ mit $D^{(j)}_{mm'}(\mathrm{e}^{\mathrm{i}\alpha/2},0)$ kommutiert, dann muss sie diagonal sein, $\mathbf{A}_{mm'}=a_m\delta_{mm'}$. Wenn $\mathbf{A}$ mit allen Transformationen $\mathbf{D}^{(j)}(u,v)$ kommutiert, dann gilt insbesondere

$$a_m\,D^{(j)}_{mj}(u,v)\;=\;D^{(j)}_{mj}\,a_j\quad\text{für alle } m\,.$$

Aus (1.23) liest man ab, dass $D^{(j)}_{mj}$ für alle m und bei beliebigen Argumenten u,v von Null verschieden ist, so dass $a_m=a_j$ für alle m folgt. Mit anderen Worten heißt dies, eine Matrix, die mit $\mathbf{D}^{(j)}(u,v)$ für alle u,v kommutiert, ist ein Vielfaches der Einheitsmatrix. Das bedeutet zugleich, dass die Darstellungen $\mathbf{D}^{(j)}(u,v)$ irreduzibel sind (s. auch Band 2, Abschn. 4.1.2).

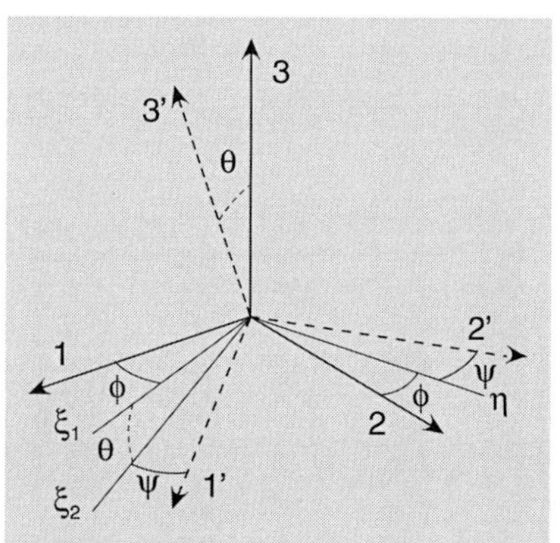

Abb. 1.2. Die Euler'schen Winkel in einer Definition, bei der die Zwischenposition der 2-Achse als Knotenlinie dient

Das ist ein wichtiges Ergebnis: der Ausdruck (1.22) gibt uns irreduzible, unitäre Darstellungen der $SU(2)$ als Funktionen der Euler'schen Winkel (ϕ,θ,ψ) in der Definition der Abb. 1.2. Aus der algebraischen Analyse in Band 2, Abschn. 4.1.2 folgt, dass dies *alle* solchen Darstellungen sind.

Ersetzt man u und v wie in (1.19) angegeben, und fasst die Exponentialfunktionen in den Variablen ϕ und ψ zusammen, so folgt

$$D^{(j)}_{mm'}(\psi,\theta,\phi)=\mathrm{e}^{\mathrm{i}m\psi}\,d^{(j)}_{mm'}(\theta)\,\mathrm{e}^{\mathrm{i}m'\phi}\,,\quad\text{mit} \tag{1.24}$$

$$d^{(j)}_{mm'}(\theta)=\sum_{\mu}(-)^{m'-m+\mu}\frac{\sqrt{(j+m)!(j-m)!(j+m')!(j-m')!}}{(j+m-\mu)!\mu!(j-m'-\mu)!(m'-m+\mu)!}\times\left(\cos\frac{\theta}{2}\right)^{2j+m-m'-2\mu}\left(\sin\frac{\theta}{2}\right)^{m'-m+2\mu}\,.$$

Diese Formel schreibt man noch etwas um, indem man $m'-m+2\mu=m-m'+2r$ setzt, d. h. μ durch $m-m'+r$ ersetzt. Beachtet man, dass $(-)^{2m'-2m}=+1$ ist, auch dann, wenn die Indizes halbzahlig sind, so nimmt $\mathbf{d}^{(j)}(\theta)$ seine endgültige Form an

$$d^{(j)}_{mm'}(\theta)=\sum_{r}(-)^{r}\frac{\sqrt{(j+m)!(j-m)!(j+m')!(j-m')!}}{(j+m'-r)!(m-m'+r)!(j-m-r)!r!}\times\left(\cos\frac{\theta}{2}\right)^{2j+m'-m-2r}\left(\sin\frac{\theta}{2}\right)^{m-m'+2r}\,. \tag{1.25}$$

Dies ist der Ausdruck, den wir in Band 2, Abschn. 4.1.4 ohne Beweis zitiert haben.

Bemerkungen

1. **Symmetrierelationen:** Anhand der expliziten Formel (1.25) ist es nicht schwer, die schon in Band 2 zitierten Symmetrierelationen zu beweisen,

$$d^{(j)}_{mm'}(\theta) = (-)^{m'-m} d^{(j)}_{m'm}(\theta)\,, \tag{1.26}$$

$$d^{(j)}_{-m',-m}(\theta) = (-)^{m'-m} d^{(j)}_{m'm}(\theta)\,, \tag{1.27}$$

$$d^{(j)}_{m',-m}(\theta) = (-)^{j-m'} d^{(j)}_{m'm}(\pi-\theta)\,. \tag{1.28}$$

2. **Haar'sches Maß und Orthogonalität:** Das Integral über die Euler'schen Winkel $\mathrm{d}\mathbf{R} = \rho(\phi,\theta,\psi)\,\mathrm{d}\phi\,\mathrm{d}\theta\,\mathrm{d}\psi$ muss so definiert werden, dass für jede feste Drehung $\mathbf{R}_0$ und für $\mathbf{R}' = \mathbf{R}_0\mathbf{R}$ auch $\mathrm{d}\mathbf{R}' = \mathrm{d}\,(\mathbf{R}_0\mathbf{R}) = \mathrm{d}\mathbf{R}$ gilt. Das ist eine Folge der Gruppeneigenschaft der $SU(2)$. Die gesuchte Funktion $\rho(\phi,\theta,\psi)$ bestimmt sich aus der Jacobi-Determinanten der Transformation von $\mathbf{R} \equiv (\phi,\theta,\psi)$ auf $\mathbf{R}' \equiv (\phi',\theta',\psi')$. Anhand einer einfachen geometrischen Konstruktion findet man folgendes Ergebnis (s. Aufgabe 1.4)

$$\frac{\partial(\phi,\theta,\psi)}{\partial(\phi',\theta',\psi')} = \frac{\sin\theta'}{\sin\theta}$$

und somit für die Beziehung zwischen $\mathrm{d}\mathbf{R}$ und $\mathrm{d}\mathbf{R}'$:

$$\mathrm{d}\mathbf{R} = \rho(\phi,\theta,\psi)\frac{\partial(\phi\,,\theta\,,\psi\,)}{\partial(\phi',\theta',\psi')}\,\mathrm{d}\phi'\,\mathrm{d}\theta'\,\mathrm{d}\psi' = \frac{\rho(\phi\,,\theta\,,\psi\,)}{\rho(\phi',\theta',\psi')}\frac{\sin\theta'}{\sin\theta}\,\mathrm{d}\mathbf{R}'\,.$$

Daraus folgt, dass bis auf eine Konstante $\rho(\phi,\theta,\psi) = \sin\theta$ sein muss und $\mathrm{d}\mathbf{R} = \sin\theta\;\mathrm{d}\phi\,\mathrm{d}\theta\,\mathrm{d}\psi$ gewählt werden kann. Dieses Integralmaß wird Haar'sches Maß für die Gruppe $SU(2)$ genannt.
Es sei $\mathbf{X}$ eine beliebige $(2j+1)\times(2j+1)$-Matrix. Bildet man das Integral

$$\mathbf{M} := \int \mathrm{d}\mathbf{R}\,\mathbf{D}^{(j')}(\mathbf{R})\mathbf{X}(\mathbf{D}^{(j)}(\mathbf{R}))^{-1}$$

über den ganzen Bereich der Euler'schen Winkel, so gilt für alle Drehungen $\mathbf{S}$

$$\mathbf{M}\mathbf{D}^{(j)}(\mathbf{S}) = \mathbf{D}^{(j')}(\mathbf{S})\mathbf{M}\,. \tag{1.29}$$

Diese Aussage beweist man, indem man die Gruppeneigenschaft der D-Funktionen und das eben hergeleitete Integralmaß verwendet. Wir berechnen die rechte Seite

$$\begin{aligned}\mathbf{D}^{(j')}(\mathbf{S})\,\mathbf{M} &= \int \mathrm{d}\mathbf{R}\,\mathbf{D}^{(j')}(\mathbf{S})\mathbf{D}^{(j')}(\mathbf{R})\,\mathbf{X}\,(\mathbf{D}^{(j)}(\mathbf{R}))^{-1}(\mathbf{D}^{(j)}(\mathbf{S}))^{-1}\,\mathbf{D}^{(j)}(\mathbf{S})\\ &= \left(\int \mathrm{d}\mathbf{R}\,\mathbf{D}^{(j')}(\mathbf{S}\mathbf{R})\,\mathbf{X}\,(\mathbf{D}^{(j)}(\mathbf{S}\mathbf{R}))^{-1}\right)\mathbf{D}^{(j)}(\mathbf{S}) = \mathbf{M}\mathbf{D}^{(j)}(\mathbf{S})\,.\end{aligned}$$

Wenn $\mathbf{D}^{(j)}$ und $\mathbf{D}^{(j')}$ nicht äquivalent sind, so sagt das Schur'sche Lemma (Band 2, Abschn. 4.1.2) aus, dass $\mathbf{M}$ für jede beliebige Wahl von $\mathbf{X}$ verschwindet. Wir wählen einfach $X_{pq} = \delta_{pk}\delta_{lq}$ und erhalten

$$M_{mn} = \int \mathrm{d}\mathbf{R}\, D^{(j')}_{mk}(\mathbf{R})(D^{(j)}(\mathbf{R}))^{-1}_{ln} = \int \mathrm{d}\mathbf{R}\, D^{(j)\,*}_{nl}(\mathbf{R}) D^{(j')}_{mk}(\mathbf{R}) = 0\,.$$

Die D-Funktionen zu verschiedenen Werten von j sind orthogonal.

Wenn dagegen $\mathbf{D}^{(j)}$ und $\mathbf{D}^{(j')}$ äquivalent sind, d. h. wenn $j' = j$ ist, dann sagt das Schur'sche Lemma aus, dass $\mathbf{D}^{(j)} = \mathbf{D}^{(j')}$ gilt und $\mathbf{M}$ ein Vielfaches der Einheitsmatrix ist, $\mathbf{M} = c\,\mathbb{1}$, oder, im einzelnen,

$$M_{mn} = \int \mathrm{d}\mathbf{R}\, D^{(j)}_{mk}(\mathbf{R}) D^{(j)}(\mathbf{R})^{-1}_{ln} = c\,\delta_{mn}\,.$$

Die Normierungskonstante c folgt aus der Spur von $\mathbf{M}$,

$$\mathrm{Sp}\,\mathbf{M} = \sum_m \int \mathrm{d}\mathbf{R}\, (D^{(j)}(\mathbf{R}))^{-1}_{lm} D^{(j)}_{mk}(\mathbf{R}) = c\,(2j+1)$$

$$= \delta_{lk} \int \mathrm{d}\mathbf{R} = \delta_{lk} \int_0^{2\pi} \mathrm{d}\psi \int_0^{\pi} \sin\theta\, \mathrm{d}\theta \int_0^{2\pi} \mathrm{d}\phi = 8\pi^2\,\delta_{lk}\,.$$

Damit haben wir eine wichtige Formel, die *Orthogonalitätsrelation für D-Funktionen* gefunden,

$$\int_0^{2\pi} \mathrm{d}\psi \int_0^{\pi} \sin\theta\, \mathrm{d}\theta \int_0^{2\pi} \mathrm{d}\phi\, D^{(j')\,*}_{mm'}(\psi,\theta,\phi) D^{(j)}_{\mu\mu'}(\psi,\theta,\phi)$$

$$= \frac{8\pi^2}{2j+1}\delta_{j'j}\delta_{m'\mu'}\delta_{m\mu}\,. \tag{1.30}$$

Beispiel 1.1

Es sei $\mathbf{R}$ die Drehung, mit der die ursprüngliche 3-Richtung in die „i-Richtung" gelegt wird. Die Eigenfunktionen zum Quadrat des Bahndrehimpulses mit Eigenwert $\ell = 1$ und zur Komponente ℓ_i seien mit $\boldsymbol{b}^{(\lambda)}$ bezeichnet. Der Zusammenhang zwischen diesen und den Eigenfunktionen $\boldsymbol{a}^{(\lambda)}$ von ℓ_3 und der Zusammenhang zwischen den Operatoren ℓ_i und ℓ_3 ist

$$\boldsymbol{b}^{(\lambda)} = \mathbf{D}^{(1)\,\dagger}(\mathbf{R})\boldsymbol{a}^{(\lambda)}\,, \quad \ell_i = \mathbf{D}^{(1)\,\dagger}(\mathbf{R})\,\ell_3\,\mathbf{D}^{(1)}(\mathbf{R})\,.$$

Aus der allgemeinen Formel (1.25) folgt

$$\mathbf{d}^{(1)}(\theta) = \begin{pmatrix} \cos^2\theta/2 & \sqrt{2}\sin\theta/2\cos\theta/2 & \sin^2\theta/2 \\ -\sqrt{2}\sin\theta/2\cos\theta/2 & \cos^2\theta/2 - \sin^2\theta/2 & \sqrt{2}\sin\theta/2\cos\theta/2 \\ \sin^2\theta/2 & -\sqrt{2}\sin\theta/2\cos\theta/2 & \cos^2\theta/2 \end{pmatrix}$$

$$= \frac{1}{2}\begin{pmatrix} 1+\cos\theta & \sqrt{2}\sin\theta & 1-\cos\theta \\ -\sqrt{2}\sin\theta & 2\cos\theta & \sqrt{2}\sin\theta \\ 1-\cos\theta & -\sqrt{2}\sin\theta & 1+\cos\theta \end{pmatrix}.$$

Wir betrachten die beiden folgenden Spezialfälle:

a) $\ell_i \equiv \ell_1$: Dazu muss $\mathbf{D}^{(1)}(0, \pi/2, 0)$ gewählt werden. Man findet

$$\mathbf{D}^{(1)}(0, \frac{\pi}{2}, 0) = \frac{1}{2}\begin{pmatrix} 1 & \sqrt{2} & 1 \\ -\sqrt{2} & 0 & \sqrt{2} \\ 1 & -\sqrt{2} & 1 \end{pmatrix}, \qquad \ell_1 = \frac{1}{\sqrt{2}}\begin{pmatrix} 0 & 1 & 0 \\ 1 & 0 & 1 \\ 0 & 1 & 0 \end{pmatrix},$$

$$\boldsymbol{b}^{(1)} = \frac{1}{2}\begin{pmatrix} 1 \\ \sqrt{2} \\ 1 \end{pmatrix}, \quad \boldsymbol{b}^{(0)} = \frac{1}{2}\begin{pmatrix} -\sqrt{2} \\ 0 \\ \sqrt{2} \end{pmatrix}, \quad \boldsymbol{b}^{(-1)} = \frac{1}{2}\begin{pmatrix} 1 \\ -\sqrt{2} \\ 1 \end{pmatrix}.$$

Bis auf einen Phasenfaktor (-1) bei $\boldsymbol{b}^{(0)}$ ist dies dasselbe Ergebnis wie in Band 2, Abschn. 1.9.1, Beispiel 1.10.

b) $\ell_i \equiv \ell_2$: Dazu muss $\mathbf{D}^{(1)}(\pi/2, \pi/2, 0)$ gewählt werden. Man findet

$$\mathbf{D}^{(1)}(\frac{\pi}{2}, \frac{\pi}{2}, 0) = \frac{1}{2}\begin{pmatrix} \mathrm{i} & \sqrt{2} & -\mathrm{i} \\ -\mathrm{i}\sqrt{2} & 0 & -\mathrm{i}\sqrt{2} \\ \mathrm{i} & -\sqrt{2} & -\mathrm{i} \end{pmatrix}, \qquad \ell_2 = \frac{1}{\sqrt{2}}\begin{pmatrix} 0 & -\mathrm{i} & 0 \\ \mathrm{i} & 0 & -\mathrm{i} \\ 0 & \mathrm{i} & 0 \end{pmatrix},$$

$$\boldsymbol{b}^{(1)} = \frac{1}{2}\begin{pmatrix} -\mathrm{i} \\ \sqrt{2} \\ \mathrm{i} \end{pmatrix}, \quad \boldsymbol{b}^{(0)} = \frac{1}{2}\begin{pmatrix} \mathrm{i}\sqrt{2} \\ 0 \\ \mathrm{i}\sqrt{2} \end{pmatrix}, \quad \boldsymbol{b}^{(-1)} = \frac{1}{2}\begin{pmatrix} -\mathrm{i} \\ -\sqrt{2} \\ \mathrm{i} \end{pmatrix}.$$

Bemerkungen

1. Die unitären, irreduziblen Darstellungen (1.22) sind einwertige Funktionen auf der Parametermannigfaltigkeit S^3 der Gruppe $SU(2)$. Dies sind die Darstellungen, mit denen wir den Drehimpuls und speziell den Spin in der Quantentheorie erfassen. Drückt man sie über (1.19) als Funktionen von Euler'schen Winkeln aus, die ja im gewöhnlichen Raum $\mathbb{R}^3$ definiert sind, so entstehen Funktionen (1.24) und (1.25), die bei *ganzzahligem* $j \equiv \ell$ *ein*wertige Funktionen, bei *halbzahligen* Werten von $j = (2n+1)/2$ *zwei*wertige Funktionen sind.
   Der in (1.17) festgestellte Zusammenhang zwischen $SU(2)$ und $SO(3)$ bedeutet insbesondere, dass die beiden Elemente $\mathbb{1}$ und $-\mathbb{1} \in SU(2)$ auf die Identität in $SO(3)$ abgebildet werden. Das Element $-\mathbb{1} \in SU(2)$ wird durch $(u = -1, v = 0)$ parametrisiert. (Gemäß (1.18) und (1.19) entspricht dies z. B. der Wahl $(\psi = 0, \theta = 0, \phi = 2\pi)$ der Euler'schen Winkel.) Geht man damit in (1.22) ein, so folgt $D^{(j)}_{mm'}(-1, 0) = \delta_{mm'}(-1)^{2j}$. Die Wirkung der Drehung $\mathbf{R}_3(\phi = 2\pi) = \mathbb{1}_{3\times 3}$ auf einen Zustand mit Drehimpuls j ist nur dann die Identität, wenn j eine ganze Zahl ist. Mit anderen Worten, die Darstellungen der $SU(2)$ sind genau dann Darstellungen der $SO(3)$, wenn j ganzzahlig ist.
   Diese Feststellung ist ein für die Physik bemerkenswertes Ergebnis. Es hätte ja sein können, dass in der Natur nur Darstellungen der $SO(3)$

realisiert werden, d. h. nur Darstellungen mit ganzzahligem Drehimpuls. Die Existenz des Spins 1/2 und der höheren halbzahligen Spins zeigt uns aber, dass es tatsächlich die Gruppe $SU(2)$ ist, die den Drehimpuls in der Quantentheorie beschreibt, nicht die $SO(3)$.

2. Die beiden Gruppen $SU(2)$ und $SO(3)$, die so nahe verwandt sind, haben Lie-Algebren, die isomorph sind. In der Tat, die Lie-Algebra der $SU(2)$ wird durch die Matrizen $(\sigma_k/2)$ erzeugt, die folgenden Kommutationsregeln genügen

$$\left[\left(\frac{\sigma_i}{2}\right), \left(\frac{\sigma_j}{2}\right)\right] = \mathrm{i} \sum_k \varepsilon_{ijk} \left(\frac{\sigma_k}{2}\right) . \tag{1.31}$$

Diese Kommutatoren folgen aus der Formel

$$\sigma_i \sigma_j = \delta_{ij} + \mathrm{i} \sum_k \varepsilon_{ijk} \sigma_k , \tag{1.32}$$

der wir in Band 2, Abschn. 4.1.7 zuerst begegnet sind.
Die Lie-Algebra der Drehgruppe $SO(3)$ wird durch die Operatoren $\mathbf{J}_i$, $i = 1, 2, 3$ erzeugt, s. Band 2, Abschn. 4.1.1, deren Kommutatoren wie folgt lauten

$$[\mathbf{J}_i , \mathbf{J}_j] = \mathrm{i} \sum_k \varepsilon_{ijk} \mathbf{J}_k . \tag{1.33}$$

Die Isomorphie der Lie-Algebren (1.31) und (1.33) bedeutet, dass die beiden Gruppen *lokal*, d. h. in der Nähe der Eins isomorph sind. Wenn wir sie aber *global* vergleichen, indem wir z. B. stetige Deformationen der Gruppenelemente in ihren Parametern betrachten, die zum Ausgangselement zurückkehren, dann sind sie verschieden. Die oben gegebene Analyse zeigt, wie die beiden Gruppen zusammenhängen.

3. Die D-Funktionen genügen einem System von Differentialgleichungen erster Ordnung in den Euler'schen Winkeln, aus dem man die Funktionen $D^{(j)}_{\kappa m}(\phi, \theta, \psi)$ ebenfalls gewinnen kann. Dieses System erhält man, indem man das Produkt einer endlichen Drehung mit einer infinitesimalen Drehung in den beiden möglichen Reihenfolgen betrachtet, d. h.

$$\mathrm{e}^{\mathrm{i}\boldsymbol{\varepsilon}\cdot \boldsymbol{J}}\, \mathbf{D}(\mathbf{R}) = \mathbf{D}(\mathbf{R}_1) , \qquad \mathbf{D}(\mathbf{R})\, \mathrm{e}^{\mathrm{i}\boldsymbol{\eta}\cdot \boldsymbol{J}} = \mathbf{D}(\mathbf{R}_2) .$$

Man differenziert dann die erste Gleichung nach den Komponenten ε_i, die zweite nach den Komponenten η_i und nimmt die Differentialquotienten im Limes $\boldsymbol{\varepsilon} = 0 = \boldsymbol{\eta}$, in dem $\mathbf{R}_1 = \mathbf{R}_2$ wird. Bezeichnet man die Euler'schen Winkel pauschal mit $\theta_m \equiv (\phi, \theta, \psi)$, so sind die Differentiale $\partial/\partial\varepsilon_i$ und $\partial/\partial\eta_k$ zunächst auf solche nach den θ_m umzurechnen. Die dafür benötigten partiellen Ableitungen $\partial\theta_m/\partial\varepsilon_i$ und $\partial\theta_m/\partial\eta_k$ berechnet man am besten anhand einer guten Zeichnung[10]. Für die Anteile in ϕ und in ψ ergeben sich die Gleichungen

$$\frac{\partial D^{(j)}_{\kappa m}}{\partial\psi} = \mathrm{i}\,\kappa D^{(j)}_{\kappa m} , \quad \frac{\partial D^{(j)}_{\kappa m}}{\partial\phi} = \mathrm{i}\,m D^{(j)}_{\kappa m} , \tag{1.34}$$

[10] Diese Rechnung ist bei [Fano und Racah (1959)] im Anhang E im Detail ausgeführt.

so dass man wieder die Zerlegung (1.24) erhält. Die Matrixelemente $d^{(j)}_{\kappa m}(\theta)$ genügen dem System

$$\sqrt{j(j+1)-\kappa(\kappa\mp 1)}\,d^{(j)}_{\kappa\mp 1,m} = \frac{\kappa\cos\theta - m}{\sin\theta}d^{(j)}_{\kappa m} \pm \frac{\mathrm{d}d^{(j)}_{\kappa m}}{\mathrm{d}\theta} \qquad (1.35)$$

$$\sqrt{j(j+1)-m(m\pm 1)}\,d_{\kappa,m\pm 1} = \frac{\kappa - m\cos\theta}{\sin\theta}d^{(j)}_{\kappa m} \pm \frac{\mathrm{d}d^{(j)}_{\kappa m}}{\mathrm{d}\theta}\,. \qquad (1.36)$$

Dieses System löst man folgendermaßen: Für $\kappa = m = j$ und mit dem oberen Vorzeichen gibt (1.36)

$$0 = j\frac{1-\cos\theta}{\sin\theta}d^{(j)}_{jj} + \frac{\mathrm{d}d^{(j)}_{jj}}{\mathrm{d}\theta}\,,$$

deren Lösung – mit der Bedingung $d^{(j)}_{jj}(\theta=0)=1$ versehen – leicht zu finden ist:

$$d^{(j)}_{jj}(\theta) = \left(\frac{1+\cos\theta}{2}\right)^{j} = \left(\cos\frac{\theta}{2}\right)^{2j}\,.$$

Verwendet man jetzt (1.35) mit dem oberen und (1.36) mit dem unteren Vorzeichen, so lassen sich hieraus alle anderen Matrixelemente $d^{(j)}_{\kappa m}(\theta)$ durch Rekursion bestimmen.

Für das gleich folgende Beispiel interessant ist die Anmerkung, dass man aus den Differentialgleichungen (1.34), (1.35) und (1.36) eine Differentialgleichung *zweiter* Ordnung für die D-Funktionen herleiten kann, die allerdings weniger Information als das System (1.34)–(1.36) enthält. Sie lautet

$$-\left\{\frac{\partial^2}{\partial\theta^2} + \cot\theta\frac{\partial}{\partial\theta} + \frac{1}{\sin^2\theta}\left(\frac{\partial^2}{\partial\psi^2} + \frac{\partial^2}{\partial\phi^2} - 2\cos\theta\frac{\partial^2}{\partial\psi\partial\phi}\right)\right\}\mathbf{D}^{(j)}(\phi,\theta,\psi)$$
$$= j(j+1)\,\mathbf{D}^{(j)}(\phi,\theta,\psi)\,. \qquad (1.37)$$

4. Wir wissen bereits, dass die D-Funktionen ein System von orthogonalen Funktionen bilden, s. (1.30). Mithilfe der selbstadjungierten Gleichungen (1.34) und (1.37) lässt sich darüber hinaus zeigen, dass dieses System auch *vollständig* ist (siehe z. B. [Fano und Racah (1959)]). Dies bedeutet, dass jede quadratintegrable Funktion der Euler'schen Winkel sich nach diesem System entwickeln lässt. Es ist jetzt auch nicht schwer die in Band 2 zitierte Formel (4.21)

$$Y_{\ell m}(\theta,\phi) = \sqrt{\frac{2\ell+1}{4\pi}}\,D^{(\ell)}_{om}(0,\theta,\phi) \qquad (1.38)$$

zu bestätigen.

Wir halten als wichtiges Ergebnis fest, dass die Funktionen

$$\left\{\sqrt{\frac{2j+1}{8\pi^2}}\,D^{(j)}_{\kappa m}(\phi,\theta,\psi)\right\}\,,\quad j = 0, \frac{1}{2}, 1, \frac{3}{2}, \ldots\,;$$
$$\kappa,\, m = -j, -j+1, \ldots, +j \qquad (1.39)$$

ein vollständiges und orthonormiertes System von Basisfunktionen in den Euler'schen Winkeln bilden. In der Atomphysik ebenso wie in der Kernphysik wird hiervon vielfach Gebrauch gemacht, z. B. bei der Berechnung von Winkelkorrelationen bei Zerfällen instabiler Zustände.

Beispiel 1.2 Symmetrischer Kreisel

Der freie symmetrische Kreisel der klassischen Mechanik lässt sich auf kanonische Weise quantisieren, indem man die Heisenberg'schen Vertauschungsrelationen für die Euler'schen Winkel (ϕ, θ, ψ) und ihre kanonisch-konjugierten Impulse $(p_\phi, p_\theta, p_\psi)$ postuliert, d. h.

$$\left[P_m \equiv p_{\theta_m}, Q^n \equiv \theta_n\right] = \frac{\hbar}{\mathrm{i}}\delta_{mn} .$$

In einer Ortsraumdarstellung mit Euler'schen Winkeln wirken die Impulse als Differentialoperatoren

$$p_\phi = -\mathrm{i}\hbar\frac{\partial}{\partial\phi}, \quad p_\theta = -\mathrm{i}\hbar\frac{\partial}{\partial\theta}, \quad p_\psi = -\mathrm{i}\hbar\frac{\partial}{\partial\psi} .$$

Schreiben wir die partiellen Ableitungen nach $\phi, \ldots$ als $\partial_\phi, \ldots$ und ziehen wie früher aus der Definition der Drehimpulsoperatoren einen Faktor $\hbar$ heraus, so lauten die Komponenten des Drehimpulses entlang der kartesischen, körperfesten Achsen (s. Band 1, Abschn. 3.15, (3.89))

$$\begin{aligned}
\hbar\overline{L}_1 &= \frac{1}{\sin\theta}(p_\phi - p_\psi\cos\theta)\sin\psi + p_\theta\cos\psi \\
&= -\mathrm{i}\hbar\left[\frac{1}{\sin\theta}(\partial_\phi - \partial_\psi\cos\theta)\sin\psi + \partial_\theta\cos\psi\right], \\
\hbar\overline{L}_2 &= \frac{1}{\sin\theta}(p_\phi - p_\psi\cos\theta)\cos\psi - p_\theta\sin\psi \\
&= -\mathrm{i}\hbar\left[\frac{1}{\sin\theta}(\partial_\phi - \partial_\psi\cos\theta)\cos\psi - \partial_\theta\sin\psi\right], \\
\hbar\overline{L}_3 &= p_\psi = -\mathrm{i}\hbar\partial_\psi .
\end{aligned} \tag{1.40}$$

Aus diesen Ausdrücken berechnen wir das Quadrat des Drehimpulses $\boldsymbol{L}^2$

$$\begin{aligned}
\hbar^2\boldsymbol{L}^2 &= \hbar^2\left\{\overline{L}_1^2 + \overline{L}_2^2 + \overline{L}_3^2\right\} \\
&= -\hbar^2\left\{\frac{\partial^2}{\partial\theta^2} + \cot\theta\frac{\partial}{\partial\theta} + \frac{1}{\sin^2\theta}\left(\frac{\partial^2}{\partial\psi^2} + \frac{\partial^2}{\partial\phi^2} - 2\cos\theta\frac{\partial^2}{\partial\psi\partial\phi}\right)\right\} .
\end{aligned} \tag{1.41}$$

Der in (1.41) auftretende Differentialoperator zweiter Ordnung ist offensichtlich derselbe, der in der Differentialgleichung (1.37) auftritt. Die D-Funktionen zu ganzzahligen Werten $j \equiv L$ sind somit auch Eigenfunktionen des Drehimpulses für den quantisierten Kreisel. Diese wichtige Beobachtung können wir weiter vertiefen, indem wir einen Hamiltonoperator für den symmetrischen Kreisel konstruieren und dessen Eigenwertspektrum herleiten.

Die beschriebene Quantisierungsvorschrift überführt die klassische Hamiltonfunktion des symmetrischen Kreisels, $I_1 = I_2 \neq I_3$,

$$H_{\text{klass.}} = \frac{1}{2I_1 \sin^2\theta}\left(p_\phi - p_\psi \cos\theta\right)^2 + \frac{1}{2I_1}p_\theta^2 + \frac{1}{2I_3}p_\psi^2$$

(s. Band 1, Abschn. 3.15, Gl. (3.90)) in einen Operator in den Variablen (ϕ, θ, ψ) und Ableitungen nach diesen. Die stationäre Schrödinger-Gleichung, die dazu gehört, schreibt man mithilfe von (1.40) auf das Quadrat des Drehimpulses und seine Projektion auf die Symmetrieachse um und erhält

$$H\Psi(\phi, \theta, \psi) = \hbar^2 \left\{ \frac{\boldsymbol{L}^2 - \overline{L}_3^2}{2I_1} + \frac{\overline{L}_3^2}{2I_3} \right\} \Psi(\phi, \theta, \psi) = E\Psi(\phi, \theta, \psi) \,. \tag{1.42}$$

Der Vergleich mit der Differentialgleichung (1.37) zeigt, dass die Eigenfunktionen Ψ durch D-Funktionen zu ganzzahligen Werten von j ausgedrückt werden können. Der genaue Zusammenhang benötigt noch eine zusätzliche Symmetrieüberlegung. Bei vorgegebener Form des symmetrischen Kreisels gibt es verschiedene Möglichkeiten, die Achsen des körperfesten Systems festzulegen, die Eigenfunktionen in (1.42) dürfen aber nicht von deren spezieller Wahl abhängen. Man kann nun zeigen, dass jede Wahl der körperfesten Achsen durch Kombination von drei Grundtypen von Transformationen verwirklicht werden kann: Drehung um die 1-Achse um den Winkel π, Drehung um die 3-Achse um $\pi/2$ und zyklische Permutation der drei Achsen. Mit den uns bekannten Symmetrieeigenschaften der D-Funktionen folgt daraus, dass die auf 1 normierten Eigenfunktionen des symmetrischen Kreisels die folgenden sind

$$\begin{aligned} \Psi(\phi, \theta, \psi) &\equiv \Psi_{Lm\kappa}(\phi, \theta, \psi) \\ &= \sqrt{\frac{2L+1}{16\pi^2(1+\delta_{\kappa 0})}} \left(D^{(L)}_{\kappa m}(\phi, \theta, \psi) + (-)^L D^{(L)}_{-\kappa m}(\phi, \theta, \psi) \right) \,. \end{aligned} \tag{1.43}$$

Dabei durchläuft $L = 0, 1, 2, \ldots$ alle ganzzahligen Werte, m und κ haben den aus der Analyse des Bahndrehimpulses bekannten Wertevorrat, $m, \kappa = -L, -L+1, \ldots, L$. Die Eigenwerte des Hamiltonoperators (1.42) hängen nur vom Betrag des Drehimpulses und von dessen Projektion auf die Symmetrieachse ab und lauten

$$E_{L\kappa} = \hbar^2 \left\{ \frac{L(L+1) - \kappa^2}{2I_1} + \frac{\kappa^2}{2I_3} \right\} \,. \tag{1.44}$$

Dieses Ergebnis spielt eine wichtige Rolle bei der Beschreibung von zweiatomigen Molekülen sowie im sogenannten Kollektivmodell von Atomkernen, die im Grundzustand eine permanente Deformation aufweisen[11]. Stark deformierte Kerne kommen in der Gruppe der Seltenen Erden und der Transurane vor und sind entweder zigarrenförmig deformiert (auf englisch *prolate*) oder diskusförmig deformiert (engl. *oblate*). Sie scheinen dabei entweder verschwindende oder – im vergleich zu I_1 – sehr kleine Trägheitsmomente I_3 zu besitzen, so dass sie klassisch gesprochen im wesentlichen nur um Achsen senkrecht zur Symmetrieachse rotieren.

[11] A. Bohr, Dan. Mat.-Fys. Medd. 26, No. 14 (1952), A. Bohr und B.R. Mottelson, Dan. Mat.-Fys. Medd. 27, No. 16 (1953) und 30, No. 1 (1955). Die Arbeiten von Aage Bohr, dem Sohn von Niels Bohr, und Ben Mottelson über die kollektiven Rotations- und Vibrationsanregungen von stark deformierten Kernen wurden 1975 mit dem Nobelpreis ausgezeichnet. Mit ihnen geehrt wurde James Rainwater.

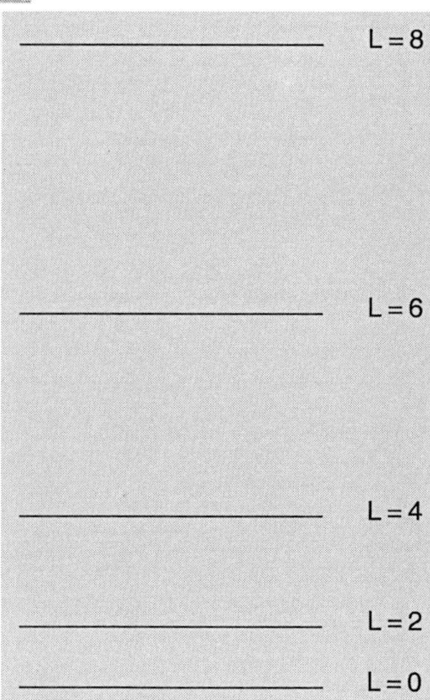

Abb. 1.3. Energiespektrum eines quantisierten, symmetrischen Rotators

Eine Besonderheit tritt dann auf, wenn die Projektion des Drehimpulses auf die Symmetrieachse verschwindet. Die Eigenfunktionen (1.43) sind mit $\kappa = 0$ nur dann ungleich Null, wenn L eine *gerade* Zahl ist. Die Eigenwerte (1.44) sind dann

$$E_L = \hbar^2 \frac{L(L+1)}{2I_1}, \qquad L = 0, 2, 4, \dots . \tag{1.45}$$

Die Abb. 1.3 zeigt ein solches typisches Rotationsspektrum.

Allerdings, wenn man es genau nimmt, ist die Vorstellung eines starren Körpers nicht mit der Heisenberg'schen Unschärferelation zwischen Ort und Impuls verträglich. Modelliert man den klassischen starren Körper durch eine endliche Anzahl von Punktteilchen, die durch geeignet gewählte Kräfte an ihren festen Positionen gehalten werden, so werden sie nach der Quantisierung zumindest kleine Schwingungen um diese Ruhelagen ausführen, in Analogie beispielsweise zum Grundzustand des harmonischen Oszillators (s. Band 2, Abschn. 1.2.3). Diese Frage ist für das quantenmechanische Drei-Körper-Problem, sowie für den allgemeineren Fall des N-Körper-Systems untersucht und geklärt worden[12].

1.2.3 Addition von Drehimpulsen und Clebsch-Gordan-Koeffizienten

In diesem Abschnitt behandeln wir erneut die Kopplung von Drehimpulsen, beweisen einige wichtige Eigenschaften der Clebsch-Gordan-Reihe und geben Methoden an, wie die Clebsch-Gordan-Koeffizienten berechnet werden können.

a) Problemstellung und Vorbemerkungen

Darstellungen einer kompakten Lie'schen Gruppe G wie z.B. $SU(n)$, $SO(m)$ etc. sind immer auch Darstellungen der zugehörigen Lie-Algebra Lie G (oft auch mit gothischen Buchstaben wie $\mathfrak{g}$, $\mathfrak{su}(n)$, $\mathfrak{so}(m)$ usw. bezeichnet). In der Tat haben wir in Band 2, Abschn. 4.1.2, die Darstellungen von $SU(2)$ aus den Eigenschaften ihrer Lie-Algebra allein hergeleitet, ohne direkten Gebrauch von der Gruppe selbst zu machen. Allerdings ist einige Vorsicht geboten, wie die folgenden Bemerkungen zeigen. So haben die Darstellungen der Lie-Algebra der Gruppe $G = U(1)$ das Spektrum $\mathbb{R}$, ohne jede weitere Einschränkung, während die Gruppe selbst nur ganzzahlige Eigenwerte $m \in \mathbb{Z}$ zulässt, wenn die Eigenfunktionen $\exp\{im\phi\}$ einwertig sein sollen. Auch der Vergleich von $SU(2)$ und $SO(3)$, deren Lie-Algebren ja isomorph sind, hat uns gezeigt, dass die Lie-Algebra die ganzzahligen und die halbzahligen Eigenwerte j richtig und ohne Unterschied liefert. Die irreduziblen, unitären Darstellungen mit den Quantenzahlen (j, m) sind in beiden Fällen einwertige Darstellungen der Überlagerungsgruppe $SU(2)$. Bezogen auf die $SO(3)$ sind aber nur die Darstellungen mit ganzzahligem $j \equiv \ell$ einwertig.

Die Problemstellung bei der Addition von Drehimpulsen sei hier noch einmal kurz zusammengefasst: Bildet man aus den Basiszuständen $|j_1 m_1\rangle$ und $|j_2 m_2\rangle$ die Produktzustände $|j_1 m_1\rangle|j_2 m_2\rangle$, so bilden auch diese eine

[12] S. Flügge und A. Weiguny, Z. Physik **171**, 171 (1963), A. Weiguny, Z. Physik **186**, 227 (1965).

Darstellung, die aber *reduzibel* ist. Die beiden Faktoren spannen irreduzible Unterräume $\mathcal{H}^{(j_i)}$ auf, die die Dimension $(2j_1+1)$ bzw. $(2j_2+1)$ haben und deren Elemente sich unter Drehungen $\mathbf{R}$ im $\mathbb{R}^3$ mit $\mathbf{D}^{(j_1)}(\mathbf{R})$ bzw. mit $\mathbf{D}^{(j_2)}(\mathbf{R})$ transformieren. Der (reduzible) Produktraum hat daher die Dimension $(2j_1+1)(2j_2+1)$, seine Elemente transformieren sich mit dem Produkt $\mathbf{D}^{(j_1)}(\mathbf{R})\mathbf{D}^{(j_2)}(\mathbf{R})$. Die Aufgabe, die zu lösen ist, besteht darin, die Produktzustände nach irreduziblen Darstellungen zu entwickeln, d. h. symbolisch geschrieben, die Reihe

$$\boldsymbol{j}_1 \otimes \boldsymbol{j}_2 = \sum \oplus \boldsymbol{J} \tag{1.46}$$

zu bilden, oder, auf dem Niveau der Basiszustände diejenige unitäre Transformation zu finden, die die Produktzustände auf die Eigenzustände zum Quadrat des Gesamtdrehimpulses $\boldsymbol{J}^2 = (\boldsymbol{j}_1 + \boldsymbol{j}_2)^2$ und zur 3-Komponente $\mathbf{J}_3 = (\mathbf{j}_1)_3 + (\mathbf{j}_2)_3$ abbildet,

$$|JM\rangle = \sum_{m_1,m_2} (j_1 m_1, j_2 m_2 | JM) \, |j_1 m_1\rangle \, |j_2 m_2\rangle \; . \tag{1.47}$$

Hierbei ist $|JM\rangle$ Eigenzustand von $\boldsymbol{J}^2$ zum Eigenwert $J(J+1)$ und von $\mathbf{J}_3$ zum Eigenwert M.

b) Wann sind Produkte von Darstellungen wieder Darstellungen?

In einem etwas allgemeineren Rahmen betrachten wir eine Algebra $\mathcal{A}$, die möglicherweise, aber nicht notwendigerweise eine Lie-Algebra ist. Es seien ρ_V und ρ_W zwei Darstellungen der Algebra auf den Vektorräumen V bzw. W derart, dass ein Element $a \in \mathcal{A}$ durch $\rho_V(a)$ auf V, durch $\rho_W(a)$ auf W dargestellt wird. Die Wirkung von a auf ein Element $v \in V$ und ein Element $w \in W$ ist dann $\rho_V(a)v$ bzw. $\rho_W(a)w$. Bei Matrixdarstellungen, wie wir sie hier betrachten, ist diese Wirkung durch das Produkt einer Matrix und eines Vektors gegeben. Bilden wir jetzt die Menge der Produkte vw, so kann eine *lineare* Wirkung von a auf diese nur durch die Summe der Tensorprodukte

$$\rho(a) = \rho_V(a) \otimes \mathbb{1}_W + \mathbb{1}_V \otimes \rho_W(a) \tag{1.48}$$

gegeben sein. Es erhebt sich dann aber die Frage, ob oder gegebenenfalls wann (1.48) wieder eine Darstellung der Algebra ist. Das Produkt der Algebra sei symbolisch mit $\bullet$ bezeichnet. Der Ansatz liefert genau dann eine Darstellung, wenn für das Produkt $a \bullet b$ zweier beliebiger Elemente $a, b \in \mathcal{A}$ mit

$$\rho_{V/W}(a \bullet b) = \rho_{V/W}(a) \bullet \rho_{V/W}(b) \quad \text{auch} \quad \rho(a \bullet b) = \rho(a) \bullet \rho(b)$$

gilt. Das ist i. Allg. nicht wahr: Bildet man mithilfe von (1.48)

$$\begin{aligned}\rho(a) \bullet \rho(b) = {} & \rho_V(a) \bullet \rho_V(b) \otimes \mathbb{1}_W + \mathbb{1}_V \otimes \rho_W(a) \bullet \rho_W(b) \\ & + \rho_V(a) \bullet \rho_W(b) + \rho_V(b) \bullet \rho_W(a) \, ,\end{aligned}$$

so ergeben die beiden ersten Terme der rechten Seite die richtige Antwort $\rho(a \bullet b)$, die beiden letzten aber bleiben stehen. Ist die Algebra eine Lie-Algebra $(\mathcal{A}, \bullet) = (\mathfrak{g}, [\ ,\ ])$, deren Produkt ja der Kommutator ist, dann heben sich die Zusatzterme heraus, der Ansatz (1.48) liefert eine Darstellung.

c) Eine Bemerkung zur Notation

In der älteren mathematischen und in einem Großteil der physikalischen Literatur wird die reduzible Produktdarstellung mit den Basiselementen $|j_1 m_1\rangle|j_2 m_2\rangle$ mit dem Symbol $\times$ des direkten Produkts bezeichnet. (Jedes Basiselement des einen Darstellungsraums V wird mit jedem Basiselement des anderen Raums W multipliziert, jedes Matrixelement $D^{(j_1)}_{\kappa_1 m_1}$ mit jedem Matrixelement $D^{(j_2)}_{\kappa_2 m_2}$.) In der aktuellen mathematischen Literatur wird dieser Fall als Tensorprodukt $V \otimes W$ mit den Basiselelementen $v \otimes w$ notiert, während das Symbol $\times$ bedeutet, dass $V \times W$ Elemente (v, w) mit zwei Einträgen hat, (die nicht multipliziert werden). Unser oben gestelltes Problem müssten wir in dieser Notation dann anstelle von (1.47) wie folgt notieren

$$|JM\rangle = \sum_{m_1, m_2} (j_1 m_1, j_2 m_2 | JM)\, |j_1 m_1\rangle \otimes |j_2 m_2\rangle \ .$$

Da es auf dem Niveau der Zustände kaum Anlass zur Verwechslung gibt, bleibe ich bei der weiter oben gewählten Schreibweise. Für Operatoren ist das Tensorprodukt (1.48) allerdings wesentlich.

d) Ko- und Kontravarianz

Basisvektoren $\boldsymbol{\varphi}^{(j)} \equiv \{\varphi^{(j)}_m\}$ und Entwicklungskoeffizienten $\boldsymbol{a}^{(j)} \equiv \{a^{(j)}_m\}$ eines physikalischen Zustandes transformieren sich in *kontragredienter* Weise, vgl. Band 2, Abschn. 4.1.3, d. h. wenn letztere sich unter einer Drehung mit $\mathbf{D}^{(j)}$ transformieren, so ist das Transformationsverhalten der Basis durch $\left(\mathbf{D}^{-1}\right)^T = \mathbf{D}^*$ gegeben. In Kurzschreibweise gilt somit

$$\boldsymbol{a}'^{(j)} = \mathbf{D}^{(j)} \boldsymbol{a}^{(j)} \,, \qquad \boldsymbol{\varphi}'^{(j)} = \mathbf{D}^{(j)*} \boldsymbol{\varphi}^{(j)} \,.$$

Damit ist sichergestellt, dass der physikalische Zustand

$$\Psi = \sum_j \boldsymbol{\varphi}'^{(j)} \cdot \boldsymbol{a}'^{(j)} = \sum_j \boldsymbol{\varphi}^{(j)} \mathbf{D}^{(j)\dagger} \mathbf{D}^{(j)} \boldsymbol{a}^{(j)} = \sum_j \boldsymbol{\varphi}^{(j)} \cdot \boldsymbol{a}^{(j)}$$

nicht von der Wahl der Basis abhängt.

Die Clebsch-Gordan-Koeffizienten sollen natürlich so definiert werden, dass sie für die $SU(2)$ universell gültig sind und in Tabellen erfasst oder mit einfachen Programmen berechnet werden können. Um diese Forderung zu erfüllen, definiert man sie derart, dass sie für die Kopplung von zwei zueinander *kogredienten*, d. h. sich gleich transformierenden Objekten gelten. Beide Faktoren, mit anderen Worten, müssen unter Drehungen mit $\mathbf{D}$ oder beide mit $\mathbf{D}^*$ transformieren.

Nennen wir der Einfachheit halber die Basiselemente kovariant, die Entwicklungskoeffizienten kontravariant. Die Clebsch-Gordan-Koeffizienten seien wie in (1.47) so definiert, dass sie zwei kovariant transformierende Objekte – hier also $|j_1 m_1\rangle$ und $|j_2 m_2\rangle$ – verkoppeln. Wir müssen aber auch den Fall im Auge behalten, in dem die Clebsch-Gordan-Reihe für zwei kontragrediente Objekte, d. h. ein kovariantes und ein kontravariantes aufgestellt werden soll. Dieser Fall tritt unter anderen dann auf, wenn ein Teilchen-Lochzustand oder ein Zustand aus einem Teilchen und einem Antiteilchen zu Eigenzuständen des Gesamtdrehimpulses konstruiert werden müssen. Ein Beispiel mag das gestellte Problem beleuchten.

Die Einteilchen-Zustände eines Atoms seien nach j und m, den Eigenwerten des Drehimpulses (Vektorsumme aus Bahndrehimpuls und Spin) und seiner 3-Komponente klassifiziert, diese Zustände seien bis zu einer vorgegebenen Grenzenergie E_F aufgefüllt. Hebt man nun ein Elektron aus dem besetzten Zustand $|j_1 m_1\rangle$ mit $E_1 < E_F$ in einen vorher unbesetzten Zustand $|j_2 m_2\rangle$ mit $E_2 > E_F$ an, so entsteht eine Teilchen-Loch-Anregung, deren Drehimpulsanteil

$$\overline{|j_1 m_1\rangle}\, |j_2 m_2\rangle$$

einen kontravariant und einen kovariant transformierenden Faktor enthält. Auf dieses Produkt ist die Clebsch-Gordan-Reihe nicht direkt anwendbar, vielmehr muss man den „falsch“ transformierenden Faktor $\overline{|j_1 m_1\rangle}$ zunächst in einen (hier) kovarianten $|j_1 \widetilde{m}_1\rangle$ überführen derart, dass beide Faktoren kogredient werden. Wie wir jetzt zeigen, ist die Lösung dieser Aufgabe einfach. Es gilt folgendes Lemma:

Lemma 1

Ein kovariant transformierender Satz $\boldsymbol{b}^{(j)} \equiv \{b_m^{(j)}, m = +j, \dots, m = -j\}$ wird durch die spezielle unitäre Transformation

$$\mathbf{U}_0 := \mathbf{D}^{(j)}(0, \pi, 0) \tag{1.49}$$

auf einen kontravariant transformierenden Satz $\tilde{\boldsymbol{b}}^{(j)} \equiv \{\tilde{b}^{(j)m}, m = +j, \dots, m = -j\}$ abgebildet. Dies gilt auch in der anderen Richtung: dieselbe Transformation verwandelt einen kontravarianten in einen kovarianten Satz.

Beweis

Wenn die Behauptung richtig ist, dann gilt $\tilde{\boldsymbol{b}}^{(j)} = \mathbf{U}_0 \boldsymbol{b}^{(j)}$. Es sei $\mathbf{U}$ eine beliebige unitäre Transformation, die auf $\boldsymbol{b}^{(j)}$ wirkt,

$$\mathbf{U}\boldsymbol{b}^{(j)} = \boldsymbol{b}^{(j)\prime} .$$

Die Wirkung derselben Transformation auf $\tilde{\boldsymbol{b}}^{(j)}$ sei mit $\widetilde{\mathbf{U}}$ bezeichnet,

$$\tilde{\boldsymbol{b}}^{(j)\prime} = \widetilde{\mathbf{U}}\tilde{\boldsymbol{b}}^{(j)} .$$

Wenn $\tilde{\boldsymbol{b}}^{(j)}$ zu $\boldsymbol{b}^{(j)}$ kontragredient ist und dies auch für $\tilde{\boldsymbol{b}}^{(j)\prime}$ und $\boldsymbol{b}^{(j)\prime}$ gelten soll, so muss

$$\widetilde{\mathbf{U}} = \left(\mathbf{U}^{-1}\right)^T = \mathbf{U}^* \quad \text{und} \quad \mathbf{U}^* = \mathbf{U}_0\,\mathbf{U}\,\mathbf{U}_0^{-1}$$

gelten. Spezialfälle sind die durch Drehungen $\mathbf{R}$ induzierten unitären Transformationen $\mathbf{U} = \mathbf{D}^{(j)}(\mathbf{R})$, für die diese Forderungen

$$\mathbf{U}_0\,\mathbf{D}^{(j)}(\mathbf{R})\mathbf{U}_0^{-1} = \mathbf{D}^{(j)*}(\mathbf{R}) \quad \text{für alle} \quad \mathbf{R} \in SO(3)$$

lauten. Schreibt man $\mathbf{D}^{(j)}$ als Exponentialreihe in den Erzeugenden $\boldsymbol{J} = \{\mathbf{J}_1, \mathbf{J}_2, \mathbf{J}_3\}$, so übertragen sich die Bedingungen auf diese,

$$\mathbf{U}_0\,\mathbf{D}^{(j)}(\mathbf{R})\mathbf{U}_0^{-1} = \mathrm{e}^{\mathrm{i}\varphi\mathbf{U}_0\boldsymbol{J}\mathbf{U}_0^{-1}} = \mathbf{D}^{(j)*}(\mathbf{R}) = \mathrm{e}^{-\mathrm{i}\varphi\boldsymbol{J}^*}, \quad \text{bzw.} \tag{1.50}$$

$$\mathbf{U}_0\mathbf{J}_k + \mathbf{J}_k^*\mathbf{U}_0 = 0\,, k = 1, 2, 3\,. \tag{1.51}$$

Diese letzte Forderung (1.51) ist tatsächlich erfüllt, wenn die Phasenkonvention von Condon und Shortley, (siehe Band 2, Abschn. 4.1.3), zugrundegelegt wird, in der $\mathbf{J}_1$ und $\mathbf{J}_3$ reell sind, $\mathbf{J}_2$ rein imaginär ist: $\mathbf{U}_0$ als Drehung um die 2-Achse um den Winkel π überführt $\mathbf{J}_1$ in $-\mathbf{J}_1$, $\mathbf{J}_3$ in $-\mathbf{J}_3$, aber lässt $\mathbf{J}_2$ ungeändert. Damit ist die Behauptung bewiesen.

Unter Verwendung der Condon-Shortley-Phasenkonvention nimmt $\mathbf{U}_0$ eine sehr einfache Gestalt an. Setzt man $\theta = \pi$, so gibt die Formel (1.25) oder, noch etwas einfacher, die Symmetrierelation (1.28) die explizite Gestalt dieser Matrix

$$(U_0)_{m'm} \equiv D^{(j)}_{m'm}(0, \pi, 0) = (-)^{j-m'}\,\delta_{m',-m}\,. \tag{1.52}$$

Kehren wir noch einmal zu unserem Beispiel der Teilchen-Loch-Anregung zurück, so ist der korrekt konstruierte, verkoppelte Zustand

$$|JM\rangle = \sum_{m_1 m_2} (-)^{j_1+m_1}(j_1, -m_1; j_2, m_2|JM)\,|j_1, -m_1\rangle\,|j_2 m_2\rangle\,.$$

e) Die Clebsch-Gordan-Koeffizienten sind reell

Die Transformation $\mathbf{U}_0$ hat die kanonische Form (1.49) bzw. (1.52), die für alle irreduziblen Darstellungen gilt. Ihre Wirkung auf die linke Seite von (1.47) ist

$$(U_0^{(J)})_{M'M} = D^{(J)}_{M'M}(0, \pi, 0)\,,$$

ihre Wirkung auf die rechte Seite ist

$$(U_0)_{m_1'm_2',m_1m_2} = D^{(j_1)}_{m_1'm_1}(0, \pi, 0)D^{(j_2)}_{m_2'm_2}(0, \pi, 0)\,.$$

Es sei $\mathbf{C}$ eine unitäre, sonst aber zunächst beliebige Transformation. Aufgrund der Rolle, die $\mathbf{U}_0$ kraft seiner Definition spielt, gilt generell $\mathbf{C}^*\mathbf{U}_0 = \mathbf{U}_0\mathbf{C}$ oder $\mathbf{C}^*\mathbf{U}_0\mathbf{C}^\dagger = \mathbf{U}_0$. Die unitäre Matrix, die die Kopplung (1.47) bewerkstelligt, deren Einträge also die Clebsch-Gordan-Koeffizienten sind, ist eine solche Unitäre. Hier gilt somit

$$\mathbf{C}^*\mathbf{U}_0\mathbf{C}^\dagger = \mathbf{U}_0^{(J)}\,.$$

In diesem Fall sind aber $\mathbf{U}_0^{(J)}$ und $\mathbf{U}_0$ äquivalent, d. h. es gilt außerdem

$$\mathbf{C}\mathbf{U}_0\mathbf{C}^\dagger = \mathbf{U}_0^{(J)} .$$

Diese beiden Relationen sind nur dann verträglich, wenn $\mathbf{C}$ reell und damit orthogonal ist. Dieses für die Praxis wichtige Ergebnis fassen wir noch einmal zusammen:

Satz 1.2

Bei Verwendung der Condon-Shortley-Phasenkonvention sind die Clebsch-Gordan-Koeffizienten *reell.*

Dieses Ergebnis beinhaltet folgende Vorteile:

(i) Zwei kogrediente Objekte werden auf dieselbe Weise gekoppelt, ganz gleich ob sie beide kovariant oder beide kontravariant sind;
(ii) Die Matrix $\mathbf{C}$ ist orthogonal, d. h.

$$\sum_{J,M} (j_1 m_1,\, j_2 m_2 | JM) \left(JM | j_1 m_1',\, j_2 m_2'\right) = \delta_{m_1 m_1'} \delta_{m_2 m_2'} ;$$

(iii) Die Einträge $(j_1 m_1,\, j_2 m_2 | JM)$ lassen sich ein für alle Mal berechnen und, da sie reell sind, in übersichtlicher Weise tabellieren.

1.2.4 Berechnung der Clebsch-Gordan-Koeffizienten und die 3*j*-Symbole

Im Prinzip haben wir mit den Ergebnissen des vorhergehenden Abschnitts bereits eine Möglichkeit geschaffen, die Clebsch-Gordan-Koeffizienten zu berechnen. Die folgende, auf E. Wigner zurückgehende Formel sollte mit etwas Überlegung einsichtig sein

$$\begin{aligned}(j_1\mu_1,\, j_2\mu_2 | j\mu)\,(j_1 m_1,\, j_2 m_2 | jm) &\\ = \frac{2j+1}{8\pi^2} &\\ \times \int_0^{2\pi} \mathrm{d}\psi \int_0^{\pi} \sin\theta\, \mathrm{d}\theta \int_0^{2\pi} \mathrm{d}\phi\; D^{(j)*}_{\mu m}(\phi, \theta, \psi) D^{(j_1)}_{\mu_1 m_1}(\phi, \theta, \psi) D^{(j_2)}_{\mu_2 m_2}(\phi, \theta, \psi) .&\end{aligned} \tag{1.53}$$

Führt man dieses Integral aus und löst nach den Koeffizienten auf, unter Verwendung der Normierungsbedingung

$$\sum_{m_1 m_2} (j_1 m_1,\, j_2 m_2 | jm)^2 = 1$$

und der Konvention $(j_1, m_1 = j_1;\, j_2, m_2 = j - j_2 | j, m = j) \geq 0$, dann erhält man eine explizite Formel für die Clebsch-Gordan-Koeffizienten. Diese Rechenmethode ist allerdings nicht sehr handlich und ich überspringe diesen Zugang ebenso wie Alternativen, die Clebsch-Gordan-Koeffizienten im

Rahmen der Lie-Algebra der $SU(2)$ zu berechnen. Man findet sie z. B. in [Fano und Racah (1959)] ausgeführt. Das Ergebnis ist

$$
\begin{aligned}
(j_1 m_1, j_2 m_2 | j_3 m_3) &= \delta_{m_1+m_2,m_3} \sqrt{2j_3+1}\ \Delta(j_1, j_2, j_3) \sum_r (-)^r \\
&\times \frac{\sqrt{(j_1+m_1)!(j_1-m_1)!(j_2+m_2)!(j_2-m_2)!(j_3+m_3)!(j_3-m_3)!}}{r!(j_1+j_2-j_3-r)!(j_1-m_1-r)!(j_3-j_2+m_1+r)!} \\
&\times \frac{1}{(j_2+m_2-r)!(j_3-j_1-m_2+r)!} .
\end{aligned}
\tag{1.54}
$$

In dieser Formel ist ein in allen drei Drehimpulsen symmetrisches Symbol $\Delta(j_1, j_2, j_3)$ verwendet, das wie folgt definiert ist

$$
\Delta(j_1, j_2, j_3) = \sqrt{\frac{(j_1+j_2-j_3)!(j_2+j_3-j_1)!(j_3+j_1-j_2)!}{(j_1+j_2+j_3+1)!}} . \tag{1.55}
$$

Diese Größe ist nur dann ungleich Null, wenn die Argumente aller drei Fakultäten im Zähler größer oder gleich Null sind, d. h. wenn

$$
\text{Max}\ ((j_1-j_2), (j_2-j_1)) \le j_3 \le j_1+j_2 \tag{1.56}
$$

gilt. Dies ist die uns schon bekannte *Dreiecksrelation für Drehimpulse*, vgl. Band 2, Abschn. 4.1.6. Die Struktur des Ausdrucks (1.54) ist insofern bemerkenswert, als er aus einer endlichen Summe von Termen besteht, deren jeder die Quadratwurzel einer rationalen Zahl ist. Dies ist für die praktische Auswertung bzw. Programmierung der Koffizienten wichtig.

Die Symmetrierelationen (4.34) und (4.35) aus Band 2, Abschn. 4.1.6, lassen sich direkt aus (1.54) herleiten. Mit Ausnahme des Kronecker'schen δ und des Nenners sind alle Anteile unter beliebigen Permutationen der Paare (j_i, m_i) invariant. Den Nenner bezeichnen wir vorübergehend mit $N(j_1, m_1; j_2, m_2 | j)$. Ersetzt man den Summationsindex r durch $r = j_1 + j_2 - j_3 - s$, so geht dieser über in

$$
\begin{aligned}
&(j_1+j_2-j_3-s)!s!(j_3-j_2-m_1+s)!(j_1+m_1-s)! \\
&(j_3-j_1+m_2+s)!(j_2-m_2-s)! \\
&\equiv N(j_2, m_2; j_1, m_1 | j) .
\end{aligned}
$$

Gleichzeitig geht der Vorzeichenfaktor in (1.54) über in $(-)^{j_1+j_2-j_3}(-)^{-s}$. Da s immer ganzzahlig ist, folgt die Symmetrierelation

$$
(j_2 m_2, j_1 m_1 | j_3 m_3) = (-)^{j_1+j_2-j_3} (j_1 m_1, j_2 m_2 | j_3 m_3) . \tag{1.57}
$$

Ersetzt man jetzt r durch $r = j_1 - m_1 - t$, so wird der Nenner zu

$$
\begin{aligned}
&(j_1-m_1-t)!(j_2-j_3+m_1+t)! \\
&t!((j_3-j_2+j_1-t)!(j_2+m_2-j_1+m_1+t)! \\
&\times (j_3-m_1-m_2-t)! \equiv N(j_1, m_1; j_3, -(m_1+m_2) | j_2) ,
\end{aligned}
$$

der Vorzeichenfaktor zu $(-)^{j_1-m_1}(-)^t$. Mit $m_3 = m_1 + m_2$ folgt daraus die zweite Symmetrierelation

$$(j_1 m_1, j_2 m_2 | j_3 m_3) = (-)^{j_1 - m_1} \sqrt{\frac{(2j_3+1)}{(2j_2+1)}} \\ (j_1, m_1; j_3, -m_3 | j_2, -m_2) \,. \tag{1.58}$$

Die Clebsch-Gordan-Koeffizienten werden in dieser Form immer dann verwendet, wenn es auf ihre Normierung

$$\sum_{m_1 m_2} (j_1 m_1, j_2 m_2 | j_3 m_3) \left(j_1 m_1, j_2 m_2 | j_3' m_3' \right) = \delta_{j_3 j_3'} \delta_{m_3 m_3'}$$

ankommt. Ihre Symmetrieeigenschaften und die in ihnen enthaltenen Auswahlregeln andererseits werden transparenter und daher leichter zu erinnern, wenn man an ihrer Stelle die 3*j-Symbole* verwendet, die wie folgt definiert sind

$$\begin{pmatrix} j_1 & j_2 & j_3 \\ m_1 & m_2 & m_3 \end{pmatrix} = \delta_{m_1+m_2+m_3,0} \, (-)^{j_1-j_2-m_3} \Delta(j_1, j_2, j_3) \sum_r (-)^r \\ \times \frac{\sqrt{(j_1+m_1)!(j_1-m_1)!(j_2+m_2)!(j_2-m_2)!(j_3+m_3)!(j_3-m_3)!}}{r!(j_1+j_2-j_3-r)!(j_1-m_1-r)!(j_3-j_2+m_1+r)!} \\ \times \frac{1}{(j_2+m_2-r)!(j_3-j_1-m_2+r)!} \tag{1.59}$$

und mit den Clebsch-Gordan-Koeffizienten über die Formel

$$(j_1 m_1, j_2 m_2 | j_3 m_3) = (-)^{j_2-j_1-m_3} \sqrt{2j_3+1} \begin{pmatrix} j_1 & j_2 & j_3 \\ m_1 & m_2 & -m_3 \end{pmatrix} \tag{1.60}$$

verknüpft sind. Wir fassen ihre Eigenschaften, die aus denen der Clebsch-Gordan-Koeffizienten folgen, zusammen:

Eigenschaften der 3*j*-Symbole

(i) Die $3j$-Symbole (1.59) sind immer dann gleich Null, wenn eine der Auswahlregeln

$$j_1 + j_2 + j_3 = n \,, \quad n \in \mathbb{N}_0 \,, \tag{1.61}$$

$$|j_1 - j_2| \le j_3 \le j_1 + j_2 \text{ (zyklisch)} \,,$$

$$m_1 + m_2 + m_3 = 0 \,, \tag{1.62}$$

nicht erfüllt ist.

(ii) Sie sind invariant unter zyklischen Permutationen der Spalten

$$\begin{pmatrix} j_1 & j_2 & j_3 \\ m_1 & m_2 & m_3 \end{pmatrix} = \begin{pmatrix} j_2 & j_3 & j_1 \\ m_2 & m_3 & m_1 \end{pmatrix} \quad \text{(zyklisch)} \,. \tag{1.63}$$

Bei ungeraden (oder antizyklischen) Permutationen erhalten sie einen Vorzeichenfaktor, der von der Summe $j_1 + j_2 + j_3$ abhängt,

$$\begin{pmatrix} j_2 & j_1 & j_3 \\ m_2 & m_1 & m_3 \end{pmatrix} = (-)^{j_1+j_2+j_3} \begin{pmatrix} j_1 & j_2 & j_3 \\ m_1 & m_2 & m_3 \end{pmatrix} \quad \text{(antizyklisch)} . \tag{1.64}$$

(iii) Derselbe Vorfaktor tritt auf, wenn man die Vorzeichen aller m_i simultan ändert,

$$\begin{pmatrix} j_1 & j_2 & j_3 \\ -m_1 & -m_2 & -m_3 \end{pmatrix} = (-)^{j_1+j_2+j_3} \begin{pmatrix} j_1 & j_2 & j_3 \\ m_1 & m_2 & m_3 \end{pmatrix} . \tag{1.65}$$

(iv) Die Orthogonalität der Clebsch-Gordan-Koeffizienten überträgt sich auf die $3j$-Symbole und lautet

$$\sum_{m_1 m_2} \begin{pmatrix} j_1 & j_2 & j \\ m_1 & m_2 & m \end{pmatrix} \begin{pmatrix} j_1 & j_2 & j' \\ m_1 & m_2 & m' \end{pmatrix} = \frac{1}{2j+1} \delta_{jj'} \delta_{mm'} . \tag{1.66}$$

(v) Einige in Atom- und Kernphysik wichtige Spezialfälle sind

$$\begin{aligned} \begin{pmatrix} j & j' & 0 \\ m & m' & 0 \end{pmatrix} &= \frac{(-)^{j-m}}{\sqrt{2j+1}} \delta_{jj'} \delta_{m,-m'} , \\ \begin{pmatrix} j & 1 & j \\ -m & 0 & m \end{pmatrix} &= \frac{(-)^{j-m} m}{\sqrt{j(2j+1)(j+1)}} , \\ \begin{pmatrix} j & 2 & j \\ -m & 0 & m \end{pmatrix} &= (-)^{j-m} \frac{3m^2 - j(j+1)}{\sqrt{(2j-1)j(2j+1)(j+1)(2j+3)}} . \end{aligned} \tag{1.67}$$

(vi) Interessant ist auch der Fall, in dem alle drei magnetischen Quantenzahlen gleich Null sind. Bezeichnen wir die Drehimpulse jetzt mit a, b und c (sie sind hier ganzzahlig!), dann ist

$$\begin{pmatrix} a & b & c \\ 0 & 0 & 0 \end{pmatrix} = 0 \quad \text{wenn } a+b+c = 2m+1 , \tag{1.68}$$

$$\begin{pmatrix} a & b & c \\ 0 & 0 & 0 \end{pmatrix} = \Delta(a,b,c) \frac{(-)^n n!}{(n-a)!(n-b)!(n-c)!} \tag{1.69}$$

$$\text{wenn } a+b+c = 2n .$$

(vii) Während die Definition der Clebsch-Gordan-Koeffizienten für $SU(2)$ allgemein akzeptiert ist, gibt es unterschiedliche Definitionen für die $3j$-Symbole. So hängen z. B. die in [Fano und Racah (1959)] definierten $\overline{V}$-Koeffizienten mit den $3j$-Symbolen (1.59) über

$$\begin{pmatrix} a & b & c \\ \alpha & \beta & \gamma \end{pmatrix} = (-)^{a+b+c} \, \overline{V} \begin{pmatrix} a & b & c \\ \alpha & \beta & \gamma \end{pmatrix}$$

zusammen. In [Fano und Racah (1959)] findet man weitere Konventionen zusammengestellt.

1.2.5 Tensoroperatoren und Wigner–Eckart-Theorem

Ein Satz von Operatoren $\{T_\mu^{(\kappa)}\}$, $\kappa \in \mathbb{N}_0$, $\mu \in (-\kappa, -\kappa+1, \dots, \kappa)$, der sich unter Drehungen im $\mathbb{R}^3$ kontravariant, d. h. mit $\mathbf{D}^{(\kappa)}$ – oder kovariant, d. h. mit $\mathbf{D}^{(\kappa)*}$ – transformiert, heißt *Tensoroperator der Stufe* κ. Hier ist ein Beispiel: Der Operator $|\boldsymbol{x}_1 - \boldsymbol{x}_2|^{-1}$ ist zwar invariant unter Drehungen, zerlegt man ihn aber nach Multipolen

$$\frac{1}{|\boldsymbol{x}_1 - \boldsymbol{x}_2|} = \sum_{\ell=0}^{\infty} \frac{4\pi}{2\ell+1} \frac{r_<^\ell}{r_>^{\ell+1}} \sum_{m=-\ell}^{+\ell} Y_{\ell m}^*(\hat{\boldsymbol{x}}_1) Y_{\ell m}(\hat{\boldsymbol{x}}_2)\,, \tag{1.70}$$

dann erscheint er als invariantes Produkt von Tensoroperatoren der Stufe ℓ

$$T_m^{(\ell)}(\boldsymbol{x}) = \sqrt{\frac{4\pi}{2\ell+1}}\, r^\lambda Y_{\ell m}(\hat{\boldsymbol{x}})$$

mit $r = |\boldsymbol{x}|$ und $\lambda = \ell$ oder $\lambda = -\ell - 1$.

Weitere Beispiele sind die Drehimpulskomponenten, wenn sie in der sphärischen Basis ausgedrückt sind,

$$\mathbf{J}_{\pm 1} = \mp \frac{1}{\sqrt{2}} (\mathbf{J}_1 \pm \mathrm{i}\mathbf{J}_2)\,, \qquad \mathbf{J}_0 = \mathbf{J}_3\,,$$

die einen Tensoroperator der Stufe 1 bilden.

Tensoroperatoren sind immer mit Bezug auf ein Koordinatensystem im $\mathbb{R}^3$ definiert, hängen also mindestens implizit von $\boldsymbol{x}$ ab. Natürlich können sie wie im ersten Beispiel auch explizit hiervon abhängen. Unter einer Drehung transformiert ein kovarianter Tensoroperator somit gemäß

$$T_\mu^{(\kappa)\prime}(\boldsymbol{x}') = \sum_{\nu=-\kappa}^{\kappa} D_{\mu\nu}^{(\kappa)*}(\phi, \theta, \psi)\, T_\nu^{(\kappa)}(\boldsymbol{x})\,. \tag{1.71}$$

Matrixelemente solcher Operatoren zwischen Eigenzuständen vom Quadrat eines Drehimpulses und seiner 3-Komponente haben eine besonders einfache Struktur: ihre Abhängigkeit von allen magnetischen Quantenzahlen ist in einem Vorzeichen und einem $3j$-Symbol enthalten. Mit anderen Worten alle solchen Matrixelemente sind zueinander proportional und ihre Verhältnisse haben universelle Werte, die nicht von der Art des Operators abhängen. Dies ist der Inhalt eines wichtigen Satzes:

Satz 1.3 Theorem von Wigner und Eckart

Die Matrixelemente eines Tensoroperators zwischen Eigenzuständen des Drehimpulses sind durch die universelle Formel

$$\langle JM|\, T_\mu^{(\kappa)}\, |J'M'\rangle = (-)^{J-M} \begin{pmatrix} J & \kappa & J' \\ -M & \mu & M' \end{pmatrix} (J\,\|T^{(\kappa)}\|\,J') \tag{1.72}$$

gegeben. Der gemeinsame Proportionalitätsfaktor $\left(J\|T^{(\kappa)}\|J'\right)$ wird *reduziertes Matrixelement* genannt.

Beweis

Wir geben hier den etwas heuristischen, aber das physikalische Verständnis betonenden Beweis von Fano und Racah [Fano und Racah (1959)] wieder. Er besteht in zwei Schritten.

1. Es werde zunächst ein solches irreduzibles Tensorfeld $T^{(\kappa)}_\mu(\boldsymbol{x})$ betrachtet, das in jedem Bezugssystem dieselbe Form und funktionale Abhängigkeit besitzt, d. h. für welches
$$T^{(\kappa)}_\mu(\boldsymbol{x}') = \sum_\nu D^{(\kappa)\,*}_{\mu\nu} T^{(\kappa)}_\nu(\boldsymbol{x})$$
gilt. Das Argument $\boldsymbol{x}$ steht dabei stellvertretend für möglicherweise mehr als eine einzige Variable. Ein Beispiel für ein solches Tensorfeld sind die Kugelfunktionen $T^{(\ell)}_m(\boldsymbol{x}) \equiv Y_{\ell m}(\hat{\boldsymbol{x}})$, die in allen Koordinatensystemen bekanntlich dieselben expliziten Funktionen sind. Schreiben wir $\int \mathrm{d}^3x$ für das möglicherweise mehrdimensionale Integral $\int \mathrm{d}^3x_1\, \mathrm{d}^3x_2 \cdots$, dann gilt für alle $\kappa \neq 0$
$$F^{(\kappa)}_\mu := \int \mathrm{d}^3x\; T^{(\kappa)}_\mu(\boldsymbol{x}) = 0\,. \tag{1.73}$$
Diese Aussage zeigt man, indem man die Koordinaten einer Drehung unterwirft, $\boldsymbol{x} \mapsto \boldsymbol{x}' = \mathbf{R}\boldsymbol{x}$ und ihre Auswirkung auf den konstanten Tensor $F^{(\kappa)}_\mu$ berechnet. Es ist
$$F^{(\kappa)}_\mu = \int \mathrm{d}^3x'\; T^{(\kappa)}_\mu(\boldsymbol{x}') = \sum_\nu D^{(\kappa)\,*}_{\mu\nu}(\mathbf{R}) \int \mathrm{d}^3x\; T^{(\kappa)}_\nu(\boldsymbol{x})$$
$$= \sum_\nu D^{(\kappa)\,*}_{\mu\nu}(\mathbf{R})\, F^{(\kappa)}_\nu\,.$$
Der Tensor $F^{(\kappa)}_\mu$ ist ein irreduzibler Tensor, dessen $(2\kappa+1)$ Komponenten in jedem Bezugssystem dieselben sind. Da die Matrizen $\mathbf{D}^{(\kappa)}$ irreduzibel sind, müssen die Komponenten $F^{(\kappa)}_\mu$ für alle $\kappa \neq 0$ verschwinden.
2. Im nächsten Schritt wird das Matrixelement $\langle JM|T^{(\kappa)}_\mu|J'M'\rangle$ unter Verwendung der Clebsch-Gordan-Reihe (1.47) und ihrer Umkehrung schrittweise durch irreduzible, sphärische Tensoren ausgedrückt, auf die die unter 1. bewiesene Aussage angewendet werden kann. Dabei verwenden wir die symbolische Notation $[T^{(\kappa)} \otimes S^{(\lambda)}]^{(\sigma)}_\nu$ für die Kopplung zweier sphärischer Tensoren, außerdem bezeichnen wir den Ausdruck $(-)^{J-M}\psi^*_{JM}$ mit $\phi_{J,-M}$, d. h. wir definieren $\phi_{JM} := (-)^{J+M}\psi^*_{J,-M}$. Damit wird die folgende Rechnung verständlich
$$\langle JM|\,T^{(\kappa)}_\mu\,|J'M'\rangle = \int \mathrm{d}^3x\; \psi^*_{JM}(\boldsymbol{x})\, T^{(\kappa)}_\mu(\boldsymbol{x})\, \psi_{J'M'}(\boldsymbol{x})$$
$$= (-)^{J-M} \int \mathrm{d}^3x\; \phi_{J,-M} \sum_{\lambda\sigma} (\kappa\mu,\, J'M'|\lambda\sigma)\, \left[T^{(\kappa)} \otimes \psi_{J'}\right]^{(\lambda)}_\sigma$$
$$= (-)^{J-M} \sum_{\tau\omega} \sum_{\lambda\sigma} (\kappa\mu,\, J'M'|\lambda\sigma)(J,\,-M,\,\lambda\sigma|\tau\omega)\, F^{(\tau)}_\omega\,,$$

mit der Abkürzung

$$F_\omega^{(\tau)} = \int \mathrm{d}^3x \; \left[\phi_J \otimes [T^{(\kappa)} \otimes \psi_{J'}]^{(\lambda)}\right]_\omega^{(\tau)} \; .$$

Dieser konstante Tensor verschwindet nach (1.73), es sei denn, es ist $\tau=\omega=0$. In diesem Fall gilt mit $(J, -M, \lambda\sigma|00) = (-)^{J+M}/\sqrt{2J+1}\,\delta_{J\lambda}\delta_{M\sigma}$ für das Produkt der beiden Clebsch-Gordan-Koeffizienten

$$\sum_{\lambda\sigma}(\kappa\mu, J'M'|\lambda\sigma)(J, -M, \lambda\sigma|00) = \frac{(-)^{J+M}}{\sqrt{2J+1}}(\kappa\mu, J'M'|JM)$$
$$= (-)^{J+M}(-)^{J'-\kappa-M}\begin{pmatrix} J & \kappa & J' \\ -M & \mu & M' \end{pmatrix}$$

und somit die in (1.72) angegebene Formel, wenn das reduzierte Matrixelement durch

$$\left(J \,\|T^{(\kappa)}\|\, J'\right) := (-)^{J-\kappa+J'} \int \mathrm{d}^3x \; \left[\phi_J \otimes [T^{(\kappa)} \otimes \psi_{J'}]^{(\lambda)}\right]_0^{(0)} \qquad (1.74)$$

definiert ist. Damit ist der Satz bewiesen.

Bemerkungen

1. An dem Beweis des Theorems ist klar zu sehen, dass es nur für solche Operatoren gilt, für die die numerischen Werte der Matrixelemente $\langle JM|T_\mu^{(\kappa)}|J'M'\rangle$ nicht von der Wahl des Bezugssystems abhängen. Ein Gegenbeispiel wäre etwa die Wechselwirkung eines magnetischen Momentes $\boldsymbol{\mu}$ mit einem festen äußeren Magnetfeld $\boldsymbol{B}$, das eine invariante Richtung im Raum auszeichnet. Das Theorem kann dann nur auf einen der beiden Faktoren angewandt werden.
2. Das reduzierte Matrixelement kann zwar aus der Definition (1.74) berechnet werden, in den meisten Fällen ist es aber einfacher, das volle Matrixelement für eine spezielle Wahl der magnetischen Quantenzahlen zu berechnen und durch das zugehörige $3j$-Symbol[13] und den Phasenfaktor zu teilen. Weiter unten geben wir Beispiele an.
3. Die Zustände $|JM\rangle$ eines quantenmechanischen Systems enthalten i. Allg. natürlich auch Radialfunktionen. Die Integrale über die Radialvariable(n) sind im reduzierten Matrixelement enthalten. Außerdem kann $|JM\rangle$ ein gekoppelter Zustand sein, zum Beispiel aus Bahndrehimpuls und Spin $[\ell \otimes s]^{(J)}$, während der Operator sich aber nur auf einen der beiden Anteile bezieht. In diesen Fällen ist die Berechnung des reduzierten Matrixelementes etwas aufwändiger, kann aber ein für alle mal ausgeführt und in Nachschlagewerken notiert werden.
4. Das Wigner-Eckart-Theorem reduziert nicht nur die Berechnung von ursprünglich sehr vielen, nämlich $(2J+1)(2\kappa+1)(2J'+1)$ Matrixelementen auf die eines einzigen, es liefert durch das $3j$-Symbol zugleich die Auswahlregeln, die aus der Erhaltung des Drehimpulses folgen. So ist unmittelbar klar, dass J, J' und κ die Dreiecksregel erfüllen müssen

[13] Die $3j$-Symbole sind tabelliert oder aus (1.59) direkt zu berechnen.

und dass die Summe der magnetischen Quantenzahlen des Ausgangszustands und des Operators gleich der magnetischen Quantenzahl des Endzustands sein muss, $M = \mu + M'$. Weitere Auswahlregeln, die aus der Erhaltung der Parität folgen oder die in speziellen Eigenschaften der Radialfunktionen begründet sind, stecken im reduzierten Matrixelement und sind nicht offensichtlich.

5. In aller Regel sind die Tensoroperatoren bosonische Operatoren, d. h. κ ist eine *ganze* Zahl. Sie werden dann nach den Darstellungen der $SO(3)$ klassifiziert und sind sphärische Tensoroperatoren bezüglich $SO(3)$ (nicht nur bezüglich $SU(2)$).

Beispiel 1.3 Quadrupolwechselwirkung in deformierten Kernen

Solange das Elektron eines Atoms nicht in den Kern eindringt, d. h. solange man in (1.70) für $r_<$ die Radialvariable eines Protons im Kern und für $r_>$ die Radialvariable des Elektrons einsetzen kann, ist der Quadrupolanteil der elektrostatischen Wechselwirkung zwischen dem Elektron und einem herausgegriffenen Proton

$$U_{\mathrm{E2}} = -\frac{4\pi e^2}{5} \frac{r_n^2}{r_e^3} \sum_m Y^*_{2m}(\hat{\boldsymbol{x}}_e) Y_{2m}(\hat{\boldsymbol{x}}_n) \,.$$

Berechnet man den Erwartungswert dieser Wechselwirkung im Grundzustand des Kerns und in einem vorgegebenen atomaren Zustand des Elektrons, so faktorisiert dieser. Wir wollen hier nur den Kernanteil betrachten. Traditionell wird das statische Quadrupolmoment des Kerns wie folgt definiert

$$Q_0 := \sqrt{\frac{16\pi}{5}}\, e \int\limits_0^\infty \mathrm{d}r \int \mathrm{d}\Omega \; \rho_{JJ}(\boldsymbol{x}) r^2 Y_{20}(\theta, \phi) \,,$$

wo die Protondichte im Zustand mit $M = J$

$$\rho_{JJ}(\boldsymbol{x}) = \langle J, M = J | \sum_{n=1}^{Z} \delta(\boldsymbol{x} - \boldsymbol{x}_n) \, | J, M = J \rangle$$

einzusetzen ist. Anders geschrieben ist das Quadrupolmoment

$$Q_0 = \sqrt{\frac{16\pi}{5}}\, e \,\langle J, J | \sum_{n=1}^{Z} r_n^2 Y_{20}(\hat{\boldsymbol{x}}_n) \, | J, J \rangle \,. \tag{1.75}$$

Es wird auch *spektroskopisches Quadrupolmoment* genannt, weil es in der Quadrupol-Hyperfeinstruktur von atomaren Spektren sichtbar wird. Die allgemeinen Matrixelemente, die in der Wechselwirkung mit dem Elektron auftreten, lassen sich über das Wigner-Eckart-Theorem durch das Quadrupolmoment ausdrücken,

$$\begin{aligned}\langle JM'|\, Q\,|JM\rangle &= \sqrt{\frac{16\pi}{5}}\, e\,\langle JM'|\, \sum_n r_n^2 Y_{2\mu}(\hat{\boldsymbol{x}}_n)\,|JM\rangle \\ &= Q_0 (-)^{J-M'} \begin{pmatrix} J & 2 & J \\ -M' & \mu & M \end{pmatrix} \begin{pmatrix} J & 2 & J \\ -J & 0 & J \end{pmatrix}^{-1} .\end{aligned}$$

Sowohl hier als auch an der Formel (1.75) für das Quadrupolmoment sieht man, dass $(J, 2, J)$ die Dreiecksregel erfüllen müssen, somit $J \geq 1$ sein muss, und dass $M' = \mu + M$ erfüllt sein muss. Nur Kerne, deren Grundzustand Spin $J \geq 1$ hat, können ein statisches, spektroskopisches Quadrupolmoment haben[14]. In der Quadrupol-Hyperfeinstruktur treten Erwartungswerte in den Zuständen $|JM\rangle$ auf. Verwendet man das Wigner-Eckart-Theorem und setzt die dritte der Formeln (1.67) ein, dann ist

$$\langle JM|\, Q\,|JM\rangle = Q_0 \frac{3M^2 - J(J+1)}{J(2J-1)} .$$

Leider reicht diese Formel noch nicht, um die spektroskopische Quadrupolaufspaltung anzugeben. Auch wenn man den Spin des Elektrons vernachlässigt, so trägt es doch einen Bahndrehimpuls ℓ, der mit dem Kernspin J zum Gesamtdrehimpuls F gekoppelt werden muss. Zur Berechnung des Matrixelementes $\langle(\ell J)F, M_F|U_{\text{E2}}|(\ell J)F, M_F\rangle$ über das Wigner-Eckart-Theorem braucht man das entsprechende reduzierte Matrixelement $\big((\ell J)F\|U_{\text{E2}}\|(\ell J)F\big)$. Wie man dieses erhält, zeigen wir im nächsten Abschnitt.

Beispiel 1.4 Spinoperator in Spin-Bahnzuständen

Es seien $j_+ := \ell + 1/2$ und $j_- := \ell - 1/2$. Ziel des Beispiels ist die Berechnung der reduzierten Matrixelemente

$$\Big((\ell \tfrac{1}{2})j_\pm \,\|\sigma\|\, (\ell \tfrac{1}{2})j_\pm\Big) =: (\pm\,\|\sigma\|\,\pm) ,$$

$$\Big((\ell \tfrac{1}{2})j_\pm \,\|\sigma\|\, (\ell \tfrac{1}{2})j_\mp\Big) =: (\pm\,\|\sigma\|\,\mp) ,$$

die wir wie angegeben abkürzen. Wir müssen somit drei Spezialfälle berechnen:

1. Der Zustand mit $m_\ell = \ell$ und $m_s = +1/2$ lautet $|\ell, \ell\rangle|1/2, 1/2\rangle$ und es gilt

$$\langle j_+, m = j_+|\, \sigma_0\,|j_+, m = j_+\rangle = 1 = \begin{pmatrix} j_+ & 1 & j_+ \\ -j_+ & 0 & j_+ \end{pmatrix} (+\,\|\sigma\|\,+) .$$

Setzt man hier die zweite Formel (1.67) sowie $j_+ = \ell + 1/2$ ein, so folgt das erste Ergebnis

$$(+\,\|\sigma\|\,+) = \sqrt{\frac{(2\ell+2)(2\ell+3)}{2\ell+1}} .$$

[14] Es gibt in der Natur auch stark deformierte Kerne, deren Grundzustand den Spin Null hat. Ihr Quadrupolmoment, das dann intrinsisches Quadrupolmoment genannt wird, wird erst in den Anregungsspektren, den Rotationsspektren des Beispiels 1.2 sichtbar.

2. Durch Anwendung des Absteigeoperators $\mathbf{J}_-$ auf $|j_+, j_+\rangle$ findet man den Zustand

$$|j_+, j_+ - 1\rangle = \frac{1}{\sqrt{2\ell+1}} \left\{ \sqrt{2\ell}\, |\ell, \ell - 1\rangle\, |1/2, 1/2\rangle + |\ell, \ell\rangle\, |1/2, -1/2\rangle \right\}$$

und daraus den dazu orthogonalen Zustand

$$|j_-, j_- = j_+ - 1\rangle = \frac{1}{\sqrt{2\ell+1}} \left\{ -|\ell, \ell-1\rangle\, |1/2, 1/2\rangle + \sqrt{2\ell}\, |\ell, \ell\rangle\, |1/2, -1/2\rangle \right\} .$$

Hieraus berechnet man leicht das Matrixelement von σ_0 im Zustand $|j_-, j_-\rangle$,

$$\langle j_-, j_- |\, \sigma_0\, | j_-, j_-\rangle = \frac{1}{\sqrt{2\ell+1}}(1 - 2\ell) = \begin{pmatrix} j_- & 1 & j_- \\ -j_- & 0 & j_- \end{pmatrix} (-\, \|\sigma\|\, -) .$$

Auch hier setzt man die zweite Formel (1.67) und $j_- = \ell - 1/2$ ein und erhält

$$(-\, \|\sigma\|\, -) = -\sqrt{2\ell(2\ell - 1)} .$$

3. Aus den unter 2. konstruierten Zuständen $|j_+, j_-\rangle$ und $|j_-, j_-\rangle$ berechnet man

$$\langle j_-, j_- |\, \sigma_0\, | j_+, j_-\rangle = -\frac{2\sqrt{2\ell}}{\sqrt{2\ell+1}} = \begin{pmatrix} j_- & 1 & j_+ \\ -j_- & 0 & j_- \end{pmatrix} (-\, \|\sigma\|\, +) .$$

Das jetzt auftretende $3j$-Symbol mit $j_- = j_+ - 1$ hat den expliziten Wert $-1/\sqrt{j_+(2j_+ + 1)} = -1/\sqrt{(2\ell+1)(\ell+1)}$. Einsetzen ergibt

$$(-\, \|\sigma\|\, +) = 2\sqrt{2\ell(\ell+1)} = (+\, \|\sigma\|\, -) .$$

Damit sind alle reduzierten Matrixelemente berechnet.

1.2.6 *Intertwiner, 6*j*- und 9*j*-Symbole

Um die Techniken der Drehgruppe und das Wigner-Eckart-Theorem für die Praxis optimal ausnutzen zu können, fehlt uns noch ein letzter, wichtiger Schritt in der Analyse von gekoppelten, quantenmechanischen Zuständen. In aller Regel setzen sich Eigenzustände zum Gesamtdrehimpuls aus mehr als zwei einzelnen Drehimpulsen zusammen, die in unterschiedlicher Reihenfolge gekoppelt werden können. Ein Beispiel wird dies erläutern: Setzen wir Z Elektronen in die Bindungszustände eines vorgegebenen, attraktiven Potentials – unter der Annahme, dass die Wechselwirkung der Elektronen untereinander klein sei –, dann tragen die Ein-Teilchen-Zustände definiten Bahndrehimpuls und definiten Spin. Zustände $|FM\rangle$ des Gesamtsystems zu festen Werten des Gesamtdrehimpulses $\boldsymbol{F}^2$ und seiner 3-Komponente $\mathbf{F}_3$

kann man z. B. so konstruieren, dass man zunächst alle Bahndrehimpulse $\ell_1, \ell_2, \dots, \ell_Z$ zu einem gesamten Bahndrehimpuls L, alle Spins zu einem gesamten Spin S verkoppelt und daraus den Zustand $|(LS)FM\rangle$ aufbaut. Alternativ kann man zunächst den Bahndrehimpuls und den Spin eines jeden Elektrons zu seinem resultierenden Drehimpuls koppeln, $|(\ell_i, s_i)j_i, m_i\rangle$, und in einem zweiten Schritt $j_1, j_2, \dots, j_Z$ zu F und M koppeln, so dass jetzt ein Zustand $|(j_1, j_2, \dots, j_Z)FM\rangle$ entsteht. (Im ersten Fall spricht man von ℓs-Kopplung, im zweiten von jj-Kopplung.) Natürlich sind auch andere, gemischte Kopplungsschemata denkbar und möglich.

Es ist klar, dass auf diese Weise unterschiedliche, aber äquivalente Darstellungen der Drehgruppe konstruiert werden, die über eine unitäre Transformation zusammenhängen. Unser Ziel ist, diese Transformationen für die Drehgruppe, für einige wichtige Fälle anzugeben.

Darstellungen einer Lie-Gruppe G sind auch Darstellungen ihrer Lie-Algebra $\mathfrak{g}$, wie wir in Abschn. 1.2.3 bemerkt haben. In der Theorie der Lie-Algebren heißen solche Transformationen *intertwiner,* weil sie verschiedene Darstellungen in folgendem Sinne „verflechten“: gegeben eine Darstellung ρ_V auf dem Vektorraum V und eine Darstellung ρ_W auf dem Vektorraum W. Die Wirkung eines Elements $a \in \mathfrak{g}$ der Lie-Algebra sei mit $R_V(a)$ in V, mit $R_W(a)$ in W bezeichnet. Eine lineare Abbildung $\varphi : V \to W$, die mit der Wirkung der Lie-Algebra vertauscht,

$$\varphi \circ R_V(a) = R_W(a) \circ \varphi \qquad \text{für alle} \quad a \in \mathfrak{g} ,$$

wird *intertwiner* genannt. Im Fall der Drehgruppe bzw. ihrer Lie-Algebra lassen sich diese Abbildungen aus der Kenntnis der Clebsch-Gordan-Reihe berechnen und explizit angeben. Wir behandeln zwei besonders wichtige Situationen:

a) Drei Drehimpulse in unterschiedlicher Kopplung

Drei Drehimpulse j_1, j_2, j_3 mögen auf zwei verschiedene Weisen verkoppelt werden, die wir in einer symbolischen, aber sofort verständlichen Weise notieren,

$$\left[[j_1 \otimes j_2]^{(j_{12})} \otimes j_3\right]^{(j)} =: A , \quad \left[j_1 \otimes [j_2 \otimes j_3]^{(j_{23})}\right]^{(j)} =: B .$$

Ausgeschrieben lautet ein Zustand aus dem ersten dieser Sätze

$$|(j_{12}, j_3)jm\rangle = \sum_{m_1, m_2, m_3} (j_1 m_1, j_2 m_2 | j_{12} m_{12})\,(j_{12} m_{12}, j_3 m_3 | jm)\,|j_1 m_1\rangle\,|j_2 m_2\rangle\,|j_3 m_3\rangle ,$$

ein Zustand aus dem zweiten Satz mit denselben Werten von j und m dagegen

$$|(j_1, j_{23})jm\rangle = \sum_{m'_1, m'_2, m'_3} \left(j_1 m'_1, j_{23} m_{23} | jm\right) \left(j_2 m'_2, j_3 m'_3 | j_{23} m_{23}\right) \left|j_1 m'_1\right\rangle \left|j_2 m'_2\right\rangle \left|j_3 m'_3\right\rangle .$$

Im ersten Fall sind die Auswahlregeln für die magnetischen Quantenzahlen $m_{12} = m_1 + m_2$ und $m = m_1 + m_2 + m_3$, im zweiten sind sie $m_{23} = m'_2 + m'_3$ und $m = m'_1 + m'_2 + m'_3$. Beide Sätze von Zuständen spannen den Darstellungsraum zu j und m auf, die Abbildung der ersten auf die zweite Basis

$$|\sigma\, jm\rangle = \sum_\tau C_{\sigma\tau}\, |\tau\, jm\rangle\ , \quad \text{mit} \quad \sigma \equiv (j_1, j_{23}) \text{ und } \tau \equiv (j_{12}, j_3)$$

ist durch die Skalarprodukte $C_{\sigma\tau} = \langle \tau\, jm | \sigma\, jm\rangle$ gegeben und lässt sich aus den angegebenen Zerlegungen ausrechnen. Führen wir anstelle der Clebsch-Gordan-Koeffizienten mit Hilfe der Beziehung (1.60) $3j$-Symbole ein, so ist

$$\begin{aligned} C_{\sigma\tau} &\equiv \langle (j_{12}, j_3)\, jm | (j_1, j_{23})\, jm\rangle \\ &= \sqrt{2j_{12}+1}\,(2j+1)\,\sqrt{2j_{23}+1} \\ &\quad \times \sum_{m_1 m_2 m_3} (-)^{j_2 - j_1 - m_{12}} (-)^{j_3 - j_{12} - m} (-)^{j_{23} - j_1 - m} (-)^{j_3 - j_2 - m_{23}} \\ &\quad \times \begin{pmatrix} j_1 & j_2 & j_{12} \\ m_1 & m_2 & -m_{12} \end{pmatrix} \begin{pmatrix} j_{12} & j_3 & j \\ m_{12} & m_3 & -m \end{pmatrix} \\ &\quad \times \begin{pmatrix} j_1 & j_{23} & j \\ m_1 & m_{23} & -m \end{pmatrix} \begin{pmatrix} j_2 & j_3 & j_{23} \\ m_2 & m_3 & -m_{23} \end{pmatrix} . \end{aligned}$$

Hierbei haben wir die Auswahlregeln für die m-Quantenzahlen und die Orthogonalität der Zustände $|j_i m_i\rangle$ ausgenutzt.

Streng genommen hätten wir die Abbildungsmatrix in der Form $\langle \sigma\, j'm' | \tau\, jm\rangle$ mit verschiedenen Werten des Gesamtdrehimpulses und seiner 3-Komponente schreiben können. Allerdings sind beide Sätze von Zuständen A und B irreduzibel. Sie sind zwar Eigenzustände zu unterschiedlichen Sätzen von kommutierenden Operatoren, sind aber alle Eigenzustände zu $\boldsymbol{J}^2 = \left(\sum \boldsymbol{J}_i\right)^2$ und zu $\mathbf{J}_3 = \sum \mathbf{J}_{i\,3}$. Die Abbildung von A auf B ist daher in j und m diagonal. Noch wichtiger ist die Beobachtung, dass die Transformationsmatrix $\mathbf{C} = \{C_{\sigma\tau}\}$ nicht von m abhängt. In der Tat, sowohl der Satz A als auch der Satz B transformieren unter Drehungen im $\mathbb{R}^3$ mit der irreduziblen Unitären $\mathbf{D}^{(j)}(\mathbf{R})$. Das bedeutet, dass $\mathbf{C}$ für alle $\mathbf{R}$ mit $\mathbf{D}^{(j)}(\mathbf{R})$ kommutiert und daher nicht von m abhängen kann. Den oben stehenden Ausdruck schreiben wir daher präziser als

$$C_{\sigma\tau} = \langle (j_{12}, j_3)\, j | (j_1, j_{23})\, j\rangle\ ,$$

d. h. ohne die Abhängigkeit von m.

Die Abbildung von einem Kopplungsschema auf ein anderes hat universellen Charakter und ist somit unabhängig von der speziellen Wahl der Basis im Unterraum mit festem Wert von j. Es ist daher sinnvoll, dieser universellen Eigenschaft durch eine eigene Definition Rechnung zu tragen. Im vorliegenden Beispiel für drei Drehimpulse zieht man den Faktor

$\sqrt{2j_{12}+1}\sqrt{2j_{23}+1}$ und einen in allen j_i symmetrischen Phasenfaktor heraus und definiert

$$\langle (j_{12}, j_3)\, j | (j_1, j_{23})\, j \rangle =: \\ (-)^{j_1+j_2+j_3+j} \sqrt{2j_{12}+1}\sqrt{2j_{23}+1} \begin{Bmatrix} j_1 & j_2 & j_{12} \\ j_3 & j & j_{23} \end{Bmatrix} . \qquad (1.76)$$

Diese Gleichung definiert die sogenannten *6j-Symbole.*

Man kann – wie hier skizziert – die $6j$-Symbole durch Summen über Produkte von vier $3j$-Symbolen ausdrücken. Nützlicher ist allerdings eine explizite Formel, die von G. Racah angegeben wurde und die die Auswahlregeln und Symmetrien der $6j$-Symbole explizit zeigt. Sie lautet

$$\begin{Bmatrix} j_1 & j_2 & j_3 \\ l_1 & l_2 & l_3 \end{Bmatrix} = \Delta(j_1, j_2, j_3)\Delta(j_1, l_2, l_3)\Delta(l_1, j_2, l_3)\Delta(l_1, l_2, j_3) \\ \times \sum_r (-)^r (r+1)!\, [(r-(j_1+j_2+j_3))!\, (r-(j_1+l_2+l_3))! \\ \times (r-(l_1+j_2+l_3))!\, ((r-(l_1+l_2+j_3))! \\ \times (j_1+j_2+l_1+l_2-r)!(j_2+j_3+l_2+l_3-r)! \\ \times (j_3+j_1+l_3+l_1-r)!]^{-1} . \qquad (1.77)$$

Die Summe über r enthält nur endlich viele Terme, da der Summand verschwindet, sobald eines der Argumente der Fakultäten im Nenner negativ wird. Die ersten vier Faktoren enthalten das Dreieckssymbol (1.55) und stellen sicher, dass die vier angegebenen Tripel von Drehimpulsen die Dreiecksrelation (1.56) erfüllen. Markieren wir diejenigen Einträge, die dieser Forderung genügen müssen, durch Punkte, so ergibt sich das einfache Bild der Abb. 1.4.

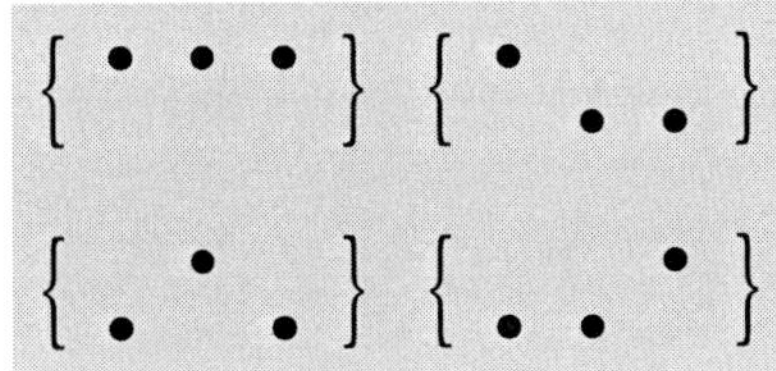

Abb. 1.4. Nur wenn die vier markierten Tripel von je drei Drehimpulsen die Dreiecksrelation erfüllen, kann das $6j$-Symbol ungleich Null sein

Hieraus und aus (1.77) folgen die

Symmetrierelationen für $6j$-Symbole:

(i) Die $6j$-Symbole bleiben bei beliebigen Vertauschungen der Spalten invariant.

(ii) Sie bleiben auch invariant, wenn man in zwei Spalten die oberen mit den unteren Einträgen vertauscht, die dritte Spalte ungeändert lässt, z. B.

$$\begin{Bmatrix} j_1 & l_2 & l_3 \\ l_1 & j_2 & j_3 \end{Bmatrix} = \begin{Bmatrix} j_1 & j_2 & j_3 \\ l_1 & l_2 & l_3 \end{Bmatrix} .$$

(iii) Die Symmetrierelationen der $6j$-Symbole unter Permutationen ihrer Einträge entsprechen den Symmetrien eines regelmäßigen Tetraeders unter Vertauschung seiner Kanten. In Abb. 1.5 ist jede Kante des $6j$-Symbols

$$\begin{Bmatrix} j_1 & j_2 & j_3 \\ l_1 & l_2 & l_3 \end{Bmatrix}$$

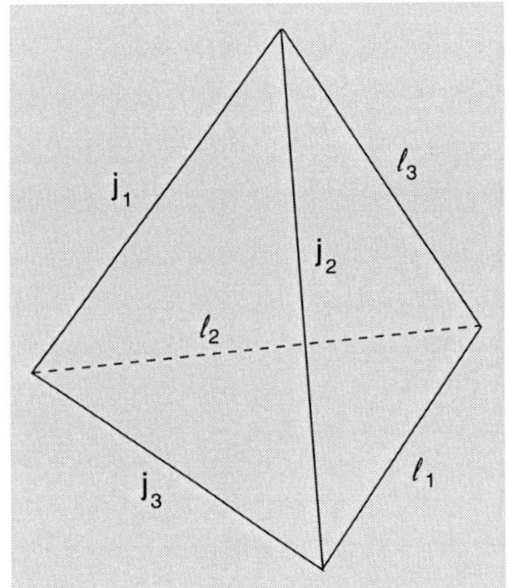

Abb. 1.5. Symmetrien der $6j$-Symbole in Form eines regelmäßigen Tetraeders: Gegenüberliegende Kanten entsprechen den Spalten des Symbols; die Seiten einer jeden Dreiecksfläche erfüllen die Dreiecksrelation

mit einem der Drehimpulse versehen derart, dass jede Dreiecksfläche einer der Dreiergruppen (j_1, j_2, j_3) usw. zugeordnet ist und die drei Paare von einander gegenüber liegenden Kanten den Spalten entsprechen.

(iv) Wenn einer der Einträge gleich Null ist, dann vereinfacht sich das Symbol stark. Es gilt zum Beispiel

$$\begin{Bmatrix} j_1 & j_2 & j_3 \\ l_1 & l_2 & 0 \end{Bmatrix} = (-)^{j_1+j_2+j_3} \delta_{j_1 l_2} \delta_{j_2 l_1} \delta(j_1, j_2, j_3) \frac{1}{\sqrt{(2j_1+1)(2j_2+1)}} ,$$

wobei das Symbol $\delta(j_1, j_2, j_3)$ abkürzend für die Forderung steht, dass j_1, j_2 und j_3 die Dreiecksregel (1.56) erfüllen müssen. Es ist einfach gleich 1 zu setzen, wenn diese erfüllt ist und sonst immer gleich Null. (Es sollte nicht mit $\Delta(j_1, j_2, j_3)$, (1.55), verwechselt werden.)

(v) Die Abbildungsmatrix $\mathbf{C}$ ist unitär (bzw. orthogonal),

$$\sum_{j_{23}} \langle (j_{12}, j_3)\, j | (j_1, j_{23})\, j \rangle \big\langle (j_1, j_{23})\, j \big| (j'_{12}, j_3)\, j \big\rangle = \delta_{j_{12} j'_{12}} ,$$

außerdem ist sie aufgrund der Gruppeneigenschaft assoziativ

$$\sum_{j_{13}} \langle (j_{12}, j_3)\, j | (j_{13}, j_2)\, j \rangle \langle (j_{13}, j_2)\, j | (j_1, j_{23})\, j \rangle = \langle (j_{12}, j_3)\, j | (j_1, j_{23})\, j \rangle .$$

Daraus folgen zwei Relationen für die $6j$-Symbole; in einer etwas vereinfachten Notation lauten diese

$$\sum_c (2c+1) \begin{Bmatrix} a & b & c \\ d & e & f \end{Bmatrix} \begin{Bmatrix} a & b & c \\ d & e & g \end{Bmatrix} = \delta_{fg} \delta(a, e, f) \delta(d, b, f) \frac{1}{2f+1} , \tag{1.78}$$

$$\sum_c (-)^{c+f+g} (2c+1) \begin{Bmatrix} a & b & c \\ d & e & f \end{Bmatrix} \begin{Bmatrix} a & b & c \\ e & d & g \end{Bmatrix} = \begin{Bmatrix} a & e & f \\ b & d & g \end{Bmatrix} . \tag{1.79}$$

Das δ-Symbol mit drei Argumenten ist gleich 1, wenn diese die Dreiecksregel (1.56) erfüllen, sonst immer gleich Null.

b) Dreier- und Viererkopplungen zu Null

Die $3j$- und $6j$-Symbole treten ebenfalls auf, wenn man drei bzw. vier Drehimpulse zum Gesamtdrehimpuls Null koppelt, eine Beobachtung, die für die Anwendung auf das Wigner-Eckart-Theorem nützlich ist. Wir betrachten zuerst den Fall

$$\left[[j_1 \otimes j_2]^{(j_{12})} \otimes j_3 \right]_0^{(0)}$$

und stellen fest, dass $j_{12} = j_3$ sein muss. Das Dreifachprodukt ist dann leicht auszurechnen

$$\left[[j_1 \otimes j_2]^{(j_{12})} \otimes j_3\right]_0^{(0)} = \sum_{m's} \frac{(-)^{j_3+m_3}}{\sqrt{2j_3+1}}$$
$$(j_3, -m_3 | j_1 m_1, j_2 m_2) \, |j_1 m_1\rangle \, |j_2 m_2\rangle \, |j_3 m_3\rangle \; .$$

Vergleicht man dies mit der anderen möglichen Kopplung

$$\left[j_1 \otimes [j_2 \otimes j_3]^{(j_{23})}\right]_0^{(0)} = \sum_{m's} \frac{(-)^{j_1-m_1}}{\sqrt{2j_1+1}}$$
$$(j_1, -m_1 | j_2 m_2, j_3 m_3) \, |j_1 m_1\rangle \, |j_2 m_2\rangle \, |j_3 m_3\rangle \; ,$$

so zeigt die Relation (1.58), dass die rechten Seiten gleich sind. Das Dreierprodukt zu Null ist somit assoziativ und man kann es in der vereinfachten Form $[j_1 \otimes j_2 \otimes j_3]_0^{(0)}$ schreiben. Allerdings ist es i. Allg. nicht kommutativ. Man zeigt nämlich leicht, dass

$$[j_3 \otimes j_1 \otimes j_2]_0^{(0)} = (-)^{2j_3} \, [j_1 \otimes j_2 \otimes j_3]_0^{(0)}$$
$$[j_2 \otimes j_3 \otimes j_1]_0^{(0)} = (-)^{2j_1} \, [j_1 \otimes j_2 \otimes j_3]_0^{(0)}$$

gilt. Da die Summe $j_1 + j_2 + j_3$ immer ganzzahlig ist, ändert sich das Vorzeichen genau dann, wenn der Drehimpuls, der in der Mitte steht, bei der Permutation von einem ganzzahligen in einen halbzahligen Wert (oder umgekehrt) übergeht. Das bedeutet, dass die Größe

$$(-)^{2j_2} \, [j_1 \otimes j_2 \otimes j_3]_0^{(0)} \; ,$$

mit dem Phasenfaktor $(-)^{2j_2}$ des jeweils mittleren Drehimpulses versehen, bei zyklischen Permutationen ihrer Argumente invariant ist, bei antizyklischen Permutationen den Phasenfaktor $(-)^{j_1+j_2+j_3}$ erhält. Das sind genau die Vorzeichenregeln bei $3j$-Symbolen und es ist in der Tat

$$(-)^{2j_2} \, [j_1 \otimes j_2 \otimes j_3]_0^{(0)} = (-)^{j_1+j_2+j_3} \begin{pmatrix} j_1 & j_2 & j_3 \\ m_1 & m_2 & m_3 \end{pmatrix} .$$

Die $3j$-Symbole beschreiben somit die Kopplung dreier Drehimpulse zum Gesamtdrehimpuls Null. Wie wir jetzt zeigen gilt eine analoge Aussage für die Kopplung von vier Drehimpulsen zu Null und die $6j$-Symbole. Wir betrachten die beiden Kopplungsschemata

$$\left[[j_1 \otimes j_2]^{(j_{12})} \otimes [j_3 \otimes j_4]^{(j_{34})}\right]_0^{(0)} , \qquad \left[\left[[j_1 \otimes j_2]^{(j_{12})} \otimes j_3\right]^{(j_{123})} \otimes j_4\right]_0^{(0)} .$$

Diese beiden Schemata sind nichts anderes als das zu Null gekoppelte Produkt von *drei* Drehimpulsen, nämlich j_{12}, j_3 und j_4, das – wie oben gezeigt – assoziativ ist. Deshalb sind diese beiden Kopplungen gleich. Dieselbe Aussage gilt natürlich auch für die Viererprodukte, bei denen j_2 und j_3 vertauscht sind,

$$\left[[j_1 \otimes j_3]^{(j_{12})} \otimes [j_2 \otimes j_4]^{(j_{34})}\right]_0^{(0)} = \left[\left[[j_1 \otimes j_3]^{(j_{13})} \otimes j_2\right]^{(j_{132})} \otimes j_4\right]_0^{(0)} .$$

Es gibt somit nur zwei echt verschiedene Möglichkeiten, ein Viererprodukt zu Null zu koppeln, (die Schemata, bei denen j_1 und j_2 vertauscht und / oder j_3 und j_4 vertauscht werden, liefern nur Vorzeichenfaktoren) und wir schreiben sie etwas kürzer

$$[j_{12} \otimes j_{34}]_0^{(0)} \quad \text{und} \quad [j_{13} \otimes j_{24}]_0^{(0)} .$$

Die Abbildung, die zwischen ihnen vermittelt, reduziert sich auf $\langle (j_{12}, j_3)\, j_4 | (j_{13}, j_2)\, j_4 \rangle$, die uns aus (a) oben bekannt ist. Mit (1.76) folgt

$$\begin{aligned} \langle (j_{12}, j_{34})\, 0 \,|\, (j_{13}, j_{24})\, 0 \rangle &= \langle (j_{12}, j_3)\, j_4 | (j_{13}, j_2)\, j_4 \rangle \\ &= \sqrt{(2j_{12}+1)(2j_{13}+1)} \\ &\quad (-)^{j_{12}+j_{13}+j_2+j_3} \begin{Bmatrix} j_1 & j_2 & j_{12} \\ j_4 & j_3 & j_{13} \end{Bmatrix} . \end{aligned}$$

Die $6j$-Symbole treten bei vier Drehimpulsen auf, die in unterschiedlicher Weise zum Gesamtdrehimpuls Null gekoppelt werden. Jetzt wenden wir uns der Frage zu, wie die Abbildungen zwischen zwei verschiedenen Kopplungsschemata bei vier Drehimpulsen aussieht, wenn der Gesamtdrehimpuls nicht gleich Null ist.

c) Vier Drehimpulse in unterschiedlicher Kopplung

Es ist natürlich immer möglich, benachbarte Drehimpulse, die ein Kopplungsschema aufbauen, in unterschiedlicher Reihenfolge zu koppeln, so z. B. $(j_2 \otimes j_1)^{(j_{12})}$ anstelle von $(j_1 \otimes j_2)^{(j_{12})}$. Da dies aber aufgrund der Relation (1.57) nur ein Vorzeichen $(-)^{j_1+j_2-j_{12}}$ einbringen kann, haben wir solche einfachen Vertauschungen schon weiter oben außer Acht gelassen. Betrachten wir jetzt Umkopplungen von vier Drehimpulsen, so lassen wir auch hier die einfachen Vertauschungen von Nachbarn außer Betracht.

Die im vorhergehenden Abschnitt gemachte Erfahrung zeigt, dass es bequem und besonders übersichtlich ist, wenn man die Kopplungsschemata von irreduziblen Viererprodukten in Bezug auf entsprechende Fünferprodukte der Stufe Null klassifiziert. Betrachten wir als Beispiel das Produkt $[j_{12} \otimes j_{34}]^{(j)}$. Diesem entspricht das zu Null gekoppelte Fünferprodukt $\left[[j_{12} \otimes j_{34}]^{(j)} \otimes j_5\right]^{(0)}$, mit $j = j_5$. Da das *Dreier*produkt zur Stufe Null assoziativ ist, kann man es in der vereinfachten Form $\left[j_{12} \otimes j_{34} \otimes j_5\right]^{(0)}$ schreiben. Analog entspricht das Viererprodukt $\left[[j_{12} \otimes j_3]^{(j_{123})} \otimes j_4\right]^{(j_5)}$ dem Schema $\left[\left[[j_{12} \otimes j_3]^{(j_{123})} \otimes j_4\right]^{(j_5)} \otimes j_5\right]^{(0)}$, das wiederum zu $[[j_{12} \otimes j_3] \otimes [j_4 \otimes j_5]]^{(0)}$, d. h. zum assoziativen Dreierprodukt $[j_{12} \otimes j_3 \otimes j_{45}]^{(0)}$ äquivalent ist.

Diese Beispiele zeigen, dass jedes Fünferprodukt der Stufe Null als Dreierprodukt aus zwei Zweierprodukten und einem einzelnen Drehimpuls geschrieben werden kann. Die verschiedenen Kopplungsschemata unterscheiden sich nur durch die Wahl der Zweierpaare und durch die Ordnung seiner drei Faktoren. Abgesehen von Umordnungen von Nachbarn bedeutet dies, dass die Intertwiner hier in drei Gruppen zusammengefasst werden können, die wir der Reihe nach analysieren

(a) $\langle (j_{12} j_{34} j_5)\, 0 \,|\, (j_{12} j_3 j_{45})\, 0 \rangle$,

(b) $\langle (j_{12} j_{34} j_5)\, 0 \,|\, (j_1 j_{23} j_{45})\, 0 \rangle$,

(c) $\langle (j_{12} j_{34} j_5)\, 0 \,|\, (j_{13} j_{24} j_5)\, 0 \rangle$.

Typ (a): Da hier j_{12} ungeändert bleibt, reduziert diese Abbildung sich auf die Umkopplung von Viererprodukten der Stufe Null (nämlich j_{12}, j_3, j_4 und j_5 zu Null), bzw. auf die dazu äquivalente Abbildung $\langle (j_{34} j_5) j_{12} | (j_3 j_{45}) j_{12} \rangle$ von Dreierprodukten der Stufe j_{12}.
Typ (b): Diese Abbildungen sind Produkte von zwei Abbildungen des Typs (a). Man sieht dies am besten anhand eines Beispiels:

$$\begin{aligned}\langle (j_{12} j_{34} j_5)\, 0 \,|\, (j_1 j_{23} j_{45})\, 0 \rangle &= \langle (j_{12} j_{34} j_5)\, 0 \,|\, (j_{12} j_3 j_{45})\, 0 \rangle \\ &\quad \langle (j_{12} j_3 j_{45})\, 0 \,|\, (j_1 j_{23} j_{45})\, 0 \rangle \\ &= \langle (j_{34} j_5) j_{12} | (j_3 j_{45}) j_{12} \rangle \\ &\quad \langle (j_{12} j_3) j_{45} | (j_1 j_{23}) j_{45} \rangle \ .\end{aligned}$$

Typ (c): Diese Abbildungen zerfallen in Produkte von drei Umkopplungsabbildungen von Dreierprodukten, wobei über die Stufe des mittleren Faktors summiert werden muss. Zum Beispiel

$$\langle (j_{12} j_{34} j_5)\, 0 \,|\, (j_{13} j_{24} j_5)\, 0 \rangle = \sum_{j_{45}} \langle (j_{34} j_5) j_{12} | (j_3 j_{45}) j_{12} \rangle \, \langle (j_{12} j_3) j_{45} | (j_{13} j_2) j_{45} \rangle \, \langle (j_2 j_{45}) j_{13} | (j_{24} j_5) j_{13} \rangle \ .$$

Die linke Seite ist aber äquivalent zu

$$\langle (j_{12} j_{34}) j | (j_{13} j_{24}) j \rangle \ , \tag{1.80}$$

eine Transformation, die wir im Abschnitt a) analysiert haben. Überträgt man die Ergebnisse aus a) und beachtet, dass dort j_{12} und j_3, bzw. j_1 und j_{23} zu j gekoppelt wurden, während hier die Paare (j_{12}, j_{34}) bzw. (j_{13}, j_{24}) zu j gekoppelt werden, dann wird unmittelbar klar, dass (1.80) durch ein Produkt von *sechs* $3j$-Symbolen (statt vier $3j$-Symbolen, wie in Abschn. a)) gegeben ist. Auch hier bietet es sich an, dieses Produkt durch eine neue Definition zu ersetzen, die sogenannten *$9j$-Symbole:*

$$\begin{aligned}\begin{Bmatrix} j_1 & j_2 & J_1 \\ j_3 & j_4 & J_2 \\ j_5 & j_6 & J \end{Bmatrix} := \sum_{m's} &\begin{pmatrix} j_1 & j_2 & J_1 \\ m_1 & m_2 & M_1 \end{pmatrix} \begin{pmatrix} j_3 & j_4 & J_2 \\ m_3 & m_4 & M_2 \end{pmatrix} \\ \times &\begin{pmatrix} j_5 & j_6 & J \\ m_5 & m_6 & M \end{pmatrix} \begin{pmatrix} j_1 & j_3 & j_5 \\ m_1 & m_3 & m_5 \end{pmatrix} \\ \times &\begin{pmatrix} j_2 & j_4 & j_6 \\ m_1 & m_4 & m_6 \end{pmatrix} \begin{pmatrix} J_1 & J_2 & J \\ M_1 & M_2 & M \end{pmatrix} \ .\end{aligned} \tag{1.81}$$

Mit der Übung, die wir uns inzwischen angeeignet haben, leiten wir leicht die Symmetrien der $9j$-Symbole her. Es sei $\Sigma := \sum_1^6 j_i + J_1 + J_2 + J$ die Summe aller neun Drehimpulse. Dann gilt:

Symmetrierelationen für 9j-Symbole:

(i) Ein 9j-Symbol kann nur dann ungleich Null sein, wenn die drei Drehimpulse in jeder Zeile und in jeder Spalte die Dreiecksrelation (1.56) erfüllen.

(ii) Die 9j-Symbole sind unter *zyklischen* Permutationen ihrer Spalten und unter *zyklischen* Permutationen ihrer Zeilen invariant.

(iii) Bei *ungeraden* Permutationen seiner Spalten oder Zeilen wird ein 9j-Symbol mit dem Phasenfaktor $(-)^{\Sigma}$ multipliziert. Insbesondere, wenn zwei Zeilen oder zwei Spalten gleich sind und wenn Σ eine ungerade Zahl ist, dann verschwindet das 9j-Symbol.

(iv) Ist einer der Einträge gleich Null, dann reduziert sich das 9j-Symbol auf ein 6j-Symbol. Es gilt zum Beispiel

$$\begin{Bmatrix} j_1 & j_2 & J \\ j_4 & j_3 & j \end{Bmatrix} = (-)^{j_2+j_3+j+J} \sqrt{(2J+1)(2j+1)} \begin{Bmatrix} j_1 & j_2 & J \\ j_3 & j_4 & J \\ j & j & 0 \end{Bmatrix} . \tag{1.82}$$

Die 9j-Symbole sind ebenso wie die 3j- und 6j-Symbole universelle, von jeder Basiswahl unabhängige Objekte der $SU(2)$ und können daher wie jene tabelliert werden. Den Nutzen dieser *intertwiner*-Abbildungen sieht man am Beispiel der Relationen für reduzierte Matrixelemente, denen wir uns im nächsten Abschnitt zuwenden.

1.2.7 Reduzierte Matrixelemente in gekoppelten Zuständen

Bei der Berechnung der Matrixelemente von Zwei-Teilchen-Wechselwirkungen, wie sie in der Störungstheorie oder bei der Auswertung von Übergangswahrscheinlichkeiten vorkommen, treten häufig reduzierte Matrixelemente in gekoppelten Eigenzuständen des Drehimpulses auf. Hat man beispielsweise aus dem Tensoroperator $T^{(\kappa_1)}$, der auf Teilchen „1“ wirkt, und dem Tensoroperator $S^{(\kappa_2)}$, der auf Teilchen „2“ wirkt, den neuen Tensoroperator

$$M^{(\kappa)}(1,2) = \left[T^{(\kappa_1)}(1) \otimes S^{(\kappa_2)}(2)\right]^{(\kappa)} , \tag{1.83}$$

gebildet, d. h. in Komponenten ausgeschrieben,

$$M^{(\kappa)}_{\mu}(1,2) = \sum_{\tau=-\kappa_1}^{+\kappa_1} \sum_{\sigma=-\kappa_2}^{+\kappa_2} (\kappa_1 \tau, \kappa_2 \sigma | \kappa \mu)\, T^{(\kappa_1)}_{\tau}(1)\, S^{(\kappa_2)}_{\sigma}(2) , \tag{1.84}$$

und möchte dessen Matrixelemente zwischen gekoppelten Zuständen $|(j_1 j_2)J)\rangle$ berechnen, so kann man zwar das Wigner-Eckart-Theorem anwenden, man wird aber zunächst mit reduzierten Matrixelementen in gekoppelten Zuständen konfrontiert der Art

$$\left((j_1 j_2)J \left\| M^{(\kappa)}(1,2) \right\| (j_1' j_2')J'\right) .$$

Um diese auf die möglicherweise schon bekannten oder einfacher zu berechnenden reduzierten Matrixelemente

$$\left(j_1 \left\| T^{(\kappa_1)}(1) \right\| j_1'\right) , \quad \left(j_2 \left\| S^{(\kappa_2)}(2) \right\| j_2'\right)$$

zurückzuführen, muss man die Zustände und die Operatoren wieder „entkoppeln". Es wird nicht überraschen, dass dabei die *intertwiner*-Abbildungen des vorigen Abschnitts auftreten. Die folgenden Formeln sind für die Praxis von großer Bedeutung; sie folgen zwar alle aus den im vorhergehenden Abschnitt studierten Umkopplungen, wir verweisen aber für die Einzelheiten der Herleitung auf die Literatur, so z. B. [de Shalit und Talmi (1963)].

Wenn die beiden Operatoren wie oben angenommen auf zwei *verschiedene* Systeme wirken, so gilt

$$\begin{aligned}&\left((j_1 j_2)J \left\| M^{(\kappa)}(1,2) \right\| (j_1' j_2')J'\right) = \\ &\sqrt{(2J+1)(2\kappa+1)(2J'+1)} \begin{Bmatrix} j_1 & j_2 & J \\ j_1' & j_2' & J' \\ \kappa_1 & \kappa_2 & \kappa \end{Bmatrix} \\ &\times \left(j_1 \left\| T^{(\kappa_1)}(1) \right\| j_1'\right) \left(j_2 \left\| S^{(\kappa_2)}(2) \right\| j_2'\right) . \end{aligned} \tag{1.85}$$

Für die reduzierten Matrixelemente der einzelnen Operatoren $T^{(\kappa_1)}$ oder $S^{(\kappa_2)}$ im gekoppelten Zustand gelten die Formeln

$$\begin{aligned}\left((j_1 j_2)J \left\| T^{(\kappa_1)}(1) \right\| (j_1' j_2')J'\right) &= (-)^{j_1+j_2+J'+\kappa_1} \sqrt{(2J+1)(2J'+1)} \\ &\times \left(j_1 \left\| T^{(\kappa_1)}(1) \right\| j_1'\right) \begin{Bmatrix} j_1 & J & j_2 \\ J' & j_1' & \kappa_1 \end{Bmatrix} \delta_{j_2 j_2'} , \end{aligned} \tag{1.86}$$

$$\begin{aligned}\left((j_1 j_2)J \left\| S^{(\kappa_2)}(2) \right\| (j_1' j_2')J'\right) &= (-)^{j_1+j_2'+J+\kappa_2} \sqrt{(2J+1)(2J'+1)} \\ &\times \left(j_2 \left\| S^{(\kappa_2)}(2) \right\| j_2'\right) \begin{Bmatrix} j_2 & J & j_1 \\ J' & j_2' & \kappa_2 \end{Bmatrix} \delta_{j_1 j_1'} . \end{aligned} \tag{1.87}$$

Ein wichtiger Spezialfall liegt vor, wenn die beiden Operatoren $T^{(\kappa_1)}$ und $S^{(\kappa_2)}$ zu einem Skalar verkoppelt sind. Es ist dann sinnvoll den Ausdruck (1.83) durch ein *Skalarprodukt* zu ersetzen, das man wie folgt definiert

$$\left(T^{(\kappa)} \cdot S^{(\kappa)}\right) := (-)^{\kappa} \sqrt{2\kappa+1} \left[T^{(\kappa)} \otimes S^{(\kappa)}\right]_0^{(0)} \tag{1.88}$$

und das somit gleich

$$= (-)^{\kappa} \sqrt{2\kappa+1} \sum_{\tau,\sigma} (\kappa\tau, \kappa\sigma|00)\, T_\tau^{(\kappa)} S_\sigma^{(\kappa)} = \sum_{\mu=-\kappa}^{+\kappa} (-)^{\mu} T_\mu^{(\kappa)} S_{-\mu}^{(\kappa)}$$

ist. Als Spezialfall der Formel (1.85) folgt

$$\begin{aligned}\left((j_1 j_2)J \left\| \left(T^{(\kappa)} \cdot S^{(\kappa)}\right) \right\| (j_1' j_2')J'\right) &= (-)^{j_2+J+j_1'} \sqrt{2J+1}\, \delta_{JJ'} \begin{Bmatrix} j_1 & j_2 & J \\ j_2' & j_1' & \kappa \end{Bmatrix} \\ &\times \left(j_1 \left\| T^{(\kappa)} \right\| j_1'\right) \left(j_2 \left\| S^{(\kappa)} \right\| j_2'\right) . \end{aligned} \tag{1.89}$$

In den Formeln (1.85)–(1.89) werden die Drehimpulse j_i und j'_k i. Allg. noch von weiteren Quantenzahlen α_i bzw. α'_k begleitet. In (1.85) und in (1.89) ziehen sich diese einfach in die einzelnen reduzierten Matrixelemente durch, man muss nur j_i durch α_i, j_i (und analog bei den gestrichenen Größen) ersetzen. In der Formel (1.86) dagegen muss $\alpha_2 = \alpha'_2$, in der Formel (1.87) muss $\alpha_1 = \alpha'_1$ sein.

Wirken die beiden Operatoren auf *dasselbe* System, d. h. ist

$$\left[T^{(\kappa_1)}(i) \otimes S^{(\kappa_2)}(i)\right]^{(\kappa)} = T^{(\kappa)}(i)\,, \tag{1.90}$$

und werden die Drehimpulse von Quantenzahlen α begleitet, so ist

$$\begin{aligned}\left(\alpha j \left\| M^{(\kappa)}(i) \right\| \alpha' j'\right) &= (-)^{j+\kappa+j'} \sqrt{2\kappa+1} \sum_{\alpha'' j''} \left(\alpha j \left\| T^{(\kappa_1)}(i) \right\| \alpha'' j''\right) \\ &\quad \times \left(\alpha'' j'' \left\| S^{(\kappa_2)}(i) \right\| \alpha' j'\right) \begin{Bmatrix} \kappa_1 & \kappa_2 & \kappa \\ j' & j & j'' \end{Bmatrix}.\end{aligned} \tag{1.91}$$

Die Summe über j'' läuft über die durch das $6j$-Symbol, d. h. durch die Dreiecksrelationen (κ_1, j, j'') und (j', κ_2, j'') erlaubten Werte.

Wir schließen diesen Abschnitt mit einigen Formeln, die die Leserin, der Leser unschwer bestätigt und die wir weiter unten in konkreten Beispielen benötigen werden.

Spezialfälle:

– Ist der Operator $T_0^{(\kappa)}$ selbstadjungiert, so gilt

$$\left(J \left\| T^{(\kappa)} \right\| J'\right) = (-)^{J-J'} \left(J' \left\| T^{(\kappa)} \right\| J\right)^* . \tag{1.92}$$

– Als Folge der Konventionen im Wigner-Eckart-Theorem ist das reduzierte Matrixelement der Einheit nicht gleich 1, sondern

$$\left(J \,\|\, \mathbb{1} \,\|\, J'\right) = \delta_{JJ'} \sqrt{2J+1}\,. \tag{1.93}$$

– Für die Operatoren des Drehimpulses selbst gilt

$$(J \,\|\, \mathbf{J} \,\|\, J) = \sqrt{J(J+1)(2J+1)}\,. \tag{1.94}$$

Für den Operator des Spins des Elektrons ist die rechte Seite gleich $\sqrt{3/2}$, für den Operator $\boldsymbol{\sigma} = 2\mathbf{s}$ ist somit $(1/2\|\boldsymbol{\sigma}\|1/2) = \sqrt{6}$.

– Das reduzierte Matrixelement für Kugelfunktionen in Eigenzuständen von $\boldsymbol{\ell}^2$ ist

$$\left(\ell \,\|\, \mathbf{Y}_\lambda \,\|\, \ell'\right) = \frac{(-)^\ell}{\sqrt{4\pi}} \sqrt{(2\ell+1)(2\lambda+1)(2\ell'+1)} \begin{pmatrix} \ell & \lambda & \ell' \\ 0 & 0 & 0 \end{pmatrix}. \tag{1.95}$$

– Das reduzierte Matrixelement von Kugelfunktionen in Zuständen, bei denen Bahndrehimpuls und Spin zum Gesamtdrehimpuls j gekoppelt sind, ist

$$\left((\ell\frac{1}{2})j \,\|\, \mathbf{Y}_\lambda \,\|\, (\ell'\frac{1}{2})j'\right) = \frac{(-)^{j+1/2}}{\sqrt{4\pi}}\sqrt{(2j+1)(2\lambda+1)(2j'+1)} \times \begin{pmatrix} j & \lambda & j' \\ 1/2 & 0 & -1/2 \end{pmatrix} \frac{1+(-)^{\ell+\lambda+\ell'}}{2} . \tag{1.96}$$

Zu den Formeln (1.95) und (1.96) mag man folgendes bemerken: Der letzte Faktor auf der rechten Seite von (1.96) widerspiegelt die Auswahlregel aufgrund der Raumspiegelung: Er ist gleich 1, wenn $(-)^{\ell'}(-)^{\lambda} = (-)^{\ell}$ ist, sonst ist er gleich Null. In (1.95) ist dieselbe Auswahlregel im $3j$-Symbol verborgen, das gemäß (1.64) gleich Null ist, wenn $\ell+\lambda+\ell'$ *ungerade* ist. Koppelt man Spin und Bahndrehimpuls in der Reihenfolge $(1/2\,\ell)j$, dann ändert sich (1.96) um eine Phase, die aus der Symmetrierelation (1.57) folgt.

– Es sei $\mathbf{T}$ ein beliebiger *Vektor*operator (d. h. ein Tensoroperator der Stufe 1). Die Matrixelemente eines solchen Operators zwischen Zuständen zum *selben* Wert von J sind proportional zu denen des Drehimpulsoperators,

$$\langle \alpha JM|\,\mathbf{T}\,|\alpha' JM'\rangle = \frac{\langle \alpha JM|\,(\mathbf{J}\cdot\mathbf{T})\,|\alpha' JM\rangle}{J(J+1)} \langle JM|\,\mathbf{J}\,|JM'\rangle . \tag{1.97}$$

Man beachte, dass der Operator $\mathbf{T}$ – im Gegensatz zu $\mathbf{J}$ – auch nichtverschwindende Matrixelemente zwischen Zuständen mit verschiedenen Werten J und J' haben kann. Die Formel gilt nur im Unterraum zu festem J.

1.2.8 Bemerkung über kompakte Lie-Gruppen und Innere Symmetrien

Die Drehgruppe $SU(2)$ ist nicht nur für die Beschreibung des Spins von zentraler Bedeutung, sie ist auch ein Modell, an dem man sich immer wieder orientieren kann, wenn man andere Symmetriegruppen in der Quantenphysik studiert. Endlichdimensionale Lie-Gruppen, und unter diesen ganz besonders die *kompakten* Lie-Gruppen, treten in der Kern- und Elementarteilchenphysik an vielen Stellen und in ganz unterschiedlichen Interpretationen auf. So wird beispielsweise die $SU(2)$ auch zur Beschreibung der Ladungssymmetrie von Proton und Neutron und von daraus zusammengesetzten Zuständen benutzt. In dieser Variante spricht man von *Isopsin* und meint eine Symmetrie der Wechselwirkungen zwischen Nukleonen, die nichts mit Raum und Zeit zu tun hat, sondern sich auf eine Erweiterung des Hilbert-Raums bezieht, dessen Basis nach den inneren Freiheitsgraden nummeriert wird. Man spricht deshalb hier von *Inneren Symmetrien.*

Andere, in der Physik wichtige Lie-Gruppen sind die $SU(3)$, die $SU(4)$ oder, allgemeiner, die unitären Gruppen $SU(n)$ in n komplexen Dimensionen. Viele der am Beispiel der $SU(2)$ erlernten Techniken lassen sich auf diese höheren Gruppen – natürlich nur mit der notwendigen Sorgfalt und Vorsicht – übertragen: Man studiert irreduzible, unitäre Darstellungen, indem man zunächst einen maximalen Satz von Operatoren aufsucht, in Analogie zu $\boldsymbol{J}^2$ und $\mathbf{J}_3$, die miteinander kommutieren und nach deren Eigenwerten die irreduziblen Darstellungen klassifiziert werden können. Es existiert das Analogon zur Clebsch-Gordan-Reihe, also die Reduktion des Tensorprodukts zweier Darstellungen nach irreduziblen Darstellungen, und es gibt die Verallgemeinerung des Theorems von Wigner und Eckart. Wir wollen ein Beispiel skizzieren, an dem man die Ähnlichkeiten zur Drehgruppe aber auch einige wesentliche Unterschiede erkennt.

Beispiel 1.5 Die Gruppe *SU*(3)

Die Gruppe $SU(3)$, die *unimodulare Gruppe* in drei komplexen Dimensionen, ist als

$$SU(3) = \left\{ \mathbf{U} \text{ komplexe } 3\times 3\text{-Matrix} \mid \mathbf{U}^\dagger \mathbf{U} = \mathbb{1}\,, \det \mathbf{U} = 1 \right\} \tag{1.98}$$

definiert. Man zählt leicht ab, dass ihre Elemente von 8 freien, reellen Parametern abhängen: Eine komplexe 3×3-Matrix hat zunächst 9 komplexe, bzw. 18 reelle Einträge. Die Bedingung $\mathbf{U}^\dagger \mathbf{U} = \mathbb{1}$ ausgeschrieben gibt 3 reelle und 3 komplexe Gleichungen (bei den diagonalen bzw. den nichtdiagonalen Elementen), somit 9 reelle Bedingungen. Hierzu kommt noch die Bedingung $\det \mathbf{U} = 1$, die eine reelle Gleichung liefert, (warum ist dies nur eine Bedingung?). Insgesamt also $18 - (9+1) = 8$ Parameter. Da es sich um eine kompakte Gruppe handelt, kann man diese Parameter wie Euler'sche Winkel wählen, sie liegen also in Intervallen $(0, \pi)$ oder $(0, 2\pi)$. (Man sieht leicht, dass allgemeiner die Elemente der $SU(n)$ von $n^2 - 1$ reellen Parametern abhängen.) Die zugehörige Lie-Algebra $\mathfrak{su}(3)$ hat somit 8 Erzeugende $\lambda_1, \dots, \lambda_8$, für die man die folgende Wahl treffen kann (das sind die sogenannten *Gell-Mann-Matrizen*[15])

$$\lambda_1 = \begin{pmatrix} 0 & 1 & 0 \\ 1 & 0 & 0 \\ 0 & 0 & 0 \end{pmatrix}, \quad \lambda_2 = \begin{pmatrix} 0 & -\mathrm{i} & 0 \\ \mathrm{i} & 0 & 0 \\ 0 & 0 & 0 \end{pmatrix}, \quad \lambda_3 = \begin{pmatrix} 1 & 0 & 0 \\ 0 & -1 & 0 \\ 0 & 0 & 0 \end{pmatrix},$$

$$\lambda_4 = \begin{pmatrix} 0 & 0 & 1 \\ 0 & 0 & 0 \\ 1 & 0 & 0 \end{pmatrix}, \quad \lambda_5 = \begin{pmatrix} 0 & 0 & -\mathrm{i} \\ 0 & 0 & 0 \\ \mathrm{i} & 0 & 0 \end{pmatrix}, \quad \lambda_6 = \begin{pmatrix} 0 & 0 & 0 \\ 0 & 0 & 1 \\ 0 & 1 & 0 \end{pmatrix},$$

$$\lambda_7 = \begin{pmatrix} 0 & 0 & 0 \\ 0 & 0 & -\mathrm{i} \\ 0 & \mathrm{i} & 0 \end{pmatrix}, \quad \lambda_8 = \frac{1}{\sqrt{3}} \begin{pmatrix} 1 & 0 & 0 \\ 0 & 1 & 0 \\ 0 & 0 & -2 \end{pmatrix}. \tag{1.99}$$

Die Matrizen (1.99) sind linear unabhängig und haben alle die Spur Null. Jedes Element der Lie-Algebra $\mathfrak{su}(3)$, d. h. jede spurlose und hermitesche 3×3-Matrix lässt sich als Linearkombination dieser Matrizen darstellen. Offensichtlich sind sie den Pauli-Matrizen nachgebildet, die man

[15] Nach Murray Gell-Mann, der mit Yuval Ne'eman die $SU(3)$ *flavour* Klassifikation der Mesonen und Baryonen vorschlug, Gell-Mann, M., Ne'eman, Y., *The Eightfold Way* (Benjamin, New York 1964).

in λ_1, λ_2 und λ_3 ebenso wiedererkennt wie in der Dreiergruppe λ_4, λ_5 und $(\lambda_3+\sqrt{3}\lambda_8)/2$ sowie in der Dreiergruppe λ_6, λ_7 und $(-\lambda_3+\sqrt{3}\lambda_8)/2$. Definiert man die Erzeugenden in Analogie zur $SU(2)$ als

$$T_i := \frac{1}{2}\lambda_i\,, \quad i = 1, 2, \ldots, 8\,, \tag{1.100}$$

so erfüllen sie folgende Normierungsbedingung und Kommutationsregeln:

$$\mathrm{Sp}\,(T_i T_k) = \frac{1}{2}\delta_{ik}\,, \quad [T_i, T_j] = \sum_k f_{ijk} T_k\,. \tag{1.101}$$

Die Konstanten f_{ijk} sind die *Strukturkonstanten der SU(3)*. Sie sind in den drei Indizes vollständig antisymmetrisch und haben die Werte

ijk	123	147	156	246	257	345	367	458	678
f_{ijk}	1	1/2	−1/2	1/2	1/2	1/2	−1/2	$\sqrt{3}/2$	$\sqrt{3}/2$

(1.102)

(Alle Konstanten, die hier nicht explizit vorkommen, gehen aus den angegebenen durch gerade oder ungerade Permutationen hervor oder sind gleich Null.)

Als Analoga von $\boldsymbol{J}^2$ besitzt $SU(3)$ zwei Operatoren, die mit allen Erzeugenden kommutieren, das sind sogenannte *Casimir-Operatoren*, wir geben sie hier aber nicht an. Die diagonalen, miteinander kommutierenden Erzeugenden λ_3 und λ_8, die zu $\mathbf{J}_3$ analog sind, liest man aus (1.99) ab. Anstelle von λ_8 oder T_8 verwendet man gerne

$$Y := \frac{2}{\sqrt{3}}T_8 = \begin{pmatrix} 1/3 & 0 & 0 \\ 0 & 1/3 & 0 \\ 0 & 0 & -2/3 \end{pmatrix}.$$

Die Fundamentaldarstellung ist dreidimensional. Sie wird mit dem Symbol **3** abgekürzt und enthält die Zustände[16]

$$\mathbf{3} : (T_3, Y) = (\frac{1}{2}, \frac{1}{3})\,, \quad (-\frac{1}{2}, \frac{1}{3})\,, \quad (0, -\frac{2}{3})\,.$$

Trägt man diese Zustände in ein (T_3, Y)-Diagramm ein, so entsteht das in Abb. 1.6 eingezeichnete Dreieck (u, d, s). Eine weitere Fundamentaldarstellung hat die Quantenzahlen

$$\overline{\mathbf{3}} : (T_3, Y) = (-\frac{1}{2}, -\frac{1}{3})\,, \quad (\frac{1}{2}, -\frac{1}{3})\,, \quad (0, \frac{2}{3})$$

und ist als $(\overline{u}, \overline{d}, \overline{s})$ in Abb. 1.6 eingetragen. Anders als im Falle der $SU(2)$, bei der das Dublett und sein Konjugiertes äquivalent sind, sind die Darstellungen **3** und $\overline{\mathbf{3}}$ nicht äquivalent, man spricht im ersten Fall von der Triplett-, im zweiten Fall von der Antitriplettdarstellung der $SU(3)$.

Ähnlich wie in der Drehgruppe lassen sich alle weiteren unitären, irreduziblen Darstellungen der $SU(3)$ aus der **3** und der $\overline{\mathbf{3}}$ aufbauen. Ohne hierauf näher einzugehen, zitiere ich die wichtigsten Clebsch-Gordan-Reihen für $SU(3)$. Sie lauten

$$\mathbf{3}\otimes\overline{\mathbf{3}} = \mathbf{1}\oplus\mathbf{8}\,, \quad \mathbf{3}\otimes\mathbf{3} = \mathbf{3}_a\oplus\mathbf{6}_s\,, \quad \mathbf{3}\otimes\mathbf{3}\otimes\mathbf{3} = \mathbf{1}_a\oplus\mathbf{8}\oplus\mathbf{8}\oplus\mathbf{10}_s\,. \tag{1.103}$$

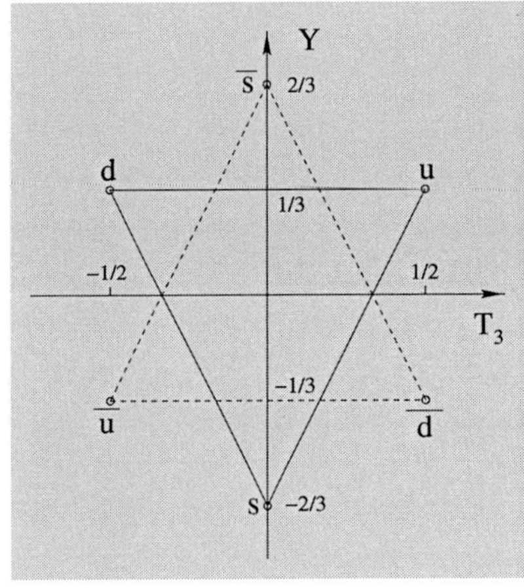

Abb. 1.6. Die Triplettdarstellung **3** und das Antitriplett $\overline{\mathbf{3}}$ von $SU(3)$, hier als Quarkzustände (u, d, s) bzw. Antiquarkzustände $(\overline{u}, \overline{d}, \overline{s})$ realisiert

[16] Dies sind beispielsweise die Quantenzahlen der *up-*, *down-* und *strange*-Quarks im Quarkmodell der stark wechselwirkenden Teilchen.

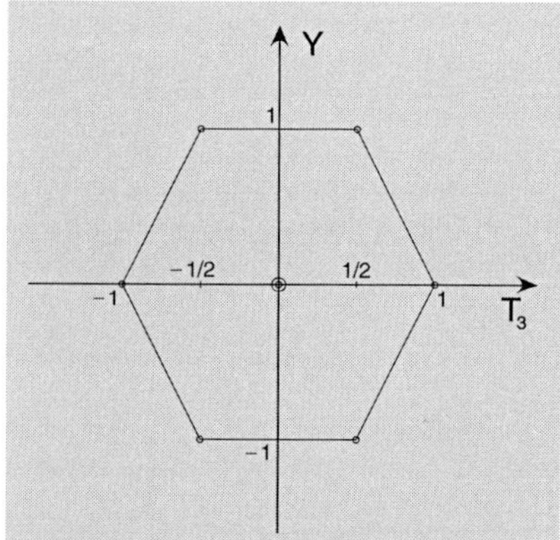

Abb. 1.7. Die Oktett- oder adjungierte Darstellung **8** von $SU(3)$. Sie enthält zwei Dubletts $(T = 1/2, T_3 = \pm 1/2)$ mit $Y = \pm 1$, ein Triplett $(T = 3, T_3 = +1, 0, -1)$ mit $Y = 0$ und ein Singulett $(T = 0, T_3 = 0)$ mit $Y = 0$

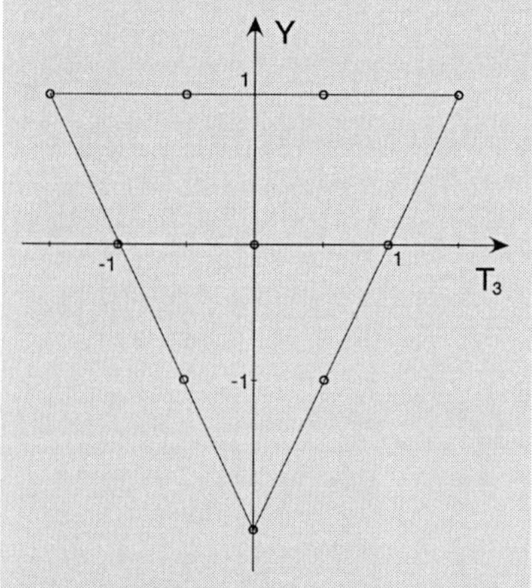

Abb. 1.8. Die Dekuplettdarstellung **10** von $SU(3)$. Nach Multipletts der T-Untergruppe $SU(2)_T$ aufgelöst enthält sie ein Quartett mit $Y = 1$, ein Triplett mit $Y = 0$, ein Dublett mit $Y = -1$ und ein Singulett mit $Y = -2$

Die fett gedruckten Zahlen geben jeweils die Dimension der irreduziblen Darstellung an, **1** heißt wie früher Singulett, **8** heißt *Oktett* und **10** heißt *Dekuplett*.[17] Die Indizes „a" und „s" bedeuten, dass die betreffende Darstellung in den Faktoren der linken Seite antisymmetrisch, bzw. symmetrisch ist. Die zweite Reihe in (1.103) entspricht in $SU(2)$ der Kopplung von zwei Spin-1/2 Zuständen zum antisymmetrischen Singulett (mit Dimension 1) und dem symmetrischen Triplett (mit Dimension 3). Dort würde man also $\mathbf{2} \otimes \mathbf{2} = \mathbf{1} \oplus \mathbf{3}$ schreiben.

Die erste und die dritte Clebsch-Gordan-Reihe in (1.103) sind neu. Die dritte zeigt insbesondere, dass eine Darstellung, hier das Oktett, in der Zerlegung des Tensorprodukts mehrfach auftreten kann. Das bedeutet auch, dass im Analogon des Wigner-Eckart-Theorems mehr als ein reduziertes Matrixelement mit vorgegebenen Quantenzahlen bezüglich $SU(3)$ auftreten kann.

Das Oktett, das die adjungierte Darstellung der $SU(3)$ bildet, dient in der Elementarteilchenphysik zur Klassifikation stark wechselwirkender Teilchen, den sog. *Mesonen* und *Baryonen*, aber auch das Dekuplett und sein Konjugiertes $\overline{\mathbf{10}}$ beschreiben Multipletts von Baryonen. Eine weitere wichtige Clebsch-Gordan-Reihe der $SU(3)$ ist daher

$$\mathbf{8} \otimes \mathbf{8} = \mathbf{1} \oplus \mathbf{8} \oplus \mathbf{8} \oplus \mathbf{10} \oplus \overline{\mathbf{10}} \oplus \mathbf{27}\,. \tag{1.104}$$

Auch hier tritt das Oktett auf der rechten Seite wieder zweimal auf. Oktett, Dekuplett und Antidekuplett sind in den Abbn. 1.7 bis 1.9 illustriert. Die Eigenwerte von T_3 und Y liest man an der Abszisse und an der Ordinate ab. Die Zahlen I im Eigenwert $I(I+1)$ von $\boldsymbol{I}^2 = T_1^2 + T_2^2 + T_3^2$ ergeben sich aus der Anzahl $2I+1$ von Punkten auf jeder horizontalen Linie. Zum Beispiel besteht das Dekuplett der Abb. 1.8, von oben nach unten, aus einem Quartett $(I = 3/2)$, einem Triplett $(I = 1)$, einem Dublett $(I = 1/2)$ und einem Singulett $(I = 0)$.

Bemerkung

Die Gruppe $SU(2)$ ist unter allen Lie-Gruppen vielleicht die für die Physik bedeutsamste. Deshalb ist es nicht überraschend festzustellen, dass sie auch aus mathematischer Sicht eine Sonderrolle spielt. Sie zeichnet sich nämlich dadurch aus, dass die Transformation $\mathbf{U}_0$, (1.49), in allen Darstellungen existiert. Schaut man sich ihre Matrixdarstellung (1.52) an, so sieht man, dass diese für alle *ganzzahligen* j eine symmetrische, für alle *halbzahligen* j eine antisymmetrische Bilinearform ist. Unter genau dieser Voraussetzung, so sagt ein Satz aus der Theorie der kompakten Lie-Gruppen[18], sind alle Darstellungen zu ganzzahligem Drehimpuls ihrer Natur nach *reell*, d. h. sind unitär äquivalent zu einer reellen Form, während alle Darstellungen zu halbzahligem Drehimpuls vom quaternionischen Typus sind.

Ein Beispiel für die erste dieser Aussagen hat man in Band 2, Abschn. 4.1.1 vorliegen, wo wir von der reellen Darstellung der Drehungen für $j = 1$ ausgegangen waren. Auch für halbzahlige Werte, $j = (2n+1)/2$, wissen wir aus den vorangehenden Abschnitten, dass die konjugierte Spi-

[17] Auf englisch heißen sie *singlet*, *octet* und *decuplet*.

[18] Th. Bröcker und T. tom Dieck; *Representations of Compact Lie Groups*, Springer-Verlag, 1985, Satz (6.4).

nordarstellung zur ursprünglichen äquivalent ist – anders als beispielsweise bei $SU(3)$! Mit der hier ausgearbeiteten Bedeutung der Transformation (1.49) im Hinterkopf werden mathematisch interessierte Leserinnen und Leser die recht abstrakten Begriffsbildungen bei [Bröcker und tom Dieck (1985)] und den Beweis des genannten Satzes etwas anschaulicher machen können.

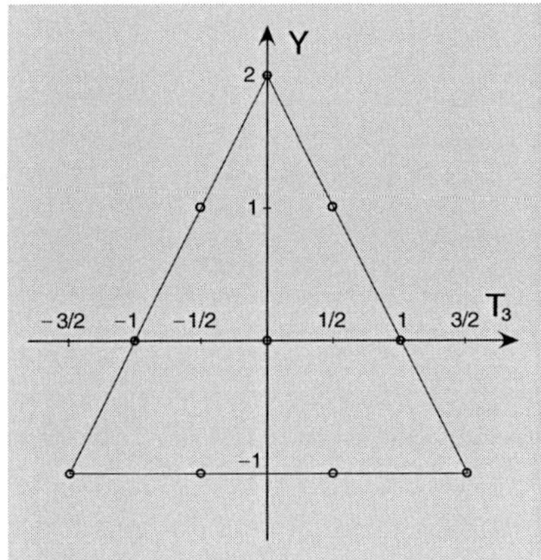

Abb. 1.9. Die Darstellung $\overline{\mathbf{10}}$ enthält ebenfalls ein Quartett, ein Triplett, ein Dublett und ein Singulett bezüglich der Untergruppe $SU_T(2)$. Ähnlich wie bei den Darstellungen **3** und $\overline{\mathbf{3}}$ ist sie aber nicht zur Darstellung **10** äquivalent

1.3 Lorentz- und Poincarégruppe

Wenn wir uns der speziell-relativistischen Quantenphysik nähern, dann müssen wir außer der Drehgruppe auch die Lorentz- und die Poincaré-Gruppe im Lichte der Quantenphysik analysieren. Die Lorentz- bzw. Poincaré-Gruppen sind nichtkompakte Lie-Gruppen. Ihre Darstellungstheorie ist daher wesentlich komplizierter als die einer kompakten Liegruppe wie der $SU(2)$ und es würde hier zuviel Platz benötigen, um ausführlich darauf einzugehen. Wir beschränken uns daher auf die aus physikalischer Sicht wesentlichste Frage, wie quantenmechanische Zustände (Teilchen, Kerne, Atome) mit gegebener Masse und gegebenem Spin zu beschreiben sind.

1.3.1 Die Erzeugenden der Lorentz- und der Poincaré-Gruppe

Die Elemente der Poincaré-Gruppe enthalten zwei Einträge $(\boldsymbol{\Lambda}, a)$, wo $\boldsymbol{\Lambda}$ eine reelle 4×4-Matrix ist und der eigentlichen, orthochronen Lorentzgruppe $L_+^\uparrow$ angehört, und wo a ein konstanter 4-Vektor ist, der Translationen im Raum und in der Zeit beschreibt. Sind x und x' Punkte im Minkowski-Raum, dann gilt

$$x' = \boldsymbol{\Lambda} x + a \,, \quad \text{oder, in Komponenten,} \quad x'^{\mu} = \Lambda^{\mu}{}_{\nu} x^{\nu} + a^{\mu} \,, \tag{1.105}$$

wobei wir die Summenkonvention verwenden, die sagt, dass über kontragrediente Indizes, die doppelt vorkommen, zu summieren sei. Im ersten Term der rechten Seite steht also $\sum_{\nu=0}^{3}$.

Der homogene Anteil $\boldsymbol{\Lambda}$ genügt der Bedingung

$$\boldsymbol{\Lambda}^T \mathbf{g} \boldsymbol{\Lambda} = \mathbf{g} \,, \tag{1.106}$$

wo $\mathbf{g} = \mathrm{diag}(1, -1, -1, -1)$ der metrische Tensor der Minkowski-Raumzeit ist. In Band 1, Kapitel 4, haben wir gezeigt, dass jedes $\boldsymbol{\Lambda} \in L_+^\uparrow$ in eindeutiger Weise in eine Drehung und eine Spezielle Lorentz-Transformation zerlegt werden kann, und dass jede von diesen mit Hilfe von je drei Erzeugenden ausgedrückt werden kann. In der dort verwendeten, rein reellen Schreibweise war

$$\boldsymbol{\Lambda} = \exp\left(-\boldsymbol{\varphi} \cdot \boldsymbol{J}\right) \exp\left(\lambda \hat{\boldsymbol{w}} \cdot \boldsymbol{K}\right) \,.$$

In der Quantenmechanik verwenden wir statt dessen eine hermitesche Form für die Erzeugenden der Drehungen (vgl. Band 2, Abschn. 4.1.1), eine antihermitesche für die der Speziellen Lorentz-Transformationen,

$$\widetilde{\mathbf{J}}_k := i\mathbf{J}_k\,, \qquad \widetilde{\mathbf{K}}_j := -i\mathbf{K}_j\,.$$

Setzen wir dies ein, lassen aber die Tilde gleich wieder weg, so ist jetzt

$$\boldsymbol{\Lambda} = \exp(i\boldsymbol{\varphi}\cdot\boldsymbol{J})\exp\left(i\lambda\hat{\boldsymbol{w}}\cdot\boldsymbol{K}\right) \tag{1.107}$$

Schreibt man die dort hergeleiteten Ausdrücke auf diese Konvention um, so sind die Erzeugenden in der definierenden Darstellung

$$\mathbf{J}_1 = \begin{pmatrix} 0&0&0&0\\ 0&0&0&0\\ 0&0&0&-\mathrm{i}\\ 0&0&\mathrm{i}&0 \end{pmatrix},\ \mathbf{J}_2 = \begin{pmatrix} 0&0&0&0\\ 0&0&0&\mathrm{i}\\ 0&0&0&0\\ 0&-\mathrm{i}&0&0 \end{pmatrix},\ \mathbf{J}_3 = \begin{pmatrix} 0&0&0&0\\ 0&0&-\mathrm{i}&0\\ 0&\mathrm{i}&0&0\\ 0&0&0&0 \end{pmatrix}. \tag{1.108}$$

$$\mathbf{K}_1 = \begin{pmatrix} 0&-\mathrm{i}&0&0\\ -\mathrm{i}&0&0&0\\ 0&0&0&0\\ 0&0&0&0 \end{pmatrix},\ \mathbf{K}_2 = \begin{pmatrix} 0&0&-\mathrm{i}&0\\ 0&0&0&0\\ -\mathrm{i}&0&0&0\\ 0&0&0&0 \end{pmatrix},\ \mathbf{K}_3 = \begin{pmatrix} 0&0&0&-\mathrm{i}\\ 0&0&0&0\\ 0&0&0&0\\ -\mathrm{i}&0&0&0 \end{pmatrix}. \tag{1.109}$$

Die Kommutationsregeln dieser Erzeugenden sind

$$[\mathbf{J}_1,\mathbf{J}_2] = \mathrm{i}\mathbf{J}_3\,,\quad [\mathbf{J}_1,\mathbf{K}_1] = 0\,,\quad [\mathbf{J}_1,\mathbf{K}_2] = \mathrm{i}\mathbf{K}_3\,,\quad [\mathbf{K}_1,\mathbf{K}_2] = -\mathrm{i}\mathbf{J}_3 \tag{1.110}$$

mit den entsprechenden zyklischen Ergänzungen. Der erste Kommutator ist uns aus der Analyse der Drehgruppe vertraut. Der zweite besagt, dass eine Drehung um eine gegebene Achse mit Speziellen Lorentz-Transformationen, deren Geschwindigkeit in derselben Richtung liegt, vertauscht: Die Drehung ändert ja nur Komponenten senkrecht zur Drehachse, während es genau diese sind, die unter der Speziellen Lorentz-Transformation ungeändert bleiben. Der dritte Kommutator drückt aus, dass das Tripel $(\mathbf{K}_1, \mathbf{K}_2, \mathbf{K}_3) =: \boldsymbol{K}$ einen Vektoroperator bildet, (s. Aufgabe 1.8). Den vierten und interessantesten Kommutator haben wir in Band 1, Abschn. 4.5.2, geometrisch interpretiert.

Der inhomogene Anteil der Poincaré-Gruppe lässt sich ebenfalls durch Erzeugende ausdrücken, wenn man anstelle der Komponenten x^μ sogenannte *homogene Koordinaten* y^μ verwendet. Man fügt zu den Komponenten (x^0, x^1, x^2, x^3) eine fünfte, inerte Komponente hinzu und ersetzt die ersten vier durch $y^\mu := y^4 x^\mu$. Eine Poincaré-Transformation kann man dann in der Form schreiben

$$y'^\mu = \Lambda^\mu{}_\nu y^\nu + y^4 a^\mu\,,\ (\mu = 0, 1, 2, 3) \qquad y'^4 = y^4\,.$$

Lässt man die Indizes von 0 bis 4 laufen, d. h. setzt man

$$y'^M = \widetilde{\Lambda}^M{}_N y^N\,, \quad (M = 0, 1, 2, 3, 4)\,, \tag{1.111}$$

und setzt

$$\widetilde{\Lambda} = \begin{pmatrix} \Lambda^{\mu}{}_{\nu} & a^{\mu} \\ \mathbf{0} & 1 \end{pmatrix}, \tag{1.112}$$

dann sind die homogenen Lorentz-Transformationen und die Translationen in einem einzigen Schema erfasst. Eine reine Translation hat jetzt (mit $\Lambda = \mathbb{1}$) die Form

$$\begin{pmatrix} y'^0 \\ y'^1 \\ y'^2 \\ y'^3 \\ y'^4 \end{pmatrix} = \begin{pmatrix} 1 & 0 & 0 & 0 & a^0 \\ 0 & 1 & 0 & 0 & a^1 \\ 0 & 0 & 1 & 0 & a^2 \\ 0 & 0 & 0 & 1 & a^3 \\ 0 & 0 & 0 & 0 & 1 \end{pmatrix} \begin{pmatrix} y^0 \\ y^1 \\ y^2 \\ y^3 \\ y^4 \end{pmatrix}.$$

Nimmt man die Koeffizienten a^{μ} infinitesimal klein an und setzt

$$y' \approx \left(\mathbb{1} + \mathrm{i} \sum_{\nu=0}^{3} a^{\nu} \mathbf{P}_{\nu} \right) y,$$

so kann man unmittelbar die Erzeugenden $\mathbf{P}_{\nu}$ für Translationen in Zeit und Raum ablesen: $\mathrm{i}\mathbf{P}_{\nu}$ sind 5×5-Matrizen, bei denen an der ν-ten Stelle der letzten Spalte eine 1, sonst überall Null steht[19]. So ist zum Beispiel

$$\mathbf{P}_0 = -\mathrm{i} \begin{pmatrix} 0 & 0 & 0 & 0 & 1 \\ 0 & 0 & 0 & 0 & 0 \\ 0 & 0 & 0 & 0 & 0 \\ 0 & 0 & 0 & 0 & 0 \\ 0 & 0 & 0 & 0 & 0 \end{pmatrix}.$$

Ihre Kommutationsregeln untereinander und mit den Erzeugenden $\mathbf{J}_i$ und $\mathbf{K}_j$ sind leicht auszuwerten. Bezeichnen wir Indizes, die über Zeit und Raum laufen, mit griechischen, und solche, die sich nur auf den $\mathbb{R}^3$ beziehen, mit lateinischen Buchstaben, dann gilt

$$\left[\mathbf{P}_{\mu}, \mathbf{P}_{\nu}\right] = 0, \quad \left[\mathbf{J}_i, \mathbf{P}_j\right] = \mathrm{i}\, \varepsilon_{ijk}\, \mathbf{P}_k, \quad [\mathbf{J}_i, \mathbf{P}_0] = 0,$$

$$\left[\mathbf{K}_i, \mathbf{P}_j\right] = -\mathrm{i}\, \delta_{ij}\, \mathbf{P}_0 \quad [\mathbf{K}_k, \mathbf{P}_0] = -\mathrm{i}\mathbf{P}_k.$$

Während die Erzeugenden $\mathbf{J}_i$ und $\mathbf{K}_j$ sich allein auf den Raum $\mathbb{R}^3$ beziehen und daher kein einfaches Transformationsverhalten unter Speziellen Lorentz-Transformationen haben, bildet der Satz der $\mathbf{P}_{\mu}$ einen kovarianten Vierervektor bezüglich $L_+^{\uparrow}$. Machen wir daraus vermittels

$$\mathbf{P}^{\lambda} = g^{\lambda\mu} \mathbf{P}_{\mu}$$

einen kontravarianten Vierervektor, so nehmen diese Vertauschungsrelationen die folgende Form an:

[19] Translationen bilden Abel'sche Gruppen, die Erzeugenden $\mathbf{P}_{\nu}$ vertauschen untereinander, s. (1.113). Daher kann man auch eine endliche Translation in der Form $\exp\{\mathrm{i} \sum_{\nu} a^{\nu} \mathbf{P}_{\nu}\}$ schreiben.

$$\left[\mathbf{P}^{\mu}, \mathbf{P}^{\nu}\right] = 0 \tag{1.113}$$

$$\left[\mathbf{J}_i, \mathbf{P}^j\right] = \mathrm{i}\,\varepsilon_{ijk}\,\mathbf{P}^k\,, \qquad \left[\mathbf{J}_i, \mathbf{P}^0\right] = 0\;, \tag{1.114}$$

$$\left[\mathbf{K}_i, \mathbf{P}^j\right] = -\mathrm{i}\,g^{ij}\,\mathbf{P}^0\,, \qquad \left[\mathbf{K}_k, \mathbf{P}^0\right] = \mathrm{i}\,\mathbf{P}^k\,. \tag{1.115}$$

Der erste hiervon drückt aus, dass die Translationen in der Zeit oder im Raum, die Abel'sche Gruppen bilden, alle miteinander vertauschen. Die Kommutatoren (1.114) sagen aus, dass $\boldsymbol{P} = (\mathbf{P}^1, \mathbf{P}^2, \mathbf{P}^3)$ ein Vektoroperator ist bzw. dass die Energie sich bei Drehungen im $\mathbb{R}^3$ nicht ändert. In (1.115) besagt der linke Kommutator, dass $\mathbf{K}_i$ mit $\mathbf{P}^j$ vertauscht solange $i \neq j$ ist, aber dass eine Spezielle Lorentz-Transformation entlang einer gegebenen Richtung mit einer Translation in derselben Richtung nicht vertauscht. Der rechte Kommutator in (1.115) schließlich sagt aus, dass ein „angeschobener" Zustand vor und nach Anwendung einer Speziellen Lorentz-Transformation eine andere Energie hat.

Aus den Komponenten $\mathbf{P}_\mu$ bildet man das Quadrat $\mathbf{P}^2 = \mathbf{P}_\mu \mathbf{P}^\mu = (\mathbf{P}_0)^2 - \boldsymbol{P}^2$ und stellt fest, dass dieses mit allen Erzeugenden kommutiert

$$\left[\boldsymbol{P}^2, \mathbf{P}^{\mu}\right] = 0\,, \quad \left[\boldsymbol{P}^2, \mathbf{J}_i\right] = 0\,, \quad \left[\boldsymbol{P}^2, \mathbf{K}_i\right] = 0\,. \tag{1.116}$$

Es wird sich herausstellen, dass $\boldsymbol{P}$ in den für die Quantenphysik relevanten Darstellungen den Impuls, $c\mathbf{P}_0$ die Energie darstellt und dass somit $\mathbf{P}^2/c^2$ das Quadrat m^2 einer Masse ist.

Die hier zusammengefasste Beschreibung der Gruppe $L_+^\uparrow$ und der Translationen enthält noch eine – eigentlich nur technische – Schwäche. Die Erzeugenden $\mathbf{J}_i$, $\mathbf{K}_j$, $\mathbf{P}^i$ und $\mathbf{P}^0$ sind geometrisch und physikalisch zwar gut interpretierbar, sie setzen aber die Aufteilung der Raumzeit in einen physikalischen Ortsraum $\mathbb{R}^3$ und eine im Labor messbare Zeit $\mathbb{R}_t$ voraus. Da es in der Speziellen Relativitätstheorie von der ausgewählten Klasse von Bezugssystemen abhängt, was „Raum" sei und was „Zeit", verstößt dies gegen den Geist der Kovarianz. Jede Spezielle Lorentz-Transformation vermischt ja Raum- mit Zeitkoordinaten und ändert somit die Aufteilung in $\mathbb{R}^3$ und $\mathbb{R}_t$. Was den inhomogenen Anteil der Poincaré-Gruppe angeht, so ist mit der Angabe des Satzes $\mathbf{P}^\mu$ der Einwand schon behoben, da dieser bezüglich $L_+^\uparrow$ sich wie ein Vierervektor transformiert und damit seine Kovarianz explizit sichtbar ist. Wir können uns also auf den homogenen Anteil der Poincaré-Gruppe, die eigentliche, orthochrone Lorentz-Gruppe konzentrieren und eine manifest kovariante Form der Erzeugenden suchen, die anstelle von $(\boldsymbol{J}, \boldsymbol{K})$ tritt.

Würden wir eine Lorentz-Transformation $\boldsymbol{\Lambda} \in L_+^\uparrow$, die ja reell ist, in der Nähe der $\mathbb{1}$ als

$$\Lambda^{\mu}{}_{\nu} \approx \delta^{\mu}{}_{\nu} + \alpha^{\mu}{}_{\nu}$$

schreiben, so wäre die Matrix der Koeffizienten z. B. für eine Spezielle Lorentz-Transformation entlang der 1-Richtung und für eine Drehung um die 3-Achse

$$\alpha^{\mu}{}_{\nu} = \begin{pmatrix} 0 & \varepsilon & 0 & 0 \\ \varepsilon & 0 & 0 & 0 \\ 0 & 0 & 0 & 0 \\ 0 & 0 & 0 & 0 \end{pmatrix}, \quad \text{bzw.} \quad \alpha^{\mu}{}_{\nu} = \begin{pmatrix} 0 & 0 & 0 & 0 \\ 0 & 0 & \varepsilon & 0 \\ 0 & -\varepsilon & 0 & 0 \\ 0 & 0 & 0 & 0 \end{pmatrix}.$$

In beiden Fällen wäre der kovariante Tensor zweiter Stufe

$$\alpha_{\mu\nu} = g_{\mu\mu'}\alpha^{\mu'}{}_{\nu}$$

antisymmetrisch,

$$\alpha_{\mu\nu} + \alpha_{\nu\mu} = 0\,, \tag{1.117}$$

in den zwei angeführten Beispielen wird er mit $g = \text{diag}(1, -1, -1, -1)$

$$\alpha_{\mu\nu} = \begin{pmatrix} 0 & \varepsilon & 0 & 0 \\ -\varepsilon & 0 & 0 & 0 \\ 0 & 0 & 0 & 0 \\ 0 & 0 & 0 & 0 \end{pmatrix}, \quad \text{bzw.} \quad \alpha_{\mu\nu} = \begin{pmatrix} 0 & 0 & 0 & 0 \\ 0 & 0 & -\varepsilon & 0 \\ 0 & \varepsilon & 0 & 0 \\ 0 & 0 & 0 & 0 \end{pmatrix}.$$

Der reelle Tensor $\alpha_{\mu\nu}$ ist offensichtlich ein kovarianter Tensor bezüglich der Gruppe $L_+^\uparrow$, der die Parameter der infinitesimalen Speziellen Transformationen bzw. Drehungen enthält. Eine unter $L_+^\uparrow$ richtig transformierende Form der Erzeugenden bekommen wir, wenn wir einen Satz von 4×4-Matrizen $\mathbf{M}^{\mu\nu}$ einführen, die ebenfalls antisymmetrisch sind,

$$\mathbf{M}^{\mu\nu} + \mathbf{M}^{\nu\mu} = 0\,, \tag{1.118}$$

und die so definiert sind, dass infinitesimale Transformationen als

$$\boldsymbol{\Lambda} \approx \mathbb{1} + \frac{\mathrm{i}}{2} \sum_{\mu,\nu=0}^{3} \alpha_{\mu\nu}\mathbf{M}^{\mu\nu} = \mathbb{1} + \mathrm{i} \sum_{\mu<\nu} \alpha_{\mu\nu}\mathbf{M}^{\mu\nu} \tag{1.119}$$

geschrieben werden. Wegen der Antisymmetrie (1.118) gibt es genau 6 solcher Matrizen, das ist dieselbe Anzahl wie bei der Wahl $(\boldsymbol{J}, \boldsymbol{K})$. Haben wir eine Klasse von Bezugssystemen so ausgewählt, dass die Aufteilung in $\mathbb{R}^3$ und $\mathbb{R}_t$ festliegt, dann ist der Zusammenhang zwischen der neuen und der früheren Form der Erzeugenden leicht herzustellen.

Wählen wir $\alpha_{01} = \varepsilon = -\alpha_{10}$ und alle anderen gleich Null, so ist

$$\boldsymbol{\Lambda} \approx \mathbb{1} + \mathrm{i}\,\varepsilon\,\mathbf{K}_1 = \mathbb{1} + \mathrm{i}\,\varepsilon\,\mathbf{M}^{01}\,.$$

Wählen wir $\alpha_{12} = -\varepsilon = -\alpha_{21}$, dann ist

$$\boldsymbol{\Lambda} \approx \mathbb{1} + \mathrm{i}\,\varepsilon\,\mathbf{J}_3 = \mathbb{1} - \mathrm{i}\,\varepsilon\,\mathbf{M}^{12}\,.$$

Der Zusammenhang zwischen den Erzeugenden ist somit

$$\mathbf{K}_j = \mathbf{M}^{0j}\,, \qquad \mathbf{J}_3 = -\mathbf{M}^{12} \quad \text{(zyklisch)}\,. \tag{1.120}$$

Die Kommutatoren der $\mathbf{M}^{\mu\nu}$ mit den Erzeugenden $\mathbf{P}^\nu$ und untereinander sind die folgenden (s. Aufgabe 1.13)

$$\left[\mathbf{M}^{\mu\nu}, \mathbf{P}^{\sigma}\right] = -\mathrm{i}\,(\mathbf{P}^{\mu} g^{\nu\sigma} - \mathbf{P}^{\nu} g^{\mu\sigma}) \; , \qquad (1.121)$$

$$\left[\mathbf{M}^{\mu\nu}, \mathbf{M}^{\sigma\tau}\right] = \mathrm{i}\,(\mathbf{M}^{\mu\sigma} g^{\nu\tau} + \mathbf{M}^{\nu\tau} g^{\mu\sigma} - \mathbf{M}^{\mu\tau} g^{\nu\sigma} - \mathbf{M}^{\nu\sigma} g^{\mu\tau}) \; . \qquad (1.122)$$

Als kleine Übung bestätigt man, dass die Relationen (1.121) mit den Kommutatoren (1.114) und (1.115) übereinstimmen und dass (1.122) mit (1.110) übereinstimmt. Natürlich muss man bei der Berechnung der Kommutatoren mit $\mathbf{P}^{\mu}$ wieder homogene Koordinaten (1.111) einführen und die Lorentz-Transformationen (1.112) und ihre Erzeugenden $\mathbf{M}^{\mu\nu}$ als 5×5-Matrizen schreiben, indem man die fünfte Spalte und die fünfte Zeile mit Nullen auffüllt.

Bemerkungen

1. Wenn wir unitäre, reduzible oder irreduzible Darstellungen der Poincaré-Gruppe aufsuchen, dann werden die Erzeugenden $\mathbf{J}_i$ bzw. $\mathbf{M}^{ij}$ und $\mathbf{P}^{\mu}$ durch hermitesche Matrizen bzw. selbstadjungierte Operatoren ersetzt, die denselben Kommutationsregeln (1.113)–(1.114), (1.116), bzw. (1.121) und (1.122) genügen. Streng genommen müsste man sie daher mit neuen Symbolen, etwa $\mathbf{U}(\mathbf{J}_i)$, $\mathbf{U}(\mathbf{P}^{\mu})$ bezeichnen. Ähnlich wie bei der Behandlung der Drehgruppe (s. Band 2, Abschn. 4.1.2) wollen wir dies aber nicht tun, sondern – bis auf Ausnahmen, die ausdrücklich erwähnt werden – dieselben Symbole verwenden. Ähnliches soll auch für die Erzeugenden $\mathbf{K}_j$ bzw. $\mathbf{M}^{\mu=0,i}$ gelten, die antihermitesch sind.
2. Es mag zunächst überraschen, dass die Erzeugenden $\mathbf{K}_j$ und $\mathbf{M}^{0i}$ nicht hermitesch, sondern antihermitesch sind. Bezeichnen wir vorübergehend die Erzeugenden $\mathbf{J}_i$ und $\mathbf{K}_j$ ohne Unterschied mit $\mathbf{T}_n$ und betrachten wir eine infinitesimale Lorentz-Transformation, die von $\mathbf{T}_n$ erzeugt wird,

   $$\boldsymbol{\Lambda} \approx \mathbb{1} + \mathrm{i}\,\varepsilon\,\mathbf{T}_n \, ,$$

   s. (1.107), so ist $\Lambda^T = (\mathbb{1} + \mathrm{i}\varepsilon\mathbf{T}_n)^T = \mathbb{1} - \mathrm{i}\varepsilon\mathbf{T}_n^{\dagger}$ und die Bedingung (1.106) liefert die Gleichung

   $$\mathbf{g}\,\mathbf{T}_n - \mathbf{T}_n^{\dagger}\,\mathbf{g} = 0 \, .$$

   Ist die Erzeugende eine Komponente des Drehimpulses, dann wirkt die Metrik $\mathbf{g}$ wie die (negative) Einheitsmatrix und die Bedingung reduziert sich auf $\mathbf{J}_i - \mathbf{J}_i^{\dagger} = 0$. Ist die Erzeugende dagegen eine Komponente von $\boldsymbol{K}$, dann verifiziert man leicht, dass $\mathbf{g}\mathbf{K}_i + \mathbf{K}_i\mathbf{g} = 0$ ist, d. h. dass die genannte Bedingung nur dann erfüllt ist, wenn $\mathbf{K}_i^{\dagger} = -\mathbf{K}_i$ ist.
   Dieselbe Überlegung gilt natürlich auch für die Erzeugenden $\mathbf{M}^{ik}$ und $\mathbf{M}^{0i}$, die ja nur eine andere Schreibweise für die Komponenten von $\boldsymbol{J}$ und $\boldsymbol{K}$ sind.
3. Bildet man aus den $\mathbf{J}_i$ und den $\mathbf{K}_i$ die Linearkombinationen

   $$\mathbf{A}_i := \frac{1}{2}\,(\mathbf{J}_i + \mathrm{i}\,\mathbf{K}_i) \; , \qquad \mathbf{B}_i := \frac{1}{2}\,(\mathbf{J}_i - \mathrm{i}\,\mathbf{K}_i) \; , \qquad (1.123)$$

   dann findet man durch einfaches Nachrechnen, dass diese miteinander vertauschen und dass die Komponenten von $\boldsymbol{A}$ und die von $\boldsymbol{B}$ beide die

Kommutationsregeln von $\mathfrak{su}(2)$, der Lie-Algebra von $SU(2)$ erfüllen

$$\left[\mathbf{A}_i, \mathbf{A}_j\right] = \mathrm{i}\,\varepsilon_{ijk}\mathbf{A}_k\,, \quad \left[\mathbf{B}_i, \mathbf{B}_j\right] = \mathrm{i}\,\varepsilon_{ijk}\mathbf{B}_k\,, \quad \left[\mathbf{A}_i, \mathbf{B}_j\right] = 0\,. \qquad (1.124)$$

Das ist ein interessantes Resultat: Zum einen sind alle Erzeugenden jetzt hermitesch, in Übereinstimmung mit dem Wigner'schen Theorem und der Bemerkung 2. in Abschn. 1.1.2. Zum anderen zeigt es, dass die eigentliche orthochrone Lorentz-Gruppe die Struktur eines direkten Produkts

$$SU(2) \times SU(2) \qquad (1.125)$$

hat. Insbesondere besitzt sie *zwei* nichtäquivalente Spinordarstellungen

$$\left(\frac{1}{2}, 0\right) \text{ und } \left(0, \frac{1}{2}\right)\,, \quad \text{oder} \quad (\mathbf{2}, \mathbf{1}) \text{ und } (\mathbf{1}, \mathbf{2})\,,$$

wenn wir statt des Drehimpulses wie in Abschn. 1.2.8 die Dimensionen der Darstellungen angeben. Unter der Raumspiegelung $\boldsymbol{\Pi} = \mathrm{diag}(1, -1, -1, -1)$ bleiben die Erzeugenden $\mathbf{J}_i$ invariant, während die Erzeugenden $\mathbf{K}_i$ ihr Vorzeichen ändern,

$$\boldsymbol{\Pi}\mathbf{J}_i\boldsymbol{\Pi}^{-1} = \mathbf{J}_i\,, \quad \boldsymbol{\Pi}\mathbf{K}_i\boldsymbol{\Pi}^{-1} = -\mathbf{K}_i\,.$$

Das bedeutet, dass die Erzeugenden $\mathbf{A}_i$ und $\mathbf{B}_i$ ihre Rollen vertauschen und die beiden Spinordarstellungen aufeinander abgebildet werden. Da sowohl die Gruppe $L_+^\uparrow$ als auch die Raumspiegelung (oder Parität) für die Quantenphysik wichtig sind, werden wir für die Beschreibung von Fermionen mit Spin $1/2$ beide Sorten von Spinoren brauchen.

1.3.2 Energie-Impuls, Masse und Spin

Aus den Erzeugenden $\mathbf{P}^\mu$ und $\mathbf{M}^{\mu\nu}$ bilden wir das Quadrat

$$\mathbf{P}^2 = \mathbf{P}_\mu\mathbf{P}^\mu = (\mathbf{P}^0)^2 - \boldsymbol{P}^2\,, \qquad (1.126)$$

das die physikalische Dimension von $(mc)^2$ hat, und den *Spinvektor von Pauli und Lubanski*

$$\mathbf{W}_\sigma := \frac{1}{2}\,\varepsilon_{\mu\nu\lambda\sigma}\mathbf{M}^{\mu\nu}\mathbf{P}^\lambda\,. \qquad (1.127)$$

Dabei ist $\varepsilon_{\mu\nu\lambda\sigma}$ das vollständig antisymmetrische Levi-Civitá-Symbol in vier Dimensionen, das wir mit der Konvention

$$\varepsilon_{0123} = +1 \qquad (1.128)$$

verwenden. Es ist gleich $+1$, wenn die Indizes eine *gerade* Permutation von (0123) und gleich -1, wenn sie eine *ungerade* Permutation bilden[20]. (Es ist sicherlich klar, dass wir hier generell die Summenkonvention $a_\mu b^\mu \equiv \sum_{\mu=0}^{3} a_\mu b^\mu$ verwenden.) Ist $\mu = 0$, so ist $\varepsilon_{0ijk} = \varepsilon_{ijk}$, d. h. gleich dem entsprechenden Symbol in drei Dimensionen.

[20] Man beachte, dass Permutationen immer durch Vertauschen von Nachbarn definiert sind. In vier Dimensionen sind die zyklischen keine geraden Permutationen. Die Konvention (1.128), die in der Literatur nicht einheitlich ist, hat zur Folge, dass $\varepsilon^{0123} = -1$ ist.

Gehen wir in eine Klasse von Bezugssystemen, die die Zeitkoordinate auszeichnen, dann ist

$$\mathbf{W}_0 = \frac{1}{2}\varepsilon_{ijk}\varepsilon_{ijl}\mathbf{J}^l\mathbf{P}^k = \boldsymbol{J}\cdot\boldsymbol{P}\,. \tag{1.129}$$

Aus der Definition (1.127) und der Antisymmetrie des ε-Symbols folgt

$$\mathbf{W}_\sigma\,\mathbf{P}^\sigma = 0\,;$$

außerdem bestätigt man leicht folgende Kommutatoren

$$\left[\mathbf{W}_\sigma, \mathbf{P}^\mu\right] = 0\,, \quad \left[\mathbf{M}^{\mu\nu}, \mathbf{W}^\sigma\right] = -\mathrm{i}\,(\mathbf{W}^\mu g^{\nu\sigma} - \mathbf{W}^\nu g^{\mu\sigma})\,. \tag{1.130}$$

Der zweite Kommutator (1.130) folgt aus der Beobachtung, dass $\mathbf{W}^\sigma$ ein Vierervektor ist und daher mit $\mathbf{M}^{\mu\nu}$ dieselben Vertauschungsregeln (1.121) haben muss wie $\mathbf{P}^\sigma$. Die Kommutatoren der Komponenten untereinander lassen sich daraus herleiten:

$$\begin{aligned}[\mathbf{W}_\lambda, \mathbf{W}_\sigma] &= \frac{1}{2}\varepsilon_{\alpha\beta\gamma\lambda}\left\{\left[\mathbf{M}^{\alpha\beta}, \mathbf{W}_\sigma\right]\mathbf{P}^\gamma + \mathbf{M}^{\alpha\beta}\left[\mathbf{P}^\gamma, \mathbf{W}_\sigma\right]\right\}\\ &= -\mathrm{i}\varepsilon_{\alpha\beta\gamma\lambda}\left(\mathbf{W}^\alpha\delta^\beta_\sigma - \mathbf{W}^\beta\delta^\alpha_\sigma\right)\mathbf{P}^\gamma\\ &= -\mathrm{i}\varepsilon_{\lambda\sigma\alpha\gamma}\mathbf{W}^\alpha\mathbf{P}^\gamma\,.\end{aligned} \tag{1.131}$$

Bildet man das Quadrat $\mathbf{W}^2 := \mathbf{W}_\sigma\mathbf{W}^\sigma$, so entsteht eine weitere Invariante, die mit allen $\mathbf{P}^\mu$ und mit $\mathbf{M}^{\mu\nu}$ kommutiert. Insgesamt erhalten wir 6 Operatoren, die alle miteinander vertauschen und die daher für die Klassifizierung von Darstellungen der Poincaré-Gruppe dienen können:

$$\mathbf{P}^\mu\ (\mu = 0, 1, 2, 3)\,,\ \mathbf{W}^2\,,\ \text{und eine Komponente } \mathbf{W}_\lambda\,. \tag{1.132}$$

Anstelle der vier Komponenten $\mathbf{P}^\mu$ kann man auch nur drei von ihnen und das Quadrat $\mathbf{P}^2$ verwenden; es kann aber nur *eine* Komponente von $\mathbf{W}$ im Satz (1.132) aufgenommen werden, weil die Komponenten untereinander nicht vertauschen – ganz analog zur Diskussion der Komponenten des gewöhnlichen Drehimpulses. Die Komponenten $\mathbf{P}^\mu$ sind offensichtlich nichts anderes als die Operatoren für Energie und Impuls, während in $\mathbf{W}^2$ und $\mathbf{W}_\sigma$ der Drehimpuls bzw. Spin verborgen sein müssen. Den genauen Zusammenhang herauszuarbeiten ist der Inhalt des nun folgenden Abschnitts.

1.3.3 Physikalische Darstellungen der Poincaré-Gruppe

Die Beschreibung von elementaren, mikrophysikalischen Objekten wie Atomen, Kernen oder Elementarteilchen wird auf einem Postulat aufgebaut, das auf E. Wigner zurückgeht. Bezeichnen wir solche Objekte der Kürze halber alle als Teilchen, so lautet es

Postulat Klassifikation von Teilchen

Teilchen werden nach Eigenwerten der Masse und des Spins klassifiziert, d. h. nach den Eigenwerten von $\mathbf{P}^2$ und von $\mathbf{W}^2$, wobei der Spin nur ganz- oder halbzahlige Werte annimmt. Die kräftefreien dynamischen Zustände von Teilchen kann man durch die Eigenwerte der vier Operatoren $\mathbf{P}^\mu$ der Energie und des Impulses und durch eine Komponente des Spins charakterisieren.

Bezeichnen wir die Eigenwerte von $\mathbf{P}^2$ mit m^2c^2, wo m die invariante Ruhemasse des Teilchens ist, dann hat $\mathbf{P}^0$ den Eigenwert E/c, der Dreiervektor $\boldsymbol{P}$ die Eigenwerte $\boldsymbol{p}$, wo E und $\boldsymbol{p}$ Energie bzw. Impuls mit Bezug auf eine Klasse von Bezugssystemen sind, in denen die Zeitachse vorgegeben ist. Die Eigenwerte erfüllen die Energie-Impulsbeziehung für ein freies Teilchen

$$(E/c)^2 + \boldsymbol{p}^2 = m^2c^2 .$$

Interessanterweise muss man die beiden denkbaren Fälle eines *massiven* Teilchens, $m \neq 0$, und eines *masselosen* Teilchens, $m = 0$, unterscheiden.

a) Der Fall $m \neq 0$:

Jedes massive Teilchen besitzt ein Ruhesystem. Mit anderen Worten, wenn es in einem Zustand mit Impuls $\boldsymbol{p}$ vorgegeben ist, dann kann man immer eine Spezielle Lorentz-Transformation angeben, die in sein Ruhesystem transformiert, wo sein Viererimpuls $(mc, \mathbf{0})^T$ ist. Im Ruhesystem ist der Eigenwert von $\mathbf{W}_0$ gemäß (1.127) gleich Null, da $\mathbf{P}^\lambda$ nur für $\lambda = 0$ beiträgt, der ε-Tensor aber verschwindet, wenn zwei Indizes gleich sind. Für die räumlichen Komponenten gibt die Definition (1.127) zusammen mit (1.120) und $p^0 = mc$ den Zusammenhang $\mathbf{W}_i = mc\,\mathbf{J}^i$. Daraus folgt, dass

$$\left[\left(\frac{\mathbf{W}^i}{mc}\right), \left(\frac{\mathbf{W}^j}{mc}\right)\right] = \mathrm{i} \sum_{k=1}^{3} \varepsilon_{ijk} \left(\frac{\mathbf{W}^k}{mc}\right)$$

ist und, insbesondere, dass $\mathbf{W}^2/(mc)^2$ die Eigenwerte $j(j+1)$ hat. Es sei n ein raumartiger Einheitsvektor, der auf p senkrecht steht, d. h. $n^2 = -1$ und $(n \cdot p) = 0$ erfüllt. Im Ruhesystem muss er die Form $\overset{0}{n} = (0, \widehat{\boldsymbol{n}})^T$ haben, so dass $n^2 = -\widehat{\boldsymbol{n}}^2 = -1$ ist und

$$\frac{1}{mc}(\mathbf{W} \cdot n) = \boldsymbol{J} \cdot \widehat{\boldsymbol{n}} =: \mathbf{J}^{\hat{n}}$$

gilt. Dieser Operator möge im Ruhesystem den Eigenwert μ haben. Da das Lorentz-Skalarprodukt $(\mathbf{W} \cdot n)$ unter allen $\boldsymbol{\Lambda} \in L_+^\uparrow$ eine Invariante ist, ist dies sein Eigenwert in *jedem* Bezugssystem. Natürlich ist uns der Wertevorrat, den dieser Eigenwert durchlaufen kann, vom Studium der Drehgruppe her bekannt. Er ist

$$\mu = -j, -j+1, \dots, j-1, j .$$

Als Fazit halten wir fest: Der Spin eines massiven Teilchens wird in Lorentz-invarianter Weise durch die Operatoren

$$\frac{1}{(mc)^2}\mathbf{W}_\sigma \mathbf{W}^\sigma = \frac{1}{(mc)^2}\mathbf{W}^2 \quad \text{und} \quad \frac{1}{mc}(\mathbf{W} \cdot n) \tag{1.133}$$

beschrieben. Mit anderen Worten, um den Spin eines massiven Teilchens quantitativ festzustellen muss man in sein momentanes Ruhesystem gehen und es dort allen möglichen Drehungen des Koordinatensystems im $\mathbb{R}^3$ unterwerfen. Wenn sein Zustand dabei mit $\mathbf{D}^{(j)}$ antwortet, so trägt es den

Spin j; die zulässigen Werte der Projektion des Spins auf eine beliebige Achse im $\mathbb{R}^3$ sind wie gewohnt die Zahlen $-j, -j+1, \dots, j$.

b) Der Fall m=o

Ein masseloses Teilchen besitzt kein Ruhesystem, es bewegt sich immer mit Lichtgeschwindigkeit und man kann ihm nicht – auf kausale Weise – „nachlaufen". Deshalb ist die Analyse des vorhergehenden Falls hier nicht mehr anwendbar. Man kann diesen Unterschied auch gruppentheoretisch festhalten:

Ein massives Teilchen hat *zeit*artige Viererimpulse, $p = (E/c, \boldsymbol{p})^T$ mit $p^2 > 0$, und man kann es daher immer zur Ruhe bringen. Die maximale Untergruppe der Lorentz-Gruppe $L_+^\uparrow$, die seinen Viererimpuls $(mc, \boldsymbol{0})^T$ nicht ändert, ist offensichtlich die volle Drehgruppe.

Ein masse*loses* Teilchen hat *licht*artige Viererimpulse, $p=(E/c=|\boldsymbol{p}|, \boldsymbol{p})^T$ mit $p^2 = 0$. Die maximale Untergruppe von $L_+^\uparrow$, die diesen Impuls ungeändert lässt, ist die einparametrige Gruppe der Drehungen um die Richtung $\widehat{\boldsymbol{p}}$ und ist somit kleiner als die volle Drehgruppe. Deshalb ist es nicht überraschend, dass der Spin eines masselosen Teilchens anders definiert ist und andere Eigenschaften hat als der eines massiven Teilchens.

Stellen wir uns vor, dass wir uns in einer Darstellung befinden, in der das masselose Teilchen einen beliebigen, aber festen Eigenwert p von $\mathbf{P}$ annimmt. Unser Ziel ist es, die Operatoren zu finden, die den Spin des masselosen Teilchens beschreiben. Um die Komponenten von $\mathbf{W}_\lambda$ auszudrücken, führen wir ein System von Basisvektoren

$$(n^{(0)}, n^{(1)}, n^{(2)}, n^{(3)})$$

ein, von denen der erste $n^{(0)}$ zeitartig, die anderen raumartig sind und die paarweise zueinander orthogonal sind, $(n^{(\alpha)} \cdot n^{(\beta)}) = 0$ für $\alpha \neq \beta$. Sie sollen außerdem auf ± 1 normiert sein, $n^{(0)\,2} = 1$, $n^{(i)\,2} = -1$ $(i = 1, 2, 3)$, und $n^{(1)}$ und $n^{(2)}$ sollen zu p orthogonal sein,

$$(p \cdot n^{(1)}) = 0 = (p \cdot n^{(2)}) .$$

Man rechnet nach, dass $n^{(3)}$ folgende Linearkombination aus p und $n^{(0)}$ ist

$$n^{(3)} = \frac{1}{(p \cdot n^{(0)})} \, p - n^{(0)} .$$

Würde man z. B. das Bezugssystem so wählen, dass $p = (q, 0, 0, q)^T$ ist, so wären diese Basisvektoren

$$n^{(0)} = (1, 0, 0, 0)^T , \quad n^{(1)} = (0, 1, 0, 0)^T ,$$
$$n^{(2)} = (0, 0, 1, 0)^T , \quad n^{(3)} = (0, 0, 0, 1)^T .$$

Ein solches System ist im folgenden Sinne orthogonal und vollständig

$$\left(n^{(\alpha)} \cdot n^{(\beta)}\right) = g^{\alpha\beta} \qquad \text{(Orthogonalität)} \tag{1.134}$$

$$n_\sigma^{(\alpha)} g_{\alpha\beta} n_\tau^{(\beta)} = g_{\sigma\tau} \qquad \text{(Vollständigkeit)} , \tag{1.135}$$

(wobei wir in der zweiten Gleichung wie auch im folgenden wieder die Summenkonvention verwenden).

Wir definieren nun die Operatoren $\mathbf{J}^{(\sigma)}$ über den Ausdruck

$$\mathbf{W}_\lambda = \mathbf{J}^{(\sigma)} g_{\sigma\tau} n_\lambda^{(\tau)} . \tag{1.136}$$

Mit der Orthogonalitätsrelation (1.134) folgt daraus

$$\mathbf{J}^{(\mu)} = \mathbf{W}_\lambda \, n^{(\mu)\lambda} \equiv (\mathbf{W} \cdot n^{(\mu)}) .$$

Aus dieser Formel schließt man zunächst, dass $\mathbf{J}^{(0)}$ und $\mathbf{J}^{(3)}$ entgegengesetzt gleich sind, denn mit $(\mathbf{W} \cdot p) = 0$ ist

$$\mathbf{J}^{(0)} + \mathbf{J}^{(3)} = (\mathbf{W} \cdot n^{(0)}) + (\mathbf{W} \cdot [\frac{1}{(p \cdot n^{(0)})} p - n^{(0)}]) = 0 .$$

Für das Viererquadrat des Drehimpulses folgt somit

$$\mathbf{J}^2 = \mathbf{J}^{(0)\,2} - \mathbf{J}^{(1)\,2} - \mathbf{J}^{(2)\,2} - \mathbf{J}^{(3)\,2} = -\left(\mathbf{J}^{(1)\,2} + \mathbf{J}^{(2)\,2}\right) .$$

Im nächsten Schritt beweist man, dass die Operatoren $\mathbf{J}^{(i)}$, $i = 1, 2, 3$, folgenden Kommutationsregeln gehorchen

$$\begin{aligned} &\left[\mathbf{J}^{(1)}, \mathbf{J}^{(2)}\right] = 0 , \quad \left[\mathbf{J}^{(2)}, \mathbf{J}^{(3)}\right] = -\mathrm{i}\,(p \cdot n^{(0)})\,\mathbf{J}^{(1)} , \\ &\left[\mathbf{J}^{(3)}, \mathbf{J}^{(1)}\right] = -\mathrm{i}\,(p \cdot n^{(0)})\,\mathbf{J}^{(2)} . \end{aligned} \tag{1.137}$$

Wir beginnen mit dem ersten Kommutator und berechnen

$$\begin{aligned} \left[\mathbf{J}^{(1)}, \mathbf{J}^{(2)}\right] &= n^{(1)\lambda} n^{(2)\sigma} \left[\mathbf{W}_\lambda, \mathbf{W}_\sigma\right] \\ &= -\mathrm{i}\, \varepsilon_{\lambda\sigma\alpha\beta}\, n^{(1)\lambda} n^{(2)\sigma} \mathbf{W}^\alpha p^\beta \\ &= -\mathrm{i}\, \varepsilon_{\lambda\sigma\alpha\beta}\, n^{(1)\lambda} n^{(2)\sigma} n^{(\nu)\alpha} g_{\mu\nu} \mathbf{J}^{(\mu)} p^\beta , \end{aligned}$$

wobei wir den Kommutator (1.131) und die Definition (1.136) benutzt haben. Der Index ν kann nur die Werte 0 und 3 annehmen, andernfalls würde der ε-Tensor, der antisymmetrisch ist, mit dem Produkt aus zwei gleichen Basisvektoren, das symmetrisch ist, verjüngt, was Null ergibt. Für die verbleibenden Werte $\nu = 0$ und $\nu = 3$, mit $\mathbf{J}^{(3)} = -\mathbf{J}^{(0)}$ und $g_{00} = 1 = -g_{33}$ ergibt sich

$$\left[\mathbf{J}^{(1)}, \mathbf{J}^{(2)}\right] = \mathrm{i}\, \varepsilon_{\lambda\sigma\alpha\beta}\, n^{(1)\lambda} n^{(2)\sigma} (n^{(3)\alpha} + n^{(0)\alpha}) p^\beta \mathbf{J}^{(3)} .$$

Weil aber $(n^{(3)\alpha} + n^{(0)\alpha})$ proportional zu p^α ist und somit das symmetrische Produkt $p^\alpha p^\beta$ mit dem antisymmetrischen ε-Tensor verjüngt wird, ist der Kommutator gleich Null.

Von den beiden verbleibenden Kommutatoren berechnen wir als Beispiel den zweiten,

$$\begin{aligned} \left[\mathbf{J}^{(2)}, \mathbf{J}^{(3)}\right] &= n^{(2)\lambda} n^{(3)\sigma} \left[\mathbf{W}_\lambda, \mathbf{W}_\sigma\right] \\ &= -\mathrm{i}\, \varepsilon_{\lambda\sigma\mu\nu}\, n^{(2)\lambda} n^{(3)\sigma} \mathbf{W}^\mu p^\nu \\ &= -\mathrm{i}\, \varepsilon_{\lambda\sigma\mu\nu}\, n^{(2)\lambda} n^{(3)\sigma} n^{(\beta)\mu} g_{\alpha\beta} \mathbf{J}^{(\alpha)} p^\nu . \end{aligned}$$

Setzt man hier $p = (p \cdot n^{(0)})(n^{(3)} + n^{(0)})$ ein, so kann nur der zweite Term hiervon beitragen. Gleichzeitig bedeutet dies, dass β nur den Wert 1 annehmen kann. Setzt man dies ein und permutiert die Indizes so, dass die Basisvektoren aufsteigend geordnet erscheinen, so ist mit $g_{11} = -1$

$$\left[\mathbf{J}^{(2)}, \mathbf{J}^{(3)}\right] = -\mathrm{i}\, \varepsilon_{\nu\mu\lambda\sigma} n^{(0)\,\nu} n^{(1)\,\mu} n^{(2)\,\lambda} n^{(3)\,\sigma}\, (p \cdot n^{(0)})\, \mathbf{J}^{(1)} .$$

Der Vorfaktor $\varepsilon_{\nu\mu\lambda\sigma} n^{(0)\,\nu} n^{(1)\,\mu} n^{(2)\,\lambda} n^{(3)\,\sigma}$ ist nichts anderes als die Determinante der aus den Basisvektoren gebildeten 4×4-Matrix und ist gleich 1. Damit ist der zweite Kommutator bewiesen. Der dritte wird völlig analog bewiesen.

Setzen wir jetzt noch

$$\mathbf{S}^{(i)} := -\frac{1}{(p \cdot n^{(0)})} \mathbf{J}^{(i)} ,$$

so gehen die Kommutatoren (1.137) in eine aus der Euklidischen Geometrie wohlbekannte Form über,

$$\left[\mathbf{S}^{(1)}, \mathbf{S}^{(2)}\right] = 0 , \quad \left[\mathbf{S}^{(2)}, \mathbf{S}^{(3)}\right] = \mathrm{i}\, \mathbf{S}^{(1)} , \quad \left[\mathbf{S}^{(3)}, \mathbf{S}^{(1)}\right] = \mathrm{i}\, \mathbf{S}^{(2)} . \tag{1.138}$$

Diese Algebra ist isomorph zur Lie-Algebra der Euklidischen Gruppe in zwei reellen Dimensionen. $\mathbf{S}^{(1)}$ und $\mathbf{S}^{(2)}$ entsprechen den Erzeugenden für Translationen entlang der 1- bzw. 2-Richtung, $\mathbf{S}^{(3)}$ entspricht der Erzeugenden der Drehungen um den Ursprung, s. Aufgabe 1.11. Ähnlich wie bei der Drehgruppe reicht diese Information aus, um die Darstellungen, die für die Beschreibung von masselosen Teilchen in Frage kommen, zu konstruieren. Allerdings benötigen wir dazu nicht nur unsere Erfahrung mit der Drehgruppe, sondern auch eine empirische, physikalische Information.

Zuerst stellt man fest, dass mit (1.134)

$$\mathbf{W}^2 = \mathbf{J}^2 = -\left((\mathbf{J}^{(1)})^2 + (\mathbf{J}^{(2)})^2\right)$$

jeden negativen Wert annehmen kann, also offenbar nicht quantisiert ist. Da es in der Natur keine physikalischen Zustände mit kontinuierlichem Spin gibt, ordnen wir die physikalischen Zustände eines masselosen Teilchens dem Eigenwert $w^2 = 0$ des Operators $\mathbf{W}^2 = \mathbf{W}_\sigma \mathbf{W}^\sigma$ zu. Aus den somit entstehenden Bedingungen

$$w^2 = 0 , \quad p^2 = 0 , \quad (w \cdot p) = 0$$

kann man jetzt eine wichtige Schlussfolgerung ziehen: Die Vierervektoren w und p müssen *kollinear* sein,

$$w = h\, p . \tag{1.139}$$

Der Proportionalitätsfaktor h wird *Helizität* genannt. Das Wort ist vom Begriff Helix abgeleitet und weist auf einen Drehsinn hin, der durch die Korrelation zwischen der Ausrichtung des Spins und dem räumlichen Impuls des masselosen Teilchens definiert wird. Das kann man leicht verstehen, wenn man zu einer Klasse von Bezugssystemen zurückkehrt, in der die Zeitrichtung festgelegt ist. Gemäß (1.129) ist dann $\mathbf{W}_0 = \boldsymbol{p} \cdot \boldsymbol{J}$. Bezeichnet man den Operator, dessen Eigenwerte h sind, mit $\mathbf{h}$, dann ist mit (1.139) auch $\mathbf{W}_0 = p_0\mathbf{h}$, mit $p_0 = |\boldsymbol{p}|$, und es folgt

$$\mathbf{h} = \boldsymbol{p} \cdot \boldsymbol{J} / |\boldsymbol{p}| \,. \tag{1.140}$$

Der Operator $\mathbf{h}$ beschreibt die Projektion des Drehimpulses, in dem sowohl Bahndrehimpuls als auch Spin verborgen ist, auf den räumlichen Impuls des Teilchens. Da wir aber wissen, dass die Projektion m_ℓ des *Bahn*drehimpulses auf $\boldsymbol{p}$ immer Null ist (s. Band 2, Abschn. 1.9.3), beschreibt er in Wirklichkeit die Projektion des Spins auf die Flugrichtung. Weil ein masseloses Teilchen kein Ruhesystem besitzt, ist dies die einzige Möglichkeit, überhaupt den Spin des Teilchens zu definieren. *Man sagt* $s = |h|$ *sei der Spin des masselosen Teilchens.*

Welche Eigenwerte kann dieser so definierte Spin haben und gibt es ein Analogon zur magnetischen Quantenzahl? Wenn wie gefordert $w = hp$ ist, dann haben die Operatoren $\mathbf{J}^{(1)}$ und $\mathbf{J}^{(2)}$ die Eigenwerte 0, der Eigenwert von $\mathbf{J}^{(3)}$ ist $-(p \cdot n^{(0)})h$, d. h. der Eigenwert von $\mathbf{S}^{(3)}$ ist h.

Wendet man die Raumspiegelung auf (1.140) an, dann bleibt $\boldsymbol{J}$ invariant, während $\boldsymbol{p}$ sein Vorzeichen ändert. Die Helizität ist wie man sagt ein *Pseudoskalar*, d. h. eine drehinvariante Größe, die bei Raumspiegelung ihr Vorzeichen ändert. Daraus folgt, dass der Spin s in zwei Polarisationszuständen $+h$ und $-h$ auftritt, die über die Raumspiegelung verknüpft sind. Schließlich, da $\mathbf{S}^{(3)}$ offenbar die Drehungen um die Richtung des Impulses $\boldsymbol{p}$ erzeugt und da die Wellenfunktionen für Bosonen einwertig, für Fermionen zweiwertig sein müssen, sieht man, dass s nur ganzzahlige oder halbzahlige Werte annehmen kann,

$$s = 0, \frac{1}{2}, 1, \frac{3}{2}, 2, \dots .$$

Bemerkungen

1. Interessanterweise ist die Helizität nur für ein masseloses Teilchen eine Invariante unter $L_+^\uparrow$. Definiert man sie auch für ein massives Teilchen, so bleibt (1.140) unter Speziellen Lorentz-Transformationen nicht mehr invariant.
2. Das sicher bekannteste, wirklich masselose Teilchen ist das Photon. Sein Spin ist nach der oben gegebenen Definition $s = 1$. Die beiden Einstellungen $h = +1$ und $h = -1$ sind physikalisch realisierbar, weil die elektromagnetische Wechselwirkung nicht nur unter $L_+^\uparrow$, sondern auch unter der Raumspiegelung $\boldsymbol{\Pi}$ invariant ist. Diese Zustände entsprechen klassisch den rechts- bzw. linkspolarisierten ebenen Wellen.
3. Von den drei Neutrinos ν_e, ν_μ und ν_τ, die den Spin $1/2$ tragen, hat man lange Zeit angenommen, dass sie streng masselos seien. Heute hat man experimentelle Evidenz dafür, dass alle oder einige von ihnen zwar sehr kleine, aber nichtverschwindende Massen tragen. Wären sie strikt

masselos, würden wir sie nach der Helizität klassifizieren. Allerdings ist die Schwache Wechselwirkung, an der sie partizipieren, nicht invariant unter $\boldsymbol{\Pi}$. Daher ist es nicht erstaunlich, dass nur ein Helizitätszustand physikalisch realisiert ist.

4. Der Spin $s = 1/2$ spielt insofern eine Sonderrolle, als sowohl ein massives als auch ein masseloses Spin-1/2 Fermion mit zwei Einstellungen des Spins auftreten kann. Bei Teilchen mit Spin $s = 1$ (und bei allen höheren Werten) tritt ein wesentlicher Unterschied auf: Ein massives Spin-1 Teilchen hat drei physikalisch mögliche Einstellungen des Spins, $m_s = 1$, $m_s = 0$ und $m_s = -1$. Ein masseloses dagegen nur zwei, $h = +1$ und $h = -1$. Oder, noch allgemeiner, ein Teilchen mit nichtverschwindender Masse M und Spin $s \geq 1$ hat die aus der Drehgruppe bekannten $2s+1$ Unterzustände. Ist seine Masse aber gleich Null, so hat seine Helizität die Eigenwerte $h = s$ und $h = -s$. Wie wir bei der Diskussion der Dirac-Gleichung sehen werden, ist der Grenzübergang *Masse* $\to 0$ bei Spin-$1/2$ Teilchen stetig, bei Teilchen mit Spin $s \geq 1$ ist er das dagegen nicht.

1.3.4 Massive Einteilchen-Zustände und Poincaré-Gruppe

Obwohl ich an dieser Stelle etwas vorgreife, möchte ich doch die Darstellungstheorie des vorhergehenden Abschnitts durch die explizite Angabe der Wirkung von Poincaré-Transformationen auf Einteilchen-Zustände ergänzen. Ich benutze dabei die Notation der zweiten Quantisierung, die wir in Band 2, Abschn. 5.3.2 eingeführt haben und auf die ich im nächsten Kapitel ausführlich zurückkomme.

Das Teilchen habe eine nichtverschwindende Masse M und es trage den Spin s; alle weiteren Quantenzahlen, die seinen Zustand charakterisieren, in dieser Diskussion aber nicht von Bedeutung sind, seien mit α abgekürzt. Das Ziel ist es, die Wirkung $\mathbf{U}(\boldsymbol{\Lambda}, a)$ einer beliebigen Poincaré-Transformation $(\boldsymbol{\Lambda}, a)$ auf den Zustand $|\alpha; s\, m;\, p\rangle$ auszuarbeiten. Dazu machen wir Gebrauch von folgender

Vorbemerkung

Bei der Behandlung dieser Aufgabe ist es wichtig, sich noch einmal den Unterschied zwischen *passiver* und *aktiver* Symmetrietransformation etwa am Beispiel von Drehungen im $\mathbb{R}^3$ ins Gedächtnis zu rufen. In der passiven Interpretation dreht man das Bezugssystem, lässt aber das physikalische Objekt ungeändert; in der aktiven Interpretation bewegt man dagegen das Objekt und hält das Bezugssystem fest. Ein *aktive* Drehung, ausgedrückt in Euler'schen Winkeln, hat die Form

$$\mathbf{R} = e^{i\mathbf{J}_3\psi}\, e^{i\mathbf{J}_2\theta}\, e^{i\mathbf{J}_3\phi} .$$

Mit den Konventionen aus Band 2, Abschn. 4.1.3, sind die D-Matrizen durch

$$D^{(j)}_{m\mu}(\psi, \theta, \phi) = \langle jm|\, \mathbf{R}\, |j\mu\rangle \tag{1.141}$$

gegeben, in Übereinstimmung mit (1.18). In Band 2 haben wir Drehungen generell als *passive* Transformationen aufgefasst und haben außerdem festgestellt, dass Basiszustände sich gemäß

$$|jm\rangle' = \sum_{m'} D^{(j)*}_{mm'} |jm'\rangle$$

transformieren. Eine passive Drehung wird durch die Inverse

$$\mathbf{R}^{-1} = e^{-i\mathbf{J}_3\phi} e^{-i\mathbf{J}_2\theta} e^{-i\mathbf{J}_3\psi}$$

beschrieben. Die eben angegebene Formel ist also gleichbedeutend mit

$$|jm\rangle' \equiv \mathbf{U}(\mathbf{R}^{-1}) |jm\rangle = \sum_{m'} D^{(j)*}_{mm'} |jm'\rangle = \sum_{m'} \left(D^{(j)\dagger}\right)_{m'm} |jm'\rangle ,$$

(man beachte, dass die Summation im letzten Ausdruck über den ersten Index läuft). Ersetzt man jetzt passive durch aktive Drehung, so wird $\mathbf{R}^{-1}$ durch $\mathbf{R}$, $\mathbf{D}^{-1} = \mathbf{D}^{(j)\dagger}$ durch $\mathbf{D}^{(j)}$ ersetzt. Somit folgt

$$\mathbf{U}(\mathbf{R}) |jm\rangle = \sum_{m'} D^{(j)}_{m'm}(\psi, \theta, \phi) |jm'\rangle , \tag{1.142}$$

(wieder mit der Summation über den ersten Index). Die für das folgende wichtige Bemerkung ist nun, dass man sich die Wirkung der Poincaré-Transformationen als aktive vorstellen muss. So ist zum Beispiel mit der Wirkung von $\mathbf{U}(\mathbf{L}(p))$ auf einen Teilchenzustand in dessen Ruhesystem wirklich das aktive „Anschieben“ auf den Viererimpuls p gemeint.

Mit dieser Bemerkung im Sinn kehren wir zur Konstruktion der Darstellungen von Poincaré-Transformationen zurück. Im Ruhesystem des Teilchens sind die Eigenzustände von s^2 und von $\mathbf{s}_3$

$$\left|\alpha; s\,m;\ \overset{0}{p}\right\rangle \quad \text{mit} \quad \overset{0}{p} = (Mc, 0, 0, 0)^T .$$

Bezeichnen wir (eigentliche, orthochrone) Poincaré-Transformationen mit $(\mathbf{\Lambda}, a)$, wo $\mathbf{\Lambda} \in L^{\uparrow}_{+}$, und a ein Vierervektor ist, und notieren wir ihre Darstellungen im Raum der Einteilchen-Zustände mit $\mathbf{U}$, so wirkt eine *aktive* Drehung $\mathbf{R} \in SO(3)$ in der oben erläuterten Weise auf diesen Zustand:

$$\mathbf{U}(\mathbf{R}, 0) \left|\alpha; s\,m;\ \overset{0}{p}\right\rangle = \sum_{m'} D^{(s)}_{m'm}(\mathbf{R}) \left|\alpha; s\,m';\ \overset{0}{p}\right\rangle .$$

Schiebt man andererseits denselben Zustand mit der Speziellen Lorentz-Transformation $\mathbf{L}(p)$ auf den Impuls p an, so ist

$$|\alpha; s\,m;\ p\rangle = \mathbf{U}(\mathbf{L}(p), 0) \left|\alpha; s\,m;\ \overset{0}{p}\right\rangle .$$

Dabei entsteht ein Zustand des massiven Teilchens, der die Spinquantenzahlen (s, m) trägt und sich mit dem Viererimpuls p bewegt. Man sieht hier noch einmal deutlich, dass der Spin eines Teilchens mit Masse immer mit Bezug auf das Ruhesystem definiert ist.

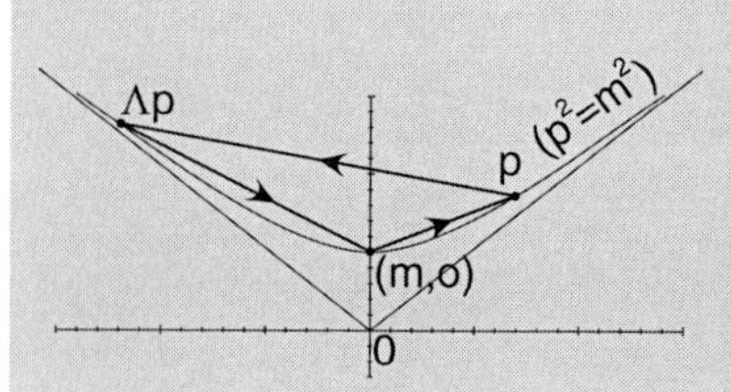

Abb. 1.10. Der Impuls p eines Teilchens mit Masse wird wie eingezeichnet durch Anschieben vom Ruhesystem aus erreicht. Dann wird eine beliebige eigentliche, orthochrone Lorentz-Transformation darauf angewandt, und schließlich dieser transformierte Impuls wieder ins Ruhesystem zurückgeschoben

Wir haben jetzt alle Hilfsmittel zu unserer Verfügung, mit denen wir die folgende Frage beantworten können:

Wie wirkt eine beliebige Poincaré-Transformation $\mathbf{U}(\boldsymbol{\Lambda}, a)$ auf den Zustand $|\alpha; s\,m; p\rangle$?

a) Homogene Transformationen (a=o)

Es ist einfacher, zunächst nur die eigentlichen, orthochrononen Transformationen zu betrachten und $a = 0$ zu setzen. Dann ist

$$\mathbf{U}(\boldsymbol{\Lambda}, 0)\,|\alpha; s\,m; p\rangle = \mathbf{U}(\boldsymbol{\Lambda}, 0)\mathbf{U}(\mathbf{L}(p), 0)\left|\alpha; s\,m; \overset{0}{p}\right\rangle .$$

Setzt man $p_\Lambda = \boldsymbol{\Lambda} p$ und nutzt man die Gruppeneigenschaft in der betrachteten Darstellung aus, so ist

$$\mathbf{U}(\boldsymbol{\Lambda}, 0)\mathbf{U}(\mathbf{L}(p), 0) = \mathbf{U}\left(\mathbf{L}(p_\Lambda)\right)\mathbf{U}\left(\mathbf{L}^{-1}(p_\Lambda)\boldsymbol{\Lambda}\mathbf{L}(p)\right) .$$

Angewendet auf den betrachteten Zustand $|\alpha; s\,m; p\rangle$ ergibt sich

$$\mathbf{U}(\boldsymbol{\Lambda}, 0)\,|\alpha; s\,m; p\rangle = \mathbf{U}\left(\mathbf{L}(p_\Lambda)\right)\mathbf{U}\left(\mathbf{L}^{-1}(p_\Lambda)\boldsymbol{\Lambda}\mathbf{L}(p)\right)\left|\alpha; s\,m; \overset{0}{p}\right\rangle .$$

Man macht sich anhand einer Zeichnung leicht klar, wie das Produkt $\mathbf{L}^{-1}(p_\Lambda)\boldsymbol{\Lambda}\mathbf{L}(p)$ auf den Zustand im Ruhesystem wirkt: Der erste (rechte) Faktor $\mathbf{L}(p)$ schiebt das Teilchen aus dem Zustand der Ruhe $(Mc, 0, 0, 0)^T$ auf den Zustand mit Impuls p an; dann wirkt die Lorentz-Transformation $\boldsymbol{\Lambda}$ und transformiert p in $p_\Lambda = \boldsymbol{\Lambda} p$; schließlich bringt die Inverse von $\mathbf{L}(p_\Lambda = \boldsymbol{\Lambda} p)$ das Teilchen wieder zur Ruhe. Alle drei Werte des Impulses liegen dabei auf dem oberen Zweig eines und desselben Hyperboloids,

$$(\overset{0}{p})^2 = p^2 = (\boldsymbol{\Lambda} p)^2 = (Mc)^2 .$$

Da das Teilchen vor und nach dieser, in Abb. 1.10 skizzierten Rundreise ruht, muss das Produkt der drei Lorentz-Transformationen eine reine, aktive Drehung sein[21]

$$\mathbf{L}^{-1}(p_\Lambda = \boldsymbol{\Lambda} p)\boldsymbol{\Lambda}\mathbf{L}(p) := \mathbf{R}_W . \tag{1.143}$$

Diese Drehung wird *Wigner'sche Drehung* genannt.

Ihre Wirkung auf den Zustand im Ruhesystem ist nach (1.142) somit

$$\mathbf{U}\left(\mathbf{L}^{-1}(\boldsymbol{\Lambda} p)\boldsymbol{\Lambda}\mathbf{L}(p)\right)\left|\alpha; s\,m; \overset{0}{p}\right\rangle = \sum_{m'} D^{(s)}_{m'm}(\mathbf{R}_W)\left|\alpha; s\,m'; \overset{0}{p}\right\rangle .$$

Zuletzt kann man die verbleibende Transformation $\mathbf{U}\left(\mathbf{L}(p_\Lambda)\right)$ an den Matrixelementen der Drehmatrix $\mathbf{D}^{(s)}$ vorbeiziehen und erhält somit das Zwischenergebnis

$$\mathbf{U}(\boldsymbol{\Lambda}, 0)\,|\alpha; s\,m; p\rangle = \sum_{m'} D^{(s)}_{m'm}(\mathbf{R}_W)\,|\alpha; s\,m'; (\boldsymbol{\Lambda} p)\rangle .$$

Dieses „Vorbeiziehen" bedarf einer kleinen Überlegung. Die Wirkung der Wigner'schen Drehung ist jetzt eine Linearkombination der Zustände $|sm\rangle$

[21] Es gibt sicher keinen Anlass zu Verwirrung, wenn wir die Drehung im $\mathbb{R}^3$ ebenso wie im $\mathbb{R}^4$ mit $\mathbf{R}$ bezeichnen, obwohl sie in der Raumzeit streng genommen als $\mathcal{R} = \mathrm{diag}\,(1, \mathbf{R})$ notiert werden muss.

mit Elementen der entsprechenden D-Matrix als Koeffizienten. Die verbleibende Spezielle Lorentz-Transformation zum Impuls p_Λ ändert nichts an diesen, wohl aber am Impulsanteil, den sie vom Ruhesystem auf eben diesen Impuls anschiebt.

b) Translationen

Lassen wir jetzt auch Translationen in Raum und Zeit zu, so gilt wieder aufgrund der Gruppeneigenschaft

$$\mathbf{U}(\boldsymbol{\Lambda}, a) = \mathbf{U}(\mathbb{1}, a)\mathbf{U}(\boldsymbol{\Lambda}, 0)\,.$$

Da $\exp\{\mathrm{i}/\hbar\, a_\mu \mathbf{P}^\mu\}$ der unitäre Operator ist, der die Wirkung der Translation $(\mathbb{1}, a)$ beschreibt, da p^μ der Eigenwert von $\mathbf{P}^\mu$ ist, $(a \cdot p)$ der Eigenwert von $(a \cdot \mathbf{P})$, folgt

$$\mathbf{U}(\mathbb{1}, a)\,|\alpha;\, s\,m;\, p\rangle = \mathrm{e}^{\mathrm{i}/\hbar(a\cdot p)}\,|\alpha;\, s\,m;\, p\rangle\;.$$

Setzt man beide Anteile zusammen, so ergibt sich das wichtige Resultat

$$\mathbf{U}(\boldsymbol{\Lambda}, a)\,|\alpha;\, s\,m;\, p\rangle = \mathrm{e}^{\mathrm{i}/\hbar(a\cdot p_\Lambda)} \sum_{m'} D^{(s)}_{m'm}\left(\mathbf{L}^{-1}(p_\Lambda)\boldsymbol{\Lambda}\mathbf{L}(p)\right)|\alpha;\, s\,m';\, p_\Lambda\rangle\,, \tag{1.144}$$

wo $p_\Lambda = \boldsymbol{\Lambda}\,p$ gesetzt ist.

c) Wann ist die Darstellung (1.144) unitär?

Dass die Darstellung (1.144) irreduzibel ist, ist offensichtlich. Ist sie aber auch unitär? Um diese Frage zu beantworten, müssen wir etwas über die Normierung der Einteilchen-Zustände $|\alpha;\, s\,m;\, p\rangle$ wissen. Das Teilchen bewegt sich auf seiner Massenschale, d. h. sein Viererimpuls erfüllt die Bedingung $p^2 = (Mc)^2$, seine 0-Komponente p^0 wird durch den räumlichen Impuls $\boldsymbol{p}$ festgelegt, $(p^0)^2 = (Mc)^2 + \boldsymbol{p}^2$. Wären die ebenen Wellen wie in der nichtrelativistischen Quantenmechanik einfach auf δ-Distribution normiert, so wäre diese Normierung vom Bezugssystem abhängig und somit nicht brauchbar. Man zeigt aber, dass das Produkt aus p^0 und $\delta(\boldsymbol{p} - \boldsymbol{p}')$ sowohl unter Drehungen als auch unter Speziellen Lorentz-Transformationen und somit unter der ganzen Gruppe $L_+^\uparrow$ invariant ist, s. Aufgabe 1.12. Mit diesem Ergebnis bietet es sich an, in einem Lorentz-kovarianten Formalismus eine $L_+^\uparrow$-invariante Normierung, die sogenannte *kovariante Normierung* einzuführen. Wir definieren sie wie folgt

$$\langle p'|p\rangle = 2p^0\,\delta(\boldsymbol{p} - \boldsymbol{p}')\,. \tag{1.145}$$

Für die oben betrachteten Einteilchen-Zustände lautet sie ausführlich geschrieben

$$\langle \alpha';\, s'm';\, p'|\alpha;\, sm;\, p\rangle = \delta_{\alpha'\alpha}\delta_{s's}\delta_{m'm}\, 2\sqrt{(Mc)^2 + \boldsymbol{p}^2}\,\delta(\boldsymbol{p}' - \boldsymbol{p})\,. \tag{1.146}$$

Jetzt zeigt man, dass die Darstellungen (1.144) in der Tat unitär sind, d. h. dass im Raum der Einteilchen-Zustände

$$\mathbf{U}^\dagger \mathbf{U} = \mathbb{1} = \mathbf{U}\mathbf{U}^\dagger$$

gilt. Der Einfacheit halber lassen wir die Quantenzahlen α, α' weg und kürzen die Wigner-Drehungen wie folgt ab

$$\mathbf{R}_W = \mathbf{L}^{-1}(\boldsymbol{\Lambda} p)\boldsymbol{\Lambda}\mathbf{L}(p)\,, \qquad \mathbf{R}'_W = \mathbf{L}^{-1}(\boldsymbol{\Lambda} p')\boldsymbol{\Lambda}\mathbf{L}(p')\,.$$

Wir berechnen das Skalarprodukt zweier gemäß (1.144) konstruierter Zustände,

$$\begin{aligned}\left\langle s'm';\, p'\right| \mathbf{U}^\dagger(\Lambda, a)\mathbf{U}(\Lambda, a)\left|sm;\, p\right\rangle = &\sum_{\mu}\sum_{\mu'} D^{(s')\,*}_{\mu'm'}(\mathbf{R}'_W)\, D^{(s)}_{\mu m}(\mathbf{R}_W) \\ &\times \mathrm{e}^{-\mathrm{i}\,(p'_\Lambda\cdot a)}\,\mathrm{e}^{\mathrm{i}\,(p_\Lambda\cdot a)}\left\langle s'\mu';\, p'_\Lambda\middle| s\mu;\, p_\Lambda\right\rangle .\end{aligned}$$

Der letzte Faktor hiervon lässt sich mit (1.146) auswerten, er ist gleich

$$\begin{aligned}\left\langle s'\mu';\, p'_\Lambda\middle| s\mu;\, p_\Lambda\right\rangle &= \delta_{s's}\delta_{\mu'\mu}\, 2\sqrt{(Mc)^2+\boldsymbol{p}^2_\Lambda}\;\delta(\boldsymbol{p}'_\Lambda - \boldsymbol{p}_\Lambda) \\ &= \delta_{s's}\delta_{\mu'\mu}\, 2\sqrt{(Mc)^2+\boldsymbol{p}^2}\;\delta(\boldsymbol{p}' - \boldsymbol{p})\,.\end{aligned}$$

Im zweiten Schritt haben wir die Invarianz von $p^0\delta(\boldsymbol{p}' - \boldsymbol{p})$ ausgenutzt. Die Kronecker-Symbole tragen nur bei, wenn $s' = s$ und $\mu' = \mu$ sind, die δ-Distribution in den räumlichen Impulsen ist nur dann nicht Null, wenn die räumlichen Vektoren $\boldsymbol{p}'$ und $\boldsymbol{p}$ gleich sind. Dann sind aber auch die beiden Drehungen gleich und es gilt

$$\sum_\mu D^{(s)\,*}_{\mu m'}(\mathbf{R}_W)\, D^{(s)}_{\mu m}(\mathbf{R}_W) = \sum_\mu \left(D^{(s)\,\dagger}(\mathbf{R}_W)\right)_{m'\mu}\left(D^{(s)}(\mathbf{R}_W)\right)_{\mu m} = \delta_{m'm}\,.$$

Aus diesen Ergebnissen folgt somit

$$\left\langle s'm';\, p'\right| \mathbf{U}^\dagger(\Lambda, a)\mathbf{U}(\Lambda, a)\left|sm;\, p\right\rangle = \left\langle s'm';\, p'\middle| sm;\, p\right\rangle . \qquad (1.147)$$

Dies beweist die Unitarität der Darstellung (1.144).

Wir merken noch an, dass die Darstellung (1.144) mit $s = 1/2$ ein guter Ausgangspunkt ist für die Konstruktion der kräftefreien Dirac-Gleichung. Hierauf kommen wir im vierten Kapitel zurück.

Quantisierung von Feldern und ihre Interpretation

Einführung

Dieses Kapitel behandelt die Quantentheorie von Systemen mit unendlich vielen Freiheitsgraden und stellt somit die Grundlagen für die *Quantenfeldtheorie* bereit. Unterwirft man ein klassisches Feld wie beispielsweise das reelle Skalarfeld, die Maxwell'schen Felder oder die dynamischen Variablen eines kontinuierlichen Systems der Mechanik den Regeln der Quantentheorie, so entstehen aus diesen Feldoperatoren, die Quanten dieses Feldes erzeugen oder vernichten können und die gleichzeitig die Kinematik und die Spineigenschaften dieser Quanten beschreiben. Damit wird es möglich, die Streutheorie auf solche Prozesse zu erweitern, bei denen Quanten oder Teilchen wirklich erzeugt oder vernichtet werden, die Teilchenzahl somit nicht mehr notwendig erhalten ist. Da die Quantisierung auf einer Formulierung mittels Lagrange- bzw. Hamiltondichten beruht, eine Formulierung, die man durch einen vergleichsweise kleinen Schritt der Verallgemeinerung aus der Punktmechanik gewinnt, ist es nicht schwer, alle Symmetrien und Invarianzen der Theorie einzubauen bzw. zu berücksichtigen. Die Erzeugung und Vernichtung von Teilchen oder Quanten durch Wechselwirkungsterme, die in Reaktionen oder Zerfallsprozessen auftreten, sind daher immer mit den Auswahlregeln der Theorie in Einklang.

Den einfachsten und begrifflich klarsten Zugang zur Theorie kräftefreier, quantisierter Felder bildet die *kanonische Quantisierung*, die von Born, Heisenberg und Jordan in enger Anlehnung an die Quantisierung der Hamilton'schen Mechanik von Systemen mit endlich vielen Freiheitsgraden entwickelt wurde. Alternativ dazu gibt es den intuitiven, physikalisch gut interpretierbaren Zugang über Weg- oder Pfadintegrale, der von Dirac und Feynman eingeführt wurde. Wir diskutieren den ersten dieser Zugänge ausführlich, weil er für die Technik praktischer Rechnungen unverzichtbar ist. Was den zweiten angeht, so beschreiben wir die wesentliche Idee, beschränken uns aber sonst auf einige Beispiele.

Inhalt

2.1 Das Klein-Gordon-Feld

Die Klein-Gordon-Gleichung ist in einem genauer zu beschreibenden Sinn ein Analogon der kräftefreien Schrödinger-Gleichung. Sie lautet

$$\Box\phi+\kappa^2\phi=\frac{1}{c^2}\frac{\partial^2}{\partial t^2}\phi-\boldsymbol{\Delta}\phi+\kappa^2\phi=0\,,\quad \text{mit}\quad \kappa=\frac{mc}{\hbar} \tag{2.1}$$

Der Differentialoperator $\Box$, der hier auftritt, ist die Verallgemeinerung des Laplace-Operators auf die Minkowski-Raumzeit. Seine explizite Form in den Zeit- und Raumkoordinaten eines herausgegriffenen Bezugsssystems und das charakteristische Minuszeichen zwischen der zweiten Ableitung nach der Zeit einerseits und den zweiten Ableitungen nach den Raumkoordinaten andererseits folgen aus der Lorentz-invarianten Kontraktion der partiellen Ableitungen $\partial/\partial x^\mu$ und $\partial/\partial x_\mu$. Nach Zeit und Raum getrennt sind diese

$$\partial_\mu \equiv \frac{\partial}{\partial x^\mu} = \left(\frac{\partial}{\partial x^0}, \boldsymbol{\nabla}\right), \quad \partial^\mu \equiv \frac{\partial}{\partial x_\mu} = \left(\frac{\partial}{\partial x^0}, -\boldsymbol{\nabla}\right), \tag{2.2}$$

und somit ist

$$\Box = \partial_\mu \partial^\mu = \frac{\partial^2}{(\partial x^0)^2} - \boldsymbol{\Delta} = \frac{1}{c^2}\frac{\partial^2}{\partial t^2} - \boldsymbol{\Delta}\,. \tag{2.3}$$

Die Konstante, die im zweiten Term von (2.1) auftritt, ist (bis auf einen Faktor 2π) das Inverse der Compton-Wellenlänge eines Teilchens mit Masse m,

$$\frac{1}{\kappa} = \frac{\lambda^{(m)}}{2\pi} = \frac{\hbar}{mc} = \frac{\hbar c}{mc^2}\,.$$

Dies bedeutet, dass Prozesse, an denen ein solches Teilchen teilnimmt, durch die Länge $(\hbar c)/(mc^2) = (197{,}33\,\mathrm{MeV}/mc^2)$ fm charakterisiert werden. Im Fall eines geladenen π-Mesons beispielsweise, das die Masse $m_{\pi^\pm} = 139{,}57\,\mathrm{MeV}$ hat, ist diese Länge gleich 1,41 fm.

Bis hierher habe ich schon zwei physikalische Aussagen gemacht, nämlich dass die Klein-Gordon-Gleichung das relativistische Analogon der kräftefreien Schrödinger-Gleichung und dass $\lambda^{(m)}$ eine für physikalische Prozesse relevante Länge sei. Bevor ich fortfahre, möchte ich diese beiden Aussagen etwas genauer beleuchten.

1. Versucht man die Klein-Gordon-Gleichung (2.1) mit dem folgenden Ansatz zu lösen

   $$f_p(x) = f_p(t, \boldsymbol{x}) = \mathrm{e}^{-(\mathrm{i}/\hbar)p\cdot x} = \mathrm{e}^{-\mathrm{i}/\hbar(cp^0 t - \boldsymbol{p}\cdot\boldsymbol{x})}\,,$$

   wobei $p = (p^0, \boldsymbol{p})$ ein beliebiger Vierervektor mit der physikalischen Dimension eines Impulses ist, so folgt aus (2.1) die Bedingung

   $$p^2 = (p^0)^2 - \boldsymbol{p}^2 = (mc)^2\,, \tag{2.4}$$

   die vierte Komponente p^0 wird dadurch als Funktion von $\boldsymbol{p}$ und der Masse m festgelegt. Anstelle der Komponente p^0, die ja die physikalische Dimension (Energie/c) trägt, kann man die Energie $E = c\,p^0$ verwenden, die dann der bekannten relativistischen Energie-Impulsbeziehung

   $$E = \sqrt{(c\boldsymbol{p})^2 + (mc^2)^2}$$

   genügt. Das ist ein einfaches, aber wichtiges Ergebnis: Entwickelt man eine beliebige Lösung $\phi(x)$ nach ebenen Wellen $f_p(x)$, dann treten dort nur solche Impulse auf, für die die Bedingung (2.4) erfüllt ist; jede

Partiallösung muss auf der *Massenschale* des Teilchens mit Masse m liegen. Die Klein-Gordon-Gleichung erfüllt die Aufgabe zu garantieren, dass das freie Teilchen der relativistischen Energie-Impulsbeziehung genügt. In diesem Sinne ist sie tatsächlich das Analogon zur kräftefreien Schrödinger-Gleichung

$$i\hbar\frac{\partial\psi(t,\boldsymbol{x})}{\partial t} = -\frac{\hbar^2}{2m}\boldsymbol{\Delta}\psi(t,\boldsymbol{x})\,,$$

die mit demselben Ansatz $f_p(t,\boldsymbol{x})$ die nichtrelativistische Beziehung $E = \boldsymbol{p}^2/(2m)$ zwischen Energie und Impuls liefert. An diese einfache Feststellung schließen wir die folgende Bemerkung an:

Bemerkung

Ein kräftefreies Teilchen, das den Spin s trägt, wird durch einen Satz von Feldern beschrieben, der die Information über s und s_3 enthält. Nennen wir die Felder eines solchen Satzes einfach „Komponenten" eines einzigen Teilchenfeldes, so folgt:

Jede Komponente eines Feldes, das ein freies Teilchen mit Spin s beschreibt, muss der Klein-Gordon-Gleichung genügen.

Die Klein-Gordon-Gleichung garantiert die richtige Beziehung zwischen Energie und Impuls; für sich allein genommen genügt sie aber nicht, den Spininhalt eines Feldes zu beschreiben. Ein Beispiel aus der Elektrodynamik mag dies illustrieren. Sowohl das elektrische als auch das magnetische Feld erfüllen im Vakuum die Wellengleichung

$$\left(\frac{1}{c^2}\frac{\partial^2}{\partial t^2} - \boldsymbol{\Delta}\right)\boldsymbol{F}(t,\boldsymbol{x}) = 0\,,$$

die – um es in der Sprache der Teilchenphysik auszudrücken – aussagt, dass das Photon masselos ist. Die für die Maxwell-Theorie charakteristische, relative Orientierung des Magnetfeldes und des elektrischen Feldes z. B. in einer ebenen Welle folgt aus den eigentlichen Maxwell'schen Gleichungen, die mehr Information als die Wellengleichung enthalten. Wiederum teilchenphysikalisch gesprochen: erst die vollen Maxwell-Gleichungen zeigen, dass das Photon die Helizität 1 trägt.

2. Die Klein-Gordon-Gleichung folgt aus der Lagrangedichte

$$\begin{aligned}\mathcal{L}_{\mathrm{KG}}(\phi,\partial_\mu\phi) &= \hbar c\frac{1}{2}[\partial_\mu\phi(x)\partial^\mu\phi(x) - \kappa^2\phi^2(x)]\\ &= \hbar c\frac{1}{2}[\partial_\mu\phi(x)g^{\mu\nu}\partial_\nu\phi(x) - \kappa^2\phi^2(x)]\,. \qquad (2.5)\end{aligned}$$

Bildet man die partiellen Ableitungen nach ϕ und nach $\partial_\mu\phi$ und setzt diese in die Euler-Lagrange-Gleichung ein,

$$\frac{\partial\mathcal{L}_{\mathrm{KG}}}{\partial\phi} - \partial_\mu\frac{\partial\mathcal{L}_{\mathrm{KG}}}{\partial(\partial_\mu\phi)} = -\hbar c\left(\kappa^2\phi + \partial_\mu\partial^\mu\phi\right) = 0\,,$$

so entsteht in der Tat die Klein-Gordon-Gleichung.

Die Lagrangedichte (2.5) muss die physikalische Dimension Energie/Volumen haben. Dies ist mit dem angegebenen Vorfaktor dann richtig, wenn das Feld $\phi(x)$ die Dimension (Länge)$^{-1}$ hat – also anders als eine Lösung $\psi(t, \boldsymbol{x})$ der Schrödinger-Gleichung, deren physikalische Dimension (Länge)$^{-3/2}$ ist. Woran liegt dieser Unterschied? Darauf möchte ich hier drei Antworten geben:

(a) Zunächst überlegt man sich, dass die Lösungen $\phi(x)$ der Klein-Gordon-Gleichung nicht wie in der nichtrelativistischen Quantenmechanik als Wahrscheinlichkeitsamplituden interpretiert werden können und somit auch nicht dieselbe Dimension wie Lösungen der Schrödinger-Gleichung haben müssen. Im Gegensatz zu diesen können sie in der Tat keine Wahrscheinlichkeitsamplituden im Sinne der Born'schen Interpretation sein. Ein erster Grund, aus dem dies folgt, ist die Tatsache, dass die Klein-Gordon-Gleichung eine Differentialgleichung *zweiter* – und nicht erster – Ordnung in der Zeit ist. Abgesehen von der dann notwendigen zweiten Anfangsbedingung, die man für Lösungen der Klein-Gordon-Gleichung stellen müsste, geht der Beweis der Erhaltung der Wahrscheinlichkeit, Band 2, Abschn. 1.4, nicht mehr durch. Ein zweiter, tieferer Grund ist, dass das Klein-Gordonfeld wie jedes andere Feld der relativistischen Quantentheorie sowohl Teilchen- als auch Antiteilchenfreiheitsgrade beschreibt und somit die Klein-Gordon-Gleichung keine Ein-Teilchentheorie ist.

(b) Wie wir im folgenden Abschnitt zeigen, ist ein sinnvolles, Lorentz-kovariantes Skalarprodukt für normierbare Lösungen der Klein-Gordon-Gleichung durch

$$(\phi_1, \phi_2) = \mathrm{i} \int \mathrm{d}^3 x \; \left\{ \phi_1^*(x) \partial_0 \phi_2(x) - \left(\partial_0 \phi_1^*(x) \right) \phi_2(x) \right\} \quad (x^0 = \mathrm{const})$$

gegeben. Da es sicher sinnvoll ist zu fordern, dass Skalarprodukte dimensionslos sind und da ∂_0 die Dimension (1/Länge) hat, müssen die Lösungen $\phi_i(x)$ die behauptete Dimension tragen.

(c) Andererseits wird sich herausstellen, wenn man auch komplexwertige Lösungen der Klein-Gordon-Gleichung zulässt, dass die elektromagnetische Vierer-Stromdichte durch

$$j^\mu(x) = Q\, e\, c\, \mathrm{i}\, \phi^*(x) \overleftrightarrow{\partial^\mu} \phi(x)$$

gegeben ist, wo e die Elementarladung und Q eine dimensionslose, positive oder negative ganze Zahl ist. (Das Ableitungssymbol ist die schiefsymmetrische, rechts- und linkswirkende partielle Ableitung. Ihre Definition ist in (2.9) unten wiederholt.) Wenn dieser Ausdruck richtig ist, dann muss ϕ in der Tat die Dimension (Länge)$^{-1}$ haben.

Wir addieren zu $\mathcal{L}_{\mathrm{KG}}$ einen Wechselwirkungsterm $\mathcal{L}_{\mathrm{W}} = -\hbar c \phi(x) \rho(x)$, wo $\rho(x)$ eine äußere Quelle sei, deren physikalische Bedeutung gleich in einem Beispiel klar werden wird. Die Euler-Lagrange-Gleichung, die aus der neuen Lagrangedichte folgt, lautet

$$\Box\phi + \kappa^2\phi = -\rho(x) , \tag{2.6}$$

die Funktion $\rho(x)$ übernimmt die Rolle einer äußeren Quelle für das Feld $\phi(x)$. Als Beispiel betrachten wir eine statische, punktförmige Quelle der Stärke g, $\rho(x) = g\,\delta(\boldsymbol{x})$. Suchen wir statische Lösungen von (2.6), $\phi(x) = \phi(\boldsymbol{x})$, so geht diese Gleichung mit $\Box\psi(\boldsymbol{x}) = -\boldsymbol{\Delta}\psi(\boldsymbol{x})$ in

$$\left(\boldsymbol{\Delta} - \kappa^2\right)\phi(\boldsymbol{x}) = g\,\delta(\boldsymbol{x}) \tag{2.7}$$

über. Diese Gleichung löst man am besten, indem man zunächst ihre Fourier-Transformierte bestimmt: Mit

$$\phi(\boldsymbol{x}) = \frac{1}{(2\pi)^{3/2}} \int \mathrm{d}^3k\; \mathrm{e}^{\mathrm{i}\boldsymbol{k}\cdot\boldsymbol{x}}\widetilde{\phi}(\boldsymbol{k})$$

wird aus der Differentialgleichung (2.7) eine algebraische Gleichung

$$\left(\boldsymbol{k}^2 + \kappa^2\right)\widetilde{\phi}(\boldsymbol{k}) = -g\frac{1}{(2\pi)^{3/2}} ,$$

deren Lösung offensichtlich ist. Die Umkehrung gewinnt man durch Integration in sphärischen Polarkoordinaten im $\mathbb{R}^3_k$. Mit $r = |\boldsymbol{x}|$ und $k = |\boldsymbol{k}|$ ist

$$\begin{aligned}\phi(\boldsymbol{x}) &= -\frac{g}{(2\pi)^3} \int \mathrm{d}^3k\, \frac{\mathrm{e}^{\mathrm{i}\boldsymbol{k}\cdot\boldsymbol{x}}}{\boldsymbol{k}^2 + \kappa^2} \\ &= -2\pi\frac{g}{(2\pi)^3} \int_0^\infty k^2\,\mathrm{d}k\, \frac{\mathrm{e}^{\mathrm{i}kr} - \mathrm{e}^{-\mathrm{i}kr}}{(k^2 + \kappa^2)\mathrm{i}kr} = -\frac{g}{4\pi}\frac{\mathrm{e}^{-\kappa r}}{r} .\end{aligned}$$

Die punktförmige Quelle sei ein im Vergleich zu m schweres Nukleon, das sich am Ort $\boldsymbol{x}_0$ befindet. Am Ort $\boldsymbol{x}$ erzeugt sie das Feld

$$\phi^{(0)}(\boldsymbol{x}) = -\frac{g}{4\pi}\frac{\mathrm{e}^{-\kappa|\boldsymbol{x}-\boldsymbol{x}_0|}}{|\boldsymbol{x} - \boldsymbol{x}_0|} .$$

Betrachten wir jetzt die Hamiltondichte der Wechselwirkung $\mathcal{H}_\mathrm{W} = -\mathcal{L}_\mathrm{W}$ und die Wechselwirkung selbst, $H_\mathrm{W} = \int \mathrm{d}^3x\, \mathcal{H}_\mathrm{W}(x)$, so ergibt sich mit $\rho^{(1)}(\boldsymbol{x}) = g\,\delta(\boldsymbol{x} - \boldsymbol{x}_1)$

$$H_\mathrm{W} = \hbar c \int \mathrm{d}^3x\, \phi^{(0)}(\boldsymbol{x})\rho^{(1)}(\boldsymbol{x}) = -\hbar c\,\frac{g^2}{4\pi}\frac{\mathrm{e}^{-\kappa|\boldsymbol{x}_1-\boldsymbol{x}_0|}}{|\boldsymbol{x}_1 - \boldsymbol{x}_0|} . \tag{2.8}$$

Diese Energie, die man sich als Wechselwirkungsenergie zwischen zwei (schweren) Nukleonen vorstellen kann, wird *Yukawa Potential* genannt[1]. Die Stärke dieser Wechselwirkung wird durch $g^2/(4\pi)$, ihre Reichweite wird durch $1/\kappa = \lambda^{(m)}/(2\pi)$ charakterisiert. In Abb. 2.1 ist sie ganz schematisch durch durchgezogene, einlaufende und auslaufende Linien für die beiden Nukleonen und durch eine gestrichelte Verbindungslinie anstelle eines π-Mesons dargestellt.

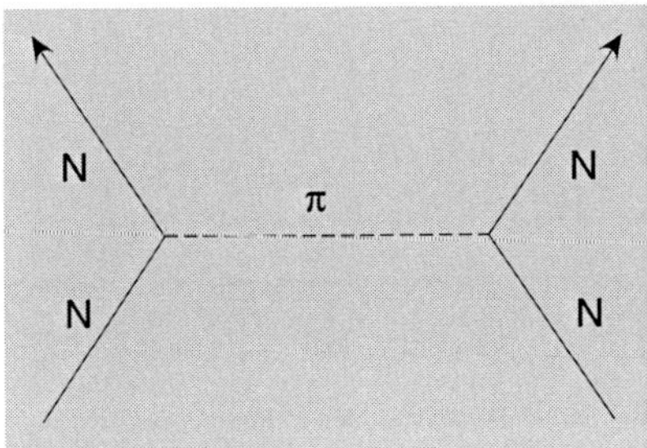

Abb. 2.1. Zwischen zwei Nukleonen der Masse m_N wird ein π-Meson der Masse m_π ausgetauscht. Wenn $m_N \gg m_\pi$ gilt, dann können die Nukleonen als praktisch inerte äußere Quellen in der Klein-Gordon Gleichung angesehen werden

[1] Nach H. Yukawa, der 1936 aus der Interpretation der Kernkräfte als Austausch von Mesonen und aus der Reichweite dieser Kräfte die Existenz der π-Mesonen vorhergesagt hat.

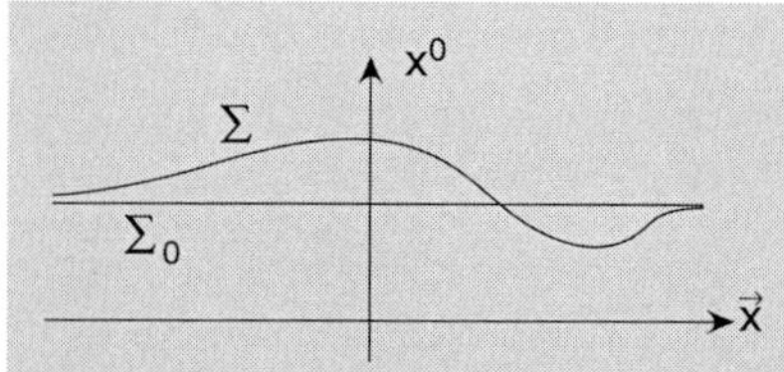

Abb. 2.2. Eine raumartige Hyperfläche, d. h. eine dreidimensionale Untermannigfaltigkeit der Raumzeit, in der je zwei Punkte raumartig zueinander liegen, entsteht aus dem Zeitschnitt Σ_0 durch lokale, stetige Deformation

2.1.1 Die kovariante Normierung

Es ist nützlich, für eine nach rechts und nach links wirkende Ableitung folgende Abkürzung einzuführen (s. auch Band 2, Abschn. 2.2, (2.3))

$$f \overset{\leftrightarrow}{\partial}_\mu g := f\left(\frac{\partial g}{\partial x^\mu}\right) - \left(\frac{\partial f}{\partial x^\mu}\right) g\,. \tag{2.9}$$

Es seien $\phi_n(x)$ und $\phi_m(x)$ quadratintegrable Lösungen der Klein-Gordon-Gleichung, deren Quantenzahlen symbolisch mit n und m bezeichnet werden. Als Skalarprodukt sei folgendes Integral bei festgehaltenem Wert der Zeitkoordinate x^0 definiert

$$(\phi_n, \phi_m)|_{x^0} = \mathrm{i} \int \mathrm{d}^3x\, \phi_n^*(x) \overset{\leftrightarrow}{\partial}_0 \phi_m(x)\,. \tag{2.10}$$

Man bestätigt zuerst, dass (2.10) tatsächlich die Eigenschaften eines Skalarproduktes besitzt: Im zweiten Argument ist es linear, im ersten ist es antilinear. Es erfüllt die Relationen

$$(\phi_n, \phi_m)^* = (\phi_m, \phi_n)\,, \qquad (\phi_m, \phi_m) \geq 0\,,$$

Für festes ϕ_0 und für alle ϕ_n ist es dann und nur dann gleich Null, wenn ϕ_0 das Nullelement ist.

Obwohl das Integral (2.10) vorauszusetzen scheint, dass man bereits eine Klasse von Bezugssystemen ausgewählt hat, bei denen die Zeitachse festgehalten ist, ist diese Definition dennoch Lorentz-kovariant. Worauf es in dieser Formel wirklich ankommt ist, dass man über eine raumartige, dreidimensionale Hyperfläche der Raumzeit integriert. Eine solche Fläche Σ ist dadurch charakterisiert, dass je zwei, beliebig ausgewählte Punkte $x \in \Sigma$ und $y \in \Sigma$ *raumartig* zueinander liegen, in unseren Konventionen somit $(x-y)^2 < 0$ ist. Die dreidimensionale Hyperfläche Σ_0, die entsteht, wenn man einen festen Schnitt in der Zeit wählt, $x^0 = \text{const.}$, ist ein spezielles Beispiel.

Die Aussage, eine Hyperfläche sei raumartig, ist Lorentz-invariant. Wenn es uns gelingt zu zeigen, dass Σ_0 in (2.10) in eine beliebige andere, raumartige Hyperfläche Σ deformiert werden kann, ohne dass sich der Wert des Integrals ändert, dann ist die Kovarianz nachgewiesen. Dies zeigt man wie folgt.

Es sei $n^\mu(x)$ die lokale Flächennormale im Punkt $x \in \Sigma$, die positiv zeitartig orientiert ist, d. h. $n^2 = 1$ und $n \in V_x^+$, wo V_x^+ den Zukunfts-Lichtkegel bei x bezeichnet. Für Σ_0 ist $n^\mu = (1, 0, 0, 0)$ und das in (2.10) auftretende Integral kann als

$$\int_{\Sigma_0} \mathrm{d}\sigma\, n^\mu \phi_n^*(x) \overset{\leftrightarrow}{\partial}_\mu \phi_m(x)$$

geschrieben werden, wo $\mathrm{d}\sigma$ das dreidimensionale Volumenelement, hier also d^3x, ist. In diesem Integral werde Σ_0 im Endlichen in eine andere raumartige Hyperfläche Σ stetig deformiert, etwa so wie in Abb. 2.2 skizziert[2]. Bilden wir die Differenz der Integrale über Σ und über Σ_0, so

[2] Da die Felder im Unendlichen hinreichend rasch abklingen, schränken wir die Allgemeinheit des Arguments nicht ein, wenn wir annehmen, dass Σ sich im raumartig Unendlichen an Σ_0 anschmiegt.

verknüpft der Gauß'sche Satz diese mit einem Volumenintegral über das zwischen Σ und Σ_0 eingeschlossene, vierdimensionale Volumen,

$$\int_{\Sigma} \mathrm{d}\sigma\, n^\mu \phi_n^*(x) \overset{\leftrightarrow}{\partial_\mu} \phi_m(x) - \int_{\Sigma_0} \mathrm{d}\sigma\, n^\mu \phi_n^*(x) \overset{\leftrightarrow}{\partial_\mu} \phi_m(x)$$

$$= \int_{V(\Sigma-\Sigma_0)} \mathrm{d}^4x\, \partial^\mu \left(\phi_n^*(x) \overset{\leftrightarrow}{\partial_\mu} \phi_m(x) \right) .$$

Der Integrand des Volumenintegrals auf der rechten Seite lässt sich leicht auswerten, da ϕ_n und ϕ_m Lösungen der Klein-Gordon-Gleichung sind,

$$\begin{aligned} \partial^\mu \left(\phi_n^*(x) \overset{\leftrightarrow}{\partial_\mu} \phi_m(x) \right) &= (\partial^\mu \phi_n^*)(\partial_\mu \phi_m) + \phi_n^* \Box \phi_m - (\Box \phi_n^*)\phi_m \\ &\quad - (\partial_\mu \phi_n^*)(\partial^\mu \phi_m) \\ &= (\kappa^2 - \kappa^2)\phi_n^* \phi_m = 0 . \end{aligned}$$

Damit ist gezeigt, dass das Skalarprodukt (2.10) für jede raumartige Hyperfläche, die sich im Unendlichen an Σ_0 anschmiegt, denselben Wert hat und die Behauptung ist bewiesen.

2.1.2 Bemerkung über physikalische Einheiten

In vielen Bereichen der relativistischen Quantenmechanik und der Quantenfeldtheorie erspart man sich Schreibarbeit, wenn man anstelle der gewohnten physikalischen Einheiten (etwa des SI- oder des älteren cgs-Systems) sogenannte *natürliche Einheiten* verwendet. Diese zeichnen sich dadurch aus, dass die Planck'sche Konstante $\hbar$ und die Lichtgeschwindigkeit c die Werte 1 haben,

$$\hbar = 1 , \qquad c = 1 . \tag{2.11}$$

Diese Konvention, an die man sich auf der Basis der folgenden Überlegungen schnell gewöhnen wird, legt die physikalischen Einheiten noch nicht vollständig fest, weil sie nur die *relativen* Einheiten von Länge, Zeit, Impuls und Energie bestimmt, die absolute Skala aber offen lässt. In der Tat, bezeichnen wir dimensionsbehaftete physikalische Größen in natürlichen Einheiten mit dem Index „nat" und notieren die physikalische Dimension einer Observablen A wie üblich als $[A]$, dann gilt mit $c = 1$

$$[\,\boldsymbol{x}_{\text{nat}}\,] = [\,t_{\text{nat}}\,] , \qquad [\,\boldsymbol{p}_{\text{nat}}\,] = [\,E_{\text{nat}}\,] .$$

Wählt man außerdem $\hbar = 1$, dann haben Energie und Impuls die inverse Einheit von Länge und Zeit,

$$[\,\boldsymbol{p}_{\text{nat}}\,] = [\,E_{\text{nat}}\,] = [\,\boldsymbol{x}_{\text{nat}}\,]^{-1} = [\,t_{\text{nat}}\,]^{-1} .$$

Dies gilt auch allgemeiner für jedes Paar von kanonisch konjugierten Variablen (q, p), deren Produkt ja die Dimension einer Wirkung hat. Mit $\hbar = 1$ ist

$$[\,p_{\text{nat}}\,] = [\,q_{\text{nat}}\,]^{-1} .$$

Die fehlende Skala fixiert man üblicherweise, indem man eine physikalische Einheit für die Energie auswählt. Diese kann z. B. das MeV sein, also 10^6 eV, (wo 1 eV diejenige Energie ist, die eine Elementarladung nach Durchlaufen einer Spannungsdifferenz von 1 Volt gewinnt), oder die Ruhemasse $mc^2 \widehat{=} m_{\text{nat}}$ eines ausgewählten Elementarteilchens. So ist es beispielsweise in der Quantenelektrodynamik, soweit sie sich überwiegend mit Elektronen und Photonen befasst, sinnvoll, die Ruhemasse des Elektrons $m_e c^2 = 0{,}511$ MeV als Energieskala einzuführen. Ein anderes Beispiel ist die Physik von π-Mesonen und Nukleonen bei kleinen Energien, wo sich die Ruhemasse der geladenen Pionen $m_\pi c^2 = 139{,}57$ MeV als Skala anbietet. Arbeitet man nicht in einem solchen eingeschränkten Bereich der Physik, dann ist es sinnvoller bei der Einheit eV und ihren Vielfachen zu bleiben. Bezeichnungen für solche Zehnerpotenzen des Elektronenvolts sind

$$1\,\text{meV} = 10^{-3}\,\text{eV} \quad 1\,\text{keV} = 10^{3}\,\text{eV} \quad 1\,\text{MeV} = 10^{6}\,\text{eV}$$
$$1\,\text{GeV} = 10^{9}\,\text{eV} \quad 1\,\text{TeV} = 10^{12}\,\text{eV}$$

und heißen der Reihe nach *milli-, kilo-, mega-, giga-* und *tera-Elektronenvolt.*

Will man am Ende einer Rechnung die Resultate wieder auf konventionelle Einheiten zurückführen, so gilt für Längen, Zeiten und Wirkungsquerschnitte

$$\begin{aligned} l\,\text{fm} &\widehat{=} \hbar c \cdot l_{\text{nat}}\,\text{MeV}^{-1} \\ t\,\text{s} &\widehat{=} \frac{\hbar c}{c} \cdot t_{\text{nat}}\,\text{MeV}^{-1} \\ \sigma\ \text{fm}^2 &\widehat{=} (\hbar c)^2 \cdot \sigma_{\text{nat}}\,\text{MeV}^{-2}\,, \end{aligned} \tag{2.12}$$

mit dem Zahlenwert $\hbar c = 197{,}3270\,\text{MeV fm} = 197{,}3270 \cdot 10^{-15}\,\text{MeV m}$. Massen werden in MeV angegeben, der Zusammenhang zwischen der Notation in natürlichen Einheiten und den physikalischen Einheiten ist einfach $m_{\text{nat}} \widehat{=} mc^2$. Zwei Beispiele mögen die Umrechnung erläutern:

Ein Zustand, der die mittlere Lebensdauer $\tau = 8{,}4 \cdot 10^{-17}$ s hat (das ist die Lebensdauer eines neutralen Pions π^0), hat eine Energieunschärfe, oder Breite, von

$$\Gamma = \frac{\hbar c}{c}\frac{1}{\tau} = 7{,}836\,\text{eV}\,.$$

Ein Wirkungsquerschnitt, für den man den Wert $\sigma_{\text{nat}} = 1\,\text{GeV}^{-2}$ gefunden hat, ist in Millibarn ausgedrückt ($1\,\text{barn} = 10^{-28}\,\text{m}^2$)

$$\sigma = \sigma_{\text{nat}} \cdot 10\,(\hbar c)^2\text{mbarn} = 0{,}3894\,\text{mbarn}\,.$$

Eine weitere Vereinfachung, die wir im folgenden verwenden werden, betrifft die Wahl der Einheiten in den Maxwell'schen Gleichungen der Elektrodynamik. Bezeichnet man wie üblich mit $(\boldsymbol{E}, \boldsymbol{H})$ die elektrischen bzw. magnetischen Felder, mit $(\boldsymbol{D}, \boldsymbol{B})$ das dielektrische Verschiebungsfeld bzw. das magnetische Induktionsfeld, dann lauten die Maxwell'schen Gleichungen und die Lorentz-Kraft in jedem System von Einheiten:

$$\nabla \cdot \boldsymbol{B}(t,\boldsymbol{x}) = 0 \quad \nabla \times \boldsymbol{E}(t,\boldsymbol{x}) + f_1 \frac{\partial \boldsymbol{B}(t,\boldsymbol{x})}{\partial t} = 0 \tag{2.13}$$

$$\nabla \cdot \boldsymbol{D}(t,\boldsymbol{x}) = f_2\, \rho(t,\boldsymbol{x})\,, \nabla \times \boldsymbol{H}(t,\boldsymbol{x}) - f_3 \frac{\partial \boldsymbol{D}(t,\boldsymbol{x})}{\partial t} = f_4\, \boldsymbol{j}(t,\boldsymbol{x})\,, \tag{2.14}$$

$$\boldsymbol{F}(t,\boldsymbol{x}) = e\,(\boldsymbol{E}(t,\boldsymbol{x}) + f_1\, \boldsymbol{v} \times \boldsymbol{B}(t,\boldsymbol{x}))\,. \tag{2.15}$$

Im Vakuum sind die beiden Typen von Feldern über die Relationen

$$\boldsymbol{D} = \varepsilon_0\, \boldsymbol{E}\,, \qquad \boldsymbol{B} = \mu_0\, \boldsymbol{H} \tag{2.16}$$

verknüpft. Die dielektrische Konstante ε_0 und die Konstante μ_0 der magnetischen Permeabilität für das Vakuum werden immer so gewählt, dass $f_1 = f_3$ ist. Die Kontinuitätsgleichung

$$\frac{\partial \rho(t,\boldsymbol{x})}{\partial t} + \nabla \cdot \boldsymbol{j}(t,\boldsymbol{x}) = 0\,,$$

die aus den beiden inhomogenen Maxwell'schen Gleichungen (2.14) folgt, legt die Beziehung $f_4 = f_2 f_3 = f_2 f_1$ fest. Im Gauß'schen System von Einheiten ist beispielsweise

$$f_1 = f_3 = \frac{1}{c}\,, \qquad f_2 = 4\pi\,, \qquad f_4 = f_1 f_2 = \frac{4\pi}{c}\,, \qquad \varepsilon_0 = \mu_0 = 1\,.$$

Dieses ohnehin besonders transparente System kann noch weiter vereinfacht werden, wenn man wie oben $c = 1$ setzen darf und wenn man die Felder, Ladungen und Ströme so skaliert, dass die Faktoren 4π aus (2.14) verschwinden. Dies erreicht man, indem man für die Observablen der Maxwelltheorie natürliche Größen verwendet, die wie folgt definiert sind

$$\begin{aligned} &\boldsymbol{E}_{\text{nat}} := \frac{1}{\sqrt{4\pi}}\, \boldsymbol{E}_{\text{Gauß}} \quad \boldsymbol{B}_{\text{nat}} := \frac{1}{\sqrt{4\pi}}\, \boldsymbol{B}_{\text{Gauß}} \\ &\rho_{\text{nat}} := \sqrt{4\pi}\, \rho_{\text{Gauß}} \qquad \boldsymbol{j}_{\text{nat}} := \sqrt{4\pi}\, \boldsymbol{j}_{\text{Gauß}}\,. \end{aligned} \tag{2.17}$$

Mit dieser Konvention und mit $c = 1$ sind jetzt alle Konstanten f_i in (2.13)–(2.15) gleich 1. Die Wahl (2.17) hat zur Folge, dass auch der Feldstärketensor $F_{\mu\nu}$ mit demselben Faktor wie die Felder $\boldsymbol{E}, \ldots, \boldsymbol{D}$ reskaliert wird und die Lagrangedichte der Maxwelltheorie die Form

$$\mathcal{L} = -\frac{1}{4}\,(F_{\text{nat}})_{\mu\nu}(F_{\text{nat}})^{\mu\nu}$$

annimmt, d. h. dass der gewohnte Vorfaktor $1/(16\pi)$ durch $1/4$ ersetzt wird.

Zusammen mit der Wahl $\hbar = 1$ folgt, dass am Ende einer Rechnung das Quadrat der in natürlichen Einheiten verwendeten Elementarladung durch

$$e^2_{\text{nat}} = 4\pi\alpha\,, \qquad \text{mit} \quad \alpha = 1/137{,}036 \tag{2.18}$$

ersetzt werden muss. In natürlichen Einheiten sind der Bohr'sche Radius und die Energien der gebundenen Zustände im Wasserstoff

$$(a_B)_{\text{nat}} = \frac{1}{\alpha m_{\text{nat}}} \widehat{=} \frac{\hbar c}{\alpha m c^2}\,, \qquad (E_n)_{\text{nat}} = -\alpha^2 \frac{1}{2n^2} m_{\text{nat}} \widehat{=} -\alpha^2 \frac{1}{2n^2} m c^2\,.$$

Die Comptonwellenlänge eines Teilchens der Masse m ist $\lambda = h/(mc) \widehat{=} 2\pi/m_{\text{nat}}$, die Konstante κ in der Klein-Gordon-Gleichung (2.1) kann einfach durch m_{nat} ersetzt werden, das Yukawa-Potential lautet $e^{-m_{\text{nat}}r}/r$.

Soweit nicht anders gesagt werden wir im folgenden solche natürlichen Einheiten verwenden (aber den Index „nat" von jetzt an unterdrücken). Die Planck'sche Konstante $\hbar$ werden wir allerdings immer dann wieder explizit ausschreiben, wenn der Übergang zur klassischen Physik von Interesse ist oder wenn die Struktur eines quantentheoretischen Ausdrucks als Potenzreihe in $\hbar$ analysiert werden soll.

2.1.3 Lösungen der Klein-Gordon-Gleichung zu festem Viererimpuls

In natürlichen Einheiten lauten die Lagrangedichte (2.5) und die Klein-Gordon-Gleichung (2.1)

$$\mathcal{L}_{\text{KG}} = \frac{1}{2}[\partial_\mu \phi(x) \partial^\mu \phi(x) - m^2 \phi^2(x)]\,,$$

$$\Box \phi(x) + m^2 \phi(x) = 0\,.$$

Die Lösungen zu festen Werten des Impulses $p = (E, \boldsymbol{p})$, die wir weiter oben betrachtet haben, lauten

$$f_p(x) = \frac{1}{(2\pi)^{3/2}} e^{-ip\cdot x}\,, \quad \text{mit} \quad p^0 = E_p = \sqrt{m^2 + \boldsymbol{p}^2}\,. \tag{2.19}$$

Diese Lösungen sind nicht quadratintegrabel und lassen sich nur in einem verallgemeinerten Sinn auf δ-Distributionen normieren. Man bestätigt leicht, dass sie in folgendem Sinne orthogonal und normiert sind. Mit fester, aber beliebig wählbarer Zeit x^0 ist

$$i \int d^3x\, f^*_{p'}(x) \overset{\leftrightarrow}{\partial}_0 f_p(x) = 2E_p\, \delta(\boldsymbol{p} - \boldsymbol{p}')\,, \tag{2.20}$$

$$\int d^3x\, f_{p'}(x) \overset{\leftrightarrow}{\partial}_0 f_p(x) = \int d^3x\, f^*_{p'}(x) \overset{\leftrightarrow}{\partial}_0 f^*_p(x) = 0\,. \tag{2.21}$$

Die linke Seite dieser Formeln (2.20) und (2.21) ist die Verallgemeinerung des kovarianten Skalarprodukts (2.10) auf solche, im üblichen Sinne nicht normierbaren Lösungen. Die rechte Seite von (2.20) ist nichts anderes die kovariante Normierung (1.145) im Impulsraum, die wir dort im Zusammenhang mit Darstellungen der Poincaré-Gruppe eingeführt hatten. Dass diese Normierung unabhängig von der Wahl des Bezugssystems ist, folgt natürlich aus der in Abschn. 2.1.1 bewiesenen Invarianz des Skalarprodukts. Man kann sich diesen Sachverhalt aber auch im Impulsraum noch einmal klarmachen. Lässt man zu, dass der Viererimpuls p eine uneingeschränkte Variable ist, d. h. zunächst noch keine Relation zwischen seinen Komponenten erfüllt, dann ist klar, dass ein Integral $\int d^4p\, \mathcal{I}$ immer dann Lorentzinvariant ist, wenn der Integrand $\mathcal{I}$ selbst invariant ist. Für jeden freien, physikalischen Zustand muss man allerdings fordern, dass p auf der Massenschale $p^2 = m^2$ liegt, und dass die Komponente p^0, die ja die Energie darstellen soll, in jedem Bezugssystem positiv ist. Dies kann man erreichen, wenn man das Integral durch entsprechende Nebenbedingungen modifiziert, d. h. wenn man wie folgt

$$\int \mathrm{d}^4 p\, \mathcal{I} \longmapsto \int \mathrm{d}^4 p\, \delta(p^2 - m^2)\Theta(p^0)\, \mathcal{I}$$

ersetzt. Die Frage, die sich dann stellt, ist ob die δ-Funktion und die Stufenfunktion die Invarianz respektieren. Der erste Faktor $\delta(p^2 - m^2)$, für sich genommen, ist invariant, der zweite Faktor $\Theta(p^0)$, für sich allein, ist es nicht. Wäre p beispielsweise ein raumartiger Vektor, dann gäbe es Lorentz-Transformationen $\Lambda \in L_+^\uparrow$, die das Vorzeichen der Zeitkomponente p^0 umkehren. Das Produkt der beiden Faktoren ist aber invariant, weil die δ-Distribution den Vektor p auf ein Hyperboloid festlegt, dessen eine Schale innerhalb des Vorwärts-Lichtkegels, dessen zweite Schale innerhalb des Rückwärtskegels liegt. Eine eigentliche, orthochrone Lorentz-Transformation lässt die beiden Halbkegel invariant, s. Abb. 2.3, sie kann also auch kein $p^0 > 0$ auf ein $p^0 < 0$ abbilden. Wenn wir aber eine Klasse von Bezugssystemen auswählen, bei denen die Nullkomponente ausgezeichnet ist, dann verwende man mit $E_p = \sqrt{\boldsymbol{p}^2 + m^2}$ die bekannte Formel für $\delta(f(x))$ (s. Band 2, Formel (A.11) des Anhangs)

$$\delta(p^2 - m^2) = \delta\left((p^0)^2 - (\boldsymbol{p}^2 + m^2)\right) = \frac{1}{2p^0}\left\{\delta(p^0 - E_p) + \delta(p^0 + E_p)\right\}$$

und führe die Integration über die Variable p^0 aus. Wegen der Stufenfunktion tragen nur positive Werte von p^0 bei und es folgt

$$\int \mathrm{d}^4 p\, \delta(p^2 - m^2)\Theta(p^0) \cdots = \int \frac{\mathrm{d}^3 p}{2E_p} \cdots .$$

Damit ist gezeigt, dass $\mathrm{d}^3 p/(2E_p)$ auf der Massenschale $p^2 = m^2$ ein invariantes Volumenelement ist, die Normierung von Einteilchen-Zuständen somit die in (1.145) und in (2.20) angegebene sein muss.

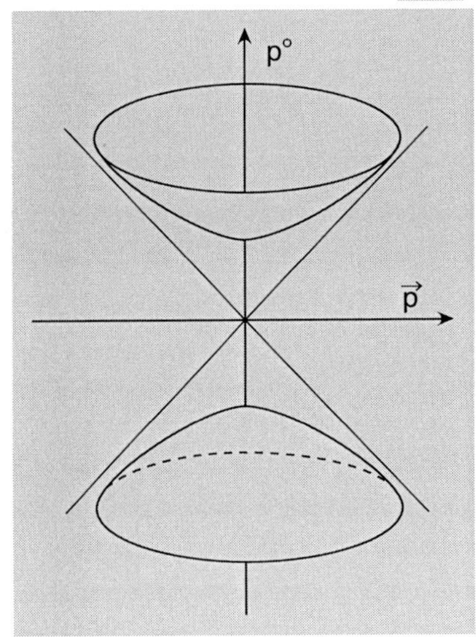

Abb. 2.3. Zweischaliges Massenhyperboloid $p^2 = m^2$ in einer Darstellung des Impulsraums. Nur die obere Schale entspricht physikalisch möglichen freien Zuständen

Bemerkungen

1. Natürlich ist nur der Faktor E_p wirklich wichtig, der Faktor 2 ist im Blick auf die schiefsymmetrische Ableitung in (2.20) natürlich, aber nicht zwingend. Auch kann man andere, konstante und Lorentz-invariante Faktoren hinzufügen. So verwenden manche Autoren die Normierung auf $2E_p$ nur für Bosonen, für Fermionen normieren sie jedoch auf E_p/m, wo m die Ruhemasse des betrachteten Fermions ist. In diesem Buch verwende ich die Normierung auf $2E_p$ sowohl für Bosonen als auch für Fermionen.
2. Halten wir fest, dass das Volumenelement im Impulsraum bei kovarianter Normierung

   $$\frac{\mathrm{d}^3 p}{2E_p} \quad \text{anstelle von} \quad \mathrm{d}^3 p$$

   ist, dann müssen die Formeln für Wirkungsquerschnitte und Fermis Goldene Regel (s. Band 2, (5.48)), in denen die Dichte der Endzustände im

Phasenraum vorkommt, entsprechend abgeändert werden. Einteilchenzustände mit dem Impuls p und mit den Spinquantenzahlen (s, μ), die wir generell als $|p; s, \mu\rangle$ notieren, sind dann nicht mehr auf 1, sondern wie folgt normiert

$$\langle p'; s, \mu' | p; s, \mu \rangle = \delta_{\mu\mu'} 2E_p \, \delta(\boldsymbol{p} - \boldsymbol{p}') \,. \tag{2.22}$$

Die (formal notierte) Vollständigkeitsrelation wird ebenfalls abgeändert und lautet jetzt

$$\sum_{\sigma} \int \frac{\mathrm{d}^3 q}{2E_q} \, |q; s, \sigma\rangle \, \langle q; s, \sigma| = \mathbb{1} \,, \tag{2.23}$$

was man leicht bestätigt:

$$\begin{aligned} &\sum_{\sigma} \int \frac{\mathrm{d}^3 q}{2E_q} \, |q; s, \sigma\rangle \, \langle q; s, \sigma | p; s, \mu\rangle \\ &= \sum_{\sigma} \int \mathrm{d}^3 q \, |q; s, \sigma\rangle \, \delta_{\sigma\mu} \delta(\boldsymbol{q} - \boldsymbol{p}) = |p; s, \mu\rangle \,. \end{aligned}$$

2.1.4 Quantisierung des reellen Klein-Gordon-Feldes

Wir haben eingangs festgestellt, dass die Lösungen der Klein-Gordon-Gleichung – im Gegensatz zu denen der Schrödinger-Gleichung – keine Wahrscheinlichkeitsamplituden sind und die Born'sche Interpretation einer normierbaren Lösung $\phi(t, \boldsymbol{x})$ physikalisch nicht haltbar ist. Wenn wir aber die Lösungen im Sinne der zweiten Quantisierung interpretieren, d. h. wenn wir operatorwertige Lösungen der Klein-Gordon-Gleichung konstruieren, dann ergibt sich fast von selbst eine physikalisch überzeugende Interpretation.

Wir betrachten jetzt das Feld $\phi(x)$ als Skalar unter Poincaré-Transformationen, nicht als eine der Komponenten eines Feldes mit Spin ungleich Null. Im Blick auf die Darstellungstheorie der Poincarégruppe, s. (1.144), soll es Teilchen mit Spin $s = 0$ beschreiben. Kehren wir zur Lagrangedichte (2.5) für ein zunächst reelles Feld $\phi(x)$ zurück, dann können wir nach dem Vorbild der Mechanik kontinuierlicher Systeme den zu $\phi(x)$ verallgemeinerten, kanonisch konjugierten Impuls

$$\pi(x) := \frac{\partial \mathcal{L}}{\partial(\partial_0 \phi)} = \partial^0 \phi(x) \tag{2.24}$$

bilden (s. Band 1, Abschn. 7.4). Mit dieser Definition bildet man

$$\widetilde{\mathcal{H}} = \pi \partial_0 \phi - \mathcal{L} = \frac{1}{2} \left\{ (\partial^0 \phi)(\partial_0 \phi) + (\nabla \phi)^2 + m^2 \phi^2 \right\}$$

und hieraus durch Legendre-Transformation schließlich die Hamiltondichte

$$\mathcal{H}(\phi, \pi) = \frac{1}{2} \left\{ \pi^2(x) + (\nabla \phi)^2 + m^2 \phi^2 \right\} \,. \tag{2.25}$$

In enger Analogie zum Übergang von der klassischen zur quantentheoretischen Punktmechanik, den man in der Übersetzungsvorschrift der

Poissonklammer in den Kommutator

$$\{p_i, q_k\} = \delta_{ik} \longmapsto \frac{\mathrm{i}}{\hbar}[p_i, q_k] = \delta_{ik}$$

zusammenfassen kann (s. Band 2, Abschn. 1.5.2), stellt die *kanonische Quantisierung* folgendes Postulat auf:

Postulat 2.1

In der Quantentheorie werden die (hier noch reellwertigen) Funktionen $\phi(x)$ und $\pi(x)$ durch operatorwertige Funktionen oder Distributionen $\Phi(x)$ bzw. $\Pi(x)$ ersetzt, die in jedem Bezugssystem und bei gleichen Zeiten die folgenden Kommutatorrelationen erfüllen

$$\frac{\mathrm{i}}{\hbar}\left[\Pi(x), \Phi(x')\right]_{x^0=x^{0\prime}} = \delta(\boldsymbol{x}-\boldsymbol{x}') \tag{2.26}$$

$$\left[\Phi(x), \Phi(x')\right]_{x^0=x^{0\prime}} = 0 = \left[\Pi(x), \Pi(x')\right]_{x^0=x^{0\prime}} . \tag{2.27}$$

Bevor wir Konsequenzen aus der Quantisierungsvorschrift (2.26) mit dem Ziel ausarbeiten, die physikalische Bedeutung der Operatoren Φ und Π zu klären, füge ich noch einige Bemerkungen ein:

Bemerkungen

1. Der Klarheit halber sind in diesem Abschnitt die jetzt operatorwertigen Funktionen mit großen griechischen Buchstaben bezeichnet, später, wenn wir diese Notation nicht konsequent werden durchhalten können, wird aus dem Kontext immer klar sein, wann Funktionen und wann Operatoren gemeint sind. Es ist in der Quantenfeldtheorie üblich, die – im allgemeinen komplexen – Funktionen $\phi(x)$ etc. als *c-Zahl-wertig*, die daraus entstehenden $\Phi(x)$ als *Operator-wertig* zu bezeichnen. Natürlich setzen wir auch hier gleich wieder $\hbar = 1$.
2. Es sieht so aus, als würde man durch die Forderung der Gleichzeitigkeit in (2.26) wieder bestimmte Bezugssysteme bevorzugen und die Lorentz-Kovarianz zerstören. Dass dem nicht so ist, werden wir weiter unten explizit sehen. Die Vorschrift (2.26), zusammen mit der kovarianten Normierung für Einteilchen-Zustände, liefert einen invarianten Formalismus. Man könnte alternativ schon an dieser Stelle die Quantisierungsvorschrift so abändern, dass sie manifest kovariant bleibt, indem man statt $x^0 = x'^0$ eine beliebige raumartige Hyperfläche Σ auswählt.
3. Auch diese Form der Quantisierung beruht wesentlich auf der kanonischen Mechanik. Ohne den Begriff der Lagrangedichte und der darauf fußenden Definition des kanonisch konjugierten Impulses wäre es schwierig, die Kommutationsregeln zu erraten.
4. Im vorliegenden Beispiel existiert die Legendre-Transformation der Lagrangedichte. Ist dies nicht der Fall, so muss man auch in der Quantenfeldtheorie *Quantisierung mit Nebenbedingungen* studieren, worauf wir aus Platzgründen nicht eingehen.

Indem wir die Hamiltondichte bei festgehaltener Zeit über den ganzen Raum $\mathbb{R}^3$ integrieren, entsteht die Hamiltonfunktion $H = \int \mathrm{d}^3x\, \mathcal{H}(x)$. Jetzt berechnet man der Reihe nach die Kommutatoren von H mit Φ, mit Π und mit einem beliebigen Polynom in diesen Operatoren. Es ist z. B.

$$[H, \Phi(x)] = \int\limits_{y^0=x^0} \mathrm{d}^3y\, [\mathcal{H}(y), \Phi(x)] = \frac{1}{2}\int \mathrm{d}^3y\, [\Pi^2(y), \Phi(x)]_{y^0=x^0}$$

$$= -\mathrm{i}\int \mathrm{d}^3y\, \Pi(y)_{y^0=x^0}\delta(\boldsymbol{y}-\boldsymbol{x}) = -\mathrm{i}\Pi(x) = -\mathrm{i}\partial_0\Phi(x)\,.$$

In dieser Rechnung haben wir das Analogon zu der elementaren Auswertung

$$[p^2, q] = ppq - qpp = p(-\mathrm{i}+qp) - (\mathrm{i}+pq)p = -2\mathrm{i}p$$

der Punktmechanik benutzt. Auf dieselbe Weise findet man

$$[H, \Pi(x)] = -\mathrm{i}\,\partial_0\Pi(x)$$

und für ein Polynom $F(x)$ in den Variablen Φ und Π

$$[H, F(x)] = -\mathrm{i}\,\partial_0 F(x)\,.$$

Die Analogie zu den Bewegungsgleichungen

$$\frac{\mathrm{d}f}{\mathrm{d}t} = \{H, f\}\,, \qquad \text{bzw.} \qquad \frac{\mathrm{d}F}{\mathrm{d}t} = \frac{\mathrm{i}}{\hbar}\,[H, F]$$

der klassischen Mechanik (versehen mit der Poissonklammer) bzw. der Quantenmechanik (wo statt derer der Kommutator auftritt) ist offensichtlich. Da wir uns in einem (implizit oder explizit) Lorentz-kovarianten Rahmen bewegen, liegt die Vermutung nahe, dass H die Nullkomponente eines Satzes von vier Operatoren $P^\nu = (P^0 = H, P^i)$ ist, die den Energie-Impulsoperator der Theorie bilden, und dass die Raumkomponenten P^i ebenfalls Raumintegrale von entsprechenden Dichten sind. In der Tat, bildet man das Energie-Impuls Tensorfeld (s. Band 3)

$$\mathcal{T}^{\mu\nu} = \frac{\partial\mathcal{L}}{\partial(\partial_\mu\Phi)}\partial^\nu\Phi - g^{\mu\nu}\mathcal{L}\,, \tag{2.28}$$

so stellt man fest, dass $\partial_\mu\mathcal{T}^{\mu\nu} = 0$ für alle Lösungen der Euler-Lagrange-Gleichung gilt und dass die Hamiltondichte die Null-Nullkomponente dieses Tensorfeldes ist, $\mathcal{H} = \mathcal{T}^{00}$. Die Raumkomponenten sind die gesuchten Impulsdichten und man berechnet sie und ihre Raumintegrale mit Hilfe der Klein-Gordon-Gleichung zu

$$\mathcal{P}^i = -\Pi(x)\,(\nabla\Phi)^i\,, \qquad \boldsymbol{P} = -\int \mathrm{d}^3x\, \Pi(x)\nabla\Phi\,.$$

Den Kommutator des Operators $\boldsymbol{P}$ mit einem Polynom $F(x)$ von Φ und Π berechnet man ganz ähnlich wie den von H mit F,

$$[\boldsymbol{P}, F(x)] = -\int \mathrm{d}^3y\, [\Pi(y)\nabla\Phi(y), F(x)]_{y^0=x^0} = \mathrm{i}\,\nabla F(x)\,.$$

Beachtet man die Definition (2.2), dann lassen sich die oben berechneten Kommutatoren in kovarianter Schreibweise zusammenfassen

$$\left[P^{\mu}, F(x)\right] = -\mathrm{i}\, \partial^{\mu} F(x) \,. \tag{2.29}$$

Dies sind die *Heisenberg'schen Bewegungsgleichungen* in Lorentz-kovarianter Form.

Wir merken noch an, dass man die Heisenberg'schen Bewegungsgleichungen auch in einer integralen Form schreiben kann. Es seien x und y beliebig gewählte Punkte der Raumzeit. Dann gilt folgende *Translationsformel*

$$F(y) = \mathrm{e}^{\mathrm{i}P\cdot(y-x)} F(x)\, \mathrm{e}^{-\mathrm{i}P\cdot(y-x)} \,, \tag{2.30}$$

(siehe Übungsaufgabe 2.2). Arbeitet man die Taylor-Entwicklung von F um die Stelle $y = x$ aus, so bestätigt man leicht, dass (2.29) aus der Formel (2.30) folgt. Die Translationsformel ist wichtig, weil sie es erlaubt, operatorwertige Funktionen oder Distributionen bei beliebigem Argument y auf solche bei einem festen Referenzpunkt x, z. B. $x = 0$, zurückzuführen. Wir werden vielfachen Gebrauch davon machen.

2.1.5 Normalmoden, Erzeugungs- und Vernichtungsoperatoren

Dieser und der nächste Abschnitt haben zum Ziel, die physikalische Bedeutung des Operators $\Phi(x)$ und seine Rolle zu erhellen. Die erste Idee ist den weitgehend beliebigen Operator Φ nach einem vollständigen System von Lösungen zu entwickeln, die einfache und gut zu interpretierende Ein-Teilchen-Quantenzahlen tragen. Ein besonders wichtiger solcher Satz ist durch die ebenen Wellen (2.19) gegeben, von denen wir wissen, dass sie die kräftefreie Bewegung eines Teilchens der Masse m zu festen Eigenwerten des Impulses $\boldsymbol{p}$ auf der Massenschale $(p^0)^2 = \boldsymbol{p}^2 + m^2 = E_p^2$ beschreiben. Wir setzen

$$\Phi(x) = \int \frac{\mathrm{d}^3 p}{2E_p} \left[f_p(x) a(p) + f_p^*(x) a^{\dagger}(p) \right] , \tag{2.31}$$

wobei wir in der Zerlegung das invariante Volumenelement verwenden. Offensichtlich wird der Operatorcharakter von Φ in (2.31) von den Größen $a(p)$ und $a^{\dagger}(p)$ übernommen, wobei der letztere der zu $a(p)$ adjungierte Operator ist. Die spezielle Kombination von Summanden in eckigen Klammern folgt aus der Forderung, dass $\Phi(x)$ vor der Quantisierung ein reelles Feld, nach der Quantisierung ein selbstadjungierter Operator sein soll. Die Relationen (2.20) und (2.21) erlauben es die Operatoren $a(p)$ und $a^{\dagger}(p)$ aus Φ zu berechnen. Mit fest gewähltem, aber beliebigen x^0 ist

$$a(p) = \mathrm{i} \int \mathrm{d}^3 x\; f_p^*(x)\, \overset{\leftrightarrow}{\partial_0}\, \Phi(x) \,, \quad a^{\dagger}(p) = -\mathrm{i} \int \mathrm{d}^3 x\; f_p(x)\, \overset{\leftrightarrow}{\partial_0}\, \Phi(x) \,. \tag{2.32}$$

Wenn $\Phi(x)$ der freien Klein-Gordon-Gleichung genügt, dann sind diese Operatoren unabhängig von der Zeit. Wir rechnen dies für $a(p)$ nach:

$$\begin{aligned} \partial_0 a(p) &= \mathrm{i} \int \mathrm{d}^3 x \left[f_p^*(x) \partial_0^2 \Phi(x) - (\partial_0^2 f_p^*) \Phi(x) \right] \\ &= \mathrm{i} \int \mathrm{d}^3 x \left[f_p^*(x) \boldsymbol{\Delta} \Phi(x) - (\boldsymbol{\Delta} f_p^*(x)) \Phi(x) \right] = 0 \,. \end{aligned}$$

Im letzten Schritt hat man in einem der beiden Summanden zweimal partiell integriert. Außerdem ist angenommen, dass Φ im räumlich Unendlichen hinreichend rasch verschwindet, so dass keine Randterme auftreten. (Sollte dies nicht der Fall sein, müsste man die Lösungen $f_p(x)$ durch Wellenpakete ersetzen.)

Aus dem Ansatz (2.31), den Umkehrformeln (2.32) und der Orthogonalität der Basis berechnet man die Kommutatoren der Operatoren $a(p)$ und $a^\dagger(q)$. Wir führen einen von diesen aus:

$$\begin{aligned}\left[a(p), a^\dagger(q)\right] &= -\mathrm{i}^2 \int \mathrm{d}^3 x \int \mathrm{d}^3 y\; f_p^*(x) f_q(y)\, \frac{\overleftrightarrow{\partial}}{\partial x^0} \frac{\overleftrightarrow{\partial}}{\partial y^0}\, [\Phi(x), \Phi(y)] \\ &= \mathrm{i}^2 \int \mathrm{d}^3 x \int \mathrm{d}^3 y\; f_p^*(x)(\partial_0 f_q(y))\, [\partial_0 \Phi(x), \Phi(y)] \\ &\quad + \mathrm{i}^2 \int \mathrm{d}^3 x \int \mathrm{d}^3 y\; (\partial_0 f_p^*(x)) f_q(y)\, [\Phi(x), \partial_0 \Phi(y)]\,.\end{aligned}$$

Mit der Definition (2.24) und dem Postulat (2.26) ist

$$[\partial_0 \Phi(x), \Phi(y)] = -\mathrm{i}\delta(\boldsymbol{x}-\boldsymbol{y})\,, \qquad [\Phi(x), \partial_0 \Phi(y)] = +\mathrm{i}\delta(\boldsymbol{x}-\boldsymbol{y})\,.$$

Setzt man dies ein, so lässt sich eine der beiden Integrationen, also z. B. die über y, ausführen und es folgt

$$\left[a(p), a^\dagger(q)\right] = \mathrm{i} \int \mathrm{d}^3 x\; f_p^*(x)\, \overleftrightarrow{\partial_0}\, f_q(x) = 2E_p \delta(\boldsymbol{p}-\boldsymbol{q})\,.$$

In derselben Weise berechnet man $[a(p), a(q)]$, findet diesmal aber, dass dieser Kommutator gleich Null ist. Insgesamt findet man das wichtige Ergebnis

$$\left[a(p), a^\dagger(q)\right] = 2E_p \delta(\boldsymbol{p}-\boldsymbol{q})\,, \tag{2.33}$$

$$[a(p), a(q)] = 0 = \left[a^\dagger(p), a^\dagger(q)\right]\,. \tag{2.34}$$

Die Analogie zum eindimensionalen, harmonischen Oszillator (Band 2, Abschn. 1.6) ist offensichtlich; allerdings haben wir es hier mit unendlich vielen Oszillatoren zu tun, deren jeder durch einen Eigenwert des Impulses (und damit der Energie) charakterisiert ist. Dieser Schlussfolgerung wird untermauert, wenn wir den Hamiltonoperator und den Operator des räumlichen Impulses als Funktionen der Operatoren $a(p)$ und $a^\dagger(p)$ berechnen.

Die Hamiltondichte ist in (2.25) angegeben, wobei $\Pi(x)$ gemäß (2.24) zu berechnen ist. Setzt man die Entwicklung (2.31) ein und nutzt die Orthogonalitätseigenschaften der Basis $f_p(x)$ aus, so findet man

$$H = \frac{1}{2} \int \frac{\mathrm{d}^3 p}{2E_p}\, E_p \left\{a^\dagger(p)a(p) + a(p)a^\dagger(p)\right\}\,. \tag{2.35}$$

In derselben Weise lässt sich auch der Operator des räumlichen Impulses als Entwicklung in den Operatoren a und $a^\dagger$ darstellen,

$$\boldsymbol{P} = \frac{1}{2} \int \frac{\mathrm{d}^3 p}{2E_p}\, \boldsymbol{p} \left\{a^\dagger(p)a(p) + a(p)a^\dagger(p)\right\}\,. \tag{2.36}$$

Bevor wir fortfahren und diese Ausdrücke weiter umformen, ist es erforderlich, noch einmal den Formalismus der zweiten Quantisierung – hier für Bosonen – zu rekapitulieren, den wir schon im Rahmen der Einteilchen-Quantenmechanik kennengelernt haben (Band 2, Abschn. 1.6).

Anstelle der Abhängigkeit vom Impuls p wollen wir der Einfachheit halber annehmen, dass die Erzeugungs- und Vernichtungsoperatoren mit einem diskreten Index versehen sind und folgende Kommutatoren erfüllen

$$[a_i, a_k^\dagger] = \delta_{ik}\,, \quad [a_i, a_k] = 0 = [a_i^\dagger, a_k^\dagger]\,. \tag{2.37}$$

Diese Vertauschungsregeln sind den Regeln (2.33) und (2.34) formal ähnlich, allerdings ist die rechte Seite des ersten von ihnen eine endliche c-Zahl, nämlich 1 oder 0, während die rechte Seite von (2.33) distributionswertig ist.

Man definiert die folgenden selbstadjungierten Operatoren

$$N_i := a_i^\dagger a_i\,, \qquad N := \sum_i N_i\,,$$

von denen der erste Teilchenzahloperator der Sorte i, der zweite (gesamter) Teilchenzahloperator heißen soll. Ihre Eigenzustände seien mit

$$|\nu_i\rangle\,, \quad \text{bzw.} \quad |\nu_1, \nu_2, \dots, \nu_i, \dots\rangle$$

bezeichnet derart, dass $N_i\,|\nu_i\rangle = \nu_i|\nu_i\rangle$ bzw. $N\,|\nu_1, \nu_2, \dots, \nu_i, \dots\rangle = (\sum \nu_i)|\nu_1, \nu_2, \dots, \nu_i, \dots\rangle$ und somit $N|\nu_1, \nu_2, \dots, \nu_i, \dots\rangle = \nu\,|\,\nu_1, \nu_2, \dots, \nu_i, \dots\rangle$ mit $\nu = \sum_i \nu_i$ gilt. Alle Zustände seien auf 1 normiert. Zunächst stellt man fest, dass

$$\langle\nu|\,N_i\,|\nu\rangle = \nu_i = \langle\nu|\,a_i^\dagger a_i\,|\nu\rangle = \|a_i\,|\nu\rangle\|^{\,2}$$

ist und somit positiv oder gleich Null sein muss, $\nu_i \geq 0$. Weiterhin bestätigt man die Kommutatoren

$$[N_i, a_k] = -a_k\delta_{ik}\,, \quad [N, a_k] = -a_k\,,$$

$$[N_i, a_k^\dagger] = a_k^\dagger\delta_{ik}\,, \quad [N, a_k^\dagger] = a_k^\dagger\,.$$

Aus diesen folgt, dass mit $|\nu\rangle$ auch die Zustände $a_i|\nu\rangle$ und $a_i^\dagger|\nu\rangle$ Eigenzustände der Operatoren N_i und N sind, die zu den um 1 nach unten bzw. nach oben verschobenen Eigenwerten gehören. Zum Beispiel gilt

$$\begin{aligned} N_i\,(a_i\,|\nu\rangle) = a_i(N_i - 1)\,|\nu\rangle \;&=\; (\nu_i - 1)(a_i\,|\nu\rangle)\,, \\ N_i\,(a_i^\dagger\,|\nu\rangle) = a_i^\dagger(N_i + 1)\,|\nu\rangle \;&=\; (\nu_i + 1)(a_i^\dagger\,|\nu\rangle)\,. \end{aligned}$$

Da die Eigenwerte, wie oben festgestellt, immer positiv oder Null sein müssen, folgt hieraus, dass $\nu_i \in \mathbb{N}_0$ und somit auch $\nu \in \mathbb{N}_0$ sein muss. Wir halten also fest, dass nur die Werte

$$\nu = n\,, \quad \nu_i = n_i \qquad \text{mit} \quad n = 0, 1, 2, \dots\,, \; n_i = 0, 1, 2, \dots \tag{2.38}$$

angenommen werden und dass, wäre dies nicht erfüllt, der Hamiltonoperator (2.35) beliebig große negative Eigenwerte besäße. Gleichzeitig zeigt dies, dass es einen Zustand $|0\rangle$ mit kleinstem Eigenwert von N gibt, der die Eigenschaft hat, dass

$$a_i\,|0\rangle = 0 \qquad \text{für alle} \quad i\,.$$

Man überzeugt sich leicht, dass die Operatoren $O_i := a_i a_i^\dagger$ und $O := \sum_i a_i a_i^\dagger$ ganz ähnliche Eigenschaften wie N_i und N haben. Ihre Eigenwerte unterscheiden sich lediglich um 1 von denen von N_i und N, ein Hamiltonoperator der Form $\sum_i E_i\{a_i^\dagger a_i + a_i a_i^\dagger\}/2$ unterscheidet sich daher von $H = \sum_i E_i a_i^\dagger a_i$ nur um eine, allerdings unendlich große Konstante. Da andererseits nur *Differenzen* von Eigenwerten physikalisch wichtig, weil beobachtbar sind, fällt eine solche Konstante aus allen observablen Effekten heraus.

Diese physikalisch unwesentliche Schwierigkeit hätten wir vermieden, wenn wir von Anfang an alle Operatoren in *Normalordnung* definiert hätten (s. Band 2, Abschn 5.3), alle Monome in Erzeugungs- und Vernichtungsoperatoren durch entsprechende Normalprodukte ersetzt hätten, bei denen alle Erzeugungsoperatoren links von allen Vernichtungsoperatoren angeordnet werden. Dies wollen wir von hier an auch tun.

Die Hamiltondichte (2.25) werde durch den normalgeordneten Ausdruck

$$\mathcal{H}(\phi,\pi) = \frac{1}{2} : \left\{\pi^2(x) + (\nabla\phi)^2 + m^2\phi^2\right\} :, \tag{2.39}$$

die Impulsdichte durch das Normalprodukt

$$\mathcal{P}^i = -: \Pi(x)\,(\nabla\Phi)^i : \tag{2.40}$$

ersetzt. Wiederholt man die Rechnung, die zu den Ausdrücken (2.35) und (2.36) führt, so erhält man jetzt

$$H = \int \frac{d^3p}{2E_p}\, E_p\, a^\dagger(p)a(p) \;=\; \int \frac{d^3p}{2E_p}\, E_p\, N(p)\,, \tag{2.41}$$

$$\boldsymbol{P} = \int \frac{d^3p}{2E_p}\, \boldsymbol{p}\, a^\dagger(p)a(p) \;=\; \int \frac{d^3p}{2E_p}\, \boldsymbol{p}\, N(p)\,, \tag{2.42}$$

wobei $N(p)$ der Teilchenzahloperator zum Impuls p ist und dem Operator N_i des Beispiels entspricht.

Der Grundzustand $|0\rangle$, für den $a(p)|0\rangle = 0$ für alle p gilt, ist Eigenzustand von H und von $\boldsymbol{P}$ mit allen (vier) Eigenwerten gleich Null. Ein Zustand, der daraus durch Anwendung des Erzeugungsoperators $a^\dagger(q)$ entsteht, hat die Energie E_q und den räumlichen Impuls $\boldsymbol{q}$, denn es ist

$$\begin{aligned} H\left(a^\dagger(q)\,|0\rangle\right) &= \int \frac{d^3p}{2E_p}\, E_p\, a^\dagger(p)a(p)a^\dagger(q)\,|0\rangle \\ &= \int \frac{d^3p}{2E_p}\, E_p\, a^\dagger(p)(2E_q)\delta(\boldsymbol{p}-\boldsymbol{q})\,|0\rangle = E_q\,\left(a^\dagger(q)\,|0\rangle\right)\,, \end{aligned}$$

und in ganz ähnlicher Weise

$$\boldsymbol{P}\left(a^\dagger(q)\,|0\rangle\right) = \boldsymbol{q}\left(a^\dagger(q)\,|0\rangle\right)\,.$$

Da $E_q^2 - \boldsymbol{q}^2 = m^2$ ist, wird klar, dass der Zustand $a^\dagger(q)|0\rangle \equiv |q\rangle$ der kräftefreie Zustand eines Teilchens der Masse m mit Energie E_q und Impuls $\boldsymbol{q}$ sein muss. Er ist kovariant normiert, denn mit (2.33) gilt

$$\langle q' \,|\, q \rangle = \langle 0|\, a(q')a^\dagger(q)\, |0\rangle = 2E_q\, \delta(\boldsymbol{q}' - \boldsymbol{q}) .$$

Wendet man zwei oder mehr Erzeugungsoperatoren auf den Grundzustand an, so entstehen Vielteilchen-Zustände der Art

$$\left(a^\dagger(p_1)\right)^{n_{p1}} \left(a^\dagger(p_2)\right)^{n_{p2}} \cdots |0\rangle ,$$

die unter allen Vertauschungen der Erzeugungsoperatoren invariant, aber noch nicht normiert sind. Sie sind Elemente eines Hilbert-Raums, der aus dem Hilbert-Raum $\mathcal{H}_1$ der Einteilchen-Zustände als Produkt zur gesamten Teilchenzahl N und der unendlichen Summe über alle N entsteht,

$$\mathcal{H} = \sum_{N=0}^{\infty} \oplus \underbrace{(\mathcal{H}_1 \otimes \mathcal{H}_1 \otimes \ldots \otimes \mathcal{H}_1)}_{N} = \sum_{N=0}^{\infty} \oplus\ (\mathcal{H}_1)^{\otimes N} .$$

Bezeichnen wir die Zahl der Teilchen mit Energie-Impuls p mit $n(p)$ und die zugehörigen normierten Zustände mit $|n(p)\rangle$, so kann man die Normierung der Zustände aus den Beziehungen

$$\begin{aligned} a^\dagger(p)\,|n(p)\rangle &= \sqrt{n(p)+1}\,|n(p)+1\rangle , \\ a(p)\,|n(p)\rangle &= \sqrt{n(p)}\,|n(p)-1\rangle \end{aligned} \tag{2.43}$$

herleiten. Man findet

$$|n(p_1), n(p_2), \cdots\rangle = \prod_{p_i} \frac{1}{\sqrt{n(p_i)!}} \left(a^\dagger(p_i)\right)^{n(p_i)} |0\rangle . \tag{2.44}$$

Bemerkungen

1. Die physikalische Interpretation der Operatoren $a^\dagger(p)$ und $a(p)$ in der Entwicklung (2.31) ist jetzt klargeworden: der erste von ihnen erzeugt ein einzelnes Teilchen, das den Viererimpuls p mit $p^2 = m^2$ trägt, d. h. in Bezug auf ein gegebenes Bezugssystem den räumlichen Impuls $\boldsymbol{p}$ und die Energie $E_p = \sqrt{m^2 + \boldsymbol{p}^2}$ besitzt. Der dazu adjungierte Operator $a(p)$ vernichtet ein Teilchen aus diesem kinematischen Zustand. Die zugehörigen Lösungen der Klein-Gordon-Gleichung sind die ebenen Wellen (2.19), die gemäß (2.20) und (2.21) normiert sind. Würden wir statt ihrer die etwas modifizierten Wellenfunktionen im Impulsraum

$$\widetilde{\phi}(p) := \frac{1}{\sqrt{2E_p}} f_p \tag{2.45}$$

und ihre Fourier-Transformierten $\phi(x)$ im Ortsraum verwenden, so wären diese in derselben Weise wie Wellenfunktionen der Schrödinger-Theorie normiert,

$$(\phi', \phi) = \int\limits_{x^0 = t_0} \mathrm{d}^3 x\, \phi'^*(x)\phi(x) .$$

Die so erhaltene komplexe Funktion $\phi(x)$ ist als Wahrscheinlichkeitsamplitude dafür interpretierbar, das Teilchen zum Zeitpunkt t_0 am Ort $\boldsymbol{x}$ anzutreffen.

2. In diesem Abschnitt haben wir das klassisch reelle – quantentheoretisch hermitesche – Klein-Gordon-Feld diskutiert, die Einteilchen-Zustände $|p\rangle$ tragen deshalb keine weiteren Attribute als Energie und Impuls. Im Sinne der Darstellungstheorie für die Poincarégruppe genügen die Einteilchen-Zustände $|p\rangle = a^\dagger(p)|0\rangle$ der Transformationsformel (1.144) mit $s = 0$.
   Tragen die Teilchen einen von Null verschiedenen Spin und bzw. oder sind sie elektrisch geladen, so müssen die Erzeugungs- und Vernichtungsoperatoren diese Quantenzahlen ebenfalls enthalten. Die Spinzustände von massiven Teilchen sind dabei die irreduziblen Darstellungen (1.144) der Poincaré-Gruppe, die wir in Kap. 1 studiert haben. Bei masselosen Teilchen sind die Helizitätsdarstellungen des Abschnitts 1.3.3 zu verwenden. Für diese Situationen zeigen wir weiter unten die Beispiele des komplexen Skalarfeldes, des Photonfeldes und des Dirac-Feldes.
3. Da die Erzeugungsoperatoren $a^\dagger(p_i)$ alle miteinander kommutieren, ist der Zustand (2.44) automatisch *symmetrisch* unter Austausch von je zwei beliebigen Anregungen. So gilt z. B. für einen Zwei-Teilchenzustand
$$\left|p_j, p_k\right\rangle = a^\dagger(p_j)a^\dagger(p_k)\,|0\rangle = a^\dagger(p_k)a^\dagger(p_j)\,|0\rangle = \left|p_k, p_j\right\rangle .$$
   Die freien Teilchen, deren Zustände wir erhalten haben, genügen der *Bose-Einstein-Statistik.*
4. Die ebenen Wellen (2.19) bilden nur eine von vielen Möglichkeiten, das quantisierte Feld nach einer vollständigen und (eigentlich oder uneigentlich) normierten Basis zu entwickeln. Je nach der betrachteten physikalischen Situation kann ein anderes solches System besser geeignet sein. Hier ist ein Beispiel, das in Atom- und Kernphysik von großer Bedeutung ist: Betrachtet man Übergänge zwischen gebundenen Zuständen eines Atoms oder eines Kerns, die außer durch die Energie durch Drehimpuls und Parität charakterisiert sind, so werden Photonen erzeugt oder absorbiert, die sich ebenfalls in Zuständen mit scharfem Gesamtdrehimpuls und definiter Parität befinden. In diesem Fall bietet es sich an, das Photonfeld nicht nach ebenen Wellen, sondern nach einem vollständigen, normierten System von Eigenzuständen des Drehimpulses und der Parität zu entwickeln und somit Erzeugungs- und Vernichtungsoperatoren für Photonen mit diesen Attributen einzuführen.
   Im hier diskutierten Fall des selbstadjungierten Skalarfeldes stellen wir uns vor, dass wir nach dem orthogonalen und in geeigneter Weise normierten System $\{\phi_n(\alpha)\}$ entwickelt hätten. Die Vertauschungsregeln (2.33) und (2.34) werden dann durch die folgenden ersetzt
$$[a_m(\alpha), a_n^\dagger(\beta)] = (\phi_m(\alpha), \phi_n(\beta)) \,, \tag{2.46}$$
$$[a_m(\alpha), a_n(\beta)] = 0 \,, \tag{2.47}$$

wobei auf der rechten Seite von (2.46) das Skalarprodukt der Basisfunktionen steht, auf die sich die Erzeugungs- und Vernichtungsoperatoren beziehen. Es macht dabei keinen Unterschied, ob diese Basis im eigentlichen Sinn normierbar ist oder ob das Skalarprodukt wie im Beispiel (2.33), (2.34) eine Distribution ergibt.

5. Die allgemeine Translationsformel (2.30) ist für die Analyse von Einteilchen-Matrixelementen besonders nützlich. Wählt man z. B. $x = 0$ und betrachtet Matrixelemente eines Feldoperators zwischen den Einteilchenzuständen mit Viererimpulsen q und q', so gibt (2.30)

$$\langle q' | \, F(y) \, | q \rangle = \langle q' | \, \mathrm{e}^{\mathrm{i}P\cdot y} F(0) \, \mathrm{e}^{-\mathrm{i}P\cdot y} \, | q \rangle = \mathrm{e}^{-\mathrm{i}(q-q')\cdot y} \langle q' | \, F(0) \, | q \rangle \; . \tag{2.48}$$

   In dieser Formel steht P für den Operator des Viererimpulses, während q und q' seine Eigenwerte in den beiden Zuständen sind. Kennt man also das Matrixelement $\langle q'|F(0)|q\rangle$ an der Stelle $x = 0$ (oder an irgend einem anderen Punkt der Raumzeit), so erlaubt die Formel (2.48) es an jeden beliebigen Punkt y zu transportieren. Ein in der Praxis nützliches Beispiel ist die Divergenz eines Viererstromes $J^\mu(y)$, für welche die folgende Rechnung

$$\begin{aligned}\langle q' | \, \partial_\mu J^\mu(y) \, | q \rangle &= \partial_\mu \langle q' | \, J^\mu(y) \, | q \rangle \\ &= -\mathrm{i}(q-q')_\mu \langle q' | \, J^\mu(0) \, | q \rangle \, \mathrm{e}^{-\mathrm{i}(q-q')\cdot y}\end{aligned}$$

   auf die wichtige Formel

$$\langle q' | \, \partial_\mu J^\mu(0) \, | q \rangle = -\mathrm{i}(q-q')_\mu \langle q' | \, J^\mu(0) \, | q \rangle \tag{2.49}$$

   führt. In allen Ausdrücken tritt hier die Differenz $q - q'$, d. h. der Impulsübertrag vom Anfangszustand $|q\rangle$ zum Endzustand $|q'\rangle$ auf. Warum ist diese Formel wichtig?

   Es wird oft nicht möglich sein, die Matrixelemente $\langle q'|J^\mu(0)|q\rangle$ wirklich zu berechnen, weil der Operator $J^\mu(y)$ nicht explizit gegeben ist. Sein Einteilchen-Matrixelement $\langle q'|J^\mu(0)|q\rangle$ hat aber wohldefiniertes Transformationsverhalten unter Lorentz-Transformationen, Parität und Zeitumkehr und kann daher nach allen Kovarianten zerlegt werden, die man aus den Impulsen (und, falls das Teilchen doch einen Spin trägt, aus den Spinfunktionen) bilden kann und die mit diesem Transformationsverhalten verträglich sind. Ist die Divergenz $\partial_\mu J^\mu(y)$ überdies bekannt (ist sie z. B. gleich Null oder gleich einem anderen Skalarfeld), so gibt (2.49) zusätzliche Einschränkungen an diese Zerlegung. Aufgabe 2.4 gibt ein einfaches, aber typisches Beispiel hierfür.

2.1.6 Kommutator zu verschiedenen Zeiten und Propagator

Die Quantisierungsvorschrift (2.26), (2.27), die zu den Kommutatoren (2.33), (2.34) führt, ist Lorentz-kovariant. Diese Aussage wird noch einmal evident, wenn wir jetzt den Kommutator des Feldes $\Phi(x)$ mit demselben Feld $\Phi(y)$ an einem anderen, beliebigen Raumzeitpunkt berechnen.

Setzt man die Entwicklung (2.31) zweimal ein und verwendet die Kommutatoren (2.33) und (2.34), so findet man der Reihe nach

$$[\Phi(x), \Phi(y)] = \frac{1}{(2\pi)^3} \int \frac{d^3q}{2E_q} \int \frac{d^3p}{2E_p} \left[\left(a(q)\,e^{-iqx} + a^\dagger(q)\,e^{iqx}\right), \left(a(p)\,e^{-ipy} + a^\dagger(p)\,e^{ipy}\right)\right]$$

$$= \frac{1}{(2\pi)^3} \int \frac{d^3q}{2E_q} \int \frac{d^3p}{2E_p} \left\{\left[a(q), a^\dagger(p)\right] e^{-iqx+ipy} + \left[a^\dagger(q), a(p)\right] e^{iqx-ipy}\right\}$$

$$= \frac{1}{(2\pi)^3} \int \frac{d^3q}{2E_q} \left\{e^{-iq(x-y)} - e^{iq(x-y)}\right\} .$$

Das auf der rechten Seite auftretende Integral ist – wenn man genau hinschaut – eine temperierte Distribution. Da diese wichtig ist und an verschiedenen Stellen der Quantenfeldtheorie auftritt, hält man sie durch eine besondere Definition fest: Mit der Abkürzung $z = x - y$ definiert man die Distribution

$$\Delta_0(z; m) := -\frac{i}{(2\pi)^3} \int \frac{d^3q}{2E_q} \left(e^{-iqz} - e^{iqz}\right)\Big|_{q^0=E_q} ; \tag{2.50}$$

sie heißt *kausale Distribution zur Masse m*. Sie hat folgende Eigenschaften:

(a) Sie genügt der Klein-Gordon-Gleichung

$$\left(\Box + m^2\right) \Delta_0(z; m) = 0 , \tag{2.51}$$

(b) Bei $z^0 = 0$, d. h. bei gleichen Zeiten $x^0 = y^0$ verschwindet sie für alle z

$$\Delta_0(z^0 = 0, z; m) = 0 , \tag{2.52}$$

(c) Ihre Ableitung nach der Zeitkoordinate z^0 bei $z^0 = 0$ ist bis auf das Vorzeichen die Dirac'sche δ-Distribution

$$\frac{\partial}{\partial z^0} \Delta_0(z; m)|_{z^0=0} = -\delta(z) , \tag{2.53}$$

(d) Unter der Raum- und Zeitspiegelung $z \mapsto -z$ ist sie *antisymmetrisch*

$$\Delta_0(-z; m) = -\Delta_0(z; m) , \tag{2.54}$$

(e) Für alle raumartigen Werte von z, d. h. für $z^2 < 0$ verschwindet sie

$$\Delta_0(z; m) = 0 \quad \text{für} \quad z^2 < 0 . \tag{2.55}$$

Die Aussagen (a)–(d) liest man am definierenden Ausdruck (2.50) ab. Die Aussage (e) beweist man z. B. durch folgendes Argument: Die Distribution Δ_0 ist Lorentz-invariant. Das sieht man zwar schon an der expliziten Darstellung (2.50), man kann aber auch die dazu äquivalente Darstellung

$$\Delta_0(z; m) = -\frac{i}{(2\pi)^3} \int d^4q \; e^{-iqz} \delta(q^2 - m^2) \left(\Theta(q^0) - \Theta(-q^0)\right) \tag{2.56}$$

zu Rate ziehen. Die Unterscheidung zwischen positivem und negativem q^0 ist bei zeitartigem q invariant. In der Tat, wegen der aus der Distribution $\delta(q^2-m^2)$ folgenden Bedingung $q^2=m^2$ ist q zeitartig. Der Integrand ist somit invariant, ebenso wie das uneingeschränkte Volumenelement d^4q. Wenn nun, wie in (e) gefordert, $z^2<0$ ist, so kann man immer ein Bezugssystem finden, in dem die transformierte Zeitkoordinate gleich Null ist, $z'^0=0$. Dann ist aber nach (b) $\Delta_0=0$. Wegen ihrer Lorentzinvarianz verschwindet sie somit für alle raumartigen Werte von z, mit unserer Konvention für die Minkowski-Metrik also für $z^2<0$.

Als Ergebnis der oben durchgeführten Rechnung halten wir fest

$$[\Phi(x),\Phi(y)]=\mathrm{i}\Delta_0(x-y;m)\,. \tag{2.57}$$

Dieses Ergebnis hat unter anderen zwei wichtige Eigenschaften: Der Kommutator von $\Phi(x)$ und $\Phi(y)$ ist distributionswertig und Lorentz-invariant. Für *raumartige* Werte der Differenz $x-y$ ist er gleich Null. Dies ist ein Ausdruck der Kausalität der Theorie, oder, wie man genauer sagt, ihrer *Mikrokausalität* oder *Lokalität,* denn die Eigenschaft (e) besagt ja, dass die Feldoperatoren miteinander kommutieren, wenn ihre Raumzeitargumente raumartig zueinander liegen, d. h. nicht auf kausale Weise kommunizieren können.

Wir wenden uns jetzt einer Größe zu, die für die kovariante Version der Störungstheorie von zentraler Bedeutung ist: dem Teilchenpropagator. Kehren wir noch einmal zur Entwicklung (2.31) zurück und denken uns dort die ebenen Wellen (2.19) eingesetzt, so ist der Feldoperator $\Phi(x)$ die Summe

$$\Phi(x)=\Phi^{(+)}(x)+\Phi^{(-)}(x)$$

aus einem positiven Frequenzanteil $\Phi^{(+)}$, der alle Anteile $a_p\,\mathrm{e}^{-\mathrm{i}p^0x^0}\,\mathrm{e}^{\mathrm{i}\boldsymbol{p}\cdot\boldsymbol{x}}$ enthält, und einem negativen Frequenzanteil $\Phi^{(-)}$, der die dazu konjugierten Anteile $a_p^\dagger\,\mathrm{e}^{+\mathrm{i}p^0x^0}\,\mathrm{e}^{-\mathrm{i}\boldsymbol{p}\cdot\boldsymbol{x}}$ enthält. Die Bezeichnung „positiver Frequenzanteil" stammt daher, dass die Zeitabhängigkeit $\mathrm{e}^{-\mathrm{i}p^0x^0}$ dieselbe ist wie die aus der nichtrelativistischen Quantenmechanik gewohnte Form $\mathrm{e}^{-\mathrm{i}/\hbar Et}$ eines physikalischen Zustandes mit positiver Energie[3]. Wird der Feldoperator $\Phi(x)$ nach rechts auf den Grundzustand, das Vakuum angewandt, $\Phi(x)|0\rangle$, so trägt nur der negative Frequenzanteil bei, $\Phi|0\rangle=\Phi^{(-)}|0\rangle$, wendet man ihn nach links an, so trägt nur der positive Frequenzanteil bei, $\langle 0|\Phi=\langle 0|\Phi^{(+)}$. Der Erwartungswert des Produkts zweier Feldoperatoren im Vakuum ist somit

$$\langle 0|\,\Phi(x)\Phi(y)\,|0\rangle=\langle 0|\,\Phi^{(+)}(x)\Phi^{(-)}(y)\,|0\rangle$$

und würde die Erzeugung eines Teilchens am Raumzeitpunkt y und die Vernichtung desselben am Punkt x beschreiben, vorausgesetzt die Zeit x^0 läge später als die Zeit y^0, wie in Abb. 2.4a skizziert. Im Lichte der nichtrelativistischen Störungsrechnung erscheint es plausibel, dass ein solcher Prozess als Zwischenzustand in einem Beitrag zweiter Ordnung auftreten

[3] Es wäre ungeschickt, vom „positiven Energieanteil" zu sprechen, weil der dazu adjungierte Term sich dann auf negative Energien statt negativer Frequenzen beziehen würde. Freie Teilchen (oder Antiteilchen) der Masse m haben immer positive Energien.

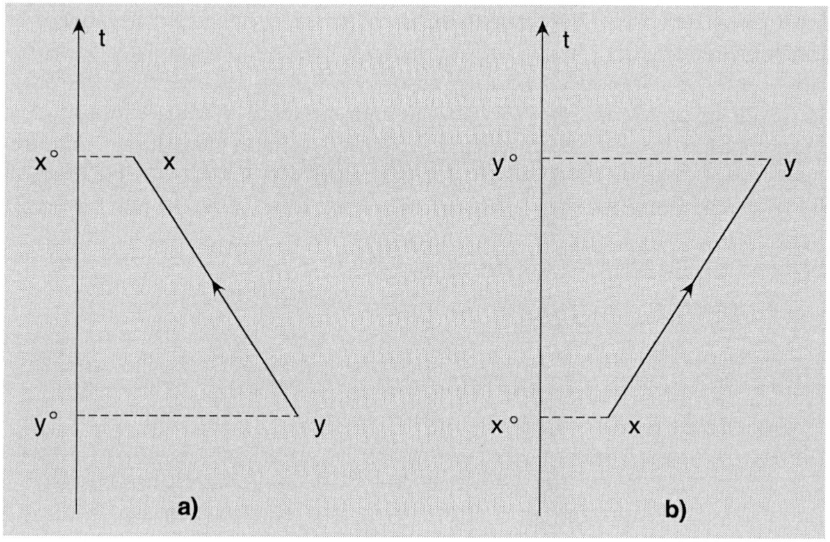

Abb. 2.4a,b. Die beiden Anteile des zeitgeordneten Produkts (2.58) beschreiben (**a**) die Erzeugung eines Teilchens am Punkt y und seine Vernichtung am Punkt x, der zeitlich später liegt; (**b**) die Erzeugung bei x und die darauf folgende Vernichtung bei y, wenn $y^0 > x^0$ ist

kann. Wenn dem so ist, dann gibt es natürlich auch den analogen Prozess für $y^0 > x^0$, bei dem das Teilchen in x erzeugt, in y vernichtet wird, s. Abb. 2.4b.

Beide Beiträge lassen sich auf elegante Weise zusammenfassen, wenn man die zeitliche Ordnung von Erzeugung und Vernichtung in Form eines *zeitgeordneten Produkts* anordnet, das wie folgt definiert ist

$$T\,\Phi(x)\Phi(y) := \Theta(x^0 - y^0)\Phi(x)\Phi(y) + \Theta(y^0 - x^0)\Phi(y)\Phi(x)\,. \tag{2.58}$$

Der Erwartungswert dieses Produkts im Grundzustand, dem Vakuum,

$$\langle 0|\,T\,\Phi(x)\Phi(y)\,|0\rangle = \langle 0|\,\Theta(x^0-y^0)\Phi(x)\Phi(y)+\Theta(y^0-x^0)\Phi(y)\Phi(x)\,|0\rangle \tag{2.59}$$

verknüpft die Erzeugung in einem Punkt mit der Vernichtung in einem anderen, späteren Punkt der Raumzeit. Diese Größe wird *Propagator* genannt und nimmt folgende bemerkenswerte Form an:

$$\langle 0|\,T\,\Phi(x)\Phi(y)\,|0\rangle = \frac{\mathrm{i}}{(2\pi)^4}\int \mathrm{d}^4k\; \mathrm{e}^{-\mathrm{i}k(x-y)}\frac{1}{k^2-m^2+\mathrm{i}\varepsilon} \equiv P_F(x-y;m)\,. \tag{2.60}$$

Bevor wir diesen Ausdruck weiter analysieren, wollen wir (2.60) beweisen. Ausgangspunkt für den Beweis sind die beiden folgenden Integraldarstellungen der Stufenfunktion

$$\Theta(u) = \frac{1}{2\pi\mathrm{i}}\int\limits_{-\infty}^{+\infty}\mathrm{d}\lambda\,\frac{\mathrm{e}^{\mathrm{i}\lambda u}}{\lambda-\mathrm{i}\varepsilon}\,,\quad \Theta(-u) = -\frac{1}{2\pi\mathrm{i}}\int\limits_{-\infty}^{+\infty}\mathrm{d}\lambda\,\frac{\mathrm{e}^{\mathrm{i}\lambda u}}{\lambda+\mathrm{i}\varepsilon}\,, \tag{2.61}$$

die man mithilfe des Satzes von Cauchy beweist (s. Aufgabe 2.5).

Die Rechnung zu Beginn dieses Abschnitts ergab unter anderem

$$\langle 0|\, \Phi(x)\Phi(y)\, |0\rangle = \frac{1}{(2\pi)^3} \int \frac{\mathrm{d}^3 q}{2E_q}\, \mathrm{e}^{-iqz}\,, \quad \text{mit} \quad z = x - y\,,$$

wobei der Impuls $\boldsymbol{q}$ auf der Massenschale $q^2 = m^2$ liegt. Fügen wir die Stufenfunktion $\Theta(x^0 - y^0)$ und die erste Darstellung (2.61) ein, so ist

$$\langle 0|\, \Phi(x)\Phi(y)\Theta(x^0 - y^0)\, |0\rangle = \frac{1}{\mathrm{i}(2\pi)^4} \int\limits_{-\infty}^{+\infty} \mathrm{d}\lambda\, \frac{\mathrm{e}^{\mathrm{i}\lambda u}}{\lambda - \mathrm{i}\varepsilon} \int \frac{\mathrm{d}^3 q}{2E_q}\, \mathrm{e}^{-iqz}\,.$$

Ziel der jetzt folgenden Umformung ist es, die Integration über den Impuls $\boldsymbol{q}$ und diejenige über die Hilfsvariable λ in eine solche über einen uneingeschränkten Viererimpuls zu verwandeln, der nicht auf einer vorgegebenen Massenschale liegt. Dazu setze man

$$k^0 := E_q - \lambda\,, \qquad \boldsymbol{k} := \boldsymbol{q}\,.$$

Damit ist zwar die zum räumlichen Impuls $\boldsymbol{k}$ gehörende Energie die gleiche wie die zu $\boldsymbol{q}$, $E_k = \sqrt{\boldsymbol{k}^2 + m^2} = E_q$, aber die Lorentz-Invariante $(k^0)^2 - \boldsymbol{k}^2$ bleibt uneingeschränkt. Die Integration über λ wird zu einer solchen über k^0,

$$\int\limits_{-\infty}^{+\infty} \mathrm{d}\lambda \longmapsto - \int\limits_{+\infty}^{-\infty} \mathrm{d}k^0 = + \int\limits_{-\infty}^{+\infty} \mathrm{d}k^0$$

und es ist über die vier unabhängigen Variablen k^0, k^1, k^2, k^3 zu integrieren. Setzt man ein, so folgt

$$\langle 0|\, \Phi(x)\Phi(y)\Theta(x^0 - y^0)\, |0\rangle = -\frac{i}{(2\pi)^4} \int \mathrm{d}^4 k\, \frac{\mathrm{e}^{-ikz}}{2E_k(E_k - k^0 - \mathrm{i}\varepsilon)}\,.$$

In völlig analoger Weise bearbeitet man den zweiten Term in (2.59), der die andere Zeitordnung enthält. Man verwendet die zweite Darstellung (2.61), setzt jetzt $k^0 := E_q + \lambda$, $\boldsymbol{k} = \boldsymbol{q}$, und kehrt im entstehenden Integral k in $-k$ um. Man findet

$$\langle 0|\, \Phi(y)\Phi(x)\Theta(y^0 - x^0)\, |0\rangle = -\frac{i}{(2\pi)^4} \int \mathrm{d}^4 k\, \frac{\mathrm{e}^{-ikz}}{2E_k(E_k + k^0 - \mathrm{i}\varepsilon)}\,.$$

Jetzt kann man die beiden Integrale zusammenfassen und erhält aus der Summe der Integranden

$$\frac{1}{2E_k}\left(\frac{1}{E_k - k^0 - \mathrm{i}\varepsilon} + \frac{1}{E_k + k^0 - \mathrm{i}\varepsilon}\right) = \frac{1}{E_k^2 - (k^0)^2 - 2\mathrm{i}E_k\varepsilon} + \mathcal{O}(\varepsilon^2)\,.$$

Die Differenz im Nenner der rechten Seite ist $E_k^2 - (k^0)^2 = m^2 + \boldsymbol{k}^2 - (k^0)^2 = m^2 - k^2$. Da die infinitesimale Größe ε nur eine Vorschrift zur Deformation des Integrationsweges in der komplexen λ-Ebene war, ist $2E_k\varepsilon$ natürlich dasselbe wie ε und somit ist die Formel (2.60) bewiesen[4].

[4] Die hier behandelten Integrale sind, streng genommen, Distributionen. Erinnert man sich aber daran, dass alle Definitionen für temperierte Distributionen so gewählt sind, dass das (formale) Rechnen denselben Regeln folgt, die man von Funktionen und echten Integralen kennt, dann sieht man, dass die gegebene Herleitung von (2.60) richtig ist.

Bemerkungen

1. Neben der kausalen Distribution Δ_0, (2.50), hat die Klein-Gordon-Gleichung eine davon linear unabhängige, ebenfalls distributionswertige Lösung, die man wie folgt darstellen kann:
$$\Delta_1(z;m) = \frac{1}{(2\pi)^3} \int \frac{\mathrm{d}^3 q}{2E_q} \left(\mathrm{e}^{-\mathrm{i}qz} + \mathrm{e}^{\mathrm{i}qz}\right)\Big|_{q^0=E_q} . \tag{2.62}$$
Wir nennen sie *akausale Distribution zur Masse m*, weil sie für raumartiges Argument, $z^2 < 0$, nicht verschwindet. In der Tat, im Gegensatz zur Eigenschaft (d) von Δ_0 ist sie symmetrisch, $\Delta_1(-z;m) = \Delta_1(z;m)$, der bei (e) angewendete Beweis geht nicht mehr durch.
2. Das zeitgeordnete Produkt (2.58) ordnet die Feldoperatoren Φ von rechts nach links in aufsteigender zeitlicher Reihenfolge nach dem Motto „wer zuerst kommt, mahlt zuerst" oder, auf englisch, „the early bird catches the worm". Sein Erwartungswert (2.59) fasst zwei in der nichtrelativistischen Störungstheorie disjunkte Beiträge in einem zusammen.
3. Der Propagator $P_F(x-y;m)$, (2.60), ist im Ortsraum in der Form einer Fourier-Transformation gegeben. Seine Darstellung im Impulsraum ist bis auf numerische Faktoren $1/(k^2 - m^2 + \mathrm{i}\varepsilon)$ und tritt immer dort auf, wo ein durch das Feld Φ beschriebenes, spinloses Teilchen zwischen zwei äußeren Linien ausgetauscht wird. Betrachtet man z. B. das Diagramm der Abb. 2.1, so sieht dieses wie ein störungstheoretischer Beitrag zweiter Ordnung aus, wie wir ihn aus der nichtrelativistischen Störungstheorie kennen – allerdings mit einem wesentlichen Unterschied: Während dort der Zwischenzustand einzig den Energiesatz verletzt, alle anderen Auswahlregeln aber erfüllt, wird das Teilchen hier von seiner Massenschale $p^2 = m^2$ heruntergenommen. Sein virtueller Viererimpuls k, über den integriert wird, liegt gerade nicht auf dem Hyperboloid zur Masse m. Sowohl Energie- als auch Impulserhaltung werden nicht respektiert.
4. Die letzte Bemerkung sollte in einer Lorentz-kovarianten Theorie nicht überraschen, in der es ja vom Bezugssystem abhängt, was Energie und was räumlicher Impuls ist. Deshalb ist es einleuchtend, dass in der kovarianten Form der Störungstheorie der Propagator eine zentrale Rolle spielen wird und dass der Nenner $k^2 - m^2 + \mathrm{i}\varepsilon$ anstelle des Energienenners $E - E_0$ tritt. Gleich im nächsten Abschnitt, der das komplexe Skalarfeld behandelt, wird diese Beobachtung noch weiter vertieft werden.

2.2 Das komplexe Klein-Gordon-Feld

Wir bleiben wie in den Abschnitten 2.1.4 bis 2.1.6 bei der Beschreibung von kräftefreien Teilchen mit Spin Null, d. h. interpretieren das klassische Feld $\phi(x)$ und seinen quantisierten Partner $\Phi(x)$ wie dort, lassen aber zu, dass $\phi = \phi_1 + i\phi_2$ jetzt komplex, der Feldoperator $\Phi(x)$ also nicht mehr selbstadjungiert ist. Die klassische Lagrangedichte, die selbst reell sein muss, hat dann die Form

$$\begin{aligned}\mathcal{L}_{KG}(\phi_i, \partial_\mu \phi_i) &\equiv \mathcal{L}_{KG}(\phi, \phi^*, \partial_\mu \phi, \partial_\mu \phi^*) \\ &= \partial_\mu \phi^*(x) \partial^\mu \phi(x) - m^2 \phi^*(x) \phi(x) .\end{aligned} \tag{2.63}$$

Man hat nun die Wahl, entweder die beiden reellen Felder ϕ_1 und ϕ_2, d. h. Real- und Imaginärteil des komplexen Feldes $\phi(x)$, als unabhängige Freiheitsgrade zu betrachten, oder das Feld ϕ selbst und das komplex-konjugierte Feld ϕ^* als die unabhängigen Variablen zu verwenden. Im Blick auf die physikalische Interpretation ist der zweite Zugang transparenter.

Beide Felder, ϕ und ϕ^*, erfüllen die Klein-Gordon-Gleichung zur Masse m. Der zu ϕ kanonisch konjugierte Impuls ist

$$\phi(x) \longleftrightarrow \pi(x) = \frac{\partial \mathcal{L}_{KG}}{\partial(\partial_0 \phi)} = \partial^0 \phi^* ,$$

der zu ϕ^* konjugierte ist

$$\phi^* \longleftrightarrow \pi^* = \partial^0 \phi .$$

Anstelle der Hamiltondichte (2.25) erhalten wir daher

$$\mathcal{H}(\phi, \phi^*, \pi, \pi^*) = \pi^*(x)\pi(x) + \nabla \phi^*(x) \cdot \nabla \phi(x) + m^2 \phi^*(x) \phi(x) . \tag{2.64}$$

Die Quantisierung dieses Modells ist durch das Postulat 2.1 festgelegt, dem zufolge

$$\left[\Pi(x), \Phi(x')\right]_{x^0=x'^0} = -i\,\delta(\boldsymbol{x} - \boldsymbol{x}') = \left[\Pi^*(x), \Phi^*(x')\right]_{x^0=x'^0} , \tag{2.65}$$

während alle anderen Kommutatoren verschwinden. Man bestätigt noch, dass hieraus die erwarteten Kommutatoren mit der Hamiltonfunktion $H = \int d^3x\, \mathcal{H}(x)$ folgen,

$$[H, \Phi(x)] = -i\Pi^*(x) = -i\partial^0 \Phi(x) , \quad [H, \Pi(x)] = -i\partial^0 \Pi(x) , \quad \text{usw.}$$

Da der Feldoperator $\Phi(x)$ nicht selbstadjungiert ist, enthält die zu (2.31) analoge Entwicklung nach Normalmoden zwei Anteile, die nicht zueinander adjungiert sind,

$$\Phi(x) = \int \frac{d^3p}{2E_p} \left[f_p(x) a(p) + f_p^*(x) b^\dagger(p)\right] \equiv \Phi^{(+)}(x) + \Phi^{(-)}(x) , \tag{2.66}$$

sein Adjungierter lautet entsprechend

$$\Phi^\dagger(x) = \int \frac{d^3p}{2E_p} \left[f_p^*(x) a^\dagger(p) + f_p(x) b(p)\right] \equiv \Phi^{\dagger(-)}(x) + \Phi^{\dagger(+)}(x) . \tag{2.67}$$

Wir denken uns in diesen Formeln wieder die ebenen Wellen (2.19) eingesetzt und zerlegen die Feldoperatoren in beiden Fällen in positive und negative Frequenzanteile, deren erster die Operatoren $a(p)$ bzw. $b(p)$, deren zweiter die Operatoren $a^\dagger(p)$ bzw. $b^\dagger(p)$ enthält. Die Quantisierungsregeln

(2.65) führen mit einer zum Fall des reellen Feldes analogen Rechnung auf die Kommutatoren

$$\left[a(p), a^\dagger(q)\right] = 2E_p\,\delta(\boldsymbol{p}-\boldsymbol{q}) = \left[b(p), b^\dagger(q)\right] , \tag{2.68}$$

$$[a(p), a(q)] = 0 = [b(p), b(q)] , \quad [a(p), b(q)] = 0 = \left[a(p), b^\dagger(q)\right] . \tag{2.69}$$

Definieren wir die quantisierte Form des Hamiltonoperators und des Impulsoperators wieder in der normalgeordneten Form, siehe (2.39) und (2.40), so ist es nicht überraschend, wenn wir für die Hamiltonfunktion und den Impuls zu (2.41) bzw. (2.42) völlig analoge Ausdrücke finden. Sie lauten

$$H = \int \frac{\mathrm{d}^3 p}{2E_p}\, E_p \left[a^\dagger(p)a(p) + b^\dagger(p)b(p)\right] , \tag{2.70}$$

$$\boldsymbol{P} = \int \frac{\mathrm{d}^3 p}{2E_p}\, \boldsymbol{p} \left[a^\dagger(p)a(p) + b^\dagger(p)b(p)\right] . \tag{2.71}$$

Hieraus ergibt sich dieselbe Interpretation der Erzeugungsoperatoren $a^\dagger(q)$ und $b^\dagger(q)$ wie im Abschn. 2.1.5: beide erzeugen, auf das Vakuum angewandt, Ein-Teilchenzustände mit Impuls $\boldsymbol{q}$ und Energie E_q von spinlosen Bosonen, die der Bose-Einstein-Statistik genügen.

Worin unterscheiden sich dann die beiden Typen von Teilchen?

Um diese Frage zu beantworten, müssen wir die Invarianzen der Lagrangedichte (2.63) genauer betrachten. Wie wir aus der Klassischen Feldtheorie wissen, ist die Tatsache, dass wir die Eigenzustände von H nach Energie und Impuls klassifizieren können, letztlich eine Folge des Theorems von E. Noether und der Homogenität der Lagrangedichte in Zeit und im Raum. Diese Eigenschaften hatte bereits die Lagrangedichte (2.5) des reellen (bzw. selbstadjungierten) Feldes. Die für das komplexe Feld zuständige Form hat aber noch eine weitere, ziemlich offensichtliche Symmetrie: Multipliziert man das komplexe Feld ϕ mit einer komplexen Zahl vom Betrag 1, sein komplex-Konjugiertes somit mit der konjugiert komplexen Zahl, so bleibt $\mathcal{L}_{\mathrm{KG}}$, (2.63), ungeändert. Eine solche Transformation

$$\phi(x) \longmapsto \phi'(x) = \mathrm{e}^{\mathrm{i}\alpha}\phi(x) , \quad \phi^*(x) \longmapsto \phi'^*(x) = \mathrm{e}^{-\mathrm{i}\alpha}\phi^*(x) , \quad \alpha \in \mathbb{R} , \tag{2.72}$$

heißt *globale Eichtransformation.* Da sie die Lagrangedichte invariant lässt, hat sie einen weiteren Erhaltungssatz zur Folge – und dies ist genau der, der zwischen den $a^\dagger$- und den $b^\dagger$-Anregungen zu unterscheiden erlaubt.

Wählen wir α infinitesimal, $|\alpha| \ll 1$, dann bedeutet (2.72) eine Variation der beiden Freiheitsgrade ϕ und ϕ^*

$$\phi' = \phi + \delta\phi , \; \phi'^* = \phi^* + \delta\phi^* , \quad \text{mit} \quad \delta\phi = \mathrm{i}\alpha\phi , \; \delta\phi^* = -\mathrm{i}\alpha\phi^* ,$$

die $\mathcal{L}_{\text{KG}}$ invariant lässt. Es gilt dann mit $\delta(\partial_\mu \phi) = \partial_\mu(\delta\phi)$

$$\begin{aligned} 0 = \delta\mathcal{L} &= \frac{\partial\mathcal{L}}{\partial\phi}\delta\phi + \frac{\partial\mathcal{L}}{\partial(\partial_\mu\phi)}\partial_\mu(\delta\phi) + \text{h.c.} \\ &= \mathrm{i}\alpha\left\{\left(\frac{\partial}{\partial x^\mu}\frac{\partial\mathcal{L}}{\partial(\partial_\mu\phi)}\phi + \frac{\partial\mathcal{L}}{\partial(\partial_\mu\phi)}\partial_\mu\phi\right) - (\phi \leftrightarrow \phi^*)\right\} \\ &= \mathrm{i}\alpha\partial_\mu\left(\frac{\partial\mathcal{L}}{\partial(\partial_\mu\phi)}\phi - (\phi \leftrightarrow \phi^*)\right) . \end{aligned}$$

Im zweiten Schritt hat man die Bewegungsgleichung

$$\frac{\partial\mathcal{L}}{\partial\phi} = \frac{\partial}{\partial x^\mu}\frac{\partial\mathcal{L}}{\partial(\partial_\mu\phi)}$$

eingesetzt. Hieraus folgt, dass

$$j^\mu(x) := -\mathrm{i}\left(\frac{\partial\mathcal{L}}{\partial(\partial_\mu\phi)}\phi - \frac{\partial\mathcal{L}}{\partial(\partial_\mu\phi^*)}\phi^*\right) \tag{2.73}$$

die Kontinuitätsgleichung $\partial_\mu j^\mu(x) = 0$ erfüllt. Setzt man die Lagrange-dichte (2.63) ein, so ist in unserem konkreten Fall

$$j^\mu(x) = \mathrm{i}\,\phi^*(x)\,\overset{\leftrightarrow}{\partial^\mu}\,\phi(x) . \tag{2.74}$$

(Das ist bis auf den Vorfaktor die zu Anfang des Abschnitts 2.1 angekündigte Form der elektromagnetischen Stromdichte.) Fallen die Felder im räumlich-Unendlichen hinreichend rasch ab, so folgt aus der Kontinuitätsgleichung, dass

$$Q := \int \mathrm{d}^3x\; j^0(x) \tag{2.75}$$

eine Erhaltungsgröße ist, d. h. dass $\partial^0 Q = 0$ gilt.

Wir ersetzen an dieser Stelle die klassischen Felder ϕ und ϕ^* durch die über das Postulat 2.1 konstruierten Feldoperatoren. Gleichzeitig ersetzen wir die klassische Stromdichte (2.74) durch den normalgeordneten Operator

$$J^\mu(x) = \mathrm{i}\,{:}\Phi^\dagger(x)\,\overset{\leftrightarrow}{\partial^\mu}\,\Phi(x){:} . \tag{2.76}$$

Setzt man hier wieder die Entwicklungen (2.66) und (2.67) und die ebenen Wellen (2.19) ein, so findet man ein einfaches, aber wichtiges Resultat:

$$Q = \int \frac{\mathrm{d}^3p}{2E_p}\left[a^\dagger(p)a(p) - b^\dagger(p)b(p)\right] . \tag{2.77}$$

Es besagt, dass die Zustände $a^\dagger(q)|0\rangle$ und $b^\dagger(q)|0\rangle$ sich durch den Eigenwert von Q unterscheiden: Der erste Zustand trägt den Eigenwert $+1$, der zweite den Eigenwert -1. Es liegt also nahe, Q als denjenigen Operator zu interpretieren, der die elektrische Ladung beschreibt. Die beiden Typen von Anregungen, die durch $a^\dagger$ erzeugten und die durch $b^\dagger$ erzeugten, gehören zum selben Wert der Masse und haben dieselben kinematischen Eigenschaften, tragen aber entgegengesetzt gleiche elektrische Ladung. Hier scheint zum ersten Mal die Möglichkeit auf, mit einem komplexen Feld zugleich Teilchen und Antiteilchen zu beschreiben.

Wiederholen wir die Rechnung, die uns im reellen Fall zu (2.57) geführt hatte, so finden wir jetzt die leicht modifizierte Form

$$\left[\Phi(x), \Phi^{\dagger}(y)\right] = \mathrm{i}\Delta_0(x-y; m)\,. \tag{2.78}$$

Besonders interessant ist auch die für das komplexe Feld geltende Form (2.60) des Propagators,

$$\langle 0|\, T\, \Phi(x)\Phi^{\dagger}(y)\, |0\rangle\ .$$

Je nach Zeitordnung der Punkte x und y tragen jetzt unterschiedliche positive und negative Frequenzanteile bei:

$$\begin{aligned} x^0 > y^0 &: \langle 0|\, \Phi^{(+)}(x)\Phi^{\dagger\,(-)}(y)\, |0\rangle \\ x^0 < y^0 &: \langle 0|\, \Phi^{\dagger\,(+)}(y)\Phi^{(-)}(x)\, |0\rangle\ . \end{aligned}$$

Der erste Term ist vom Typus $\langle 0|aa^{\dagger}|0\rangle$, beschreibt also die Propagation eines *Teilchens* von y nach x, der zweite ist vom Typus $\langle 0|bb^{\dagger}|0\rangle$, beschreibt somit die Propagation eines *Antiteilchens* von x nach y, wie in Abb. 2.5 skizziert. Der Propagator beschreibt beide virtuellen Prozesse, Erzeugung und Vernichtung eines Teilchens bzw. Antiteilchens und deren Propagation außerhalb ihrer Massenschale, ohne Rücksicht auf die Zeitordnung, beide Beiträge werden so zusammengefasst.

Natürlich sagt diese Interpretation des Propagators „im Trockenen" noch nichts physikalisch Nachprüfbares aus, solange das durch den Feldoperator Φ beschriebene Teilchen und sein Antiteilchen freie Teilchen sind und mit keinen anderen wechselwirken. Das folgende Beispiel dient dazu, diese Lücke zu füllen.

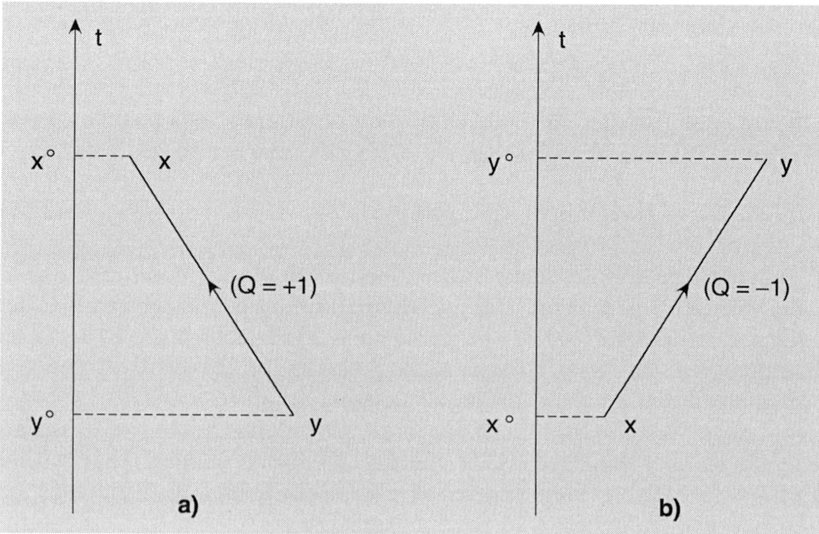

Abb. 2.5a,b. Ähnlich wie in Abb. 2.4 beschreiben die zwei Anteile des zeitgeordneten Produkts einmal die Propagation von y nach x, einmal die von x nach y. Allerdings, wenn es im ersten Fall (**a**) ein Teilchen ist, das virtuell überläuft, dann ist es im zweiten Fall (**b**) ein Antiteilchen

Beispiel 2.1

Die Kopplung eines elektrisch geladenen Skalarfeldes an das Maxwell-Feld kann über die *minimale Kopplung,* d. h. über die Ersetzung

$$\partial_\mu \longmapsto \partial_\mu + \mathrm{i}qA_\mu \tag{2.79}$$

eingeführt werden, wo $A_\mu(x)$ ein Vektorpotential ist, das die Maxwell'schen elektrischen und magnetischen Felder beschreibt, während q ein Vielfaches der Elementarladung ist. Setzt man dies in den kinetischen Term in $\mathcal{L}_{\mathrm{KG}}$, (2.63), ein so folgt

$$\begin{aligned}\partial_\mu \Phi^\dagger \partial^\mu \Phi &\mapsto \left((\partial_\mu - \mathrm{i}qA_\mu)\Phi^\dagger\right)(\partial^\mu + \mathrm{i}qA^\mu)\Phi \\ &= \partial_\mu \Phi^\dagger \partial^\mu \Phi - qJ^\mu A_\mu + q^2 \Phi^\dagger \Phi A_\mu A^\mu\,,\end{aligned} \tag{2.80}$$

wo $J^\mu(x)$ der in (2.76) definierte Stromoperator ist. Wir greifen an dieser Stelle etwas vor und stellen uns vor, dass das Feld $A_\mu(x)$ ebenfalls und gemäß Postulat 2.1 quantisiert und als Summe von positivem und negativem Frequenzanteil geschrieben sei, $A_\mu = A_\mu^{(+)} + A_\mu^{(-)}$. Der erste Summand enthält Vernichtungsoperatoren $c_\lambda(k)$ (k ist der Impuls, λ steht für den Spin) und vernichtet ein Photon, der zweite enthält die entsprechenden Erzeugungsoperatoren $c_\lambda^\dagger(k)$ und erzeugt ein Photon – völlig analog zum eben entwickelten Fall des Skalarfeldes. Analysieren wir den zweiten Term auf der rechten Seite von (2.80) mit Blick auf seinen Inhalt an Erzeugungs- und Vernichtungsoperatoren,

$$\begin{aligned}J^\mu A_\mu &= \left(\Phi^{\dagger(-)} + \Phi^{\dagger(+)}\right) \overleftrightarrow{\partial^\mu} \left(\Phi^{(-)} + \Phi^{(+)}\right)\left(A_\mu^{(+)} + A_\mu^{(-)}\right) \\ &\propto \left(a^\dagger + b\right)\left(b^\dagger + a\right)\left(c + c^\dagger\right)\,,\end{aligned}$$

so sieht man, dass er die Absorption oder Emission eines Photons an einem skalaren Teilchen, sagen wir π^+, beschreibt. In zweiter Ordnung in der Ladung e beschreibt dieser Wechselwirkungsterm zum Beispiel den elastischen Streuprozess

$$\pi^+(q) + \gamma(k) \longrightarrow \pi^+(q') + \gamma(k')\,, \quad (q + k = q' + k')\,.$$

Zwei Beiträge zu diesem Prozess sind in Abb. 2.6 skizziert (zwei weitere enstehen, wenn man die beiden Photonen, das einlaufende und das auslaufende, austauscht). In diesem Bild läuft die Zeit von unten nach oben und zeigt zu Anfang den einlaufenden Zustand π^+, γ mit den Viererimpulsen q bzw. k, zu Ende den auslaufenden Zustand der beiden Teilchen mit den Viererimpulsen q' bzw. k', sowie zwei verschiedene Zwischenzustände: In Abb. 2.6a besteht der Zwischenzustand aus dem einlaufenden und dem auslaufenden Photon sowie einem virtuellen π^+, das den Impuls $(q - k') = (q' - k)$ trägt, in Abb. 2.6b enthält der Zwischenzustand das einlaufende und das auslaufende π^+ und ein virtuelles π^- mit Impuls $(k - q')$, aber kein Photon. In jedem Zeitschnitt $t = \text{const.}$ ist die gesamte Ladung gleich $+1$. An diesem Beispiel wird die oben gemachte Aussage bestätigt, dass der Propagator diese beiden virtuellen Prozesse zusammenfasst und nicht mehr die zeitliche Reihenfolge unterscheidet.

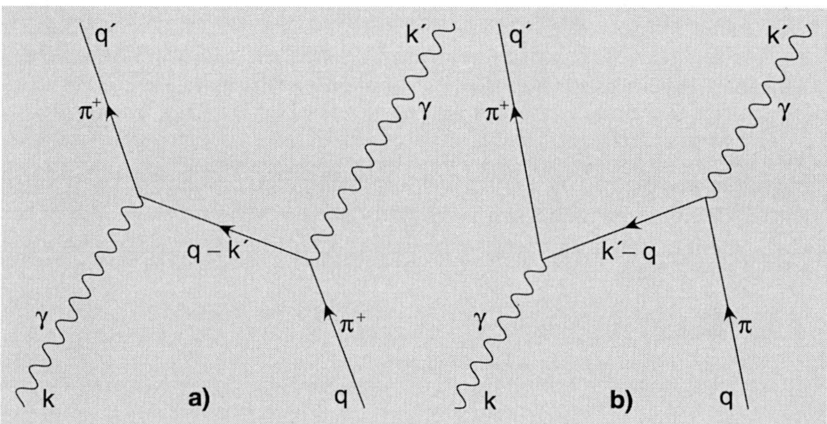

Abb. 2.6a,b. Die Zeit läuft von unten nach oben. In (**a**) läuft ein virtuelles π^+ über, in (**b**) läuft ein virtuelles π^-, das Antiteilchen zu π^+ über

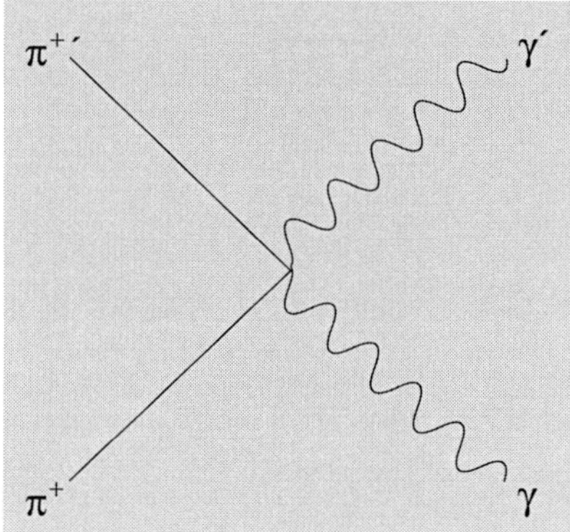

Abb. 2.7. Die Kontaktwechselwirkung $\Phi^\dagger(x)\Phi(x)A_\mu(x)A^\mu(x)$ erlaubt es, zwei Photonen und zwei π-Teilchen zu erzeugen oder zu vernichten, natürlich unter Erhaltung der elektrischen Ladung

Völlig analoge Verhältnisse werden wir vorfinden, wenn wir die Wechselwirkung von *Fermionen* mit Photonen herleiten, allerdings mit einer etwas anderen Form des Stromoperators. Insofern ist dieser Wechselwirkungsterm ein Prototyp, der für die quantisierte Elektrodynamik charakteristisch ist.

Der dritte Term auf der rechten Seite von (2.80) tritt nur bei Bosonen auf. Da er sowohl im Bosonfeld als auch im Photonfeld bilinear ist, beschreibt er eine Art Kontaktwechselwirkung, bei der zwei Skalarteilchen und zwei Photonen am selben Punkt angreifen, ohne dass ein Propagator auftritt. Dieser Term, der in Abb. 2.7 dargestellt ist, wird manchmal Seemöven-Diagramm (auf englisch *seagull term*) genannt[5].

Bemerkungen

1. Die Interpretation der $b^\dagger$-artigen Anregungen als Antiteilchen zu den $a^\dagger$-artigen erhält durch die minimale Kopplung an das Photonfeld eine physikalisch bessere Basis: Die beiden Vertizes in Abb. 2.6b zeigen ja die Prozesse der Paarvernichtung bzw. -erzeugung
$$\pi^+ + \pi^- \longrightarrow \gamma\,, \quad \gamma \longrightarrow \pi^+ + \pi^-\,,$$
die nur möglich sind, wenn π^+ und π^- entgegengesetzt gleiche Ladung haben. Da sie außerdem dieselbe Masse tragen, sind sie Antiteilchen zueinander.
2. Die bis hierher entwickelte Theorie ist vollständig symmetrisch in Teilchen und Antiteilchen, die Zustände $b^\dagger(q)|0\rangle$ und $a^\dagger(q)|0\rangle$ sind kinematisch vollkommen identisch und unterscheiden sich nur durch das Vorzeichen der Ladung. Dieses Vorzeichen kann man aber durch die Definition des elektromagnetischen Stromoperators (2.76) ändern, indem man dort einfach e durch $-e$ ersetzt.

Es ist eine Sache der Konvention, was wir Teilchen und was wir Antiteilchen nennen.

[5]Dreht man den Kopf nach rechts und ist man künstlerisch nicht zu anspruchsvoll, dann wird man in Abb. 2.7 eine Seemöve erkennen.

3. Die Überlegungen, die wir an die Invarianz der Lagrangedichte unter globalen Eichtransformationen (2.72) angeschlossen haben, sagen nichts darüber aus, ob die zeitlich erhaltene „Ladung" (2.75) wirklich die elektrische Ladung ist. Das war ein Akt der Interpretation. Es ist also durchaus möglich, dass die durch den Feldoperator Φ beschriebenen Teilchen außer der elektrischen Ladung noch weitere, additiv erhaltene Quantenzahlen tragen – ob dem so ist oder nicht, ist eine Frage der Wechselwirkungen und ihrer Struktur. Hinweise auf weitere solche additive Ladungen kommen aus Experimenten, die Erhaltungssätze testen. So gibt es z. B. neben den π-Mesonen einen Satz von vier K-Mesonen, K^0, K^-, $\overline{K^0}$ und K^+, die die angegebenen elektrischen Ladungen, außerdem aber noch eine weitere Quantenzahl, die *Strangeness* S tragen. Das K^+ und das K^- sind Antiteilchen zueinander, ebenso das K^0 und das $\overline{K^0}$. Weist man dem K^- und dem $\overline{K^0}$ den Wert $S = -1$ zu (das ist die konventionelle Zuordnung), so tragen K^+ und K^0 den Wert $S = 1$. Diese Quantenzahl wurde empirisch gefunden. Unter der Starken Wechselwirkung und der elektromagnetischen Wechselwirkung ist sie additiv streng erhalten, bei der Schwachen Wechselwirkung kann sie sich ändern. Das bedeutet beispielsweise, dass in einer Reaktion

   $$A + B \longrightarrow C + D + E\,,$$

   an der Teilchen mit Strangeness beteiligt sind und für die die Starke Wechselwirkung verantwortlich ist, die Summe der Eigenwerte von S im Anfangs- und im Endzustand gleich sein muss, $S(A) + S(B) = S(C) + S(D) + S(E)$. In Zerfällen wie

   $$\text{(a)}\ \pi^+ \longrightarrow \pi^0 + e^+ + \nu_e \qquad \text{(b)}\ K^+ \longrightarrow \pi^0 + e^+ + \nu_e\,,$$

   die von der Schwachen Wechselwirkung verursacht werden, kann die Strangeness ungeändert bleiben, Zerfall (a), oder sich ändern, Zerfall (b), (das Positron und das Neutrino tragen keine Strangeness).

2.3 Das quantisierte Maxwell-Feld

Das Maxwell-Feld ist der nächste natürliche Kandidat, an dem man das Prinzip der kanonischen Quantisierung ausprobieren kann. Dabei treten gegenüber den bisher behandelten Fällen des reellen bzw. komplexen Klein-Gordon-Feldes zwei neue Eigenschaften auf, die miteinander eng verknüpft sind. Das Photon, d. h. das Feldquantum der quantisierten Form der Elektrodynamik, ist masselos und genügt daher der Klein-Gordon-Gleichung zur Masse Null. Außerdem trägt es einen von Null verschiedenen Spin, $s = 1$. Da es aber masselos ist, wird es gemäß Abschn. 1.3.3 durch die Helizität beschrieben, die nur zwei Eigenwerte besitzt, $h = 1$ und $h = -1$. (Ein massives Teilchen mit Spin $s = 1$ hätte *drei* Einstellungsmöglichkeiten des Spins.) Diese Werte entsprechen in der unquantisierten Form der Theorie der rechts- und linkszirkularen Polarisation der ebenen Welle, d. h. letztlich der Aussage, dass elektromagnetische Wellen nur transversale, aber keine longitudinale Polarisation besitzen können.

2.3.1 Maxwell'sche Theorie im Lagrangeformalismus

Die zentrale dynamische Größe des freien Maxwell-Feldes im physikalischen Vakuum ist das Tensorfeld der elektromagnetischen Feldstärken

$$F^{\mu\nu}(x) = \begin{pmatrix} 0 & -E^1(x) & -E^2(x) & -E^3(x) \\ E^1(x) & 0 & -B^3(x) & B^2(x) \\ E^2(x) & B^3(x) & 0 & -B^1(x) \\ E^3(x) & -B^2(x) & B^1(x) & 0 \end{pmatrix} \tag{2.81}$$

das – bei Verwendung natürlicher Einheiten – den homogenen und inhomogenen Maxwell'schen Gleichungen genügt

$$\varepsilon_{\mu\nu\sigma\tau}\partial^\nu F^{\sigma\tau}(x) = 0\,, \tag{2.82}$$

$$\partial_\mu F^{\mu\nu}(x) = j^\nu(x)\,. \tag{2.83}$$

Wir bestätigen kurz, dass diese manifest Lorentz-kovariante Form der Gleichungen mit der in Abschn. 2.1.2 erwähnten (2.13) und (2.14) identisch ist: Mit vorgegebenem $F^{\mu\nu}$ sind die elektrischen und magnetischen Felder

$$E^i(x) = -F^{0i}(x)\,, \qquad B^i(x) = -\frac{1}{2}\varepsilon_{ijk}F^{jk}(x)\,,$$

wo ε_{ijk} der antisymmetrische Levi-Civita-Tensor in drei Dimensionen ist. Die homogenen Gleichungen geben mit $\mu = 0$, mit $F^{jk} = -\varepsilon_{jkl}B^l$ und mit $\varepsilon_{0ijk} = \varepsilon_{ijk}$[6]

$$\varepsilon_{ijk}\partial^i F^{jk} = -\varepsilon_{ijk}\varepsilon_{jkl}\partial^i B^l = 0\,,$$

wobei über alle wiederholten Indizes – hier von 1 bis 3 – zu summieren ist. Es gilt aber $\varepsilon_{ijk}\varepsilon_{jkl} = 2\delta_{il}$, so dass die erste homogene Gleichung (2.13) folgt.

Setzen wir $\mu = i$, so muss genau einer der übrigen Indizes von $\varepsilon_{i\nu\sigma\tau}$ gleich Null sein, es ist $\varepsilon_{i0jk} = -\varepsilon_{ijk}$ und $\varepsilon_{ij0k} = \varepsilon_{ijk}$. Somit folgt

$$\begin{aligned} \varepsilon_{i0jk}\partial^0 F^{jk} + \varepsilon_{ij0k}\partial^j F^{ok} &= \varepsilon_{ijk}\varepsilon_{jkl}\partial^0 B^l + \varepsilon_{ijk}(-\partial_j)(-E^k) \\ &= 0 = \partial_0 B^i + (\nabla \times \boldsymbol{E})^i\,. \end{aligned}$$

Dies ist die zweite der homogenen Gleichungen (2.13) mit $f_1 = 1$.

Die inhomogenen Gleichungen sind noch einfacher zu reproduzieren: Mit (2.2) gilt bei $\nu = 0$

$$\partial_i F^{i0}(x) = j^0(x) \qquad \text{oder} \quad \nabla \cdot \boldsymbol{E}(x) = \rho(x)\,.$$

Dies ist die erste Gleichung (2.14) mit $\boldsymbol{D} = \boldsymbol{E}$ und $f_2 = 1$. Für $\nu = i$ gilt andererseits

$$\partial_0 F^{0i} + \partial_k F^{ki} = -\frac{\partial}{\partial x^0}E^i - \varepsilon_{kil}\partial_k B^l = j^i = -\left(\frac{\partial}{\partial x^0}\boldsymbol{E} - \nabla \times \boldsymbol{B}\right)^i\,,$$

das ist die zweite Gleichung (2.14) mit $f_3 = f_4 = 1$.

[6] Man beachte, dass die Konvention $\varepsilon_{0123} = +1$ gewählt wurde.

Drückt man das Feldstärkentensorfeld durch ein Vierer-Potentialfeld $A^\mu(x)$ aus,

$$F^{\mu\nu}(x) = \partial^\mu A^\nu(x) - \partial^\nu A^\mu(x)\,, \tag{2.84}$$

so sind die homogenen Gleichungen (2.82) automatisch erfüllt. Die inhomogenen Maxwell'schen Gleichungen lassen sich als Euler-Lagrange-Gleichungen der folgenden Lagrangedichte herleiten

$$\mathcal{L}(A^\alpha, \partial_\mu A^\alpha, j^\mu) := -\frac{1}{4} F_{\mu\nu}(x) F^{\mu\nu}(x) - j_\mu(x) A^\mu(x)\,. \tag{2.85}$$

Dies bestätigt man anhand folgender Rechnung. Schreibt man den ersten, kinetischen Term als

$$-\frac{1}{4} F_{\alpha\beta} g^{\alpha\mu} g^{\beta\nu} F_{\mu\nu} = -\frac{1}{4} \left(\partial_\alpha A_\beta - \partial_\beta A_\alpha\right) g^{\alpha\mu} g^{\beta\nu} \left(\partial_\mu A_\nu - \partial_\nu A_\mu\right)\,,$$

und beachtet, dass über alle Indizes zu summieren ist, so kommt die Ableitung $(\partial_\sigma A_\tau)$ an vier Stellen vor, die Ableitung der Lagrangedichte nach dieser Größe ist

$$\frac{\partial \mathcal{L}}{\partial(\partial_\sigma A_\tau)} = -\frac{1}{4} (4\partial^\sigma A^\tau - 4\partial^\tau A^\sigma) = -F^{\sigma\tau}\,.$$

Die Ableitung nach dem Potential selbst ist $\partial\mathcal{L}/\partial A_\sigma = -j^\sigma$, die Euler-Lagrange-Gleichungen ergeben somit

$$\frac{\partial \mathcal{L}}{\partial A_\sigma} - \partial_\sigma \left(\frac{\partial \mathcal{L}}{\partial(\partial_\sigma A_\tau)}\right) = 0 = -j^\sigma(x) + \partial_\sigma F^{\sigma\tau}(x)\,.$$

Bemerkungen

1. Die Definition (2.84) auf die elektrischen und magnetischen Felder umgeschrieben gibt die gewohnten Ausdrücke

$$E^i(x) = F^{i0}(x) = \partial^i A^0 - \partial^0 A^i = -\left(\nabla A^0 + \frac{\partial}{\partial x^0}\mathbf{A}\right)^i\,,$$

$$B^i(x) = -\frac{1}{2}\varepsilon_{ijk} F^{jk} = -\frac{1}{2}\varepsilon_{ijk}\left(\partial^j A^k - \partial^k A^j\right) = (\nabla \times \mathbf{A})^i\,.$$

(Man beachte, dass $\{\partial^j\} = -\{\partial_j\} = -\nabla$ ist.)

2. Die Lagrangedichte (2.85) ist ein Beispiel für eine klassische Feldtheorie mit mehr als einem reellen Feld. Symbolisch können wir die zugehörige Lagrangedichte als $\mathcal{L}(\phi^{(i)}, \partial_\mu \phi^{(i)})$ schreiben, wo $i = 1, 2, \ldots, n$ die Felder durchzählt. Im vorliegenden Fall sind es vier reelle Felder (A^0, A^1, A^2, A^3), die außerdem ein bestimmtes Transformationsverhalten unter Lorentz-Transformationen haben. Für jedes Feld $\phi^{(i)}$ gilt eine Euler-Lagrange-Gleichung.

3. Der schon in Abschn. 2.1.4 benutzte Ausdruck (2.28) für das Energie-Impuls Tensorfeld überträgt sich folgendermaßen: Man berechnet die Ableitung

$$\begin{aligned}\partial^\nu \mathcal{L}(\phi^{(i)}, \partial_\mu \phi^{(i)}) &= \sum_i \left\{ \frac{\partial \mathcal{L}}{\partial \phi^{(i)}} \frac{\partial \phi^{(i)}}{\partial x_\nu} + \frac{\partial \mathcal{L}}{\partial(\partial_\mu \phi^{(i)})} \frac{\partial(\partial_\mu \phi^{(i)})}{\partial x_\nu} \right\} \\ &= \sum_i \left\{ \left(\partial_\mu \frac{\partial \mathcal{L}}{\partial(\partial_\mu \phi^{(i)})} + \frac{\partial \mathcal{L}}{\partial(\partial_\mu \phi^{(i)})} \partial_\mu \right) \partial^\nu \phi^{(i)} \right\} \\ &= \partial_\mu \left\{ \sum_i \frac{\partial \mathcal{L}}{\partial(\partial_\mu \phi^{(i)})} \partial^\nu \phi^{(i)} \right\} .\end{aligned}$$

Im zweiten Schritt haben wir $\partial \mathcal{L}/\partial \phi^{(i)}$ durch die Bewegungsgleichung ersetzt. Dieselbe partielle Ableitung kann man aber auch einfach durch

$$\partial^\nu \mathcal{L}(\phi^{(i)}, \partial_\mu \phi^{(i)}) = g^{\nu\mu} \partial_\mu \mathcal{L}(\phi^{(i)}, \partial_\mu \phi^{(i)})$$

ausdrücken. Bildet man die Differenz der beiden Formen, so entsteht ein Erhaltungssatz

$$\begin{aligned}&\partial_\mu \mathcal{T}^{\mu\nu}(x) = 0 \qquad \text{mit} \\ &\mathcal{T}^{\mu\nu} = \sum_i \frac{\partial \mathcal{L}}{\partial(\partial_\mu \phi^{(i)})} \partial^\nu \phi^{(i)} - g^{\mu\nu} \mathcal{L} .\end{aligned} \tag{2.86}$$

4. Im Vakuum, d. h. ohne äußere Quellen, erfüllen beide Feldstärken $\boldsymbol{E}(x)$ und $\boldsymbol{B}(x)$ die Wellengleichung, d. h. die Klein-Gordon-Gleichung mit Masse $m=0$. Wählt man die Klasse der Lorenz-Eichungen $\partial_\mu A^\mu(x)=0$, so gilt das auch für $A^\mu(x)$. Das bedeutet, dass die quantisierte Form der Theorie masselose Teilchen beschreiben wird.
5. Wie es sein muss ist die Lagrangedichte (2.85) ein Skalar unter eigentlichen, orthochronen Lorentz-Transformationen, die zugehörigen Bewegungsgleichungen sind somit Lorentz-kovariant. Sie ist aber auch bei Raumspiegelung und Zeitumkehr invariant – eine Aussage, die insofern physikalisch ist, als sie über die Wechselwirkung der Materie (in Form der Stromdichte j^μ) mit dem Strahlungsfeld getestet werden kann.
6. Die Lagrangedichte (2.85) ist außerdem unter Eichtransformationen

$$A_\mu(x) \longmapsto A'_\mu(x) = A_\mu(x) - \partial_\mu \chi(x) \tag{2.87}$$

invariant, wenn $\chi(x)$ eine Lorentz-skalare, differenzierbare Funktion ist. Für den ersten Term in (2.85) ist dies offensichtlich, da $F^{\mu\nu}(x)$ sich unter der Transformation (2.87) nicht ändert. Der zweite Term, der die Wechselwirkung mit der Stromdichte $j^\mu(x)$ beschreibt, ändert sich um den Term $j_\mu(x)\partial^\mu \chi(x)$. Dieser wird durch partielle Integration in $(\partial^\mu j_\mu(x))\chi(x)$ überführt, mögliche Randterme im Unendlichen tragen nicht bei, wenn die Stromdichte dort hinreichend rasch abklingt. Da die Stromdichte der Kontinuitätsgleichung genügt, ist dieser Zusatzterm gleich Null.

2.3.2 Kanonische Impulse, Hamilton- und Impulsdichte

Berechnet man die zu $A_\mu(x)$ kanonisch konjugierten Impulse in Analogie zur Vorschrift (2.24), so findet man hier

$$\pi^0(x) = \frac{\partial \mathcal{L}}{\partial(\partial_0 A_0)} \equiv 0\,, \quad \pi^i(x) = \frac{\partial \mathcal{L}}{\partial(\partial_0 A_i)} = -F^{0i} = E^i\,. \tag{2.88}$$

Der zu A_0 konjugierte Impuls verschwindet identisch, der zu A_i konjugierte ist die i-te Komponente des elektrischen Feldes. Mit diesen Ausdrücken berechnet man wie jetzt schon gewohnt die Hamiltondichte und die Impulsdichte. Mit

$$F_{\mu\nu}F^{\mu\nu} = -F_{\mu\nu}F^{\nu\mu} = -\,\mathrm{Sp}\left(\{F_{\alpha\nu}\}\{F^{\nu\beta}\}\right) = 2\left(\boldsymbol{B}^2 - \boldsymbol{E}^2\right)\,,$$

den räumlichen kanonischen Impulsen π^i, und mit $E^i = -\partial A^i/\partial x^0 - \nabla^i A_0$ folgt

$$\begin{aligned}\mathcal{H} &= -\pi^i \frac{\partial A^i}{\partial x^0} - \mathcal{L} = \boldsymbol{E}\cdot(\boldsymbol{E} + \nabla A_0) + \frac{1}{2}(\boldsymbol{B}^2 - \boldsymbol{E}^2) + j_\mu A^\mu \\ &= \frac{1}{2}(\boldsymbol{B}^2 + \boldsymbol{E}^2) + j_\mu A^\mu + \boldsymbol{E}\cdot\nabla A_0\,.\end{aligned}$$

Bildet man hieraus die Hamiltonfunktion durch Integration über den ganzen Raum, so gibt der letzte Term auf der rechten Seite

$$\int \mathrm{d}^3x\; \boldsymbol{E}\cdot\nabla A_0 = -\int \mathrm{d}^3x\; (\nabla\cdot\boldsymbol{E})\, A_0 = -\int \mathrm{d}^3x\; j^0(x) A_0(x)\,.$$

Fügt man die beiden erhaltenen Ausdrücke zusammen, so folgt

$$H = \int \mathrm{d}^3x\; \mathcal{H} = \int \mathrm{d}^3x\; \left\{\frac{1}{2}\left(\boldsymbol{B}^2 + \boldsymbol{E}^2\right) - \boldsymbol{j}\cdot\boldsymbol{A}\right\}\,. \tag{2.89}$$

Der erste Anteil auf der rechten Seite ist die bekannte Feldenergie, der zweite ist die Wechselwirkungsenergie mit den vorhandenen elektromagnetischen Strömen.

Die eben berechnete Hamiltondichte ist nichts anderes als die Komponente $\mathcal{H} = \mathcal{T}^{00}$ des Energie-Impuls-Tensorfeldes (2.86). Die Impulsdichte berechnet sich daraus gemäß

$$\mathcal{P}^k = \mathcal{T}^{0k} = \sum_i \pi^{(i)}\partial^k\phi^{(i)} = \sum_{j=1}^{3} E^j\left(\frac{\partial A_j}{\partial x_k}\right) = \boldsymbol{E}\cdot\left(\frac{\partial \boldsymbol{A}}{\partial x^k}\right)\,, \tag{2.90}$$

ein Ausdruck, den wir weiter unten für das quantisierte Feld auswerten.

2.3.3 Lorenz- und transversale Eichungen

Wählt man die Klasse der Lorenz-Eichungen

$$\partial_\mu A^\mu(x) = 0\,, \tag{2.91}$$

so folgt aus den inhomogenen Gleichungen (2.83) die Bewegungsgleichung

$$\Box A^\mu(x) = j^\mu(x)\,. \tag{2.92}$$

Dies ist eine Klein-Gordon-Gleichung zur Masse Null mit einem äußeren Quellterm, der die Stromdichte der Materie enthält. Die Bedingung (2.91) legt die Eichung noch nicht fest: weitere Eichtransformationen (2.87), die die Lorenz-Bedingung (2.91) erhalten und damit auch die Bewegungsgleichung (2.92) forminvariant lassen, sind zulässig, solange die Eichfunktion $\chi(x)$ der homogenen Gleichung $\Box\chi(x) = 0$ genügt.

An dieser Stelle teilen sich die Wege, die man in der weiteren Entwicklung einschlagen kann und auf denen ein und dieselbe Theorie in ganz unterschiedlicher Gestalt auftritt. Da dieser Punkt für das physikalische Verständnis wichtig ist, verweilen wir an dieser Verzweigung mit einigen Bemerkungen, die zugleich das weitere Vorgehen motivieren.

Bemerkungen

1. Obwohl nur die Feldstärken, die Elemente des Tensorfeldes $F^{\mu\nu}$ sind, im strengen Sinne observabel sind, scheint das Feld A^{μ} – nach Quantisierung – ein natürlicher Kandidat für die Beschreibung des Photons. Allerdings passen die Dinge noch nicht richtig zusammen. Wir wissen bereits, dass Photonen masselos sind und, da sie klassisch durch ein Vektorfeld beschrieben werden, vermutlich den Spin $s = 1$ tragen. Die allgemeine Analyse des Abschnitts 1.3.3 besagt, dass masselose Teilchen durch die Helizität, nicht durch den Spin der nichtrelativistischen Quantentheorie zu beschreiben sind und dass ein masseloses Vektorteilchen *zwei* (und nicht *drei*) Freiheitsgrade hat, nämlich die Feldkomponenten mit $h = 1$ und $h = -1$. Das Vektorfeld $A^{\mu}(x)$ hat aber zunächst vier, also zu viele Freiheitsgrade. Ein beliebiges Vektorfeld, das unter Lorentz-Transformationen wie ein Vierervektor transformiert, enthält die Spins $s = 1$ und $s = 0$, und es ist plausibel, dass der Spin-0 Anteil in seiner (Vierer-)Divergenz enthalten ist. Genau diesen Anteil setzen wir mit der Lorenz-Bedingung (2.91) gleich Null. Die verbleibenden drei Freiheitsgrade wären angemessen, wenn das Vektorteilchen eine nichtverschwindende Masse hätte, denn dann hat der Spin die gewohnten drei Einstellungsmöglichkeiten. Im Falle des Photons, dessen Masse gleich Null ist, gibt es, bildlich gesprochen, nur zwei Einstellungsmöglichkeiten, es ist also immer noch ein Freiheitsgrad überzählig. Dies ist der Hintergrund für die, auch nach der Festlegung (2.91) verbleibende Eichfreiheit.
2. Die Maxwell'schen Gleichungen (2.82) und (2.83) sind ebenso wie die Bedingung (2.91) und die Bewegungsgleichung (2.92) manifest Lorentz-kovariant. Qualitativ gesprochen heißt dies, dass diese Gleichungen ein wohldefiniertes Transformationsverhalten unter Lorentz-Transformationen haben, und dass sie *forminvariant* sind. Sprechen wir von Eichungen und Eichfixierung, so gibt es zwei, formal verschiedene Rahmen, in denen man arbeiten kann. Man kann jede weitere Eichbedingung so wählen, dass alle auftretenden Gleichungen *manifest kovariant* bleiben. Dieser Zugang hat Vorteile bei der Herleitung von allgemeinen Eigenschaften der klassischen Theorie und ihrer quan-

tisierten Partnerin. Der Preis, den man dafür zahlt ist, dass man mit unphysikalischen Freiheitsgraden arbeiten muss, die erst dann wieder aus der Theorie verschwinden, wenn man die eigentlichen Observablen berechnet.
Alternativ kann man die verbleibende Eichfreiheit dazu verwenden, den dritten überzähligen Freiheitsgrad von Anfang an zu eliminieren, allerdings bricht man dabei, wie wir gleich sehen werden, die manifeste Kovarianz. Der Vorteil dieses Zugangs ist vor allem, dass man es immer nur mit physikalischen Freiheitsgraden zu tun hat, die Theorie also auf jeder Stufe in physikalisch transparenter Weise interpretieren kann. Andererseits werden tiefergehende theoretische Analysen (Regularisierung und Renormierbarkeit der Quantenelektrodynamik) sehr umständlich oder kaum durchführbar. Die eigentlichen Observablen, also etwa die im Experiment messbaren Wirkungsquerschnitte, sind natürlich dieselben und bleiben von den unterschiedlichen Formen der zugrundeliegenden Theorie unberührt.

Da wir als erstes und vor allem die physikalische Bedeutung verstehen wollen, wählen wir an dieser Stelle den zweiten Weg, d. h. verlassen die explizite Kovarianz zugunsten einer Formulierung, in der nur physikalische Felder vorkommen. Auf die Quantisierung in der manifest kovarianten Formulierung kommen wir in Abschn. 2.5 unten zurück.

Wir verfügen über die Eichfreiheit so, dass

$$A_\mu \longmapsto A'_\mu = A_\mu - \partial_\mu \chi(x)$$

den räumlichen Anteil des Vektorfeldes A'_μ divergenzfrei macht. Nehmen wir also an, das ursprüngliche Feld A_μ habe eine nichtverschwindende räumliche Divergenz $\boldsymbol{\nabla} \cdot \boldsymbol{A}$ gehabt und wählen wir

$$\chi(x) \equiv \chi(t, \boldsymbol{x}) = \frac{1}{4\pi} \int \mathrm{d}^3 y \, \frac{1}{|\boldsymbol{x} - \boldsymbol{y}|} \boldsymbol{\nabla}_y \cdot \boldsymbol{A}(t, \boldsymbol{y}) \, .$$

Dann gilt mit $\boldsymbol{\Delta}(1/|\boldsymbol{x} - \boldsymbol{y}|) = -4\pi\delta(\boldsymbol{x} - \boldsymbol{y})$ offensichtlich $\boldsymbol{\Delta}\chi = -\boldsymbol{\nabla} \cdot \boldsymbol{A}$ und es folgt $\boldsymbol{\nabla} \cdot \boldsymbol{A}' = \boldsymbol{\nabla} \cdot \boldsymbol{A} + \boldsymbol{\Delta}\chi = 0$. Wir bleiben von nun an in der Klasse der Eichpotentiale A_μ, die die Bedingung

$$\boldsymbol{\nabla} \cdot \boldsymbol{A}(x) = 0 \tag{2.93}$$

erfüllen. Eine solche Eichung nennt man *transversale* oder *Coulomb-Eichung*. Geht man damit in die Bewegungsgleichung (2.83) für $\nu = 0$ ein, so ist diese

$$\Box A^0(x) - \frac{\partial^2 A^0(x)}{\partial (x^0)^2} = -\boldsymbol{\Delta} A^0(x) = j^0(x) \, .$$

Eine Lösung lautet

$$A^0(t, \boldsymbol{x}) = \frac{1}{4\pi} \int \mathrm{d}^3 y \, \frac{j^0(t, \boldsymbol{y})}{|\boldsymbol{x} - \boldsymbol{y}|} \, .$$

Handelt es sich um das freie Maxwell-Feld, d. h. sind die äußeren Quellen j^μ identisch Null, so kann man das Feld A^0 in Null überführen

$$A^0(x) = 0\,.$$

Dazu setze man

$$A'_\mu = A_\mu - \partial_\mu \psi \quad \text{mit} \quad \psi = \int\limits_0^{x^0} \mathrm{d}t'\, A^0(t', \boldsymbol{x})\,.$$

Die Lorenz-Bedingung, die zur Bewegungsgleichung (2.92) führt, kann in jedem Fall gefordert werden. Das Feld A^0, dessen konjugierter Impuls verschwindet, auf Null zu setzen gelingt aber nur für die Theorie im Vakuum, ohne äußere Quellen.

Während das magnetische Feld immer transversal ist, d. h. die Bedingung $\nabla \cdot \boldsymbol{B} = 0$ erfüllt, hat das elektrische Feld

$$\boldsymbol{E} = -\nabla A^0 - \partial_0 \boldsymbol{A} \equiv \boldsymbol{E}_\parallel + \boldsymbol{E}_\perp$$

einen parallelen und einen transversalen Anteil,

$$\nabla \times \boldsymbol{E}_\parallel = 0\,, \qquad \nabla \cdot \boldsymbol{E}_\perp = 0\,,$$

die durch die beiden angegebenen Ableitungen des Vektorpotentials $\boldsymbol{A}$ gegeben sind.

Der elektrische Anteil der Feldenergie in (2.89) lässt sich in der Coulomb-Eichung und unter Verwendung der eben erhaltenen Resultate wie folgt umformen. Es ist

$$\int \mathrm{d}^3x\, \boldsymbol{E}^2 = \int \mathrm{d}^3x\, (\boldsymbol{E}_\parallel^2 + \boldsymbol{E}_\perp^2) - 2 \int \mathrm{d}^3x\, \nabla A^0 \cdot \boldsymbol{E}_\perp\,.$$

Der zweite Term gibt keinen Beitrag, da man den Nablaoperator durch partielle Integration auf $\boldsymbol{E}_\perp$ abwälzen kann. Weiterhin ist

$$\int \mathrm{d}^3x\, \boldsymbol{E}_\parallel^2 = \int \mathrm{d}^3x\, (\nabla A^0)^2 = \int \mathrm{d}^3x\, \nabla \cdot (A^0 \nabla A^0) - \int \mathrm{d}^3x\, A^0 \boldsymbol{\Delta} A^0\,,$$

wovon der erste Term verschwindet, der zweite mit Hilfe von $\boldsymbol{\Delta} A^0 = -j^0$ und der oben angegebenen Lösung dieser Gleichung derart umgeschrieben werden kann, dass

$$\int \mathrm{d}^3x\, \boldsymbol{E}_\parallel^2 = \int \mathrm{d}^3x \int \mathrm{d}^3y\, \frac{j^0(t, \boldsymbol{x}) j^0(t, \boldsymbol{y})}{4\pi |\boldsymbol{x} - \boldsymbol{y}|}$$

folgt. Setzt man diese Resultate in (2.89) ein, so nimmt die Hamiltonfunktion folgende Form an

$$\begin{aligned} H &= \int \mathrm{d}^3x \left\{ \frac{1}{2} (\boldsymbol{B}^2 + \boldsymbol{E}_\perp^2) - \boldsymbol{j} \cdot \boldsymbol{A} \right\} + \frac{1}{2} \int \mathrm{d}^3x \int \mathrm{d}^3y\, \frac{j^0(t, \boldsymbol{x}) j^0(t, \boldsymbol{y})}{4\pi |\boldsymbol{x} - \boldsymbol{y}|} \\ &= \int \mathrm{d}^3x \left\{ \frac{1}{2} \left((\nabla \times \boldsymbol{A})^2 + \left(\frac{\partial \boldsymbol{A}}{\partial x^0} \right)^2 \right) - \boldsymbol{j} \cdot \boldsymbol{A} \right\} \\ &\quad + \frac{1}{2} \int \mathrm{d}^3x \int \mathrm{d}^3y\, \frac{j^0(t, \boldsymbol{x}) j^0(t, \boldsymbol{y})}{4\pi |\boldsymbol{x} - \boldsymbol{y}|}\,. \end{aligned} \tag{2.94}$$

Dieses Ergebnis ist insofern bemerkenswert, als H außer der Feldenergie der rein transversalen Felder und der Wechselwirkung zwischen räumlicher Stromdichte und Vektorpotential im letzten Term die *instantane* Coulomb-Wechselwirkung enthält. Man beachte, dass die Form (2.94) der Hamilton-funktion ein exaktes Ergebnis ist.

2.3.4 Quantisierung des Maxwell-Feldes

Akzeptieren wir also, dass $A^\mu(x)$ das für die Beschreibung der Photonen zuständige Feld ist, unterwerfen es aber aus den eben genannten Gründen gewissen Eichbedingungen wie (2.91) und (2.93). Versuchen wir dieses Feld zu quantisieren, indem wir das Postulat 2.1 blind anwenden, so laufen wir in einen Widerspruch: Da die Nullkomponente $\pi^0(x)$ identisch verschwindet, bliebe die Forderung

$$\left[\pi^i(x), A^j(y)\right]_{x^0=y^0} = -\mathrm{i}\,\delta^{ij}\,\delta(\boldsymbol{x}-\boldsymbol{y}) = -\mathrm{i}\,\delta^{ij}\,\frac{1}{(2\pi)^3}\int \mathrm{d}^3k\;\mathrm{e}^{\mathrm{i}\boldsymbol{k}\cdot(\boldsymbol{x}-\boldsymbol{y})}\,. \tag{2.95}$$

Dieses Postulat steht im Widerspruch zur ersten inhomogenen Maxwell-Gleichung (ohne äußere Quelle). Differenziert man (2.95) nach $\boldsymbol{x}$, so gibt ihre linke Seite

$$\nabla_x\left[\boldsymbol{E}^i(t,\boldsymbol{x}), A^j(t,\boldsymbol{y})\right] = 0\,,$$

ihre rechte Seite gibt dagegen einen nichtverschwindenden Ausdruck

$$-\mathrm{i}\sum_{i=1}^{3}\partial_i\,\delta^{ij}\,\delta(\boldsymbol{x}-\boldsymbol{y}) = \frac{1}{(2\pi)^3}\int \mathrm{d}^3k\,k^j\,\mathrm{e}^{\mathrm{i}\boldsymbol{k}\cdot(\boldsymbol{x}-\boldsymbol{y})} \neq 0.$$

Diesen Widerspruch kann man ausräumen, wenn man die Quantisierungsvorschrift für das Maxwell-Feld wie folgt abändert

$$\left[\pi^i(x), A^j(y)\right]_{x^0=y^0} = \frac{\mathrm{i}}{(2\pi)^3}\int \mathrm{d}^3k\;\mathrm{e}^{\mathrm{i}\boldsymbol{k}\cdot(\boldsymbol{x}-\boldsymbol{y})}\left(\delta^{ij}-\frac{k^ik^j}{\boldsymbol{k}^2}\right)\,. \tag{2.96}$$

Wie wir gleich sehen werden, fällt der Ausdruck, der auf der rechten Seite dieses modifizierten Postulats erscheint, nicht vom Himmel: die spezielle Linearkombination im Integranden ist nichts anderes als die Summe über die physikalisch möglichen Helizitäten des Photons.

In direkter Analogie zur Entwicklung (2.31) mit den Basisfunktionen (2.19) machen wir den Ansatz

$$\boldsymbol{A}(t,\boldsymbol{x}) = \frac{1}{(2\pi)^{3/2}}\int \frac{\mathrm{d}^3k}{2k^0}\sum_\lambda \boldsymbol{\epsilon}_\lambda(\boldsymbol{k})\left[c_\lambda(\boldsymbol{k})\,\mathrm{e}^{-\mathrm{i}kx}+c_\lambda^\dagger(\boldsymbol{k})\,\mathrm{e}^{\mathrm{i}kx}\right]\,, \tag{2.97}$$

wo wie immer $kx = k^0x^0 - \boldsymbol{k}\cdot\boldsymbol{x}$ ist und wo $k^0 = |\boldsymbol{k}| =: \omega_k$ die physikalische Energie eines Photons mit räumlichem Impuls $\boldsymbol{k}$ ist. Der Vektorcharakter von $\boldsymbol{A}$ wird von den Polarisationsrichtungen $\boldsymbol{\epsilon}_\lambda = (\epsilon_\lambda^1, \epsilon_\lambda^2, \epsilon_\lambda^3)$ übernommen, deren Anzahl aus der Bedingung der Transversalität folgt. In der Coulomb-Eichung folgt aus (2.93) und dem Ansatz (2.97) die Bedingung

$$\boldsymbol{\epsilon}_\lambda(\boldsymbol{k})\cdot\boldsymbol{k} = 0\,,$$

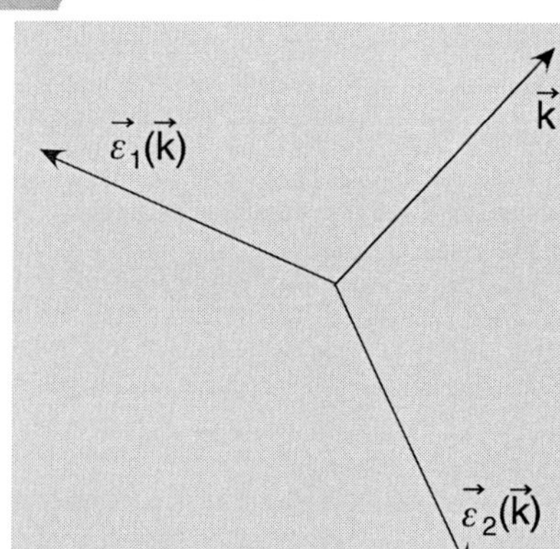

Abb. 2.8. Der Vektor $\boldsymbol{k}$ definiert die Ausbreitungsrichtung der ebenen Welle. Sie kann nur senkrecht hierzu polarisiert sein, d. h. entlang einer Linearkombination aus $\boldsymbol{\epsilon}_1$ und $\boldsymbol{\epsilon}_2$

die folgende Bedeutung hat. Der räumliche Vektor $\boldsymbol{k}$ definiert die Richtung, in der sich die monochromatische Welle mit Wellenzahl $|\boldsymbol{k}|$ ausbreitet. Die Polarisation dieser Welle kann nur senkrecht zu dieser Richtung sein, d. h. der Index λ kann nur zwei Werte annehmen, sagen wir $\lambda = 1$ und $\lambda = 2$, wie in Abb. 2.8 skizziert. Für diese gilt

$$\boldsymbol{\epsilon}_\lambda(\boldsymbol{k}) \cdot \boldsymbol{\epsilon}_{\lambda'}(\boldsymbol{k}) = \delta_{\lambda\lambda'} .$$

Definieren wir noch $\boldsymbol{\epsilon}_3(\boldsymbol{k}) := \hat{\boldsymbol{k}} = \boldsymbol{k}/|\boldsymbol{k}|$, so gilt auch

$$\sum_{\lambda=1}^{3} \epsilon_\lambda^i(\boldsymbol{k}) \epsilon_\lambda^j(\boldsymbol{k}) = \delta^{ij} ,$$

woraus, wenn nur über die ersten beiden Werte summiert wird, die wichtige Beziehung

$$\sum_{\lambda=1}^{2} \epsilon_\lambda^i(\boldsymbol{k}) \epsilon_\lambda^j(\boldsymbol{k}) = \delta^{ij} - \frac{k^i k^j}{\boldsymbol{k}^2}$$

folgt. Das ist die Spinsumme, die im Integranden von (2.96) erscheint. Für die folgenden expliziten Rechnungen ist es bequem, außerdem noch folgende Konvention einzuführen:

$$\boldsymbol{\epsilon}_1(-\boldsymbol{k}) = -\boldsymbol{\epsilon}_1(\boldsymbol{k}) , \quad \boldsymbol{\epsilon}_2(-\boldsymbol{k}) = +\boldsymbol{\epsilon}_2(\boldsymbol{k}) . \tag{2.98}$$

Diese Konvention hat als Konsequenz, dass

$$\boldsymbol{\epsilon}_\lambda(\boldsymbol{k}) \cdot \boldsymbol{\epsilon}_{\lambda'}(-\boldsymbol{k}) = (-)^\lambda \, \delta_{\lambda\lambda'} ; \tag{2.99}$$

außerdem erfüllt die entsprechende sphärische Basis dann eine aus der Theorie der sphärischen Tensoroperatoren vertraute Relation

$$\mp \frac{1}{\sqrt{2}} \{\boldsymbol{\epsilon}_1(-\boldsymbol{k}) \pm \mathrm{i}\, \boldsymbol{\epsilon}_2(-\boldsymbol{k})\} = \pm \frac{1}{\sqrt{2}} \{\boldsymbol{\epsilon}_1(\boldsymbol{k}) \mp \mathrm{i}\, \boldsymbol{\epsilon}_2(\boldsymbol{k})\} .$$

Die Operatoren $c_\lambda(\boldsymbol{k})$ und $c_\lambda^\dagger(\boldsymbol{k})$ lassen sich in einer zu den Gleichungen (2.32) analogen Weise aus der Entwicklung (2.97) berechnen. Man hat

$$c_\lambda(\boldsymbol{k}) = \frac{\mathrm{i}}{(2\pi)^{3/2}} \int \mathrm{d}^3x \; \mathrm{e}^{\mathrm{i}kx} \overset{\leftrightarrow}{\partial_0} \boldsymbol{\epsilon}_\lambda(\boldsymbol{k}) \cdot \boldsymbol{A}(x) , \tag{2.100}$$

$$c_\lambda^\dagger(\boldsymbol{k}) = -\frac{\mathrm{i}}{(2\pi)^{3/2}} \int \mathrm{d}^3x \; \mathrm{e}^{-\mathrm{i}kx} \overset{\leftrightarrow}{\partial_0} \boldsymbol{\epsilon}_\lambda(\boldsymbol{k}) \cdot \boldsymbol{A}(x) . \tag{2.101}$$

Diese Formeln erhält man folgendermaßen. Wegen der Wahl $A^0 = 0$ ist $\pi^i = E^i = -\dot{A}^i$. Dann bilde man

$$\omega_k \int \mathrm{d}^3x \; \mathrm{e}^{\mathrm{i}kx} \boldsymbol{\epsilon}_\lambda \cdot \boldsymbol{A} = (2\pi)^{3/2} \frac{1}{2} \left(c_\lambda(\boldsymbol{k}) + (-)^\lambda c_\lambda^\dagger(-\boldsymbol{k})\, \mathrm{e}^{2\mathrm{i}\omega_k x^0} \right) ,$$

$$\mathrm{i} \int \mathrm{d}^3x \; \mathrm{e}^{\mathrm{i}kx} \boldsymbol{\epsilon}_\lambda \cdot \dot{\boldsymbol{A}} = (2\pi)^{3/2} \frac{1}{2} \left(c_\lambda(\boldsymbol{k}) - (-)^\lambda c_\lambda^\dagger(-\boldsymbol{k})\, \mathrm{e}^{2\mathrm{i}\omega_k x^0} \right) ,$$

und nehme die Summe der beiden Gleichungen,

$$c_\lambda(\boldsymbol{k}) = \frac{1}{(2\pi)^{3/2}} \int \mathrm{d}^3x \; \mathrm{e}^{\mathrm{i}kx} \boldsymbol{\epsilon}_\lambda(\boldsymbol{k}) \left(\omega_k \boldsymbol{A}(x) + \mathrm{i} \dot{\boldsymbol{A}}(x) \right) .$$

Der Ausdruck in den Klammern des Integranden ist aber genau i mal die in (2.100) angegebene Rechts-Linksableitung. Die Formel (2.101) folgt klarerweise als hermitesch Konjugiertes von (2.100).

Als nächstes berechnet man die Kommutationsregeln für die Operatoren $c_\lambda(\boldsymbol{k})$ und $c_\lambda^\dagger(\boldsymbol{k})$ aus diesen Formeln.

$$
\begin{aligned}
\left[c_\lambda(\boldsymbol{k}), c_{\lambda'}^\dagger(\boldsymbol{k}')\right] =& \frac{1}{(2\pi)^3} \int \mathrm{d}^3x \; \mathrm{e}^{\mathrm{i}kx} \int \mathrm{d}^3y \; \mathrm{e}^{-\mathrm{i}k'y} \sum_{m,n=1}^{3} \epsilon_\lambda^m(\boldsymbol{k})\, \epsilon_{\lambda'}^n(\boldsymbol{k}') \\
&\times \left[\left(\omega_k A^m(x) + \mathrm{i}\dot{A}^m(x)\right), \left(\omega_k' A^n(y) - \mathrm{i}\dot{A}^n(y)\right)\right]_{x^0=y^0} \\
=& -\frac{\mathrm{i}(\omega_k + \omega_k')}{(2\pi)^3} \int \mathrm{d}^3x \; \mathrm{e}^{\mathrm{i}kx} \int \mathrm{d}^3y \; \mathrm{e}^{-\mathrm{i}k'y} \\
&\times \sum_{m,n=1}^{3} \epsilon_\lambda^m(\boldsymbol{k})\, \epsilon_{\lambda'}^n(\boldsymbol{k}') \left[\pi^m(x), A^n(y)\right]_{x^0=y^0} .
\end{aligned}
$$

An dieser Stelle setzt man den Kommutator (2.96) ein

$$
\left[\pi^m(x), A^n(y)\right]_{x^0=y^0} = \frac{\mathrm{i}}{(2\pi)^3} \int \mathrm{d}^3q \; \mathrm{e}^{\mathrm{i}\boldsymbol{q}\cdot(\boldsymbol{x}-\boldsymbol{y})} \left(\delta^{mn} - \frac{q^m q^n}{\boldsymbol{q}^2}\right) ,
$$

integriert über x und über y, und verwendet die Nebenrechnungen

$$
\int \mathrm{d}^3q \; \delta(\boldsymbol{k}-\boldsymbol{q})\delta(\boldsymbol{q}-\boldsymbol{k}') = \delta(\boldsymbol{k}-\boldsymbol{k}') ,
$$

$$
\sum_{m,n=1}^{3} \left(\delta^{mn} - \frac{k^m k^n}{\boldsymbol{k}^2}\right) \epsilon_\lambda^m(\boldsymbol{k})\, \epsilon_{\lambda'}^n(\boldsymbol{k}) = \boldsymbol{\epsilon}_\lambda(\boldsymbol{k}) \cdot \boldsymbol{\epsilon}_{\lambda'}(\boldsymbol{k}) = \delta_{\lambda\lambda'} .
$$

In analoger Weise berechnet man den Kommutator zwischen $c_\lambda(\boldsymbol{k})$ und $c_{\lambda'}(\boldsymbol{k}')$. Insgesamt findet man

$$
\left[c_\lambda(\boldsymbol{k}), c_{\lambda'}^\dagger(\boldsymbol{k}')\right] = 2\omega_k\, \delta_{\lambda\lambda'}\, \delta(\boldsymbol{k}-\boldsymbol{k}') , \tag{2.102}
$$

$$
\left[c_\lambda(\boldsymbol{k}), c_{\lambda'}(\boldsymbol{k}')\right] = 0 = \left[c_\lambda^\dagger(\boldsymbol{k}), c_{\lambda'}^\dagger(\boldsymbol{k}')\right] . \tag{2.103}
$$

Die Interpretation dieser Ergebnisse liegt aufgrund dessen, was wir am Beispiel des Skalarfeldes gelernt haben, nahe: Die Operatoren $c_\lambda^\dagger(\boldsymbol{k})$ und $c_\lambda(\boldsymbol{k})$ sind Erzeugungs- bzw. Vernichtungsoperatoren für Ein-Photon-Zustände mit Impuls $\boldsymbol{k}$ und Polarisation λ, ihre Energie ist $\omega_k = |\boldsymbol{k}|$. Die Einteilchen-Zustände

$$
|\boldsymbol{k}, \lambda\rangle \; = \; c_\lambda^\dagger(\boldsymbol{k})\, |0\rangle
$$

sind kovariant normiert, d. h. es gilt

$$
\left\langle \boldsymbol{k}', \lambda' \middle| \boldsymbol{k}, \lambda \right\rangle = 2\omega_k\, \delta_{\lambda\lambda'}\, \delta(\boldsymbol{k}-\boldsymbol{k}') .
$$

Um diese Vermutung zu erhärten, müssen wir allerdings noch den Hamiltonoperator und den Impulsoperator für das freie Photonfeld ausrechnen.

2.3.5 Energie, Impuls und Spin der Photonen

Die Hamiltonfunktion (2.94) spalten wir in einen reinen Feldanteil und in die Wechselwirkung mit den Ladungs- und Stromdichten der Materie auf, $H = H_0 + H_W$. Nach der Quantisierung ersetzen wir H_0 durch den normalgeordneten Operator

$$H_0 = :\int d^3x \left\{ \frac{1}{2} \left((\nabla \times \boldsymbol{A})^2 + \left(\frac{\partial \boldsymbol{A}}{\partial x^0} \right)^2 \right) \right\}: . \tag{2.104}$$

Setzt man hier die Entwicklung (2.97) ein, so findet man nach einer Zwischenrechnung das Resultat (s. Aufgabe 2.7)

$$H_0 = \sum_{\lambda=1}^{2} \int \frac{d^3k}{2\omega_k}\, \omega_k\, c_\lambda^\dagger(\boldsymbol{k}) c_\lambda(\boldsymbol{k}) . \tag{2.105}$$

Für den Impuls verwendet man die Formel (2.90)

$$\mathcal{P}^k = :\boldsymbol{E} \cdot \left(\frac{\partial \boldsymbol{A}}{\partial x^k} \right): = -:(\dot{\boldsymbol{A}} + \nabla A^0) \cdot \left(\frac{\partial \boldsymbol{A}}{\partial x^k} \right): = -:\dot{\boldsymbol{A}} \cdot \left(\frac{\partial \boldsymbol{A}}{\partial x^k} \right): ,$$

(wobei man beachtet, dass A^0 zu Null gesetzt ist). Setzt man wieder (2.97) ein und integriert über den ganzen Raum, so findet man

$$\boldsymbol{P} = \sum_{\lambda=1}^{2} \int \frac{d^3k}{2\omega_k}\, \boldsymbol{k}\, c_\lambda^\dagger(\boldsymbol{k}) c_\lambda(\boldsymbol{k}) . \tag{2.106}$$

Jetzt ist es einfach zu verifizieren, dass die oben gegebene Interpretation richtig war, d. h. dass

$$H\, |\boldsymbol{k}, \lambda\rangle = \omega_k\, |\boldsymbol{k}, \lambda\rangle\,, \qquad \boldsymbol{P}\, |\boldsymbol{k}, \lambda\rangle = \boldsymbol{k}\, |\boldsymbol{k}, \lambda\rangle$$

mit $\omega_k = |\boldsymbol{k}|$ gilt.

Was noch zu tun bleibt ist, den Spin zu identifizieren, den die Einteilchen-Zustände $|\boldsymbol{k}, \lambda\rangle$ tragen.

2.3.6 Helizität und Bahndrehimpuls von Photonen

Die Basis, nach der wir das quantisierte Photonfeld in der Formel (2.97) entwickelt haben, ist das vollständige System der (kovariant normierten) ebenen Wellen. Wenn wir jetzt nach Spin und Drehimpuls fragen, dann erinnern wir uns, dass die ebene Welle zwar alle Bahndrehimpulse von $\ell = 0$ bis $\ell = \infty$ enthält, dass aber die Projektion m_ℓ einer jeden solchen Partialwelle auf die Ausbreitungsrichtung $\hat{\boldsymbol{k}}$ gleich Null ist, s. Band 2, Abschn. 1.9.3. Andererseits wissen wir aufgrund der allgemeinen Analyse der Darstellungen der Poincaré-Gruppe, dass Teilchen mit Masse Null keinen Spin im Sinne der nichtrelativistischen Quantentheorie tragen, sondern durch die Helizität charakterisiert werden, die nur zwei Werte, $h = \pm s$, annimmt – in Übereinstimmung mit der Aussage, dass bei masselosen Teilchen nur die Isotropiegruppe des Impulsvektors $\boldsymbol{k}$, nicht aber die volle Drehgruppe für die Beschreibung von Spin zuständig ist.

Was ist also natürlicher, um die Helizität des Photons festzustellen, als das Verhalten seiner Zustände bei Drehungen um die durch $\boldsymbol{k}$ definierte Achse zu studieren?[7]

Anstelle der reellen Einheitsvektoren $\boldsymbol{\epsilon}_1$ und $\boldsymbol{\epsilon}_2$ verwenden wir die sphärische Basis

$$\boldsymbol{\zeta}_\pm := \mp \frac{1}{\sqrt{2}} (\boldsymbol{\epsilon}_1 \pm \mathrm{i}\boldsymbol{\epsilon}_2) \ . \tag{2.107}$$

Unterwirft man diese einer Drehung um die Achse $\hat{\boldsymbol{k}}$ um den Winkel ϕ, so transformieren sich $\boldsymbol{\zeta}_+$ und $\boldsymbol{\zeta}_-$ gemäß

$$\boldsymbol{\zeta}_\pm \longmapsto \boldsymbol{\zeta}'_\pm = \mathrm{e}^{\pm \mathrm{i}\phi}\, \boldsymbol{\zeta}_\pm \, .$$

Erinnern wir uns an die Definition der Händigkeit eines Teilchens mit Spin s als Projektion des Spins auf die Impulsrichtung, $h = \boldsymbol{s} \cdot \hat{\boldsymbol{k}}$, dann wird klar, dass das Photon die Helizitäten $+1$ und -1 trägt. Im Sinne der in Abschn. 1.3.3 gegebenen Definition $s = |h|$ folgt:

Das Photon trägt den Spin 1.

Als Basis, nach der das quantisierte Photonfeld entwickelt wird, kann man anstelle der ebenen Wellen auch Eigenfunktionen des Drehimpulses wählen. Dies bietet sich z. B. dann an, wenn man Emission und Absorption von Photonen in atomaren oder nuklearen Zuständen studiert, die nach Drehimpuls und Parität klassifiziert sind. Ein Photon, das beispielsweise beim Übergang

$$\left|n', (\ell', s) j'\right\rangle \longrightarrow |n, (\ell, s) j\rangle$$

emittiert wird, trägt einen (Gesamt-)Drehimpuls J, der mit j und j' die Dreiecksregel erfüllt und der sich aus der Helizität und dem Bahndrehimpuls des Photons zusammensetzt. Außerdem ist die Parität des Photonzustandes gleich dem Produkt der Paritäten von Anfangs- und Endzustand. Auf diese Weise entstehen die Auswahlregeln für Übergänge in Atomen oder Kernen.

Basiszustände zu festem Drehimpuls von Photonen konstruiert man folgendermaßen. Geht man in die Bewegungsgleichung (2.92) ohne äußere Quellen mit dem Ansatz harmonischer Zeitabhängigkeit

$$\boldsymbol{A}(t, \boldsymbol{x}) = \mathrm{e}^{-\mathrm{i}k^0 t} \boldsymbol{A}(\boldsymbol{x})$$

ein und benutzt die Energie-Impulsrelation $k^0 = |\boldsymbol{k}| \equiv \kappa$, so genügt $\boldsymbol{A}(\boldsymbol{x})$ der Differentialgleichung

$$\left(\boldsymbol{\Delta} + \kappa^2\right) \boldsymbol{A}(\boldsymbol{x}) = 0 \, . \tag{2.108}$$

Dies ist die *Helmholtz'sche Gleichung.* Wir suchen Lösungen dieser Gleichung, die zugleich Eigenfunktionen des Drehimpulses sind und definite Parität haben.

[7] Eine ganz ähnliche Analyse führt man im Falle der Einstein'schen Gleichungen für das Gravitationsfeld aus und stellt fest, dass das Graviton masselos ist und Spin 2 trägt.

Ein sehr nützliches Hilfsmittel hierfür sind die sogenannten Vektor-Kugelflächenfunktionen, die durch Verkopplung aus gewöhnlichen Kugelflächenfunktionen und der sphärischen Basis entstehen. Wir ergänzen (2.107) um

$$\boldsymbol{\zeta}_0 := \boldsymbol{\epsilon}_3 \tag{2.109}$$

zur sphärischen Basis $\boldsymbol{\zeta}_\mu$, $\mu = 1, 0, -1$, die folgende Eigenschaften besitzt

$$\boldsymbol{\zeta}_\mu^* = (-)^\mu \boldsymbol{\zeta}_{-\mu}\,, \qquad \boldsymbol{\zeta}_\mu^* \cdot \boldsymbol{\zeta}_{\mu'} = \delta_{\mu\mu'}\,. \tag{2.110}$$

Die Vektor-Kugelflächenfunktionen werden wie folgt definiert:

$$\boldsymbol{T}_{J\ell M}(\theta, \phi) := \sum_{m,\mu} (\ell m, 1\mu \,|\, JM)\, Y_{\ell m}(\theta, \phi)\, \boldsymbol{\zeta}_\mu\,. \tag{2.111}$$

Sie transformieren sich offensichtlich wie irreduzible sphärische Tensoren der Stufe J, tragen aber außerdem Vektorcharakter im $\mathbb{R}^3$. Unter Raumspiegelung ist ihr Verhalten

$$\boldsymbol{T}_{J\ell M}(\pi - \theta, \phi + \pi) = (-)^\ell\, \boldsymbol{T}_{J\ell M}(\theta, \phi)\,, \tag{2.112}$$

außerdem erfüllen sie die Orthogonalitätsrelation

$$\int \mathrm{d}\Omega\, \left(\boldsymbol{T}^*_{J'\ell' M'} \cdot \boldsymbol{T}_{J\ell M}\right) = \delta_{J'J}\delta_{\ell'\ell}\delta_{M'M}\,. \tag{2.113}$$

Das Ergebnis (2.113) folgt aus der Orthogonalität der $Y_{\ell m}$, aus (2.110) und aus der Unitarität der Clebsch Gordan-Koeffizienten. Schließlich stellt man noch fest, dass der Satz der $\boldsymbol{T}_{J\ell M}(\theta, \phi)$ ein *vollständiges* orthonormiertes System bilden.

Wir kehren zur Helmholtz-Gleichung zurück, für deren Lösungen wir den Ansatz

$$\boldsymbol{A}_{J\ell M}(\boldsymbol{r}) = R_\ell(r)\, \boldsymbol{T}_{J\ell M}(\theta, \phi)$$

machen. Der Laplace-Operator in sphärischen Polarkoordinaten ist

$$\boldsymbol{\Delta} = \frac{1}{r^2}\frac{\partial}{\partial r}\left(r^2 \frac{\partial}{\partial r}\right) - \frac{\boldsymbol{\ell}^2}{r^2}\,,$$

s. Band 2, Abschn. 1.9.2. Setzt man in (2.108) ein, so ergibt sich eine Differentialgleichung für die nur vom Radius abhängende Funktion $R_\ell(r)$, die mit der Substitution $\rho := \kappa r$ in

$$\frac{1}{\rho^2}\frac{\mathrm{d}}{\mathrm{d}\rho}\left(\rho^2 \frac{\mathrm{d}R_\ell(\rho)}{\mathrm{d}\rho}\right) - \frac{\ell(\ell+1)}{\rho^2} R_\ell(\rho) + R_\ell(\rho) = 0$$

übergeht. Das ist die Differentialgleichung für sphärische Bessel- bzw. Hankel-Funktionen, die wir in Band 2, Abschn. 1.9.3 kennengelernt haben. Die bei $r = 0$ regulären Lösungen sind die sphärischen Bessel-Funktionen $j_\ell(\kappa r)$, die im Unendlichen wie $\mathrm{e}^{\pm\mathrm{i}(\rho - \ell(\pi/2))}/\rho$ oszillierenden Lösungen sind die sphärischen Hankel-Funktionen $h_\ell^{(\pm)}(\kappa r)$. Für beide Klassen von Lösungen gilt die Relation

$$\int_0^\infty r^2 \,\mathrm{d}r\; f_\ell(\kappa' r) f_\ell(\kappa r) = \frac{\pi}{2\kappa\kappa'} \delta(\kappa - \kappa') \,.$$

Es sei $R(r)$ eine beliebige, glatte Funktion von r und sei $\boldsymbol{F}$ das Vektorfeld

$$\boldsymbol{F}(\boldsymbol{r}) := \nabla \left(R(r) Y_{LM}(\theta, \phi) \right) .$$

Ziel ist es, dieses Vektorfeld nach der Basis der $\boldsymbol{T}_{J\ell M}$ zu entwickeln. Der Nablaoperator ist ein Tensoroperator der Stufe 1, d. h. drückt man ihn in der sphärischen Basis aus und nennt die Komponenten ∇_μ, dann gilt (s. Aufgabe 2.8)

$$\left[\ell_3, \nabla_\mu\right] = \mu \nabla_3 \,, \qquad \left[\ell_\pm, \nabla_\mu\right] = \sqrt{2 - \mu(\mu \pm 1)}\; \nabla_{\mu \pm 1} \,.$$

Dieselbe Relation kann man auch mithilfe von $3j$-Symbolen schreiben, wenn man die Komponenten des Operators $\boldsymbol{\ell}$ in der sphärischen Basis ausdrückt,

$$\left[\ell_m, \nabla_\mu\right] = (-)^{m-\mu} \sqrt{6} \begin{pmatrix} 1 & 1 & 1 \\ m+\mu & -m & -\mu \end{pmatrix} \nabla_{\mu+m} \,.$$

Damit wird klar, dass in der Zerlegung von $\boldsymbol{F}$ nur solche J vorkommen können, die mit L und 1 die Dreiecksregel $\Delta(L, 1, J)$ erfüllen. Die Parität von $\boldsymbol{F}$ ist $(-)^{L+1}$, wegen der Eigenschaft (2.112) können daher in der Entwicklung nur solche Basisfunktionen vorkommen, die $\ell = L \pm 1$ haben. Schließlich stellt man fest, dass J nur den Wert L annimmt.

Den Nablaoperator kann man in einen radialen und einen tangentialen Anteil zerlegen,

$$\nabla = \boldsymbol{x}\, (\boldsymbol{x} \cdot \nabla) - \boldsymbol{x} \times (\boldsymbol{x} \times \nabla) = \boldsymbol{x} \frac{\partial}{\partial r} - \frac{\mathrm{i}}{r} \left(\boldsymbol{x} \times \boldsymbol{\ell} \right) .$$

Mit Hilfe dieser Formeln und einiger Drehimpulsalgebra beweist man die sog. *Gradientenformel*

$$\begin{aligned} \nabla \left(R(r) Y_{LM}(\theta, \phi) \right) = &- \sqrt{\frac{L+1}{2L+1}} \left(\frac{\mathrm{d}R(r)}{\mathrm{d}r} - \frac{L}{r} R(r) \right) \boldsymbol{T}_{LL+1M} \\ &+ \sqrt{\frac{L}{2L+1}} \left(\frac{\mathrm{d}R(r)}{\mathrm{d}r} + \frac{L+1}{r} R(r) \right) \boldsymbol{T}_{LL-1M} . \end{aligned} \tag{2.114}$$

Die beiden Terme in der Ableitung $R'(r)$ stammen vom radialen Anteil, die Terme in $1/r$ vom tangentialen Anteil. Sie sind in (2.114) aber deshalb wie angegeben zusammengefasst, weil die sphärischen Bessel- bzw. Hankel-Funktionen die Relationen

$$\left(\frac{\mathrm{d}}{\mathrm{d}\rho} - \frac{\ell}{\rho} \right) R_\ell(\rho) = R_{\ell+1}(\rho) \qquad \left(\frac{\mathrm{d}}{\mathrm{d}\rho} + \frac{\ell+1}{\rho} \right) R_\ell(\rho) = R_{\ell-1}(\rho)$$

erfüllen, die Formel also in diesem Fall sehr übersichtlich wird.

Zwei bei $r = 0$ reguläre Lösungen der Helmholtz-Gleichung zu festem Drehimpuls sind

(i) die *elektrischen Multipolfelder*

$$\boldsymbol{A}^{(E)}_{LM} = -\sqrt{\frac{L}{2L+1}} j_{L+1}(\kappa r)\boldsymbol{T}_{LL+1M} + \sqrt{\frac{L+1}{2L+1}} j_{L-1}(\kappa r)\boldsymbol{T}_{LL-1M}\,, \tag{2.115}$$

(ii) die *magnetischen Multipolfelder*

$$\boldsymbol{A}^{(M)}_{LM} = j_L(\kappa r)\boldsymbol{T}_{LLM}\,. \tag{2.116}$$

Man bestätigt, dass sie folgende für die Praxis wichtige Eigenschaften haben:

1. Beide Typen von Feldern erfüllen die transversale Eichbedingung (2.93), d. h.

   $$\nabla \cdot \boldsymbol{A}^{(E/M)}_{LM} = 0\,,$$

   und sind somit zulässige Lösungen. Verwendet man sie in der zu (2.97) analogen Entwicklung des Feldoperators $\boldsymbol{A}$ nach Erzeugungs- und Vernichtungsoperatoren anstelle der ebenen Wellen, so erhält man Erzeugungsoperatoren (Vernichtungsoperatoren) für Photonen in Zuständen definiten Drehimpulses und definiter Parität;
2. Beide Lösungen verschwinden für $L = 0$. Es gibt keine transversalen Multipolfelder mit Gesamtdrehimpuls Null;
3. Unter der Raumspiegelung erhält $\boldsymbol{A}^{(E)}_{LM}$ das Vorzeichen $(-)^{L+1}$, $\boldsymbol{A}^{(M)}_{LM}$ das Vorzeichen $(-)^L$.

Überträgt man dies auf die Wechselwirkung $\boldsymbol{j} \cdot \boldsymbol{A}$ und beachtet man, dass die Stromdichte $\boldsymbol{j}$ selbst ungerade unter Raumspiegelung ist, dann folgen die Auswahlregeln für Übergänge zwischen Zuständen mit festem Drehimpuls und definiter Parität. Sie lauten folgendermaßen:

(a) Die Drehimpulse J_i, J_f und L des Anfangs-, des Endzustandes bzw. des Multipol-Photons erfüllen die Dreiecksbedingung $\Delta(J_i, L, J_f)$, es gibt aber keine Monopolübergänge $L = 0$;
(b) Ein Photon vom Typus $(L, (E))$ ändert die Parität um den Faktor $(-)^L$;
(c) Ein Photon vom Typus $(L, (M))$ ändert die Parität um den Faktor $(-)^{L+1}$.

Einige Beispiele aus der Wechselwirkung eines Wasserstoffatoms oder eines wasserstoffähnlichen Atoms mit dem Strahlungsfeld mögen diese Ergebnisse illustrieren. Der Übergang $(2p \to 1s)$ ist ein reiner E1-, d. h. elektrischer Dipolübergang, weil die Auswahlregeln $L = 1$ und Parität $(-)$ festlegen. Zwischen den Niveaus $2s$ und $1s$ kann (in der nichtrelativistischen Theorie) kein einzelnes Photon emittiert werden, weil es kein transversales Multipolfeld mit $L = 0$ gibt[8]. Ein Übergang $(3d \to 1s)$ ist

[8] Der Übergang $(2s \to 1s)$ kann durch Emission von *zwei* Photonen oder durch einen kleinen relativistischen Term stattfinden, wenn er nicht durch Stöße mit anderen Atomen induziert wird.

notwendig ein E2-Übergang, allerdings treffen wir hier auf eine Besonderheit der Atomphysik, die einfach zu verstehen ist und die ich hier kurz erklären möchte. Das von gewöhnlichen Atomen emittierte Licht hat Wellenlängen, die im Vergleich zu typischen Dimensionen des Atoms groß sind, d. h. $\lambda \gg a_B$. Dies wiederum bedeutet, dass das Argument κr der sphärischen Bessel-Funktionen über atomare Abstände *klein* gegen 1 bleibt, $(\kappa r) \ll 1$. In die Übergangswahrscheinlichkeiten gehen die Matrixelemente der Felder (2.115) bzw. (2.116) zwischen Anfangs- und Endzustand ein, d. h. insbesondere das radiale Matrixelement $\langle n\ell | j_\ell(\kappa r) | n'\ell' \rangle$, in dem die Radialfunktionen $R_{n\ell}$ und $R_{n'\ell'}$ schon auf sehr kleine Werte absinken, wenn (κr) noch klein ist. Deshalb kann man die Bessel-Funktion durch ihr bekanntes Verhalten bei kleinen Werten des Arguments

$$j_\ell(\kappa r) \sim \frac{(\kappa r)^\ell}{(2\ell+1)!!}$$

approximieren. Daraus sieht man aber sofort, dass das radiale Matrixelement höhere Werte von ℓ zugunsten kleinerer unterdrückt. Im Wasserstoffatom ist daher ein E2-Übergang wie der von $3d$ nach $1s$ stark unterdrückt; es ist günstiger den Umweg über den $2p$-Zustand

$$3d \longrightarrow 2p \longrightarrow 1s$$

mittels zweier E1-Übergänge zu machen. In einem myonischen Atom dagegen sind die relativen Längenskalen nicht mehr so ausgeprägt, wie man leicht bestätigt, und E2-Übergänge wie der $(3d \to 1s)$ Übergang sind durchaus beobachtbar.

Auch in der Kernphysik sind die Längenskalen nicht mehr so klar geordnet. Typische Übergänge haben Energien im Bereich von MeV. Berechnet man daraus κ und schätzt κR ab, wo R der Radius des Kerns ist, so kann (κr) durchaus vergleichbar mit 1 sein. In der Kernspektroskopie kommen in der Tat auch höhere Multipole mit messbaren Intensitäten vor.

2.4 Wechselwirkung des quantisierten Maxwell-Feldes mit Materie

In diesem Abschnitt behandeln wir die Wechselwirkung des Strahlungsfeldes mit den Elektronen der Materie in einer Weise, die sich noch stark an die nichtrelativistische Störungstheorie anlehnt: Die Erzeugung bzw. Vernichtung von Photonen beschreiben wir mit Hilfe des Feldoperators (2.97), die Zustände des Elektrons mit Hilfe der Schrödinger-Gleichung und berechnen Übergangswahrscheinlichkeiten und Wirkungsquerschnitte zunächst wie in der nichtrelativistischen Quantentheorie. Diese etwas altertümliche Beschreibungsweise beleuchtet in besonders einfacher Weise die physikalische Interpretation, wird dann aber durch eine modernere, kovariante Störungstheorie ersetzt.

Der einfachste Fall ist die Wechselwirkung des Strahlungsfeldes mit einem System von N nichtrelativistischen Elektronen, dessen Hamiltonoperator die Form

$$H_0 = \sum_{i=1}^{N} \frac{\boldsymbol{p}^{(i)\,2}}{2m} + \sum_{i<j=1}^{N} U(i,j)$$

habe. Die Kopplung an das Photonfeld folgt aus der Vorschrift (2.79) mit $q=-e$ der (negativen) Elementarladung, der Operator $\boldsymbol{p}=-\mathrm{i}\boldsymbol{\nabla}$ wird also durch $\boldsymbol{p}-q\boldsymbol{A}$ ersetzt. Der Hamiltonoperator wird dabei zu

$$\begin{aligned} H &= H_0 + \sum_{i=1}^{N} \left\{ -\frac{q}{2m}\left(\boldsymbol{p}^{(i)}\cdot\boldsymbol{A}(t,\boldsymbol{x}^{(i)}) + \boldsymbol{A}(t,\boldsymbol{x}^{(i)})\cdot\boldsymbol{p}^{(i)}\right) + \frac{q^2}{2m}\boldsymbol{A}^2(t,\boldsymbol{x}^{(i)}) \right\} \\ &\equiv H_0 + H_{\mathrm{W}}\,. \end{aligned} \tag{2.117}$$

Nimmt man noch die Wechselwirkung des Magnetfeldes mit dem magnetischen Moment des Elektrons hinzu, so wird H durch

$$H_{\mathrm{W}}^{\mathrm{Spin}} = -\sum_{i=1}^{N} \frac{q}{2m}\boldsymbol{\sigma}^{(i)}\cdot\left(\boldsymbol{\nabla}\times\boldsymbol{A}(t,\boldsymbol{x}^{(i)})\right) \tag{2.118}$$

ergänzt. Denkt man sich in diesen Ausdrücken die Entwicklung (2.97) des Feldoperators $\boldsymbol{A}$ eingesetzt, dann sieht man, dass die in $\boldsymbol{A}$ linearen Terme – in der Ordnung $\mathcal{O}(q)$ der Ladung – ein einzelnes Photon erzeugen oder vernichten, während der in $\boldsymbol{A}$ und in q quadratische zweite Term von (2.117) ein Photon aus einem einlaufenden in einen auslaufenden Zustand streuen, oder am selben Punkt zwei Photonen erzeugen, oder zwei Photonen vernichten kann.

2.4.1 Viel-Photonzustände und Matrixelemente

Die Berechnung von Matrixelementen des Feldoperators (2.97) benötigt etwas mehr Sorgfalt als das einfache Beispiel des Abschnitts 2.1.5, weil die Viel-Photon-Zustände nicht im strengen Sinne, sondern distributionswertig normiert sind. Wir betrachten hier einige für die folgenden Rechnungen benötigte Fälle.

Die Normierung eines Zustands mit nur einem Photon, das den Impuls $\boldsymbol{q}$ und die Polarisation λ trägt, folgt aus dem Kommutator (2.102),

$$c_\lambda^\dagger(\boldsymbol{q})\left|0\right\rangle \equiv \left|(\boldsymbol{q},\lambda)^1\right\rangle : \quad \left\langle(\boldsymbol{q}',\lambda')^1\middle|(\boldsymbol{q},\lambda)^1\right\rangle = 2\omega_q\delta_{\lambda'\lambda}\delta(\boldsymbol{q}'-\boldsymbol{q})$$

das bedeutet, wenn man über den linken Zustand integriert und summiert, dass

$$\sum_{\lambda'}\int\frac{\mathrm{d}^3q'}{2\omega_q'}\left\langle(\boldsymbol{q}',\lambda')^1\middle|(\boldsymbol{q},\lambda)^1\right\rangle = 1$$

ist. Ein Zustand mit zwei Photonen $c_\lambda^\dagger(\boldsymbol{q})c_\mu^\dagger(\boldsymbol{p})|0\rangle$, die verschiedene Impulse tragen, hat die quadrierte Norm

$$\begin{aligned} \langle 0|\, c_{\mu'}(\boldsymbol{p}')c_{\lambda'}(\boldsymbol{q}')c_\lambda^\dagger(\boldsymbol{q})c_\mu^\dagger(\boldsymbol{p})\,|0\rangle = 2\omega_q 2\omega_p &\left\{\delta_{\lambda'\lambda}\delta(\boldsymbol{q}'-\boldsymbol{q})\delta_{\mu'\mu}\delta(\boldsymbol{p}'-\boldsymbol{p})\right. \\ &\left. + \delta_{\lambda'\mu}\delta(\boldsymbol{q}'-\boldsymbol{p})\delta_{\mu'\lambda}\delta(\boldsymbol{p}'-\boldsymbol{q})\right\}\,. \end{aligned}$$

Dies zeigt man leicht, indem man die Kommutationsregeln (2.102) und (2.103) mehrfach und so lange verwendet, bis alle Vernichtungsoperatoren rechts, alle Erzeugungsoperatoren links stehen[9]. Sind die beiden Impulse gleich, $\boldsymbol{p}=\boldsymbol{q}$, und ist $\lambda=\mu$, dann ist die rechte Seite gleich

$$2!\,(2\omega_q)^2\delta_{\lambda'\lambda}\delta_{\mu'\lambda}\delta(\boldsymbol{q}'-\boldsymbol{q})\delta(\boldsymbol{p}'-\boldsymbol{q})\,,$$

oder, anders ausgedrückt, der Zustand

$$\left|(\boldsymbol{q},\lambda)^2\right\rangle=\frac{1}{\sqrt{2!}}\left(c_\lambda^\dagger(\boldsymbol{q})\right)^2|0\rangle$$

ist korrekt normiert, vorausgesetzt man geht mit etwas Vorsicht vor. Die quadrierte Norm dieses Zustandes kann man nicht berechnen, weil das Quadrat einer δ-Distribution nicht definiert ist. Man kann aber wohl folgendes Skalarprodukt ausrechnen,

$$\frac{1}{\sqrt{2!}}\int\frac{\mathrm{d}^3q_1}{2\omega_{q_1}}\int\frac{\mathrm{d}^3q_2}{2\omega_{q_2}}\langle 0|\,c_\lambda(\boldsymbol{q}_1)c_\lambda(\boldsymbol{q}_2)\left|(\boldsymbol{q},\lambda)^2\right\rangle=1\,.$$

Enthält der Zustand n Photonen mit Impuls $\boldsymbol{q}$ und Polarisation λ, dann ist

$$\left|(\boldsymbol{q},\lambda)^n\right\rangle=\frac{1}{\sqrt{n!}}\left(c_\lambda^\dagger(\boldsymbol{q})\right)^n|0\rangle \tag{2.119}$$

der in analoger Weise normierte Zustand, d. h. es gilt

$$\frac{1}{\sqrt{n!}}\int\frac{\mathrm{d}^3q_1}{2\omega_{q_1}}\cdots\int\frac{\mathrm{d}^3q_n}{2\omega_{q_n}}\langle 0|\,c_\lambda(\boldsymbol{q}_1)\cdots c_\lambda(\boldsymbol{q}_n)\left|(\boldsymbol{q},\lambda)^n\right\rangle=1\,.$$

Dieses Vielfachintegral ist genau dasjenige, das bei der Berechnung von Übergangsmatrixelementen auftritt, wenn wir uns an die Formeln der nichtrelativistischen Störungstheorie erinnern: Ein gegebener Operator $\mathcal{O}$ wirkt auf den normierten Zustand (2.119) und wir wollen wissen, in welche, möglicherweise davon verschiedenen Zustände er führen kann. Dazu berechnen wir

$$\sum_{\lambda_1}\cdots\sum_{\lambda_n}\cdots\int\frac{\mathrm{d}^3q_1}{2\omega_{q_1}}\cdots\int\frac{\mathrm{d}^3q_n}{2\omega_{q_n}}\cdots\langle 0|\,c_{\lambda_1}(\boldsymbol{q}_1)\cdots c_{\lambda_n}(\boldsymbol{q}_n)\cdots\,\mathcal{O}\left|(\boldsymbol{q},\lambda)^n\right\rangle$$

und drücken den oder die entstehenden Endzustände durch gemäß (2.119) normierte Zustände aus. So gilt z. B.

$$c_\lambda^\dagger(\boldsymbol{q})\left|(\boldsymbol{q},\lambda)^n\right\rangle=\sqrt{n+1}\left|(\boldsymbol{q},\lambda)^{n+1}\right\rangle\,,\qquad c_\lambda(\boldsymbol{q})\left|(\boldsymbol{q},\lambda)^n\right\rangle=\sqrt{n}\left|(\boldsymbol{q},\lambda)^{n-1}\right\rangle\,,$$

das sind die Formeln (2.43), und die entsprechenden Übergangsamplituden sind

$$\left\langle(\boldsymbol{q},\lambda)^{n+1}\right|c_\lambda^\dagger(\boldsymbol{q})\left|(\boldsymbol{q},\lambda)^n\right\rangle=\sqrt{n+1}\,,\quad\left\langle(\boldsymbol{q},\lambda)^{n-1}\right|c_\lambda(\boldsymbol{q})\left|(\boldsymbol{q},\lambda)^n\right\rangle=\sqrt{n}\,. \tag{2.120}$$

Dies sind die wesentlichen Formeln für die Emission und Absorption von einzelnen Photonen, denen wir uns als nächstes zuwenden.

[9]Das ist eine ausführliche Rechnung, die durch das Wick'sche Theorem, Band 2, Satz 5.1, systematisiert wird.

2.4.2 Absorption und Emission einzelner Photonen

Wir betrachten als erstes Beispiel die Absorption eines Photons $\gamma(\boldsymbol{q},\lambda)$ an einem Anfangszustand $|i\rangle$, unter dem man sich einen gebundenen, atomaren Zustand vorstellen kann, unter der Wirkung der Wechselwirkung (2.117). Der Einfachheit halber nehmen wir an, dass vor dem Absorptionsprozess, wenn überhaupt, nur Photonen derselben Sorte vorhanden seien, und wir berechnen die Amplitude für den Übergang in einen Endzustand $|f\rangle$, der ein anderer gebundener Zustand oder ein Zustand im Kontinuum sein kann, d.h.

$$|A\rangle \longrightarrow |B\rangle\,, \qquad |A\rangle \equiv \left|i;\,(\boldsymbol{q},\lambda)^n\right\rangle\,,\ |B\rangle \equiv \left|f;\,(\boldsymbol{q},\lambda)^{n-1}\right\rangle\,.$$

In der Ordnung $\mathcal{O}(q)$ ist mit $\boldsymbol{p}^{(j)} = -\mathrm{i}\boldsymbol{\nabla}_{(j)}$

$$\langle B|\,H_{\mathrm{W}}\,|A\rangle = -\frac{q}{2m}\frac{1}{(2\pi)^{3/2}}$$
$$\sum_{\mu}\int\frac{\mathrm{d}^3k}{2\omega_k}\sum_{j=1}^{N}\langle B|\,\boldsymbol{\epsilon}_\mu(\boldsymbol{k})\left(2\boldsymbol{p}^{(j)}-\boldsymbol{k}\right)c_\mu(\boldsymbol{k})\,\mathrm{e}^{-\mathrm{i}kx}\,|A\rangle$$

Der zweite Term auf der rechten Seite trägt nicht bei, weil $\boldsymbol{\epsilon}_\mu\cdot\boldsymbol{k}=0$ ist. Im ersten Term tritt das zweite der Matrixelemente (2.120) auf und wir erhalten nach Einsetzen

$$\langle B|\,H_{\mathrm{W}}\,|A\rangle = -\frac{q}{m}\frac{1}{(2\pi)^{3/2}}\sqrt{n}\sum_{j=1}^{N}\langle f|\,\mathrm{e}^{\mathrm{i}\boldsymbol{q}\cdot\boldsymbol{x}^{(j)}}\,\boldsymbol{p}^{(j)}\cdot\boldsymbol{\epsilon}_\lambda\,|i\rangle\,\mathrm{e}^{-\mathrm{i}q^0t}\,, \qquad (2.121)$$

wenn n die Zahl der Photonen vor der Absorption war. In derselben Weise berechnet man die Amplitude für den Übergang

$$|A\rangle \longrightarrow |C\rangle\,, \qquad |A\rangle \equiv \left|i;\,(\boldsymbol{q},\lambda)^n\right\rangle\,,\ |C\rangle \equiv \left|f;\,(\boldsymbol{q},\lambda)^{n+1}\right\rangle\,,$$

bei dem ein Photon $\gamma(\boldsymbol{q},\lambda)$ emittiert wird

$$\langle C|\,H_{\mathrm{W}}\,|A\rangle = -\frac{q}{m}\frac{1}{(2\pi)^{3/2}}\sqrt{n+1}\sum_{j=1}^{N}\langle f|\,\mathrm{e}^{-\mathrm{i}\boldsymbol{q}\cdot\boldsymbol{x}^{(j)}}\,\boldsymbol{p}^{(j)}\cdot\boldsymbol{\epsilon}_\lambda\,|i\rangle\,\mathrm{e}^{\mathrm{i}q^0t}\,. \qquad (2.122)$$

Diese Resultate sind für sich genommen schon bemerkenswert und verdienen die folgende Bemerkung:

Bemerkung

In der Frühzeit der Quantentheorie hat man die Absorption und Emission von Photonen mit einer *halbklassischen Theorie der Strahlung* beschrieben. In der klassischen, nichtquantisierten Theorie der Strahlung ist die Übergangswahrscheinlichkeit proportional zum Quadrat der Amplitude $|\boldsymbol{A}|^2$, in der quantisierten Form der Theorie ist sie proportional zu n, der Zahl der Photonen im Zustand $(\boldsymbol{q},\lambda)$. Intuitiv erwartet man, dass klassische und quantenmechanische Beschreibung bei großen Photonzahlen $n \gg 1$ dieselben Antworten geben[10]. Das Matrixelement (2.121) für Absorption ist

[10] Niemand käme auf die Idee, die Abstrahlung eines UKW-Radiosenders mit der Theorie des quantisierten Strahlungsfeldes zu beschreiben. Man schätzt leicht ab, dass hier die Zahl der emittierten Photonen pro Volumeneinheit in der Tat viele Zehnerpotenzen und somit sehr groß gegenüber 1 ist.

proportional zu $\sqrt{n}$, d. h. setzt man in der halbklassischen Beschreibung

$$\boldsymbol{A}_{\mathrm{kl}}^{(\mathrm{abs})} = \frac{1}{(2\pi)^{3/2}} \sqrt{n}\, \boldsymbol{\epsilon}_\lambda\, \mathrm{e}^{-\mathrm{i}\boldsymbol{q}\cdot\boldsymbol{x}} ,$$

dann erhält man die korrekte Antwort, sogar schon für kleine n. Dies trifft aber nicht mehr zu, wenn man einen Emissionsprozess behandelt. Das entsprechende halbklassische Potential müsste hier zu

$$\boldsymbol{A}_{\mathrm{kl}}^{(\mathrm{emi})} = \frac{1}{(2\pi)^{3/2}} \sqrt{n+1}\, \boldsymbol{\epsilon}_\lambda\, \mathrm{e}^{\mathrm{i}\boldsymbol{q}\cdot\boldsymbol{x}}$$

gewählt werden, um die richtige quantentheoretische Antwort zu bekommen. Dies ist aber nicht das zum Absorptionspotential konjugierte. Umgekehrt würde das komplex-Konjugierte von $\boldsymbol{A}_{\mathrm{kl}}^{(\mathrm{abs})}$ nur im Grenzfall $n \gg 1$ die richtige Antwort geben. Dieser Unterschied wird besonders greifbar, wenn $n = 0$ ist, d. h. wenn im Anfangszustand gar kein Photon vorhanden ist. In der klassischen Beschreibung wäre $\boldsymbol{A}_{\mathrm{kl}} = 0$ und es gäbe keine Emission von Photonen, der Zustand $|A\rangle$ könnte nicht in den Zustand $|C\rangle$ übergehen und dabei ein Photon emittieren. Die quantentheoretische Formel (2.122) liefert im Gegensatz dazu auch bei $n = 0$ eine nichtverschwindende Wahrscheinlichkeit dafür, dass der Zustand $|A\rangle$ ein Photon emittiert. Dies ist der Grund, warum die ältere, halbklassische Theorie zwischen *spontaner* und *induzierter Emission* unterscheidet. Der quantentheoretische Ausdruck (2.122) enthält beides, eine Unterscheidung zwischen spontaner und induzierter Emission ist überflüssig.

Beispiel 2.2

Wir berechnen die Wahrscheinlichkeit für E1-Übergänge zwischen Zirkularbahnen im Wasserstoffatom oder in wasserstoffähnlichen Atomen,

$$|n;\, \ell = n-1\rangle \longrightarrow \big|n' = n-1;\, \ell' = n'-1 = n-2\big\rangle + \gamma(\boldsymbol{k})$$

für den Fall langer Wellenlänge, $|\boldsymbol{k}|r \ll 1$. Das hierfür zuständige Matrixelement ist in (2.122) gegeben, die Übergangswahrscheinlichkeit wird mithilfe der Goldenen Regel berechnet, s. Band 2, (5.48). In der Energiedarstellung und bei kovarianter Normierung ist der Phasenraumfaktor in dieser Formel

$$\rho(\omega_k)\, \mathrm{d}\omega_k\, \mathrm{d}\Omega = \frac{\mathrm{d}^3 k}{2\omega_k} = \frac{\omega_k^2\, \mathrm{d}\omega_k}{2\omega_k}\, \mathrm{d}\Omega ,$$

wobei wir auf sphärische Polarkoordinaten umgeschrieben und $\omega_k = |\boldsymbol{k}|$ benutzt haben. Daraus folgt $\rho(\omega_k) = \omega_k/2$. Da nur ein Elektron vorhanden ist, das seinen Zustand ändern kann, ist die Wahrscheinlichkeit somit

$$\frac{\mathrm{d}W}{\mathrm{d}\Omega} = 2\pi \frac{q^2}{2m^2(2\pi)^3} \frac{1}{2\ell+1} \sum_{m,m'} \left|\langle n';\, \ell' m'|\, \mathrm{e}^{-\mathrm{i}\boldsymbol{q}\cdot\boldsymbol{x}} \boldsymbol{p}\cdot\boldsymbol{\epsilon}_\lambda\, |n;\, \ell m\rangle\right|^2 \omega_k\, \mathrm{d}\Omega .$$

Zu diesem Ausdruck ist folgendes zu bemerken: Die Energie des Photons ist jetzt gleich der Differenz der Bindungsenergien von Anfangs- und

Endzustand,

$$\omega_k = \Delta E = E_n - E_{n-1} = -\frac{1}{2}\left(\frac{1}{n^2} - \frac{1}{(n-1)^2}\right)(Z\alpha)^2 m$$
$$= \frac{2n-1}{2n^2(n-1)^2}(Z\alpha)^2 m\,.$$

Über alle magnetischen Quantenzahlen m und m' wird inkohärent summiert, weil keine Messung der magnetischen Quantenzahl vorgenommen wird. Außerdem, da alle magnetischen Unterzustände des Anfangszustands gleich wahrscheinlich sind, wird durch den statistischen Faktor $(2\ell+1)$ geteilt.

In der Näherung langer Wellen ist $(\kappa r) \ll 1$, wir können die Exponentialfunktion durch 1 ersetzen, $\exp\{-\mathrm{i}\boldsymbol{k}\cdot\boldsymbol{x}\} \approx 1$. Das verbleibende Matrixelement des Impulsoperators kann man auf ein solches über den Ortsoperator zurückführen, wenn das Potential U mit $\boldsymbol{x}$ vertauscht. Mit

$$\left[\boldsymbol{p}^2, \boldsymbol{x}\right] = -2\mathrm{i}\,\boldsymbol{p}$$

lässt $\boldsymbol{p}$ sich durch den Kommutator von H_0 mit $\boldsymbol{x}$ ersetzen und es folgt

$$\left\langle n';\ell'm'\right|\boldsymbol{p}\left|n;\ell m\right\rangle = \mathrm{i}\,m\left\langle n';\ell'm'\right|[H_0,\boldsymbol{x}]\left|n;\ell m\right\rangle$$
$$= \mathrm{i}\,m\,(E_{n'}-E_n)\left\langle n';\ell'm'\right|\boldsymbol{x}\left|n;\ell m\right\rangle$$
$$= \mathrm{i}\,m\omega_k\left\langle n';\ell'm'\right|\boldsymbol{x}\left|n;\ell m\right\rangle\,.$$

Bevor wir das Matrixelement von $\boldsymbol{x}$ berechnen, werten wir die Summe über die Helizitäten des emittierten Photons aus (solange diese im Experiment nicht gemessen wird) und führen das Integral über den Raumwinkel aus. Das Matrixelement $\langle n';\ell'm'|\boldsymbol{x}|n;\ell m\rangle$ ist ein reeller Vektor über dem $\mathbb{R}^3$, den wir in Abb. 2.9 neben $\hat{\boldsymbol{k}}$ und den beiden Spinvektoren $\boldsymbol{\epsilon}_1$ und $\boldsymbol{\epsilon}_2$ auftragen. Es sei

$$\cos\theta_\lambda := \frac{\langle n';\ell'm'|\boldsymbol{x}|n;\ell m\rangle\cdot\boldsymbol{\epsilon}_\lambda}{|\langle n';\ell'm'|\boldsymbol{x}|n;\ell m\rangle|}\,.$$

Zerlegt man diese Funktionen nach den sphärischen Koordinaten der durch das Matrixelement von $\boldsymbol{x}$ definierten Richtung,

$$\cos\theta_1 = \sin\theta\cos\phi\,,\qquad \cos\theta_2 = \sin\theta\sin\phi$$

dann ist

$$\frac{\mathrm{d}W}{\mathrm{d}\Omega} = \frac{q^2\omega_k^3}{8\pi^2}\frac{1}{2\ell+1}\sum_{m,m'}\sum_{\lambda}\left|\left\langle n';\ell'm'\right|\boldsymbol{x}\left|n;\ell m\right\rangle\right|^2\cos^2\theta_\lambda$$
$$= \frac{q^2\omega_k^3}{8\pi^2}\frac{1}{2\ell+1}\sum_{m,m'}\left|\left\langle n';\ell'm'\right|\boldsymbol{x}\left|n;\ell m\right\rangle\right|^2\sin^2\theta\,.$$

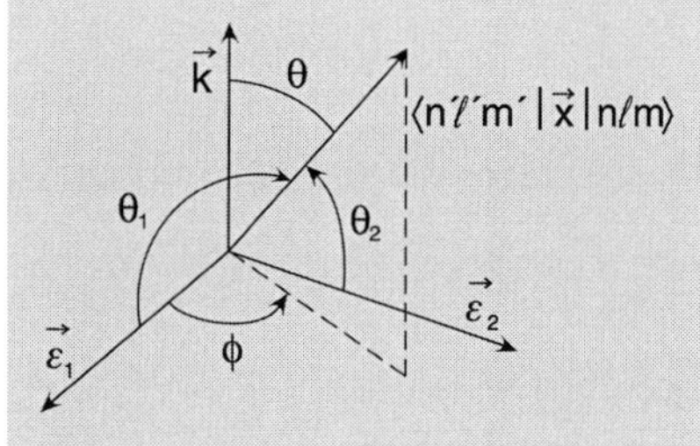

Abb. 2.9. Die Ausbreitungsrichtung des emittierten Photons, seine beiden möglichen Polarisationen und das Übergangsmatrixelement des Ortsoperators sind als Vektoren über dem Raum aufgetragen

Integriert man über den Raumwinkel, so ist

$$\int \mathrm{d}\Omega\ \sin^2\theta = 2\pi\int \mathrm{d}(\cos\theta)\ (1-\cos^2\theta) = \frac{8\pi}{3}\,.$$

Mit $q^2 = e^2 = 4\pi\alpha$, s. (2.18), folgt für die integrierte Wahrscheinlichkeit

$$W = \frac{4}{3}\alpha\omega_k^3 \frac{1}{2\ell+1} \sum_{m,m'} \left|\langle n'; \ell'm' | \boldsymbol{x} | n; \ell m\rangle\right|^2 . \tag{2.123}$$

Das verbleibende Matrixelement berechnet man auf allgemeine und transparente Weise mit Hilfe des Wigner-Eckart-Theorems und einiger Formeln der Drehimpulsalgebra wie folgt. Drückt man den Vektor $\boldsymbol{x}$ in der sphärischen Basis aus,

$$x_\mu = r\sqrt{\frac{4\pi}{3}}\, Y_{1\mu}(\theta, \phi) , \qquad \mu = 1, 0, -1 ,$$

so liefert das Wigner-Eckart-Theorem (1.72) den reellen Ausdruck

$$\langle n'; \ell'm' | r\sqrt{\frac{4\pi}{3}} Y_{1\mu} | n; \ell m\rangle$$

$$= \sqrt{\frac{4\pi}{3}} \langle n'; \ell' | r | n; \ell\rangle (-)^{\ell'-m'} \begin{pmatrix} \ell' & 1 & \ell \\ -m' & \mu & m \end{pmatrix} (\ell' \| Y_1 \| \ell) .$$

Berechnet man jetzt die Summen über das Absolutquadrat, so geben die beiden $3j$-Symbole aufgrund der Orthogonalitätsrelation (1.66) und bei Summation über m, m' und μ den Faktor 1 und es bleibt

$$\frac{1}{2\ell+1} \sum_{m,m'} \left|\langle n'; \ell'm' | \boldsymbol{x} | n; \ell m\rangle\right|^2 = \frac{1}{2\ell+1} \frac{4\pi}{3} \langle n'; \ell' | r | n; \ell\rangle^2 (\ell' \| Y_1 \| \ell)^2 .$$

Das reduzierte Matrixelement von Y_1 ist in der Formel (1.95) angegeben, die hier den Wert

$$(\ell' = \ell - 1 \| Y_1 \| \ell) = -\sqrt{\frac{3\ell}{4\pi}} ,$$

liefert. An dieser Stelle spezialisieren wir auf den Fall $n' = n - 1$, $\ell' = \ell - 1$ und erhalten

$$W = \frac{4}{3}\alpha\omega_k^3 \frac{\ell}{2\ell+1} \langle n-1; \ell-1 | r | n; \ell\rangle^2 , \tag{2.124}$$

oder, mit den richtigen Faktoren $\hbar$ und c,

$$W = \frac{4}{3}\alpha c \left(\frac{\Delta E}{\hbar c}\right)^3 \frac{\ell}{2\ell+1} \langle n-1; \ell-1 | r | n; \ell\rangle^2 .$$

Das radiale Matrixelement berechnet man mithilfe der Radialfunktionen des Wasserstoffatoms, s. Band 2, (1.155). Setzen wir $\ell = n - 1$ um alles als Funktion der Hauptquantenzahl n des Ausgangszustands auszudrücken, so finden wir

$$\langle n-1; n-2 | r | n; n-1\rangle = a_B \frac{2^{2n+1} n^{n+1} (n-1)^{n+2}}{(2n-1)^{2n} \sqrt{2(2n-1)(n-1)}} .$$

Setzt man alle Teilergebnisse zusammen, so folgt schließlich

$$\Gamma \equiv \hbar W(E1; n \to n-1) = \frac{2^{4n} n^{2n-4} (n-1)^{2n-2}}{3(2n-1)^{4n-1}} \alpha^5 mc^2 Z^4 . \tag{2.125}$$

Es lohnt sich, dieses Ergebnis etwas genauer zu analysieren und zu kommentieren:

Bemerkungen

1. Die mit $\hbar$ multiplizierte Übergangswahrscheinlichkeit pro Zeiteinheit ist die Breite des (instabilen) Zustands (n, ℓ), die zusammen mit der entsprechenden Größe des Endzustands die messbare *Linienbreite* des Übergangs ausmacht. Sie ist proportional zu Masse m. In sehr guter Näherung ist diese gleich der Masse des Elektrons. Ersetzt man das Elektron durch ein anderes und schwereres geladenes Teilchen wie dem Myon μ^- $(m_\mu/m_e = 206,77)$ oder dem Antiproton $\overline{p}$ $(m_{\bar{p}}/m_e = 1836)$, so nimmt die Breite im wesentlichen linear mit der Masse zu. Die Zeit, die das Teilchen für den Übergang benötigt, nimmt dementsprechend mit $1/m$ ab. Vergleicht man schwere mit leichten Atomen, d. h. große und kleine Werte der Kernladungszahl Z, dann sieht man, dass die Übergangszeiten in schweren Atomen um den Faktor $(Z_{\text{leicht}}/Z_{\text{schwer}})^4$ kürzer sind.
2. Um ein Gefühl für die Größenordnungen zu entwickeln, berechne man die mittlere Übergangszeit

$$\tau(E1; n \to n-1) = \frac{1}{W(E1; n \to n-1)}$$
$$\approx 1,867 \times 10^{-10} \frac{(2n-1)^{4n-1}}{2^{4n} n^{2n-4} (n-1)^{2n-2}} \frac{m_e}{m} Z^{-4} \text{ s} .$$

Für $(2p \to 1s)$ und $m = m_e$ findet man $\tau(E1; 2p \to 1s) \approx 1,59 \times 10^{-9}/Z^4$ s, während für ein Myon diese Zeit ca.zweihundertmal kürzer ist, $\tau(E1; 2p \to 1s) \approx 7,71 \times 10^{-12}/Z^4$ s. Damit kann man natürlich auch die gesamte Zeit abschätzen, die ein in einem Zustand mit hohem Wert von n eingefangenes Myon braucht, um die ganze Kaskade bis in den $1s$-Zustand zu durchlaufen.
3. Die Formel (2.125) erfährt noch eine Korrektur, die für Elektronen weitgehend vernachlässigbar ist[11], die für schwerere Teilchen aber wichtig werden kann und deren physikalischer Ursprung einleuchtend ist. Wenn das Atom einen spontanen E1-Übergang macht, bei dem ein Photon emittiert wird, dann tragen beide geladenen Partner, das Elektron (Ladung $q = -e$) und der Kern (Ladung Ze) zum elektrischen Dipolübergang bei. Beide bewegen sich relativ zum gemeinsamen Schwerpunkt. Als Konsequenz dieser Bemerkung muss der Dipoloperator wie folgt ersetzt werden

$$-e\boldsymbol{x} \longmapsto -e\left(1 + \frac{(Z-1)m}{m+m_A}\right)\boldsymbol{x} , \tag{2.126}$$

wo m_A die Masse des Kerns ist (s. Aufgabe 2.9).
4. Natürlich hätte man dieselbe Rechnung anhand der Multipolfelder (2.115) durchführen und dort die Näherung $(\kappa r) \ll 1$ einsetzen können. In der Tat ist das Ergebnis (2.124) ein Spezialfall einer allgemeinen

[11] Eine Ausnahme hiervon liegt vor, wenn man an Atomen mithilfe von Hochfrequenzmethoden Präzisionsmessungen durchführt, etwa um Strahlungskorrekturen der Quantenelektrodynamik nachzuweisen, und bei denen auch sehr kleine Korrekturen noch nachweisbar sind.

Formel für Eλ-Übergänge zwischen Zuständen mit Drehimpulsquantenzahlen (J_i, M_i) bzw. (J_f, M_f), in der Näherung langer Wellen (und einer ähnlichen Formel für magnetische Übergänge). Sie lautet

$$W(\mathrm{E}\lambda; n, J_i \to n', J_f) = 8\pi c\alpha \frac{\lambda+1}{\lambda(2\lambda+1)!!} \left(\frac{\Delta E}{\hbar c}\right)^{2\lambda+1} B(\mathrm{E}\lambda)\,, \tag{2.127}$$

wo die reduzierte Wahrscheinlichkeit $B(\mathrm{E}\lambda)$ das radiale Matrixelement und das Matrixelement über die Kugelfunktion enthält,

$$B(\mathrm{E}\lambda) = \frac{1}{2J_i+1} \sum_{M_i, M_f} \left| \langle J_f M_f | r^\lambda Y_{\lambda\mu} | J_i M_i \rangle \right|^2 \tag{2.128}$$

und wiederum mithilfe des Wigner Eckart-Theorems weiter behandelt werden kann.

5. Ganz ähnliche Ausdrücke gelten für magnetische Multipolübergänge, die auf die Wechselwirkung (2.117) und (2.118) zurückgehen. Es ist auch nicht schwer, die erhaltenen Ausdrücke zu modifizieren, wenn (κr) nicht mehr klein gegen 1 ist. In den Radialanteilen der Matrixelemente treten jetzt sphärische Bessel-Funktionen anstelle von $(\kappa r)^\ell/((2\ell+1)!!)$ auf.

2.4.3 Rayleigh- und Thomson-Streuung

Wir betrachten die Streuung eines Photons an einem Elektron,

$$\gamma(\boldsymbol{k}, \lambda) + e(i) \longrightarrow \gamma(\boldsymbol{k}', \lambda') + e(f)$$

bei kleinen Werten des Impulsübertrags $|\boldsymbol{k} - \boldsymbol{k}'|$ unter der Wirkung der Wechselwirkung (2.117). Der Einfachheit halber vernachlässigen wir einstweilen die Spinwechselwirkung (2.118). Dieser Prozess ist nicht nur ein schönes Anwendungsbeispiel für die Wechselwirkung des quantisierten Strahlungsfeldes mit Materie, er hat auch aus zwei Gründen eine grundsätzliche physikalische Bedeutung: Der Spezialfall der elastischen Streuung $\omega = \omega'$, $|f\rangle = |i\rangle$, die sogenannte *Rayleigh-Streuung,* liefert die Grundlage für die Erklärung der Blaufärbung des Tageshimmels und der Rotfärbung des Abendhimmels. Im Limes sehr kleiner Impulsüberträge erhalten wir den Wirkungsquerschnitt der sog. *Thomson-Streuung,* der proportional zu e^4 ist, wo $q = (-e)$ die *physikalische* Ladung des Elektrons ist. Dies ist deshalb von Bedeutung, weil die Quantenelektrodynamik zwischen der „nackten" Ladung und der messbaren Ladung unterscheidet. Sie ändert den in der ursprünglichen Lagrangedichte vorkommenden Parameter q_0 durch Strahlungskorrekturen ab derart, dass man in jeder Ordnung der Störungstheorie die physikalische – das ist die wirklich messbare – Ladung q erneut identifizieren muss. Gegenüber anderen Eichtheorien zeichnet sich die Quantenelektrodynamik dadurch aus, dass sie einen klassischen Limes besitzt, z. B. in der Form der Thomson-Streuung, der den numerischen Wert der Elementarladung (bei Impulsübertrag Null) festlegt. Man spricht von *Renormierung* der elektrischen Ladung, d. h. einer Veränderung des ursprünglichen Kopplungsparameters in der Wechselwirkung, zu der im Experiment bestimmbaren Größe. Diese Renormierung geschieht immer in Bezug auf eine feste, gegebene Energieskala μ, bei der die physikalische Ladung $q(\mu)$ gemessen wird. Die Bedeutung des Grenzfalls der Thomson-Streuung liegt darin, dass die Quantenelektrodynamik die Skala $\mu = 0$ als den klassischen Grenzfall auszeichnet.

Mit dieser physikalischen Motivation versehen verwenden wir – ein letztes Mal! – die unrelativistische Störungstheorie. Anfangs- und Endzustand des Elektrons bezeichnen wir summarisch mit $|i\rangle$ bzw. $|f\rangle$, seine virtuellen Zwischenzustände, soweit sie auftreten, mit $|n\rangle$. Die Energie des Photons vor bzw. nach der Streuung wird mit

$$\omega = |\boldsymbol{k}| \,, \quad \text{bzw.} \quad \omega' = |\boldsymbol{k}'|$$

bezeichnet.

In der *ersten* Ordnung der Störungstheorie kann nur der zweite Term auf der rechten Seite von (2.117) beitragen, denn nur dieser enthält zwei Feldoperatoren $\boldsymbol{A}$, von denen einer das einlaufende Photon vernichten, der andere das auslaufende Photon erzeugen muss. Die Terme $\boldsymbol{p} \cdot \boldsymbol{A}$ und $\boldsymbol{A} \cdot \boldsymbol{p}$ dagegen sind *linear* in $\boldsymbol{A}$ und tragen erst in *zweiter* Ordnung der Störungstheorie bei. Schaut man allerdings auf die Vorfaktoren, dann sieht man, dass beide Beiträge, der aus der ersten und der aus der zweiten Ordnung Störungstheorie, proportional zu $q^2 \equiv e^2$ sind. In der Entwicklung nach dem physikalisch relevanten Kopplungsparameter $\alpha = e^2/(4\pi)$ tragen sie daher auf demselben Niveau bei, in der Amplitude zur Ordnung α, bzw. im Wirkungsquerschnitt zur Ordnung α^2. Wir berechnen die beiden Anteile getrennt wie folgt.

1. Der Term in $\boldsymbol{A} \cdot \boldsymbol{A}$:
   Dies ist der „Seemöven"-Term, dem wir schon in Beispiel 2.1 und in Abb. 2.7 begegnet sind und den wir in Abb. 2.10a) wiederholen. Behalten wir von vorneherein nur Terme, die einen Erzeugungs- und einen

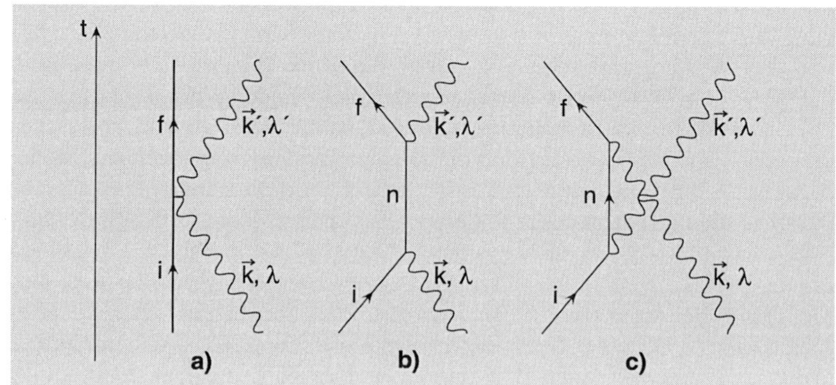

Abb. 2.10. (**a**) Die Zeit verläuft von unten nach oben; ein Photon wird absorbiert, ein anderes am selben Punkt emittiert; (**b**) und (**c**): die Beiträge zweiter Ordnung

Vernichtungsoperator enthalten, dann ist nach Einsetzen von (2.97)

$$\begin{aligned}
&\langle f;\boldsymbol{k}'\lambda'|\,\frac{e^2}{2m}\boldsymbol{A}\cdot\boldsymbol{A}\,|i;\boldsymbol{k}\lambda\rangle \equiv c^{(1)}(t)\\
&=\frac{e^2}{2m}\frac{1}{(2\pi)^3}\int\frac{\mathrm{d}^3q}{2\omega_q}\int\frac{\mathrm{d}^3p}{2\omega_p}\sum_{\alpha,\beta}\boldsymbol{\epsilon}_\alpha(\boldsymbol{q})\cdot\boldsymbol{\epsilon}_\beta(\boldsymbol{p})\\
&\quad\times\langle f;\boldsymbol{k}'\lambda'|\,c^\dagger_\alpha(\boldsymbol{q})c_\beta(\boldsymbol{p})\,\mathrm{e}^{\mathrm{i}(\omega_q-\omega_p)t}\,\mathrm{e}^{-\mathrm{i}(\boldsymbol{q}-\boldsymbol{p})\cdot\boldsymbol{x}}\\
&\quad+c_\alpha(\boldsymbol{q})c^\dagger_\beta(\boldsymbol{p})\,\mathrm{e}^{-\mathrm{i}(\omega_q-\omega_p)t}\,\mathrm{e}^{\mathrm{i}(\boldsymbol{q}-\boldsymbol{p})\cdot\boldsymbol{x}}\,|i;\boldsymbol{k}\lambda\rangle\\
&=\frac{e^2}{2m}\frac{1}{(2\pi)^3}\int\frac{\mathrm{d}^3q}{2\omega_q}\int\frac{\mathrm{d}^3p}{2\omega_p}\sum_{\alpha,\beta}\\
&\quad\times\left\{\delta(\boldsymbol{q}-\boldsymbol{k}')\delta_{\alpha\lambda'}\delta(\boldsymbol{p}-\boldsymbol{k})\delta_{\beta\lambda}+\delta(\boldsymbol{p}-\boldsymbol{k}')\delta_{\beta\lambda'}\delta(\boldsymbol{q}-\boldsymbol{k})\delta_{\alpha\lambda}\right\}\\
&\quad\times(2\omega_{k'})(2\omega_k)\,\mathrm{e}^{\mathrm{i}(\omega'-\omega)t}\,\langle f|\,\mathrm{e}^{-\mathrm{i}(\boldsymbol{k}'-\boldsymbol{k})\cdot\boldsymbol{x}}\,|i\rangle\,\boldsymbol{\epsilon}_{\lambda'}(\boldsymbol{k}')\cdot\boldsymbol{\epsilon}_\lambda(\boldsymbol{k})\,.
\end{aligned}$$

Wählen wir den Impulsübertrag $(\boldsymbol{k}-\boldsymbol{k}')$ so klein, dass die Exponentialfunktion $\mathrm{e}^{-\mathrm{i}(\boldsymbol{k}'-\boldsymbol{k})\cdot\boldsymbol{x}}\approx 1$ gesetzt werden kann, dann wird diese Formel sehr einfach. Mit $\langle f|i\rangle=\delta_{fi}$ folgt

$$c^{(1)}(t)=\langle f;\boldsymbol{k}'\lambda'|\,\frac{e^2}{2m}\boldsymbol{A}\cdot\boldsymbol{A}\,|i;\boldsymbol{k}\lambda\rangle=\frac{e^2}{m}\frac{1}{(2\pi)^3}\boldsymbol{\epsilon}_{\lambda'}(\boldsymbol{k}')\cdot\boldsymbol{\epsilon}_\lambda(\boldsymbol{k})\,\mathrm{e}^{\mathrm{i}(\omega'-\omega)t}\,\delta_{fi}\,.$$

Diese Näherung ist von praktischer Bedeutung, weil das Elektron in einem atomaren Zustand gebunden ist. Die Aussage, dass der Impulsübertrag klein ist entspricht der Feststellung, dass die Wellenlänge im Vergleich zu atomaren Dimensionen groß ist.

2. Die in $\boldsymbol{A}$ linearen Terme:
Auf der Basis der allgemeinen Formel (5.43) aus Band 2 und in derselben Näherung langer Wellen $\mathrm{e}^{-\mathrm{i}(\boldsymbol{k}'-\boldsymbol{k})\cdot\boldsymbol{x}}\approx 1$ wie oben, tragen diese Terme wie folgt bei

$$\begin{aligned}
c^{(2)}(t)&=(-\mathrm{i})^2\left(\frac{e}{m}\right)^2\frac{1}{(2\pi)^3}\int_0^t\mathrm{d}t_2\int_0^{t_2}\mathrm{d}t_1\,\sum\!\!\!\!\!\!\int\\
&\quad\times\Big\{\langle f|\,\boldsymbol{p}\cdot\boldsymbol{\epsilon}_{\lambda'}\,|n\rangle\;\mathrm{e}^{\mathrm{i}(E_f-E_n+\omega')t_2}\,\langle n|\,\boldsymbol{p}\cdot\boldsymbol{\epsilon}_\lambda\,|i\rangle\;\mathrm{e}^{\mathrm{i}(E_n-E_i-\omega)t_1}\\
&\quad+\langle f|\,\boldsymbol{p}\cdot\boldsymbol{\epsilon}_\lambda\,|n\rangle\;\mathrm{e}^{\mathrm{i}(E_f-E_n-\omega)t_2}\,\langle n|\,\boldsymbol{p}\cdot\boldsymbol{\epsilon}_{\lambda'}\,|i\rangle\;\mathrm{e}^{\mathrm{i}(E_n-E_i+\omega')t_1}\Big\}\\
&=\mathrm{i}\left(\frac{e}{m}\right)^2\frac{1}{(2\pi)^3}\int_0^t\mathrm{d}t_2\;\mathrm{e}^{\mathrm{i}(E_f-E_i+\omega'-\omega)t_2}\\
&\quad\times\sum\!\!\!\!\!\!\int\left\{\frac{\langle f|\boldsymbol{p}\cdot\boldsymbol{\epsilon}_{\lambda'}|n\rangle\langle n|\boldsymbol{p}\cdot\boldsymbol{\epsilon}_\lambda|i\rangle}{E_n-E_i-\omega}+\frac{\langle f|\boldsymbol{p}\cdot\boldsymbol{\epsilon}_\lambda|n\rangle\langle n|\boldsymbol{p}\cdot\boldsymbol{\epsilon}_{\lambda'}|i\rangle}{E_n-E_i+\omega'}\right\}.
\end{aligned}$$

Das „Summe/Integral“-Symbol steht für die Summe über diskrete und das Integral über kontinuierliche Zwischenzustände $|n\rangle$.

Beide Terme, $c^{(1)}(t)$ und $c^{(2)}(t)$, sind proportional zu $e^{i\widetilde{\omega}t}$ mit $\widetilde{\omega} = E_f + \omega' - E_i - \omega$, im ersten Fall mit $E_f = E_i$. Berechnet man jetzt die Übergangswahrscheinlichkeit pro Zeiteinheit, so muss man die Distribution

$$\frac{1}{t}\left|\int_0^t \mathrm{d}t'\ e^{i\widetilde{\omega}t}\right|^2 \equiv I(t, \widetilde{\omega})$$

für $t \to \infty$ auswerten. Wie in Band 2, Abschn. 5.2 gezeigt, ergibt dies die Distribution

$$2\pi\,\delta(\widetilde{\omega})\,,$$

die bei der Integration über die Energie ω' des auslaufenden Photons dafür sorgt, dass der Energiesatz erfüllt wird, $\widetilde{\omega} = 0$. Infolgedessen ist die Übergangswahrscheinlichkeit zur Ordnung e^4

$$\frac{\mathrm{d}W}{\mathrm{d}\Omega} = 2\pi \int \mathrm{d}\omega'\ \left|c^{(1)} + c^{(2)}\right|^2 \delta(E_f + \omega' - E_i - \omega)\rho(\omega')\,,$$

wo $\rho(\omega') = \omega'/2$ wie zuvor die Dichte der photonischen Endzustände ist. Normiert man diese differentielle Wahrscheinlichkeit auf den einfallenden Fluss von Photonen, d. h. dividiert man durch den Flussfaktor

$$\frac{2\omega}{(2\pi)^3}\,,$$

der aus der kovarianten Normierung folgt[12], so wird daraus ein differentieller Wirkungsquerschnitt, der folgende Gestalt hat

$$\frac{\mathrm{d}\sigma}{\mathrm{d}\Omega} = \left(\frac{e^2}{4\pi m}\right)^2 \left(\frac{\omega'}{\omega}\right) \left|\delta_{fi}\,\boldsymbol{\epsilon}_{\lambda'}(\boldsymbol{k}')\cdot\boldsymbol{\epsilon}_{\lambda}(\boldsymbol{k}) - \frac{1}{m}\sum\!\!\!\!\!\!\int \left(\frac{\langle f|\boldsymbol{p}\cdot\boldsymbol{\epsilon}_{\lambda'}|n\rangle\langle n|\boldsymbol{p}\cdot\boldsymbol{\epsilon}_{\lambda}|i\rangle}{E_n - E_i - \omega} + \frac{\langle f|\boldsymbol{p}\cdot\boldsymbol{\epsilon}_{\lambda}|n\rangle\langle n|\boldsymbol{p}\cdot\boldsymbol{\epsilon}_{\lambda'}|i\rangle}{E_n - E_i + \omega'}\right)\right|^2 . \tag{2.129}$$

Diese Formel geht auf Kramers und Heisenberg zurück. Die beiden letzten Terme auf der rechten Seite von (2.129) sind anhand des Bildes in Abb. 2.10b) und c) leicht zu interpretieren: Der erste von ihnen enthält im Nenner die Differenz der Energie des Zwischenzustands (Elektron im Zustand $|n\rangle$, kein Photon) und der Energie des Anfangszustands (Elektron in $|i\rangle$, einlaufendes Photon), $E_n - (E_i + \omega)$. Im zweiten von ihnen besteht der Zwischenzustand aus dem Elektron in $|n\rangle$, dem einlaufenden und dem auslaufenden Photon. Die Energiedifferenz (Zwischenzustand – Anfangszustand) ist

$$(E_n + \omega + \omega') - (E_i + \omega) = E_n - E_i + \omega'\,,$$

in Übereinstimmung mit den Formeln der Störungstheorie zweiter Ordnung.

[12] Dieser Flussfaktor wäre 1, wenn die Wellenfunktion einfach $e^{i\boldsymbol{k}\cdot\boldsymbol{x}}$ wäre. Verwendet man die kovariant normierten ebenen Wellen (2.19) mit der Eigenschaft (2.20), dann ist er $2E_k/(2\pi)^3$.

Diese wichtige Formel wird in den nun folgenden Bemerkungen analysiert und für einige konkrete Situationen spezialisiert.

Bemerkungen

1. Der erste, konstante Vorfaktor hat die physikalische Dimension (Länge)^2. Ergänzt um die richtigen Faktoren $\hbar$ und c und unter Berücksichtigung der Tatsache, dass e^2 hier in natürlichen Einheiten erscheint, ist

$$r_0 := \frac{e^2}{4\pi m} \widehat{=} \alpha \frac{\hbar}{mc} = 2,82\,\text{fm} = 2,82 \times 10^{-15}\,\text{m}\,. \tag{2.130}$$

Diese Länge wird in der älteren Literatur *klassischer Elektronenradius* genannt.

2. Rayleigh-Streuung ist per Definition die *elastische* Streuung, wo $|f\rangle = |i\rangle$, $E_f = E_i$ und $\omega' = \omega$ gilt. Um die Kramers Heisenberg-Formel (2.129) auf diesen Fall zuzuschneiden, benutzen wir die Vollständigkeitsrelation

$$\mathbb{1} = \sum\!\!\!\!\!\!\int |n\rangle\,\langle n|$$

um den ersten Term in $|\ldots|^2$ auf eine Form zu bringen, die dem zweiten Term ähnlich ist. Außerdem benutzen wir die Kommutatoren

$$\left[x_i, p_j\right] = \mathrm{i}\,\delta_{ij}\,, \quad \left[\boldsymbol{p}^2, \boldsymbol{x}\right] = -2\mathrm{i}\,\boldsymbol{p}\,,$$

um Matrixelemente des Impulses in solche des Orts und umgekehrt umzurechnen,

$$\langle b|\,\boldsymbol{p}\,|a\rangle = \mathrm{i}\,m(E_b - E_a)\,\langle b|\,\boldsymbol{x}\,|a\rangle\,,$$

s. Beispiel 2.2 oben. Auf diese Weise folgt zunächst

$$\begin{aligned}\boldsymbol{\epsilon}_{\lambda'} \cdot \boldsymbol{\epsilon}_\lambda &= \frac{1}{\mathrm{i}} \sum\!\!\!\!\!\!\int \left\{\langle i|\,\boldsymbol{x}\cdot\boldsymbol{\epsilon}_{\lambda'}\,|n\rangle\,\langle n|\,\boldsymbol{p}\cdot\boldsymbol{\epsilon}_\lambda\,|i\rangle - \langle i|\,\boldsymbol{p}\cdot\boldsymbol{\epsilon}_{\lambda'}\,|n\rangle\,\langle n|\,\boldsymbol{x}\cdot\boldsymbol{\epsilon}_\lambda\,|i\rangle\right\} \\ &= \frac{2}{m} \sum\!\!\!\!\!\!\int \frac{1}{\omega_{ni}}\,\langle i|\,\boldsymbol{p}\cdot\boldsymbol{\epsilon}_{\lambda'}\,|n\rangle\,\langle n|\,\boldsymbol{p}\cdot\boldsymbol{\epsilon}_\lambda\,|i\rangle\,,\end{aligned}$$

mit $\omega_{ni} := E_n - E_i$. Jetzt lassen sich die beiden Terme zwischen den Absolutstrichen auf der rechten Seite von (2.129) zusammenfassen, mit dem Ergebnis

$$\begin{aligned}&\delta_{fi}\,\boldsymbol{\epsilon}_{\lambda'} \cdot \boldsymbol{\epsilon}_\lambda - \frac{1}{m} \sum\!\!\!\!\!\!\int \left(\frac{\langle f|\boldsymbol{p}\cdot\boldsymbol{\epsilon}_{\lambda'}|n\rangle\langle n|\boldsymbol{p}\cdot\boldsymbol{\epsilon}_\lambda|i\rangle}{\omega_{ni} - \omega} + \left\{\omega \leftrightarrow -\omega, \lambda \leftrightarrow \lambda'\right\}\right) \\ &= -\frac{1}{m} \sum\!\!\!\!\!\!\int \left(\frac{\omega\,\langle f|\boldsymbol{p}\cdot\boldsymbol{\epsilon}_{\lambda'}|n\rangle\langle n|\boldsymbol{p}\cdot\boldsymbol{\epsilon}_\lambda|i\rangle}{\omega_{ni}(\omega_{ni} - \omega)} + \left\{\omega \leftrightarrow -\omega, \lambda \leftrightarrow \lambda'\right\}\right).\end{aligned}$$

In der angenommenen Näherung ist $\omega \ll \omega_{ni}$ und somit

$$\frac{\omega}{\omega_{ni}(\omega_{ni} \mp \omega)} \approx \frac{\omega}{\omega_{ni}^2}\left(1 \pm \frac{\omega}{\omega_{ni}}\right).$$

Die 1 in den runden Klammern trägt aufgrund der Vollständigkeitsrelation nicht bei, denn es ist

$$\begin{aligned}
&\sum\!\!\!\!\!\!\int \frac{1}{\omega_{ni}^2}\left(\langle i|\,\boldsymbol{p}\cdot\boldsymbol{\epsilon}_{\lambda'}\,|n\rangle\,\langle n|\,\boldsymbol{p}\cdot\boldsymbol{\epsilon}_{\lambda}\,|i\rangle - \langle i|\,\boldsymbol{p}\cdot\boldsymbol{\epsilon}_{\lambda}\,|n\rangle\,\langle n|\,\boldsymbol{p}\cdot\boldsymbol{\epsilon}_{\lambda'}\,|i\rangle\right)\\
&= m^2 \sum\!\!\!\!\!\!\int \left(\langle i|\,\boldsymbol{x}\cdot\boldsymbol{\epsilon}_{\lambda'}\,|n\rangle\,\langle n|\,\boldsymbol{x}\cdot\boldsymbol{\epsilon}_{\lambda}\,|i\rangle - \langle i|\,\boldsymbol{x}\cdot\boldsymbol{\epsilon}_{\lambda}\,|n\rangle\,\langle n|\,\boldsymbol{x}\cdot\boldsymbol{\epsilon}_{\lambda'}\,|i\rangle\right)\\
&= m^2\,\langle i|\,[(\boldsymbol{x}\cdot\boldsymbol{\epsilon}_{\lambda'}),(\boldsymbol{x}\cdot\boldsymbol{\epsilon}_{\lambda})]\,|i\rangle = 0\,.
\end{aligned}$$

Der nächste Term der Entwicklung liefert schon das Resultat

$$\begin{aligned}
&\left.\frac{\mathrm{d}\sigma}{\mathrm{d}\Omega}\right|_{\text{Rayleigh}} =\\
&= \left(\frac{r_0}{m}\right)^2\omega^4\left|\sum\!\!\!\!\!\!\int \frac{1}{\omega_{ni}^3}\left(\langle i|\,\boldsymbol{p}\cdot\boldsymbol{\epsilon}_{\lambda'}\,|n\rangle\,\langle n|\,\boldsymbol{p}\cdot\boldsymbol{\epsilon}_{\lambda}\,|i\rangle + \langle i|\,\boldsymbol{p}\cdot\boldsymbol{\epsilon}_{\lambda}\,|n\rangle\,\langle n|\,\boldsymbol{p}\cdot\boldsymbol{\epsilon}_{\lambda'}\,|i\rangle\right)\right|^2\\
&= (m r_0)^2\omega^4\left|\sum\!\!\!\!\!\!\int \frac{1}{\omega_{ni}}\left(\langle i|\,\boldsymbol{x}\cdot\boldsymbol{\epsilon}_{\lambda'}\,|n\rangle\,\langle n|\,\boldsymbol{x}\cdot\boldsymbol{\epsilon}_{\lambda}\,|i\rangle + \langle i|\,\boldsymbol{x}\cdot\boldsymbol{\epsilon}_{\lambda}\,|n\rangle\,\langle n|\,\boldsymbol{x}\cdot\boldsymbol{\epsilon}_{\lambda'}\,|i\rangle\right)\right|^2 .
\end{aligned}\tag{2.131}$$

Diese wichtige Formel bildet die Grundlage für die Erklärung der Färbung des Himmels. Die Atmosphäre enthält farblose Gase, d. h. Gasatome, deren typische Übergangsfrequenzen ω_{ni} im Ultravioletten liegen. Wenn wir andererseits von den Farben des Himmels reden, dann meinen wir Wellenlängen λ im sichtbaren Bereich, die bekanntlich wesentlich größer als die der UV-Linien sind. Für die Frequenzen gilt also $\omega \ll \omega_{ni}$, die Rayleigh-Formel ist auf die Atmosphäre anwendbar. Die physikalisch wesentliche Aussage ist, dass

$$\left.\frac{\mathrm{d}\sigma}{\mathrm{d}\Omega}\right|_{\text{Rayleigh}} \propto \frac{1}{\lambda^4}$$

ist, d. h. Licht mit großer Wellenlänge wird weniger stark gestreut als Licht mit kleiner Wellenlänge. Schauen wir in der Mittagszeit in den Himmel, aber nicht gerade direkt in die Sonne, dann sehen wir überwiegend das an den Luftmolekülen gestreute Licht, das bevorzugt kurzwellig, d. h. *blau* ist. Am Abend oder Morgen, wenn die Sonne über dem Horizont steht, besteht keine ernste Gefahr mehr, direkt zur Sonne zu schauen. Das Licht der Sonne durchläuft wegen des tangentialen Einfalls eine wesentlich größere Schicht Luft als wenn sie im Zenith steht. Auf dem Weg durch die Luft werden aus ihrem Spektrum überwiegend die Blautöne herausgestreut, das was für uns Betrachter übrigbleibt, ist *rot* gefärbt. Eos wird also zu Recht Göttin der Morgen*röte* genannt.

3. Der andere Grenzfall der elastischen Streuung liegt vor, wenn die Wellenlänge des gestreuten Lichts sehr klein im Vergleich zur räumlichen Ausdehnung des streuenden Atoms ist, $\lambda \ll d$, d. h. wenn $\omega \gg \omega_{ni}$ ist. Es ist dann auch

$$\omega \gg \frac{\langle n|\boldsymbol{p}|i\rangle^2}{2m}\,,$$

woran man sieht, dass der zweite Term auf der rechten Seite von (2.129) gegenüber dem ersten vernachlässigbar wird. Die Streuamplitude ist jetzt praktisch ausschließlich durch den „Seemöven“graphen der Abb. 2.10a) gegeben,

$$f \approx r_0 \delta_{fi} \epsilon_{\lambda'} \cdot \epsilon_\lambda ,$$

der daraus folgende Wirkungsquerschnitt beschreibt die Thomson-Streung

$$\left(\frac{\mathrm{d}\sigma}{\mathrm{d}\Omega}\right)\bigg|_{\text{Thomson}} = r_0^2 \, |\epsilon_{\lambda'} \cdot \epsilon_\lambda|^2 \, . \tag{2.132}$$

Wie wir schon eingangs betont haben ist dies eine experimentelle Möglichkeit, die physikalische elektrische Ladung bzw. die Feinstrukturkonstante $\alpha(0)$ bei der Referenzskala $\mu = 0$ zu bestimmen.

4. Nach der Analyse dieser zwei Grenzfälle stellt sich die Frage, wie die elastische oder inelastische Streuung zu beschreiben ist, wenn das streuende Licht eine der für das streuende Atom charakteristischen Frequenzen überstreicht, d. h. wenn $\omega \approx \omega_{ni}$ ist. Man spricht in diesem Fall von *Resonanzstreuung* oder *Resonanzfluoreszenz*. Die Formel (2.129) von Kramers und Heisenberg kann hier nicht mehr ganz richtig sein, denn der zweite Term auf der rechten Seite hat bei jeder Konstellation $\omega = E_n - E_i$ einen Pol. Während der Grundzustand $|i\rangle$ als stabil angesehen werden kann, muss in diesem Fall berücksichtigt werden, dass der angeregte Zustand $|n\rangle$ durch die Möglichkeit der spontanen Emission, durch den Doppler-Effekt und, je nach Dichte des streuenden Gases, durch atomare Stöße eine gewisse Unschärfe der Energie erhält. Wenn Γ_n die dadurch verursachte Breite des Zustands $|n\rangle$ ist, dann heißt dies, dass man den Nenner dieses Terms wie folgt ersetzen muss

$$E_n - E_i - \omega \longmapsto (E_n - \mathrm{i}\,\Gamma_n/2) - E_i - \omega \, . \tag{2.133}$$

Dieser Zusatzterm, der in den oben behandelten Grenzfällen völlig vernachlässigbar ist, gibt eine pauschale Beschreibung der Strahlungsdämpfung. Mehr zum Phänomen der Resonanzfluoreszenz und zu anderen Spezialfällen der Kramers Heisenberg-Formel findet man bei [Sakurai (1984)].

2.5 Kovariante Quantisierung des Maxwell-Feldes

In diesem Abschnitt kehren wir zu den Bemerkungen des Abschnitts 2.3.3 zurück und arbeiten die dort skizzierte Alternative einer manifest kovarianten Quantisierung der Elektrodynamik aus. Die Grundgedanken dieses Zugangs ebenso wie seine etwas überraschenden Eigenschaften sind nicht schwer zu verstehen. Da er die Grundlage für die kovariante Störungstheorie der Quantenelektrodynamik und für die Technik der Feynman-Diagramme bereitstellt, sollte man ihn nicht außer Acht lassen. Einige formale Aspekte, die zwar zu einem tieferen Verständnis beitragen, für die Praxis aber nicht so wesentlich sind, habe ich mit einem Stern gekennzeichnet. Man kann sie im ersten Anlauf überspringen ohne in der weiteren Entwicklung stecken zu bleiben.

2.5.1 Eichfixierung und Quantisierung

Die erste Schwierigkeit, in die eine naive Anwendung der kanonischen Quantisierung der Maxwell-Theorie führte, war das Verschwinden des zu $A_0(x)$ kanonisch konjugierten Impulses, s. (2.88). In Abschn. 2.3 wurde sie dadurch umgangen, dass über die Eichfreiheit der klassischen, noch nicht quantisierten Theorie in einer sehr speziellen Weise verfügt wurde: Einerseits wurde die Eichbedingung (2.93) verlangt, d. h. $\nabla \cdot \boldsymbol{A} = 0$, die die physikalischen, transversalen Freiheitsgrade herausfiltert. Andererseits wurde im Vakuum, d. h. außerhalb aller Quellen, das Potential $A_0(x)$ auf Null gesetzt, so dass der pathologische Freiheitsgrad ganz aus der Theorie verschwand. Die freie Theorie und die Wechselwirkung mit der Materie zerfielen damit in einen Anteil, der nur transversale – jetzt quantisierte – Felder enthielt und die instantane, nichtquantisierte Coulombwechselwirkung.

Da offenbar schon die Lorenz-Bedingung (2.91) mit Vorsicht zu behandeln ist, liegt es nahe, sie auf dem Niveau der klassischen Theorie nicht vorauszusetzen, sondern sie erst nach der Quantisierung als Nebenbedingung an die physikalisch realisierbaren Zustände der Theorie zu fordern. Dies kann so geschehen, dass man das Verschwinden der Divergenz $\partial_\mu A^\mu(x)$ zunächst nicht voraussetzt und sie statt dessen wie ein Skalarfeld ohne kinetische Energie in die Lagrangedichte einführt, d.h. (2.85) ersetzt durch

$$\mathcal{L}(A^\alpha, \partial_\mu A^\alpha, j^\mu) := -\frac{1}{4} F_{\mu\nu}(x) F^{\mu\nu}(x) - j_\mu(x) A^\mu(x) - \frac{1}{2} \Lambda \left(\partial_\mu A^\mu(x)\right)^2 . \tag{2.134}$$

Der Vorfaktor soll reell und positiv sein, $\Lambda \in \mathbb{R}^+ \setminus \{0\}$. Die Bewegungsgleichungen, die aus (2.134) als Euler-Lagrange-Gleichungen folgen, ersetzen (2.92) durch

$$\Box A^\mu(x) - (1 - \Lambda) \partial^\mu \left(\partial_\nu A^\nu(x)\right) = j^\mu(x) . \tag{2.135}$$

Diese Gleichung hat eine unmittelbare, interessante Konsequenz. Setzt man voraus, dass $A_\mu(x)$ mindestens C^3 ist und beachtet die Kontinuitätsgleichung $\partial_\mu j^\mu(x) = 0$, dann gibt die Divergenz der Gleichung (2.135)

$$\Box \partial_\mu A^\mu - (1 - \Lambda) \Box \left(\partial_\nu A^\nu(x)\right) = \Lambda \Box \left(\partial_\nu A^\nu(x)\right) = 0 . \tag{2.136}$$

Die Divergenz $\partial_\nu A^\nu(x)$ erfüllt die Klein-Gordon-Gleichung zur Masse Null. Obwohl wir es mit einer wechselwirkenden Theorie zu tun haben, ist $(\partial_\nu A^\nu(x))$ ein masseloses, *freies* Skalarfeld.

Bildet man jetzt im Blick auf die Quantisierung die zu A_μ kanonisch-konjugierten Impulse π^μ, so ist keiner von diesen identisch Null,

$$A_\mu(x) \longleftrightarrow \pi^\mu(x) = -F^{0\mu} - \Lambda g^{\mu 0}\left(\partial_\nu A^\nu(x)\right) = F^{\mu 0} - \Lambda g^{\mu 0}\left(\partial_\nu A^\nu(x)\right) . \tag{2.137}$$

Nach den Regeln der kanonischen Quantisierung, Postulat 2.1, postuliert man

$$\left[A_\mu(x), \pi^\nu(y)\right]_{x^0=y^0} = \mathrm{i}\,\delta_\mu^\nu \delta(\boldsymbol{x}-\boldsymbol{y}) ,$$

oder, wenn der kovariante Index μ mittels des metrischen Tensors in einen kontravarianten verwandelt wird,

$$\left[A^\mu(x), \pi^\nu(y)\right]_{x^0=y^0} = \mathrm{i}\,g^{\mu\nu}\delta(\boldsymbol{x}-\boldsymbol{y}) . \tag{2.138}$$

Diese Kommutatoren werden durch die Kommutatoren der Felder untereinander sowie der Impulse untereinander ergänzt,

$$\left[A^\mu(x), A^\nu(y)\right]_{x^0=y^0} = 0 = \left[\pi^\mu(x), \pi^\nu(y)\right]_{x^0=y^0} . \tag{2.139}$$

Aus den Postulaten (2.138) und (2.139) folgen Kommutationsregeln zwischen den nach der Zeit abgeleiteten Feldern und zwischen diesen und den Feldern selber. Sie lauten

$$\begin{aligned}
\left[\dot{A}^\mu(x), \dot{A}^k(y)\right]_{x^0=y^0} &= \mathrm{i}\,g^{\mu 0}\frac{\Lambda-1}{\Lambda}\partial_x^k\delta(\boldsymbol{x}-\boldsymbol{y}) ,\\
\left[\dot{A}^\mu(x), A^\nu(y)\right]_{x^0=y^0} &= \mathrm{i}\,g^{\mu\nu}\left(1+\frac{1-\Lambda}{\Lambda}g_{\mu 0}\right)\delta(\boldsymbol{x}-\boldsymbol{y}) .
\end{aligned} \tag{2.140}$$

Dies zeigt man wie folgt: Der Einfachheit halber sei die Indizierung „$x^0 = y^0$“ vorübergehend weggelassen. Aus (2.139) folgt, dass auch alle räumlichen Ableitungen der Felder kommutieren,

$$[\partial^i A^\mu, \partial^j A^\nu] = 0 .$$

Dies und die Ausdrücke für π^0 und π^i

$$\begin{aligned}
\pi^0 &= -\Lambda(\dot{A}^0 - \sum_j \partial^j A^j) ,\\
\pi^i &= F^{i0} = \partial^i A^0 - \partial^0 A^i \equiv \partial^i A^0 - \dot{A}^i
\end{aligned}$$

benutzt man bei den nun folgenden Rechnungen,

$$\begin{aligned}
&[A^0, \pi^0] = -\Lambda[A^0, \dot{A}^0] = \mathrm{i}\,\delta(\boldsymbol{x}-\boldsymbol{y}) , \quad [A^0, \pi^i] = -[A^0, \dot{A}^i] = 0 ,\\
&[A^i, \pi^0] = -\Lambda[A^i, \dot{A}^0] = 0 , \quad [A^k, \pi^i] = -[A^k, \dot{A}^i] = \mathrm{i}\,g^{ik}\delta(\boldsymbol{x}-\boldsymbol{y}) .
\end{aligned}$$

Die Kommutatoren zwischen $\dot{A}^\mu$ und $\dot{A}^\nu$ werden in ähnlicher Weise bestätigt. So folgt aus $[\pi^0, \pi^i] = 0$

$$\begin{aligned}
0 &= [\dot{A}^0 - \sum_j \partial^j A^j, \partial^i A^0 - \dot{A}^i] \\
&= [\dot{A}^0, \partial^i A^0] + [\sum_j \partial^j A^j, \dot{A}^i] - [\dot{A}^0, \dot{A}^i] \\
&= \left(\frac{1}{\Lambda} \mathrm{i}\partial_y^i + \mathrm{i} \sum_j \delta^{ij} \partial_x^j \right) \delta(\boldsymbol{x}-\boldsymbol{y}) - [\dot{A}^0, \dot{A}^i] \\
&= \mathrm{i} \frac{\Lambda - 1}{\Lambda} \partial_x^i \delta(\boldsymbol{x}-\boldsymbol{y}) - [\dot{A}^0, \dot{A}^i] \,.
\end{aligned}$$

In derselben Weise zeigt man schließlich noch die Implikation

$$[\pi^i, \pi^k] = 0 \quad \Longrightarrow \quad [\dot{A}^i, \dot{A}^k] = 0 \,.$$

Damit sind alle Kommutatoren (2.140) gezeigt. Von diesen ist die zweite Gruppe besonders interessant die besagt, dass

$$\begin{aligned}
\left[\dot{A}^0(x), A^0(y)\right]_{x^0=y^0} &= +\mathrm{i}\,\frac{1}{\Lambda}\delta(\boldsymbol{x}-\boldsymbol{y}) \,, \\
\left[\dot{A}^i(x), A^k(y)\right]_{x^0=y^0} &= -\mathrm{i}\,\delta^{ik}\,\delta(\boldsymbol{x}-\boldsymbol{y})
\end{aligned}$$

gilt. Vergleicht man mit (2.26),

$$\left[\dot{\Phi}(x), \Phi(y)\right]_{x^0=y^0} = -\mathrm{i}\,\delta(\boldsymbol{x}-\boldsymbol{y}) \,,$$

so sieht es so aus, als habe der Kommutator zwischen $\dot{A}^0$ und A^0 das falsche Vorzeichen, oder, anders ausgedrückt, als seien hier Feld und kanonischer Impuls vertauscht! Die Bedeutung dieses Vorzeichens wird weiter unten geklärt.

2.5.2 Normalmoden und Ein-Photon-Zustände

Entwickeln wir jetzt die vier Feldoperatoren A_μ nach ebenen Wellen und Erzeugungs- und Vernichtungsoperatoren, dann benötigen wir auch vier Polarisationsrichtungen $\epsilon_\mu^{(\lambda)}(k)$, $\lambda = 0, 1, 2, 3$. Um diese zu konstruieren greifen wir auf die Analyse masseloser Teilchen im Rahmen der Poincaré-Gruppe aus Kap. 1 zurück und verwenden die dort gegebene Basis $n^{(\alpha)}$. Es sei

$$\begin{aligned}
&\epsilon^{(0)}(k) \equiv t \,, \quad \text{mit} \quad t^2 = 1, t^0 > 0 \,; \\
&\epsilon^{(1)}(k) = n^{(1)}, \ \epsilon^{(2)}(k) = n^{(2)} \,, \quad \text{mit} \quad \epsilon^{(i)}(k) \cdot \epsilon^{(j)}(k) = -\delta^{ij} \,, \ i, j = 1, 2 \,; \\
&\epsilon^{(3)}(k) = \frac{1}{(k \cdot t)} k - t \,.
\end{aligned}$$

Sie erfüllen die Orthogonalitäts- bzw. Vollständigkeitsrelationen (1.134) und (1.135), d. h.

$$(\epsilon^{(\lambda)} \cdot \epsilon^{(\lambda')}) = g^{\lambda\lambda'} , \tag{2.141}$$

$$\epsilon_\mu^{(\lambda)} g_{\lambda\lambda'} \epsilon_\nu^{(\lambda')} = g_{\mu\nu} . \tag{2.142}$$

Die Polarisationen $\epsilon^{(1)}(k)$ und $\epsilon^{(2)}(k)$ sind zu k und t orthogonal, $(\epsilon^{(i)} \cdot t) = 0 = (\epsilon^{(i)} \cdot k)$ für $i = 1, 2$, und entsprechen den transversalen Polarisationen des Abschnitts 2.3.4. Die Polarisationen $\epsilon^{(0)}$ und $\epsilon^{(3)}$ werden *zeitartig* bzw. *longitudinal* genannt, ihre Summe ist proportional zu k,

$$\epsilon_\mu^{(0)}(k) + \epsilon_\mu^{(3)}(k) = \frac{1}{(k \cdot t)} k_\mu .$$

Für die Feldoperatoren A_μ bietet sich eine zu (2.31) und (2.97) analoge Entwicklung nach einem vollständigen Basissystem, hier beispielsweise ebenen Wellen, an,

$$A_\mu(x) = \frac{1}{(2\pi)^{3/2}} \int \frac{\mathrm{d}^3 k}{2\omega_k} \sum_{\lambda=0}^{3} \left\{ \epsilon_\mu^{(\lambda)}(k) c^{(\lambda)}(k) \mathrm{e}^{-ikx} + \text{h.c.} \right\} , \tag{2.143}$$

wo h.c. den zum ersten Term hermitesch konjugierten Term abkürzt. Dieser negative Frequenzanteil enthält neben den Operatoren $c^{(\lambda)\dagger}(k)$ die Polarisationen $\epsilon_\mu^{(\lambda)*}$ (wobei die komplexe Konjugation dann von Bedeutung ist, wenn anstelle der reellen kartesischen, im $\mathbb{R}^3$ eine sphärische Basis verwendet wird). Wir verwenden wieder die kovariante Normierung, bei der das Volumenelement im Impulsraum $\mathrm{d}^3 k/(2\omega_k)$ ist und $\omega_k = |\boldsymbol{k}|$ die Energie des Photons ist. Setzt man diesen Ansatz in die postulierten Kommutatoren ein, so findet man in jetzt schon gewohnter Weise

$$\left[c^{(\lambda)}(k), c^{(\lambda')\dagger}(k') \right] = -2\omega_k \, g^{\lambda\lambda'} \delta(\boldsymbol{k} - \boldsymbol{k}') , \tag{2.144}$$

$$\left[c^{(\lambda)}(k), c^{(\lambda')}(k') \right] = 0 . \tag{2.145}$$

Die Interpretation der Operatoren $c^{(\lambda)\dagger}(k)$ und $c^{(\lambda)}(k)$ folgt rein formal aus der in Abschn. 2.1.5 durchgeführten Analyse: der erste von ihnen erzeugt ein Photon im Zustand mit Impuls k und Polarisation λ, der zweite vernichtet ein Photon im selben Zustand. Während aber in den transversalen Moden $\lambda = 1$ und $\lambda = 2$ die physikalischen Photonen des Abschnitts 2.3 wiederkehren, sind die *skalaren Photonen* mit $\lambda = 0$ und die *longitudinalen Photonen* mit $\lambda = 3$ unphysikalische Freiheitsgrade. Die Polarisationen $\lambda = 1, 2, 3$ geben mit $g^{ii} = -1$ das „richtige" Vorzeichen auf der rechten Seite von (2.144), bei $\lambda = 0$ steht da ein Minuszeichen.

Aus den Kommutationsregeln für die Erzeugungs- und Vernichtungsoperatoren leitet man schließlich noch den Kommutator von $A_\mu(x)$ und $A_\nu(y)$ an beliebigen Raum-Zeitpunkten x und y ab. Man findet

$$\left[A_\mu(x), A_\nu(y) \right] = -\mathrm{i} \, g_{\mu\nu} \Delta_0(x - y; m = 0) . \tag{2.146}$$

Auch an diesem Ergebnis sieht man noch einmal, dass die Lorenz-Bedingung nicht mit der postulierten Quantisierungsvorschrift konsistent ist. Aus (2.146) folgt nämlich

$$\left[\partial^\mu A_\mu(x),\, A_\nu(y)\right] = -\mathrm{i}\,\partial_\nu \Delta_0(x-y; m=0) \neq 0\,.$$

Der Kommutator (2.146) ist proportional zur kausalen Distribution (2.56), verschwindet also immer dann, wenn x und y raumartig zueinander liegen. Für Raumindizes $\mu = \nu = j$ hat die rechte Seite von (2.146) einschließlich des Vorzeichens die Form der Gleichung (2.57), die im Fall des reellen Skalarfeldes gilt. Für $\mu = \nu = 0$ hat sie das entgegengesetzte Vorzeichen. Die Bedeutung dieses Vorzeichens sieht man am besten an einem Beispiel: Ein skalares Photon befinde sich im Zustand

$$\left|\lambda = 0, \widetilde{f}\right\rangle = \int \frac{\mathrm{d}^3 k}{2\omega_k} \widetilde{f}(k) c^{(0)\dagger}(k) \left|0\right\rangle \,,$$

wo $\widetilde{f}(k)$ eine L^2-integrable Funktion sei. Das Normquadrat dieses Zustands ist

$$\begin{aligned}\left\langle\lambda = 0, \widetilde{f}\middle|\lambda = 0, \widetilde{f}\right\rangle &= \int \frac{\mathrm{d}^3 k}{2\omega_k} \int \frac{\mathrm{d}^3 k'}{2\omega_{k'}} \widetilde{f}^*(k') \widetilde{f}(k) \left\langle 0\right| c^{(0)}(k') c^{(0)\dagger}(k) \left|0\right\rangle \\ &= \int \frac{\mathrm{d}^3 k}{2\omega_k} \int \frac{\mathrm{d}^3 k'}{2\omega_{k'}} \widetilde{f}^*(k') \widetilde{f}(k) (-2\omega'_k) \delta(\boldsymbol{k} - \boldsymbol{k}') \\ &= -\int \frac{\mathrm{d}^3 k}{2\omega_k} \left|\widetilde{f}(k)\right|^2\end{aligned}$$

und ist somit negativ!

2.5.3 Lorenz-Bedingung, Energie und Impuls des Strahlungsfeldes

Die soeben festgestellten Merkwürdigkeiten haben alle direkt oder indirekt mit der Lorenz-Bedingung zu tun, die als Operatorgleichung nicht erfüllbar ist, die aber als physikalische Randbedingung in den beobachtbaren Eigenschaften der Theorie auftauchen müsste. Es stellt sich daher die Frage, ob die klassische Bedingung (2.91) durch eine schwächere Forderung ersetzt werden kann, die nicht im Widerspruch zur Quantisierung steht. Sie könnte z. B. folgendermaßen lauten:

Postulat 2.2

Es sei $\left|\psi\right\rangle$ ein physikalisch realisierbarer Zustand der Theorie. Die Lorenz-Bedingung soll für den Erwartungswert in jedem solchen Zustand gelten,

$$\left\langle\psi\right| \partial_\mu A^\mu(x) \left|\psi\right\rangle \stackrel{!}{=} 0\,. \tag{2.147}$$

Dies ist nicht gleichbedeutend damit, dass der Operator $\partial_\mu A^\mu(x)$ als Ganzes identisch verschwindet – was ja nicht auf konsistente Weise möglich ist. Die Bedingung (2.147) ist bereits erfüllt, wenn der positive Frequenzanteil von $\partial_\mu A^\mu(x)$ den Zustand vernichtet,

$$\left(\partial_\mu A^\mu(x)\right)^{(+)} \left|\psi\right\rangle = 0,$$

denn dann gilt in der Tat für jeden Erwartungswert

$$\langle\psi|\,\partial_\mu A^\mu(x)\,|\psi\rangle = \langle\psi|\left\{\left(\partial_\mu A^\mu(x)\right)^{(-)} + \left(\partial_\mu A^\mu(x)\right)^{(+)}\right\}|\psi\rangle = 0\,.$$

Dies ist eine sinnvolle Forderung: Auch in Gegenwart der Wechselwirkung mit der Materie erfüllt die Divergenz die Klein-Gordon-Gleichung (2.136) eines masselosen, *freien* skalaren Teilchens. Die Aufteilung in positive und negative Frequenzanteile ist daher immer wohldefiniert.

Die Konsequenzen des Postulats 2.2 sind rasch ausgearbeitet. Da nach Voraussetzung $\epsilon^{(1)} \cdot k = 0 = \epsilon^{(2)} \cdot k$ gilt, ist

$$\left(\partial_\mu A^\mu(x)\right)^{(+)} = -\mathrm{i}\frac{1}{(2\pi)^3}\int \frac{\mathrm{d}^3 k}{2\omega_k}\,\mathrm{e}^{-\mathrm{i}kx}\sum_{\lambda=0,3} c^{(\lambda)}(k) k_\mu\, \epsilon^{(\lambda)\,\mu}(k)\,.$$

Die Bedingung (2.147) ist daher äquivalent zu

$$\left(k\cdot\epsilon^{(0)}(k)c^{(0)}(k) + k\cdot\epsilon^{(3)}(k)c^{(3)}(k)\right)|\psi\rangle = 0\,,$$

oder, da $\epsilon^{(3)} = k/(k\cdot t) - \epsilon^{(0)}$ und $k^2 = 0$ ist,

$$\left[c^{(0)}(k) - c^{(3)}(k)\right]|\psi\rangle = 0\,. \tag{2.148}$$

Diese Bedingung bedeutet, dass die unphysikalischen, longitudinalen und skalaren Photonen der kovarianten Theorie in einer speziellen Weise korreliert sind. Wenn überhaupt enthält jeder physikalische Zustand gleich viele von jeder Sorte. Dies zahlt sich sofort aus, wenn man den Hamiltonoperator der Theorie berechnet. Mit den mehrfach erprobten Techniken ergibt sich

$$H = -\sum_{\lambda,\lambda'=0}^{3} g^{\lambda\lambda'}\int\frac{\mathrm{d}^3 k}{2\omega_k}\omega_k c^{(\lambda)\dagger}(k)c^{(\lambda')}(k),$$

ein Operator, der zunächst kein positives Spektrum hat. Berechnet man jedoch seinen Erwartungswert in einem beliebigen physikalischen Zustand, der die Bedingung (2.147) erfüllt, so zählt er nur die Beiträge der physikalischen, transversalen Photonen,

$$\langle\psi|\,H\,|\psi\rangle = \int\frac{\mathrm{d}^3 k}{2\omega_k}\,\omega_k\sum_{\lambda=1}^{2}\langle\psi|\,c^{(\lambda)\,\dagger}(k)c^{(\lambda)}(k)\,|\psi\rangle\ ,$$

die negativen Beiträge der skalaren Photon werden von denen der longitudinalen Photonen kompensiert.

Ein völlig analoge Aussage gilt für den Operator des Impulses,

$$\langle\psi|\,\boldsymbol{P}\,|\psi\rangle = \int\frac{\mathrm{d}^3 k}{2\omega_k}\,\boldsymbol{k}\sum_{\lambda=1}^{2}\langle\psi|\,c^{(\lambda)\,\dagger}(k)c^{(\lambda)}(k)\,|\psi\rangle\ .$$

Schließt man das Programm der kanonischen Quantisierung mit der Berechnung des Propagators ab, so findet man folgendes Ergebnis

$$\langle 0|\,T\,A^\mu(x)A^\nu(y)\,|0\rangle = -\frac{\mathrm{i}}{(2\pi)^4}\int\mathrm{d}^4 k\,\frac{\mathrm{e}^{-\mathrm{i}k\cdot(x-y)}}{k^2+\mathrm{i}\varepsilon}\left[g^{\mu\nu} + \frac{1-\Lambda}{\Lambda}\frac{k^\mu k^\nu}{k^2+\mathrm{i}\varepsilon}\right]. \tag{2.149}$$

Der Nenner $(k^2 + i\varepsilon)$ ist verständlich, wenn man bedenkt, dass das Photon keine Masse trägt. Die Zusatzterme in den eckigen Klammern sind neu und ungewohnt, zumal sie vom Parameter Λ abhängen. Qualitativ lässt sich an dieser Stelle nur folgendes sagen: Was im Impulsraum als k_μ erscheint, ist im Ortsraum eine partielle Ableitung ∂_μ. In der Wechselwirkung mit Materie erscheint der Operator A_μ stets mit j^μ, dem elektromagnetischen Strom verjüngt. Da dieser erhalten ist, wird plausibel, dass die von Λ abhängigen Zusatzterme nicht beitragen. Man kann also bis zu einem gewissen Grad über diesen Parameter verfügen. An (2.140) kann man ablesen, dass $\Lambda = 1$ eine naheliegende Wahl ist. Diese Eichfixierung, bei der der Propagator (2.149) eine aufgrund allgemeiner Überlegungen erwartete Form hat, wird *Feynman-Eichung* genannt. Auch der Limes $\Lambda \to \infty$ ist ausgezeichnet, er liefert eine Form des Propagators, die der des Propagators in der Coulombeichung sehr nahe kommt, vgl. (2.96). Sie wird als *Landau-Eichung* bezeichnet. Der Wert $\Lambda = 0$ führt zu undefinierten Ausdrücken (2.140), in Übereinstimmung mit der früheren Feststellung, dass die kovariante Quantisierung mit der Lorenz-Bedingung inkonsistent ist.

2.6 *Der Zustandsraum der Quantenelektrodynamik

Die Ergebnisse des vorangehenden Abschnitts sind beunruhigend. Einerseits stellt man fest, dass dieselbe Theorie, die in Abschn. 2.3 in der Klasse der Coulomb-Eichungen problemlos und in Übereinstimmung mit allgemeinen Prinzipien konsistent quantisiert werden konnte, in ihrer manifest kovarianten, quantisierten Form unphysikalische Freiheitsgrade enthält: die skalaren und die longitudinalen Photonen. Andererseits sind die beiden Spezies über die Relation (2.148) mit einander verschworen, die dafür sorgt, dass in physikalisch realisierbaren Zuständen immer gleich viele von jeder Sorte auftreten. Diese Korrelation und das negative Normquadrat der skalaren Photonzustände bewirken, dass die Beiträge der skalaren und der longitudinalen Photonen zu jeder Observablen sich herausheben, diese Freiheitsgrade asymptotisch somit nicht beobachtbar sind. Das ist merkwürdig genug: Man hat die Wahl, ein und dieselbe Theorie in einer transversalen Eichung, unter Aufgabe der manifesten Lorentz-Kovarianz, oder in einer explizit kovarianten Form zu formulieren. Im ersten Fall treten bei allen Rechnungen nur physikalische Freiheitsgrade auf, nämlich transversale Photonen und instantane Coulomb-Wechselwirkung, im zweiten treten zusätzlich zwei unphysikalische Freiheitsgrade auf. Die im Experiment nachprüfbaren Resultate sind in beiden Formulierungen dieselben.

Diese Äquivalenz kann man explizit nachweisen und hernach den manifest kovarianten Formalismus im Vertrauen darauf ohne weiteres Grübeln in der Praxis anwenden. Aber der Boden schwankt, wenn der Zustandsraum kein Hilbert-Raum mehr ist. Dieser Abschnitt hat daher zum Ziel, diesen größeren Raum und den formalen Rahmen der Quantenelektrodynamik zu ergründen.

2.6.1 *Feldoperatoren und Maxwell'sche Gleichungen

Nach der Quantisierung werden die Komponenten des Tensorfeldes der elektromagnetischen Feldstärken $F^{\mu\nu}(x)$ zu operatorwertigen, temperierten Distributionen, d. h. bildet man

$$F^{\mu\nu}(g) = \int \mathrm{d}^4x\, F^{\mu\nu}(x) g(x) \quad \text{mit} \quad g \in \mathcal{S} ,$$

wo $\mathcal{S}$ den Raum der glatten, schnell abfallenden Funktionen bezeichnet, so sind diese Operatoren $F^{\mu\nu}(g)$ auf einem dichten Bereich $\mathcal{D} \subset \mathcal{H}$ definiert. Das Vakuum Ω, ebenso wie das Bild von $\mathcal{D}$ unter $F^{\mu\nu}(g)$ sollen in $\mathcal{D}$ liegen. Dann sind die Zustände

$$F^{\alpha\beta}(g_1) F^{\gamma\delta}(g_2) \cdots \Omega$$

definiert und liegen im selben Bereich des Hilbert-Raums. Die Feldoperatoren mögen Poincaré-kovariant sein, d. h. bei $x \mapsto \Lambda x + a$ gemäß

$$F^{\alpha\beta}(\Lambda x + a) = \Lambda^{\alpha}{}_{\mu} \Lambda^{\beta}{}_{\nu}\, \mathbf{U}(\Lambda, a) F^{\mu\nu}(x) \mathbf{U}^{-1}(\Lambda, a)$$

transformieren. Weiterhin soll die *Mikrokausalität* in der Form

$$\left[F^{\mu\nu}(x), F^{\alpha\beta}(y)\right] = 0 \qquad \text{für} \quad (x-y)^2 < 0$$

erfüllt sein, vgl. (2.57). Man beachte, dass wir hier nur die elektrischen und magnetischen Feldoperatoren betrachten, nicht die Potentiale, die im Gegensatz zu den elektromagnetischen Feldern nicht beobachtbar sind.

Schon diese so naheliegenden Forderungen an die physikalischen Freiheitsgrade der Theorie führen in Schwierigkeiten. Um dies zu sehen, betrachte man den Vakuumerwartungswert

$$(\Omega, F^{\mu\nu}(x)\Omega) =: f^{\mu\nu}(x) .$$

Bei Translationen des Arguments und unter Ausnutzung der Invarianz des Erwartungswertes gilt

$$f^{\mu\nu}(x+a) = (\Omega, F^{\mu\nu}(x+a)\Omega) = \left(\Omega, \mathbf{U}(a) F^{\mu\nu}(x) \mathbf{U}^{-1}(a)\Omega\right) = f^{\mu\nu}(x) .$$

Die Größe $f^{\mu\nu}$ muss ein Tensor zweiter Stufe sein, der unter Translationen invariant ist, $f^{\mu\nu}(x+a) = f^{\mu\nu}(x)$. Dies ist nur möglich, wenn er proportional zu $g^{\mu\nu}$ ist. Andererseits gilt $f^{\mu\nu} = -f^{\nu\mu}$, d. h. $f^{\mu\nu}(x)$ ist identisch Null.

Bevor wir Wege aufzeigen, in welcher Weise die Voraussetzungen geändert werden müssen, um diese Katastrophe zu vermeiden, wollen wir folgendes zeigen: Man könnte ja versucht sein, anstelle der Observablen $F^{\mu\nu}$ mit den unphysikalischen Operatoren A^{μ} zu arbeiten und für diese, und nur für diese die Forderung der Mikrokausalität aufzugeben, d. h. nicht zu verlangen, dass $[A^{\mu}(x), A^{\nu}(y)]$ für $(x-y)^2 < 0$ verschwindet. Dass auch dieser Versuch fehlschlägt, ist die Aussage eines Theorems von Strocchi[13]. Definiert man Fourier-Transformierte der Felder und der Testfunktionen wie folgt

$$F^{\mu\nu}(p) = \frac{1}{(2\pi)^{5/2}} \int \mathrm{d}^4x\, F^{\mu\nu}(x)\, \mathrm{e}^{\mathrm{i}px} , \quad A^{\mu}(p) = \frac{1}{(2\pi)^{5/2}} \int \mathrm{d}^4x\, A^{\mu}(x)\, \mathrm{e}^{\mathrm{i}px} ,$$

$$g(p) = \frac{1}{(2\pi)^{3/2}} \int \mathrm{d}^4x\, g(x)\, \mathrm{e}^{-\mathrm{i}px} , \qquad g(x) \in \mathcal{S} , \quad g(p) \in \mathcal{S} ,$$

[13] F. Strocchi, Phys. Rev. **162** (1967) 1429

und exisitieren die Fourier-Transformierten von $F^{\mu\nu}$ und A^μ, so gilt die Parseval'sche Gleichung

$$\int \mathrm{d}^4 p\, F^{\mu\nu}(p) g(p) = \int \mathrm{d}^4 x\, F^{\mu\nu}(x) g(x)$$

sowie die entsprechende Gleichung für A^μ. Die Maxwell'schen Gleichungen (2.82) und (2.83) ohne äußere Quellen übersetzen sich in den Impulsraum wie folgt

$$\varepsilon_{\mu\nu\sigma\tau} p^\nu F^{\sigma\tau}(p) = 0\,, \tag{2.150}$$

$$p_\mu F^{\mu\nu}(p) = 0\,. \tag{2.151}$$

Der Zusammenhang zwischen A^μ und $F^{\mu\nu}$ lautet im Impulsraum

$$F^{\mu\nu}(p) = -\mathrm{i}\left(p^\mu A^\nu(p) - p^\nu A^\mu(p)\right)\,. \tag{2.152}$$

Theorem von Strocchi

Die Wirkung von A^μ auf das Vakuum $A^\mu(g)\Omega$ sei wohldefiniert. Unter Poincaré-Transformationen soll A^μ kovariant transformieren

$$A^\mu(\Lambda x + a) = \Lambda^\mu{}_\nu \mathbf{U}(\Lambda, a) A^\nu(x) \mathbf{U}^\dagger(\Lambda, a)\,.$$

Dann existiert $A^\mu(p)$ und somit auch $F^{\mu\nu}(p)$ nicht.

Beweis: Zunächst zeigt man, dass der Erwartungswert des Produkts von $A^\mu(p)$ und $A^\nu(q)$ wie folgt umgeformt werden kann

$$\begin{aligned}\langle\Omega|\, A^\mu(p) A^\nu(q)\, |\Omega\rangle &= \delta^{(4)}(p+q)\, \langle\Omega|\, A^\mu(0) A^\nu(q)\, |\Omega\rangle\, (2\pi)^{3/2} \\ &\equiv \delta^{(4)}(p+q) D^{\mu\nu}(q)\,.\end{aligned}$$

Dies folgt aus der vorausgesetzten Kovarianz und mit $\mathbf{U}^\dagger(a) = \mathbf{U}(-a)$. Es ist

$$\begin{aligned}\langle\Omega|\, A^\mu(p) A^\nu(q)\, |\Omega\rangle &= \frac{1}{(2\pi)^5} \int \mathrm{d}^4 x \int \mathrm{d}^4 y\, \mathrm{e}^{-\mathrm{i}px}\, \mathrm{e}^{\mathrm{i}qy}\, \langle\Omega|\, A^\mu(x) A^\nu(y)\, |\Omega\rangle \\ &= \frac{1}{(2\pi)^5} \int \mathrm{d}^4 x \int \mathrm{d}^4 y\, \mathrm{e}^{-\mathrm{i}px}\, \mathrm{e}^{\mathrm{i}qy} \\ &\quad \times \langle\Omega|\, \mathbf{U}(x) A^\mu(0) \mathbf{U}(y-x) A^\nu(0) \mathbf{U}(-y)\, |\Omega\rangle\,,\end{aligned}$$

Es sei $z := y - x$ gesetzt. Da das Vakuum translationsinvariant ist, gilt $\langle\Omega|\mathbf{U}(x) = \langle\Omega|$ und $\mathbf{U}(-y)|\Omega\rangle = \mathbf{U}^\dagger(z)|\Omega\rangle$ und somit

$$\begin{aligned}\langle\Omega|A^\mu(p) A^\nu(q)|\Omega\rangle &= \frac{1}{(2\pi)^5} \int \mathrm{d}^4 x \int \mathrm{d}^4 z\, \mathrm{e}^{-\mathrm{i}(p+q)x}\, \mathrm{e}^{\mathrm{i}qz} \langle\Omega|A^\mu(0) A^\nu(z)|\Omega\rangle \\ &= (2\pi)^{3/2} \delta^{(4)}(p+q)\, \langle\Omega|\, A^\mu(0) A^\nu(q)\, |\Omega\rangle\,.\end{aligned}$$

Die solcherart definierte Größe $D^{\mu\nu}$ ist eine kovariante Distribution und kann nach den hier allein verfügbaren Kovarianten $g^{\mu\nu}$ und $q^\mu q^\nu$ zerlegt werden,

$$D^{\mu\nu}(q) = g^{\mu\nu} D_1(q) + q^\mu q^\nu D_2(q)\,,$$

wobei $D_1(q)$ und $D_2(q)$ Poincaré-invariante Distributionen sein müssen. Jetzt berechnet man den Erwartungswert

$$\langle\Omega|\, A^\mu(p)F^{\nu\sigma}(q)\,|\Omega\rangle = -\mathrm{i}\,\delta^{(4)}(p+q)\,\{(q^\nu g^{\mu\sigma} - q^\sigma g^{\mu\nu})\,D_1(q) \\ + (q^\mu q^\nu q^\sigma - q^\nu q^\mu q^\sigma)\,D_2(q)\}\ .$$

Der zweite Term ist gleich Null. Verjüngt man mit q_σ und verwendet die inhomogenen Maxwell'schen Gleichungen (2.151), so folgt

$$q_\sigma\,\langle\Omega|\, A^\mu(p)F^{\nu\sigma}(q)\,|\Omega\rangle = 0 = -\mathrm{i}\,\delta^{(4)}(p+q)\left(q^\nu q^\mu - q^2 g^{\mu\nu}\right)D_1(q)\,.$$

Aus der so erhaltenen Bedingung $\left(q^\nu q^\mu - q^2 g^{\mu\nu}\right)D_1(q) = 0$ kann man auf den Träger der Distribution $D_1(q)$ schließen. Einerseits muss er in der Menge der Punkte enthalten sein, für die $q^\nu q^\mu - q^2 g^{\mu\nu}$ verschwindet.

$$\mathrm{Tr}\ D_1 \subset \left\{\left(q^\nu q^\mu - q^2 g^{\mu\nu}\right) = 0\right\}\ ,$$

andererseits muss er unter Poincaré-Transformationen invariant sein. Da bleibt allein der Punkt $q = 0$ übrig, d.h. $\mathrm{Tr}\ D_1 = \{0\}$. Eine solche Distribution kann nur eine Diracsche δ-Distribution (oder invariante Ableitungen hiervon) enthalten. Probieren wir $D_1(q) = c\,\delta^{(4)}(q)$[14]. Dann ist nämlich

$$\langle\Omega|\, A^\mu(p)F^{\nu\sigma}(q)\,|\Omega\rangle = \text{konst.}\ \delta^{(4)}(p+q)\delta^{(4)}(q)\,(q^\nu g^{\mu\sigma} - q^\sigma g^{\mu\nu})\ ,$$

woraus man sofort den folgenden Erwartungswert ableitet

$$\langle\Omega|F^{\mu\sigma}(p)F^{\nu\tau}(q)|\Omega\rangle = \text{konst.}\ \delta^{(4)}(p+q)\delta^{(4)}(q) \\ \times (p^\mu q^\nu g^{\sigma\tau} - p^\sigma q^\nu g^{\mu\tau} - p^\mu q^\tau g^{\sigma\nu} + p^\sigma q^\tau g^{\mu\nu})\ .$$

Bei $p = -q$ und $q = 0$ verschwindet der Ausdruck in runden Klammern auf der rechten Seite. Außerdem, da $F^{\mu\nu}$ hermitesch ist, ist $F^{\mu\nu}(-q) = F^{\mu\nu\,\dagger}(q)$. Somit folgt

$$\langle\Omega|\, F^{\mu\nu\,\dagger}(q)F^{\mu\nu}(q)\,|\Omega\rangle = \|\,F^{\mu\nu}(q)\,|\Omega\rangle\,\|^2 = 0\,,$$

die Felder verschwinden überhaupt, der Satz ist bewiesen.

Einen ersten Ausweg aus diesem Dilemma kennen wir bereits: Unter Ausnutzung der Eichinvarianz wird die Theorie in einer Weise umformuliert, die ihre Kovarianz unsichtbar macht – aber ohne den beobachtbaren Inhalt zu ändern! – und die nur ihre physikalischen Freiheitsgrade verwendet. In dieser Version lebt sie auf einem „echten" Hilbert-Raum $\mathcal{H}_{\text{phys.}}$ von physikalischen Zuständen. Ein anderer Ausweg, der zu denselben observablen Aussagen führt und der die manifeste Kovarianz beibehält, besteht darin, den Hilbert-Raum in einen größeren Raum einzubetten

$$\mathcal{H}_{\text{phys.}} \subset \mathcal{H}\ ,$$

der selbst kein Hilbert-Raum ist. Dies ist der Inhalt des nächsten Abschnitts.

[14] Der Ansatz $D_1 = c\,\Box_q \delta^{(4)}(q)$ ist ebenfalls ausgeschlossen. Dazu berechne man $\int \mathrm{d}^4 q\ (q^\mu q^\nu - q^2 g^{\mu\nu}) D_1 g(q) \propto g(0)$, was von Null verschieden sein kann – im Widerspruch zur eben gefundenen Folgerung.

2.6.2 *Die Methode von Gupta und Bleuler

a) Träger von $F^{\mu\nu}(p)$

Der Träger von $F^{\mu\nu}(p)$ ist der Lichtkegel $p^2 = 0$. Um dies einzusehen, verjüngt man die homogenen Maxwell-Gleichungen (2.150)

$$p^\alpha F^{\beta\gamma}(p) + p^\beta F^{\gamma\alpha}(p) + p^\gamma F^{\alpha\beta}(p) = 0$$

mit p_α und setzt die inhomogenen Gleichungen (2.151) ein

$$p_\alpha p^\alpha F^{\beta\gamma}(p) = -p^\beta p_\alpha F^{\gamma\alpha}(p) + p^\gamma p_\alpha F^{\beta\alpha}(p) = 0\,.$$

Die so gezeigte Aussage

$$p^2 F^{\beta\gamma}(p) = 0 \tag{2.153}$$

bedeutet, dass der Träger die Menge der Punkte $p^2 = 0$, d. h. genau der Lichtkegel ist. Spaltet man in Beiträge auf dem *positiven* und auf dem *negativen* Lichtkegel auf, so ist

$$F^{\mu\nu}(p) = \delta_+(p)\widehat{F}^{\mu\nu}(\boldsymbol{p}) + \delta_-(p)\widehat{F}^{\mu\nu}(-\boldsymbol{p}) \equiv F^{(+)\mu\nu}(p) + F^{(-)\mu\nu}(p)\,,$$

wobei $\delta_\pm$ für die zwei Anteile mit positivem und negativem p^0 stehen (s. Aufgabe 2.10),

$$\delta_\pm(p) := \Theta(\pm p^0)\,\delta(p^2)\,.$$

Es sei P der Operator des Vierer-Impulses, p seien seine Eigenwerte. Mit Hilfe der Translationsformel (2.30), der Definition der Fouriertransformierten und der Aussage, dass das Vakuum keinen Impuls trägt, zeigt man, dass $F^{\mu\nu}(p)|\Omega\rangle$ Eigenzustand von P mit Eigenwert $-p$ ist,

$$P\,F^{\mu\nu}(p)\,|\Omega\rangle = -pF^{\mu\nu}(p)\,|\Omega\rangle\,.$$

Setzt man die Zerlegung $F^{\mu\nu} = F^{(+)\,\mu\nu} + F^{(-)\,\mu\nu}$ ein, so kann diese Aussage nur für den zweiten Summanden gelten, mit anderen Worten, der positive Frequenzanteil vernichtet das (störungstheoretische) Vakuum,

$$F^{(+)\mu\nu}(p)\,|\Omega\rangle = 0\,.$$

Der Kommutator von $F^{\alpha\beta}(p)$ und $F^{\sigma\tau}(q)$ hat die Form[15]

$$\left[F^{\alpha\beta}(p), F^{\sigma\tau}(q)\right] = \delta^{(4)}(p+q)M^{\alpha\beta\sigma\tau}(q)\,(\delta_+(q) - \delta_-(q))\,,$$

wobei die Abkürzung $M^{\alpha\beta\sigma\tau}$ für den Ausdruck

$$M^{\alpha\beta\sigma\tau} = -g^{\alpha\sigma}q^\beta q^\tau + g^{\alpha\tau}q^\beta q^\sigma + g^{\beta\sigma}q^\alpha q^\tau - g^{\beta\tau}q^\alpha q^\sigma$$

steht. Dieser Tensor vierter Stufe liegt fest, wenn man alle seine Eigenschaften ausnutzt: Er muss in den Paaren (α, β) und (σ, τ) antisymmetrisch sein und in beiden Faktoren $F^{\alpha\beta}$ und $F^{\sigma\tau}$ die Maxwell'schen Gleichungen erfüllen. Außerdem kann man Terme, die den invarianten Tensor $\varepsilon_{\alpha\beta\sigma\tau}$ enthalten, ausschließen, weil diese das falsche Verhalten unter der Paritätsoperation hätten. In den Ortsraum übersetzt heißt dies, dass

$$\left[F^{\alpha\beta}(x), F^{\sigma\tau}(y)\right] = \mathrm{i}\,M^{\alpha\beta\sigma\tau}(\partial_y)\Delta_0(x-y; m=0)$$

[15] Dass der Kommutator tatsächlich eine c-Zahl ist, ist nicht offensichtlich und erfordert einen ausführlichen Beweis.

gilt, mit Δ_0 der kausalen Distribution (2.56) zur Masse Null. Der Kommutator der observablen Feldstärken ist *kausal.*

Bemerkung

Aus den homogenen Maxwell-Gleichungen (2.150), aus der Trägerbedingung (2.153) und aus *einer* der inhomogenen, z. B. $p_\nu F^{0\nu}(p) = 0$ folgen die übrigen inhomogenen Maxwell-Gleichungen (2.151).

b) Zustandsraum mit indefiniter Metrik

Es sei $\mathcal{H}$ ein Raum, der ein nichtausgeartetes Skalarprodukt (ψ_i, ψ_j) besitzt, d. h. (zur Erinnerung)

$$(\psi_i, \psi_{i_0}) = 0 \quad \forall\, \psi_i \in \mathcal{H} \quad \Longrightarrow \quad \psi_{i_0} = 0\,,$$

das aber nicht positiv-definit sein soll. Es seien Potentiale A^μ eingeführt, so dass wie in (2.152)

$$F^{\mu\nu}(p) = -\mathrm{i}\,(p^\mu A^\nu(p) - p^\nu A^\mu(p))$$

gilt. Eichtransformationen übersetzen sich in den Impulsraum gemäß

$$A^\mu(p) \longmapsto A^\mu(p) + \mathrm{i}p^\mu \chi(p)\,.$$

Die Feldoperatoren sollen folgende Forderungen erfüllen:

(a) Die A^μ sollen kovariant sein, d. h. die Poincaré-Transformation (Λ, a) ist bezüglich des Skalarprodukts von $\mathcal{H}$ unitär dargestellt und gibt das Verhalten der A^μ in der gewohnten Form;

(b) Die Felder $F^{\mu\nu}(p)$, ebenso wie $A^\mu(p)$ haben ihren Träger auf dem Lichtkegel.

Aus $p^2 A^\mu(p) = 0$ folgert man

$$0 = p_\nu(p^\nu A^\mu(p)) = -\mathrm{i}p_\nu F^{\mu\nu}(p) + \mathrm{i}p^\mu\,(-\mathrm{i}p_\nu A^\nu(p))\,.$$

Setzt man $-\mathrm{i}p_\nu A^\nu(p) =: B(p)$, dann ist dessen Ortsraumdarstellung die Divergenz $B(x) = \partial_\mu A^\mu(x)$. Die Gleichung $p_\nu F^{\mu\nu}(p) = p^\mu B(p)$ sagt aus, dass die inhomogenen Maxwell-Gleichungen (2.151) wiederhergestellt sind, wenn

$$B(p)\mathcal{H}_{\text{phys.}} = 0 \tag{2.154}$$

gilt, eine Bedingung, die schon in der Form (2.147) der Ortsraumdarstellung bekannt ist.

Für den Vakuumerwartungswert des Produkts zweier Operatoren A^μ setzt man an

$$\langle\Omega|\, A^\mu(p)A^\nu(q)\,|\Omega\rangle = \delta^{(4)}(p+q)\delta_-(q)\,(\alpha g^{\mu\nu} + \beta q^\mu q^\nu)\,.$$

Der erste Parameter muss den Wert $\alpha = -1$ haben, damit der Erwartungswert des Produkts zweier $F^{\mu\nu}$ richtig herauskommt, der zweite, β, spiegelt die Freiheit der Wahl einer Eichung wider und bleibt unbestimmt. Setzt man (2.152) ein, so ist

$$\begin{aligned}\langle\Omega|\, F^{\mu\alpha}(p)F^{\nu\beta}(q)\,|\Omega\rangle = &-p^\mu q^\nu\,\langle\Omega|\,A^\alpha(p)A^\beta(q)\,|\Omega\rangle\\ &-p^\alpha q^\beta\,\langle\Omega|\,A^\mu(p)A^\nu(q)\,|\Omega\rangle\\ &+p^\mu q^\beta\,\langle\Omega|\,A^\alpha(p)A^\nu(q)\,|\Omega\rangle\\ &+p^\alpha q^\nu\,\langle\Omega|\,A^\mu(p)A^\beta(q)\,|\Omega\rangle\;.\end{aligned}$$

Wählt man $\beta=0$, womit die Eichung festgelegt wird,

$$\langle\Omega|\,A^\mu(p)A^\nu(q)\,|\Omega\rangle = -\delta^{(4)}(p+q)\delta_-(q)g^{\mu\nu}\,,$$

dann folgt der oben angegebene Ausdruck für $\langle\Omega|F^{\mu\alpha}(p)F^{\nu\beta}(q)|\Omega\rangle$. Auch hier sieht man noch einmal, dass $\langle\Omega|A^0(p)A^0(p)|\Omega\rangle$ zwar ein Normquadrat, aber nicht positiv ist.

Auch A^μ zerlegt man nach positiven und negativen Frequenzanteilen,

$$A^\mu(p)=\delta_+(p)\widehat{A}^\mu(\boldsymbol{p})+\delta_-(p)\widehat{A}^\mu(-\boldsymbol{p})\equiv A^{(+)\,\mu}+A^{(-)\,\mu}$$

und quantisiert in kanonischer Weise

$$\left[\widehat{A}^\mu(\boldsymbol{p}),\,\widehat{A}^\nu\,(\boldsymbol{q})\right]=0\,,\tag{2.155}$$

$$\left[\widehat{A}^\mu(\boldsymbol{p}),\,\widehat{A}^{\nu\,\dagger}(\boldsymbol{q})\right]=-2\omega_p g^{\mu\nu}\,\delta(\boldsymbol{p}-\boldsymbol{q})\,.\tag{2.156}$$

Zerlegt man die Operatoren A^μ wie früher nach Polarisationen,

$$A^\mu(p)=\sum_{\lambda=0}^{3}A^{(\lambda)}(p)\epsilon^{(\lambda)\,\mu}(p)$$

und wählt die Basis wie dort, so sieht man wie oben, dass die Divergenz zur Differenz von $A^{(0)}$ und $A^{(3)}$ proportional ist

$$B(p)=-\mathrm{i}p^0\left(A^{(0)}(p)-A^{(3)}(p)\right)=:-\mathrm{i}p^0\overline{B}(p)\,.$$

Alle Komponenten $F^{\mu\nu}$ bis auf F^{03} hängen nur von den transversalen $A^{(1)}$ und $A^{(2)}$ ab. Für die Ausnahme gilt

$$F^{03}(p)=-\mathrm{i}p^3\left(A^{(3)}(p)-A^{(0)}(p)\right)=\mathrm{i}p^3\overline{B}(p)\,.$$

Die Kommutatoren der transversalen Operatoren $\widehat{A}^{(1,2)}$ und $\widehat{\overline{B}}$, das sind die Operatoren, die nach Abtrennung von δ_+ und δ_- stehen bleiben, sind alle gleich Null,

$$\left[\widehat{\overline{B}}(\boldsymbol{p}),\,\widehat{A}^{(1,2)}(\boldsymbol{q})\right]=0=\left[\widehat{\overline{B}}(\boldsymbol{p}),\,\widehat{A}^{(1,2)\,\dagger}(\boldsymbol{q})\right]\,,$$

$$\left[\widehat{\overline{B}}(\boldsymbol{p}),\,\widehat{\overline{B}}(\boldsymbol{q})\right]=0=\left[\widehat{\overline{B}}(\boldsymbol{p}),\,\widehat{\overline{B}}^\dagger(\boldsymbol{q})\right]\,.$$

c) Einbettung der physikalischen Zustände

Es sei $\mathcal{H}'\subset\mathcal{H}$ der Unterraum, der durch sukzessives Anwenden der Erzeugungsoperatoren $\widehat{A}^{(1,2)\,\dagger}$ und $\widehat{\overline{B}}^\dagger$ auf den Zustand $|\Omega\rangle$ erzeugt wird. Da die Divergenz ein *freies* Feld ist und im Blick auf die Kommutationsregeln findet man, dass $\widehat{\overline{B}}(\boldsymbol{p})\mathcal{H}' = 0$ ist. Für je zwei Elemente ϕ, $\psi \in \mathcal{H}'$ gilt somit

$$\langle\phi|\,\widehat{\overline{B}}\,|\psi\rangle = 0 = \langle\phi|\,\widehat{\overline{B}}^{\dagger}\,|\psi\rangle \quad \text{d. h.} \quad \langle\phi|\,\overline{B}\,|\psi\rangle = 0\,.$$

Diese Aussage gilt z. B. auch für $|\phi\rangle \in \mathcal{H}'$ und $|\psi\rangle = \widehat{\overline{B}}^{\dagger}\,|\phi\rangle$. Dann ist aber

$$\langle\psi|\,\widehat{\overline{B}}^{\dagger}\,|\phi\rangle = \|\psi\|^2 = 0\,.$$

Somit gibt es in $\mathcal{H}'$ Zustände mit Norm Null. Diese mögen den Unterraum

$$\mathcal{H}_0 = \left\{\psi \mid \|\psi\|^2 = 0\right\} \subset \mathcal{H}'$$

aufspannen. Der Raum $\mathcal{H}'$ kann noch nicht der physikalische Zustandsraum sein, weil er Zustände enthält, deren Norm gleich Null ist. Würde man sich andererseits auf den Raum $\mathcal{H}_\perp$ beschränken, der von den Operatoren $\widehat{A}^{(1)\,\dagger}$ und $\widehat{A}^{(2)\,\dagger}$ erzeugt wird, dann würde diese Wahl aus zwei Gründen nicht ausreichen: Der Raum $\mathcal{H}_\perp$ ist nicht Lorentz-invariant; außerdem gibt es Feldstärken $F^{\mu\nu}$ – und dies sind ja Observable –, die aus diesem Raum herausführen.

Nach diesen Vorbereitungen ist es jetzt nur noch ein kleiner Schritt bis zur Identifikation der physikalischen Zustände. Es sei $\mathcal{P}(F^{\mu\nu})$ ein Polynom in den Feldoperatoren $F^{\mu\nu}$, es seien weiterhin $|\phi\rangle, |\psi\rangle \in \mathcal{H}'$ zwei beliebige Zustände in $\mathcal{H}'$. Messgrößen sind immer von der Form

$$\langle\phi|\,\mathcal{P}(F^{\mu\nu})\,|\psi\rangle\,, \qquad |\psi\rangle\,, |\phi\rangle \in \mathcal{H}'\,.$$

Für ein beliebiges Paar von Elementen aus $\mathcal{H}_0$, $|\psi_0\rangle, |\phi_0\rangle \in \mathcal{H}_0$, gilt

$$\begin{aligned}\langle\phi+\phi_0|\,\mathcal{P}(F^{\mu\nu})\,|\psi+\psi_0\rangle &= \langle\phi|\,\mathcal{P}(F^{\mu\nu})\,|\psi\rangle + \langle\phi_0|\,\mathcal{P}(F^{\mu\nu})\,|\psi+\psi_0\rangle \\ &\quad + \langle\phi|\,\mathcal{P}(F^{\mu\nu})\,|\psi_0\rangle\,.\end{aligned}$$

Der zweite und der dritte Term auf der rechten Seite sind gleich Null. Dies sieht man am Beispiel des zweiten Terms: Die Anwendung von $\mathcal{P}(F^{\mu\nu})$ auf $|\psi+\psi_0\rangle \in \mathcal{H}'$ liegt ebenfalls in $\mathcal{H}'$. Nun entsteht $|\phi_0\rangle$ durch Anwendung von $\widehat{\overline{B}}$ auf ein $|\psi\rangle \in \mathcal{H}'$, so dass $\langle\phi_0| = \langle\psi|\widehat{\overline{B}}$ ist. Andererseits gibt $\widehat{\overline{B}}$ auf jedes Element von $\mathcal{H}'$ Null. Man schließt somit, dass

$$\langle\phi+\phi_0|\,\mathcal{P}(F^{\mu\nu})\,|\psi+\psi_0\rangle = \langle\phi|\,\mathcal{P}(F^{\mu\nu})\,|\psi\rangle\,.$$

Hieraus folgt die wichtige Feststellung:

Physikalischer Raum der Quantenelektrodynamik: Bildet man in $\mathcal{H}'$ die Äquivalenzklassen aller Zustände deren Differenz in $\mathcal{H}_0$ liegt, so ist dies der physikalische Raum der quantisierten Maxwell-Felder,

$$\mathcal{H}_{\text{phys.}} = \mathcal{H}'/\mathcal{H}_0\,. \tag{2.157}$$

Die Struktur des Zustandsraums der Quantenelektrodynamik ist damit aufgeklärt: Bei manifest kovarianter Quantisierung muss man die Theorie im Raum $\mathcal{H}$ aufbauen, der zwar ein linearer Raum, aber wegen des indefiniten Skalarprodukts kein Hilbert-Raum ist. Erst am Ende einer Rechnung schränkt man auf die physikalischen *in*- und *out*-Zustände ein. Dass dies möglich ist, liegt daran, dass immer nur die Kombination $A^{(0)}(p) - A^{(3)}(p)$ auftritt, die Beiträge der skalaren und der longitudinalen, unphysikalischen Freiheitsgrade sich wegheben. Diese Methode wurde zuerst von S.N. Gupta und K. Bleuler entwickelt.

2.7 Pfadintegrale und Quantisierung

Eine Alternative zur kanonischen Quantisierung der Punktmechanik oder einer klassischen Feldtheorie, die von Dirac und Feynman entwickelt wurde, ist die Methode der *Pfadintegrale*. Für die nichtrelativistische Quantentheorie spielt diese Methode keine wirklich zentrale Rolle, in der kovarianten Quantenfeldtheorie und in einigen anderen Gebieten der Physik ist sie aber zu einer wichtigen Technik geworden. Ihre Anwendung auf die Quantenfeldtheorie ist mathematisch nicht gut begründet und benötigt einige Vorsicht. Daher lohnt es sich, in einem ersten Schritt die wesentliche Idee anhand der nichtrelativistischen Quantenmechanik zu entwickeln und sie durch einfache Beispiele zu illustrieren.

Wir beginnen mit einigen klassischen Begriffen und Vorbemerkungen.

2.7.1 Die Wirkung in der klassischen Mechanik

Unter den kanonischen Transformationen der klassischen Mechanik spielen diejenigen eine besondere Rolle, die von Funktionen der alten Koordinaten und der neuen Impulse erzeugt werden,

$$\Big\{q, p, H(q, p, t)\Big\} \to S(q, P, t) \to \Big\{Q, P, \widetilde{H}(Q, P, t)\Big\} . \tag{2.158}$$

Mit ihrer Hilfe leitet man die Hamilton-Jacobi'sche Differentialgleichung ebenso her wie die wichtige Klasse der infinitesimalen kanonischen Transformationen. Mit der Notation $q = (q_1, q_2, \dots, q_f)$, $P = (P_1.P_2, \dots, P_f)$ usw., wo f die Zahl der Freiheitsgrade ist, lauten die Transformationsformeln im Phasenraum

$$Q_i = \frac{\partial S}{\partial P_i}, \quad p_k = \frac{\partial S}{\partial q_k}, \quad \widetilde{H}(Q, P, t) = H + \frac{\partial S}{\partial t} . \tag{2.159}$$

Nehmen wir an, die Hamilton-Jacobi'sche Differentialgleichung

$$\widetilde{H}(Q, P, t) = H(q, p = \frac{\partial S}{\partial q}, t) + \frac{\partial S}{\partial t} = 0 \tag{2.160}$$

sei bereits gelöst, so dass S eine Funktion der f Koordinaten q ist und anstelle der Variablen P von f Integrationskonstanten $\alpha = (\alpha_1, \dots, \alpha_f)$ abhängt. Die neuen Impulse und Koordinaten sind dann durch

$$P_k = \alpha_k , \quad \text{bzw.} \quad Q_i = \frac{\partial S(q, \alpha, t)}{\partial \alpha_i} = \text{const.} =: \beta_i$$

gegeben, wobei die zweite dieser Gleichungen noch nach $q = q(\alpha, \beta, t)$ aufzulösen ist.

Setzen wir voraus, dass die Legendretransformation existiert, die die Hamilton- mit der Lagrangefunktion verknüpft, und berechnen die totale Zeitableitung der erzeugenden Funktion,

$$\frac{\mathrm{d}S}{\mathrm{d}t} = \frac{\partial S}{\partial t} + \sum_{i=1}^{f} \frac{\partial S}{\partial q_i}\dot{q}_i = \Big[-H(q,p,t) + \sum_{i=1}^{f} p_i \dot{q}_i\Big]_{p_i = -\partial H/\partial q_i} .$$

Die Variablen p auf der rechten Seite werden eliminiert, indem man sie durch q und $\dot{q}$ ausdrückt. Der Ausdruck in eckigen Klammern wird damit zur Lagrangefunktion, die entlang von Lösungen der Bewegungsgleichungen ausgewertet ist. Integriert man über die Zeitvariable t, so erhält man die *Hamilton'sche Prinzipalfunktion*

$$S(q,\alpha,t) = \int_{t_0}^{t} \mathrm{d}t'\, L(q,\dot{q},t') . \tag{2.161}$$

Man beachte, dass der Integrand eine Funktion der Lösungen $q = q(t)$ der Bewegungsgleichungen und der zugehörigen Geschwindigkeiten $\dot{q}(t)$ ist. Man darf die Funktion (2.161) nicht mit dem Wirkungs*funktional*

$$I[q] = \int_{t_1}^{t_2} \mathrm{d}t\, L(q,\dot{q},t)$$

verwechseln, dem Herzstück des Hamilton'schen Variationsprinzips. Bei diesem sind q und $\dot{q}$ unabhängige Variable und $I[q]$ ist ein Funktional, nicht eine gewöhnliche Funktion von $q(t)$ und dessen Ableitung. Der Einfachheit halber werden wir die Hamilton'sche Prinzipalfunktion im Folgenden kurz *Wirkung* nennen.

Als ein einfaches Beispiel betrachte man die erzeugende Funktion

$$S(\boldsymbol{q},\boldsymbol{\alpha},t) = \boldsymbol{\alpha}\cdot\boldsymbol{q} - \frac{1}{2m}\boldsymbol{\alpha}^2 t + c$$

die sich auf kräftefreie Bewegung eines Teilchens der Masse m im dreidimensionalen Raum bezieht. Die Lösungen, die man in S einsetzt, lauten

$$\boldsymbol{q}(t) = \boldsymbol{\beta} + \frac{\boldsymbol{\alpha}}{m} t .$$

Die Funktion S und ihre Ableitung sind dann

$$S(\boldsymbol{q},\boldsymbol{\alpha},t) = \frac{\boldsymbol{\alpha}^2}{2m} t + \boldsymbol{\alpha}\cdot\boldsymbol{\beta} + c ,$$

$$\frac{\mathrm{d}S(\boldsymbol{q},\boldsymbol{\alpha},t)}{\mathrm{d}t} = \boldsymbol{\alpha}\cdot\dot{\boldsymbol{q}} - \frac{1}{2m}\boldsymbol{\alpha}^2 = \frac{\boldsymbol{\alpha}^2}{2m} .$$

Die Lagrangefunktion ist hier $L = (1/2)m\dot{\boldsymbol{q}}^2 = \boldsymbol{\alpha}^2/2m$, die Wirkung (2.161) ist somit

$$S(\boldsymbol{q},\boldsymbol{\alpha},t) = \frac{\boldsymbol{\alpha}^2}{2m}(t - t_0) .$$

Die physikalische Bedeutung der Integrationskonstanten ist offensichtlich: $\boldsymbol{\alpha}$ ist der Impuls des Teilchens, $\boldsymbol{\beta}$ ist seine Anfangslage im Raum. Die Wirkung ist das Produkt der kinetischen Energie und der Zeitdifferenz $(t-t_0)$.

2.7.2 Die Wirkung in der Quantenmechanik

In den folgenden Überlegungen ist die Unterscheidung zwischen den selbstadjungierten Operatoren und ihren Eigenwerten wesentlich. Daher bezeichnen wir die Operatoren vorübergehend mit unterstrichenen Symbolen wie z. B. $\underline{p} = -\mathrm{i}\hbar\partial/\partial q$, ihre Eigenwerte in Gleichungen wie $\underline{p}|p\rangle = p|p\rangle$ mit gewöhnlichen lateinischen Buchstaben. (Einzige Ausnahme ist der Hamiltonoperator, den ich auch weiterhin mit H notiere um die Notation nicht zu unübersichtlich zu machen.) Als Beispiel betrachte man den Ortsoperator in Heisenberg-Darstellung, s. Band 2, Gl. (3.47)

$$\underline{q}_t = \mathrm{e}^{(\mathrm{i}/\hbar)Ht}\underline{q}_0\,\mathrm{e}^{-(\mathrm{i}/\hbar)Ht} \,.$$

Der Klarheit halber sei sein Eigenwert zur Zeit t_i mit q_i bezeichnet, d. h. $\underline{q}_{t_i}|q_i\rangle = q_i|q_i\rangle$. Man führe dann die folgende Rechnung aus:

$$\begin{aligned}
q_2 q_1 \,\langle q_2|q_1\rangle &= \langle q_2|\,\underline{q}^\dagger_{t_2}\underline{q}_{t_1}\,|q_1\rangle \\
&= \langle q_2|\,\mathrm{e}^{(\mathrm{i}/\hbar)Ht_2}\underline{q}_0\,\mathrm{e}^{(\mathrm{i}/\hbar)H(t_1-t_2)}\underline{q}_0\,\mathrm{e}^{(-\mathrm{i}/\hbar)Ht_1}\,|q_1\rangle \\
&= \langle q_2(t_2)|\,\underline{q}_0\,\mathrm{e}^{(\mathrm{i}/\hbar)H(t_1-t_2)}\underline{q}_0\,|q_1(t_1)\rangle \\
&= q_2 q_1\,\langle q_2(t_2)|\,\mathrm{e}^{(\mathrm{i}/\hbar)H(t_1-t_2)}\,|q_1(t_1)\rangle \,.
\end{aligned}$$

Man beachte, dass in den ersten beiden Zeilen Eigenzustände im Heisenberg-Bild, in den letzten beiden dagegen Eigenzustände $|q(t)\rangle$ im Schrödinger-Bild vorkommen. Aus dieser Rechnung folgt die Relation

$$\langle q_2|q_1\rangle = \langle q_2(t_2)|\,\mathrm{e}^{-(\mathrm{i}/\hbar)H(t_2-t_1)}\,|q_1(t_1)\rangle \,, \tag{2.162}$$

die zeigt, dass der Hamiltonoperator das System vom Ort $q_1(t_1)$ zur Zeit t_1 zum Ort $q_2(t_2)$ anschiebt, der zur Zeit t_2 angenommen wird.

Diese Beobachtung beschränkt sich nicht auf den Ortsoperator und seine Eigenfunktionen. So sei zum Beispiel

$$H = \frac{\underline{\boldsymbol{p}}^2}{2m} + U(\underline{\boldsymbol{q}}) \tag{2.163}$$

ein vorgebener Ein-Teilchen Hamiltonoperator, $|a(t_1)\rangle$ und $|b(t_2)\rangle$ zwei Lösungen der zeitabhängigen Schrödinger-Gleichung $H\psi = (i/\hbar)\dot{\psi}$, die nicht notwendig stationäre Eigenzustände von H sind. Die Übergangsamplitude von $|a(t_1)\rangle$ nach $|b(t_2)\rangle$, die vom Hamiltonoperator vermittelt wird, ist durch die Verallgemeinerung von (2.162) gegeben,

$$\langle b(t_2)|a(t_1)\rangle = \langle b|\,\mathrm{e}^{-(\mathrm{i}/\hbar)H(t_2-t_1)}\,|a\rangle \,. \tag{2.164}$$

Die wesentliche Idee der Pfadintegralmethode ist es, das unitäre „Anschieben" des Zustands $|a(t_1)\rangle$ vom Zeitpunkt t_1 zum Zeitpunkt t_2 in sehr viele, sehr kleine Schritte aufzuteilen und das Superpositionsprinzip der Quantenmechanik auszunutzen. Auf diese Weise kann das Quantensystem aus einer

Anfangskonfiguration mittels einer gewichteten Summe über alle möglichen Zwischenzustände in seine Endkonfiguration wandern. Das Prinzip der Methode lässt sich an einem Beispiel in einer Raumdimension aufzeigen. Dafür untersuchen wir den Hamiltonoperator (2.163) in seiner Einschränkung auf eine einzige Variable q,

$$H = \frac{\underline{p}^2}{2m} + U(\underline{q}) \,. \tag{2.165}$$

Es seien $|q\rangle$ und $|p\rangle$ Eigenzustände von $\underline{q}$ bzw. $\underline{p}$, wobei beide distributionswertig normiert seien, d. h.

$$\langle q'|q\rangle = \delta(q'-q)\,, \quad \langle p'|p\rangle = \delta(p'-p)\,, \quad \text{mit} \tag{2.166a}$$

$$\langle q|p\rangle = \frac{1}{\sqrt{2\pi\hbar}}\,\mathrm{e}^{(\mathrm{i}/\hbar)pq}\,, \quad \langle p|q\rangle = \frac{1}{\sqrt{2\pi\hbar}}\,\mathrm{e}^{-(\mathrm{i}/\hbar)pq}\,. \tag{2.166b}$$

Für einen beliebigen (Heisenberg) Zustand $|a\rangle$ und in Verallgemeinerung von (2.166b) würde man die Amplituden

$$a(q) := \langle q|a\rangle\,, \qquad \tilde{a}(p) := \langle p|a\rangle \tag{2.166c}$$

definieren, und natürlich analoge Amplituden für $|b\rangle$.

Ist das Zeitintervall $t_2 - t_1 = \Delta t$ sehr klein, dann kann man den Evolutionsoperator in (2.164) näherungsweise wie folgt schreiben

$$\mathrm{e}^{-(\mathrm{i}/\hbar)H\Delta t} \simeq \mathrm{e}^{-(\mathrm{i}/\hbar)(\underline{p}^2/2m)\Delta t}\,\mathrm{e}^{-(\mathrm{i}/\hbar)U(\underline{q})\Delta t}\,. \tag{2.167}$$

Obwohl $\mathrm{e}^{A+B} \neq \mathrm{e}^A\,\mathrm{e}^B$ gilt, sind die Korrekturterme zur Näherung (2.167) aufgrund der Campbell-Hausdorff Formel

$$\begin{aligned} &\mathrm{e}^A\,\mathrm{e}^B = \mathrm{e}^{C(A,B)} \quad \text{mit} \\ &C(A,B) = A + B + \frac{1}{2}[A,B] \\ &\qquad + \frac{1}{12}[[A,B],B] + \frac{1}{12}[[B,A],A] + \cdots\,, \end{aligned} \tag{2.168}$$

von der Ordnung $(\Delta t)^2$ und müssen in der ersten Ordnung aus Konsistenzgründen weggelassen werden. Der nach dem führenden Term nächst kleinere in (2.167) ist proportional zu

$$\left[\underline{p}^2, U(\underline{q})\right](\Delta t)^2$$

und ist daher zu vernachlässigen.

Als Beispiel berechnen wir die Übergangsamplitude

$$\langle q_2(t+\Delta t)|q_1(t)\rangle \simeq \langle q_2|\,\mathrm{e}^{-(\mathrm{i}/\hbar)(\underline{p}^2/2m)\Delta t}\,\mathrm{e}^{-(\mathrm{i}/\hbar)U(\underline{q})\Delta t}\,|q_1\rangle$$

indem wir die formal geschriebene Vollständigkeitsrelation $\int \mathrm{d}^3p|p\rangle\langle p|$ an zwei Stellen einsetzen, einmal zur Linken der Exponentialfunktionen, das andere Mal zu ihrer Rechten. Die potentielle Energie $U(\underline{q})$ wirkt multiplikativ, der Operator $\underline{q}$ kann daher durch q_1 ersetzt werden, wenn er nach rechts wirkt. Was die erste Exponentialfunktion angeht, so gilt

$$\begin{aligned}
&\int\limits_{-\infty}^{\infty} \mathrm{d}p \int\limits_{-\infty}^{\infty} \mathrm{d}p' \,\langle q_2|p'\rangle\langle p'|\, \mathrm{e}^{-(\mathrm{i}/\hbar)(\underline{p}^2/2m)\Delta t}\,|p\rangle\,\langle p|q_1\rangle \\
&= \frac{1}{2\pi\hbar}\int\limits_{-\infty}^{\infty} \mathrm{d}p \int\limits_{-\infty}^{\infty} \mathrm{d}p' \,\mathrm{e}^{-(\mathrm{i}/\hbar)(p^2/2m)\Delta t}\delta(p'-p)\,\mathrm{e}^{(\mathrm{i}/\hbar)p'q_2}\,\mathrm{e}^{-(\mathrm{i}/\hbar)pq_1} \\
&= \frac{1}{2\pi\hbar}\int\limits_{-\infty}^{\infty} \mathrm{d}p \,\mathrm{e}^{-(\mathrm{i}/\hbar)(p^2/2m)\Delta t}\,\mathrm{e}^{-(\mathrm{i}/\hbar)p(q_1-q_2)} \\
&= \sqrt{\frac{m\,\mathrm{e}^{-\mathrm{i}\pi/2}}{2\pi\hbar\Delta t}}\,\mathrm{e}^{(\mathrm{i}/\hbar)m(q_1-q_2)^2/(2\Delta t)}\,.
\end{aligned}$$

In dieser Rechnung werden die Relationen (2.166b) und die Integralformel (1.46) aus Band 2 für das Gauß'sche Integral benutzt. Die Übergangsamplitude für das Beispiel wird damit zu

$$\begin{aligned}
\langle q_2(t+\Delta t)|q_1(t)\rangle &\simeq \sqrt{\frac{m\,\mathrm{e}^{-\mathrm{i}\pi/2}}{2\pi\hbar\Delta t}}\exp\frac{\mathrm{i}}{\hbar}\left\{\frac{m(q_2-q_1)^2}{2\Delta t}-\Delta t U(q_1)\right\} \\
&\simeq \sqrt{\frac{m\,\mathrm{e}^{-\mathrm{i}\pi/2}}{2\pi\hbar\Delta t}}\exp\frac{\mathrm{i}}{\hbar}\left\{\frac{m(q_2-q_1)^2}{2\Delta t}-\Delta t\frac{U(q_1)+U(q_2)}{2}\right\}.
\end{aligned}$$

Der Ausdruck in den geschweiften Klammern der Exponentialfunktion ist offenbar das Produkt der entlang einer Lösung ausgewerteten Lagrangefunktion und der Verschiebung Δt. Dies ist aber nichts Anderes als die Wirkung. In der Tat, folgt man der klassischen Bahn, so ist $q(t')\simeq q_1+((t'-t)/\Delta t)(q_2-q_1)$, woraus

$$S=\int\limits_{q_1=q(t)}^{q_2=q(t+\Delta t)} \mathrm{d}t'\,L(q,\dot{q})\simeq\frac{m(q_2-q_1)^2}{2\Delta t}-\Delta t\frac{U(q_1)+U(q_2)}{2}\,,$$

folgt. Die Übergangsamplitude ist somit

$$\langle q_2(t+\Delta t)|q_1(t)\rangle\simeq\sqrt{\frac{m\,\mathrm{e}^{-\mathrm{i}\pi/2}}{2\pi\hbar\Delta t}}\,\mathrm{e}^{(\mathrm{i}/\hbar)S(q_2,q_1)}\,. \tag{2.169a}$$

An dieser Stelle macht man vom Superpositionsprinzip der Quantenmechanik Gebrauch: Die Übergangsamplitude für ein *endliches* Zeitintervall berechnet man, indem man das System aus der Anfangskonfiguration $q_i(t_i)$ durch eine Folge von vielen Schritten der Art (2.169a) sich in die Endkonfiguration $q_f(t_f)$ entwickeln lässt. Mit den Bezeichnungen

$$q_0\equiv q_i\;\; t_0\equiv t_i\,,\;\; q_n\equiv q_f\,,\;\; t_n\equiv t_f \quad\text{und}\quad t_j=t_i+\frac{j}{n}(t_f-t_i)$$

ist die Übergangsamplitude dann gleich

$$\langle q_f(t_f)|q_i(t_i)\rangle = \lim_{n\to\infty} \int \prod_{k=1}^{n-1} \mathrm{d}q_k \prod_{j=0}^{n-1} \langle q_{j+1}(t_{j+1})|q_j(t_j)\rangle$$

$$= \lim_{n\to\infty} \int \prod_{k=1}^{n-1} \mathrm{d}q_k \left(\frac{nm\,\mathrm{e}^{-\mathrm{i}\pi/2}}{2\pi\hbar\Delta(t_f-t_i)}\right)^{n/2} \exp\left\{\frac{\mathrm{i}}{\hbar}\int_{t_i}^{t_f}\mathrm{d}t\, L(q,\dot{q})\right\}. \quad (2.169\text{b})$$

Man schreibt diese Formel in einer etwas symbolischen Notation wie folgt

$$\langle q_f(t_f)|q_i(t_i)\rangle = \int \mathcal{D}[q] \exp\left\{\frac{\mathrm{i}}{\hbar}\int_{t_i}^{t_f}\mathrm{d}t\, L(q,\dot{q})\right\}, \quad (2.169\text{c})$$

wobei das Integrations„maß“ $\mathcal{D}[q]$ durch den Grenzübergang definiert ist, der in (2.169b) ausführlicher notiert ist.

Bemerkungen

1. Es ist klar, dass nur die Anfangs- und die Endkonfigurationen vorgegeben sind. In unserem Beispiel sind dies die Orte q_i und q_f. Welche Wege das System zwischen diesen Randwerten wählt, darüber gibt es – außer im Grenzfall $\hbar \to 0$ – keine Information.
2. Im Grenzfall $\hbar \to 0$ oszilliert die Exponentialfunktion im Integranden sehr schnell und gibt daher nur dann einen signifikanten Beitrag, wenn die Wirkung S näherungsweise konstant bleibt. Dies ist dann der Fall, wenn S stationär ist, d. h. wenn $q(t)$ der klassisch-physikalischen Bahn folgt, die q_i mit q_f verbindet. In diesem Grenzfall kehrt man zum Hamilton'schen Extremalprinzip der Mechanik zurück.
3. Da das Superpositionsprinzip gilt, kann man das Pfadintegral von „i“ nach „f“ in zwei oder mehr Schritte unterteilen. Für $t_i < t_k < t_f$ als Beispiel erhält man

   $$\int \mathcal{D}[q]\,\mathrm{e}^{(\mathrm{i}/\hbar)S_{fi}} = \int \mathrm{d}q(t) \int \mathcal{D}[q]\,\mathrm{e}^{(\mathrm{i}/\hbar)S_{fk}} \int \mathcal{D}[q]\,\mathrm{e}^{(\mathrm{i}/\hbar)S_{ki}}. \quad (2.170)$$

   Bei einer infinitesimalen Änderung der Wirkung gilt

   $$\delta\langle q_f(t_f)|q_i(t_i)\rangle = \frac{\mathrm{i}}{\hbar}\int \mathcal{D}[q]\,\mathrm{e}^{(\mathrm{i}/\hbar)S_{fi}}\,\delta S_{fi}\,.$$

   Für $t \mapsto t+\delta t$ gibt (2.159) $\delta S = -H\delta t$. Damit erhält man

   $$\delta\,\langle q(t+\delta t)|q(t)\rangle = -\frac{\mathrm{i}}{\hbar}\,\langle q(t+\delta t)|\,H\,|q(t)\rangle\,\delta t\,. \quad (2.171)$$

   Offensichtlich ist dies die Schrödinger-Gleichung.
4. Die Verallgemeinerung unseres eindimensionalen Beispiels auf drei Raumdimensionen ist offensichtlich und soll hier nicht ausgearbeitet werden.
5. Pfadintegrale für die Quantentheorie werden in einer Reihe von Büchern ausführlicher behandelt, so z. B. [Feynman, Hibbs 1965], [Simon 1979],

[Roepstorff 1992], [Reuter, Dittrich 2001]. Es gibt auch tabellarische Bücher mit vielen Formeln für Pfadintegrale, [Kleinert 1990], [Grosche, Steiner 1998].

2.7.3 Klassische und Quantenpfade

Sei t eine beliebige Zwischenzeit zwischen der Anfangszeit t_i und der Endzeit t_f,

$$t_i < t < t_f \, .$$

Wie wir weiter oben gesehen haben, folgt aus dem Superpositionsprinzip die Verknüpfungsregel (2.170) für Pfadintegrale. Diese Regel kann auf Matrixelemente von Operatoren angewendet werden. Wenn $A(t)$ ein Operator in Heisenberg-Darstellung ist, so gilt allgemein

$$\begin{aligned} \langle q_f(t_f) | \, A(t) \, | q_i(t_i) \rangle &= \langle q_f | \, \mathrm{e}^{-(\mathrm{i}/\hbar)H(t_f - t)} A_0 \, \mathrm{e}^{-(\mathrm{i}/\hbar)H(t - t_i)} \, | q_i \rangle \\ &= \int \mathrm{d}q' \int \mathrm{d}q'' \int \mathcal{D}[q] \; \mathrm{e}^{(\mathrm{i}/\hbar)S(q_f, t_f; q'', t)} \\ &\quad \times \langle q'' | \, A_0 \, | q' \rangle \int \mathcal{D}[q] \; \mathrm{e}^{(\mathrm{i}/\hbar)S(q', t; q_i, t)} \, . \end{aligned} \tag{2.172}$$

Diese Formel und die Verknüpfung (2.170) lassen sich auf den Ortsoperator bei den geordneten Zeiten $t_1, t_2, \ldots, t_n$ anwenden, die sämtlich innerhalb des Intervalls (t_i, t_f) liegen mögen,

$$t_i < t_1 < t_2 < \cdots < t_n < t_f \, .$$

Man erhält

$$\begin{aligned} &\langle q_f(t_f) | \, \underline{q}(t_1) \underline{q}(t_2) \cdots \underline{q}(t_n) \, | q_i(t_i) \rangle \\ &= \int \mathcal{D}[q] \, \big(q(t_1) q(t_2) \ldots q(t_n) \big) \exp\Big\{ \frac{\mathrm{i}}{\hbar} \int_{t_i}^{t_f} \mathrm{d}t \; L(q, \dot{q}) \Big\} \, . \end{aligned} \tag{2.173}$$

Dieses Ergebnis illustriert sehr schön die Natur des Pfadintegrals in der Quantenwelt. Wäre $\hbar$ sehr klein oder würde gar nach Null geschickt, dann würde nur die stationäre Wirkung beitragen, die ihrerseits nur für die *klassische* Lösung der Euler-Lagrange Gleichung realisiert wird, die q_i mit q_f verbindet. In der Quantenwelt, in der $\hbar$ ein nichtverschwindendes Wirkungsquantum ist, darf dasselbe Teilchen entlang aller möglichen Pfade reisen, die q_i mit q_f verbinden. Diese Wege, die das Teilchen einschlagen kann, werden mit der Exponentialfunktion $\exp\{(\mathrm{i}/\hbar)S_{fi}\}$ der Wirkung gewichtet. Die Vorstellung einer Teilchenbahn ist zwar nicht mehr zutreffend, dennoch tragen die Quantenzustände noch immer einige Eigenschaften der klassischen Dynamik.

Diese wenigen Beispiele zeigen, dass die Methode der Pfadintegrale zwar eine andere Facette der Quantenmechanik beleuchten, für deren Formulierung aber nicht von zentraler Bedeutung sind. Die Dinge sehen aber anders aus, wenn man Quantenfeldtheorie aufbaut. Obwohl sie formal und mathematisch nicht gut begründet sind, gehören Pfadintegrale zu den wichtigen Hilfsmitteln in diesem Bereich und sie werden daher in vielen theoretischen Untersuchungen benutzt.

2.8 *Pfadintegral für Feldtheorien

Wie wir schon mehrfach betont haben, treten in einer Feldtheorie die Felder $\phi(x)$ an die Stelle der Variablen $q \equiv (q_1, q_2, \dots, q_f)$ eines quantenmechanischen Systems, die endlich vielen Freiheitsgrade des Letzteren werden durch die überabzählbar-unendlich vielen eines oder mehrerer Felder ersetzt. Es mag intuitiv einleuchten, dass man die Pfadintegralmethode auf Feldtheorien verallgemeinern kann, denn alle dafür erforderlichen und aus der kanonischen Mechanik vertrauten Begriffe und Prinzipien existieren oder lassen sich per Analogie formulieren. Dennoch zeigt der Vergleich mit der Formel (2.169c), dass einige Schwierigkeiten auftreten werden, die es in der Quantenmechanik nicht gibt. Eine hiervon ist die Frage, wie das Integrationsmaß $\mathcal{D}[q]$ auf ein solches mit Feldern $\mathcal{D}[\phi]$ zu erweitern sei.

In diesem Abschnitt stellen wir zunächst einige Rechenregeln für Differentialrechnung mit Funktionalen auf, um dann einen formalen Kalkül für Pfadintegrale mit Feldern zu entwickeln. Die Berechnung des einfachsten Beispiels für einen Propagator schließt dieses Kapitel ab.

2.8.1 Die Funktionalableitung

Es sei $\mathcal{S}(\mathbb{R}^n)$ der Raum der Testfunktionen über einem $\mathbb{R}^n$, d. h. der lineare Raum aller C^∞-Funktionen auf $\mathbb{R}^n$, die selbst ebenso wie alle ihre Ableitungen im Unendlichen stärker als jede inverse Potenz des Abstands vom Ursprung nach Null gehen. Der dazu duale Raum der stetigen, linearen Funktionale – das sind die temperierten Distributionen auf $\mathbb{R}^n$ – sei wie bisher mit $\mathcal{S}'(\mathbb{R}^n)$ bezeichnet.

Die *Funktionalableitung* der Distribution $\Delta \in \mathcal{S}'$ nach einer Funktion $f \in \mathcal{S}$ wird wie folgt definiert:

$$\frac{\delta\Delta(f)}{\delta f(y)} := \lim_{\varepsilon\to 0} \frac{1}{\varepsilon} \left[\Delta\left(f(x) + \varepsilon\delta(x-y)\right) - \Delta\left(f(x)\right)\right] . \tag{2.174}$$

Dabei sind x und y Punkte im $\mathbb{R}^n$ und $\delta(z)$ ist die Dirac'sche δ-Distribution. Einige Beispiele illustrieren diese Definition besser als viele Worte.

(i) Sei $\Delta(f) = \int \mathrm{d}^n x\, f(x)\delta(x)$. Mit (2.174) berechnet man jetzt

$$\begin{aligned}\frac{\delta\Delta(f)}{\delta f(y)} &= \lim_{\varepsilon\to 0} \frac{1}{\varepsilon} \left[\int \mathrm{d}^n x\, \left(f(x) + \varepsilon\delta(x-y)\right)\delta(x) - \int \mathrm{d}^n x\, f(x)\delta(x)\right] \\ &= \int \mathrm{d}^n x\, \delta(x-y)\delta(x) = \delta(y) .\end{aligned} \tag{2.175a}$$

(ii) Es sei Δ einfach das Integral der Funktion f, $\Delta(f) = \int \mathrm{d}^n x\, f(x)$. Die Funktionalableitung hiervon ist gleich 1:

$$\frac{\delta\Delta(f)}{\delta f(y)} = \lim_{\varepsilon\to 0} \frac{1}{\varepsilon}\left[\int \mathrm{d}^n x\ (f(x) + \varepsilon\delta(x-y)) - \int \mathrm{d}^n x\ f(x)\right] = 1\,. \tag{2.175b}$$

(iii) Wählt man $\Delta(f) = f$, also eine Funktion selbst und nicht ihr Integral, dann folgt

$$\frac{\delta\Delta(f)}{\delta f(y)} = \lim_{\varepsilon\to 0} \frac{1}{\varepsilon}\left[f(x) + \varepsilon\delta(x-y) - f(x)\right] = \delta(x-y)\,. \tag{2.175c}$$

Aus den Beispielen (2.175b) und (2.175c) kann man noch folgende Eigenschaft der Funktionalableitung herleiten. Sei wie im zweiten Beispiel $\Delta(f) = \int \mathrm{d}^n x\, f(x)\delta(x)$. Mit der Formel (2.175c) ist dann

$$\frac{\delta\Delta(f)}{\delta f(y)} = 1 = \int \mathrm{d}^n x\, \delta(x-y) = \int \mathrm{d}^n x\, \frac{\delta f(x)}{\delta f(y)}\,.$$

Daraus lässt sich eine allgemeinere Formel gewinnen, wenn man $\Delta(f) = \int \mathrm{d}^n x\, \Gamma(f(x))$ setzt, d. h. die Funktion f im Integranden durch die Wirkung einer anderen Distribution Γ auf f ersetzt. Man erhält aus der Definition (2.174)

$$\begin{aligned}\frac{\delta\Delta(f)}{\delta f(y)} &= \lim_{\varepsilon\to 0} \frac{1}{\varepsilon} \int \mathrm{d}^n x\ \left[\Gamma\left(f(x) + \varepsilon\delta(x-y)\right) - \Gamma\left(f(x)\right)\right] \\ &= \int \mathrm{d}^n x\, \frac{\mathrm{d}\,\Gamma(f(x))}{\mathrm{d}\,f}\delta(x-y) = \left.\frac{\mathrm{d}\,\Gamma}{\mathrm{d}\,f}\right|_y\,.\end{aligned}$$

Berechnet man andererseits die Funktionalableitung von Γ nach f, so ist diese

$$\frac{\delta\Gamma(f(x))}{\delta f(y)} = \left.\frac{\mathrm{d}\,\Gamma}{\mathrm{d}\,f}\right|_y \delta(x-y)\,.$$

Daraus folgt die allgemeine Formel

$$\frac{\delta\Delta(f)}{\delta f(y)} = \int \mathrm{d}^n x\, \frac{\delta\Gamma(f(x))}{\delta f(y)}\,. \tag{2.176}$$

Die Funktionalableitung (2.174) erfüllt alle Regeln der Differentialrechnung, insbesondere die Produkt- und die Kettenregel.

2.8.2 Funktionalpotenzreihen und Taylor-Reihen

Definiert man folgende Reihe

$$\begin{aligned}\Pi\left(f(x)\right) &= K_0(x) + \int \mathrm{d}^n x_1\ K_1(x, x_1) f(x_1) \\ &+ \int \mathrm{d}^n x_1 \int \mathrm{d}^n x_2\ K_2(x, x_1, x_2) f(x_1) f(x_2) + \ldots\,,\end{aligned} \tag{2.177a}$$

dann leitet man aus (2.174) leicht folgende Formeln für die Funktionalableitungen von $\Pi \in \mathcal{S}'$ nach $f \in \mathcal{S}$ ab:

$$\Pi(0) = K_0(x)\,, \qquad \left.\frac{\delta \Pi(f(x))}{\delta f(y)}\right|_{f=0} = K_1(x, y)$$

$$\left.\frac{\delta^2 \Pi(f(x))}{\delta f(y_1)\delta f(y_2)}\right|_{f=0} = K_2(x, y_1, y_2) + K_2(x, y_2, y_1)\,, \tag{2.177b}$$

deren Fortsetzung leicht erraten werden kann. Ein für die Quantenfeldtheorie besonders interessanter Spezialfall ist der, bei dem die „Koeffizienten" $K_m(x, y_1, y_2, \dots, y_m)$ in den Variablen $y_1, \dots, y_m$ vollständig symmetrisch sind. Dann gilt

$$K_m(x, y_1, \dots, y_m) = \frac{1}{m!}\left.\frac{\delta^m \Pi(f)}{\delta f(y_1)\cdots\delta f(y_m)}\right|_{f=0}\,. \tag{2.178}$$

Als Beispiel betrachten wir die Vakuumerwartungswerte des zeitgeordneten Produkts von m identischen klassischen Skalarfeldern $\phi(x)$,

$$K_m(x, y_1, \dots, y_m) = \langle 0|\, T\, \phi(y_1)\cdots\phi(y_m)\, |0\rangle\,.$$

Sie hängen nicht von x ab. Daraus konstruiert man

$$\Pi(f) := \sum_{m=0}^{\infty}\frac{1}{m!}\int \mathrm{d}^n y_1 \dots \mathrm{d}^n y_m\, \langle 0|T\,\phi(y_1)\cdots\phi(y_m)|0\rangle\, f(y_1)\cdots f(y_m)\,.$$

Für die m-te Funktionalableitung bei $f = 0$ gilt somit

$$\left.\frac{\delta^m \Pi(f)}{\delta f(y_1)\cdots\delta f(y_m)}\right|_{f=0} = \langle 0|\, T\,\phi(y_1)\cdots\phi(y_m)\, |0\rangle\,. \tag{2.179}$$

Auf der rechten Seite von (2.179) stehen die Green-Funktionen, die zur (noch immer klassischen) Feldtheorie des Skalarfeldes ϕ gehören. Hätte man für $\Pi(f)$ einen geschlossenen Ausdruck vorliegen, so könnte man daraus alle Green-Funktionen $\langle 0|T \cdots |0\rangle$ durch Funktionalableitung gewinnen.

Aus diesen Überlegungen und Beispielen folgt, dass man auch funktionale Taylor-Reihen aufstellen kann. Es seien f und g Funktionen aus $\mathcal{S}$ und λ eine reelle oder komplexe Variable. Dann gilt für ein $\Gamma \in \mathcal{S}'$

$$\Gamma(f + \lambda g) = \sum_{k=0}^{\infty}\frac{\lambda^k}{k!}\int \mathrm{d}^n x_1 \cdots \int \mathrm{d}^n x_k\, g(x_1)\cdots g(x_k)\, \frac{\delta^k \Gamma(f)}{\delta f(x_1)\cdots\delta f(x_k)}\,.$$

Wertet man diese Entwicklung an der Stelle $\lambda = 1$ und mit $f = 0$ aus, so erhält man

$$\Gamma(f + \lambda g)|_{\lambda=1} = \sum_{k=0}^{\infty}\frac{1}{k!}\int \mathrm{d}^n x_1 \cdots \int \mathrm{d}^n x_k\, g(x_1)\cdots g(x_k)\, \left.\frac{\delta^k \Gamma(f)}{\delta f(x_1)\cdots\delta f(x_k)}\right|_{f=0}\,, \tag{2.180}$$

d. h. das Analogon einer gewöhnlichen Taylor-Reihe in einer Variablen.

2.8.3 Erzeugendes Funktional

Der wahre, physikalische Grundzustand einer Quantenfeldtheorie kann vom Vakuum der wechselwirkungsfreien Theorie sehr verschieden sein. Ein Beispiel, das diese Aussage illustriert, ist die Quantenelektrodynamik (s. Kapitel 5), bei der *wechselwirkende* Elektronfelder von den *freien* Elektronfeldern verschieden sind und wo der Grundzustand innere Strukturen besitzt, die die freie Theorie nicht hat (Vakuumpolarisation). Ebensolches gilt auch für nichtrelativistische Theorien wie die Theorie der Supraleitung oder die Theorie der Suprafluidität: die Grundzustände enthalten Korrelationen, die es in der freien Theorie von N Elektronen nicht gibt.

Die zentrale Idee bei der Definition des Pfadintegrals in Feldtheorien ist die, den Übergang des Grundzustands aus einer Anfangskonfiguration bei $t = -\infty$ in eine Endkonfiguration bei $t = +\infty$ unter der Wirkung einer antreibenden, äußeren Wechselwirkung zu untersuchen. Die Antwort des Systems enthält Information über die Struktur der Theorie und ihres Grundzustandes. Wie wir sehen werden, gibt sie sogar die vollständige Dynamik des Systems wieder.

Formal sieht die Verallgemeinerung des Feynman'schen Pfadintegrals auf überabzählbar unendlich viele Freiheitsgrade wie folgt aus: In Analogie zur Gleichung (2.169c) macht man für ein einzelnes Feld den Ansatz

$$\langle \phi_2 | \phi_1 \rangle = N \int_{\phi_1}^{\phi_2} \mathcal{D}[\phi] \exp\left\{ \mathrm{i} \int_1^2 \mathrm{d}^4 x \, \mathcal{L}(x) \right\} , \qquad (2.181)$$

worin ϕ_1 und ϕ_2 zwei vorgegebene Feldkonfigurationen sind und wo das zweite Integral

$$\int_1^2 \mathrm{d}^4 x \equiv \int_{t_1}^{t_2} \mathrm{d}x_0 \int \mathrm{d}^3 x$$

so zu verstehen ist, dass $\phi_i \equiv \phi(t_i, \boldsymbol{x})$, $i = 1, 2$, gilt. Der Faktor N ist ein Normierungsfaktor, den man im Moment nicht weiter festlegen muss. Der Einfachheit halber betrachten wir hier ein einzelnes Skalarfeld, die Erweiterung auf mehr als ein Bosonfeld, mit und ohne Spin, ist aber einfach. Die Anwendung auf fermionische Felder dagegen muss man getrennt diskutieren.

Nimmt man die Kopplung an eine äußere Quelle j hinzu, dann tritt an die Stelle von (2.181) der Ausdruck

$$\langle \phi_2 | \phi_1 \rangle = N \int_{\phi_1}^{\phi_2} \mathcal{D}[\phi] \exp\left\{ \mathrm{i} \int_1^2 \mathrm{d}^4 x \, \left[\mathcal{L}(x) + \phi(x) j(x) \right] \right\} . \qquad (2.182)$$

Für ein reelles Skalarfeld zum Beispiel ist die Wirkung in Analogie zu (2.161)

$$S = \int \mathrm{d}^4 x \left[\frac{1}{2} \partial_\mu \phi \partial^\mu \phi - \frac{1}{2} m^2 \phi^2 - V(\phi) \right] , \qquad (2.183)$$

wo $V(\phi)$ eine möglicherweise vorhandene Selbstkopplung des Feldes abkürzen soll, also eine Art Potential. Es sei nun

$$W[j] := N \int \mathcal{D}[\phi] \exp\Big\{ \mathrm{i} \int \mathrm{d}^4 x \Big[\frac{1}{2} \partial_\mu \phi \partial^\mu \phi - \frac{1}{2} m^2 \phi^2 - V(\phi) + j\phi \Big] \Big\} . \tag{2.184}$$

Diese Definition wirft zwei Schwierigkeiten auf, die man kommentieren muss. Das formal notierte Integrationsmaß $\mathcal{D}[\phi]$, auch wenn es nicht wohldefiniert ist, kann man sich qualitativ als (unendliches) Produkt aus den $\mathrm{d}\phi_k$ mit $\phi_k \equiv \phi(x_k)$ über einer diskretisierten Version der Raumzeit vorstellen. Zum anderen ist ein Integral wie das in (2.184) zunächst nicht konvergent. Dem kann man abhelfen, indem man entweder m^2 durch $(m^2 - \mathrm{i}\varepsilon)$ ersetzt, oder indem man $W[j]$ in einen $\mathbb{R}^4$ fortsetzt, der mit Euklidischer Struktur versehen ist. Wir wählen die zweite Alternative.

Vektoren im Euklidischen $\mathbb{R}^4$ bezeichnen wir mit x_E. Es seien $x_\mathrm{E} = (\boldsymbol{x}, x^4)^T$ und $x^4 = \mathrm{i}\, x^0$. Dann gilt

$$\mathrm{d}^4 x = -\mathrm{i}\, \mathrm{d}^4 x_\mathrm{E} , \quad \partial_\mu \phi\, \partial^\mu \phi = -\partial^\mathrm{E}_\mu \phi\, \partial^\mathrm{E}_\mu \phi ,$$

$$x_\mathrm{E}^2 = \sum_{i=1}^{4} (x^i)^2 = \boldsymbol{x}^2 + (x^4)^2 = \boldsymbol{x}^2 - (x^0)^2 = -x^2 .$$

Die entsprechenden Definitionen im Euklidischen Impulsraum wählt man so, dass $k^4 x^4 = k^0 x^0$ ist, womit die Konventionen für die Vorzeichen in ebenen Wellen erhalten bleiben. Dies erreicht man mit $k_\mathrm{E} = (\boldsymbol{k}, k^4)^T$, $k_\mathrm{E}^4 = -\mathrm{i}\, k^0$, woraus $\mathrm{d}^4 k = \mathrm{i}\, \mathrm{d}^4 k_\mathrm{E}$ und $k_\mathrm{E}^2 = -k^2$ folgen. Außerdem gilt dann auch

$$k \cdot x = k^0 x^0 - \boldsymbol{k} \cdot \boldsymbol{x} = k^4 x^4 - \boldsymbol{k}_\mathrm{E} \cdot \boldsymbol{x}_\mathrm{E} .$$

Anstelle des Ausdrucks (2.184) erhält man

$$W[j]_\mathrm{E} := N_\mathrm{E} \int \mathcal{D}[\phi] \exp\Big\{ - \int \mathrm{d}^4 x \Big[\frac{1}{2} \partial^\mathrm{E}_\mu \phi \partial^\mathrm{E}_\mu \phi + \frac{1}{2} m^2 \phi^2 + V(\phi) - j\phi \Big] \Big\} . \tag{2.185}$$

Diese Formel ist ein Ausgangspunkt für die tatsächliche Berechnung eines Pfadintegrals. Solche Rechnungen werden sehr bald ziemlich technisch und aufwändig. Daher möchte ich hier nicht viel mehr als eine Bemerkung einschieben: Auch wenn das Integrationsmaß nicht definiert ist, so kann man das Funktional $W[j]_\mathrm{E}$ dann auswerten, wenn es formal wie ein Gauß'sches Integral aufgebaut ist. Man orientiert sich dabei an einem Beispiel aus der Analysis: Es sei I das Integral

$$I := \int \mathrm{d}x\ \mathrm{e}^{-a(x)}$$

wo $a(x)$ eine differenzierbare Funktion ist. Es sei $a(x_0)$ ein stationärer Wert dieser Funktion. Dies bedeutet, dass man $a(x)$ wie folgt entwickeln kann,

$$a(x) \simeq a(x_0) + \frac{1}{2} (x - x_0)^2 a''(x_0)$$

so dass das Integral näherungsweise zu einem Gauß'schen wird,

$$I \simeq \mathrm{e}^{-a(x_0)} \int \mathrm{d}x \; \mathrm{e}^{-(x-x_0)^2/2} a''(x_0) \, .$$

Analoga zu den stationären Werten x_0 sind in der Feldtheorie die Lösungen ϕ_0 der klassischen Bewegungsgleichungen. Entwickelt man um diese Lösungen, dann entstehen auch in der Feldtheorie Gauß'sche Integrale.

2.8.4 Ein Beispiel: Der Propagator des Skalarfeldes

Als Beispiel berechnen wir $W^{(0)}[j]$ für den Fall des freien Skalarfeldes, d. h. mit $V(\phi) \equiv 0$,

$$W^{(0)}[j] := N \int \mathcal{D}[\phi] \exp\left\{ \mathrm{i} \int \mathrm{d}^4x \; \left[\tfrac{1}{2} \partial_\mu \phi \partial^\mu \phi - \tfrac{1}{2}(m^2 - \mathrm{i}\varepsilon)\phi^2 + \phi j \right] \right\} , \tag{2.186}$$

indem wir dieses Mal die Konvergenz des Integrals mit der ersten Alternative erzwingen. Definiert man die Fourier-Transformierten in Dimension vier durch

$$\widetilde{F}(p) = \int \frac{\mathrm{d}^4x}{(2\pi)^2} \mathrm{e}^{-\mathrm{i}px} F(x) \, ,$$

so ist $\tilde{F}^*(p) = F(-p)$ und das Argument der Exponentialfunktion in (2.186) geht in

$$\begin{aligned} &\frac{\mathrm{i}}{2} \int \mathrm{d}^4p \left\{ \widetilde{\phi}'(p) \left[p^2 - m^2 + \mathrm{i}\varepsilon \right] \widetilde{\phi}'(-p) \right. \\ &\left. - \widetilde{j}(p) \left[p^2 - m^2 + \mathrm{i}\varepsilon \right]^{-1} \widetilde{j}(-p) \right\} , \end{aligned} \tag{2.187a}$$

über, wobei die Abkürzung

$$\widetilde{\phi}'(p) = \widetilde{\phi}(p) + \frac{1}{p^2 - m^2 + \mathrm{i}\varepsilon} \widetilde{j}(p) \tag{2.187b}$$

eingeführt wurde. Diese Umformung, etwas ausführlicher ausgeschrieben, entsteht wie folgt:

$$\begin{aligned} &\frac{\mathrm{i}}{2} \int \mathrm{d}^4x \left[\partial_\mu \phi \partial^\mu \phi - (m^2 - \mathrm{i}\varepsilon)\phi^2 + 2\phi j \right] = \frac{\mathrm{i}}{2(2\pi)^4} \int \mathrm{d}^4x \\ &\iint \mathrm{d}^4p \, \mathrm{d}^4p' \, \mathrm{e}^{\mathrm{i}px} \, \mathrm{e}^{\mathrm{i}p'x} \left[\left(p^2 - m^2 + \mathrm{i}\varepsilon \right) \widetilde{\phi}(p)\widetilde{\phi}(p') + 2\widetilde{\phi}(p\widetilde{j}(p)') \right] \\ &= \frac{\mathrm{i}}{2} \int \mathrm{d}^4p \left[\widetilde{\phi}(p)(p^2 - m^2 - \mathrm{i}\varepsilon)\widetilde{\phi}(-p) + \widetilde{\phi}(p)\widetilde{j}(-p) + \widetilde{\phi}(-p)\widetilde{j}(p) \right] . \end{aligned}$$

Setzt man nun noch die Abkürzung für $\tilde{\phi}'(p)$ ein, so ergibt sich der oben angegebene Ausdruck (2.187a).

Der zu $\tilde{j}$ proportionale Zusatzterm in (2.187b) wirkt bei der Funktionalintegration wie ein konstanter Summand. Daher ist $\mathcal{D}[\phi'] = \mathcal{D}[\phi]$, der

Strich an der Variablen kann weggelassen werden. Damit wird das Funktional, das berechnet werden soll, zu

$$W^{(0)}[j] = N \exp\left\{-\frac{i}{2}\int d^4p \frac{\widetilde{j}(p)\widetilde{j}(-p)}{p^2 - m^2 + i\varepsilon}\right\}$$
$$\times \int \mathcal{D}[\phi] \exp\left\{\frac{i}{2}\int d^4x \left[\partial_\mu\phi\partial^\mu\phi - (m^2 - i\varepsilon)\phi^2\right]\right\}$$
$$\equiv W^{(0)}[0] \exp\left\{-\frac{i}{2}\int d^4p \frac{\widetilde{j}(p)\widetilde{j}(-p)}{p^2 - m^2 + i\varepsilon}\right\} .$$

An dieser Stelle kann man wieder über inverse Fourier-Transformation in den Ortsraum zurück gehen. Man erhält

$$-\frac{i}{2}\int d^4p \frac{\widetilde{j}(p)\widetilde{j}(-p)}{p^2 - m^2 + i\varepsilon} =$$
$$-\frac{i}{2(2\pi)^4}\int d^4p \iint d^4x\, d^4y\; e^{-ip(x-y)} \frac{j(x)j(y)}{p^2 - m^2 + i\varepsilon}$$
$$= -\frac{1}{2}\iint d^4x\, d^4y\; j(x)\Delta(x-y)j(y) .$$

Hierbei steht die Distribution $\Delta(x-y)$ für den Propagator (2.60),

$$\Delta(x-y) = \frac{i}{(2\pi)^4}\int d^4p\; e^{-ip(x-y)} \frac{1}{p^2 - m^2 + i\varepsilon} \tag{2.188}$$
$$\equiv P_F(x-y; m) . \tag{2.189}$$

Wir schließen diesen Abschnitt mit einigen Kommentaren zu diesen Ergebnissen:

Bemerkungen

1. Besonders bemerkenswert ist, dass der Propagator $\Delta(x-y)$ im Pfadintegralformalismus auftritt, ohne dass man die Felder quantisiert hätte. Dies ist ein wichtiges Indiz dafür, dass dieser Formalismus eine echte Alternative zur kanonischen Quantisierung darstellt.
2. Berechnet man Funktionalableitungen von $W[j]$ nach der äußeren Quelle j, dann stellt man folgendes fest: Die erste sowie alle anderen *ungeraden* Ableitungen sind an der Stelle $j = 0$ gleich Null. Die *geraden* Ableitungen bei $j = 0$ lassen sich sämtlich durch den Propagator (2.188) bzw.durch Produkte von diesem ausdrücken. Entwickelt man $W[j]$ in Analogie zur Reihe (2.180), d. h.

$$W[j] = \sum_{n=0}^{\infty} \frac{i^n}{n!}\int d^4x_1 \cdots \int d^4x_n$$
$$\times\, j(x_1)\ldots j(x_n)\, G_n(1,\ldots,n) , \tag{2.190a}$$
$$\text{mit}\quad G_n(1,\ldots,n) = \frac{1}{i^n}\frac{\delta}{\delta j(x_1)}\cdots\frac{\delta}{\delta j(x_n)} W[j]\bigg|_{j=0} , \tag{2.190b}$$

so ergeben sich im Beispiel des freien Skalarfeldes die Formeln

$$G^{(0)}_{2n+1} = 0\,,$$
$$G^{(0)}_2(u_1,u_2) = P_F(u_1-u_2)\,,$$
$$G^{(0)}_4(u_1,u_2,u_3,u_4) = P_F(u_1-u_2)P_F(u_3-u_4)$$
$$+P_F(u_1-u_3)P_F(u_2-u_4)+P_F(u_2-u_3)P_F(u_1-u_4)\,.$$

3. Da alle Green-Funktionen $G^{(0)}_{2n}$ sich auf $G^{(0)}_2$ zurück führen lassen, ist es sinnvoll, nicht das Funktional $W[j]$ selbst, sondern den Exponenten in

$$W[j] = \mathrm{e}^{\mathrm{i}Z[j]} \tag{2.191}$$

zu entwickeln. Man gelangt dann über die Reihenentwicklung

$$\mathrm{i}Z[j] = \sum_{n=0}^{\infty} \frac{\mathrm{i}^n}{n!} \int \mathrm{d}^4x_1 \cdots \int \mathrm{d}^4x_n\, G^{(\mathrm{c})}(1,\ldots,n) \tag{2.192}$$

zu den sogenannten *zusammenhängenden* Green-Funktionen $G^{(\mathrm{c})}$, wo (c) für das englische *connected* steht.

2.8.5 Komplexes Skalarfeld und Pfadintegrale

Erweitert man das Beispiel (2.186) auf ein komplexes Skalarfeld, dann muss man die Felder ϕ und ϕ^* als unabhängige Variablen behandeln und auch den äußeren Quellterm j durch sein Konjugiertes j^* ergänzen. Das Funktional $W[j, j^*]$ für das freie, komplexe Skalarfeld lautet dann

$$W^{(0)}[j,j^*] := N \int \mathcal{D}[\phi] \int \mathcal{D}[\phi^*]$$
$$\exp\left\{\mathrm{i} \int \mathrm{d}^4x\, \left[\tfrac{1}{2}\partial_\mu\phi^*\partial^\mu\phi - \tfrac{1}{2}(m^2-\mathrm{i}\varepsilon)\phi^*\phi + \phi^* j + j^*\phi\right]\right\}\,. \tag{2.193}$$

Das Argument der Exponentialfunktion enthält einen in ϕ sesquilinearen Term sowie zwei lineare Terme in ϕ bzw. ϕ^*. Dies ist auch dann so, wenn wir zum Ersteren eine Selbstwechselwirkung $V(\phi)$ addieren, die eine Funktion von $(\phi^*\phi)$ ist. Alle Terme sind, jeder für sich, reell. Schließlich könnte das komplexe Feld ϕ durch ein mehrkomponentiges Feld $\Phi = (\phi_1, \ldots, \phi_N)^T$ ersetzt werden, ohne die Struktur des Funktionals (2.193) zu ändern. Natürlich würde dann auch J entsprechend viele Quellterme zusammen fassen, $J = (j_1, \ldots, j_N)^T$. Das zu berechnende Pfadintegral hat dann die Form

$$I[J,J^*] = \int \mathcal{D}[\phi_1] \int \mathcal{D}[\phi_1^*] \cdots \int \mathcal{D}[\phi_N] \int \mathcal{D}[\phi_N^*]$$
$$\times \exp\left\{-\left(\Phi^\dagger \mathbf{C} \Phi - \Phi^\dagger J - J^\dagger \Phi\right)\right\}\,, \tag{2.194}$$

wobei $\mathbf{C}$ eine hermitesche $N \times N$-Matrix ist, von der wir annehmen wollen, dass sie nicht singulär sei. Ihre Eigenwerte sind dann alle von Null verschieden und außerdem sind sie aus physikalischen Gründen positiv. Es ist

$$\Phi^\dagger \mathbf{C}\Phi - \Phi^\dagger J - J^\dagger \Phi = \left(\Phi - \mathbf{C}^{-1}J\right)^\dagger \mathbf{C}\left(\Phi - \mathbf{C}^{-1}J\right) - J^\dagger \mathbf{C}^{-1} J\,.$$

Setzt man also $\Psi = \Phi - \mathbf{C}^{-1}J$ und beachtet, dass der letzte Term in dieser Umformung von den Integrationsvariablen unabhängig ist, so bleibt

$$I[J,J^*] = \int \mathcal{D}[\psi_1] \int \mathcal{D}[\psi_1^*] \cdots \int \mathcal{D}[\psi_N] \int \mathcal{D}[\psi_N^*] \times \exp\left\{-\left(\Psi^\dagger \mathbf{C}\Psi\right)\right\} \mathrm{e}^{-J^\dagger \mathbf{C}^{-1} J} \tag{2.195}$$

zu berechnen. Auch dieses Integral ist ein Gauß'sches Integral, dem man nach folgenden Mustern einen Wert zuordnet.

Es sei $z \in \mathbb{C}$ eine komplexe Variable, $K(\alpha)$ sei das Integral

$$K(\alpha) = \int \mathrm{d}z \int \mathrm{d}z^* \; \mathrm{e}^{-\alpha |z|^2}\,.$$

Setzt man $z = r\,\mathrm{e}^{\mathrm{i}\phi}$ und berechnet den Betrag der Jacobi-Determinante der Transformation von (z, z^*) nach (r, ϕ), dann ist

$$K(\alpha) = 2 \int_0^\infty \mathrm{d}r \int_0^{2\pi} \mathrm{d}\phi \; \mathrm{e}^{-\alpha r^2} = \frac{2\pi}{\alpha}\,.$$

Im nächsten Schritt sei $Z = (z_1, \ldots, z_N)^T$ ein Spaltenvektor von komplexen Variablen z_1 bis z_N und $\mathbf{C}$ eine nichtsinguläre, hermitesche Matrix mit positiven Eigenwerten γ_i, $i = 1, \ldots, N$. Es sei $\mathbf{U}$ die unitäre Matrix, die $\mathbf{C}$ diagonalisiert,

$$\mathbf{C} = \mathbf{U}^\dagger \overset{0}{\mathbf{C}}\, \mathbf{U}\,.$$

Setzt man $\mathbf{U}Z =: W$, dann ist

$$\prod_{i=1}^N \int \frac{\mathrm{d}z_i}{2\pi} \frac{\mathrm{d}z_i^*}{2\pi} \; \mathrm{e}^{-Z^\dagger \mathbf{C} Z} = \prod_{i=1}^N \int \frac{\mathrm{d}w_i}{2\pi} \frac{\mathrm{d}w_i^*}{2\pi} \; \mathrm{e}^{-W^\dagger \overset{0}{\mathbf{C}} W} = \frac{1}{\gamma_1 \gamma_2 \cdots \gamma_N} = \frac{1}{\det \mathbf{C}}\,.$$

Diese Rechnungen zeigen, dass man dem symbolischen Integral (2.194) den folgenden Ausdruck zuordnen kann:

$$I[J,J^*] = \frac{1}{\det \mathbf{C}} \mathrm{e}^{-J^\dagger \mathbf{C}^{-1} J}\,. \tag{2.196}$$

Dieser Ausdruck enthält die Determinante $\det \mathbf{C}$ im Nenner und existiert natürlich nur dann, wenn – wie vorausgesetzt – kein Eigenwert gleich Null ist. Dieses Ergebnis kann ebenfalls als Ausgangsbasis für die Herleitung der Green-Funktionen dienen indem man Funktionalableitungen nach den Quelltermen J und J^* berechnet.

Schließlich merken wir noch an, dass $I[J, J^*]$ auch dann definiert werden kann, wenn die Determinante von $\mathbf{C}$ verschwindet, d. h. wenn einige ihrer Eigenwerte γ_k gleich Null sind. In solchen Fällen verändert man das „Integrationsmaß“ durch Einfügen von δ-Distributionen $\delta(\gamma_k)$ für diese Eigenwerte. Ich gehe hier aber nicht weiter darauf ein.

Streumatrix und Observable in Streuung und Zerfällen

Einführung

An dieser Stelle unterbrechen wir die Entwicklung der kanonischen Quantisierung freier Felder, um einige wichtige Begriffe der Streutheorie für Lorentz-kovariante Quantenfeldtheorien mit Wechselwirkung aufzustellen, die wir für die Berechnung von Observablen – Streuquerschnitten und Zerfallswahrscheinlichkeiten – benötigen. Der damit zur Verfügung gestellte Rahmen baut auf allgemeinen, physikalisch plausiblen Voraussetzungen auf und ist sehr allgemein, infolgedessen aber auch vergleichsweise abstrakt. Dies ist der Grund, warum ich zunächst zur nichtrelativistischen Streutheorie zurückkehre, die der Leserin, dem Leser schon bekannt ist. Diese Streutheorie wird so umgeschrieben und formalisiert, dass die analogen Begriffe in der kovarianten Theorie, in der Teilchen erzeugt und vernichtet werden können, durch Analogie motiviert werden. Am Ende stehen Gleichungen, die es gestatten, die aus einer Störungsreihe berechneten, komplexen Amplituden in quantitative Ausdrücke für Streuquerschnitte oder Zerfallsbreiten umzusetzen.

Inhalt

3.1 Nichtrelativistische Streutheorie in Operatorform

Als Vorbereitung auf den in der Quantenfeldtheorie zentralen Begriff der Streumatrix greifen wir noch einmal die Potentialstreuung auf der Basis der Schrödinger-Gleichung auf. Dies führt zur Definition der T-Matrix und liefert zugleich den Zusammenhang der T-Matrix mit der Streuamplitude $f(\theta)$.

3.1.1 Die Lippmann-Schwinger-Gleichung

Die stationäre Schrödinger-Gleichung im Ortsraum und unter Verwendung natürlicher Einheiten notiert, hat die Form

$$(H_0 - (E - U(\boldsymbol{x})))\, \psi(\boldsymbol{x}) = 0\,, \quad \text{mit} \quad H_0 = -\frac{1}{2m}\boldsymbol{\Delta} \tag{3.1}$$

Die Lösungen der kräftefreien Gleichung, d. h. für $U(\boldsymbol{x}) = 0$, zur Energie $E = \boldsymbol{k}^2/2m$ sind die ebenen Wellen

$$\phi(\boldsymbol{k}, \boldsymbol{x}) = \mathrm{e}^{\mathrm{i}\boldsymbol{k}\cdot\boldsymbol{x}}$$

So wie sie hier normiert sind, sind diese orthogonal und vollständig in folgendem Sinn

$$\int \mathrm{d}^3x\, \phi^*(\boldsymbol{k}', \boldsymbol{x})\phi(\boldsymbol{k}, \boldsymbol{x}) = (2\pi)^3\delta(\boldsymbol{k}' - \boldsymbol{k})\,, \tag{3.2}$$

$$\int \mathrm{d}^3k\, \phi^*(\boldsymbol{k}, \boldsymbol{x}')\phi(\boldsymbol{k}, \boldsymbol{x}) = (2\pi)^3\delta(\boldsymbol{x}' - \boldsymbol{x})\,. \tag{3.3}$$

Die Streulösungen der vollen Schrödinger-Gleichung, die eine *aus*laufende, bzw. *ein*laufende Kugelwelle $\mathrm{e}^{\pm \mathrm{i}\kappa r}/r$ enthalten, seien mit $\psi_{\text{out}}(\boldsymbol{k},\boldsymbol{x})$ bzw. $\psi_{\text{in}}(\boldsymbol{k},\boldsymbol{x})$ bezeichnet, wobei $\kappa = |\boldsymbol{k}|$ der Betrag des (räumlichen) Impulses lange *nach* bzw. *vor* der Streuung ist. In dieser Notation lautet die zur Schrödinger-Gleichung äquivalente Integralgleichung, Band 2, (2.26),

$$\psi_{\text{out/in}}(\boldsymbol{k},\boldsymbol{x}) = \phi(\boldsymbol{k},\boldsymbol{x}) + \int \mathrm{d}^3x'\, G_0^{\text{out/in}}(\boldsymbol{x},\boldsymbol{x}')U(\boldsymbol{x}')\psi_{\text{out/in}}(\boldsymbol{k},\boldsymbol{x}')\,, \tag{3.4}$$

wenn die Green-Funktionen – etwas anders als dort – als

$$G_0^{\text{out/in}}(\boldsymbol{x},\boldsymbol{x}') = -\frac{m}{2\pi}\frac{\mathrm{e}^{\pm \mathrm{i}\kappa|\boldsymbol{x}-\boldsymbol{x}'|}}{|\boldsymbol{x}-\boldsymbol{x}'|} \tag{3.5}$$

definiert sind. Die neue Wahl des Vorfaktors hat keine tiefere Bedeutung als die, den zweiten Term auf der rechten Seite von (3.4) von allen Vorfaktoren zu befreien. Dies ist nützlich, wenn wir diese Gleichung in darstellungsunabhängiger Weise schreiben. Die beiden Vorzeichen in (3.5) drücken die unterschiedliche Asymptotik von ψ aus: wie in Band 2, Abschn. 2.4 festgestellt, liefert das Pluszeichen asymptotisch eine auslaufende, das Minuszeichen eine einlaufende Kugelwelle. Die Green-Funktionen lassen sich dazu äquivalent als Fourier-Integrale angeben,

$$G_0^{\text{out/in}}(\boldsymbol{x},\boldsymbol{x}') = \frac{2m}{(2\pi)^3}\int \mathrm{d}^3k'\, \frac{\mathrm{e}^{\mathrm{i}\boldsymbol{k}'\cdot(\boldsymbol{x}-\boldsymbol{x}')}}{\kappa^2-\kappa'^2 \pm \mathrm{i}\varepsilon}\,.$$

Diese Formel beweisen wir für eines der beiden Vorzeichen im Nenner des Integranden, hier z. B. das positive. Es bietet sich an, sphärische Polarkoordinaten für die Integrationsvariable einzuführen,

$$\mathrm{d}^3k' = \kappa'^2\,\mathrm{d}\kappa' \sin\theta_k\, \mathrm{d}\phi_k \equiv \kappa'^2\,\mathrm{d}\kappa'\,\mathrm{d}\Omega$$

und die 3-Achse in die Richtung von $\boldsymbol{x}-\boldsymbol{x}'$ zu legen. Es sei $|\boldsymbol{x}-\boldsymbol{x}'| = \rho$. Dann ist

$$\begin{aligned}\int \mathrm{d}^3k'\, \frac{\mathrm{e}^{\mathrm{i}\boldsymbol{k}\cdot(\boldsymbol{x}-\boldsymbol{x}')}}{\kappa^2-\kappa'^2+\mathrm{i}\varepsilon} &= 2\pi\int_0^\infty \kappa'^2\,\mathrm{d}\kappa'\, \frac{\mathrm{e}^{\mathrm{i}\kappa'\rho}-\mathrm{e}^{-\mathrm{i}\kappa'\rho}}{(\kappa^2-\kappa'^2+\mathrm{i}\varepsilon)\mathrm{i}\kappa'\rho} \\ &= -\pi\int_{-\infty}^{\infty} \mathrm{d}\kappa'\, \frac{(\mathrm{e}^{\mathrm{i}\kappa'\rho}-\mathrm{e}^{-\mathrm{i}\kappa'\rho})\kappa'}{(\kappa'-\kappa-\mathrm{i}\varepsilon)(\kappa'+\kappa+\mathrm{i}\varepsilon)\mathrm{i}\rho}\,.\end{aligned}$$

Dabei wird ausgenutzt, dass κ positiv ist. Jetzt wendet man den Cauchy'schen Integralsatz wie folgt an. Das Integral über $\exp\{\mathrm{i}\kappa'\rho\}$ schließt man durch einen Halbkreis in der oberen, komplexen κ'-Ebene und erhält das Residuum des Pols $\kappa' = \kappa + \mathrm{i}\varepsilon$, multipliziert mit $2\pi\mathrm{i}$. Das Integral über den zweiten Term mit $\exp\{-\mathrm{i}\kappa'\rho\}$ schließt man über einen Halbkreis in der unteren Halbebene, erhält das Residuum des Pols bei $\kappa' = -\kappa - \mathrm{i}\varepsilon$, multipliziert mit $2\pi\mathrm{i}$. Unter Beachtung des Durchlaufungssinns dieses Wegintegrals ergibt sich noch einmal derselbe Beitrag wie beim ersten Term, insgesamt also

$$\int \mathrm{d}^3k' \, \frac{\mathrm{e}^{\mathrm{i}\boldsymbol{k}\cdot(\boldsymbol{x}-\boldsymbol{x}')}}{\kappa^2-\kappa'^2+\mathrm{i}\varepsilon} = -2\pi^2 \frac{\mathrm{e}^{\mathrm{i}\kappa\rho}}{\rho} \, ;$$

setzt man dies ein, so ergibt sich das oben angegebene Resultat.

Die Integralgleichung (3.4) enthält dieselbe Information wie (3.1), wird aber durch die vorgegebene Asymptotik der Streuwelle ergänzt. Ziel der nun folgenden Schritte ist es, diese Gleichung als Operatorgleichung und in einer von der Darstellung unabhängigen Form zu formulieren. Der zum Operator $(E-H_0)$ inverse Operator sei mit $(E-H_0)^{-1}$ bezeichnet. Seine Eigenfunktionen sind die ebenen Wellen, seine Eigenwerte ergeben sich aus

$$(E-H_0)^{-1}\phi(\boldsymbol{k}',\boldsymbol{x}) = \frac{1}{E-E'}\phi(\boldsymbol{k}',\boldsymbol{x}) = \frac{2m}{k^2-k'^2}\phi(\boldsymbol{k}',\boldsymbol{x}) \, ,$$

wenn $E' \neq E$ und $E' > 0$ gewählt ist. Mit seiner Hilfe kann man auch die Differentialgleichung (3.1) und die Integralgleichung (3.4) wie folgt umschreiben:

$$\psi(\boldsymbol{k},\boldsymbol{x}) = (E-H_0)^{-1}U(\boldsymbol{x})\psi(\boldsymbol{k},\boldsymbol{x}) \, ,$$

$$\psi_{\text{out/in}}(\boldsymbol{k},\boldsymbol{x}) = \phi(\boldsymbol{k},\boldsymbol{x}) + (E-H_0 \pm \mathrm{i}\varepsilon)^{-1}U(\boldsymbol{x})\psi_{\text{out/in}}(\boldsymbol{k},\boldsymbol{x}) \, .$$

Die zweite dieser Gleichungen verlangt nach einem Kommentar. Die Funktionen (3.5) sind in folgendem Sinn Green-Funktionen für den Operator $(E-H_0 \pm \mathrm{i}\varepsilon)^{-1}$: Schreibt man die Integralgleichung (3.4) als

$$\psi_{\text{out/in}}(\boldsymbol{k},\boldsymbol{x}) = \phi(\boldsymbol{k},\boldsymbol{x}) + \int \mathrm{d}^3x' \; (E-H_0 \pm \mathrm{i}\varepsilon)^{-1} \, \delta(\boldsymbol{x}'-\boldsymbol{x})U(\boldsymbol{x}')\psi_{\text{out/in}}(\boldsymbol{k},\boldsymbol{x}') \, ,$$

setzt hier die Vollständigkeitsrelation (3.3) ein und beachtet, dass ϕ Eigenfunktion des inversen Operators ist,

$$(E-H_0 \pm \mathrm{i}\varepsilon)^{-1} \, \phi(\boldsymbol{k}',\boldsymbol{x}) = \left(E-E' \pm \mathrm{i}\varepsilon\right)^{-1} \, \phi(\boldsymbol{k}',\boldsymbol{x}) \, ,$$

dann gelangt man zur ursprünglichen Form von (3.4) zurück.

Bis zu diesem Punkt sind alle Gleichungen zwar im Ortsraum aufgestellt worden, lassen sich aber in eine von dieser speziellen Darstellung losgelöste Form bringen. In darstellungsfreier Form seien die Operatoren (3.5) mit G_0^{out} und G_0^{in}, die ebenen Wellen mit $|\phi_{\boldsymbol{k}}\rangle$ und die Streuzustände mit $|\psi_{\text{out/in}}\rangle$ bezeichnet, so dass

$$\langle \boldsymbol{x} | G_0^{\text{out/in}} \, | \, \boldsymbol{x}' \rangle = G_0^{\text{out/in}}(\boldsymbol{x},\boldsymbol{x}'), \; \langle \boldsymbol{x} \mid \psi_{\text{out/in}} \rangle = \psi_{\text{out/in}}(\boldsymbol{k},\boldsymbol{x}), \; \langle \boldsymbol{x} \mid \phi_{\boldsymbol{k}} \rangle = \mathrm{e}^{\mathrm{i}\boldsymbol{k}\cdot\boldsymbol{x}}$$

den Zusammenhang mit der Ortsdarstellung wiederherstellt. Die Wirkung dieser Green-Operatoren auf Zustände $|\psi\rangle$ ist somit im Ortsraum das Integral

$$\begin{aligned} \langle \boldsymbol{x} | \, G_0^{\text{out/in}} \, |\psi_{\text{out/in}}\rangle &= \int \mathrm{d}^3x' \, \langle \boldsymbol{x} | \, G_0^{\text{out/in}} \, |\boldsymbol{x}'\rangle \langle \boldsymbol{x}' | \psi_{\text{out/in}}\rangle \\ &= \int \mathrm{d}^3x' \; G_0^{\text{out/in}}(\boldsymbol{x},\boldsymbol{x}')\psi_{\text{out/in}}(\boldsymbol{k},\boldsymbol{x}') \, . \end{aligned}$$

Die Operatoren G_0^{out} und G_0^{in} sind zueinander adjungiert, $(G_0^{\text{out}})^\dagger = G_0^{\text{in}}$. Setzt man

$$G_0^{\text{out/in}} = (E - H_0 \pm \mathrm{i}\varepsilon)^{-1} \ , \tag{3.6}$$

dann hat (3.4) die abstrakte Gestalt

$$\left|\psi^{\text{out/in}}\right\rangle = |\phi_{\boldsymbol{k}}\rangle + G_0^{\text{out/in}}\, U \left|\psi^{\text{out/in}}\right\rangle . \tag{3.7}$$

Dies ist die *Lippmann-Schwinger-Gleichung.*

Anstelle der Green-Funktionen $G_0^{\text{out/in}}$, die zu den Operatoren $(E - H_0 \pm \mathrm{i}\varepsilon)^{-1}$ gehören, kann man auch die zu $(E - H \pm \mathrm{i}\varepsilon)^{-1}$ mit $H = H_0 + U$ gehörenden

$$G^{\text{out/in}} := (E - H \pm \mathrm{i}\varepsilon)^{-1} \tag{3.8}$$

verwenden. Der Zusammenhang zwischen G und G_0 folgt aus der Identität

$$A^{-1} - B^{-1} = B^{-1}(B - A)A^{-1} \ ,$$

wobei man einmal $(A = E - H \pm \mathrm{i}\varepsilon,\ B = E - H_0 \pm \mathrm{i}\varepsilon)$ setzt und die Beziehung

$$G^{\text{out/in}} = G_0^{\text{out/in}} + G_0^{\text{out/in}} U G^{\text{out/in}} \tag{3.9}$$

erhält, das andere Mal $(A = E - H_0 \pm \mathrm{i}\varepsilon,\ B = E - H \pm \mathrm{i}\varepsilon)$ setzt und die Beziehung

$$G_0^{\text{out/in}} = G^{\text{out/in}} - G^{\text{out/in}} U G_0^{\text{out/in}} \tag{3.10}$$

bekommt. Setzt man die zweite von ihnen in die Lippmann-Schwinger-Gleichung ein, dann folgt eine andere, für viele Anwendungen wichtige Form dieser Gleichung

$$\left|\psi^{\text{out/in}}\right\rangle = |\phi_{\boldsymbol{k}}\rangle + G^{\text{out/in}}\, U\ |\phi_{\boldsymbol{k}}\rangle \ . \tag{3.11}$$

Diese unterscheidet sich von (3.7) im zweiten Term der rechten Seite, in dem G_0 durch G ersetzt ist und die freie Lösung an die Stelle der vollen Streulösung getreten ist.

3.1.2 *T*-Matrix und Streuamplitude

In der zweiten Form (3.11) der Lippmann-Schwinger-Gleichung entsteht der Streuzustand $|\psi^{\text{out/in}}\rangle$ durch die Anwendung eines der beiden Operatoren

$$\boldsymbol{\Omega}^{\text{out/in}} := \mathbb{1} + G^{\text{out/in}}\, U \tag{3.12}$$

auf die freie Lösung $|\phi_{\boldsymbol{k}}\rangle$, $|\psi^{\text{out/in}}\rangle = \boldsymbol{\Omega}^{\text{out/in}}|\phi_{\boldsymbol{k}}\rangle$. Die Operatoren $\boldsymbol{\Omega}^{\text{out}}$ und $\boldsymbol{\Omega}^{\text{in}}$ heißen *Møller-Operatoren*[1].

In natürlichen Einheiten, d. h. mit $\hbar = 1$, und bei Verwendung der „bracket"-Schreibweise lautet die Streuamplitude, (2.27) aus Band 2,

$$f(\theta, \phi) = -\frac{m}{2\pi} \langle \phi_{\boldsymbol{k}'} |\, U \left|\psi^{\text{out}}\right\rangle ,$$

[1] Nach Christian Møller, dänischer Physiker (1904–1980)

sie wird also durch das Matrixelement

$$T_{k'k} := \langle \phi_{k'} |\, U \left|\psi^{\text{out}}\right\rangle = \langle \phi_{k'} |\, U \mathbf{\Omega}^{\text{out}} \,|\phi_k\rangle \tag{3.13}$$

bestimmt. Der Zusammenhang zwischen der Streuamplitude und dem Matrixelement $T_{k'k}$ ist somit

$$f(\theta, \phi) = -\frac{m}{2\pi} T_{k'k} \,; \tag{3.14}$$

außerdem liegt es jetzt nahe, den zugehörigen T-Operator

$$\mathbf{T} := U \,\mathbf{\Omega}^{\text{out}} \tag{3.15}$$

zu definieren, der die (hier noch rein elastische) Streuung beschreibt und der sich auf inelastische Streuung und – für unser Ziel noch wichtiger – auf die relativistische, Lorentz-kovariante Streutheorie verallgemeinern lässt. Insbesondere die Beziehung (3.14) zwischen der Streuamplitude, deren Absolutquadrat in den Ausdruck für den Wirkungsquerschnitt eingeht, und dem Matrixelement des Operators $\mathbf{T}$ zwischen Anfangs- und Endzustand bleibt bestehen. Wir werden sie u. a. bei der Herleitung des optischen Theorems verwenden.

Wir verweilen noch für einen Moment im Bereich der unrelativistischen Streutheorie und leiten einerseits eine Integralgleichung für $\mathbf{T}$ selbst, andererseits noch eine dritte Form der Lippmann-Schwinger-Gleichung her, die $\mathbf{T}$ enthält. Es ist

$$\begin{aligned}\mathbf{T} &= U\mathbf{\Omega}^{\text{out}} = U\left(\mathbb{1} + G^{\text{out}}U\right)\\ &= U + UG_0^{\text{out}}U\left(\mathbb{1} + G^{\text{out}}U\right)\\ &= U + UG_0^{\text{out}}\,\mathbf{T}\,.\end{aligned}$$

In der ersten Zeile dieser Rechnung ist die Definition (3.15) von $\mathbf{T}$ und die Definition (3.12) von $\mathbf{\Omega}^{\text{out}}$ eingesetzt, in der zweiten Zeile ist die Relation (3.9) für G^{out} verwendet worden. Die freie Green-Funktion G_0^{out} und das Potential U legen die Integralgleichung, der die $\mathbf{T}$-Matrix genügt, fest, die ich hier wiederhole:

$$\mathbf{T} = U + UG_0^{\text{out}}\,\mathbf{T}\,. \tag{3.16}$$

Drückt man die Streulösung auf der rechten Seite der Lippmann-Schwinger-Gleichung (3.7) durch den Møller-Operator $\mathbf{\Omega}^{\text{out}}$ aus, $|\psi^{\text{out/in}}\rangle = \mathbf{\Omega}^{\text{out/in}}|\phi_k\rangle$, und beachtet die Definition (3.15) des Operators $\mathbf{T}$, dann folgt eine dritte Form der Lippmann-Schwinger-Gleichung

$$\left|\psi^{\text{out}}\right\rangle = |\phi_k\rangle + G_0^{\text{out}}\,\mathbf{T}\,|\phi_k\rangle\ . \tag{3.17}$$

Diese Gleichung ist ein guter Ausgangspunkt, wenn man – immer noch im Rahmen der Potentialtheorie – die Vielfachstreuung eines Projektils an einem aus verschiedenen Streuzentren zusammengesetzten Target studieren möchte. Dies hier auszuführen würde den Umfang dieses Bandes sprengen, so bleibt mir nur, auf weiterführende Literatur zu verweisen, so z. B. auf [Scheck (1996)].

3.2 Kovariante Streutheorie

Die Analyse des vorangegangenen Abschnitts war überwiegend formaler Natur und eine strengere mathematische Behandlung der dabei auftretenden Operatoren und der Integralgleichungen, denen sie genügen, haben wir vermieden. Ein ähnlicher Kommentar gilt auch für die hier behandelte Lorentz-kovariante Form der Streutheorie: Auch hier werden wir uns an einer tieferen mathematischen Analyse vorbei schleichen, die Resultate allerdings werden wieder ganz bodenständig und für die Praxis der störungstheoretischen Quantenfeldtheorie von großem Nutzen sein. Am Ende stehen nämlich Formeln, die es erlauben, die Matrixelemente der Streumatrix mit Ausdrücken für Wirkungsquerschnitte und Zerfallsbreiten zu verknüpfen, die im Experiment gemessen werden.

3.2.1 Voraussetzungen und Konventionen

Bei den in der Quantenfeldtheorie behandelten Prozessen handelt es sich in der Regel um Übergänge zwischen lange *vor* der eigentlichen Wechselwirkung präparierten, stabilen oder quasi-stabilen Zuständen und solchen Endzuständen, die lange *danach* in Detektoren nachgewiesen werden. Von diesen asymptotischen *in*- bzw. *out*-Zuständen wollen wir annehmen, dass sie freie, also nicht wechselwirkende Ein- oder Mehr-Teilchen-Zustände sind, die Elemente von Räumen des Typus

$$\mathcal{H} = \sum_{N=0}^{\infty} \oplus \, (\mathcal{H}_1)^{\otimes N}$$

sind (s. Abschn. 2.1.5) und mit den Besetzungszahlen von Ein-Teilchen-Zuständen gekennzeichnet werden. Diese Darstellung der sogenannten zweiten Quantisierung trägt der Möglichkeit Rechnung, dass – unter Beachtung aller Auswahlregeln – Teilchen vernichtet und erzeugt werden können. Beispiele sind die Reaktionen

$$e^+ + e^- \longrightarrow e^+ + e^- \,, \quad e^+ + e^- \longrightarrow \gamma + \gamma \,,$$
$$e^+ + e^- \longrightarrow e^+ + e^- + \gamma \,,$$

sowie die Zerfallsprozesse

$$\mu^- \longrightarrow \mathrm{e}^- + \nu_\mu + \overline{\nu_e} \,, \quad n \longrightarrow p + e^- + \overline{\nu_e} \,.$$

Wir verwenden hierbei die kovariante Normierung (2.22)

$$\langle p'; s, \mu' | p; s, \mu \rangle = 2E_p \delta_{\mu'\mu} \delta(\boldsymbol{p} - \boldsymbol{p}') \,, \qquad E_p = \sqrt{m^2 + \boldsymbol{p}^2} \,,$$

ohne Unterschied, ob es sich um ein Boson oder ein Fermion handelt. Diese Konvention hat zur Folge, dass bei Integration über den Wertebereich der Impulse das invariante Volumenelement $\mathrm{d}^3 p/(2E_p)$ auftritt und dass die Vollständigkeitsrelation die Gestalt (2.23) hat. Die Zahl der Teilchen pro Volumeneinheit mit Impuls $\boldsymbol{p}$ ist dann $2E_p/(2\pi)^3$.

3.2.2 S-Matrix und optisches Theorem

Auch wenn man die Streutheorie letzten Endes wieder in einem stationären Bild beschreibt, ist es doch sinnvoll, die durch eine Präparationsmessung hergestellten, einlaufenden Zustände von den in Detektoren nachzuweisenden Endzuständen zu unterscheiden. In einer realistischen Situation wird der Anfangszustand ein Ein-Teilchen-Zustand (beim Zerfall eines instabilen Teilchens) oder ein Zwei-Teilchen-Zustand (bestehend aus Projektil und Target) sein, der Endzustand kann dagegen aus vielen freien Teilchen bestehen, typisch also

$$A \text{ (instabil)} \longrightarrow C+D+E+\dots\,, \qquad A+B \longrightarrow C+D+E+F+\dots\,.$$

Dabei soll der Anfangszustand A bzw. $A+B$ summarisch als *in*-Zustand, der Endzustand $C+D+E+\dots$ als *out*-Zustand betrachtet werden, selbst wenn beide nicht als Wellenpakete, sondern als stationäre ebene Wellen dargestellt sind. Etwas summarisch fasst man dies so zusammen:

Es sei $\{|\psi_\alpha^{\text{in}}\rangle\}$ ein Orthonormalsystem von *in*-Zuständen, $\{|\psi_\alpha^{\text{out}}\rangle\}$ ein solches von *out*-Zuständen und beide seien als vollständig angenommen. Fragen wir nach der Wahrscheinlichkeitsamplitude dafür, einen gewissen Endzustand in einem vorgegebenen Anfangszustand vorzufinden, so ist diese das (komplexe) Matrixelement, das auch in der Entwicklung des *in*-Zustandes nach der Basis der *out*-Zustände auftritt,

$$S_{\beta\alpha} = \langle\psi_\beta^{\text{out}}|\psi_\alpha^{\text{in}}\rangle\,, \qquad |\psi_\alpha^{\text{in}}\rangle = \sum_{\beta'} S_{\beta'\alpha}\,|\psi_{\beta'}^{\text{out}}\rangle\,.$$

Wenn die beiden asymptotischen Basissysteme wie hier vorausgesetzt vollständig sind und wenn wir Anfangs- und Endzustand einfach mit i bzw. f bezeichnen, dann ist die Matrix $\mathbf{S} = \{S_{fi}\}$ unitär,

$$\mathbf{S}^\dagger\,\mathbf{S} = \mathbb{1} = \mathbf{S}\,\mathbf{S}^\dagger\,. \tag{3.18}$$

Die eben genannte Voraussetzung wird *asymptotische Vollständigkeit* genannt[2]. Nur wenn diese erfüllt ist, kann man beweisen, dass die S-Matrix unitär ist.

In einer Theorie ganz ohne Wechselwirkung ist die S-Matrix diagonal und bei geeigneter Wahl der Phasen der Zustände gleich der Identität, $\mathbf{S} = \mathbb{1}$. Physikalisch ausgedrückt bedeutet dieser Fall, dass die Teilchen einfach aneinander vorbeilaufen ohne sich gegenseitig zu beeinflussen. Jeder präparierte *in*-Zustand findet sich unverändert in der Basis der auslaufenden Zustände wieder. Ist aber eine Wechselwirkung zwischen den Teilchen der Theorie vorhanden, so ist es sinnvoll, diesen sozusagen trivialen Anteil von der S-Matrix abzuziehen. Dabei entsteht die *Reaktionsmatrix*

$$R_{fi} := S_{fi} - \delta_{fi} \qquad \text{oder} \qquad \mathbf{R} = \mathbf{S} - \mathbb{1}\,. \tag{3.19}$$

Wie wir in Kap. 5 sehen werden, liefert die kovariante Störungstheorie, beispielsweise mit der Methode der Feynman-Regeln, genau die R-Matrix; (der diagonale Term in (3.19) tritt ohnehin nur auf, wenn Anfangs- und

[2] Auf englisch spricht man von *asymptotic completeness*. Die Bezeichnungen *in* und *out*, die wir jetzt schon häufig verwendet haben, kommen von *incoming* – einlaufend bzw. *outgoing* – auslaufend.

Endzustand identisch sind.) Die R-Matrix ihrerseits, ganz gleich um welche Theorie es sich handelt, ist immer proportional zu einer vierdimensionalen δ-Distribution, die die Erhaltung des gesamten Viererimpulses garantiert, $P^{(f)} = p^{(C)} + p^{(D)} + p^{(E)} + \cdots = P^{(i)}$, mit $P^{(i)} = p^{(A)}$ beim Zerfall von Teilchen A, $P^{(i)} = p^{(A)} + p^{(B)}$ bei der Reaktion $A + B \to C + D + E + \ldots$. Deshalb ist es sinnvoll, diese δ-Distribution durch eine weitere Definition aus $\mathbf{R}$ herauszuziehen. Nimmt man noch einen Faktor $\mathrm{i}\,(2\pi)^4$ hinzu, der Konventionssache ist, so entsteht

$$R_{fi} =: \mathrm{i}\,(2\pi)^4 \delta(P^{(i)} - P^{(f)})\, T_{fi}\,. \tag{3.20}$$

Die durch diese Gleichung definierte Matrix $\mathbf{T}$ wird *Streumatrix* genannt[3]. Wie wir im nächsten Abschnitt sehen werden sind es die Elemente dieser Matrix, die in die Ausdrücke für Zerfallsbreiten, Wirkungsquerschnitte und andere Observablen eingehen. Die innere Logik dieser Definitionen fassen wir nocheinmal zusammen:

- An der S-Matrix $\mathbf{S}$ liest man ab, ob die Theorie überhaupt Wechselwirkung beschreibt, indem man nachschaut ob sie von der Identität verschieden ist. Eine Theorie, die $\mathbf{S} = \mathbb{1}$ liefert, nennt man *trivial;*
- Regeln der kovarianten Störungstheorie wie die Feynman-Regeln liefern die Matrix $\mathbf{R}$, nicht $\mathbf{T}$, weil an jedem Vertex Energie und Impuls erhalten sind, insgesamt $\mathbf{R}$ somit nur dann von Null verschieden sein kann, wenn der gesamte Anfangsimpuls $P^{(i)}$ gleich dem gesamten Endimpuls $P^{(f)}$ ist;
- Die Zerfallsbreite $\Gamma(i \to X)$ eines instabilen Teilchens und der Wirkungsquerschnitt für eine Reaktion $A + B \to X$ sind proportional zu $|T_{Xi}|^2$ bzw. zu $|T_{X,(A+B)}|^2$, nicht zu $|R_{fi}|^2$, was nicht definiert wäre.

Die Unitarität der S-Matrix übersetzt sich in die Relation

$$\mathbf{R} + \mathbf{R}^\dagger = -\mathbf{R}^\dagger\,\mathbf{R} \tag{3.21}$$

für die R-Matrix, bzw. in die Relation

$$\mathrm{i}\,\left(\mathbf{T}^\dagger - \mathbf{T}\right) = (2\pi)^4 \mathbf{T}^\dagger\,\mathbf{T}$$

für die Streumatrix. Diese dritte Form der Unitarität ist dabei so zu verstehen, wie man es an einem herausgegriffenen Übergang $i \to f$ sieht,

$$\mathrm{i}\,\left(T^\dagger_{fi} - T_{fi}\right) = (2\pi)^4 \sum\!\!\!\!\!\!\int\; T^\dagger_{fn} T_{ni}\, \delta^{(4)}\left(P^{(n)} - P^{(i)}\right)\,, \tag{3.22}$$

wobei über alle mit den Auswahlregeln und Erhaltungssätzen verträglichen Zwischenzustände summiert und/oder integriert werden muss. Bevor wir diese wichtige Relation mit dem Beispiel der elastischen Streuung zweier Teilchen illustrieren und das optische Theorem daraus herleiten, sind folgende Kommentare angebracht.

Bemerkungen

1. Ebenso wie Anfangs- und Endzustand $|i\rangle$ bzw. $|f\rangle$ auf ihrer Massenschale liegen, d. h. echte physikalische Zustände sind, wird in (3.22)

[3] Auf englisch: *scattering matrix.*

über *on-shell* Zwischenzustände $|n\rangle$ summiert/integriert. Das ist anders als in der Störungstheorie, wo die Zwischenzustände *virtuelle* Zustände sind, d. h. solche, die nicht auf ihrer Massenschale liegen.

2. Beim Übergang von (3.21) zu (3.22), ebenso weiter unten bei der Berechnung von $|R_{fi}|^2$ tritt das Quadrat der δ-Distribution für Energie-Impulserhaltung auf, das nicht definiert ist. Dies ist allerdings nur ein Scheinproblem, das daher rührt, dass man ebene Wellen als Streuzustände verwendet hat. In Abschn. 3.3 wird gezeigt, dass eine Beschreibung mithilfe von lokalisierten Wellenpaketen diese Schwierigkeit nicht hat, aber dennoch dieselben Ausdrücke für die Observablen liefert.
3. Wesentlich heikler ist das folgende Problem. Bei der Definition der S-Matrix ist vorausgesetzt, dass alle beteiligten Teilchen massiv sind. Nur unter dieser Voraussetzung ist das Vakuum energetisch vom Hyperboloid zur kleinsten vorkommenden Masse durch eine endliche Lücke getrennt, etwa so wie in Abb. 3.1 skizziert. Man nennt diese Voraussetzung die *Spektrumsbedingung*[4]. Die Verhältnisse ändern sich grundlegend, sobald auch physikalische Teilchen mit Masse Null auftreten – und das ist in der Regel der Fall! In der Quantenelektrodynamik beispielsweise wird jedes Elektron von einem Schwarm von Photonen mit sehr kleiner Energie begleitet und es gibt streng genommen keinen isolierten Ein-Elektron-Zustand. Das Elektron wird auf Grund seiner Kopplung an das Strahlungsfeld zu einem sogenannten *Infrateilchen*. Die S-Matrix ist in dieser Situation streng genommen nicht wohldefiniert, zumindest nicht in der oben geschilderten Weise. Das Problem ist physikalischer, nicht technischer Natur: realistische Detektoren können nie Zustände mit beliebig scharfer Energie definieren oder nachweisen, sondern haben immer eine endliche Auflösung. Deshalb können sie den Zustand eines einzelnen Elektrons nicht von einem solchen trennen, bei dem außer dem Elektron ein oder mehrere Photonen sehr kleiner Energie – sog. *weiche* Photonen – vorhanden sind. Eine modifizierte Definition der S-Matrix, die diesem empirischen Faktum Rechnung trägt, lässt sich angeben[5], sie ist aber unhandlich und für die Praxis nicht wirklich brauchbar. In konkreten Rechnungen im Rahmen der kovarianten Störungstheorie verwendet man ein intuitives, mehr rezeptartiges Verfahren, das jedoch zu korrekten Resultaten führt. Man berechnet einen gegebenen Prozess (Wirkungsquerschnitt oder Zerfallsbreite) der Quantenelektrodynamik zunächst so, als gäbe es das isolierte Elektron oder Myon, zu einer festen Ordnung $\mathcal{O}(\alpha^n)$ in der Feinstrukturkonstanten α, und stellt fest, dass die erhaltenen Ausdrücke Divergenzen, sog. *Infrarotdivergenzen* enthalten. Dann berechnet man den damit verwandten Prozess, bei dem außer dem Elektron (Myon) noch ein oder mehrere weiche Photonen emittiert werden, zur selben Ordnung in α, und findet, dass auch hier eine Infrarotdivergenz auftritt. Diesen zweiten Prozess integriert man über alle Impulse des emittierten Photons oder der emittierten Photonen (falls es mehrere sind), die noch innerhalb der experimentellen Auflösung des Detektorsystems zulässig sind. Addiert man nun die erhaltenen Ausdrücke, so stellt man fest, dass die Infrarot-

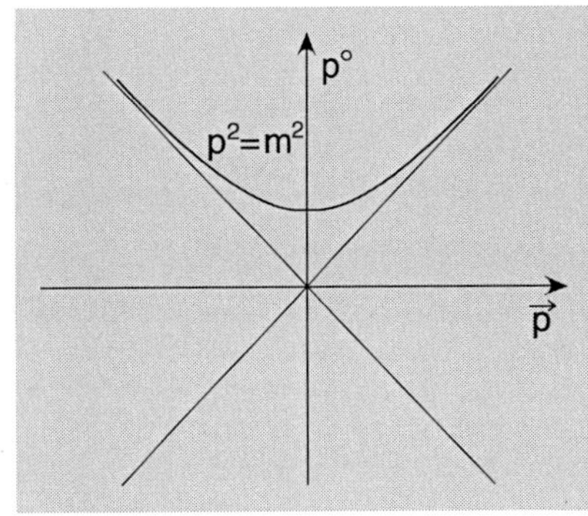

Abb. 3.1. Diagramm der physikalischen Viererimpulse bei massiven Teilchen. Das Vakuum ist energetisch klar getrennt vom Hyperboloid $p^2 = m^2$ des Teilchens mit der kleinsten Masse

[4] Auf englisch: *spectral condition*

[5] O. Steinmann, Acta Physica Austriaca, Suppl. XI, (1973) 167; Fortschr. Phys. **22** (1974) 367; *Scattering of Infraparticles* (1973)

divergenzen aus dem ursprünglichen Prozess und dem ihn begleitenden radiativen Prozess sich herausheben und ein endliches Resultat für die wirklich messbare Observable herauskommt[6].

4. Das Konzept der S-Matrix ist trotz des eben geschilderten Infrarotproblems überaus fruchtbar. Es setzt die Maxime um, dass die Theorie auf die Objekte fokussieren soll, die wirklich beobachtbar sind. Im Fall der Streuung ist das eigentliche, mikroskopische Wechselwirkungsgebiet gar nicht zugänglich, die physikalische Information liegt vielmehr in der Beziehung zwischen der Präparation des Systems lange vor der Streuung und weit weg vom Wechselwirkungsbereich und dem Nachweis der Streuprodukte in Detektoren, lange nach der Streuung und wiederum in asymptotischen Entfernungen. Es wird den Leser, die Leserin daher nicht überraschen, dass dieses Konzept von W. Heisenberg entwickelt wurde.

Aus der Unitarität der S-Matrix, (3.18), folgt das optische Theorem, das wir aus der Potentialstreuung kennen, in seiner allgemeinsten Form. Gehen wir von (3.22) aus und analysieren wir zunächst die elastische Streuung zweier Teilchen

$$A+B \longrightarrow A+B \, : p+q = p'+q' \, ,$$

mit $p^2 = p'^2 = m_A^2$, $q^2 = q'^2 = m_B^2$, so lautet (3.22) ausgeschrieben

$$\begin{aligned} &\mathrm{i}\left[T^*(p,q|p',q') - T(p',q'|p,q)\right] \\ &\quad = (2\pi)^4 \sum_{\text{Spins}} \int \frac{\mathrm{d}^3 p''}{2E_{p''}} \int \frac{\mathrm{d}^3 q''}{2E_{q''}} \delta^{(4)}(p+q-p''-q'') \\ &\quad \times T^*(p'',q''|p',q')T(p'',q''|p,q) \, . \end{aligned}$$

Dieser Ausdruck setzt voraus, dass die Zwischenzustände ebenfalls durch elastische Streuung erreicht werden und gilt daher nur unterhalb der ersten inelastischen Schwelle. Zum Beispiel ist er auf die Streuung $\pi^+ + p \to \pi^+ + p$ für Gesamtenergien im Schwerpunktssystem anwendbar, die unterhalb der Masse der Resonanz N^{*++} liegen, auf den Prozess $\pi^- + p \to \pi^- + p$ aber nicht, weil hier auch bei kleinen Energien der Ladungsaustausch $\pi^- + p \to \pi^0 + n$ möglich ist.

Es ist sinnvoll, die Unitaritätsrelation im Schwerpunktssystem weiter auszuwerten, weil sie dort eine besonders einfache Form annimmt und weil der Vergleich mit der entsprechenden unrelativistischen Situation besonders transparent wird. Da in diesem Bezugssystem $\boldsymbol{p}+\boldsymbol{q} = 0 = \boldsymbol{p}'+\boldsymbol{q}'$ ist, setzen wir für die räumlichen Impulse

$$(\boldsymbol{p} = \boldsymbol{\kappa} \, , \, \boldsymbol{q} = -\boldsymbol{\kappa}) \, , \quad (\boldsymbol{p}' = \boldsymbol{\kappa}' \, , \, \boldsymbol{q}' = -\boldsymbol{\kappa}') \, , \quad |\boldsymbol{\kappa}| = |\boldsymbol{\kappa}'| \equiv \kappa \, .$$

Die Integrationsvariablen $\boldsymbol{p}''$ und $\boldsymbol{q}''$ werden durch

$$\boldsymbol{Q} := \frac{1}{2}(\boldsymbol{q}'' - \boldsymbol{p}'') \, , \quad \boldsymbol{P} := \boldsymbol{p}'' + \boldsymbol{q}''$$

[6] Natürlich muß man die Divergenzen zunächst „regularisieren“, d. h. künstlich endlich machen, damit das Verfahren sinnvoll wird und eindeutige Resultate liefert. Oft geschieht das solcherart, daß man dem Photon vorübergehend eine endliche Masse m_γ gibt und am Ende einer Rechnung den Limes $m_\gamma \to 0$ vornimmt. Da die Infrarotdivergenz von der Masselosigkeit des Photons herrührt, tritt sie nicht auf, wenn das Photon massiv ist.

ersetzt, die Jacobi-Determinante ist $\partial(\boldsymbol{Q},\boldsymbol{P})/\partial(\boldsymbol{q}'',\boldsymbol{p}'')=1$ und somit ist $\mathrm{d}^3p''\,\mathrm{d}^3q''=\mathrm{d}^3Q\,\mathrm{d}^3P$. Führt man das Integral über d^3P aus, so folgt $\boldsymbol{p}''+\boldsymbol{q}''=0$ bzw. $\boldsymbol{Q}=\boldsymbol{q}''$. Mit

$$\mathrm{d}^3Q=x^2\,\mathrm{d}x\,\mathrm{d}\Omega_Q\,,$$

verbleiben dann folgende Integrale zu berechnen

$$\int\limits_0^\infty x^2\,\mathrm{d}x\int\mathrm{d}\Omega_Q\,\frac{T^*T}{4\sqrt{x^2+m_A^2}\sqrt{x^2+m_B^2}}$$
$$\times\,\delta^{(1)}\left(\sqrt{x^2+m_A^2}+\sqrt{x^2+m_B^2}-\sqrt{\kappa^2+m_A^2}-\sqrt{\kappa^2+m_B^2}\right).$$

Das Integral über den Betrag x von $\boldsymbol{Q}$ wertet man mithilfe der bekannten Formel

$$\int\mathrm{d}x\;f(x)\delta(g(x))=\sum_i\frac{1}{|g'(x_i)|}f(x_i)\,,\quad x_i\text{: einfache Nullstellen von }g(x)$$

aus (s. Band 2, Anhang A.1, (A.11)). Es ist

$$g=\sqrt{x^2+m_A^2}+\sqrt{x^2+m_B^2}-\sqrt{\kappa^2+m_A^2}-\sqrt{\kappa^2+m_B^2}$$

und mit $x_i=\kappa$ ist

$$g'\big|_{x_i}=\left|\frac{x}{\sqrt{x^2+m_A^2}}+\frac{x}{\sqrt{x^2+m_B^2}}\right|_{x_i=\kappa}=\frac{\kappa}{E_AE_B}(E_A+E_B)\,.$$

Setzt man den Kehrwert hiervon ein, so hebt sich das Produkt E_AE_B heraus, im Nenner verbleibt die Summe $E_A+E_B=:E$, d. h. die gesamte Energie im Schwerpunktssystem. In die Unitaritätsrelation eingesetzt ergibt sich

$$2\,\mathrm{Im}\;T(\boldsymbol{\kappa}',\boldsymbol{\kappa})=(2\pi)^4\frac{\kappa}{4E}\sum_{\text{Spins}}\int\mathrm{d}\Omega_{\kappa''}T^*(\boldsymbol{\kappa}'',\boldsymbol{\kappa}')T(\boldsymbol{\kappa}'',\boldsymbol{\kappa})\,.$$

Spezialisiert man diese Formel auf die Vorwärtsrichtung $\boldsymbol{\kappa}'=\boldsymbol{\kappa}$, so folgt das optische Theorem in der auf rein elastische Streuung angewandten Form: Der Imaginärteil der Vorwärtsstreuamplitude ist proportional zum totalen elastischen Wirkungsquerschnitt, der hier gleich dem totalen ist.

Im Spezialfall der Potentialstreuung, die wir in Band 2 behandelt haben, galt für den Zusammenhang zwischen Streuamplitude und Wirkungsquerschnitt

$$\mathrm{Im}\;f(E,\theta=0)=\frac{\kappa}{4\pi}\sigma_{\text{elastisch}}=\frac{\kappa}{4\pi}\int\mathrm{d}\Omega_{\kappa''}\;\left|f(\boldsymbol{\kappa}'',\boldsymbol{\kappa})\right|^2\,.$$

Vergleicht man mit dem oben erhaltenen Resultat, so ergibt sich eine wichtige Formel für den Zusammenhang zwischen der Streuamplitude $f(E,\theta)$ und dem T-Matrixelement,

$$f(\kappa', \kappa) \equiv f(E, \theta) = \left(\frac{8\pi^5}{E}\right) T(\kappa', \kappa) . \tag{3.23}$$

Im nächsten Schritt lassen wir zu, dass auch inelastische Kanäle offen sind bzw. erweitern das Resultat auf Energien, die oberhalb der ersten inelastischen Schwelle liegen. Die Unitaritätsrelation lautet dann

$$\begin{aligned} \mathrm{i}\left[T^*(p, q|p', q') - T(p', q'|p, q)\right] = (2\pi)^4 \sum_{\text{Spins}} \sum_n \int \frac{\mathrm{d}^3 k_1}{2E_1} \frac{\mathrm{d}^3 k_2}{2E_2} \cdots \frac{\mathrm{d}^3 k_n}{2E_n} \\ \times \delta^{(4)}(p+q-k_1-k_2 \ldots - k_n) \\ \times T^*(k_1, k_2, \ldots, k_n|p', q') T(k_1, k_2, \ldots, k_n|p, q) , \end{aligned}$$

wobei über alle mit der Energie-Impulserhaltung und den Auswahlregeln erlaubten Zwischenzustände summiert und integriert wird. In der Vorwärtsrichtung ($p' = p, q' = q$) und mit der Abkürzung „n" für den n-Teilchen-Zwischenzustand wird daraus

$$\operatorname{Im} T(p, q|p, q) = \frac{2\kappa E}{(2\pi)^6} \sum_n \sigma(p+q \to n) = \frac{2\kappa E}{(2\pi)^6} \sigma_{\text{tot}} . \tag{3.24}$$

Diesen Ausdruck müssen wir noch etwas genauer kommentieren. Es leuchtet sofort ein, dass das Vielfachintegral der quadrierten T-Amplitude proportional zum partiellen, integrierten Wirkungsquerschnitt $\sigma(p+q \to n)$ ist, es fehlt aber noch der richtige Vorfaktor, der den Wirkungsquerschnitt auf den einfallenden Fluss normiert. Im nächsten Abschnitt zeigen wir, dass $\sigma(p+q \to n)$ – richtig normiert – durch folgende Formel gegeben ist:

$$\begin{aligned} \sigma(p+q \to n) = \frac{(2\pi)^{10}}{4\kappa E} \int \frac{\mathrm{d}^3 k_1}{2E_1} \frac{\mathrm{d}^3 k_2}{2E_2} \cdots \frac{\mathrm{d}^3 k_n}{2E_n} \\ \times \sum_{\text{Spins}} \delta(p+q-k_1-\ldots-k_n) \, |T(k_1, \ldots, k_n|p, q)|^2 . \end{aligned}$$

Dies ist das Resultat, das wir oben eingesetzt haben. Wenn man noch die T-Amplitude vermittels (3.23) durch die Streuamplitude ersetzt, dann ergibt sich die endgültige Form des *optischen Theorems*

$$\operatorname{Im} f(E, \theta = 0) = \left(\frac{\kappa}{4\pi}\right) \sigma_{\text{tot}}(E) . \tag{3.25}$$

Bemerkungen

1. Auf der linken Seite des optischen Theorems steht die Amplitude für *elastische* Streuung in der Vorwärtsrichtung, auf der rechten Seite aber der *totale* Wirkungsquerschnitt für alle bei der gegebenen Schwerpunktsenergie E möglichen Endzustände. Dieses Theorem ist eine sehr starke Beziehung und bedeutet z. B., dass der Imaginärteil der elastischen Vorwärtsstreuamplitude immer positiv ist.

2. Während das optische Theorem für die Potentialstreuung aus der Schrödinger-Gleichung und ihren spezifischen Eigenschaften zu folgen schien, zeigt die hier gefundene Herleitung, dass es auf viel fundamentaleren Prinzipien beruht. Es ist eine direkte Konsequenz der Unitarität der S-Matrix. Diese wiederum kann aus der asymptotischen Vollständigkeit bewiesen werden.
3. Auch für die experimentelle Physik ist das optische Theorem von großer Bedeutung. Der totale Wirkungsquerschnitt bei der Energie E ist einfach zu messen, man braucht eigentlich nur einen Teilchenstrahl auf ein Target zu schießen und die Transmission durch das Target zu messen.
4. Kehren wir noch einmal zur ersten Form (3.24) des optischen Theorems zurück, dann stellen wir fest, dass sowohl der totale Wirkungsquerschnitt als auch das T-Matrixelement Lorentz-Invariante sind. Was den Vorfaktor κE angeht, so ist E nichts anderes als die Quadratwurzel aus der Invarianten $s := (p+q)^2$, während man für κ leicht folgenden, ebenfalls invarianten Ausdruck herleitet
$$\begin{aligned}\kappa &= \frac{1}{2\sqrt{s}}\sqrt{(s-m_A^2-m_B^2)^2-4m_A^2m_B^2} \\ &= \frac{1}{2\sqrt{s}}\sqrt{\left(s-(m_A+m_B)^2\right)\left(s-(m_A-m_B)^2\right)}\,, \end{aligned} \tag{3.26}$$
(s. Aufgabe 3.1). Die Lorentz-Invarianz von T ist eine Folge der kovarianten Normierung.

3.2.3 Wirkungsquerschnitte bei zwei streuenden Teilchen

Es sei vorausgesetzt, dass die räumlichen Impulse der beiden einlaufenden Teilchen in der Reaktion

$$A\,(p) + B\,(q) \longrightarrow 1\,(k_1) + 2\,(k_2) + \ldots + n\,(k_n)$$

kollinear sind, d. h. dass $\boldsymbol{p}$ und $\boldsymbol{q}$ parallel sind. Diese Voraussetzung ist in der experimentellen Praxis realisiert, wenn eines der Teilchen (als sogenanntes *target*) ruht, das andere als *Projektil* einläuft, oder wenn beide Teilchen mit entgegengesetzt gleichen Impulsen aufeinander zulaufen. Im ersten Fall spricht man von der Kinematik im Laborsystem, im zweiten vom Schwerpunktssystem. Natürlich wird auch jede *colliding beam* Konstellation erfasst, bei der die Teilchen mit unterschiedlichem Wert des Impulses geradlinig aufeinander geschossen werden.

Die Voraussetzung der Kollinearität bedeutet deshalb keinerlei Einschränkung, weil der Wirkungsquerschnitt einerseits eine invariante, weil physikalische Größe ist und weil andererseits zwei im Raum beliebig orientierte Impulse immer mittels einer Speziellen Lorentztransformation kollinear gemacht werden können. Die Vorgehensweise wird also die folgende sein: Man stellt den Wirkungsquerschnitt zunächst unter der genannten Voraussetzung auf, drückt ihn dann ausschließlich durch Lorentz-skalare Variable aus und spezialisiert je nach experimenteller Situation auf jedes beliebige Bezugssystem.

Der Wirkungsquerschnitt $d\sigma(i \to f)$ ist streng genommen proportional zu $|R_{fi}|^2$, mit R_{fi} wie in (3.19) definiert. Setzt man aber die Definition (3.20) der T-Matrix ein, so entsteht ein undefinierter Ausdruck: das Quadrat der Distribution $\delta(P^{(i)} - P^{(f)})$, mit $P^{(i)} = p+q$ und $P^{(f)} = k_1 + k_2 \ldots + k_n$ ist nicht wohldefiniert. Dieses Problem rührt daher, dass wir die Streuung als stationären Vorgang angesetzt haben und sowohl für die *in*-Zustände als auch für die *out*-Zustände ebene Wellen verwendet haben, die ja gleichzeitig „überall" und mit der gleichen Dichte vorhanden sind. Beschreibt man den Streuprozess statt dessen mit einlaufenden Wellenpaketen für Target und Projektil und führt hernach den Grenzübergang zu ebenen Wellen durch, dann ist dies gleichbedeutend mit der Ersetzungsvorschrift

$$\left|R_{fi}\right|^2 \longmapsto (2\pi)^4 \delta(P^{(i)} - P^{(f)}) \left|T_{fi}\right|^2 . \tag{3.27}$$

Dieses Resultat wird in Abschn. 3.3 bewiesen. Alle übrigen Anteile der Formeln für Wirkungsquerschnitte sind dieselben wie wenn man durchweg ebene Wellen verwendet hätte. Eine analoge Aussage gilt im übrigen auch für Zerfallsbreiten.

Wie bereits festgestellt befinden sich bei kovarianter Normierung $2E_{A/B}/(2\pi)^3$ Teilchen der Sorte A bzw. B im Volumenelement. Ist ihre Relativgeschwindigkeit $\boldsymbol{v}_{AB}$, so ist der Flussfaktor, durch den geteilt werden muss,

$$\frac{2E_A}{(2\pi)^3} \frac{2E_B}{(2\pi)^3} |\boldsymbol{v}_{AB}| . \tag{3.28}$$

Nimmt man beide Formeln (3.27) und (3.28) sowie die Dichte der Endzustände $d^3k_i/(2E_i)$ für Teilchen Nummer i zusammen, so ist der (Vielfach-) differentielle Wirkungsquerschnitt

$$\begin{aligned} &d^{3n}\sigma_{fi}(A + B \to 1 + 2 + \ldots + n) \\ &= \frac{(2\pi)^{10}\delta(P^{(i)} - P^{(f)})}{2E_A 2E_B |\boldsymbol{v}_{AB}|} \left|T_{fi}\right|^2 \prod_{i=1}^{n} \frac{d^3k_i}{2E_i} . \end{aligned} \tag{3.29}$$

Dies ist eine Ausgangsformel, die zwar noch nichts Messbares darstellt, mit der aber auf jede denkbare experimentelle Anordnung bei zwei einlaufenden Teilchen spezialisiert werden kann. Dazu genügt es, über alle Impulse, die entweder kinematisch festliegen oder die nicht gemessen werden, zu integrieren. Tragen die einlaufenden Teilchen und/oder die auslaufenden Teilchen Spins und werden diese nicht gemessen, so muss über die Spinorientierungen von A bzw. B inkohärent gemittelt werden und/oder über die von „i" summiert werden.

Als erstes behandeln wir den Flussfaktor im Nenner von (3.29). Bei Kollinearität von $\boldsymbol{p}$ und $\boldsymbol{q}$ ist

$$E_A E_B |\boldsymbol{v}_{AB}| = \sqrt{(p \cdot q)^2 - p^2 q^2} = \sqrt{(p \cdot q)^2 - m_A^2 m_B^2} .$$

Dies ist nicht schwer zu zeigen: Mit $pq = E_A E_B - \boldsymbol{p}\cdot\boldsymbol{q} = E_A E_B \mp |\boldsymbol{p}||\boldsymbol{q}|$, $\boldsymbol{v}_A = \boldsymbol{p}/E_A$ und $\boldsymbol{v}_B = \boldsymbol{q}/E_B$ sowie $m_A^2 = E_A^2 - \boldsymbol{p}^2$ und $m_B^2 = E_B^2 - \boldsymbol{q}^2$ ist

$$(p\cdot q)^2 = m_A^2 m_B^2 + E_A^2 E_B^2 \left[\boldsymbol{v}_A^2 + \boldsymbol{v}_B^2 \mp 2\,|\boldsymbol{v}_A|\,|\boldsymbol{v}_B|\right]$$
$$= m_A^2 m_B^2 + E_A^2 E_B^2 \,(\boldsymbol{v}_A - \boldsymbol{v}_B)^2 \;;$$

dabei wurde die Kollinearität der beiden räumlichen Impulse an zwei Stellen benutzt. Damit folgt die Behauptung

$$\sqrt{(p\cdot q)^2 - m_A^2 m_B^2} = E_A E_B\;|\boldsymbol{v}_A - \boldsymbol{v}_B|\;.$$

Dieser Flussfaktor, der in der älteren Literatur auch *Møller-Faktor* genannt wurde, ist offensichtlich ein Lorentz-Skalar. Verwendet man die Variable $s := (p+q)^2$, dann lässt er sich durch s und die Massen m_A und m_B, oder auch durch den Betrag κ, (3.26), des Impulses im Schwerpunktssystem ausdrücken,

$$E_A E_B\,|\boldsymbol{v}_{AB}| = \frac{1}{2}\sqrt{\left(s - m_A^2 - m_B^2\right)^2 - 4m_A^2 m_B^2} = \kappa\sqrt{s}\,. \qquad (3.30)$$

Beide Formen sind für die Praxis nützlich.

Beispiel 3.1

Zwei spinlose, elektrisch geladene Teilchen werden auf Grund ihrer elektromagnetischen Wechselwirkung aneinander elastisch gestreut. Das Target (Teilchen „2“) sei ein spinloser Atomkern, der durch seinen Formfaktor $F^{(K)}(Q^2)$ charakterisiert ist, das Projektil sei ein Elektron, das keine innere Struktur hat und dessen Spin wir vernachlässigen (Teilchen „1“). Die Formel (3.29) lautet in diesem Fall

$$\mathrm{d}^6\sigma = \frac{(2\pi)^{10}\delta^{(4)}(p+q-k_1-k_2)}{4\kappa\sqrt{s}}\,|T_{fi}|^2\,\frac{\mathrm{d}^3k_1}{2E_1}\,\frac{\mathrm{d}^3k_2}{2E_2}\,.$$

Wir wollen den differentiellen Wirkungsquerschnitt $\mathrm{d}\sigma/\mathrm{d}\Omega^*$ für die Streuung des Elektrons im Schwerpunktssystem berechnen. Dazu integrieren wir über den räumlichen Impuls $\boldsymbol{k}_2$ des Targets und erhalten

$$\frac{\mathrm{d}^3\sigma}{\mathrm{d}\Omega^*\,\mathrm{d}\kappa'} = \frac{(2\pi)^{10}}{16\kappa\sqrt{s}E_1E_2}\,|T_{fi}|^2\,\delta^{(1)}(W - E_1 - E_2)\kappa'^2\,,$$

mit $W = \sqrt{m_A^2 + \kappa'^2} + \sqrt{m_B^2 + \kappa'^2}$. Die Größe κ' ist der Betrag des räumlichen Impulses im Endzustand, der wegen der verbleibenden δ-Distribution gleich dem des einlaufenden Impulses wird, $\kappa' = \kappa$. Integriert man über κ' oder, was dazu äquivalent ist, über W, so ist mit

$$\mathrm{d}\kappa' = \frac{\mathrm{d}\kappa'}{\mathrm{d}W}\,\mathrm{d}W = \frac{E_1E_2}{\kappa'(E_1+E_2)}\,\mathrm{d}W\,,$$

mit $\kappa' = \kappa$ und $E_1 + E_2 = W = \sqrt{s}$

$$\frac{\mathrm{d}^2\sigma}{\mathrm{d}\Omega^*} = \frac{1}{16s}(2\pi)^{10}\,|T_{fi}|^2\,.$$

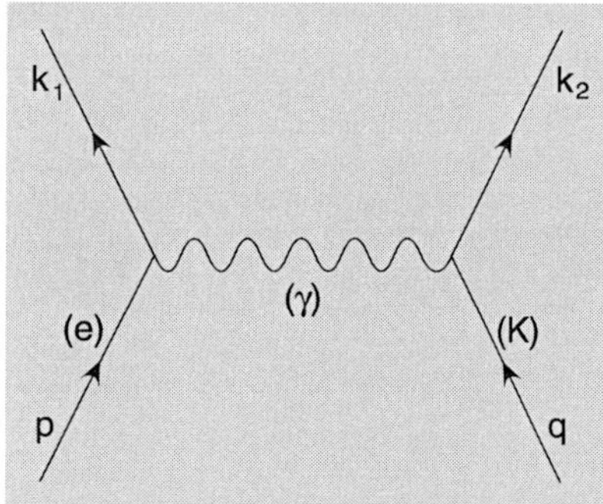

Abb. 3.2. Ein (spinloses) Elektron streut elastisch an einem spinlosen Kern unter Austausch eines virtuellen Photons

Es sei noch angemerkt, dass wir hier eine etwas pedantische Notation verwenden: Da $\mathrm{d}\Omega^* = \mathrm{d}(\cos\theta^*)\,\mathrm{d}\phi^*$ ist, gibt der angegebene Ausdruck streng genommen einen doppelt differentiellen Wirkungsquerschnitt. Es ist aber allgemein üblich, diesen einfach als

$$\frac{\mathrm{d}\sigma}{\mathrm{d}\Omega^*}$$

zu notieren, unabhängig davon, ob der Azimuthwinkel ϕ wesentlich ist oder ob darüber integriert ist. Wir beeilen uns, diese Konvention aufzunehmen.

Die Feynman-Regeln der Quantenelektrodynamik, die wir im übernächsten Kapitel herleiten, geben folgenden Ausdruck für das R-Matrixelement der Abb. 3.2 für den betrachteten Prozess:

$$R_{fi} = \mathrm{i}^3(-e^2)(2\pi)^4 \int \mathrm{d}^4Q\ \delta(p-k_1-Q)\delta(q+Q-k_2) \\ \times \langle k_1|\, j_\mu(0)\,|p\rangle\ \frac{-g^{\mu\nu}}{Q^2}\ \langle k_2|\, j_\nu(0)\,|q\rangle\ . \tag{3.31}$$

Man erkennt in dieser Formel den Photonpropagator (2.149) in der Feynman-Eichung und den elektromagnetischen Stromoperator $j_\mu(x)$. Die Ladungen $+e$ (für den Kern) bzw. $-e$ (für das Elektron) sind herausgezogen. An jedem Vertex steht eine vierdimensionale δ-Distribution für die Bilanz der Viererimpulse, über den Impuls Q des virtuellen Photons wird integriert. Dieses Integral legt den Integranden auf den Wert $Q = p - k_1$ fest; da

$$\delta(p-k_1-Q)\delta(q+Q-k_2) = \delta(Q-(p-k_1))\delta((p+q)-(k_1+k_2))$$

ist, bleibt – wie erwartet – die δ-Distribution für Energie-Impulserhaltung, die bei der Definition (3.20) der T-Matrix abgespalten wird. Die Zahlenfaktoren folgen aus der Störungsreihe und den Vorfaktoren des Propagators, s. Kap. 5.

Die Matrixelemente des elektromagnetischen Stromoperators kann man mittels folgender Analyse weiter behandeln. Der Stromoperator verhält sich wie ein Lorentz-Vektor. Da der Kern im Beispiel keinen Spin trägt, bleiben nur die beiden Vierer-Vektoren q und k_2 oder, alternativ, ihre Summe und ihre Differenz, als Kovariante, nach denen das Matrixelement zerlegt werden kann. Setzt man unter Ausnutzung der Translationsformel (2.48)

$$\langle k_2|\, j_\mu(0)\,|q\rangle \equiv \frac{1}{(2\pi)^3}\left\{F^{(K)}(Q^2)(q+k_2)_\mu + G^{(K)}(Q^2)(q-k_2)_\mu\right\}\ , \\ Q = q - k_2\ ,$$

so wird der Vektorcharakter des Matrixelements von $(q+k_2)_\mu$ und $(q-k_2)_\mu$ übernommen, die Formfaktoren $F^{(K)}(Q^2)$ und $G^{(K)}(Q^2)$ müssen Lorentz-skalare Funktionen sein. Sie können auch nur von Q^2 abhängen, denn jede andere, invariante kinematische Variable wie z. B. $(q+k_2)^2$ oder $q \cdot k_2$ ist linear abhängig von Q^2, q^2 und k_2^2, von denen die letzten beiden in Wirklichkeit Konstante sind, $q^2 = k_2^2 = m_B^2$. Beachtet man die Formel (2.49) für die Divergenz $\partial^\mu j_\mu(x) = 0$, so sieht man, dass der zweite Formfaktor identisch verschwinden muss, $G^{(K)}(Q^2) \equiv 0$. Für den ersten, $F^{(K)}(Q^2)$, kann man noch den Wert bei $Q^2 = 0$ bestimmen. Mit (2.48) ist

$$\langle k_2|\, j_\mu(x)\, |q\rangle = \frac{1}{(2\pi)^3} F^{(K)}(Q^2)\, \mathrm{e}^{-\mathrm{i}(q-k_2)x}(q+k_2)_\mu \,.$$

Da $j_\mu(x)$ erhalten ist, ist das Raumintegral seiner Nullkomponente eine Konstante, hier also, wo wir die Elementarladung bereits herausgenommen haben, die Kernladungszahl Z. Mit kovarianter Normierung ist somit

$$\langle k_2| \int \mathrm{d}^3x\, j_0(x)\, |q\rangle = Z\,\langle k_2|q\rangle = Z\, 2E_q \delta(\boldsymbol{q} - \boldsymbol{k}_2)\,.$$

Das Integral auf der linken Seite kann man andererseits unter Verwendung der Translationsformel und der kovarianten Zerlegung des Matrixelements direkt ausrechnen,

$$\begin{aligned}\langle k_2| \int \mathrm{d}^3x\, j_0(x)\, |q\rangle &= \int \mathrm{d}^3x\, \mathrm{e}^{-\mathrm{i}(q-k_2)x} \langle k_2|\, j_0(0)\, |q\rangle \\ &= (2\pi)^3 \delta(\boldsymbol{q} - \boldsymbol{k}_2) \frac{1}{(2\pi)^3} F^{(K)}(Q^2 = 0)\, 2E_q \,.\end{aligned}$$

Vergleich der beiden Formeln gibt das Resultat $F^{(K)}(0) = Z$. Im Übrigen ist $F^{(K)}(Q^2)$ der elektrische Formfaktor des (spinlosen) Kerns, den wir in Band 2, Abschn. 2.4.2 in einem allgemeinen Rahmen studiert haben[7].

Dieselbe kinematische Analyse gilt auch für das Elektron mit q durch p und k_2 durch k_1 ersetzt. Da die Ladung $(-e)$ schon herausgezogen ist, erhält man $F^{(e)}(0) = 1$. Da wir das Elektron als ein echtes Punktteilchen behandeln dürfen, ist der elektrische Formfaktor bei allen Impulsüberträgen gleich 1, $F^{(e)}(Q^2) = 1$.

Das T-Matrixelement folgt aus der Definition (3.20) und ist mit den oben angegebenen Resultaten gleich

$$T_{fi} = -\frac{Ze^2}{(2\pi)^6} \frac{F^{(K)}(Q^2)}{Q^2} \left((p+k_1) \cdot (q+k_2)\right) \,.$$

An dieser Stelle bietet es sich an, alle Skalarprodukte durch die Lorentz-invarianten Variablen

$$s := (p+q)^2 = (k_1+k_2)^2\,, \qquad t := (p-k_1)^2 = (k_2-q)^2 \tag{3.32}$$

zu ersetzen und den Wirkungsquerschnitt selbst in einer vom Bezugssystem unabhängigen Form auszudrücken, d. h. anstelle von $\mathrm{d}\sigma/\mathrm{d}\Omega^*$ den Ausdruck $\mathrm{d}\sigma/\mathrm{d}t$ zu berechnen. Im Schwerpunktssystem ist $t = -2\kappa^2(1-\cos\theta^*)$. Man integriert in $\mathrm{d}\Omega^* = \mathrm{d}(\cos\theta^*)\,\mathrm{d}\phi^*$ über den Azimuthwinkel ($|T_{fi}|^2$ hängt nicht davon ab), bekommt damit

$$\frac{\mathrm{d}\sigma}{\mathrm{d}(\cos\theta^*)} = \frac{\mathrm{d}\sigma}{\mathrm{d}t}\frac{\mathrm{d}t}{\mathrm{d}(\cos\theta^*)} = 2\kappa^2\frac{\mathrm{d}\sigma}{\mathrm{d}t}$$

und setzt den invarianten Ausdruck (3.30) für κ^2 ein. Ebenso berechnet man

$$(p+k_1)\cdot(q+k_2) = 2(s - m_A^2 - m_B^2) + t\,.$$

[7]Dass wir den Lorentz-skalaren Formfaktor $F(Q^2)$ mit dem Formfaktor der nichtrelativistischen Streutheorie ohne weiteres identifizieren können, liegt daran, dass wir hier im Schwerpunktssystem arbeiten, wo $\boldsymbol{p} = -\boldsymbol{q}$ und $\boldsymbol{k}_1 = -\boldsymbol{k}_2$ ist. Lässt man die Impulse nach Null streben, so landet man direkt in der nichtrelativistischen, kinematischen Konfiguration.

Setzt man schließlich noch $e^2 = 4\pi\alpha$ ein, so ist

$$\frac{\mathrm{d}\sigma}{\mathrm{d}t} = \pi \frac{(Z\alpha)^2 |F^{(K)}(t)|^2}{t^2} \frac{\left[2(s-m_A^2-m_B^2)+t\right]^2}{(s-m_A^2-m_B^2)^2-4m_A^2 m_B^2} \,. \tag{3.33}$$

Diesen invarianten Ausdruck kann man jetzt auf jedes Bezugssystem spezialisieren, das experimentell ausgezeichnet oder vorgegeben ist. Betrachtet man als Beispiel das Laborsystem und nimmt an, dass die Ruhemasse des Elektrons $m_A \equiv m_e$ gegenüber seiner Energie E und im Vergleich mit der Masse m_B des Kerns vernachlässigbar ist, so ist mit $q = (m_B, \mathbf{0})^T$, $p = (E, \boldsymbol{p})^T$, $k_1 = (E', \boldsymbol{k}_1)^T$ und $|\boldsymbol{p}| \approx E$, $|\boldsymbol{k}_1| \approx E'$

$$s \approx m_B^2 + 2m_B E \,,$$

$$t \approx -2EE'(1-\cos\theta) = -2E^2 \frac{1-\cos\theta}{1+(E/m_B)(1-\cos\theta)} \,,$$

$$\frac{\mathrm{d}t}{\mathrm{d}(\cos\theta)} \approx \frac{2E^2}{(1+(E/m_B)(1-\cos\theta))^2} \,.$$

Der Zusammenhang zwischen E' und E, den wir hier eingesetzt haben,

$$E' = \frac{E}{1+(E/m_B)(1-\cos\theta)} \,,$$

folgt aus der Energiebilanz mit $m_A \approx 0$. Man berechnet jetzt

$$\frac{\mathrm{d}\sigma}{\mathrm{d}\Omega} = \frac{1}{2\pi} \frac{\mathrm{d}t}{\mathrm{d}\cos\theta} \left(\frac{\mathrm{d}\sigma}{\mathrm{d}t}\right)_{\text{Lab}} \,.$$

Das Resultat ist

$$\frac{\mathrm{d}\sigma}{\mathrm{d}\Omega} = \frac{(Z\alpha)^2 |F^{(k)}(Q^2)|^2}{E^2(1-\cos\theta)^2} \frac{[1+(E/2m_B)(1-\cos\theta)]^2}{[1+(E/m_B)(1-\cos\theta)]^2} \,.$$

Lässt man die Terme in (E/m_B) außer acht (dies sind typische Rückstoßterme), dann erkennt man den wohlbekannten Rutherford'schen Wirkungsquerschnitt

$$\left(\frac{\mathrm{d}\sigma}{\mathrm{d}\Omega}\right)_{\text{Rutherford}} = \frac{(Z\alpha)^2}{E^2(1-\cos\theta)^2} = \left(\frac{Z\alpha}{2E}\right)^2 \frac{1}{\sin^4(\theta/2)} \,,$$

multipliziert mit dem Quadrat des elektrischen Formfaktors des Kerns. Der Wirkungsquerschnitt (3.33) gilt z. B. für die elastische Streuung eines α-Teilchens an einem spinlosen Kern wenn er noch mit dem Quadrat der Ladung $Z = 2$ und des elektrischen Formfaktors des α-Teilchens multipliziert wird.

3.2.4 Zerfallsbreiten instabiler Teilchen

Die Matrixelemente der T-Matrix können auch den Zerfall eines einzelnen, instabilen Teilchens

$$A\ (q) \longrightarrow 1\ (k_1) + 2\ (k_2) + \ldots + n\ (k_n)$$

in n Teilchen mit den angegebenen Viererimpulsen beschreiben, vorausgesetzt der Zerfall ist kinematisch möglich und erfüllt alle Auswahlregeln. Die $3n$-fach differentielle Zerfallsrate lautet

$$\mathrm{d}^{3n}\Gamma_{fi} = (2\pi)^4 \delta(k_1 + k_2 + \ldots + k_n - q) \frac{(2\pi)^3}{2E_q} \left|T_{fi}\right|^2 \prod_{i=1}^{n} \frac{\mathrm{d}^3 k_i}{2E_i} . \tag{3.34}$$

Auch hier muss gegebenenfalls über die Spinorientierungen der Teilchen im Endzustand summiert werden, so diese nicht beobachtet werden, und/oder, falls das zerfallende Teilchen einen Spin besitzt, aber unpolarisiert ist, über seine Spinausrichtungen gemittelt werden. Beides sind Fragen an den jeweilig vorliegenden experimentellen Aufbau.

Der Aufbau der Formel (3.34) ist vermutlich unmittelbar klar: sie enthält eine δ-Distribution, die sicherstellt, dass Energie und Impuls erhalten sind; weiterhin wird durch $2E_q/(2\pi)^3$ dividiert, weil man die Zerfallsrate für je ein instabiles Teilchen im Volumenelement betrachtet, schließlich tritt für jedes der Teilchen im Endzustand dessen Phasenraumdichte $\mathrm{d}^3k_i/(2E_i)$ auf.

Bemerkungen

1. Ähnlich wie die Formel (3.29) stellt (3.34) noch keine Observable dar. Um zu beobachtbaren Größen zu gelangen, muss man zuerst über alle Variablen integrieren bzw. summieren, die über die Erhaltungssätze schon festliegen und somit redundant sind.
2. Die Ausgangsformel (3.34) ist zwar richtig, ist aber nur qualitativ begründet. Streng genommen kann der kinematische Zustand $|q; s\rangle$ eines instabilen Teilchens kein *in*- oder *out*-Zustand sein, eben weil das Teilchen nach einer endlichen, mittleren Lebensdauer zerfällt. Es ist aber durchaus sinnvoll von *quasistabilen Teilchen* zu sprechen, wenn die durch die Zerfallswahrscheinlichkeit bedingte Unschärfe der Energie im Vergleich zur Ruhemasse klein ist, $\Gamma \ll m_A$.
3. In manchen Anwendungen ist es nützlich, die physikalischen Dimensionen der in (3.34) vorkommenden Größen genauer zu analysieren. Da Γ_{fi} die Dimension (Energie) hat, die δ-Distribution die Dimension $(\text{Energie})^{-4}$ und $\mathrm{d}^3k_i/(2E_i)$ die Dimension $(\text{Energie})^2$, folgt (in natürlichen Einheiten), dass

   $$\left[\left|T_{fi}\right|^2\right] = (\text{Energie})^{2(3-n)} .$$

   Bei Zwei-Körper-Zerfällen hat $|T_{fi}|^2$ somit die Dimension $(\text{Energie})^2$, bei Drei-Körper-Zerfällen ist dieselbe Größe dimensionslos.

Beispiel 3.2 Zwei-Körper-Zerfall

Geht man ins Ruhesystem des zerfallenden Teilchens, $q = (M, \mathbf{0})^T$, dann haben die beiden Teilchen im Endzustand feste Energien und entgegengesetzt gleiche räumliche Impulse

$$k_1 = (E_1, \boldsymbol{\kappa})^T , \qquad k_2 = (E_2, -\boldsymbol{\kappa})^T$$

wobei die Energien E_i und der Betrag $\kappa := |\boldsymbol{\kappa}|$ die Beziehungen

$$E_1 + E_2 = M\,, \quad E_1 = \sqrt{m_1^2 + \kappa^2}\,, \quad E_2 = \sqrt{m_2^2 + \kappa^2} \tag{3.35}$$

erfüllen. Integriert man über $\boldsymbol{k}_2$, so ist

$$\mathrm{d}^3\Gamma(A \to 1+2) = \frac{(2\pi)^7}{8ME_1E_2}\,|T(A \to 1+2)|^2 \delta(E_1 + E_2 - M)\,\mathrm{d}^3k_1\,.$$

Man schreibt auf sphärische Polarkoordinaten um, $\mathrm{d}^3k_1 = \kappa^2 \mathrm{d}\kappa\,\mathrm{d}\Omega^*$, und beachtet, dass aus $E_1^2 = m_1^2 + \kappa^2$ die Beziehung $\kappa\,\mathrm{d}\kappa = E_1\,\mathrm{d}E_1$ folgt, so dass man das Integral über κ in ein solches über E_1 verwandeln kann. Da E_2 von κ bzw. von E_1 abhängt, benötigen wir noch die Ableitung des Arguments der δ-Distribution an dessen einfacher Nullstelle; diese Ableitung ist

$$\frac{\mathrm{d}}{\mathrm{d}E_1}(E_1 + E_2 - M) = 1 + \frac{\mathrm{d}E_2}{\mathrm{d}\kappa}\frac{\mathrm{d}\kappa}{\mathrm{d}E_1} = \frac{E_1 + E_2}{E_2} = \frac{M}{E_2}\,.$$

Setzt man ein und integriert noch über den Azimuthwinkel (von dem die Zerfallswahrscheinlichkeit nicht abhängen kann), dann folgt

$$\mathrm{d}\Gamma(A \to 1+2) = \frac{(2\pi)^8 \kappa}{8M^2}\,|T(A \to 1+2)|^2\,\mathrm{d}(\cos\theta^*)\,. \tag{3.36}$$

Worauf bezieht sich der Winkel θ^*? Wenn das instabile Teilchen A keinen Spin trägt, oder wenn es zwar einen Spin trägt, aber unpolarisiert ist, dann ist der Winkel θ^* physikalisch nicht ausgezeichnet, der Zerfall ist isotrop, d. h. alle Richtungen, entlang derer die beiden Teilchen des Endzustands fliegen können, sind gleich wahrscheinlich. In diesen Fällen integriert man über θ^* und erhält die folgende Formel für die gesamte Zerfallswahrscheinlichkeit

$$\Gamma(A \to 1+2) = \frac{(2\pi)^8 \kappa}{4M^2}\,|T(A \to 1+2)|^2\,. \tag{3.37}$$

Auch dies ist ein Lorentz-invarianter Ausdruck. Um diese Eigenschaft transparent zu machen, kann man den Betrag des räumlichen Impulses im Schwerpunktssystem durch die drei Massen ausdrücken: Die Energiebilanz (3.35) gibt

$$\kappa = \frac{1}{2M}\sqrt{(M^2 - m_1^2 - m_2^2)^2 - 4m_1^2 m_2^2}\,. \tag{3.38}$$

Trägt A aber einen Spin s und ist es entlang der 3-Richtung polarisiert, so ist θ^* der Öffnungswinkel zwischen dem Erwartungswert von s_3 und dem Raumimpuls der Zerfallsprodukte. Die differentielle Zerfallswahrscheinlichkeit beschreibt die Korrelation zwischen dem Spin von A und der Impulsrichtung $\hat{\boldsymbol{\kappa}}$ und enthält physikalisch wichtige Information[8].

Als Beispiel möge der Zerfall $\pi^0 \to \gamma + \gamma$ dienen, bei dem das neutrale Pion zwar über komplizierte (hadronische) Zwischenzustände, aber letztendlich über die elektromagnetische Wechselwirkung in zwei Photonen zerfällt. Das Pion ist ein spinloses Teilchen, die Photonen tragen die

[8] Wenn der Anfangszustand ein paritätsreiner Zustand ist, dann ist das Auftreten einer Spin-Impulskorrelation im Endzustand ein Signal dafür, dass die für den Prozess verantwortliche Wechselwirkung die Parität nicht erhält, s. Band 2, Abschn. 4.2.1.

Helizität 1. Anhand einfacher Überlegungen zu den hier zuständigen Erhaltungssätzen, die ich aus Platzgründen hier nicht ausführe[9], kann man zeigen, dass das T-Matrixelement die Form

$$T(\pi^0 \to \gamma + \gamma) = \frac{e^2}{(2\pi)^{9/2}} \frac{2F}{M} \varepsilon_{\alpha\beta\sigma\tau} \epsilon_1^\alpha \epsilon_2^\beta k_1^\sigma k_2^\tau$$

haben muss, wo $M \equiv m_{\pi^0}$ ist und ϵ_i und k_i die Polarisation bzw. den Impuls des Photons „i" bezeichnen. Wie zuvor ist F ein Lorentz-skalarer Formfaktor, der hier sogar eine Konstante sein muss, weil der übertragene Impuls nach (3.38) den festen Wert $\kappa = M/2$ hat. Die Faktoren 2 und $1/M$ sind willkürlich eingeführt, der zweite insbesondere, um zu erreichen, dass der Formfaktor dimensionslos wird. Dieser Formfaktor F parametrisiert unsere Unkenntnis der möglichen, virtuellen Zwischenzustände beim Übergang vom π^0 zu den beiden Photonen. Berechnet man das Absolutquadrat der Amplitude und summiert über die Polarisationen der Photonen,

$$\sum_{\lambda_1=1}^{2} \sum_{\lambda_2=1}^{2} \left| \varepsilon_{\mu\nu\sigma\tau} \epsilon_1^\mu \epsilon_2^\nu k_1^\sigma k_2^\tau \right|^2 ,$$

so kann man jede Spinsumme durch

$$\sum_{\lambda=1}^{2} \epsilon_\alpha^{(\lambda)} \epsilon_\beta^{(\lambda)} \longmapsto - \sum_{\lambda,\lambda'=0}^{4} \epsilon_\alpha^{(\lambda)} g_{\lambda\lambda'} \epsilon_\beta^{(\lambda')}$$

ersetzen, was gemäß (2.142) gleich $-g_{\alpha\beta}$ ist. Alle Terme der Differenz dieser beiden Ausdrücke geben bei der Kontraktion mit dem total antisymmetrischen Symbol $\varepsilon_{\alpha\beta\gamma\delta}$ Null. Die Spinsumme über das Absolutquadrat ist somit proportional zu

$$\begin{aligned} \varepsilon_{\mu\nu\sigma\tau} \varepsilon^{\mu\nu\alpha\beta} k_1^\sigma k_{1\,\alpha} k_2^\tau k_{2\,\beta} &= -2 \left(\delta_\sigma^\alpha \delta_\tau^\beta - \delta_\sigma^\beta \delta_\tau^\alpha \right) k_1^\sigma k_{1\,\alpha} k_2^\tau k_{2\,\beta} \\ &= 2 (k_1 \cdot k_2)^2 = \frac{1}{2M^4} . \end{aligned}$$

Setzt man diese Zwischenergebnisse ein, beachtet die Ersetzung $e^2 = 4\pi\alpha$ und die Tatsache, dass die Zerfallsrate wegen der Ununterscheidbarkeit der Photonen durch 2! geteilt werden muss, so findet man

$$\Gamma(\pi^0 \to \gamma + \gamma) = \pi\alpha^2 \left| F \right|^2 M \quad (M \equiv m_{\pi^0}) . \tag{3.39}$$

Die experimentell bestimmte Zerfallsbreite (in natürlichen Einheiten ist das dasselbe wie die Zerfallsrate) hat den Wert $\Gamma_{\mathrm{exp}} = 7{,}85$ eV. Daraus folgt der Wert $F = 1{,}86 \times 10^{-2}$.

Beispiel 3.3 Drei-Körper-Zerfall

Wenn es sich um einen Zerfall in drei Teilchen handelt,

$$A \longrightarrow 1\,(k_1) + 2\,(k_2) + 3\,(k_3) ,$$

[9] Eine detaillierte Analyse kann man beispielsweise in [Scheck (1996)], Abschn. 4.2, nachlesen.

so geht man wieder in das Ruhesystem von A und integriert (3.34) zunächst über einen der drei Impulse, z. B. $\boldsymbol{k}_3$. Dies gibt

$$\mathrm{d}^6\Gamma = \frac{(2\pi)^7\kappa_1\kappa_2}{16ME_3}\,|T(A\to 1+2+3)|^2$$
$$\delta(E_1+E_2+E_3-M)\,\mathrm{d}E_1\,\mathrm{d}E_2\,\mathrm{d}\Omega_1\,\mathrm{d}\Omega_2\,,$$

mit

$$E_3=\sqrt{m_3^2+(\boldsymbol{k}_1+\boldsymbol{k}_2)^2}\,,\qquad \kappa_i:=|\boldsymbol{k}_i|\;,\;i=1,2\,.$$

Im nächsten Schritt kann man über $\mathrm{d}\Omega_1$ und, wenn man $\boldsymbol{k}_1$ als Bezugsrichtung wählt und die Axialsymmetrie um diese Richtung ausnutzt, auch über den Azimuthwinkel des verbleibenden Raumwinkelelements integrieren. Man bekommt

$$\mathrm{d}^3\Gamma=\frac{(2\pi)^9\kappa_1\kappa_2}{8ME_3}\,|T(A\to 1+2+3)|^2\delta(E_1+E_2+E_3-M)\,\mathrm{d}E_1\,\mathrm{d}E_2\,\mathrm{d}(\cos\theta),$$

wobei jetzt

$$E_3=\sqrt{m_3^2+\kappa_1^2+\kappa_2^2+2\kappa_1\kappa_2\cos\theta}$$

einzusetzen ist. An dieser Stelle ist es von Vorteil die Variablen $(E_1,\,E_2,\cos\theta)$ durch $(E_1,\,E_2,\,E_3)$ zu ersetzen. Die Jacobi-Determinante dieser Variablentransformation ist

$$\frac{\partial(E_1,\,E_2,\cos\theta)}{\partial(E_1,\,E_2,\,E_3)}=\frac{E_3}{\kappa_1\kappa_2}\,.$$

Geht man in einem letzten Schritt schließlich noch zu Summe und Differenz der Energien E_2 und E_3 über, $W:=E_2+E_3$, $w:=E_2-E_3$, mit $\partial(w,\,W)/\partial(E_2,\,E_3)=2$ und integriert über W, so bleibt der nunmehr wirklich messbare Ausdruck

$$\mathrm{d}^2\Gamma=\frac{(2\pi)^9}{16M}\,|T(A\to 1+2+3)|^2\,\mathrm{d}E_1\,\mathrm{d}w \tag{3.40}$$

für die doppelt-differentielle Zerfallsrate. Die gesamte Zerfallsrate erhält man hieraus durch Integration über die kinematisch erlaubten Bereiche von E_1 und w.

Bemerkungen

1. Schon an den bisherigen Beispielen mag man erkannt haben, dass jedes äußere Teilchen einen Faktor $(2\pi)^{-3/2}$ zum T-Matrixelement beiträgt, ein Faktor, der auf unsere Wahl der Normierung von Ein-Teilchen-Zuständen zurückgeht. Tatsächlich wird dieser Faktor an äußeren Linien in einer der Feynman-Regeln der Störungstheorie enthalten sein. So enthält $|T(A\to 1+2)|^2$ einen Faktor $(2\pi)^{-9}$ und $|T(A\to 1+2+3)|^2$ einen Faktor $(2\pi)^{-12}$.
2. In einem Drei-Körper-Zerfall haben die Teilchen im Endzustand, im Gegensatz zum Zwei-Körper-Zerfall, keine feste Energie (bezüglich des

Ruhesystems des zerfallenden Teilchens). Ein historisch wichtiges Beispiel ist der β-Zerfall von Atomkernen, so z. B.

$$^3H \longrightarrow {}^3\,\mathrm{He} + e^- + \overline{\nu_e}\,,$$

oder der Zerfall eines negativ geladenen Myons,

$$\mu^- \longrightarrow e^- + \nu_\mu + \overline{\nu_e}\,,$$

bei denen Neutrinos nicht so einfach nachweisbar sind. In beiden Fällen hat das Elektron ein kontinuierliches Energiespektrum zwischen der maximal möglichen Energie und ihrem Minimalwert, im Beispiel des Myonzerfalls etwa

$$m_e \le E_e \le \frac{m_\mu^2 + m_e^2}{2m_\mu}\,.$$

Bekanntlich postulierte Wolfgang Pauli aufgrund dieser Beobachtung (und unter Annahme des Satzes von der Erhaltung der Energie) die Existenz des Neutrinos ν_e.

3. Ähnlich wie die Wirkungsquerschnitte lassen sich differentielle Zerfallsraten durch Lorentz-invariante Größen ausdrücken, wobei man beachtet, dass $|T|^2$ allein schon invariant ist. Sie lassen sich dann auf jedes beliebige Bezugssytem zuschneiden, so dass man auch die kinematischen und dynamischen Charakteristika des Zerfalls im Fluge ausrechnen kann.

3.3 Streuende Wellenpakete

Die physikalisch realistischen *in*-Zustände, die im Experiment präpariert werden, modelliert man am besten als Wellenpakete, die im Impulsraum in der Nähe der Impulse $\boldsymbol{p}$ bzw. $\boldsymbol{q}$ lokalisiert sind. Der Anfangszustand bei einer Zwei-Teilchen-Reaktion $A + B \rightarrow 1 + 2 + \ldots + n$ hat dann die Form

$$|A,\,B\rangle_{\,\mathrm{in}} = \int \frac{\mathrm{d}^3 p'}{2E_{p'}} \int \frac{\mathrm{d}^3 q'}{2E_{q'}}\, \widetilde{\varphi}_A(\boldsymbol{p}')\, \widetilde{\varphi}_B(\boldsymbol{q}')\, |\boldsymbol{p}', \boldsymbol{q}'\rangle\,,$$

wobei die Wellenpakete kovariant auf 1 normiert,

$$\int \frac{\mathrm{d}^3 p'}{2E_{p'}}\, |\widetilde{\varphi}_A(\boldsymbol{p}')|^2 = 1\,,$$

(analog für das zweite Teilchen), und bei $\boldsymbol{p}$ bzw. $\boldsymbol{q}$ zentriert sein sollen. Definiert man die Fouriertransformierten als

$$\varphi(\boldsymbol{x}) = \frac{1}{(2\pi)^{3/2}} \int \frac{\mathrm{d}^3 p}{\sqrt{2E_p}}\, \mathrm{e}^{\mathrm{i}\boldsymbol{p}\boldsymbol{x}}\, \widetilde{\varphi}(\boldsymbol{p})\,,$$

dann ist das Absolutquadrat von $\varphi(\boldsymbol{x})$ wie folgt auf 1 normiert,

$$\int \mathrm{d}^3 x\, |\varphi(\boldsymbol{x})|^2 = 1\,.$$

Wenn T wieder die T-Matrix bezeichnet, so wird der *out*-Zustand, der n Teilchen enthält, durch folgende Funktion charakterisiert:

$$\phi(\boldsymbol{k}_1,\ldots,\boldsymbol{k}_n) = \mathrm{i}(2\pi)^4 \int \frac{\mathrm{d}^3 p'}{2E_{p'}} \int \frac{\mathrm{d}^3 q'}{2E_{q'}}\, \delta(P_f - p' - q') \times \langle \boldsymbol{k}_1,\ldots,\boldsymbol{k}_n|\, T\, |\boldsymbol{p}',\boldsymbol{q}'\rangle\, \widetilde{\varphi}_A(\boldsymbol{p}')\, \widetilde{\varphi}_B(\boldsymbol{q}')\,.$$

Daraus lässt sich die Übergangswahrscheinlichkeit berechnen,

$$\begin{aligned}
\mathrm{d}W &= |\phi(\boldsymbol{k}_1,\ldots,\boldsymbol{k}_n)|^2 \prod_{i=1}^{n} \frac{\mathrm{d}^3 k_i}{2E_i} \\
&= (2\pi)^8 \int \frac{\mathrm{d}^3 p'}{2E_{p'}} \int \frac{\mathrm{d}^3 q'}{2E_{q'}} \int \frac{\mathrm{d}^3 p''}{2E_{p''}} \\
&\quad \int \frac{\mathrm{d}^3 q''}{2E_{q''}}\, \delta(P_f - p' - q')\delta(P_f - p'' - q'') \\
&\quad \times \langle \boldsymbol{k}_1,\ldots,\boldsymbol{k}_n|\, T\, |\boldsymbol{p}',\boldsymbol{q}'\rangle^* \langle \boldsymbol{k}_1,\ldots,\boldsymbol{k}_n|\, T\, |\boldsymbol{p}'',\boldsymbol{q}''\rangle \\
&\quad \times \widetilde{\varphi}_A^*(\boldsymbol{p}')\, \widetilde{\varphi}_A(\boldsymbol{p}'')\, \widetilde{\varphi}_B^*(\boldsymbol{q}')\, \widetilde{\varphi}_B(\boldsymbol{q}'') \prod_{i=1}^{n} \frac{\mathrm{d}^3 k_i}{2E_i}\,.
\end{aligned}$$

Wenn die beiden Wellenpakete tatsächlich bei $\boldsymbol{p}$ bzw. $\boldsymbol{q}$ konzentriert sind, dann kann man das Produkt der beiden δ-Distributionen durch das Produkt

$$\delta(P_f - P_i)\, \delta(p'' + q'' - p' - q')$$

approximieren, wobei $P_i = p + q$ gesetzt ist, und erhält

$$\begin{aligned}
\mathrm{d}W = (2\pi)^8 &\prod_{i=1}^{n} \frac{\mathrm{d}^3 k_i}{2E_i} \delta(P_f - P_i)\, |\langle \boldsymbol{k}_1,\ldots,\boldsymbol{k}_n|\, T\, |\boldsymbol{p},\boldsymbol{q}\rangle|^2 \int \frac{\mathrm{d}^3 p'}{2E_{p'}} \int \frac{\mathrm{d}^3 q'}{2E_{q'}} \\
&\times \int \frac{\mathrm{d}^3 p''}{2E_{p''}} \int \frac{\mathrm{d}^3 q''}{2E_{q''}}\, \widetilde{\varphi}_A^*(\boldsymbol{p}')\, \widetilde{\varphi}_A(\boldsymbol{p}'')\, \widetilde{\varphi}_B^*(\boldsymbol{q}')\, \widetilde{\varphi}_B(\boldsymbol{q}'') \\
&\quad \delta(p'' + q'' - p' - q')\,.
\end{aligned} \tag{3.41}$$

In der verbleibenden (vierdimensionalen) δ-Distribution lassen sich die Energien um ihre Zentralwerte entwickeln, so z. B.

$$\begin{aligned}
p'^0 &= \sqrt{m_A^2 + \boldsymbol{p}'^2} = \sqrt{m_A^2 + [\boldsymbol{p} + (\boldsymbol{p}' - \boldsymbol{p})]^2} \\
&\approx p^0 + (\boldsymbol{p}' - \boldsymbol{p}) \cdot \left(\nabla_{p'} p'^0\right)_{p'=p} = p^0 + (\boldsymbol{p}' - \boldsymbol{p}) \cdot \boldsymbol{v}_A
\end{aligned} \tag{3.42}$$

mit $\boldsymbol{v}_A = \boldsymbol{p}/p^0$. Setzt man diese und die analoge Formel mit $p \leftrightarrow q$, $\boldsymbol{v}_A \leftrightarrow \boldsymbol{v}_B$ in die δ-Distribution für die Nullkomponenten ein, so heben sich die Terme in p^0, q^0, $\boldsymbol{p}$ und $\boldsymbol{q}$ heraus, es bleibt

$$p''^0 + q''^0 - p'^0 - q'^0 \approx (\boldsymbol{p}'' - \boldsymbol{p}') \cdot \boldsymbol{v}_A + (\boldsymbol{q}'' - \boldsymbol{q}') \cdot \boldsymbol{v}_B$$

und diese δ-Distribution kann wie folgt umgeschrieben werden;

$$\begin{aligned}\delta(p''+q''-p'-q') &= \delta^{(3)}(\boldsymbol{p}''+\boldsymbol{q}''-\boldsymbol{p}'-\boldsymbol{q}')\delta^{(1)}\left((\boldsymbol{p}''-\boldsymbol{p}')\cdot(\boldsymbol{v}_A-\boldsymbol{v}_B)\right)\\ &= \delta^{(3)}(\boldsymbol{p}''+\boldsymbol{q}''-\boldsymbol{p}'-\boldsymbol{q}')\\ &\quad \frac{1}{2\pi}\int_{-\infty}^{+\infty}\mathrm{d}\lambda\,\exp\left\{\mathrm{i}\lambda(\boldsymbol{p}''-\boldsymbol{p}')\cdot(\boldsymbol{v}_A-\boldsymbol{v}_B)\right\}\,.\end{aligned}$$

Eine der Integrationen in (3.41), etwa die über $\boldsymbol{q}''$, kann ohne weiteres ausgeführt werden. Es verbleibt die Größe

$$\frac{1}{2\pi}\int_{-\infty}^{+\infty}\mathrm{d}\lambda\,I(\lambda)\,,\qquad \text{mit}$$

$$\begin{aligned}I(\lambda) = &\int\frac{\mathrm{d}^3p'}{2E_{p'}}\int\frac{\mathrm{d}^3q'}{2E_{q'}}\int\frac{\mathrm{d}^3p''}{2E_{p''}}\,\mathrm{e}^{-\mathrm{i}\lambda\boldsymbol{p}'\cdot(\boldsymbol{v}_A-\boldsymbol{v}_B)}\frac{1}{2E_{q''}}\\ &\times\widetilde{\varphi}_A^*(\boldsymbol{p}')\,\widetilde{\varphi}_A(\boldsymbol{p}'')\,\widetilde{\varphi}_B^*(\boldsymbol{q}')\,\widetilde{\varphi}_B(\boldsymbol{p}'+\boldsymbol{q}'-\boldsymbol{p}'')\,\mathrm{e}^{\mathrm{i}\lambda\boldsymbol{p}''\cdot(\boldsymbol{v}_A-\boldsymbol{v}_B)}\,.\end{aligned}$$

Um diesen Ausdruck weiter vereinfachen zu können, ist es nützlich, die beiden Wellenpakete des *in*-Zustandes so zu wählen, dass das eine deutlich schmaler als das andere ist. Nehmen wir also an, das Wellenpaket, das das Target beschreibt, sei im Ortsraum stärker lokalisiert als dasjenige, das das Projektil darstellt. Wenn dem so ist, dann kann man näherungsweise

$$\widetilde{\varphi}_B(\boldsymbol{p}'+\boldsymbol{q}'-\boldsymbol{p}'')\approx\widetilde{\varphi}_B(\boldsymbol{q}')$$

setzen und damit $I(\lambda)$ weiter auswerten:

$$\begin{aligned}I(\lambda) &\approx \left|\int\frac{\mathrm{d}^3p'}{2E_{p'}}\,\mathrm{e}^{\mathrm{i}\lambda\boldsymbol{p}'\cdot(\boldsymbol{v}_A-\boldsymbol{v}_B)}\widetilde{\varphi}_A(\boldsymbol{p}')\right|^2\int\frac{\mathrm{d}^3q'}{2E_{q'}}\frac{1}{2E_{q'}}\left|\widetilde{\varphi}_B(\boldsymbol{q}')\right|^2\\ &\approx (2\pi)^3\frac{1}{2E_p}\left|\varphi_A\big(\lambda(\boldsymbol{v}_A-\boldsymbol{v}_B)\big)\right|^2\frac{1}{2E_q}\,.\end{aligned}$$

In dieser Rechnung haben wir wieder die Entwicklung (3.42) benutzt. Zu guter letzt bleibt das Integral über den Parameter λ auszuführen, d. h.

$$\frac{1}{2\pi}\int_{-\infty}^{+\infty}\mathrm{d}\lambda\,I(\lambda) = \frac{(2\pi)^2}{2E_p\,2E_q}\int_{-\infty}^{+\infty}\mathrm{d}\lambda\,\left|\varphi_A\big(\lambda(\boldsymbol{v}_A-\boldsymbol{v}_B)\big)\right|^2\,.$$

Wählt man die 3-Achse entlang der Richtung von $(\boldsymbol{v}_A-\boldsymbol{v}_B)$, in einem Bezugssystem, in dem die beiden Teilchen kollinear aufeinander zu laufen, dann ist

$$\int_{-\infty}^{+\infty}\mathrm{d}\lambda\,\left|\varphi_A\big(0,0,\lambda\,|\boldsymbol{v}_A-\boldsymbol{v}_B|\big)\right|^2 = \frac{1}{|\boldsymbol{v}_A-\boldsymbol{v}_B|}\int_{-\infty}^{+\infty}\mathrm{d}z\,\left|\varphi_a(0,0,z)\right|^2 \equiv \frac{\mathcal{F}}{|\boldsymbol{v}_A-\boldsymbol{v}_B|}\,,$$

wo $\mathcal{F}$, das durch diese Gleichung definiert wird, dem einfallenden Fluss proportional ist. Die differentielle Übergangswahrscheinlichkeit (3.41) wird somit

$$\mathrm{d}W = (2\pi)^{10} \prod_{i=1}^{n} \frac{\mathrm{d}^3 k_i}{2E_i} \, \delta(P_f - P_i) \times \frac{\mathcal{F}}{2E_p 2E_q |\boldsymbol{v}_A - \boldsymbol{v}_B|} \, |\langle \boldsymbol{k}_1, \boldsymbol{k}_2, \ldots, \boldsymbol{k}_n | \, T \, | \boldsymbol{p}, \boldsymbol{q} \rangle|^2 \, .$$

Der differentielle Wirkungsquerschnitt ist aber nichts anderes als diese differentielle Wahrscheinlichkeit, dividiert durch den Flussfaktor $\mathcal{F}$,

$$\mathrm{d}\sigma(A + B \to 1 + 2 + \ldots + n) = \frac{\mathrm{d}W}{\mathcal{F}} \, ;$$

es entsteht somit genau der in (3.29) behauptete Ausdruck, mit dem wir im vorhergehenden Abschnitt gearbeitet haben.

Bemerkungen

1. Wenn diese Rechnung auch etwas umständlich ist, so zeigt sie doch klar, dass das Problem der „quadrierten δ-Distribution“ ein Artefakt der physikalisch unrealistischen Wahl der Basis, nämlich ebene Wellen, war. Verwendet man geeignet präparierte Wellenpakete, so tritt es gar nicht auf.
2. Alle Ein-Teilchen-Zustände, ganz gleich ob sie im *in*- oder im *out*-Zustand oder in einem der Zwischenzustände auftreten, liegen auf ihren physikalischen Massenschalen. Es macht daher keinen Unterschied, ob wir diese Zustände mit ihrem Viererimpuls, d. h. als $|p\rangle$ usw., bezeichnen, oder mit ihrem Raumimpuls, d. h. als $|\boldsymbol{p}\rangle$ usw. Wie man sieht, habe ich von dieser Freiheit verschiedentlich Gebrauch gemacht.

Teilchen mit Spin 1/2 und die Dirac-Gleichung

Einführung

Um den Spin eines massiven Teilchens festzustellen, muss man in dessen momentanes Ruhesystem gehen, dort Drehungen des Bezugssystems ausführen und untersuchen, wie sich die Teilchenzustände transformieren. Dies war eines der wesentlichen Resultate aus Kap. 1. Der Spin $s = 1/2$ von Elektronen, Protonen oder anderen Fermionen wird durch die Fundamentaldarstellung der Gruppe $SU(2)$ beschrieben, d. h. die Eigenzustände der Observablen $\boldsymbol{s}^2$ und s_3 transformieren mit der D-Matrix $\mathbf{D}^{(1/2)}(\mathbf{R})$, die über dem Raum $\mathbb{R}^3$ *zwei*wertig ist. Wenn die Ein-Fermion-Zustände mit Viererimpuls p die Form $|\alpha;\, 1/2, m;\, p\rangle$ haben, wo α alle weiteren Attribute des Zustands zusammenfasst, die über den Spin, seine Projektion auf die 3-Achse und seinen Impuls hinausgehen, dann gibt der Ausdruck (1.144) die Wirkung einer beliebigen Poincaré-Transformation auf diesen Zustand an, mit $\hbar = 1$, $s = 1/2$ und in *aktiver* Lesart also

$$\mathbf{U}(\mathbf{\Lambda}, a)\left|\alpha;\, \frac{1}{2}, m;\, p\right\rangle = \mathrm{e}^{\mathrm{i}a\cdot(\mathbf{\Lambda}p)} \sum_{m'} D^{(1/2)}_{m'm}\left(\mathbf{L}^{-1}(\mathbf{\Lambda}p)\mathbf{\Lambda}\mathbf{L}(p)\right)\left|\alpha;\, \frac{1}{2}, m';\, (\mathbf{\Lambda}p)\right\rangle . \tag{4.1}$$

Hierbei ist $\mathbf{\Lambda} \in L^{\uparrow}_{+}$ eine eigentliche und orthochrone Lorentz-Transformation, a der Vierervektor, um den in Zeit und Raum verschoben wird. Die Genese dieser etwas dürren Formel (4.1) ist in Abschn. 1.3.4 erklärt, deshalb genügt an dieser Stelle der Hinweis, dass der erste Faktor $\exp\{\mathrm{i}a\cdot(\mathbf{\Lambda}p)\}$ die Wirkung der Translation darstellt, und dass im zweiten das Produkt

$$\mathbf{L}^{-1}(\mathbf{\Lambda}p)\mathbf{\Lambda}\mathbf{L}(p) =: \mathbf{R}_W \tag{4.2}$$

die dreistufige Rundreise auf dem Massenhyperboloid $p^2 = M^2$, (1) aus dem Ruhesystem zum Punkt p, (2) danach mittels $\mathbf{\Lambda}$ zum Punkt $\mathbf{\Lambda}p$ und schließlich, (3) die Rückkehr ins Ruhesystem darstellt, insgesamt somit eine Wigner'sche Drehung. Die Matrix $\mathbf{D}^{(1/2)}$ ist eine unitäre 2×2-Matrix mit Determinante 1, $\mathbf{D}^{(1/2)} \in SU(2)$ und ist uns aus (1.24) und (1.25), sowie aus (4.18) in Band 2 bekannt.

Im folgenden Abschnitt wagen wir den Versuch, das Argument dieser D-Funktion gewissermaßen auseinanderzuziehen, d. h. diese als Produkt

$$\mathbf{D}^{(1/2)}\left(\mathbf{L}^{-1}(\mathbf{\Lambda}p)\mathbf{\Lambda}\mathbf{L}(p)\right) = \mathbf{A}\left(\mathbf{L}^{-1}(\mathbf{\Lambda}p)\right)\,\mathbf{A}\left(\mathbf{\Lambda}\right)\,\mathbf{A}\left(\mathbf{L}(p)\right) \tag{4.3}$$

zu schreiben. Dabei stellt sich heraus, dass diese Matrizen i. Allg. nicht mehr in $SU(2)$ liegen, sondern dass sie Elemente der $SL(2, \mathbb{C})$, der spezi-

Inhalt

ellen linearen Gruppe in zwei komplexen Dimensionen sind. Dies bedeutet, dass die Spinzustände in einer Lorentz-kovarianten Quantenmechanik nicht mehr (nur) in den Darstellungen der $SU(2)$ zu suchen sind, sondern in denen der größeren Gruppe $SL(2,\mathbb{C})$. Im Gegensatz zur $SU(2)$ besitzt diese *zwei*, nichtäquivalente Spinordarstellungen, die sich unter Drehungen $\mathbf{R} \in L_+^\uparrow$ zwar gleich verhalten, nicht aber unter Speziellen Lorentz-Transformationen $\mathbf{L} \in L_+^\uparrow$.

Bis zu diesem Punkt ist nur von der eigentlichen, orthochronen Lorentz-Gruppe $L_+^\uparrow$ die Rede. Andererseits wird sich herausstellen, dass die beiden, nicht äquivalenten Spinordarstellungen durch die Operation der Raumspiegelung verknüpft werden. Da aber die Raumspiegelung eine wichtige Symmetrieoperation der Quantenphysik ist, wird klar, dass die Beschreibung massiver Spin-$1/2$ Teilchen *beide* Typen von Spinordarstellungen erfordert. Dies erklärt, warum die Lösungen der Dirac-Gleichung vier Komponenten haben, obwohl sie Teilchen mit Spin 1/2 beschreiben.

Ausgerüstet mit diesem Wissen ist es dann nicht mehr schwer, eine lineare Gleichung erster Ordnung aufzustellen, die kräftefreie Fermionen beschreibt und die in einem zu präzisierenden Sinn ein Analogon der Schrödinger-Gleichung im kräftefreien Fall ist. Diese von Dirac gefundene Gleichung, in die man die Wechselwirkung mit dem Strahlungsfeld einführen kann, und ihre allgemeinen Eigenschaften ist der Gegenstand der dann folgenden Abschnitte. Eine wichtige Erkenntnis – und hierin unterscheidet sich die Dirac-Gleichung ganz wesentlich von der Schrödinger-Gleichung – wird die sein, dass die Dirac-Gleichung streng genommen nicht (oder nur in einem eingeschränkten Gültigkeitsbereich) als Wellengleichung einer Ein-Teilchen-Theorie aufgefasst werden kann. Nur im Rahmen der Feldquantisierung kann sie in physikalisch überzeugender Weise interpretiert werden.

Diese Analyse führt auf ganz natürliche Weise dazu, das Dirac-Feld nach analogen Regeln wie das Photonfeld zu quantisieren und nach Erzeugungs- und Vernichtungsoperatoren für ein Fermion und sein Antiteilchen zu entwickeln. Damit ist die Grundlage für die kovariante Form der Quantenelektrodynamik geschaffen.

4.1 Zusammenhang zwischen $SL(2,\mathbb{C})$ und $L_+^\uparrow$

Die Überschrift ist nicht ohne Absicht derjenigen des Abschnitts 1.2.1 nachgebildet: die jetzt folgende Analyse ist nämlich eine direkte Verallgemeinerung der Korrespondenz (1.17), aus der wir den Zusammenhang zwischen $SU(2)$ (die Untergruppe der $SL(2,\mathbb{C})$ ist) und der Drehgruppe $SO(3)$ (die ihrerseits Untergruppe von $L_+^\uparrow$ ist) hergeleitet haben.

Jede hermitesche 2×2-Matrix, deren Spur gleich Null ist, kann als Linearkombination mit reellen Koeffizienten der drei Pauli-Matrizen dargestellt werden. Nehmen wir noch die Einheitsmatrix dazu, die wir mit

$$\sigma^{(0)} := \begin{pmatrix} 1 & 0 \\ 0 & 1 \end{pmatrix} \tag{4.4}$$

bezeichnen, dann lässt sich *jede* hermitesche 2×2-Matrix als Linearkombination von

$$\{\sigma_\mu\} := \left(\sigma^{(0)}, \boldsymbol{\sigma}\right), \quad \left(\sigma_\mu^\dagger = \sigma_\mu\right), \tag{4.5}$$

darstellen, wo $\boldsymbol{\sigma} = \left(\sigma^{(1)}, \sigma^{(2)}, \sigma^{(3)}\right)$ die üblichen Pauli-Matrizen sind,

$$\sigma^{(1)} = \begin{pmatrix} 0 & 1 \\ 1 & 0 \end{pmatrix}, \quad \sigma^{(2)} = \begin{pmatrix} 0 & -\mathrm{i} \\ \mathrm{i} & 0 \end{pmatrix}, \quad \sigma^{(3)} = \begin{pmatrix} 1 & 0 \\ 0 & -1 \end{pmatrix}. \tag{4.6}$$

Gegenüber Band 2, in dem die Pauli'schen Matrizen einfach mit σ_i, $i = 1, 2, 3$, bezeichnet sind, ist die Notation hier leicht geändert um zu betonen, dass aus der Einheitsmatrix $\sigma^{(0)}$ und den Pauli-Matrizen das Objekt (4.5) mit einem Lorentz-Index gemacht wird. Dies wird aus folgender Konstruktion verständlich.

Es sei x ein beliebiger, kovarianter Vektor auf der Minkowski-Raumzeit, $x = \left(x^0, \boldsymbol{x}\right)^T$ seine Darstellung in einem gegebenen Bezugssystem. Diesem Vektor entspreche eine hermitesche (jetzt aber nicht mehr spurlose) Matrix $\mathbf{X}$, die aus seinen Komponenten und den Matrizen σ_μ aufgebaut ist,

$$x \longleftrightarrow \mathbf{X} := \sigma_\mu x^\mu = \begin{pmatrix} x^0 + x^3 & x^1 - \mathrm{i}x^2 \\ x^1 + \mathrm{i}x^2 & x^0 - x^3 \end{pmatrix}. \tag{4.7}$$

Als erstes bemerkt man, dass das Quadrat der Lorentz-invarianten Norm von x gleich der Determinanten von $\mathbf{X}$ ist,

$$x^2 = \det \mathbf{X} = (x^0)^2 - (x^3)^2 - (x^1 - \mathrm{i}x^2)(x^1 + \mathrm{i}x^2) = (x^0)^2 - \boldsymbol{x}^2 .$$

Die Zuordnung (4.7) zeigt, dass der Raum der Vektoren x und die Menge $\mathfrak{H}(2)$ der hermiteschen 2×2-Matrizen isomorph sind.

Betrachten wir jetzt eine Transformation $\mathbf{\Lambda} \in L_+^\uparrow$,

$$x \longmapsto x' = \mathbf{\Lambda} x$$

und ordnen wir der Transformierten x' ebenfalls eine hermitesche Matrix $\mathbf{X}'$ gemäß der Vorschrift (4.7) zu, so muss es eine nichtsinguläre Matrix $\mathbf{A}(\mathbf{\Lambda})$ geben derart, dass folgendes gilt

$$\mathbf{X} \longmapsto \mathbf{X}' = \mathbf{A}(\mathbf{\Lambda})\, \mathbf{X}\, \mathbf{A}^\dagger(\mathbf{\Lambda}) . \tag{4.8}$$

Welche Eigenschaften hat diese Matrix $\mathbf{A}(\mathbf{\Lambda})$? Einerseits muss $x'^2 = x^2$, d. h. $\det \mathbf{X}' = \det \mathbf{X}$ gelten, woraus man schließt, dass die Determinante von $\mathbf{A}$ den Betrag 1 haben muss, $|\det \mathbf{A}| = 1$. Andererseits kann man ja jedes $\mathbf{\Lambda} \in L_+^\uparrow$ auf stetige Weise in die Identität $\mathbb{1} \in L_+^\uparrow$ deformieren. Der Partner $\mathbf{A}(\mathbf{\Lambda})$ von $\mathbf{\Lambda}$ muss diesen Weg mitgehen und dabei in $\pm\,\mathbb{1}_{2\times 2}$ übergehen. Beide, $+\,\mathbb{1}$ und $-\,\mathbb{1}$, haben (in gerader Dimension) Determinante $+1$. Nimmt man die beiden Aussagen zusammen, so legen sie als natürliche Bedingung

$$\det \mathbf{A} = 1 \tag{4.9}$$

nahe. Die komplexen 2×2-Matrizen, deren Determinante den Wert 1 hat, bilden eine Gruppe, die *spezielle lineare Gruppe* oder auch *unimodulare Gruppe*

$$SL(2,\mathbb{C}) := \{\mathbf{A} \in M_2(\mathbb{C}) \,|\, \det \mathbf{A} = 1\} \; . \tag{4.10}$$

Was an dieser Definition sofort auffällt, ist die Ähnlichkeit zur Gruppe $SU(2)$, s. die Definition (1.10), die sich von (4.10) nur dadurch unterscheidet, dass ihre Elemente zusätzlich unitär sein müssen. Die $SU(2)$ ist offenbar eine Untergruppe der $SL(2,\mathbb{C})$. Dies passt gut mit der Aussage zusammen, dass die Drehgruppe $SO(3)$ eine Untergruppe der eigentlichen, orthochronen Lorentz-Gruppe $L_+^\uparrow$ ist. In der Tat steht das Verhältnis der eigentlichen, orthochronen Lorentz-Gruppe $L_+^\uparrow$ zur $SL(2,\mathbb{C})$ in enger Analogie zum Verhältnis der Drehgruppe $SO(3)$ zur $SU(2)$. Wenn ein $\mathbf{A}(\mathbf{\Lambda})$, das die Bedingung (4.9) erfüllt und x auf x' gemäß (4.8) abbildet, so tut dies auch $-\mathbf{A}(\mathbf{\Lambda})$. Anders ausgedrückt, die Faktorgruppe $SL(2,\mathbb{C})/\{\mathbb{1}, -\mathbb{1}\}$ ist isomorph zur eigentlichen orthochronen Lorentz-Gruppe,

$$L_+^\uparrow \cong SL(2,\mathbb{C})/\{\mathbb{1}, -\mathbb{1}\} \; , \tag{4.11}$$

in direkter Erweiterung des in Abschn. 1.2.1 festgestellten Isomorphismus (1.17).

An dieser Stelle erinnert man sich an den Zerlegungssatz für eigentliche, orthochrone Lorentz-Transformationen (Band 1, Abschn. 4.4): Jedes $\mathbf{\Lambda} \in L_+^\uparrow$ lässt sich in eindeutiger Weise als Produkt

$$\mathbf{\Lambda} = \mathbf{L}(\boldsymbol{v})\, \mathbf{R}(\boldsymbol{\theta})$$

aus einer Drehung und einer Speziellen schreiben, wo $\boldsymbol{\theta}$ für die drei Drehwinkel steht und $\boldsymbol{v}$ eine Dreiergeschwindigkeit ist. Die Urbilder $\pm\mathbf{A}(\mathbf{R})$ der Drehung $\mathbf{R}$ sind uns aus (1.18) bekannt,

$$\mathbf{A}(\mathbf{R}) = \exp\{\mathrm{i}\, \frac{1}{2}\, \boldsymbol{\sigma} \cdot \boldsymbol{\theta}\} \, . \tag{4.12}$$

Für Spezielle Lorentz-Transformationen sieht die Korrespondenz folgendermaßen aus. Es sei

$$\boldsymbol{v} = \hat{\boldsymbol{v}} \tanh \lambda \, , \qquad \text{und} \qquad \boldsymbol{\zeta} = \lambda \hat{\boldsymbol{v}}$$

gesetzt ($\lambda = \tanh^{-1} |\boldsymbol{v}|$ ist der *rapidity* Parameter). Dann gilt

$$\mathbf{L}(\boldsymbol{v}) \longleftrightarrow \pm\mathbf{A}(\mathbf{L}(\boldsymbol{v})) \, , \quad \mathbf{A}(\mathbf{L}(\boldsymbol{v})) = \exp\{\frac{1}{2}\, \boldsymbol{\sigma} \cdot \boldsymbol{\zeta}\} \, . \tag{4.13}$$

Diese Aussage beweist man wie folgt. Mit einer geeignet gewählten Rotation kann man immer die 3-Richtung in die Richtung von $\boldsymbol{v}$ legen. Dann ist $\mathbf{A}(\mathbf{L}) = \mathrm{diag}\,\left(\mathrm{e}^{\lambda/2}, \mathrm{e}^{-\lambda/2}\right)$ und

$$\begin{aligned} \mathbf{X}' = \mathbf{A}\mathbf{X}\mathbf{A}^\dagger &= \begin{pmatrix} \mathrm{e}^{\lambda/2} & 0 \\ 0 & \mathrm{e}^{-\lambda/2} \end{pmatrix} \begin{pmatrix} x^0 + x^3 & x^1 - \mathrm{i}x^2 \\ x^1 + \mathrm{i}x^2 & x^0 - x^3 \end{pmatrix} \begin{pmatrix} \mathrm{e}^{\lambda/2} & 0 \\ 0 & \mathrm{e}^{-\lambda/2} \end{pmatrix} \\ &= \begin{pmatrix} \mathrm{e}^{\lambda}(x^0 + x^3) & x^1 - \mathrm{i}x^2 \\ x^1 + \mathrm{i}x^2 & \mathrm{e}^{-\lambda}(x^0 - x^3) \end{pmatrix} , \end{aligned}$$

woraus in der Tat die bekannten Transformationsformeln für eine Spezielle Lorentz-Transformation entlang der 3-Richtung folgen,

$$x'^0 = x^0 \cosh\lambda + x^3 \sinh\lambda\,,\ x'^1 = x^1\,,\ x'^2 = x^2\,,$$
$$x'^3 = x^0 \sinh\lambda + x^3 \cosh\lambda\,.$$

Bemerkungen

1. Die Korrespondenz zwischen $L_+^\uparrow$ und $SL(2,\mathbb{C})$ wird also explizit durch

$$\mathbf{\Lambda} \longleftrightarrow \pm\mathbf{A} = \pm\exp\{\frac{1}{2}\boldsymbol{\sigma}\cdot\boldsymbol{\zeta}\}\,\exp\{\mathrm{i}\,\frac{1}{2}\boldsymbol{\sigma}\cdot\boldsymbol{\theta}\} \tag{4.14}$$

mit den sechs reellen Parametern $\boldsymbol{\theta}$ und $\boldsymbol{\zeta}$ hergestellt. Wichtig ist dabei, dass die Exponentialreihe, die eine Spezielle Lorentz-Transformation darstellt, keinen Faktor i enthält. Man sieht leicht, dass man diesen Anteil auch als

$$\mathbf{A}(\mathbf{L}(\boldsymbol{v})) = \mathbb{1}\cosh(\lambda/2) + \boldsymbol{\sigma}\cdot\hat{\boldsymbol{v}}\sinh(\lambda/2)$$

schreiben kann.

2. Während die Matrix $\mathbf{A}(\mathbf{R})$ *unitär* ist, ist die Matrix $\mathbf{A}(\mathbf{L}(\boldsymbol{v}))$ offensichtlich *hermitesch*, ihre Determinante ist gleich 1,

$$\mathbf{A}(\mathbf{R})\mathbf{A}^\dagger(\mathbf{R}) = \mathbb{1}_{2\times 2}\,,\qquad \mathbf{A}(\mathbf{L}(\boldsymbol{v})) = \mathbf{A}^\dagger(\mathbf{L}(\boldsymbol{v}))\,,\qquad \det\mathbf{A}(\mathbf{L}(\boldsymbol{v})) = 1\,.$$

Dieses Ergebnis, in dem sich der oben erwähnte Zerlegungssatz für Lorentz-Transformationen widerspiegelt, bedeutet, dass jedes Element $\mathbf{A} \in SL(2,\mathbb{C})$ als Produkt einer unitären Matrix und einer hermiteschen Matrix mit Determinante 1 geschrieben werden kann. Man erkennt die Analogie zur Zerlegung einer komplexen Zahl in Phasenfaktor und Betrag.

4.1.1 Darstellungen mit Spin 1/2

Die Formel (4.14) gibt bereits eine erste Darstellung der $SL(2,\mathbb{C})$ in einem zweidimensionalen Raum. Die zugehörige Lie-Algebra wird durch die Elemente

$$\mathbf{J}_i = \frac{1}{2}\sigma^{(i)}\,,\qquad \mathbf{K}_j = \frac{\mathrm{i}}{2}\sigma^{(j)} \tag{4.15}$$

erzeugt. Man bestätigt, dass ihre Kommutatoren genau die in (1.110) angegebenen sind,

$$[\mathbf{J}_i,\mathbf{J}_k] = \mathrm{i}\,\varepsilon_{ikl}\mathbf{J}_l\,,\quad [\mathbf{J}_i,\mathbf{K}_k] = \mathrm{i}\,\varepsilon_{ikl}\mathbf{K}_l\,,\quad [\mathbf{K}_i,\mathbf{K}_k] = -\mathrm{i}\,\varepsilon_{ikl}\mathbf{J}_l\,. \tag{4.16}$$

Es sei nun folgendes konstante Element der $SL(2,\mathbb{C})$ definiert

$$\epsilon := \mathrm{i}\,\sigma^{(2)} = \begin{pmatrix} 0 & 1 \\ -1 & 0 \end{pmatrix} = \exp\{\mathrm{i}(\pi/2)\sigma^{(2)}\}\,, \tag{4.17}$$

für welches $\epsilon^{-1} = \epsilon^T = -\epsilon$ gilt. Was an dieser Definition auffällt ist, dass ϵ auch gleich der in Abschn. 1.2.3 eingeführten Transformation $\mathbf{U}_0$ für $j = 1/2$ ist,

$$\epsilon = \mathbf{U}_0^{(1/2)} = \mathbf{D}^{(1/2)}(0, \pi, 0) ,$$

die kovariante auf kontravariante Größen und umgekehrt, kontravariante auf kovariante Größen abbildet. Mit der Beziehung (1.51) ist dann unmittelbar klar, dass

$$\epsilon\, \sigma_\mu^* \, \epsilon^{-1} = \left(\sigma^{(0)}, -\boldsymbol{\sigma}\right) =: \hat{\sigma}_\mu \tag{4.18}$$

gilt, wo der Stern wie in Kap. 1 die komplexe Konjugation bedeutet. Es erweist sich als nützlich, diesem Satz von Matrizen ein eigenes Symbol $\hat{\sigma}_\mu$ zuzuweisen. Wendet man die Relation (4.18) auf Drehungen $\mathbf{\Lambda} = \mathbf{R}$, d. h. auf $\mathbf{A}(\mathbf{R})$ an, so ist

$$\epsilon\, \mathbf{A}^*(\mathbf{R})\, \epsilon^{-1} = \mathbf{A}(\mathbf{R}) ,$$

zwischen $\mathbf{A}$ und $\mathbf{A}^*$ besteht eine Äquivalenzrelation, sie sind unitär äquivalent. Mit anderen Worten, würde man sich auf die Untergruppe der Drehungen beschränken, so gäbe es nur *eine* Spinordarstellung. Für Spezielle Lorentz-Transformationen $\mathbf{\Lambda} = \mathbf{L}(\boldsymbol{v})$ gilt diese Aussage aber nicht mehr, es ist nämlich mit $\mathbf{\Lambda} = \mathbf{L}(\boldsymbol{v})\mathbf{R}(\boldsymbol{\theta})$

$$\begin{aligned}
\epsilon\, \mathbf{A}^*(\mathbf{LR})\, \epsilon^{-1} &= \epsilon\ \mathrm{e}^{(-\mathrm{i}/2)\boldsymbol{\sigma}^*\cdot\boldsymbol{\theta}}\, \mathrm{e}^{(1/2)\boldsymbol{\sigma}^*\cdot\boldsymbol{\zeta}}\ \epsilon^{-1} \\
&= \epsilon\ \mathrm{e}^{(-\mathrm{i}/2)\boldsymbol{\sigma}^*\cdot\boldsymbol{\theta}}\ (\epsilon^{-1}\epsilon)\ \mathrm{e}^{(1/2)\boldsymbol{\sigma}^*\cdot\boldsymbol{\zeta}}\ \epsilon^{-1} \\
&= \mathrm{e}^{(\mathrm{i}/2)\boldsymbol{\sigma}\cdot\boldsymbol{\theta}}\, \mathrm{e}^{-(1/2)\boldsymbol{\sigma}\cdot\boldsymbol{\zeta}} \equiv \widehat{\mathbf{A}} .
\end{aligned}$$

Vergleicht man dies mit (4.14), so sieht man, dass hier eine Spinordarstellung vorliegt, bei der die Erzeugenden durch

$$\mathbf{J}_i' = \frac{1}{2}\sigma^{(i)} , \qquad \mathbf{K}_j' = -\frac{\mathrm{i}}{2}\sigma^{(j)} \tag{4.19}$$

dargestellt sind, die sich also gegenüber (4.15) durch das Vorzeichen der Erzeugenden von infinitesimalen Speziellen Lorentz-Transformationen unterscheidet. Es ist offensichtlich oder, falls nicht, leicht nachzuprüfen, dass die Erzeugenden (4.19) ebenfalls die Kommutationsregeln (4.16) erfüllen. Diese Spinordarstellung ist nicht zur Darstellung (4.15) äquivalent. (Sie ist es nur dann, wenn man sich auf die Untergruppe der Drehungen beschränkt.)

Sehr interessant ist die Bemerkung, dass der Übergang von (4.15) zu (4.19), und umgekehrt, durch die Raumspiegelung, also die Paritätsoperation bewerkstelligt wird: Unter dieser Abbildung verhält sich $\boldsymbol{K}$ wie ein Vektor, d. h. ändert sein Vorzeichen, $\boldsymbol{J}$ dagegen wie ein Axialvektor, d. h. ändert sein Vorzeichen nicht. Damit ist schon gezeigt, dass die beiden, inäquivalenten Spinordarstellungen durch die Paritätsoperation verknüpft sind.

Wir halten fest, dass $\mathbf{A}(\boldsymbol{\Lambda})$ und $\widehat{\mathbf{A}}(\boldsymbol{\Lambda})$ Spinordarstellungen sind, die nicht äquivalent sind und die an die Stelle der (einzigen) Spinordarstellung

$\mathbf{D}^{(1/2)}(\mathbf{R})$ der Drehgruppe in der nichtrelativistischen Quantentheorie treten. Genau wie in der Drehgruppe wird der Übergang zu Kontragredienz, d. h. der Übergang zwischen kovarianten und kontravarianten Größen durch $\mathbf{U}_0 = \mathbf{D}^{(1/2)}(0, \pi, 0) = \epsilon$ bewirkt, d. h. es gilt

$$\left(\mathbf{A}^T\right)^{-1} = \epsilon\, \mathbf{A}\, \epsilon^T\,, \quad \left(\widehat{\mathbf{A}}^T\right)^{-1} = \epsilon\, \widehat{\mathbf{A}}\, \epsilon^T\,, \quad \left(\epsilon^T = \epsilon^{-1}\right)\,. \tag{4.20}$$

Hiervon werden wir gleich Gebrauch machen.

4.1.2 Die Dirac-Gleichung im Impulsraum

Die erste Aufgabe, die wir uns gestellt hatten, ist jetzt gelöst: die D-Matrix in (4.1) lässt sich in der Tat wie in (4.3) skizziert auseinanderziehen. Allerdings sind die Faktoren in einer solchen Zerlegung i. Allg. nicht mehr unitär.

Mit diesem Arsenal versehen kehren wir zur Analyse der Spinordarstellungen des Abschn. 1.3.4 zurück und vertiefen den Spezialfall $s = 1/2$. Im Gegensatz zu Abschn. 1.3.4 verwenden wir hier die *passive* Interpretation der Poincaré- bzw. Lorentz-Transformationen, d. h. geben das Fermion in seinem Zustand $|s, 1/2;\, p\rangle$ vor, transformieren aber das Bezugssystem. Wenn z. B. $\mathbf{L}(p)$ eine Spezielle Lorentz-Transformation mit Impuls p ist, dann ist

$$\mathbf{U}(\mathbf{L}(p))\,|s, m;\, p\rangle = \left|s, m;\, \overset{0}{p}\right\rangle$$

gleich dem Spinor im Ruhesystem – anschaulich gesprochen, hat man das Bezugssytem, in dem das Fermion den Impuls p hat, durch ein anderes ersetzt, das mit dem Teilchen „mitläuft“. In dieser passiven Lesart ist die Wirkung einer beliebigen Lorentz-Transformation $\mathbf{\Lambda}$ auf den gegebenen Zustand (in etwas vereinfachter Notation)

$$\begin{aligned}
\mathbf{U}(\mathbf{\Lambda}^{-1})\,|s, m;\, p\rangle &= \mathbf{U}(\mathbf{\Lambda}^{-1})\mathbf{U}(\mathbf{L}_p^{-1})\mathbf{U}(\mathbf{L}_p)\,|s, m;\, p\rangle \\
&= \mathbf{U}(\mathbf{\Lambda}^{-1})\mathbf{U}(\mathbf{L}_p^{-1})\left|s, m;\, \overset{0}{p}\right\rangle \\
&= \mathbf{U}(\mathbf{L}_{\Lambda p}^{-1})\mathbf{U}\left(\mathbf{L}_{\Lambda p}\mathbf{\Lambda}^{-1}\mathbf{L}_p^{-1}\right)\left|s, m;\, \overset{0}{p}\right\rangle \\
&= \mathbf{U}\left(\mathbf{L}_{\Lambda p}\mathbf{\Lambda}^{-1}\mathbf{L}_p^{-1}\right)|s, m;\, \Lambda p\rangle\ .
\end{aligned}$$

Mit den in diesem Buch und in Band 2 verwendeten Konventionen gilt für Drehungen

$$\mathbf{U}(\mathbf{R}^{-1}) = \mathbf{D}^*(\mathbf{R}^{-1}) = \left(\mathbf{D}^{-1}(\mathbf{R})\right)^* = \mathbf{D}^T(\mathbf{R})\,.$$

Für Spinoren ist hier für $\mathbf{U}$ stets $\mathbf{A}$ oder $\widehat{\mathbf{A}}$ einzusetzen, je nachdem welche der beiden Darstellungen man betrachtet. Mit dem Ansatz (4.3), $\mathbf{D}(\mathbf{R}_W) = \mathbf{A}(\mathbf{L}_{\Lambda p}^{-1})\mathbf{A}(\mathbf{\Lambda})\mathbf{A}(\mathbf{L}_p)$, für die Wigner'sche Drehung gilt somit für die *eine* Spinordarstellung

$$\mathbf{D}^T(\mathbf{R}) = \mathbf{A}^T(\mathbf{L}_p)\mathbf{A}^T(\boldsymbol{\Lambda})\mathbf{A}^T(\mathbf{L}^{-1}_{\Lambda p}) \,. \tag{4.21}$$

$$\mathbf{U}(\boldsymbol{\Lambda}^{-1})\,|1/2, m;\, p\rangle = \sum_{m'} \left(\mathbf{A}^T(\mathbf{L}_p)\mathbf{A}^T(\boldsymbol{\Lambda})\mathbf{A}^T(\mathbf{L}^{-1}_{\Lambda p})\right)_{mm'} |1/2, m';\, \Lambda p\rangle \,;$$

die entsprechende Gleichung für die *andere* Darstellung hat dieselbe Form, wobei alle $\mathbf{A}$ durch $\widehat{\mathbf{A}}$ ersetzt werden. Bildet man die Inversen der Gleichungen (4.20), multipliziert von links mit ϵ^T, von rechts mit ϵ, dann ist

$$\epsilon^T\,\mathbf{A}^T\,\epsilon = \mathbf{A}^{-1}\,, \qquad \epsilon^T\,\widehat{\mathbf{A}}^T\,\epsilon = \widehat{\mathbf{A}}^{-1}\,.$$

Es genügt also (4.21) von links mit ϵ^T zu multiplizieren und an drei Stellen die Identität $\epsilon\,\epsilon^T = \mathbb{1}$ einzufügen, um die Transponierten durch die Matrizen selbst, mit dem jeweils inversen Argument, zu ersetzen. Damit folgt

$$\mathbf{U}(\boldsymbol{\Lambda}^{-1}) \sum_{m''} (\epsilon^T)_{mm''}\,|1/2, m'';\, p\rangle =$$

$$\sum_{m'} \left(\mathbf{A}(\mathbf{L}_p^{-1})\mathbf{A}(\boldsymbol{\Lambda}^{-1})\mathbf{A}(\mathbf{L}_{\Lambda p})\,\epsilon^T\right)_{mm'} |1/2, m';\, \Lambda p\rangle \,, \tag{4.22}$$

sowie eine analoge Gleichung, in der alle $\mathbf{A}$ durch $\widehat{\mathbf{A}}$ ersetzt sind.

Diese zunächst recht kompliziert aussehende Transformationsformel ist in Wahrheit bemerkenswert. Es genügt nämlich

$$\widetilde{\phi}_m(p) := \sum_{m'} \left(\mathbf{A}(\mathbf{L}_p)\,\epsilon^T\right)_{mm'} |1/2, m';\, p\rangle \tag{4.23}$$

$$\widetilde{\chi}_m(p) := \sum_{m'} \left(\widehat{\mathbf{A}}(\mathbf{L}_p)\,\epsilon^T\right)_{mm'} |1/2, m';\, p\rangle \tag{4.24}$$

zu definieren, um Spinoren zu erhalten, die kovariant unter Lorentz-Transformationen sind. In der Tat, multipliziert man (4.22) von links mit $\mathbf{A}(\mathbf{L}_p)$ und setzt die Definitionen (4.23) und (4.24) ein, dann folgt (die Projektionsquantenzahlen und Summationsindizes sind jetzt nicht mehr ausgeschrieben)

$$\mathbf{U}(\boldsymbol{\Lambda}^{-1})\,\widetilde{\phi}(p) = \mathbf{A}(\boldsymbol{\Lambda}^{-1})\,\widetilde{\phi}(\boldsymbol{\Lambda} p) \tag{4.25}$$

$$\mathbf{U}(\boldsymbol{\Lambda}^{-1})\,\widetilde{\chi}(p) = \widehat{\mathbf{A}}(\boldsymbol{\Lambda}^{-1})\,\widetilde{\chi}(\boldsymbol{\Lambda} p) \,. \tag{4.26}$$

Damit haben wir Spinoren konstruiert, die unter Lorentz-Transformationen kovariant transformieren. Außerdem sind $\widetilde{\phi}$ und $\widetilde{\chi}$ linear abhängig und es ist jetzt ein Leichtes eine Gleichung zu konstruieren, die die beiden Typen von kovarianten Spinorfeldern verknüpft: Man eliminiert den Faktor $\epsilon^T|1/2, m;\, p\rangle$ aus (4.24) und (4.23) und erhält

$$\widetilde{\chi}(p) = \widehat{\mathbf{A}}(\mathbf{L}_p)\mathbf{A}^{-1}(\mathbf{L}_p)\widetilde{\phi}(p)$$

Ohne Einschränkung der Allgemeinheit können wir die 3-Achse des $\mathbb{R}^3$ in die Richtung des Raumanteils $\boldsymbol{p}$ von p legen. Dann ist

$$\mathbf{A}^{-1}\left(\mathbf{L}_p\right) = \begin{pmatrix} \mathrm{e}^{-\lambda/2} & 0 \\ 0 & \mathrm{e}^{\lambda/2} \end{pmatrix} ,$$

wo λ wieder die *rapidity* bezeichnet und wie gewohnt über die Gleichungen

$$\cosh\lambda = \gamma = \frac{p^0}{m}\,, \qquad \sinh\lambda = \gamma v = \frac{p^0}{m}\frac{|\boldsymbol{p}|}{p^0} = \frac{|\boldsymbol{p}|}{m}$$

mit dem relativistischen γ-Faktor und dem Betrag der Geschwindigkeit, bzw. mit der Energie $p^0 = \sqrt{m^2+\boldsymbol{p}^2}$, dem räumlichen Impuls $\boldsymbol{p}$ und der Masse m des Teilchens zusammenhängt. Daraus berechnet man

$$\begin{aligned}\widehat{\mathbf{A}}\left(\mathbf{L}_p\right) &= \epsilon\, \mathbf{A}^*\left(\mathbf{L}_p\right)\epsilon^{-1} \\ &= \begin{pmatrix} 0 & 1 \\ -1 & 0 \end{pmatrix}\begin{pmatrix} \mathrm{e}^{\lambda/2} & 0 \\ 0 & \mathrm{e}^{-\lambda/2} \end{pmatrix}\begin{pmatrix} 0 & -1 \\ 1 & 0 \end{pmatrix} \\ &= \begin{pmatrix} \mathrm{e}^{-\lambda/2} & 0 \\ 0 & \mathrm{e}^{\lambda/2} \end{pmatrix}.\end{aligned}$$

Nimmt man beides zusammen, so folgt

$$\begin{aligned}\widehat{\mathbf{A}}\left(\mathbf{L}_p\right)\mathbf{A}^{-1}\left(\mathbf{L}_p\right) &= \begin{pmatrix} \mathrm{e}^{-\lambda} & 0 \\ 0 & \mathrm{e}^{\lambda} \end{pmatrix} \\ &= \frac{1}{2}\left\{\begin{pmatrix} \mathrm{e}^{\lambda}+\mathrm{e}^{-\lambda} & 0 \\ 0 & \mathrm{e}^{\lambda}+\mathrm{e}^{-\lambda} \end{pmatrix}\right. \\ &\qquad \left. - \begin{pmatrix} \mathrm{e}^{\lambda}-\mathrm{e}^{-\lambda} & 0 \\ 0 & -\left(\mathrm{e}^{\lambda}-\mathrm{e}^{-\lambda}\right) \end{pmatrix}\right\} \\ &= \mathbb{1}_2\cosh\lambda - \sigma^{(3)}\sinh\lambda = \frac{1}{m}\left(p^0\sigma^{(0)} - p^3\sigma^{(3)}\right) \\ &\longrightarrow \frac{1}{m}\left(p^0\sigma^{(0)} - \boldsymbol{p}\cdot\boldsymbol{\sigma}\right).\end{aligned}$$

Im letzten Schritt ist das Resultat in offensichtlicher Weise auf den Fall übertragen, in dem der Impuls $\boldsymbol{p}$ in eine beliebige Richtung zeigt. Es gilt also

$$m\widetilde{\chi}(p) = \left(p^0\sigma^{(0)} - \boldsymbol{p}\cdot\boldsymbol{\sigma}\right)\widetilde{\phi}(p)\,.$$

Nutzt man aus, dass $(p^0\sigma^{(0)} + \boldsymbol{p}\cdot\boldsymbol{\sigma})(p^0\sigma^{(0)} - \boldsymbol{p}\cdot\boldsymbol{\sigma}) = p^2\,\mathbb{1}_2 = m^2\,\mathbb{1}_2$ ist, dann sieht man ohne weitere Rechnung, dass auch

$$m\widetilde{\phi}(p) = \left(p^0\sigma^{(0)} + \boldsymbol{p}\cdot\boldsymbol{\sigma}\right)\widetilde{\chi}(p)$$

gilt. Diese beiden Relationen schreiben wir noch transparenter unter Verwendung der Definitionen (4.5) und (4.18),

$$\{\sigma_\mu\} = \left(\sigma^{(0)}, \boldsymbol{\sigma}\right)\,, \quad \{\widehat{\sigma}_\mu\} = \left(\sigma^{(0)}, -\boldsymbol{\sigma}\right)\,,$$

und den daraus durch Anwendung der Metrik entstehenden, kontravarianten Größen

$$\{\sigma^\mu\} = \left(\sigma^{(0)}, -\boldsymbol{\sigma}\right)\,, \quad \{\widehat{\sigma}^\mu\} = \left(\sigma^{(0)}, \boldsymbol{\sigma}\right)\,.$$

Sie lauten dann

$$m\widetilde{\chi}(p) = p^{\mu}\widehat{\sigma}_{\mu}\,\widetilde{\phi}(p) = p_{\mu}\widehat{\sigma}^{\mu}\,\widetilde{\phi}(p)\,, \tag{4.27a}$$

$$m\widetilde{\phi}(p) = p^{\mu}\sigma_{\mu}\,\widetilde{\chi}(p) = p_{\mu}\sigma^{\mu}\,\widetilde{\chi}(p)\,. \tag{4.27b}$$

Hieraus lässt sich eine noch kompaktere Form der Gleichungen für $\widetilde{\phi}(p)$ und $\widetilde{\chi}(p)$ gewinnen, wenn wir folgende Abkürzungen einführen. Es sei

$$\gamma^{\mu} := \begin{pmatrix} 0 & \sigma^{\mu} \\ \widehat{\sigma}^{\mu} & 0 \end{pmatrix}, \tag{4.28}$$

oder in Komponenten ausgeschrieben[1]

$$\gamma^{0} := \begin{pmatrix} 0 & \mathbb{1}_2 \\ \mathbb{1}_2 & 0 \end{pmatrix}, \quad \gamma^{i} := \begin{pmatrix} 0 & -\sigma^{(i)} \\ \sigma^{(i)} & 0 \end{pmatrix}. \tag{4.29}$$

(Klarerweise sind die Einträge Blöcke von 2×2-Matrizen.) Außerdem seien die beiden Spinoren $\widetilde{\phi}(p)$ und $\widetilde{\chi}(p)$ zu einem vierkomponentigen Spinor zusammengefasst

$$u(\boldsymbol{p}) := \begin{pmatrix} \widetilde{\phi}(p) \\ \widetilde{\chi}(p) \end{pmatrix}. \tag{4.30}$$

Dann lauten die beiden Verknüpfungsgleichungen in kompakter Form

$$\left(\gamma^{\mu}p_{\mu} - m\,\mathbb{1}_{4\times 4}\right)u(\boldsymbol{p}) = 0\,. \tag{4.31}$$

Bevor wir fortfahren, wollen wir einige Eigenschaften der Matrizen γ^{μ} aufstellen. Bildet man das Produkt $\sigma^{\mu}\widehat{\sigma}^{\nu}$ und addiert dazu dasselbe Produkt mit vertauschten Indizes, so gibt dies aufgrund der Eigenschaften der Pauli-Matrizen Null, wenn immer $\mu \neq \nu$ ist; für $\mu = \nu = 0$ ergibt sich 2 mal die Einheitsmatrix; für $\mu = \nu = i$ ergibt sich (-2) mal die Einheitsmatrix. Dies lässt sich zusammenfassen zu

$$\sigma^{\mu}\widehat{\sigma}^{\nu} + \sigma^{\nu}\widehat{\sigma}^{\mu} = 2g^{\mu\nu}\,\mathbb{1}_{2\times 2}\,.$$

Auf die γ-Matrizen übertragen findet man die wichtige Relation

$$\gamma^{\mu}\gamma^{\nu} + \gamma^{\nu}\gamma^{\mu} = 2g^{\mu\nu}\,\mathbb{1}_{4\times 4}\,. \tag{4.32}$$

Das Quadrat von γ^{0} ist somit die positive Einheitsmatrix, das Quadrat der γ^{i} ist gleich der negativen Einheitsmatrix. So wie in (4.28) definiert, ist γ^{0} hermitesch, γ^{i} aber antihermitesch. Da γ^{0} nach (4.32) mit γ^{i} antivertauscht, gilt insgesamt

$$\left(\gamma^{0}\right)^{\dagger} = \gamma^{0}\,, \quad \left(\gamma^{i}\right)^{\dagger} = -\gamma^{i}\,, \quad \text{aber} \quad \gamma^{0}\left(\gamma^{i}\right)^{\dagger}\gamma^{0} = \gamma^{i}\,. \tag{4.33}$$

Kontrahiert man die Relation (4.32) mit p_{μ} und mit p_{ν}, dann folgt

$$\frac{1}{2}p_{\mu}p_{\nu}\left(\gamma^{\mu}\gamma^{\nu} + \gamma^{\nu}\gamma^{\mu}\right) = p^{2}\,\mathbb{1}_{4\times 4} = m^{2}\,\mathbb{1}_{4\times 4}\,.$$

Der Operator $\gamma^{\mu}p_{\mu}$ hat daher mit $(+m)$ auch den Eigenwert $(-m)$ und beide haben die Multiplizität 2. Daraus folgt, dass es einen weiteren vierkomponentigen Spinor $v(\boldsymbol{p})$ gibt, der von $u(\boldsymbol{p})$ linear unabhängig ist und der Gleichung

[1] Wir schreiben die Einheitsmatrix in Dimension n bisweilen kürzer $\mathbb{1}_n$ statt $\mathbb{1}_{n\times n}$, oder, wenn die Dimension ohnehin durch den Zusammenhang festgelegt ist, einfach als $\mathbb{1}$.

$$\left(\gamma^\mu p_\mu + m\,\mathbb{1}_{4\times 4}\right) v(\boldsymbol{p}) = 0 \tag{4.34}$$

genügt. Die beiden Gleichungen, (4.31) und (4.34), stellen die *Dirac-Gleichung im Impulsraum* dar.

Bemerkungen

1. Die Wirkung der Translationen auf die Spinoren (4.23) und (4.24) ist dieselbe wie auf die ursprünglichen Zustände $|s, m;\, p\rangle$. Daher haben wir uns auf den Spezialfall $a = 0$ beschränkt. Aus der dargestellten Konstruktion folgt ganz offensichtlich, dass die Dirac-Gleichung *kovariant* ist. Dies braucht man also weder hier noch in der Ortsraumdarstellung der Dirac-Gleichung noch einmal nachzuprüfen.
2. Neben den vier Matrizen γ^μ definiert man noch eine weitere Matrix

$$\gamma_5 := \mathrm{i}\gamma^0\gamma^1\gamma^2\gamma^3 = \begin{pmatrix} \mathbb{1}_2 & 0 \\ 0 & -\mathbb{1}_2 \end{pmatrix}. \tag{4.35}$$

Sie ist hermitesch und antivertauscht mit allen γ^μ, wie man leicht bestätigt,

$$\gamma_5\gamma^\mu + \gamma^\mu\gamma_5 = 0\,. \tag{4.36}$$

Einen Unterschied zwischen γ_5 und γ^5 gibt es nicht – die 5 ist ja kein Lorentz-Index.
3. Die Matrizen γ^μ zusammen mit γ_5 und versehen mit dem Produkt (4.32) erzeugen eine Algebra, die zum Typus der *Clifford-Algebren* gehört. Diesen wichtigen Begriff wollen wir am vorliegenden Beispiel wenigstens andeuten, verweisen für ein eingehenderes Studium aber auf die Literatur[2].
Der Minkowski-Raum M^4 als vierdimensionaler $\mathbb{R}$-Vektorraum ist mit dem Skalarprodukt $(p, q) = p^0q^0 - \boldsymbol{p}\cdot\boldsymbol{q}$ versehen. Eine Basis $\{\hat{e}_\mu\}$ dieses Vektorraums erfüllt

$$(\hat{e}_\mu, \hat{e}_\nu) = g_{\mu\nu}\,,$$

d. h. es ist $(\hat{e}_0, \hat{e}_0) = 1$, $(\hat{e}_i, \hat{e}_i) = -1$ und $(\hat{e}_\mu, \hat{e}_\nu) = 0$ wenn immer $\mu \neq \nu$ ist. Man definiert jetzt ein Produkt $p\,q$ von Vektoren $p, q \in M^4$, das assoziativ und bezüglich der Addition distributiv ist, und das der Bedingung

$$q\,p + p\,q = 2(p, q) \tag{4.37}$$

genügt. (Das hier neu eingeführte Produkt schreiben wir als $p\,q$, also ähnlich wie wir bisher das Skalarprodukt auf dem Minkowski-Raum geschrieben hatten. Da es aber nur hier vorkommt und wir das Minkowski-Produkt vorübergehend – und ganz korrekt – $p^0q^0 - \boldsymbol{p}\cdot\boldsymbol{q} = (p, q)$ schreiben, sollte keine Verwechslung möglich sein.) Die daraus resultierende Algebra aller (endlichen) Summen und Produkte wird *Clifford-Algebra* über M^4 genannt und mit $\mathrm{Cl}\left(M^4\right)$ bezeichnet. Ausgedrückt in

[2] [R. Coquereaux (Trieste 1986)]; siehe auch [Choquet-Bruhat, DeWitt-Morette, Dillard-Blick (Amsterdam 1982)].

der Basis gilt dann

$$\hat{e}_\mu \hat{e}_\nu + \hat{e}_\nu \hat{e}_\mu = 2g_{\mu\nu}\,, \quad \hat{e}_\nu \hat{e}_\mu = -\hat{e}_\mu \hat{e}_\nu \text{ für } \mu \neq \nu\,, \quad q^2 = (q,q)\,.$$

Die Clifford-Algebra bildet selbst einen Vektorraum, für den eine Basis wie folgt gewählt werden kann:

$$\left\{1, \hat{e}_\alpha, \hat{e}_\alpha \hat{e}_\beta (\alpha < \beta), \hat{e}_\alpha \hat{e}_\beta \hat{e}_\gamma (\alpha < \beta < \gamma), \hat{e}_0 \hat{e}_1 \hat{e}_2 \hat{e}_3\right\}\,.$$

Hieraus kann man seine Dimension ablesen: sie ist

$$1+4+6+4+1 = 2^4\,.$$

(Allgemein hat die reelle Clifford-Algebra $\mathrm{Cl}(V^n)$ über dem n-dimensionalen reellen Vektorraum V^n die Dimension

$$\sum_{k=0}^{n} \binom{n}{k} = 2^n$$

– im vorliegenden Fall also 16.) Die Dirac'schen γ-Matrizen, ganz gleich in welcher konkreten Darstellung, erfüllen diese Relationen, wobei das Produkt die gewohnte Matrixmultiplikation ist. Sie erzeugen eine Basis von $\mathrm{Cl}(M^4)$, die oft folgendermaßen gewählt wird:

$$\begin{aligned} &\Gamma_S = \mathbb{1}_4\,, \qquad \Gamma_P = \mathrm{i}\gamma_5\,, \\ &\Gamma_V^\alpha = \gamma^\alpha\,, \qquad \Gamma_A^\alpha = \gamma^\alpha \gamma_5 \\ &\Gamma_T^{[\alpha,\beta]} = \frac{\mathrm{i}}{2\sqrt{2}} \left(\gamma^\alpha \gamma^\beta - \gamma^\beta \gamma^\alpha\right)\,. \end{aligned} \tag{4.38}$$

Die Bezeichnungen im unteren Index stehen für Skalar, Pseudoskalar, Vektor, Axialvektor bzw. Tensor und beziehen sich auf verschiedene Arten der Kopplungen von Fermionen an Bosonen, die Spin 1 tragen.

Die Clifford-Algebra $\mathrm{Cl}(M^4)$ ist sogar eine *graduierte* Algebra, ihre Elemente lassen sich in *gerade* und *ungerade* einteilen, je nachdem ob sie mit γ_5 *kommutieren* oder *antikommutieren.* Wenn $[A,B] = AB - BA$ wie üblich den Kommutator, $\{A,B\} = AB + BA$ den Antikommutator bezeichnen, so gilt für die angegebene Basis

$$[\Gamma_S, \gamma_5] = 0\,,\ [\Gamma_P, \gamma_5] = 0\,,\ [\Gamma_T, \gamma_5] = 0\,,$$

$$\{\Gamma_V, \gamma_5\} = 0\,,\ \{\Gamma_A, \gamma_5\} = 0\,.$$

So sind also Γ_S, Γ_P und Γ_T gerade, während Γ_V und Γ_A ungerade sind. Die Matrix γ_5 spielt die Rolle eines Graduierungsautomorphismus der Algebra. Diese scheinbar so abstrakten Eigenschaften sind physikalisch von großer Bedeutung. So sind die Kopplungen an die Eichbosonen von Eichtheorien der elektromagnetischen, der Schwachen und der Starken Wechselwirkungen immer vom Vektor- oder Axialvektortyp, alle Yukawa-Kopplungen, d. h. Kopplungen an Bosonen mit Spin Null, sind dagegen vom Skalar- oder Pseudoskalartyp.

4. Bildet man die Linearkombinationen

$$P_+ = \frac{1}{2}\left(\mathbb{1} + \gamma_5\right)\,, \quad P_- = \frac{1}{2}\left(\mathbb{1} - \gamma_5\right)\,, \tag{4.39}$$

so sieht man leicht, dass diese Projektionsoperatoren sind,

$$P_+^2 = P_+ \,, \quad P_-^2 = P_- \,, \quad P_+ P_- = 0 = P_- P_+ \,, \quad P_+ + P_- = \mathbb{1}$$

und dass sie die $u(\boldsymbol{p})$ bzw. $v(\boldsymbol{p})$ auf ihre oberen bzw. unteren zwei Komponenten projizieren. Die physikalische Bedeutung dieser Projektionen wird an den expliziten Lösungen klar werden.

5. Da γ-Matrizen häufig mit Vierervektoren kontrahiert werden, hat sich dafür ein eigenes Symbol eingebürgert, das nach dem englischen Wort für Strich *slash* genannt wird,

   $$\not{p} \equiv \gamma^\mu p_\mu \,.$$

   Diese Abkürzung verwenden wir im folgenden an vielen Stellen.
6. Verwendet man die Relation und Definition (4.18), so sieht man leicht, dass $v(\boldsymbol{p})$ ebenfalls durch die in (4.23) und (4.24) definierten Spinoren ausgedrückt werden kann,

   $$v(\boldsymbol{p}) = \begin{pmatrix} \epsilon \widetilde{\chi}^*(p) \\ -\epsilon \widetilde{\phi}^*(p) \end{pmatrix} .$$

   Wie wir weiter unten sehen werden, ist diese Relation Ausdruck der Ladungskonjugation, d. h. der Abbildung von Zuständen von Fermionen auf solche ihrer Antiteilchen.
7. Die Darstellung (4.28) oder (4.29) der γ-Matrizen ist wie man sieht eine *natürliche* Darstellung, weil sie aus den Spinordarstellungen der Lorentz-Gruppe entstanden ist. Sie wird auch oft *Hochenergie-Darstellung* genannt, weil die beiden zweikomponentigen Gleichungen für $\widetilde{\phi}(p)$ und für $\widetilde{\chi}(p)$ im Grenzfall $E_p \equiv p^0 \gg m$ vollständig entkoppeln.
   Ohne etwas am Inhalt der Dirac-Gleichung zu ändern, kann man jederzeit $u(\boldsymbol{p})$ und $v(\boldsymbol{p})$ einer linearen, nichtsingulären Transformation $\mathbf{S}$ unterwerfen, die ihre Komponenten umordnet,

   $$u(\boldsymbol{p}) \longmapsto u'(\boldsymbol{p}) = \mathbf{S}\, u(\boldsymbol{p}) \,, \quad v(\boldsymbol{p}) \longmapsto v'(\boldsymbol{p}) = \mathbf{S}\, v(\boldsymbol{p}) \,,$$

   und gleichzeitig die transformierten γ-Matrizen

   $$\gamma'^\mu = \mathbf{S} \gamma^\mu \mathbf{S}^{-1}$$

   einführen, so dass die Dirac-Gleichung (4.31) bzw. (4.34) forminvariant bleibt. Die Relation (4.32) bleibt offensichtlich ungeändert. Wählt man z. B.

   $$\mathbf{S} = \frac{1}{\sqrt{2}} \begin{pmatrix} \mathbb{1}_2 & \mathbb{1}_2 \\ \mathbb{1}_2 & -\mathbb{1}_2 \end{pmatrix} = \mathbf{S}^{-1} \,, \tag{4.40}$$

   wo $\mathbb{1}_2$ die 2×2-Einheitsmatrix ist, so entsteht

   $$\gamma'^0 = \begin{pmatrix} \mathbb{1}_2 & 0 \\ 0 & -\mathbb{1}_2 \end{pmatrix} , \quad \gamma'^i = \begin{pmatrix} 0 & \sigma^{(i)} \\ -\sigma^{(i)} & 0 \end{pmatrix} , \quad \gamma'_5 = \begin{pmatrix} 0 & \mathbb{1}_2 \\ \mathbb{1}_2 & 0 \end{pmatrix} . \tag{4.41}$$

Diese Darstellung, die auch *Standard-Darstellung* genannt wird, ist besonders gut geeignet, wenn man schwach relativistische Bewegung betrachtet und nach Potenzen von v/c entwickeln möchte. Sie wird daher in der Atom- und in der Kernphysik häufig verwendet. Man bestätigt, dass die Eigenschaften (4.33) auch in dieser Darstellung gelten. Dies liegt daran, dass (4.40) nicht nur nichtsingulär, sondern auch unitär ist.

Alle Darstellungen, die aus der natürlichen durch eine unitäre Transformation **S** *hervorgehen, haben die spezielle Eigenschaft*

$$\gamma^0\,(\gamma^\alpha)^\dagger\,\gamma^0 = \gamma^\alpha\,. \tag{4.42}$$

Weil es sich um eine ganze Klasse von Darstellungen handelt, haben wir den Strich an den γ-Matrizen wieder weggelassen.

8. Als Beispiel für die vorhergehende Bemerkung betrachten wir die Klasse der *Majorana-Darstellungen,* die sich dadurch auszeichnen, dass alle γ-Matrizen rein imaginär sind,

$$\left(\gamma^{(\mathrm{M})\,\alpha}\right)^* = -\gamma^{(\mathrm{M})\,\alpha}\,. \tag{4.43}$$

Es sei irgendeine der unter Bemerkung 7 konstruierten Darstellungen gegeben. Man wähle dann die Transformation

$$\mathbf{S}^{(\mathrm{M})} := \frac{1}{\sqrt{2}}\gamma^0(\mathbb{1}+\gamma^2)$$

und stelle zunächst vermittels

$$(\mathbb{1}+\gamma^{2\,\dagger})\gamma^{0\,\dagger} = (\mathbb{1}-\gamma^2)\gamma^0 = \gamma^0(\mathbb{1}+\gamma^2)$$

fest, dass sie unitär ist. Geht man z. B. von der natürlichen, oder Hochenergie-Darstellung (4.28) aus, so findet man

$$\mathbf{S}^{(\mathrm{M})}_{\mathrm{HE}} = \frac{1}{\sqrt{2}}\begin{pmatrix} \sigma^{(2)} & \mathbb{1}_2 \\ \mathbb{1}_2 & -\sigma^{(2)} \end{pmatrix}$$

und die zugehörige Majorana-Darstellung ergibt sich zu

$$\gamma^{(\mathrm{M})\,0}_{\mathrm{HE}} = \begin{pmatrix} \sigma^{(2)} & 0 \\ 0 & -\sigma^{(2)} \end{pmatrix}, \quad \gamma^{(\mathrm{M})\,1}_{\mathrm{HE}} = \mathrm{i}\begin{pmatrix} \sigma^{(3)} & 0 \\ 0 & \sigma^{(3)} \end{pmatrix},$$
$$\gamma^{(\mathrm{M})\,2}_{\mathrm{HE}} = \begin{pmatrix} 0 & \sigma^{(2)} \\ -\sigma^{(2)} & 0 \end{pmatrix}, \quad \gamma^{(\mathrm{M})\,3}_{\mathrm{HE}} = -\mathrm{i}\begin{pmatrix} \sigma^{(1)} & 0 \\ 0 & \sigma^{(1)} \end{pmatrix},$$
$$\gamma^{(\mathrm{M})}_{\mathrm{HE}\,5} = \begin{pmatrix} 0 & \sigma^{(2)} \\ \sigma^{(2)} & 0 \end{pmatrix}. \tag{4.44}$$

Geht man dagegen von der Standard-Darstellung (4.41) aus, so ist

$$\mathbf{S}^{(\mathrm{M})}_{\mathrm{St}} = \frac{1}{\sqrt{2}}\begin{pmatrix} \mathbb{1}_2 & \sigma^{(2)} \\ \sigma^{(2)} & -\mathbb{1}_2 \end{pmatrix}$$

und die entsprechende Majorana-Darstellung lautet

$$\gamma_{\text{St}}^{(\text{M})\,0} = \begin{pmatrix} 0 & \sigma^{(2)} \\ \sigma^{(2)} & 0 \end{pmatrix}, \quad \gamma_{\text{St}}^{(\text{M})\,1} = \mathrm{i}\begin{pmatrix} \sigma^{(3)} & 0 \\ 0 & \sigma^{(3)} \end{pmatrix},$$

$$\gamma_{\text{St}}^{(\text{M})\,2} = \begin{pmatrix} 0 & -\sigma^{(2)} \\ \sigma^{(2)} & 0 \end{pmatrix}, \quad \gamma_{\text{St}}^{(\text{M})\,3} = -\mathrm{i}\begin{pmatrix} \sigma^{(1)} & 0 \\ 0 & \sigma^{(1)} \end{pmatrix},$$

$$\gamma_{\text{St}\,5}^{(\text{M})} = \begin{pmatrix} \sigma^{(2)} & 0 \\ 0 & -\sigma^{(2)} \end{pmatrix}. \tag{4.45}$$

Da die Pauli-Matrix $\sigma^{(1)}$ reell positiv, $\sigma^{(2)}$ rein imaginär und $\sigma^{(3)}$ reell diagonal ist, in Übereinstimmung mit der Phasenkonvention von Condon und Shortley, bestätigt man sofort, dass alle fünf γ-Matrizen in den Darstellungen (4.44) und (4.45) rein imaginär sind.

4.1.3 Lösungen der Dirac-Gleichung im Impulsraum

Nachdem wir gelernt haben, verschiedene Darstellungen der γ-Matrizen virtuos ineinander umzurechnen, wählen wir eine von ihnen aus und bestimmen die expliziten Lösungen zu festem Viererimpuls p. Zunächst bestätigen wir noch einmal, dass die beiden linearen Gleichungssysteme (4.31) und (4.34) lösbar sind. In der Tat verschwinden die Determinanten

$$\det(\not{p} - m\,\mathbb{1}) = \det(\not{p} + m\,\mathbb{1}) = \left((p^0)^2 - \boldsymbol{p}^2 - m^2\right)^2 = (p^2 - m^2)^2 = 0,$$

wenn der Impuls des Teilchens auf seiner Massenschale liegt.

Es ist am einfachsten, die Lösungen in der Standard-Darstellung zu konstruieren und dabei zuerst in das Ruhesystem zu gehen. Die Standard-Darstellung (4.41) zeichnet sich nämlich dadurch aus, dass der Spinor $u_{\text{St}}(\boldsymbol{p})$ im Ruhesystem $p = (m, \boldsymbol{0})$ die Form $(\chi^{(1)}, 0, 0)^T$ annimmt, wo $\chi^{(1)}$ ein zweikomponentiger Spinor ist, wie er uns aus der nichtrelativistischen Quantenmechanik bekannt ist. Dies sieht man, indem man die Dirac-Gleichung (4.31) mit dem Ansatz $(\chi^{(1)}, \chi^{(2)})^T$ bei $\boldsymbol{p} = 0$ auswertet, wo $\chi^{(i)}$ zweikomponentige Spinoren sind,

$$m\begin{pmatrix} 0 & 0 \\ 0 & \mathbb{1}_2 \end{pmatrix}\begin{pmatrix} \chi^{(1)} \\ \chi^{(2)} \end{pmatrix} = 0.$$

Offensichtlich muss $\chi^{(2)}$ identisch verschwinden, $\chi^{(2)} \equiv 0$, während $\chi^{(1)} \equiv \chi$ die Spinfunktion eines nichtrelativistischen Teilchens ist.

Völlig analog löst man (4.34) zunächst für $v(\boldsymbol{0}) = (\phi^{(1)}, \phi^{(2)})^T$, wo diese Gleichung sich auf

$$m\begin{pmatrix} \mathbb{1}_2 & 0 \\ 0 & 0 \end{pmatrix}\begin{pmatrix} \phi^{(1)} \\ \phi^{(2)} \end{pmatrix} = 0$$

reduziert. Jetzt muss $\phi^{(1)}$ identisch Null sein, $\phi^{(1)} \equiv 0$, während $\phi^{(2)} \equiv \phi$ ein nichtrelativistischer Spinor ist.

In einem zweiten Schritt lassen sich die Lösungen $u(\mathbf{0}) = (\chi, \mathbf{0})^T$ und $v(\mathbf{0}) = (\mathbf{0}, \phi)^T$ durch folgenden Trick auf beliebigen Dreier-Impuls $\boldsymbol{p}$ anschieben. Man benutzt die Relationen

$$(\not{p} \pm m\, \mathbb{1})(\not{p} \mp m\, \mathbb{1}) = p^2 - m^2 = 0\,,$$

um nachzurechnen, dass die Spinoren

$$u(\boldsymbol{p}) = N\,(\not{p} + m\, \mathbb{1})\, u(\mathbf{0})$$
$$v(\boldsymbol{p}) = -N\,(\not{p} - m\, \mathbb{1})\, v(\mathbf{0})$$

die Gleichungen (4.31) bzw. (4.34) erfüllen. Bis auf die frei verfügbare Normierungskonstante N sind diese Lösungen eindeutig. Die Wahl des Minuszeichens im Ausdruck für $v(\boldsymbol{p})$ wird verständlich, wenn man die γ-Matrizen (4.41) in

$$(\not{p} \pm m\, \mathbb{1}_4) = (\gamma^0 p^0 - \gamma^i p^i \pm m\, \mathbb{1}_4) = \begin{pmatrix} (p^0 \pm m)\, \mathbb{1}_2 & -\boldsymbol{\sigma}\cdot\boldsymbol{p} \\ \boldsymbol{\sigma}\cdot\boldsymbol{p} & -(p^0 \mp m\, \mathbb{1}_2) \end{pmatrix}$$

einsetzt und die Lösungen aufschreibt,

$$u(\boldsymbol{p}) = N \begin{pmatrix} (p^0 + m)\chi \\ \boldsymbol{\sigma}\cdot\boldsymbol{p}\,\chi \end{pmatrix} \tag{4.46}$$

$$v(\boldsymbol{p}) = N \begin{pmatrix} \boldsymbol{\sigma}\cdot\boldsymbol{p}\phi \\ (p^0 + m)\,\phi \end{pmatrix}. \tag{4.47}$$

Der Normierungsfaktor N ist so zu bestimmen, dass beide Lösungen kovariant normiert sind,

$$u^\dagger(\boldsymbol{p})u(\boldsymbol{p}) = 2p^0 = v^\dagger(\boldsymbol{p})v(\boldsymbol{p})\,. \tag{4.48}$$

Wir rechnen dies am Beispiel der Lösungen $u(\boldsymbol{p})$ vor. Der Spinor χ sei auf 1 normiert, $\chi^\dagger\chi = 1$.

$$u^\dagger(\boldsymbol{p})u(\boldsymbol{p}) = N^2 \begin{pmatrix} \chi^\dagger(p^0 + m) & \chi^\dagger\boldsymbol{\sigma}\cdot\boldsymbol{p} \end{pmatrix} \begin{pmatrix} (p^0 + m)\chi \\ \boldsymbol{\sigma}\cdot\boldsymbol{p}\,\chi \end{pmatrix}$$
$$= N^2\{(p^0 + m)^2 + \boldsymbol{p}^2\} = 2p^0(p^0 + m)N^2\,.$$

Die Bedingung (4.48) legt den Normierungsfaktor somit folgendermaßen fest

$$N = \frac{1}{\sqrt{p^0 + m}}\,. \tag{4.49}$$

Wir schließen diesen Abschnitt mit folgenden Zusätzen und Bemerkungen.

Bemerkungen

1. Natürlich tragen die Spinoren $\chi^{(i)}$ eine magnetische Quantenzahl, die man oft mit $r = 1$ für $m_s = +1/2$, $r = 2$ für $m_s = -1/2$ abkürzt. Die Dirac-Spinoren sind dann ausführlicher mit $u^{(r)}(\boldsymbol{p})$ bzw. $v^{(s)}(\boldsymbol{p})$,

$r, s = 1, 2$, zu bezeichnen und die Normierungsrelation (4.48) ist um die Orthogonalität in dieser Quantenzahl zu ergänzen, d. h.

$$u^{(r)\,\dagger}(\boldsymbol{p})u^{(s)}(\boldsymbol{p}) = 2p^0\delta_{rs} = v^{(r)\dagger}(\boldsymbol{p})v^{(s)}(\boldsymbol{p})\,. \tag{4.50}$$

Für einige der folgenden Rechnungen ist noch die Orthogonalitätsrelation

$$u^{(r)\,\dagger}(\boldsymbol{p})v^{(s)}(-\boldsymbol{p}) = 0 \tag{4.51}$$

wichtig, die man anhand der jetzt explizit vorliegenden Lösungen leicht nachrechnet.

2. Interessant ist der Fall masseloser Teilchen: Im Gegensatz zu Spins, die höher sind als $1/2$, kann man hier den Grenzübergang $m \to 0$ direkt an den Lösungen (4.46) und (4.47) vollziehen. Dies liegt daran, dass die Zahl der Zustände eines Spin-1/2 Teilchens mit $m \neq 0$ *gleich* der Zahl der Helizitätszustände eines Teilchens mit Spin $1/2$ und Masse Null ist. Wie man in Abschn. 1.3.3, b) gesehen hat, ist der Übergang $m \to 0$ für Teilchen mit Spin $s \geq 1$ unstetig, denn das massive Teilchen hat $(2s+1)$ Einstellmöglichkeiten seines Spins, das masselose hat immer nur die Helizitätszustände $h = \pm s$. Setzt man in den Lösungen (4.46) und (4.47) die Masse $m = 0$, dann ist mit $p^0 = |\boldsymbol{p}|$ und mit

$$h = \frac{1}{2}\frac{\boldsymbol{\sigma}\cdot\boldsymbol{p}}{p^0}$$

$$u(\boldsymbol{p}, m = 0) = \sqrt{p^0}\begin{pmatrix} \chi \\ 2h\,\chi \end{pmatrix}$$

$$v(\boldsymbol{p}, m = 0) = \sqrt{p^0}\begin{pmatrix} 2h\,\phi \\ \phi \end{pmatrix}.$$

Kehrt man zur natürlichen, Hochenergie-Darstellung zurück, so ist z. B. der erste dieser Spinoren

$$u_{\mathrm{HE}}(\boldsymbol{p}, m = 0) = \sqrt{\frac{p^0}{2}}\begin{pmatrix} (\mathbb{1}_2 + 2h)\chi \\ (\mathbb{1}_2 - 2h)\chi \end{pmatrix}.$$

Für den Eigenwert $h = +1/2$ verschwindet die untere Komponente, für $h = -1/2$ verschwindet die obere Komponente[3]. Entsprechendes gilt für die Spinoren $v(\boldsymbol{p}, m = 0)$. Diese Beobachtung ist in Übereinstimmung mit der ursprünglichen Form (4.27a), (4.27b) der Dirac-Gleichung: die beiden Gleichungen (4.27a), (4.27b) entkoppeln, wenn $m = 0$ gesetzt wird. Für massive Teilchen kann man diesen bemerkenswert einfachen Zuständen sehr nahe kommen: In jeder kinematischen Situation, bei der die Energie groß ist im Vergleich zur Ruhemasse, $p^0 \gg m$, können die Lösungen in guter Näherung als Eigenzustände der Helizität gewählt werden. Die natürliche Darstellung (4.28) der γ-Matrizen wird dieser Situation gerecht, weil die beiden Gleichungen (4.27a), (4.27b) (nahezu) entkoppeln. Dies ist der Grund, warum man diese Darstellung auch Hochenergie-Darstellung nennt.

[3] Bei masselosen Teilchen mit Spin $1/2$ definiert man auch oft die Helizität als

$$h' := \boldsymbol{\sigma}\cdot\boldsymbol{p}/|\boldsymbol{p}|\,,$$

d. h. um einen Faktor 2 größer. Ihre Eigenwerte sind dann ± 1.

3. Wie wir in Abschn. 4.2.3 lernen werden, sind die Spinoren $u(\boldsymbol{p})$ und $v(\boldsymbol{p})$ Paaren von Spin-1/2 Teilchen zuzuordnen, die Antiteilchen voneinander sind. Allerdings erfordert die richtige Zuordnung der Spinzustände einige Sorgfalt. Um diesen Zusammenhang zu klären, ist die Majorana-Darstellung (4.45) hilfreich. Wendet man die Transformation $\mathbf{S}_{\text{St}}^{(\text{M})}$ auf die Lösungen (4.46) und (4.47) an, so folgen die Ausdrücke (der Einfachheit halber steht p^0+m für $(p^0+m)\,\mathbb{1}_2$)
$$u_{\text{St}}^{(\text{M})}(\boldsymbol{p}) = \frac{N}{\sqrt{2}}\left((p^0+m+\sigma^{(2)}\boldsymbol{\sigma}\cdot\boldsymbol{p})\chi\,,\,((p^0+m)\sigma^{(2)}-\boldsymbol{\sigma}\cdot\boldsymbol{p})\chi\right)^T\,,$$
$$v_{\text{St}}^{(\text{M})}(\boldsymbol{p}) = \frac{N}{\sqrt{2}}\left(((p^0+m)\sigma^{(2)}+\boldsymbol{\sigma}\cdot\boldsymbol{p})\phi\,,\,(-(p^0+m)+\sigma^{(2)}\boldsymbol{\sigma}\cdot\boldsymbol{p})\phi\right)^T\,.$$
Wir wollen nun zeigen, dass v im wesentlichen aus dem konjugiert-Komplexen von u hervorgeht. Dazu bilden wir $u^*(\boldsymbol{p})$ und benutzen $(\sigma^{(2)})^2=\mathbb{1}_2$ und die inzwischen wohlbekannte Beziehung
$$\sigma^{(2)}\boldsymbol{\sigma}\sigma^{(2)} = -\boldsymbol{\sigma}^*\,,$$
Gl. (4.18), die eng mit der Transformation $\mathbf{U}_0$ aus Abschn. 1.2.3 zusammenhängt. Es folgt
$$\begin{aligned}u_{\text{St}}^{(\text{M})*}(\boldsymbol{p}) &= \frac{N}{\sqrt{2}}\Big(((p^0+m)\sigma^{(2)}+\boldsymbol{\sigma}\cdot\boldsymbol{p})(\sigma^{(2)}\chi^*)\,,\\ &\qquad (-(p^0+m)+\sigma^{(2)}\boldsymbol{\sigma}\cdot\boldsymbol{p})(\sigma^{(2)}\chi^*)\Big)^T\\ &= \frac{-\mathrm{i}N}{\sqrt{2}}\Big(((p^0+m)\sigma^{(2)}+\boldsymbol{\sigma}\cdot\boldsymbol{p})(\epsilon\chi)^*\,,\\ &\qquad (-(p^0+m)+\sigma^{(2)}\boldsymbol{\sigma}\cdot\boldsymbol{p})(\epsilon\chi)^*\Big)^T\,,\end{aligned}$$
wobei im zweiten Schritt die Definition (4.17) eingesetzt ist. Bis auf den Faktor $(-\mathrm{i})$ ist dies genau die Lösung $v(\boldsymbol{p})$, wenn der zweikomponentige Spinor ϕ durch $(\epsilon\chi)^*$ ersetzt wird. Wenn also $u(\boldsymbol{p})$ den Spinzustand eines *Teilchens* beschreibt, der sich im Ruhesystem auf den Spinor χ reduziert, dann beschreibt sein Bild $u^*(\boldsymbol{p})$ das zugehörige *Antiteilchen* und dessen Spinor im Ruhesystem ist $(\epsilon\chi)^*$. Schreibt man nicht nur die Abhängigkeit von $\boldsymbol{p}$, sondern auch den zweikomponentigen Spinor als Argument, so gilt in jeder Majorana-Darstellung
$$u_{\text{St}}^{(\text{M})*}(\boldsymbol{p},\chi) = v_{\text{St}}^{(\text{M})}(\boldsymbol{p},-\mathrm{i}\epsilon\chi^*)\,,\qquad v_{\text{St}}^{(\text{M})*}(\boldsymbol{p},\phi) = u_{\text{St}}^{(\text{M})}(\boldsymbol{p},\mathrm{i}\epsilon\phi^*)\,. \quad (4.52)$$

4. Interessant ist auch die Frage, wie man aus den Spinoren $u(\boldsymbol{p})$ und $v(\boldsymbol{p})$ Invariante unter Lorentz-Transformationen bilden kann. Diese Frage beantworten wir zunächst in der Hochenergie-Darstellung (4.28) der γ-Matrizen, übertragen sie dann aber auf andere Darstellungen. Die Normierungsbedingung (4.48) zeigt, dass Produkte wie $u^\dagger u$ oder $v^\dagger v$ proportional zur Energie sind, d. h. sich wie die Zeitkomponente eines Vierervektors transformieren. Kehrt man andererseits zu den zweikomponentigen Spinoren $\widetilde{\phi}(p)$ und $\widetilde{\chi}(p)$ zurück, dann sieht man schnell,

dass sowohl $\widetilde{\chi}^\dagger\widetilde{\phi}$ als auch $\widetilde{\phi}^\dagger\widetilde{\chi}$ unter allen $\Lambda \in L_+^\uparrow$ invariant sind. So gilt aufgrund von (4.25) und (4.26) z. B.

$$\widetilde{\chi}'^\dagger\widetilde{\phi}' = \widetilde{\chi}^\dagger\,\widehat{\mathbf{A}}^\dagger(\Lambda^{-1})\mathbf{A}(\Lambda^{-1})\,\widetilde{\phi} = \widetilde{\chi}^\dagger\,\left(\epsilon\mathbf{A}^T\epsilon^{-1}\right)\mathbf{A}\,\widetilde{\phi}\,.$$

Hierbei haben wir die hermitesch Konjugierte der Definition $\widehat{\mathbf{A}} = \epsilon\mathbf{A}^*\epsilon^{-1}$ eingesetzt. Die Transponierte der Beziehung (4.20) und $\epsilon^T = -\epsilon$ schließlich zeigen, dass $\epsilon\mathbf{A}^T\epsilon^{-1} = \mathbf{A}^{-1}$ ist, d. h. dass $\widetilde{\chi}'^\dagger\widetilde{\phi}' = \widetilde{\chi}^\dagger\widetilde{\phi}$ gilt. Ganz ähnlich zeigt man die Invarianz von $\widetilde{\phi}^\dagger\widetilde{\chi}$. Es ist nun nicht schwer einzusehen, wenn man die expliziten Darstellungen (4.29) und (4.35) verwendet, dass diese beiden, unabhängigen Invarianten wie folgt durch $u(p)$ und sein hermitesch Konjugiertes (oder alternativ durch $v(p)$ und $v^\dagger(p)$) ausgedrückt werden können:

$$\widetilde{\chi}^\dagger\widetilde{\phi} = \frac{1}{2}\left(u^\dagger(p)\gamma^0 u(p) + u^\dagger(p)\gamma^0\gamma_5 u(p)\right)\,,$$
$$\widetilde{\phi}^\dagger\widetilde{\chi} = \frac{1}{2}\left(u^\dagger(p)\gamma^0 u(p) - u^\dagger(p)\gamma^0\gamma_5 u(p)\right)\,.$$

Die Umkehrung dieser Gleichungen ergibt

$$u^\dagger(p)\gamma^0 u(p) = \widetilde{\chi}^\dagger\widetilde{\phi} + \widetilde{\phi}^\dagger\widetilde{\chi}\,,$$
$$u^\dagger(p)\gamma^0\gamma_5 u(p) = \widetilde{\chi}^\dagger\widetilde{\phi} - \widetilde{\phi}^\dagger\widetilde{\chi}\,.$$

Eine Raumspiegelung ersetzt $\widetilde{\phi}$ durch $\widetilde{\chi}$ und umgekehrt. Dies sieht man z. B. an den Gleichungen (4.27a) und (4.27b). Auch die Zeitumkehr vertauscht $\widetilde{\phi}$ und $\widetilde{\chi}$. Daraus folgt, dass $u^\dagger(p)\gamma^0 u(p)$ unter *allen* Lorentz-Transformationen invariant ist, also ein echter Lorentz-Skalar ist, dass aber $u^\dagger(p)\gamma^0\gamma_5 u(p)$ unter der Raumspiegelung sein Vorzeichen wechselt, d. h. wie man sagt, ein Lorentz-Pseudoskalar ist. An diese Beobachtung schließt sich die Definition einer besonderen Notation an: Man bezeichnet das Produkt aus $u^\dagger$ bzw. $v^\dagger$ mit γ^0 mit

$$\overline{u(p)} := u^\dagger(p)\gamma^0\,, \qquad \overline{v(p)} := v^\dagger(p)\gamma^0\,. \tag{4.53}$$

Wie überträgt sich diese Definition auf andere Darstellungen der γ-Matrizen? Die Antwort ist ganz einfach zu verifizieren: Die Definition (4.53) bleibt sinnvoll, d. h. $\overline{u'(p)}u'(p)$ und $\overline{v'(p)}v'(p)$ sind Lorentz-Skalare, wenn die Substitution **S** *unitär* ist.

Wir merken noch an, dass diese Definition des Querstrichs in der relativistischen Quantentheorie sich allgemein durchgesetzt hat. Dies ist der Grund, warum die komplexe Konjugation in der physikalischen Literatur mit dem Stern bezeichnet wird und nicht mit dem in der mathematischen Literatur üblichen Querstrich.

Als kleine Übung berechnet man die Produkte $\overline{u(p)}u(p)$ und $\overline{v(p)}v(p)$ für die Lösungen (4.46) und (4.47);

$$\overline{u^{(r)}(p)}u^{(s)}(p) = 2m\,\delta_{rs}\,, \quad \overline{v^{(r)}(p)}v^{(s)}(p) = -2m\,\delta_{rs}\,. \tag{4.54}$$

Sie sind tatsächlich echte Invariante.

4.1.4 Dirac-Gleichung im Ortsraum und Lagrangedichte

Es ist nicht schwer, die Dirac-Gleichung (4.31) und (4.34) in den Ortsraum zu übersetzen. Die Lösungen

$$\left\{u^{(r)}(\boldsymbol{p})\,\mathrm{e}^{-\mathrm{i}px}\,,\; v^{(r)}(\boldsymbol{p})\,\mathrm{e}^{\mathrm{i}px}\right\}\,, \quad r=1,2\,, \quad \boldsymbol{p}\in\mathbb{R}^3\,,$$

bilden bezüglich der Spinorientierungen und des Impulsoperators ein vollständiges Basissystem. Deshalb lässt sich ein vom Ort und der Zeit abhängiger Dirac-Spinor $\psi(x)$ nach dieser Basis entwickeln,

$$\psi(x)=\sum_{r=1}^{2}\int\frac{\mathrm{d}^3p}{2p^0}\left\{a^{(r)}(\boldsymbol{p})u^{(r)}(\boldsymbol{p})\,\mathrm{e}^{-\mathrm{i}px}+b^{(r)*}(\boldsymbol{p})v^{(r)}(\boldsymbol{p})\,\mathrm{e}^{\mathrm{i}px}\right\}\,. \tag{4.55}$$

Die Koeffizienten $a^{(r)}(\boldsymbol{p})$ und $b^{(r)}(\boldsymbol{p})$ sind komplexe Zahlen, die von der Spinorientierung und dem Impuls abhängen, px ist wie üblich das Produkt $px=p^0x^0-\boldsymbol{p}\cdot\boldsymbol{x}$ mit $p^0=\sqrt{m^2+\boldsymbol{p}^2}$ der Energie. Da $u^{(r)}(\boldsymbol{p})$ und $v^{(r)}(\boldsymbol{p})$ vierkomponentige Spinoren sind, ist auch $\psi(x)$ ein solcher Dirac-Spinor $\psi(x)=(\psi_1(x),\psi_2(x),\psi_3(x),\psi_4(x))^T$.

Bildet man nun das Produkt $m\,\psi(x)$ und ersetzt $mu(\boldsymbol{p})$ und $mv(\boldsymbol{p})$ mit Hilfe der Gleichungen (4.31) bzw. (4.34), benutzt die Identitäten

$$\not{p}\,\mathrm{e}^{-\mathrm{i}px}=\mathrm{i}\gamma^\mu\partial_\mu\,\mathrm{e}^{-\mathrm{i}px}\,,\qquad -\not{p}\,\mathrm{e}^{\mathrm{i}px}=\mathrm{i}\gamma^\mu\partial_\mu\,\mathrm{e}^{\mathrm{i}px}$$

und zieht $\gamma^\mu\partial_\mu$ aus dem Integral heraus, so tritt auf der rechten Seite die Linearkombination $\mathrm{i}\gamma^\mu\partial_\mu\psi(x)$ von ersten Ableitungen der Funktion $\psi(x)$ auf. Es entsteht die *Dirac-Gleichung im Ortsraum*

$$\left(\mathrm{i}\gamma^\mu\partial_\mu-m\,\mathbb{1}\right)\psi(x)=0\,, \tag{4.56}$$

die an die Stelle der beiden Gleichungen (4.31) und (4.34) im Impulsraum tritt. Verwendet man wieder die „slash"-Schreibweise und schreibt die 4×4-Einheitsmatrix nicht aus, so nimmt die Dirac-Gleichung die elegante und kurze Form an

$$(\mathrm{i}\not{\partial}-m)\,\psi(x)=0\,.$$

Wie in (4.53) definiert man den adjungierten Spinor

$$\overline{\psi(x)}:=\psi^\dagger(x)\gamma^0$$

und leitet die adjungierte Form der Dirac-Gleichung her: Die hermitesch konjugierte Dirac-Gleichung (4.56) multipliziert man von rechts mit γ^0 und fügt an einer Stelle $(\gamma^0)^2=\mathbb{1}_4$ ein,

$$\left(\psi^\dagger(x)\gamma^0\right)\gamma^0\left(\mathrm{i}\gamma^{\mu\,\dagger}\partial_\mu-m\right)\gamma^0=0\,,$$

benutzt dann die Eigenschaft (4.42) und erhält damit

$$\overline{\psi(x)}\left(\mathrm{i}\gamma^\mu\overleftarrow{\partial_\mu}+m\,\mathbb{1}\right)=0\quad\text{oder}\quad\overline{\psi(x)}\left(\mathrm{i}\overleftarrow{\not{\partial}}+m\,\mathbb{1}\right)=0\,. \tag{4.57}$$

(Der Pfeil stellt klar, dass die Ableitung auf die links stehende Funktion anzuwenden ist, $\overline{\psi}\,\overleftarrow{\not{\partial}}=\left(\partial_\mu\overline{\psi}\right)\gamma^\mu$ – nicht zu verwechseln mit der links-rechts-Ableitung $f\overleftrightarrow{\partial}g=f\partial g-(\partial f)g$!

Man bestätigt leicht die allgemeine Forderung, dass jede Komponente des Feldes $\psi(x)$ die Klein-Gordon-Gleichung erfüllt (s. Bemerkung in Abschn. 2.1): Wirkt der Operator $(\mathrm{i}\partial\!\!\!/ + m)$ von links auf die Dirac-Gleichung (4.56), so entsteht mit

$$(\mathrm{i}\partial\!\!\!/ + m\,\mathbb{1})(\mathrm{i}\partial\!\!\!/ - m\,\mathbb{1}) = (-\partial_\mu \partial^\mu - m^2)\,\mathbb{1}$$

in der Tat der Klein-Gordon-Operator $\Box + m^2$ und

$$(\Box + m^2)\psi(x) = 0\,,$$

eine Gleichung, die für jede Komponente $\psi_\alpha(x)$, $\alpha = 1, 2, 3, 4$, gilt.

Eine Lagrangedichte für das Dirac-Feld lässt sich folgendermaßen konstruieren. Wir wissen bereits, dass $\overline{\psi}\psi$ eine Lorentz-Invariante ist. Es ist auch nicht schwer zu beweisen, dass $\overline{\psi}\gamma^\mu\psi$ sich wie ein kontravarianter Lorentz-Vektor transformiert, (s. auch Aufgabe 4.2) so dass $\overline{\psi}\gamma^\mu \overleftrightarrow{\partial_\mu} \psi$ ein Lorentz-Skalar ist. Der folgende Ansatz erfüllt daher die Forderungen, die man an eine Lagrangedichte stellt

$$\mathcal{L}_\mathrm{D} = \overline{\psi(x)}\left(\frac{\mathrm{i}}{2}\gamma^\mu \overleftrightarrow{\partial_\mu} - m\,\mathbb{1}\right)\psi(x) \tag{4.58}$$

und liefert tatsächlich die richtigen Bewegungsgleichungen. Wie im Fall eines Skalarfeldes variiert man anstelle von Realteil und Imaginärteil das Feld ψ und sein Adjungiertes $\overline{\psi}$. So ist z. B.

$$\frac{\partial \mathcal{L}}{\partial \overline{\psi}_\alpha} = \left(\frac{\mathrm{i}}{2}\gamma^\mu \partial_\mu \psi - m\psi\right)_\alpha, \qquad \frac{\partial \mathcal{L}}{\partial(\partial_\mu \overline{\psi}_\alpha)} = \left(-\frac{\mathrm{i}}{2}\gamma^\mu \psi\right)_\alpha,$$

eingesetzt in die Euler-Lagrange-Gleichung ergibt sich somit

$$\frac{\partial \mathcal{L}}{\partial \overline{\psi}_\alpha} - \partial_\mu \left(\frac{\partial \mathcal{L}}{\partial(\partial_\mu \overline{\psi}_\alpha)}\right) = (\mathrm{i}\gamma^\mu \partial_\mu \psi - m\psi)_\alpha = 0\,, \quad \alpha = 1, 2, 3, 4\,.$$

Dies ist die Dirac-Gleichung (4.56). Variiert man dagegen das Feld ψ, so ergibt sich die adjungierte Dirac-Gleichung (4.57).

Physikalisch gesehen ist die freie Dirac-Gleichung noch nicht sehr aussagekräftig, denn sie respektiert zwar den richtigen Zusammenhang zwischen Energie und Impuls, sie ist Lorentz-kovariant und beschreibt den Spininhalt richtig, aber – solange keine Wechselwirkung vorhanden ist – sagt sie nichts Messbares voraus. Dies können wir leicht ändern und zugleich einen ersten Schritt zur Interpretation des Dirac-Spinors ψ tun, indem wir die Kopplung an elektromagnetische Felder einführen. Dies geschieht nach der Ersetzungsvorschrift

$$\partial_\mu \psi \longmapsto (\partial_\mu + \mathrm{i}qA_\mu)\psi\,, \quad \partial_\mu \overline{\psi} \longmapsto (\partial_\mu - \mathrm{i}qA_\mu)\overline{\psi}\,, \tag{4.59}$$

wo q die elektrische Ladung des Teilchens ist. Diese Regel ist die Vorschrift der *minimalen Kopplung*, die wir aus Abschn. 2.2, Beispiel 2.1, kennen.

Führt man sie in die Lagrangedichte (4.58) ein und addiert die Lagrangedichte für das freie Maxwell-Feld dazu, dann entsteht

$$\mathcal{L} = \mathcal{L}_{\mathrm{D}} + \mathcal{L}_{\gamma} - q\,\overline{\psi(x)}\gamma^{\mu}\psi(x)A_{\mu}(x)\,, \quad \text{mit } \mathcal{L}_{\gamma} = -\frac{1}{4}F_{\mu\nu}F^{\mu\nu}\,. \tag{4.60}$$

Man erkennt die nahe Verwandschaft zur allgemeinen Form (2.85) und liest überdies den Ausdruck für die elektromagnetische Stromdichte des durch die Dirac-Gleichung beschriebenen Teilchens ab:

$$j^{\mu}(x) = q\,\overline{\psi(x)}\gamma^{\mu}\psi(x)\,. \tag{4.61}$$

Die Lagrangedichte (4.60) mit $q = -|e|$, d. h. gleich der negativen Elementarladung, bildet den Ausgangspunkt für die Quantenelektrodynamik von Elektronen und Photonen.

Die Dirac-Gleichung selber geht mit minimaler Substitution über in

$$\left(\mathrm{i}\partial\!\!\!/ - qA\!\!\!/ - m\,\mathbb{1}\right)\psi(x) = 0\,. \tag{4.62}$$

Sie enthält jetzt die Wechselwirkung mit äußeren elektromagnetischen Potentialen und macht somit Vorhersagen über die Streuung von Photonen an Fermionen mit Ladung q, die beobachtbar sind. Zu jeder Lösung $\psi(x)$ dieser Gleichung gibt es immer auch eine Funktion $\psi_C(x)$, die Lösung der Gleichung

$$\left(\mathrm{i}\partial\!\!\!/ + qA\!\!\!/ - m\,\mathbb{1}\right)\psi_C(x) = 0\,, \tag{4.63}$$

ist, sich also von (4.62) durch das Vorzeichen der Ladung unterscheidet. In einer Majorana-Darstellung ist (4.63) fast offensichtlich: Es genügt das komplex Konjugierte der Gleichung (4.62) zu bilden, die Eigenschaft $\gamma^{(\mathrm{M})\mu\,*} = -\gamma^{(\mathrm{M})\mu}$ zu benutzen und $\psi_{\mathrm{C}}(x) = c\psi(x)$ mit $c \in \mathbb{C}$ zu wählen.

Man sieht schon an diesem einfachen Beispiel, dass die Dirac-Theorie für Fermionen der Ladung q die Existenz eines Partners vorhersagt, der die gleiche Masse, aber entgegengesetzte Ladung besitzt. Zu jedem Fermion gibt es ein Antiteilchen: zum Elektron das Positron, zum Myon μ^- das Antimyon μ^+, zum Proton p das Antiproton $\overline{p}$ usw. Wie wir nach der Quantisierung des Dirac-Feldes sehen werden, sagt die Theorie nicht nur die Existenz von Antiteilchen voraus, sondern ist sogar vollständig symmetrisch in beiden, dem Teilchen und seinem Partner. Es ist also reine Konventionssache, was wir *Teilchen* nennen und was *Antiteilchen*.

Geht man von der Hochenergie-Darstellung (4.28) aus, dann ist

$$\psi_{\mathrm{C}}(x) = \mathrm{i}\gamma^2\psi^*(x) = \mathrm{i}\gamma^2\gamma^0\left(\overline{\psi(x)}\right)^T \tag{4.64}$$

Lösung von (4.63). Dies zeigt man wie folgt. Man nimmt (4.62) konjugiert komplex, fügt vor ψ^* die Identität $(\mathrm{i}\gamma^2)^2 = \mathbb{1}$ ein und multipliziert die so erhaltene Gleichung von links mit $(\mathrm{i}\gamma^2)$,

$$(\mathrm{i}\gamma^2)\left(-\mathrm{i}\gamma^{\mu\,*}\partial_{\mu} - q\gamma^{\mu\,*}A_{\mu} - m\,\mathbb{1}\right)(\mathrm{i}\gamma^2)(\mathrm{i}\gamma^2\psi^*(x)) = 0\,.$$

Verwendet man jetzt die Definition (4.64) und die Beziehung

$$(\mathrm{i}\gamma^2)\gamma^{\mu\,*}(\mathrm{i}\gamma^2) = -\gamma^{\mu}\,, \tag{4.65}$$

so folgt (4.63). Wir bemerken noch, dass (4.65) in jeder Darstellung der γ-Matrizen gilt, die aus der Hochenergie-Darstellung durch eine Transformation **S** hervorgeht, die nicht nur unitär, sondern auch reell, d. h. in Wahrheit orthogonal ist. Ein Beispiel hierfür ist die Standard-Darstellung (4.41).[4] Die Abbildung von ψ auf ψ_C und ihre Umkehrung nennt man *Ladungskonjugation.*

Da die adjungierten Spinoren $\overline{\psi}$ eine herausragende Rolle spielen, ist es oft nützlich, die zweite Form in (4.64) zu verwenden. Die Ladungskonjugation enthält dann die Matrix $\mathbf{C} = \mathrm{i}\gamma^2\gamma^0$, deren Eigenschaften man leicht verifiziert

$$\mathbf{C} = \mathrm{i}\gamma^2\gamma^0 = -\mathbf{C}^{-1} = -\mathbf{C}^\dagger = -\mathbf{C}^T \,. \tag{4.66}$$

Man beachte aber, dass die zweifache Ladungskonjugation wieder zum Ausgangsspinor zurückführt,

$$(\psi_C)_C = \mathrm{i}\gamma^2(\mathrm{i}\gamma^2\psi^*)^* = \gamma^2\,\gamma^{2\,*}\psi = \psi \,.$$

Es gibt auch Situationen, in denen die Ladungskonjugation zusätzlich eine für das betrachtete Teilchen spezifische Phase η_C zu Tage fördert. Wenn dies der Fall ist, so kann man dennoch ohne Einschränkung für deren Quadrat $\eta_C^2 = 1$ erreichen.

Wenn ein quantisiertes Skalarfeld gleich seinem hermitesch Adjungierten ist, $\phi^\dagger(x) = \phi(x)$, dann beschreibt es ein elektrisch neutrales Boson mit Spin Null, das gleich seinem Antiteilchen ist. Das Analogon für ein Spin-1/2 Teilchen ist offenbar

$$\psi_C(x) \;=\; \pm\,\psi(x) \,. \tag{4.67}$$

Ein Dirac-Feld, das diese Eigenschaft hat, beschreibt ein sogenanntes *Majorana-Teilchen.* Solche Teilchen sind identisch mit ihren Antiteilchen und können keine elektrische Ladung oder irgendeine andere, additiv erhaltene Quantenzahl tragen. Ob solche Teilchen in der Natur tatsächlich vorkommen, ist bis heute nicht erwiesen.

Eine ähnliche Analyse führt man für die Zeitumkehr **T** an der freien Dirac-Gleichung durch und zeigt, dass es zu jeder Lösung auch einen (Zeit-gespiegelten) Spinor ψ_T gibt, der ebenfalls Lösung ist. In der Darstellung (4.28) und jeder daraus mit orthogonalem **S** erzeugten Darstellung gilt

$$\psi_T(x) = \mathbf{T}\big(\overline{\psi(\mathbf{T}x)}\big)^T \,, \quad \mathbf{T} = \mathrm{i}\gamma_5\gamma^2 \,, \quad \mathbf{T}x = (-x^0, \boldsymbol{x}) \,. \tag{4.68}$$

Man bestätigt durch Nachrechnen die folgenden Eigenschaften von **T**,

$$\mathbf{T} = -\mathbf{T}^{-1} = -\mathbf{T}^\dagger = -\mathbf{T}^T \,. \tag{4.69}$$

Wie wir weiter unten lernen werden sind aus physikalischer Sicht die kombinierten Symmetrieoperationen $\mathbf{C}\boldsymbol{\Pi}$ und $\mathbf{C}\boldsymbol{\Pi}\mathbf{T} = \boldsymbol{\Theta}$ besonders wichtig, die wir auch im Zusammenhang mit dem Wigner'schen Theorem in Abschn. 1.1.2 beschrieben haben.

[4] Beim Übergang zu den entsprechenden Majorana-Darstellungen gilt diese Eigenschaft nicht. Dies ist der Grund, warum in diesen ψ_C nicht durch (4.64) gegeben ist.

4.2 Quantisierung des Dirac-Feldes

Das Studium der Spinordarstellungen der $SL(2,\mathbb{C})$ hat uns auf sehr elegante und transparente Weise zur kräftefreien Dirac-Gleichung geführt, die die relativistischen Bewegungszustände ebenso wie die Spinfreiheitsgrade in kovarianter Form beschreibt. Diese Bewegungsgleichung hat gleichzeitig einen ersten Hinweis darauf gegeben, dass jedes Spin-1/2 Teilchen notwendigerweise ein Antiteilchen besitzt. Sozusagen „ungefragt" hat die Dirac-Gleichung aber auch die zweite Sorte von Lösungen geliefert, die scheinbar negative Energien besitzen. Dieses physikalisch seltsame Ergebnis kann man noch unterstreichen, wenn man die Dirac-Gleichung in eine der Schrödinger-Gleichung analoge Form bringt. Betrachtet man die Dirac-Gleichung im Ortsraum, also über der Raumzeit, so genügt es, (4.56) von links mit γ^0 zu multiplizieren, um ihr die Gestalt

$$\mathrm{i}\frac{\partial}{\partial t}\,\psi(t,\boldsymbol{x}) = H\psi(t,\boldsymbol{x})\,,\ \text{mit}\ H = -\mathrm{i}\sum_{i=1}^{3}(\gamma^0\gamma^i)\nabla^i + m\gamma^0 \tag{4.70}$$

zu geben. In der Standard-Darstellung (4.41) gibt es dafür eine besondere Schreibweise, die sich seit Dirac allgemein eingebürgert hat. Man setzt

$$\beta := \gamma^0_{\mathrm{St}} = \begin{pmatrix} \mathbb{1}_2 & 0 \\ 0 & -\mathbb{1}_2 \end{pmatrix}, \quad \boldsymbol{\alpha} := \beta\gamma^i_{\mathrm{St}} = \begin{pmatrix} 0 & \boldsymbol{\sigma} \\ \boldsymbol{\sigma} & 0 \end{pmatrix}, \tag{4.71}$$

so dass (4.70) äquivalent als

$$\mathrm{i}\frac{\partial}{\partial t}\,\psi(t,\boldsymbol{x}) = \big(-\mathrm{i}\boldsymbol{\alpha}\cdot\boldsymbol{\nabla} + m\beta\big)\,\psi(t,\boldsymbol{x}) \tag{4.72}$$

notiert wird. Diese Gestalt nennt man die *Hamilton'sche Form der Dirac-Gleichung*. Das Auftreten von negativen, beliebig großen Energien bedeutet, verschärft ausgedrückt, dass der „Hamiltonoperator" $H = -\mathrm{i}\boldsymbol{\alpha}\cdot\boldsymbol{\nabla} + m\beta$ ein Spektrum hat, das nach unten unbeschränkt ist. Das ist ein in der Quantenmechanik zumindest ganz ungewöhnliches, wenn nicht gar inakzeptables Ergebnis.

Hier trifft man wieder einmal auf ein typisches Problem, das von rein *physikalischer* Natur ist: Die Bewegungsgleichung wurde aus allgemeinen und tiefen mathematischen Prinzipien hergeleitet, sie hat auch alle, aus sehr allgemeinen Überlegungen gefolgerten Eigenschaften, aber sie verrät nicht, wie sie interpretiert werden muss.

Allerdings haben wir schon auf dieser Stufe zwei Hinweise, die zur richtigen Interpretation und damit zur Auflösung der Unstimmigkeiten führen. Einerseits passt die oben gemachte Feststellung und die Hamilton'sche Lesart (4.72) in eine Ein-Teilchen-Theorie, ganz so wie die Schrödinger-Gleichung die Bewegungsgleichung für ein einzelnes, sich nichtrelativistisch bewegendes Teilchen ist. Andererseits gibt die Ladungskonjugation den Hinweis auf das mit dem Teilchen gleichzeitig auftretende Antiteilchen. Hier liegt der Schlüssel für das Verständnis: die Dirac-Gleichung – mit oder ohne Wechselwirkung – kann keine Theorie eines einzelnen Teilchens sein, vielmehr ist sie ihrer Natur nach eine Viel-Teilchen-Theorie. Es liegt daher nahe, das Dirac-Feld zunächst einmal den Regeln der kanonischen Quantisierung zu unterwerfen, d. h. ψ als Operator zu interpretieren, der Teilchen und Antiteilchen erzeugen oder vernichten kann. Die damit verknüpfte Hoffnung trügt nicht, alle Ungereimtheiten oder Widersprüche lösen sich auf.

4.2.1 Quantisierung von Majorana-Feldern

Ausgangspunkt ist die Dirac-Gleichung über dem Ortsraum, wobei die γ-Matrizen in der natürlichen Darstellung (4.28) verwendet seien. Ähnlich wie im Impulsraum , s. (4.30), wird der Spinor $\psi(x)$ durch zweikomponentige Spinorfelder $\phi(x)$ und $\chi(x)$ ausgedrückt,

$$\psi(x) = \begin{pmatrix} \phi(x) \\ \chi(x) \end{pmatrix} , \tag{4.73}$$

deren Verhalten unter Lorentz-Transformationen durch das Analogon von (4.25) und (4.26) gegeben ist. Die Dirac-Gleichung ist auch hier nichts anderes als die Zusammenfassung der zweikomponentigen Gleichungen (4.27a), (4.27b), die in die Raumzeit übersetzt wie folgt lauten

$$\mathrm{i}\,\sigma^\mu \partial_\mu \chi(x) = m\phi(x) \tag{4.74}$$

$$\mathrm{i}\,\widehat{\sigma}^\mu \partial_\mu \phi(x) = m\chi(x) , \tag{4.75}$$

wobei an die Definitionen der σ-Matrizen erinnert sei:

$$\{\sigma^\mu\} = \left(\sigma^{(0)}, -\boldsymbol{\sigma}\right) , \quad \{\widehat{\sigma}^\mu\} = \left(\sigma^{(0)}, \boldsymbol{\sigma}\right) .$$

Es scheint angebracht, diese Form der Dirac-Gleichung die *Weyl-Dirac-Gleichungen* zu nennen, denn Hermann Weyl hatte sie für den Fall $m = 0$ schon vor Dirac gefunden und diskutiert.

In der natürlichen Darstellung (4.28) ist

$$\mathrm{i}\,\gamma^2 = \begin{pmatrix} 0 & -\mathrm{i}\sigma^{(2)} \\ \mathrm{i}\sigma^{(2)} & 0 \end{pmatrix} = \begin{pmatrix} 0 & -\epsilon \\ \epsilon & 0 \end{pmatrix}$$

und die Ladungskonjugation auf $\psi(x)$ angewandt ergibt

$$\psi_{\mathrm{C}}(x) = \begin{pmatrix} 0 & -\epsilon \\ \epsilon & 0 \end{pmatrix} \psi^*(x) = \begin{pmatrix} -\epsilon\chi^*(x) \\ \epsilon\phi^*(x) \end{pmatrix} .$$

Wenn wir also zunächst ein Majorana-Feld mit der Wahl $\psi_{\mathrm{C}}(x) = \psi(x)$ diskutieren, so gilt für dieses

$$\phi(x) = -\epsilon\chi^*(x) , \quad \chi(x) = \epsilon\phi^*(x)$$

und die Bewegungsgleichungen (4.74) und (4.75) werden durch eine einzige ersetzt, für die man entweder

$$\mathrm{i}\,\sigma^\mu \partial_\mu \chi(x) = -m\epsilon\chi^*(x) \quad \text{oder} \quad \mathrm{i}\,\widehat{\sigma}^\mu \partial_\mu \phi(x) = m\epsilon\phi^*(x)$$

wählen kann (diese beiden sind äquivalent). Eine Lagrangedichte, die diese Gleichungen als Euler-Lagrange-Gleichungen liefert, ist

$$\mathcal{L}_\mathrm{M} = \phi^\dagger(x)\frac{\mathrm{i}}{2}\widehat{\sigma}^\mu \overset{\leftrightarrow}{\partial_\mu} \phi(x) + \frac{m}{2}\Big(\phi^T(x)\epsilon\phi(x) - \phi^\dagger(x)\epsilon\phi^*(x)\Big) .$$

Dies ist leicht zu bestätigen. Es ist

$$\frac{\partial \mathcal{L}_\mathrm{M}}{\partial \phi^*} = \frac{\mathrm{i}}{2}\widehat{\sigma}^\mu \partial_\mu \phi - m\epsilon\phi^* , \qquad \frac{\partial \mathcal{L}_\mathrm{M}}{\partial\big(\partial_\mu \phi^*\big)} = -\frac{\mathrm{i}}{2}\widehat{\sigma}^\mu \phi .$$

Zieht man von der ersten dieser Gleichungen die Divergenz $\partial_\mu(\cdots)$ der zweiten ab, so ist in der Tat (komponentenweise)

$$\frac{\partial \mathcal{L}_\mathrm{M}}{\partial \phi^*} - \partial_\mu \left(\frac{\partial \mathcal{L}_\mathrm{M}}{\partial\big(\partial_\mu \phi^*\big)}\right) = \mathrm{i}\widehat{\sigma}^\mu \partial_\mu \phi - m\epsilon\phi^* = 0 .$$

Diese Lagrangedichte definiert den zu $\phi(x)$ kanonisch konjugierten Impuls

$$\pi(x) := \frac{\partial \mathcal{L}_\mathrm{M}}{\partial\big(\partial^0 \phi\big)} = \frac{\mathrm{i}}{2}\phi^*\widehat{\sigma}^{(0)} = \frac{\mathrm{i}}{2}\phi^* . \tag{4.76}$$

Aus diesen Rechnungen kann man zweierlei schließen: erstens hat das Majorana-Feld nur den einen Freiheitsgrad $\phi(x)$ (da dies ein zweikomponentiger Spinor ist, enthält ϕ die Komponenten ϕ_1 und ϕ_2), alle anderen vorkommenden Felder sind mit ϕ verknüpft; zweitens ist der kanonisch konjugierte Impuls gleich ϕ^*, dieses kann aber über die Weyl-Dirac-Gleichung auf ϕ reduziert werden.

In kanonischer Quantisierung ist der (noch zu findende) Kommutator von ϕ und π erfahrungsgemäß eine c-Zahl, d. h. selbst kein Operator. Kommutatoren (oder Antikommutatoren) von zwei, entweder zwei- oder vierkomponentigen Spinor-Operatoren A und B sind daher – etwas symbolisch geschrieben –

$$\big[A_\alpha, B_\beta\big]_\pm = A_\alpha B_\beta \pm B_\beta A_\alpha = c_{\alpha\beta}$$

mit $\alpha, \beta = 1, 2$ oder $\alpha, \beta = 1, 2, 3, 4$. Wenn wir diesen Ausdruck ohne explizite Angabe der Komponenten einfach als $[A, B]_\pm$ schreiben, dann ist das Ergebnis eine c-Zahl-wertige 2×2- bzw. 4×4-Matrix.

Im konkreten Beispiel des Majorana-Feldes genügt es den Kommutator (Antikommutator) von ϕ am Raumzeitpunkt x mit $\phi(y)$ am Raumzeitpunkt y zu diskutieren, alle anderen lassen sich daraus durch Ladungskonjugation oder Anwendung der Bewegungsgleichung deduzieren. Wir setzen somit versuchsweise

$$[\phi(x), \phi(y)] = \mathbf{t}\,\Delta(x - y; m) \tag{4.77}$$

und versuchen die c-Zahl- und matrixwertige rechte Seite zu bestimmen. Die Erfahrung aus Kap. 2 legt nahe, dass dieser Ansatz Lorentz-kovariant sein und die Mikrokausalität erfüllen sollte. Auf der linken Seite stehen zwei Operatoren, die in der Spinordarstellung erster Art der $L_+^\uparrow$ klassifiziert sind, ihr Transformationsverhalten unter $\boldsymbol{\Lambda} \in L_+^\uparrow$ ist bekannt. Soll die

Quantisierungsvorschrift (4.77) unter Lorentz-Transformationen forminvariant sein, muss die 2×2-Matrix $\mathbf{t}$ auf der rechten Seite ein unter $SL(2, \mathbb{C})$ invarianter Tensor sein. Soll sie außerdem (mikro)kausal sein, dann muss $\Delta(x-y; m)$ die kausale Distribution $\Delta_0(x-y; m)$ zur Masse m sein, die wir in Abschn. 2.1.6 studiert haben. Der einzige invariante Tensor der Gruppe $SL(2, \mathbb{C})$ ist ϵ (s. (4.20)), die rechte Seite muss also proportional zum Produkt $\epsilon\, \Delta_0(x-y; m)$ sein. Bei Vertauschung der beiden Operatoren $\phi(x)$ und $\phi(y)$ in (4.77) wird ϵ durch $\epsilon^T = -\epsilon$ und $(x-y)$ durch $(y-x)$ ersetzt. Unter dieser Ersetzung ist Δ_0 antisymmetrisch, s. (2.54), das Produkt aus ϵ und $\Delta_0(x-y; m)$ ist somit *symmetrisch.* Daraus folgt, dass der Ansatz (4.77) widersprüchlich ist und nicht gehalten werden kann: bei $\phi(x) \longleftrightarrow \phi(y)$ ist die linke Seite antisymmetrisch, die rechte unter den gemachten Voraussetzungen aber symmetrisch.

Ist dieses Ergebnis eine Katastrophe? Oder gibt es Modifikationen daran, die den Widerspruch auflösen? Wenn es denn der *Kommutator* sein sollte, dann bliebe keine andere Wahl, als die Distribution Δ_0 durch $\Delta_1(x-y; m)$, (2.62), zu ersetzen, die bei Vertauschung von x und y symmetrisch ist. Dadurch würde man sich aber eine andere, unerwünschte Eigenschaft einhandeln: Der Kommutator von $\phi(x)$ und $\phi(y)$ würde für *raum*artige Abstände von x und y nicht verschwinden, das Feld $\phi(x)$ würde das Feld $\phi(y)$ auch dann stören, wenn x und y nicht kausal verknüpft sind. Auf der mikroskopischen Stufe, auf der wir uns hier befinden, mag man versucht sein, einen solchen Defekt noch nicht so ernst zu nehmen und die Theorie einfach weiterzuentwickeln. Tut man dies, dann lassen die Spinorfelder sich zwar wieder nach Erzeugungs- und Vernichtungsoperatoren von Teilchen mit Spin 1/2 entwickeln, aber man findet einen Hamiltonoperator, dessen Spektrum nach unten unbegrenzt ist. Das Problem der „negativen Energien“ wird man nicht los.[5]

Die einzige physikalisch sinnvolle Möglichkeit, die verbleibt, ist den Kommutator auf der linken Seite von (4.77) durch den *Antikommutator* zu ersetzen. Dann sind beide Seiten bei Vertauschung *symmetrisch*, die rechte Seite erfüllt die Mikrokausalität, der Ansatz ist also nicht nur zulässig, sondern auch physikalisch akzeptabel. Man postuliert somit, bei Verwendung der Notation $\{\cdot, \cdot\}$ für den Antikommutator $\{A, B\} = AB + BA$,

$$\{\phi(x), \phi(y)\} = c^{(M)} \epsilon\, \Delta_0(x-y; m)\,, \tag{4.78}$$

wo $c^{(M)}$ eine noch festzulegende komplexe Zahl ist. Um diese einzugrenzen lässt man den Operator $\mathrm{i}\widehat{\sigma}^\mu \partial_\mu^x$ von links auf (4.78) wirken und benutzt die Weyl-Dirac-Gleichung für $\phi(x)$. Damit ergibt sich

$$\left\{\phi^*(x), \phi(y)\right\} = c^{(M)} \frac{\mathrm{i}}{m} \epsilon^{-1} \widehat{\sigma}^\mu \epsilon\, \partial_\mu^x \Delta_0(x-y; m)\,.$$

Wählt man die beiden Zeiten gleich, $x^0 = y^0$, dann sind die räumlichen Ableitungen der Distribution Δ_0 gleich Null, die Ableitung nach der Zeit ist gemäß (2.53)

$$\partial_0^x \Delta_0(x-y; m)\big|_{x^0=y^0} = -\delta(\boldsymbol{x}-\boldsymbol{y})\,.$$

[5] Viele Lehrbücher gehen genau diesen, übrigens historischen, Weg und finden einen Hamiltonoperator, der Terme der Gestalt $\sum_i E_i(a_i^\dagger a_i - b_i b_i^\dagger)$ enthält, wo $a_i^\dagger$ Teilchen, $b_i^\dagger$ Antiteilchen in Zuständen „i“ erzeugen. Dann wird festgestellt, dass es genügt zu postulieren, dass diese Operatoren nicht Kommutationsregeln, sondern Antikommutatoren erfüllen, um den Ausdruck für die Energie in $\sum_i E_i(a_i^\dagger a_i + b_i^\dagger b_i)$ umzuformen, der sowohl den Teilchen als auch den Antiteilchen positive Energien zuweist. Das ist im Ergebnis richtig, führt auch zum Pauli-Prinzip, bleibt aber unbefriedigend, weil man die Theorie an ihren Symptomen und nicht an ihrer Wurzel korrigiert.

Setzt man dies ein, dann folgt

$$\left\{\phi^*(x), \phi(y)\right\}\Big|_{x^0=y^0} = -c^{(\mathrm{M})}\frac{\mathrm{i}}{m}\,\mathbb{1}_2\,\delta(\boldsymbol{x}-\boldsymbol{y})\,.$$

Die linke Seite ist hermitesch und positiv, folglich muss $c^{(\mathrm{M})}$ auf der oberen imaginären Achse liegen. Wir wählen daher

$$c^{(\mathrm{M})} = \mathrm{i}\,m\,. \tag{4.79}$$

Ohne die Quantisierung des Majorana-Feldes an dieser Stelle weiterzuführen stellen wir fest, dass die Quantisierungsvorschrift (4.78) mit $c^{(\mathrm{M})} = \mathrm{i}m$ zu einer konsistenten und befriedigenden Theorie führt. Wir zeigen dies am allgemeineren Fall des uneingeschränkten Dirac-Feldes, das das Vorhergehende als Spezialfall enthält.

4.2.2 Quantisierung von Dirac-Feldern

Obwohl jetzt beide Freiheitsgrade ϕ und χ voneinander unabhängig sind, ist die Argumentation, die gegen Kommutatoren spricht, ganz ähnlich wie im Fall von Majorana-Feldern. Zuerst aber geben wir eine Lagrangedichte an, mit deren Hilfe die kanonisch konjugierten Impulse bestimmt werden, um zu sehen, auf welche Kommutatoren oder Antikommutatoren es hier ankommt. Eine mögliche Wahl ist

$$\begin{aligned}\mathcal{L}_{\mathrm{D}} = \frac{\mathrm{i}}{2}&\left(\phi^\dagger(x)\widehat{\sigma}^\mu \overset{\leftrightarrow}{\partial}_\mu \phi(x) + \chi^\dagger(x)\sigma^\mu \overset{\leftrightarrow}{\partial}_\mu \chi(x)\right)\\ &-m\left(\chi^\dagger(x)\phi(x)+\phi^\dagger(x)\chi(x)\right)\,.\end{aligned}$$

Man bestätigt leicht, dass die Euler-Lagrange-Gleichungen zu dieser Lagrangedichte gerade die Bewegungsgleichungen (4.74) und (4.75) sind.

Die zu ϕ und χ kanonisch konjugierten Impulse sind (wieder komponentenweise)

$$\pi_\phi(x) = \frac{\mathrm{i}}{2}\phi^*(x)\,, \qquad \pi_\chi(x) = \frac{\mathrm{i}}{2}\chi^*(x)\,.$$

Die rechten Seiten sind aber durch die Weyl-Dirac-Gleichungen mit χ^* bzw. ϕ^* verknüpft. Deshalb genügt es, den (Anti)Kommutator von $\phi(x)$ und $\chi^\dagger(y)$ zu studieren. Wie im vorhergehenden Abschnitt versuchen wir zunächst den Ansatz mit einem Kommutator,

$$\left[\phi(x), \chi^\dagger(y)\right] = c\,\Delta_0(x-y;\,m)\,.$$

Wendet man die Ladungskonjugation auf die linke Seite an, so ist diese gleich

$$\begin{aligned}\left[-\epsilon\chi^*(x), \epsilon\phi(y)\right] &= -\epsilon\left[\chi^*(x), \phi(y)\right]\epsilon^{-1} = c\Delta_0(y-x;\,m)\\ &= -c\Delta_0(x-y;\,m)\,.\end{aligned}$$

Dabei ist im vorletzten Schritt der eben gemachte Ansatz verwendet, im letzten die Antisymmetrie von Δ_0 benutzt worden. Da die rechte Seite ungeändert bleibt, entsteht ein Widerspruch und es muss $c = 0$ sein.

Wiederum gibt es zwei Möglichkeiten den Widerspruch aufzulösen: Entweder man beharrt auf dem Kommutator und ersetzt die kausale Distribution Δ_0 durch $\Delta_1(x-y;m)$, handelt sich damit aber dieselben Probleme wie bei Majorana-Feldern ein, oder man verwendet anstelle des Kommutators einen Antikommutator. Bei der zweiten Wahl verschwinden alle Unstimmigkeiten und die Theorie lässt sich physikalisch sinnvoll interpretieren. Dies wollen wir im folgenden ausarbeiten.

Die bisherigen Überlegungen führen ganz natürlich dazu zu postulieren

$$\left\{\phi(x), \chi^\dagger(y)\right\} = \mathrm{i}\, m\, \Delta_0(x-y;m)\,. \tag{4.80}$$

Die Konstante ist dabei in Übereinstimmung mit dem Majorana Fall gewählt, der erfüllt ist, wenn $\chi^* = \epsilon\phi$ ist.

Auf der Basis dieses Ansatzes zeigen wir, dass der vierkomponentige Feldoperator $\psi(x)$ und sein Adjungierter $\psi^\dagger(y)$ dem folgenden kausalen Antikommutator für beliebige Raumzeitpunkte genügen:

$$\left\{\psi(x), \psi^\dagger(y)\right\} = \mathrm{i}\left(m\gamma^0 + \mathrm{i}\gamma^\mu\gamma^0\partial^x_\mu\right)\Delta_0(x-y;m)\,. \tag{4.81}$$

Beweis

Ausgedrückt durch die zweikomponentigen Spinoren in (4.73) schreibt sich die 4×4-Matrix (4.81) in folgender Blockform von Antikommutatoren

$$\left\{\psi(x), \psi^\dagger(y)\right\} = \begin{pmatrix} \left\{\phi(x), \phi^\dagger(y)\right\} & \left\{\phi(x), \chi^\dagger(y)\right\} \\ \left\{\chi(x), \phi^\dagger(y)\right\} & \left\{\chi(x), \chi^\dagger(y)\right\} \end{pmatrix}.$$

Die Einträge sind 2×2-Matrizen, die sich alle auf den Ansatz (4.80) zurückführen lassen. Bei den nichtdiagonalen ist dies offensichtlich, bei den diagonalen Einträgen benutzt man die Weyl-Dirac-Gleichungen. So ist mit (4.74)

$$\left\{\phi(x), \phi^\dagger(y)\right\} = \frac{\mathrm{i}}{m}\partial^x_\mu\left\{\sigma^\mu\chi(x), \phi^\dagger(y)\right\} = -\sigma^\mu\partial^x_\mu\Delta_0(x-y;m)\,,$$

und ebenso mit (4.75)

$$\left\{\chi(x), \chi^\dagger(y)\right\} = \frac{\mathrm{i}}{m}\partial^x_\mu\left\{\widehat{\sigma}^\mu\phi(x), \chi^\dagger(y)\right\} = -\widehat{\sigma}^\mu\partial^x_\mu\Delta_0(x-y;m)\,.$$

Zusammengefasst ergibt sich somit

$$\left\{\psi(x), \psi^\dagger(y)\right\} = \mathrm{i}\begin{pmatrix} \mathrm{i}\sigma^\mu\partial^x_\mu & m\,\mathbb{1}_2 \\ m\,\mathbb{1}_2 & \mathrm{i}\widehat{\sigma}^\mu\partial^x_\mu \end{pmatrix}\Delta_0(x-y;m)\,.$$

Umgeschrieben auf γ^0 und γ^μ in der Darstellung (4.28) ist dies genau die behauptete Form. ◁

Schreibt man den Antikommutator (4.81) explizit in Komponenten aus, so lautet er

$$\left\{\psi_\alpha(x), \psi^\dagger_\lambda(y)\right\} = \mathrm{i}\left(m\gamma^0 + \mathrm{i}\gamma^\mu\gamma^0\partial^x_\mu\right)_{\alpha\lambda}\Delta_0(x-y;m)\,, \quad \alpha,\lambda = 1,\ldots 4\,.$$

Multipliziert man dieses Ergebnis von rechts mit $(\gamma^0)_{\lambda\beta}$ und summiert über λ, so folgt

$$\left\{\psi_\alpha(x), \overline{\psi(y)}_\beta\right\} = \mathrm{i}\left(m\, \mathbb{1}_4 + \mathrm{i}\gamma^\mu \partial_\mu^x\right)_{\alpha\beta} \Delta_0(x-y;m)\,,$$

oder, wieder in kompakter Notation,

$$\left\{\psi(x), \overline{\psi(y)}\right\} = \mathrm{i}\left(m\, \mathbb{1} + \mathrm{i}\gamma^\mu \partial_\mu^x\right) \Delta_0(x-y;m)\,. \tag{4.82}$$

Diese Quantisierungsvorschrift hat eine Reihe von wichtigen Konsequenzen, die wir als Nächstes ausarbeiten wollen und die ihre physikalische Bedeutung erhellen werden. Wählt man gleiche Zeiten, $x^0 = y^0$, so folgt mit den bekannten Eigenschaften der Distribution Δ_0

$$\left\{\psi_\alpha(x), \psi_\beta^\dagger(y)\right\}\Big|_{x^0=y^0} = \delta_{\alpha\beta}\delta(\boldsymbol{x}-\boldsymbol{y})\,, \tag{4.83}$$

– eine Formel, die verständlich wird, wenn man beachtet, dass der zu ψ kanonisch konjugierte Impuls mit (4.58) gleich

$$\pi_\psi = \frac{\partial \mathcal{L}_\mathrm{D}}{\partial(\partial_0\psi)} = \frac{\mathrm{i}}{2}\psi^\dagger$$

ist. Die formale Analogie zur Quantisierung des Klein-Gordon-Feldes ist offensichtlich und legt nahe, die Operatoren $\psi(x)$ und $\overline{\psi(x)}$ nach Normalschwingungen zu zerlegen. In Kenntnis der Lösungen zu festem Impuls und gegebener Spinorientierung ist die folgende Entwicklung nach Erzeugungs- und Vernichtungsoperatoren sinnvoll

$$\psi_\alpha(x) = \frac{1}{(2\pi)^{3/2}}\sum_{r=1}^{2}\int \frac{\mathrm{d}^3 p}{2E_p}\left[a^{(r)}(\boldsymbol{p})\, u_\alpha^{(r)}(\boldsymbol{p})\,\mathrm{e}^{-\mathrm{i}px} + b^{(r)\,\dagger}(\boldsymbol{p})\, v_\alpha^{(r)}(\boldsymbol{p})\,\mathrm{e}^{\mathrm{i}px}\right]. \tag{4.84}$$

Nimmt man dies hermitesch konjugiert und multipliziert von rechts mit γ^0, so ist

$$\overline{\psi(x)}_\alpha = \frac{1}{(2\pi)^{3/2}}\sum_{r=1}^{2}\int \frac{\mathrm{d}^3 p}{2E_p}\left[a^{(r)\,\dagger}(\boldsymbol{p})\, \overline{u_\alpha^{(r)}(\boldsymbol{p})}\,\mathrm{e}^{\mathrm{i}px} + b^{(r)}(\boldsymbol{p})\, \overline{v_\alpha^{(r)}(\boldsymbol{p})}\,\mathrm{e}^{-\mathrm{i}px}\right]. \tag{4.85}$$

Der Spinorcharakter $\alpha = 1, \dots, 4$ wird von den Lösungen $u^{(r)}(\boldsymbol{p})$ usw. übernommen, der Operatorcharakter von $a^{(r)}(\boldsymbol{p})$, $b^{(r)}(\boldsymbol{p})$ und deren Adjungierten. Es wird über alle Dreierimpulse integriert – unter Verwendung des invarianten Volumenelements $\mathrm{d}^3 p/(2E_p)$, $E_p = \sqrt{\boldsymbol{p}^2 + m^2}$, und beide Ausrichtungen des Spins werden summiert. Die Umkehrformeln, mit denen die Operatoren $a^{(r)}(\boldsymbol{p})$ und $b^{(r)}(\boldsymbol{p})$ aus ψ und $\overline{\psi}$ berechnet werden, lauten

$$a^{(s)}(\boldsymbol{p}) = \frac{1}{(2\pi)^{3/2}}\int \mathrm{d}^3 x\ \mathrm{e}^{\mathrm{i}px}\sum_{\alpha=1}^{4} u_\alpha^{(s)\,\dagger}(\boldsymbol{p})\psi_\alpha(x) \tag{4.86}$$

$$b^{(s)}(\boldsymbol{p}) = \frac{1}{(2\pi)^{3/2}}\int \mathrm{d}^3 x\ \mathrm{e}^{\mathrm{i}px}\sum_{\alpha,\beta=1}^{4} \overline{\psi_\alpha(x)}\gamma_{\alpha\beta}^0 v_\beta^{(s)}(\boldsymbol{p})\,, \quad s = 1,2\,, \tag{4.87}$$

wobei die Relationen (4.50) und (4.51) benutzt wurden. Berechnet man nun die Antikommutatoren dieser Operatoren und ihrer Adjungierten, so findet man ein bemerkenswert transparentes Resultat

$$\left\{a^{(r)}(\boldsymbol{p}), a^{(s)\dagger}(\boldsymbol{q})\right\} = 2E_p\delta_{rs}\delta(\boldsymbol{p}-\boldsymbol{q}) = \left\{b^{(r)}(\boldsymbol{p}), b^{(s)\dagger}(\boldsymbol{q})\right\}, \tag{4.88}$$

$$\left\{a^{(r)}(\boldsymbol{p}), a^{(s)}(\boldsymbol{q})\right\} = 0 = \left\{b^{(r)}(\boldsymbol{p}), b^{(s)}(\boldsymbol{q})\right\}, \tag{4.89}$$

$$\left\{a^{(r)}(\boldsymbol{p}), b^{(s)}(\boldsymbol{q})\right\} = 0 = \left\{a^{(r)}(\boldsymbol{p}), b^{(s)\dagger}(\boldsymbol{q})\right\}. \tag{4.90}$$

Die Interpretation dieser Operatoren folgt aus der Erfahrung mit quantisierten bosonischen Feldern in Kap. 2 und aus den nichtrelativistischen Fermionensystemen, die wir in Band 2, Abschn. 5.3.2 studiert haben. Daraus folgt:

(i) Die Operatoren $a^{(r)\dagger}(\boldsymbol{q})$ und $b^{(r)\dagger}(\boldsymbol{p})$ erzeugen Ein-Teilchen-Zustände, beide mit Impuls $\boldsymbol{p}$ und Spinorientierung r,

$$a^{(r)\dagger}(\boldsymbol{p})\,|0\rangle = |(a);\boldsymbol{p},r\rangle\,,$$
$$b^{(r)\dagger}(\boldsymbol{p})\,|0\rangle = |(b);\boldsymbol{p},r\rangle\,.$$

Diese Zustände sind kovariant normiert, d. h. es gilt

$$\langle \boldsymbol{q},s|\boldsymbol{p},r\rangle = 2E_p\delta_{rs}\delta(\boldsymbol{q}-\boldsymbol{p})\,.$$

(ii) Die Operatoren $a^{(r)}(\boldsymbol{p})$ und $b^{(r)}(\boldsymbol{p})$ sind die entsprechenden Vernichtungsoperatoren.

(iii) Die Besetzungszahlen solcher Zustände können nur die Werte 0 oder 1 annehmen. Zustände mit zwei verschiedenen Erzeugungsoperatoren

$$a^{(r)\dagger}(\boldsymbol{p})a^{(s)\dagger}(\boldsymbol{q})\,|0\rangle$$

sind bei Vertauschung $(r,\boldsymbol{p}) \leftrightarrow (s,\boldsymbol{q})$ antisymmetrisch. Das quantisierte Dirac-Feld beschreibt zwei Sorten von Teilchen, die dem Pauli-Prinzip genügen und die identische kinematische und Spinfreiheitsgrade haben. Es bleibt somit nur festzustellen, in welcher anderen Eigenschaft sie sich unterscheiden.

4.2.3 Elektrische Ladung, Energie und Impuls

In Abschn. 4.1.4 haben wir die Kopplung des Dirac-Feldes an das elektromagnetische Feld über die Vorschrift (4.59) der minimalen Kopplung eingeführt und dabei die Stromdichte (4.61) identifiziert. Der Vorfaktor q sei gleich 1 gesetzt, was für die Anwendung damit gleichbedeutend sein wird, dass alle Ladungen als Vielfache der Elementarladung auftreten. Mithilfe der Bewegungsgleichungen (4.56) und (4.57) bestätigt man, dass $j^\mu = \overline{\psi(x)}\gamma^\mu\psi(x)$ erhalten ist,

$$\partial_\mu j^\mu(x) = \left(\partial_\mu\overline{\psi(x)}\gamma^\mu\right)\psi(x) + \overline{\psi(x)}\left(\gamma^\mu\partial_\mu\psi(x)\right) = \mathrm{i}m(1-1)\overline{\psi}\psi = 0\,.$$

Unter der Voraussetzung, dass die Felder im Unendlichen hinreichend rasch abklingen, folgt aus dieser Kontinuitätsgleichung, dass der *Ladungsoperator*

$$Q := \int \mathrm{d}^3x \; j^0(x) \tag{4.91}$$

eine Konstante der Bewegung ist, $\mathrm{d}Q/\mathrm{d}t = 0$. Nach der Quantisierung und bei Ersetzung der klassischen Stromdichte durch den normalgeordneten Operator

$$j^\mu(x) := :\overline{\psi(x)}\gamma^\mu\psi(x): , \tag{4.92}$$

findet man für Q einen aus Abschn. 2.2 vertrauten Ausdruck in Teilchen- und Antiteilchenzahloperatoren

$$Q = \sum_{r=1}^{2} \int \frac{\mathrm{d}^3p}{2E_p} \left[a^{(r)\dagger}(\boldsymbol{p})a^{(r)}(\boldsymbol{p}) - b^{(r)\dagger}(\boldsymbol{p})b^{(r)}(\boldsymbol{p})\right], \tag{4.93}$$

der die in Abschn. 4.1.4 aufgestellte Vermutung bestätigt: die durch $a^\dagger$ und die durch $b^\dagger$ erzeugten Teilchen unterscheiden sich durch das Vorzeichen ihrer Ladung. Bevor wir diese Interpretation weiter vertiefen, wollen wir die Zwischenrechnung nachholen, die zu (4.93) führt. Setzt man die Entwicklung (4.84) und ihre hermitesch Konjugierte ein, so ist

$$\begin{aligned} Q = :\int \mathrm{d}^3x \; \psi^\dagger(x)\psi(x): = \sum_{r=1}^{2}\sum_{s=1}^{2} \int \frac{\mathrm{d}^3p}{2E_p} \int \frac{\mathrm{d}^3q}{2E_q} \\ :\big(\delta(\boldsymbol{q}-\boldsymbol{p})a^{(r)\dagger}(\boldsymbol{p})a^{(s)}(\boldsymbol{q})u^{(r)\dagger}(\boldsymbol{p})u^{(s)}(\boldsymbol{q}) \\ +\delta(\boldsymbol{p}+\boldsymbol{q})a^{(r)\dagger}(\boldsymbol{p})b^{(s)\dagger}(\boldsymbol{q})u^{(r)\dagger}(\boldsymbol{p})v^{(s)}(\boldsymbol{q}) \\ +\delta(\boldsymbol{p}+\boldsymbol{q})b^{(r)}(\boldsymbol{p})a^{(s)}(\boldsymbol{q})v^{(r)\dagger}(\boldsymbol{p})u^{(s)}(\boldsymbol{q}) \\ +\delta(\boldsymbol{p}-\boldsymbol{q})b^{(r)}(\boldsymbol{p})b^{(s)\dagger}(\boldsymbol{q})v^{(r)\dagger}(\boldsymbol{p})v^{(s)}(\boldsymbol{q})\big): , \end{aligned}$$

wobei zunächst nur die Integration über den $\mathbb{R}^3$ ausgeführt ist. Aufgrund der δ-Distributionen sind im ersten und im vierten Term die räumlichen Impulse gleich zu setzen, $\boldsymbol{p} = \boldsymbol{q}$ und somit auch $E_p = E_q$; eine der Impulsintegrationen fällt zusammen, die andere liefert die Orthogonalitätsrelation (4.50). Im zweiten und im dritten Term folgt dagegen $\boldsymbol{q} = -\boldsymbol{p}$ (aber wiederum $E_q = E_p$), eine Impulsintegration fällt damit weg, die andere gibt mit (4.51) Null, so dass nur der erste und der vierte Term beitragen. Bei der abschließenden Normalordnung bleibt der erste ungeändert, weil der Erzeugungsoperator bereits links vom Vernichtungsoperator steht, im vierten muss der Erzeugungsoperator nach links am Vernichtungsoperator vorbeigezogen werden. Da diese antikommutieren, gibt dies ein Minuszeichen. Damit ergibt sich der behauptete Ausdruck (4.93) für den Ladungsoperator.

Das Energie-Impus-Tensorfeld (2.86) berechnet man aus der Lagrangedichte (4.58). Die Energiedichte ist die Zeit-Zeitkomponente hiervon und ist gleich

$$\mathcal{H}(x) = \mathcal{T}^{00}(x) = :\overline{\psi(x)}\big(-\frac{\mathrm{i}}{2}\boldsymbol{\gamma}\cdot \overset{\leftrightarrow}{\nabla} + m\,\mathbb{1}\big)\psi(x):$$
$$= :\psi^\dagger(x)\big(-\frac{\mathrm{i}}{2}\boldsymbol{\alpha}\cdot \overset{\leftrightarrow}{\nabla} + m\beta\big)\psi(x):\,,$$

wobei im zweiten Schritt die Darstellung (4.71) verwendet ist. Integriert man über den ganzen Raum, dann lässt sich die Ableitung durch partielle Integration vollständig nach rechts wirkend schreiben,

$$H = \int \mathrm{d}^3x\ \mathcal{H}(x) = :\int \mathrm{d}^3x\ \psi^\dagger(x)\big(-\mathrm{i}\boldsymbol{\alpha}\cdot\nabla + m\beta\big)\psi(x):\,,$$

ein Ausdruck, der in unmittelbarem Zusammenhang mit (4.72) steht.

Die Impulsdichte ist durch die Zeit-Raumkomponenten von $\mathcal{T}^{\mu\nu}$ gegeben,

$$\mathcal{T}^{0k}(x) = \frac{\mathrm{i}}{2}:\overline{\psi(x)}\gamma^0 \overset{\leftrightarrow}{\partial^k} \psi(x): = -\frac{\mathrm{i}}{2}:\big(\psi^\dagger(x) \overset{\leftrightarrow}{\nabla} \psi(x)\big)^k:\,.$$

Bei der Integration über den $\mathbb{R}^3$ kann man wieder die Ableitungen ganz auf den rechten Faktor abwälzen und erhält

$$\boldsymbol{P} = -\mathrm{i}:\int \mathrm{d}^3x\ \psi^\dagger(x)\nabla\psi(x):\,.$$

Mit einer Rechnung, die praktisch dieselbe ist wie die für den Ladungsoperator, werden Energie und Impuls durch Erzeugungs- und Vernichtungsoperatoren ausgedrückt,

$$\big(H, \boldsymbol{P}\big) = \sum_{r=1}^{2}\int \frac{\mathrm{d}^3p}{2E_p}\big(E_p, \boldsymbol{p}\big)\big[a^{(r)\dagger}(\boldsymbol{p})a^{(r)}(\boldsymbol{p}) + b^{(r)\dagger}(\boldsymbol{p})b^{(r)}(\boldsymbol{p})\big]\,. \quad (4.94)$$

Damit ist die Interpretation der quantisierten Version des Dirac-Feldes abgeschlossen, wir fassen sie hier noch einmal zusammen:

Ein-Teilchen-Zustände des Dirac-Feldes: Sei $|0\rangle$ der Vakuumzustand, der von allen Operatoren $a^{(s)}(\boldsymbol{q})$ und $b^{(s)}(\boldsymbol{q})$ vernichtet wird,

$$a^{(s)}(\boldsymbol{q})\,|0\rangle = 0 = b^{(s)}(\boldsymbol{q})\,|0\rangle\ .$$

Die aus dem Vakuum erzeugten Ein-Teilchen-Zustände

$$a^{(r)\dagger}(\boldsymbol{p})\,|0\rangle \quad \text{und} \quad b^{(r)\dagger}(\boldsymbol{p})\,|0\rangle$$

sind Eigenzustände der Operatoren $\big(H, \boldsymbol{P}\big)$ zu denselben Eigenwerten $E_p = \sqrt{\boldsymbol{p}^2 + m^2}$ bzw. $\boldsymbol{p}$ und zur selben Spinorientierung r. Sie sind außerdem Eigenzustände des Ladungsoperators Q mit Eigenwert $+1$ bzw. -1.

Wird einer von ihnen *Teilchen*zustand genannt, so beschreibt der andere dessen *Antiteilchen.* Die Besetzungszahl eines Zustands mit den Eigenwerten $(E_p, \boldsymbol{p}, r, q = \pm 1)$ kann nur 1 oder 0 sein. Zustände, die aus mehreren Fermionen mit unterschiedlichen Quantenzahlen bestehen, sind bei Permutationen antisymmetrisch.

4.3 Dirac-Felder und Wechselwirkungen

Die fundamentalen Wechselwirkungen, d. h. die schwachen, die elektromagnetischen und die starken Wechselwirkungen haben alle Vektor- bzw. Axialvektorcharakter und die Grundvertizes sind sesquilinear in den Fermionfeldern, d. h. schematisch haben sie den Aufbau

$$\overline{\psi(x)}\Gamma^\mu \psi(x) A_\mu(x)\,, \qquad \Gamma^\mu = \gamma^\mu \quad \text{oder} = \gamma^\mu \gamma_5\,.$$

Diese Sruktur hat Spin- und Helizitätskorrelationen der beteiligten, einlaufenden oder auslaufenden Teilchen zur Folge, die für die Wechselwirkung charakteristisch sind. Daher arbeiten wir im folgenden Abschnitt die Beschreibung des Spins von Fermionen weiter aus, bevor wir Vertizes in den fundamentalen Wechselwirkungen analysieren.

4.3.1 Spin und Spin-Dichtematrix

In der nichtrelativistischen Quantenmechanik wird ein Strahl von identischen Spin-1/2 Teilchen mit Impuls $\boldsymbol{p}$, der teilweise oder vollständig polarisiert ist, durch eine Dichtematrix ϱ beschrieben. Es sei $\widehat{\boldsymbol{n}}$ die Richtung der Polarisation, es sei w_+ das Gewicht des Zustands, der in positiver, w_- das Gewicht des Zustands, der in negativer Richtung polarisiert ist. Dann ist wie in Band 2, Abschn. 4.1.8 ausgeführt,

$$\varrho = \frac{1}{2}\left(\mathbb{1} + \boldsymbol{\zeta}\cdot\boldsymbol{\sigma}\right), \quad \text{mit} \quad \boldsymbol{\zeta} = (w_+ - w_-)\,\widehat{\boldsymbol{n}}\,.$$

Die Dichtematrix entsteht aus der Summe

$$\varrho = w_+ \,|\widehat{\boldsymbol{n}}, +\rangle \langle \widehat{\boldsymbol{n}}, +| \; + \; w_- \,|\widehat{\boldsymbol{n}}, -\rangle \langle \widehat{\boldsymbol{n}}, -|\;,$$

der Spin-Erwartungswert berechnet sich wie üblich als

$$\langle \boldsymbol{s} \rangle = \frac{1}{2}\boldsymbol{\zeta}\,.$$

Dieser Erwartungswert, der ja eine klassische Observable ist, lässt sich leicht in die relativistische Kinematik einbetten. Es genügt, den im Ruhesystem konstruierten Axialvektor $(0, \boldsymbol{\zeta})$ mittels einer Speziellen Lorentz-Transformation aus dem Ruhesystem in ein System anzuschieben, in dem das Teilchen den Impuls $\boldsymbol{p}$ besitzt. Es ist

$$s = \mathbf{L}_p \left(0, \boldsymbol{\zeta}\right)^T = \left(\frac{\boldsymbol{p}\cdot\boldsymbol{\zeta}}{m},\; \boldsymbol{\zeta} + \frac{\boldsymbol{p}\cdot\boldsymbol{\zeta}}{m(E_p + m)}\boldsymbol{p}\right)^T . \qquad (4.95)$$

Dieser Vierervektor ist orthogonal zum Viererimpuls p, sein Quadrat ist bis auf das Vorzeichen gleich $\boldsymbol{\zeta}^2$ und liegt somit zwischen -1 und 0,

$$s\cdot p = 0\,, \quad s^2 = -\boldsymbol{\zeta}^2\,, \quad -1 \le s^2 \le 0\,.$$

Der Polarisationsgrad ist also gleich

$$P = \sqrt{-s^2} = \frac{w_+ - w_-}{w_+ + w_-} = w_+ - w_-\,.$$

Das nächste Ziel ist die Konstruktion von Spin-Dichtematrizen für Teilchen und für Antiteilchen, die relativistische Erweiterungen der oben angegebenen, nichtrelativistischen Dichtematrix sind. Hierfür betrachten wir Spinoren $u(\boldsymbol{p})$ und $v(\boldsymbol{p})$ zum Impuls p und zur Masse m, die *vollständig* entlang der Richtung $\widehat{\boldsymbol{n}}$ polarisierte Zustände beschreiben. Zu $\widehat{\boldsymbol{n}}$ gehört klarerweise ein Vektor s wie in (4.95), jetzt aber zu vollständiger Polarisation. Um Verwechslung vorzubeugen, geben wir ihm ein eigenes Symbol

$$n = \mathbf{L}_p \left(0, \widehat{\boldsymbol{n}}\right)^T = \left(\frac{\boldsymbol{p}\cdot\widehat{\boldsymbol{n}}}{m}, \widehat{\boldsymbol{n}} + \frac{\boldsymbol{p}\cdot\widehat{\boldsymbol{n}}}{m(E_p+m)}\boldsymbol{p}\right)^T . \tag{4.96}$$

Ähnlich wie für s gilt hier $n^2 = -1$ und $n \cdot p = 0$. Befänden wir uns im Ruhesystem ($\boldsymbol{p} = \boldsymbol{0}$), dann würde dies bedeuten, dass in der Standard-Darstellung und mit den Lösungen (4.46) und (4.47)

$$u(\boldsymbol{0})\overline{u(\boldsymbol{0})} = 2m \begin{pmatrix} 1/2\left(\mathbb{1}_2 + \boldsymbol{\sigma}\cdot\widehat{\boldsymbol{n}}\right) & 0 \\ 0 & 0 \end{pmatrix},$$

$$v(\boldsymbol{0})\overline{v(\boldsymbol{0})} = 2m \begin{pmatrix} 0 & 0 \\ 0 & 1/2\left(\mathbb{1}_2 - \boldsymbol{\sigma}\cdot\widehat{\boldsymbol{n}}\right) \end{pmatrix},$$

gälte. Für beliebige Werte des Impulses zeigt man, dass diese Ausdrücke durch die folgenden, kovarianten ersetzt werden:

$$u(\boldsymbol{p})\overline{u(\boldsymbol{p})} = \frac{1}{2}\left(\not{p} + m\,\mathbb{1}\right)\left(\mathbb{1} + \gamma_5 \not{n}\right), \tag{4.97}$$

$$v(\boldsymbol{p})\overline{v(\boldsymbol{p})} = \frac{1}{2}\left(\not{p} - m\,\mathbb{1}\right)\left(\mathbb{1} + \gamma_5 \not{n}\right). \tag{4.98}$$

(Man beachte, dass auf der linken Seite von (4.97) und (4.98) ein Spalten- mit einem Zeilenvektor multipliziert ist, das Ergebnis also eine 4×4-Matrix ist, im Gegensatz etwa zu (4.54), wo das Skalarprodukt gebildet wird.) Der Beweis dieser Formeln ist als Aufgabe gestellt, er ist aber weitgehend analog zur Herleitung von (4.81). Bildet man die Summe über beide Richtungen der Polarisation, d. h. summiert man diese Formeln einmal mit $+\widehat{\boldsymbol{n}}$, einmal mit $-\widehat{\boldsymbol{n}}$, dann vereinfachen sie sich zu

$$\sum_{\text{Spin}} u(\boldsymbol{p})\overline{u(\boldsymbol{p})} = \left(\not{p} + m\,\mathbb{1}\right), \tag{4.99}$$

$$\sum_{\text{Spin}} v(\boldsymbol{p})\overline{v(\boldsymbol{p})} = \left(\not{p} - m\,\mathbb{1}\right). \tag{4.100}$$

Die Resultate (4.97) und (4.98), die auch bei der Berechnung von Spuren von quadrierten Amplituden auftreten, erlauben es, wichtige Projektionsoperatoren zu identifizieren. Die Operatoren

$$\Omega_\pm := \pm\frac{1}{2m}\left(\not{p} \pm m\,\mathbb{1}\right) \tag{4.101}$$

sind Projektionsoperatoren, denn es gilt

$$\Omega_+ + \Omega_- = \mathbb{1},$$

$$\Omega_\pm^2 = \frac{1}{4m^2}\left(\left(p^2 + m^2\right)\mathbb{1} \pm 2m\not{p}\right) = \pm\frac{1}{2m}\left(\not{p} \pm m\,\mathbb{1}\right) = \Omega_\pm .$$

Dabei projiziert Ω_+ offensichtlich auf den positiven Frequenzanteil zum Impuls $\boldsymbol{p}$, Ω_- auf den negativen Frequenzanteil. Weiterhin ist

$$\Pi_{\hat{n}} := \frac{1}{2}\left(\mathbb{1} + \gamma_5 \not{n}\right) \tag{4.102}$$

der Projektionsoperator, der auf den Spin in positiver $\widehat{\boldsymbol{n}}$-Richtung projiziert. Es ist in der Tat

$$\Pi_{\hat{n}}^2 = \frac{1}{4}\left(\mathbb{1} + 2\gamma_5\not{n} + \gamma_5\not{n}\gamma_5\not{n}\right) = \frac{1}{4}\left(\mathbb{1} + 2\gamma_5\not{n} - \mathbb{1}\, n^2\right) = \frac{1}{2}\left(\mathbb{1} + \gamma_5\not{n}\right) = \Pi_{\hat{n}} \,.$$

Dabei ist ausgenutzt, dass γ_5 mit $\not{n}$ antikommutiert und dass $n^2 = -1$ ist. Setzt man $\boldsymbol{p} = 0$, so geht er in das richtige nichtrelativistische Resultat über

$$\Pi_{\hat{n}}\big|_{p=0} = \frac{1}{2}\begin{pmatrix} \mathbb{1}_2 + \boldsymbol{\sigma}\cdot\widehat{\boldsymbol{n}} & 0 \\ 0 & \mathbb{1}_2 - \boldsymbol{\sigma}\cdot\widehat{\boldsymbol{n}} \end{pmatrix} .$$

Es ist nun leicht zu zeigen, dass $\Pi_{\hat{n}}$ sowohl mit Ω_+ als auch mit Ω_- kommutiert. Wir rechnen ein Beispiel nach:

$$\begin{aligned}
[\Pi_{\hat{n}}, \Omega_+] &= \frac{1}{4m}\left(\gamma_5\not{n}\not{p} - \not{p}\gamma_5\not{n}\right) = \frac{1}{4m}\gamma_5\left(\not{n}\not{p} + \not{p}\not{n}\right) \\
&= \frac{1}{4m}\left(\not{n}\not{p} + 2p\cdot n - \not{n}\not{p}\right) = 0 \,.
\end{aligned}$$

Man prüft nach, dass auch $[\Pi_{\hat{n}}, \Omega_-] = 0$ gilt.

Die beiden Typen von Projektionsoperatoren lassen sich zusammenbauen, um kovariante Dichtematrizen für Teilchen bzw. Antiteilchen zu konstruieren. Für ein System von *Teilchen* mit Impuls $\boldsymbol{p}$, die die partielle Polarisation $\boldsymbol{\zeta}$ tragen, multipliziert man den Projektor auf positive Frequenzen mit dem Spinprojektor, in dem lediglich die vollständige Polarisation $\widehat{\boldsymbol{n}}$ durch $\boldsymbol{\zeta}$, d. h. n durch s ersetzt ist,

$$\varrho^{(+)} = 2m\,\Omega_+ \frac{1}{2}\left(\mathbb{1} + \gamma_5\not{s}\right) = \frac{1}{2}\left(\not{p} + m\,\mathbb{1}\right)\left(\mathbb{1} + \gamma_5\not{s}\right) \,. \tag{4.103}$$

Dieser Operator hat folgende Eigenschaft,

$$\operatorname{Sp}\varrho^{(+)} = \frac{1}{2}\left(m \operatorname{Sp}\mathbb{1}_4 + \operatorname{Sp}\not{p} + m\operatorname{Sp}(\gamma_5\not{s}) + \operatorname{Sp}(\not{p}\gamma_5\not{s})\right) = 2m \,.$$

Nur der erste Term trägt bei, die Matrizen an zweiter, dritter und vierter Stelle haben die Spur Null. Bildet man das Quadrat von (4.103), so folgt

$$\begin{aligned}
\varrho^{(+)\,2} &= \frac{1}{4}(\not{p} + m\,\mathbb{1})(\mathbb{1} + \gamma_5\not{s})(\not{p} + m\,\mathbb{1})(\mathbb{1} + \gamma_5\not{s}) \\
&= \frac{1}{4}(\not{p} + m\,\mathbb{1})^2(\mathbb{1} + \gamma_5\not{s})^2 = \frac{1}{4}\left(2m^2\,\mathbb{1} + 2m\not{p}\right)\left(\mathbb{1} + 2\gamma_5\not{s} - s^2\,\mathbb{1}\right) \\
&= m\left(\not{p} + m\,\mathbb{1}\right)\left(\frac{1}{2}\left(1 + \boldsymbol{\zeta}^2\right)\mathbb{1} + \gamma_5\not{s}\right) = 4m^2\Omega_+\frac{1}{2}\left(\frac{1}{2}(1 + \boldsymbol{\zeta}^2)\,\mathbb{1} + \gamma_5\not{s}\right) ,
\end{aligned}$$

ein Ausdruck, der genau dann gleich $2m\varrho^{(+)}$ ist, wenn $|\boldsymbol{\zeta}| = 1$ ist, d. h. wenn maximale Polarisation vorliegt. Allgemein gilt dagegen

$$\operatorname{Sp}\left(\frac{\varrho^{(+)\,2}}{(2m)^2}\right) = \frac{1}{2}(1 + \boldsymbol{\zeta}^2) \le \operatorname{Sp}\left(\frac{\varrho^{(+)}}{2m}\right) = 1 \,.$$

Die Matrix $\varrho^{(+)}$ ist allerdings nicht hermitesch, erfüllt aber die Beziehung

$$\gamma^0 \varrho^{(+)\dagger} \gamma^0 = \varrho^{(+)} ,$$

die wir von den Eigenschaften der γ-Matrizen her kennen. Physikalisch ist diese Relation durchaus akzeptabel, denn $\varrho^{(+)\dagger}$ beschreibt den Paritätsgespiegelten Zustand von $\varrho^{(+)}$, d. h. den Zustand mit $\boldsymbol{p} \mapsto -\boldsymbol{p}$, aber $\boldsymbol{\zeta} \mapsto \boldsymbol{\zeta}$ (s. Aufgabe 4.5). Andererseits, würde man $\varrho^{(+)}$ z. B. von links mit γ^0 multiplizieren, so wäre das Produkt $\gamma^0 \varrho^{(+)}$ wieder hermitesch.

In völlig analoger Weise zeigt man, dass

$$\varrho^{(-)} = -2m\,\Omega_- \frac{1}{2}\,(\mathbb{1} + \gamma_5 \not{s}) = \frac{1}{2}\,(\not{p} - m\,\mathbb{1})\,(\mathbb{1} + \gamma_5 \not{s}) \ . \tag{4.104}$$

Antiteilchen mit Impuls $\boldsymbol{p}$ und Polarisation $\boldsymbol{\zeta}$ beschreibt.

Die beiden Operatoren (4.103) und (4.104), wenn man sie von links mit γ^0 multipliziert, lassen sich in einer einzigen Definition zusammenfassen, nämlich

$$P^{(\pm)} := \gamma^0 \varrho^{(\pm)} = \frac{1}{2}\,(E\,\mathbb{1} - \boldsymbol{p}\cdot\boldsymbol{\alpha} \pm m\beta)\,(\mathbb{1} + \gamma_5 \not{s}) \ , \tag{4.105}$$

wobei auf der rechten Seite wieder die Standard-Darstellung und die Definitionen (4.71) benutzt sind. Diese Matrizen sind ebenfalls mögliche Dichtematrizen für Teilchen bzw. Antiteilchen. Sie sind hermitesch, ihre Spur widerspiegelt die kovariante Normierung,

$$P^{(\pm)\dagger} = P^{(\pm)} , \qquad \text{Sp}\, P^{(\pm)} = 2E \, .$$

Beispiel 4.1 Extrem relativistische Bewegung

Von besonderem Interesse ist die extrem relativistische Bewegung, $E \gg m$, die beispielsweise für schnelle Elektronen oder für nahezu masselose Neutrinos in typischen experimentellen Situationen auftritt. Wir legen die 3-Achse in die Richtung des räumlichen Impulses $\boldsymbol{p}$ des Teilchens und denken uns den Polarisationsvektor $\boldsymbol{\zeta}$ in (4.95) in seine longitudinale Komponente ζ_l (entlang der 3-Achse) und zwei transversale Komponenten ζ_t^1 und ζ_t^2 zerlegt. Man stellt fest, dass (4.103) und (4.104) dabei in

$$\varrho^{(\pm)} \approx \frac{1}{2} \not{p} \left\{ \mathbb{1} - \gamma_5 \left(\pm \zeta_l\, \mathbb{1} + \zeta_t^1 \gamma^1 + \zeta_t^2 \gamma^2 \right) \right\} \tag{4.106}$$

übergehen. Dies zeigt man folgendermaßen: Mit $E \gg m$, mit $\{p^\mu\} \approx E(1, 0, 0, 1)$ und durch Einsetzen von (4.95) ist

$$\varrho^{(\pm)} \approx \frac{1}{2}\left(E(\gamma^0 - \gamma^3) \pm m\,\mathbb{1} \right)\left(\mathbb{1} + \gamma_5 \Big[\frac{E}{m} \zeta_l (\gamma^0 - \gamma^3) - \zeta_t^1 \gamma^1 - \zeta^2 \gamma^2 \Big] \right) .$$

Der potentiell gefährliche Term mit dem Vorfaktor E^2/m verschwindet, weil $\gamma_5(\gamma^0 - \gamma^3) = -(\gamma^0 - \gamma^3)\gamma_5$ ist und weil das Quadrat

$$\left(\gamma^0 - \gamma^3\right)^2 = \left(\gamma^0\right)^2 + \left(\gamma^3\right)^2 - \left\{\gamma^0, \gamma^3\right\}$$

gleich Null ist. Im Grenzfall $m \to 0$ bleiben lediglich die Terme

$$\varrho^{(\pm)} \approx \frac{1}{2} E \left(\gamma^0 - \gamma^3\right) \left\{ \mathbb{1} + \gamma_5 \left[\mp \zeta_l - \zeta_t^1 \gamma^1 - \zeta_t^2 \gamma^2 \right] \right\}$$

übrig. Der Vorfaktor ist aber gerade $\not{p}$, da $\boldsymbol{p}$ in der 3-Richtung liegt. Damit ist die Formel (4.106) bewiesen.

Die hermitesche Form der Dichtematrix, deren Spur auf $2E$ normiert ist, folgt in derselben Weise und ist gleich

$$P^{(\pm)} \approx \frac{1}{2}\gamma^0 \not{p}\left\{\mathbb{1} - \gamma_5\left(\pm\zeta_l\,\mathbb{1} + \zeta_t^1\gamma^1 + \zeta_t^2\gamma^2\right)\right\}.$$

Diese Dichtematrizen beschreiben Elektronen bzw. Positronen bei sehr hohen Energien, die in einer beliebigen Richtung partiell oder vollständig polarisiert sind. Betrachten wir als Beispiel einen Strahl von Elektronen mit Impuls $\boldsymbol{p} = |\boldsymbol{p}|\hat{\boldsymbol{e}}_3 \approx E\hat{\boldsymbol{e}}_3$, der in der 3-Richtung die Polarisation $P = w_+ - w_-$ hat, so wird dieser durch die Dichtematrix

$$\varrho^{(+)} \approx \frac{1}{2}\not{p}\left\{\mathbb{1} - \left(w_+ - w_-\right)\gamma_5\right\} \tag{4.107}$$

beschrieben. Ein Strahl von Positronen, der unter denselben Bedingungen präpariert worden ist, hat die Dichtematrix

$$\varrho^{(-)} \approx \frac{1}{2}\not{p}\left\{\mathbb{1} + \left(w_+ - w_-\right)\gamma_5\right\}. \tag{4.108}$$

Anwendung auf Neutrinos: Von den drei Neutrinos ν_e, ν_μ und ν_τ, die in der Schwachen Wechselwirkung erzeugt oder vernichtet werden, weiß man empirisch, dass sie (i) im Vergleich zu ihren geladenen Partnern e^-, μ^- und τ^- sehr kleine Massen haben, und (ii) dass sie immer in solchen Spinzuständen auftreten, die vollständig in negativer Impulsrichtung ausgerichtet sind, d. h. dass sie durch (4.107) mit $\left(w_+ = 0,\, w_- = 1\right)$ beschrieben werden. (Das ist gleichbedeutend mit $\zeta_l = -1$, $\zeta_t^1 = 0 = \zeta_t^2$.) Wäre ihre Masse exakt gleich Null, dann wären dies Eigenzustände der Helizität zum Eigenwert -1. Solche Zustände, ob massiv oder nicht, nennt man *linkshändig*.

Ihre Antiteilchen $\overline{\nu_e}$, $\overline{\nu_\mu}$ und $\overline{\nu_\tau}$ treten dagegen nur in Spinzuständen auf, die vollständig in positiver $\boldsymbol{p}$-Richtung ausgerichtet sind, oder, in der eben eingeführten Terminologie, die *rechtshändig* sind. Sie werden somit durch (4.108) mit $\left(w_+ = 1,\, w_- = 0\right)$ beschrieben.

Das ist ein wichtiges physikalisches Resultat: Sowohl Neutrinos als auch Antineutrinos werden durch die Dichtematrix

$$\varrho^{(\nu)} = \frac{1}{2}\not{p}\left(\mathbb{1} + \gamma_5\right) \tag{4.109}$$

beschrieben. Der Grund dafür, dass physikalische Neutrinos immer linkshändig, ihre Antiteilchen immer rechsthändig auftreten, muss in der Dynamik der Schwachen Wechselwirkung begründet sein. Für ein masseloses Teilchen – und wir betrachten Neutrinos jetzt als strikt masselos – verbleiben von der Lorentz-Gruppe $L_+^\uparrow$ nur die Drehungen um die Richtung von $\boldsymbol{p}$ und die Spiegelung an Ebenen, die $\boldsymbol{p}$ enthalten, als mögliche Symmetrieoperationen, bei denen $\boldsymbol{p}$ selbst ungeändert bleibt. Während solche Drehungen die Helizität nicht ändern, verkehren die genannten Spiegelungen positive in negative Helizität, bzw. negative in positive Helizität: Für Photonen liegt dies daran, dass positive bzw. negative Helizität durch die

Polarisationsvektoren

$$\hat{e}_+ = -\frac{1}{\sqrt{2}}(\hat{e}_1 + i\hat{e}_2)\,, \quad \text{bzw.} \quad \hat{e}_- = \frac{1}{\sqrt{2}}(\hat{e}_1 - i\hat{e}_2)\,,$$

beschrieben wird und diese Vektoren durch eine Spiegelung an der $(1,3)$-Ebene ausgetauscht werden. Anders ausgedrückt ändert eine solche Spiegelung die Orientierung des Bezugssystems, es sei denn man ersetzt gleichzeitig die positive 3-Richtung durch die negative 3-Richtung, womit die Helizitäten ebenfalls ausgetauscht werden. Das Argument gilt also auch für Fermionen. Nun weiß man, dass die elektromagnetische Wechselwirkung sowohl unter Drehungen als auch unter Raumspiegelung, d. h. insbesondere unter Spiegelung an Ebenen, die $\boldsymbol{p}$ enthalten, invariant sind. Deshalb ist es nicht überraschend, dass Photonen beider Helizitäten physikalisch möglich sind. Die Schwache Wechselwirkung ist dagegen unter der Raumspiegelung nicht invariant. Im Gegenteil, in den durch sogenannte geladene Ströme vermittelten Wechselwirkungen, die z. B. für den Zerfall

$$\mu^- \longrightarrow e^- + \overline{\nu_e} + \nu_\mu$$

verantwortlich sind, ist die Parität sogar *maximal* verletzt. Deshalb sind die genannten Spiegelungen keine für die Schwache Wechselwirkung zulässigen Symmetrieoperationen. Die beiden denkbaren Helizitäten von Neutrinos bzw. Antineutrinos sind dynamisch nicht entartet. Insofern ist es nicht erstaunlich, dass jeweils eine von ihnen nicht auftritt: Neutrinos mit positiver Helizität, ebenso wie Antineutrinos mit negativer Helizität entkoppeln vollständig von allen beobachtbaren physikalischen Prozessen.

Diese Feststellungen können noch durch folgende Bemerkung ergänzt werden. Wenn die Parität $\boldsymbol{\Pi}$ in der Schwachen Wechselwirkung keine gültige Symmetrie ist, dann kann diese auch nicht unter Ladungskonjugation invariant sein. Man zeigt nämlich leicht, dass die zu (4.109) ladungskonjugierte Dichtematrix gleich

$$\varrho_C^{(\nu)}(m=0) = \frac{1}{2}\not{p}(\mathbb{1} - \gamma_5)$$

ist. Diese würde aber *rechtshändige* Neutrinos und *linkshändige* Antineutrinos beschreiben, die in der Natur nicht auftreten. Führt man allerdings die kombinierte Operation $\boldsymbol{\Pi}\mathbf{C}$ aus, so bleibt die Dichtematrix (4.109) ungeändert. Die Kombination aus Raumspiegelung und Ladungskonjugation ist eine zulässige Symmetrie der Schwachen Wechselwirkung.

4.3.2 Der Fermion-Antifermion Propagator

Vielleicht die wichtigste Größe bei der Beschreibung der fundamentalen Wechselwirkungen im Rahmen der Quantenfeldtheorie ist der Propagator für Dirac-Felder. Er fasst den Austausch von Teilchen und Antiteilchen in einer Lorentz-kovarianten Form zusammen und berechnet sich in derselben Weise wie der Propagator (2.60) für das Klein-Gordon-Feld. Bezeichnen wir die positiven und negativen Frequenzanteile des quantisierten Dirac-Feldes (4.84) und des konjugierten Feldes (4.85) mit einem Index $(+)$

bzw. (−), dann ist der Vakuumserwartungswert des zeitgeordneten Produkts zweier Felder bei den Raumzeitpunkten x und y gleich

$$\langle 0|\, T\, \psi(x)_\alpha \overline{\psi(y)}_\beta\, |0\rangle =$$
$$\langle 0|\, \psi(x)^{(+)}_\alpha \overline{\psi(y)}^{(-)}_\beta\, \Theta(x^0 - y^0)\, |0\rangle - \langle 0|\, \overline{\psi(y)}^{(+)}_\beta\, \psi(x)^{(-)}_\alpha \Theta(y^0 - x^0)\, |0\rangle\ .$$

Dabei haben wir verwendet, dass jeweils der positive Frequenzanteil nach rechts, der negative Frequenzanteil nach links auf das Vakuum wirkend, Null ergibt. Außerdem werden die Felder im zweiten Summanden vertauscht. Da es sich um Fermionen handelt, kann dies nur mit dem Antikommutator geschehen, daher das Minuszeichen. Bevor wir sie wirklich ausrechnen, wollen wir die beiden Summanden physikalisch deuten: Im ersten von ihnen wird ein *Teilchen* (d. h. ein Teilchen der Sorte „a" in der Notation der Erzeugungs- und Vernichtungsoperatoren) am Weltpunkt y erzeugt und am Punkt x wieder vernichtet, wobei die Zeit x^0 später liegt als die Zeit y^0. Im zweiten Term, bei dem die y^0 später ist als x^0, wird ein *Antiteilchen* (d. h. ein „b"-Teilchen) im Punkt x erzeugt, im Punkt y wieder vernichtet. Natürlich müssen diese Terme in die Beiträge zu physikalischen Prozessen so eingeführt sein, dass an jedem Vertex die Erhaltungssätze der Theorie respektiert werden.

Setzt man die Entwicklungen (4.84) und (4.85) ein, so ergibt sich zunächst

$$\langle 0|\, \psi(x)_\alpha \overline{\psi(y)}_\beta\, |0\rangle\, \Theta(x^0 - y^0) = \sum_{r,s} \int \frac{\mathrm{d}^3 p}{2E_p} \int \frac{\mathrm{d}^3 q}{2E_q}$$
$$\frac{1}{(2\pi)^3}\, \mathrm{e}^{-\mathrm{i}px}\, \mathrm{e}^{\mathrm{i}qy}\, \Theta(x^0 - y^0) u^{(r)}(\boldsymbol{p})_\alpha \overline{u^{(s)}(\boldsymbol{q})}_\beta\, \langle 0|\, a^{(r)}(\boldsymbol{p}) a^{(s)\dagger}(\boldsymbol{q})\, |0\rangle\ .$$

Der Vakuumerwartungswert auf der rechten Seite gibt $2E_p \delta_{rs} \delta(\boldsymbol{p} - \boldsymbol{q})$, so dass die Integration über $\boldsymbol{q}$ und die Summe über s sich auf $\boldsymbol{q} = \boldsymbol{p}$ und $s = r$ reduzieren und das Produkt der beiden Impulsraum-Spinoren gemäß (4.99)

$$\sum_r u^{(r)}(\boldsymbol{p})_\alpha \overline{u^{(r)}(\boldsymbol{p})}_\beta = \left(\not{p} + m\, \mathbb{1}\right)_{\alpha\beta}$$

gibt. Verwendet man die erste der beiden Integraldarstellungen (2.61) für die Stufenfunktion und setzt $k^0 := E_p - \lambda$, $\boldsymbol{k} := \boldsymbol{p}$ (womit dann $E_p = E_k$ gilt), dann folgt

$$\langle 0|\, \psi(x)_\alpha \overline{\psi(y)}_\beta\, |0\rangle\, \Theta(x^0 - y^0)$$
$$= -\frac{\mathrm{i}}{(2\pi)^4} \int \mathrm{d}^4 k\ \mathrm{e}^{-\mathrm{i}k(x-y)} \frac{\left(E_k \gamma^0 - \boldsymbol{k}\cdot\boldsymbol{\gamma} + m\, \mathbb{1}\right)_{\alpha\beta}}{2E_k\left(E_k - k^0 - \mathrm{i}\epsilon\right)}\ .$$

Der zweite Term des T-Produkts berechnet sich ebenso wie der erste, wobei jetzt aber nur der Anteil

$$\langle 0|\, b^{(r)}(\boldsymbol{p}) b^{(s)\dagger}(\boldsymbol{q})\, |0\rangle = 2E_p\, \delta_{rs}\, \delta(\boldsymbol{p} - \boldsymbol{q})$$

beiträgt und somit die Spinsumme über v-Spinoren (4.100)

$$\sum_r \overline{v^{(r)}(\boldsymbol{p})}_\beta v^{(r)}(\boldsymbol{p})_\alpha = \left(\not{p} - m\, \mathbb{1}\right)_{\alpha\beta}$$

eingesetzt werden muss. Verwendet man hier die zweite Integraldarstellung (2.61) der Stufenfunktion, setzt $k^0 := E_p + \lambda$, $\boldsymbol{k} := \boldsymbol{p}$ und ersetzt die Integrationsvariable k durch $-k$, dann ist

$$\langle 0|\, \overline{\psi(y)}_\beta \psi(x)_\alpha \,|0\rangle\, \Theta(y^0 - x^0)$$
$$= \frac{\mathrm{i}}{(2\pi)^4} \int \mathrm{d}^4 k\; \mathrm{e}^{-\mathrm{i}k(x-y)} \frac{\left(E_k\gamma^0 + \boldsymbol{k}\cdot\boldsymbol{\gamma} - m\,\mathbb{1}\right)_{\alpha\beta}}{2E_k\left(-E_k - k^0 + \mathrm{i}\epsilon\right)} \,.$$

Fasst man beide Terme zusammen, so ergibt sich wie im Fall des Skalarfeldes ein einfacher, kovarianter Ausdruck:

$$\langle 0|\, T\, \psi(x)_\alpha \overline{\psi(y)}_\beta \,|0\rangle = -\frac{\mathrm{i}}{(2\pi)^4} \int \mathrm{d}^4 k\; \mathrm{e}^{-\mathrm{i}k(x-y)}$$
$$\times \frac{1}{2E_k}\left[\frac{\left(E_k\gamma^0 - \boldsymbol{k}\cdot\boldsymbol{\gamma} + m\,\mathbb{1}\right)_{\alpha\beta}}{E_k - k^0 - \mathrm{i}\epsilon} - \frac{\left(E_k\gamma^0 + \boldsymbol{k}\cdot\boldsymbol{\gamma} - m\,\mathbb{1}\right)_{\alpha\beta}}{E_k + k^0 - \mathrm{i}\epsilon}\right]$$
$$= \frac{\mathrm{i}}{(2\pi)^4} \int \mathrm{d}^4 k\; \mathrm{e}^{-\mathrm{i}k(x-y)} \frac{\left(\not{k} + m\,\mathbb{1}\right)_{\alpha\beta}}{k^2 - m^2 + \mathrm{i}\epsilon} \,.$$

Wir halten als Ergebnis fest

$$\langle 0|\, T\, \psi(x)\overline{\psi(y)} \,|0\rangle = \frac{\mathrm{i}}{(2\pi)^4} \int \mathrm{d}^4 k\; \mathrm{e}^{-\mathrm{i}k(x-y)} \frac{\left(\not{k} + m\,\mathbb{1}\right)}{k^2 - m^2 + \mathrm{i}\epsilon}$$
$$\equiv -\frac{1}{2} S_F(x-y;m) \,, \tag{4.110}$$

wobei die Dirac-Indizes α und β wie üblich wieder weggelassen sind und wo S_F eine gebräuchliche Abkürzung des Propagators ist. Die Struktur der Propagatoren (2.60), (2.149) und (4.110) ist sehr ähnlich: der Zähler des Integranden enthält die Spinsumme, die für das jeweilige Teilchen relevant ist, der Nenner ist immer (virtueller Impuls)^2 minus (Masse)^2 und enthält mit dem Term $\mathrm{i}\epsilon$ eine Vorschrift, wie der Integrationsweg über den Impuls k in der komplexen Ebene deformiert werden muss.

4.3.3 Spuren von Produkten von γ-Matrizen

Bei der Berechnung von Streuquerschnitten oder von Zerfallswahrscheinlichkeiten für Prozesse, bei denen Fermionen entstehen und/oder absorbiert werden, sind Absolutquadrate von Amplituden zu berechnen, die Spinoren $u(p)$, $v(q)$ usw. enthalten. Solche Rechnungen lassen sich auf ökonomische und elegante Weise durchführen, wenn man sog. *Spurtechniken* verwendet. Ein einfaches Beispiel mag das dabei sich stellende Problem beleuchten.

Beispiel 4.2

Nehmen wir an, der in Abb. 4.1 skizzierte Prozess, bei dem ein Fermion mit Impuls q einläuft und dasselbe Fermion mit Impuls p ausläuft, sei durch die Streuamplitude

$$T = Q_\mu\, \overline{u(p)}\Gamma^\mu u(q) \equiv Q_\mu \sum_{\beta,\sigma=1}^{4} \overline{u(p)}_\beta \Gamma^\mu_{\beta\sigma} u_\sigma(q)$$

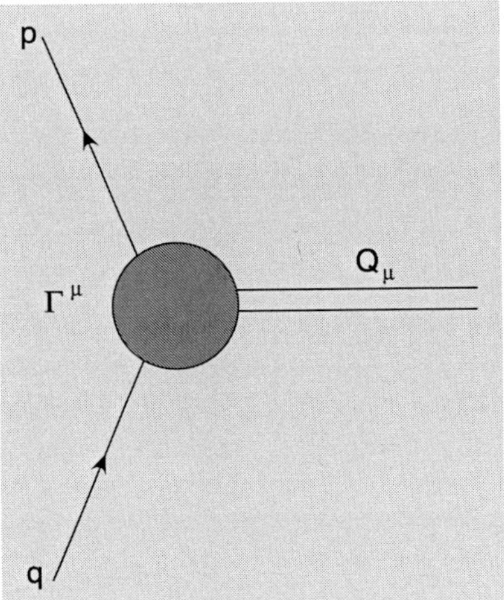

Abb. 4.1. Ein Fermion mit Impuls q läuft ein, wechselwirkt mit anderen Teilchen, deren Einfluss in der Größe Γ^μ steckt, und läuft mit Impuls p wieder aus

gegeben, wo Q_μ ein reeller (i. Allg. von weiteren Teilchenimpulsen abhängender) Viererverktor ist und wo

$$\Gamma^\mu = a\gamma^\mu + b\gamma^\mu\gamma_5 \equiv a\Gamma_V^\mu + b\Gamma_A^\mu$$

eine beliebige Linearkombination von Basiselementen (4.38) der Clifford-Algebra $\mathrm{Cl}(M^4)$ ist. Ebenso wie die Summenkonvention für Lorentz-Indizes (im Beispiel der Index μ) bietet es sich an, über doppelt vorkommende Spinor-Indizes zu summieren, ohne die Summenzeichen jedes Mal auszuschreiben. Bildet man jetzt das Absolutquadrat der Amplitude T, so ist dies

$$\begin{aligned}|T|^2 &= Q_\mu Q_\nu \left(\overline{u(p)}\Gamma^\mu u(q)\right)\left(\overline{u(p)}\Gamma^\nu u(q)\right)^* \\ &= Q_\mu Q_\nu \overline{u(p)}_\beta \left(\Gamma^\mu\right)_{\beta\sigma} u_\sigma(q) \left(u^\dagger(q)\gamma^0\right)_\tau \left(\gamma^0 \left(\Gamma^\nu\right)^\dagger \gamma^0\right)_{\tau\alpha} u_\alpha(p) \\ &= Q_\mu Q_\nu u_\alpha(p)\overline{u(p)}_\beta \left(\Gamma^\mu\right)_{\beta\sigma} u_\sigma(q)\overline{u(q)}_\tau \left(\gamma^0\left(\Gamma^\nu\right)^\dagger\gamma^0\right)_{\tau\alpha}\end{aligned}$$

Im ersten Schritt haben wir

$$\begin{aligned}\left(\overline{u(p)}\Gamma^\nu u(q)\right)^* &= \left(u^\dagger(p)\gamma^0\Gamma^\nu u(q)\right)^* \\ &= u^\dagger(q)\left(\Gamma^\nu\right)^\dagger\left(\gamma^0\right)^\dagger u(p)\,, \quad \left(\gamma^0\right)^\dagger = \gamma^0\end{aligned}$$

benutzt und im zweiten Schritt ein $\left(\gamma^0\right)^2 = \mathbb{1}_4$ eingeschoben. Betrachtet man die letzte Zeile, so wird klar, dass bei der Summation über die Dirac-Indizes α, β, σ und τ offenbar nichts anderes als die Spur des Produkts der folgenden 4×4-Matrizen zu berechnen ist,

$$u(p)\overline{u(p)}\,, \quad \Gamma^\mu\,, \quad u(q)\overline{u(q)}\,, \quad \gamma^0\left(\Gamma^\nu\right)^\dagger\gamma^0\,,$$

von denen die erste und die dritte durch die Formel (4.97) gegeben ist. Es ist somit

$$\begin{aligned}|T|^2 = Q_\mu Q_\nu \frac{1}{4}\,\mathrm{Sp}\Big\{&(\not p + m\,\mathbb{1})(\mathbb{1} + \gamma_5 \not n_f) \\ &\Gamma^\mu(\not q + m\,\mathbb{1})(\mathbb{1} + \gamma_5\not n_i)\gamma^0\left(\Gamma^\nu\right)^\dagger\gamma^0\Big\}\end{aligned}$$

zu berechnen, wobei n_i die Polarisation des einlaufenden Zustands, n_f die des auslaufenden charakterisiert. Natürlich hängt es von der vorgegebenen experimentellen Situation ab, ob diese Polarisationen berücksichtigt werden müssen oder nicht. Wenn das einlaufende Fermion unpolarisiert ist, summiert und mittelt man zunächst über die beiden Spinausrichtungen n_i mit gleichen Gewichten. Dies ist gleichbedeutend damit, dass der vierte und fünfte Faktor wie folgt ersetzt werden können

$$\frac{1}{2}(\not q + m\,\mathbb{1})(\mathbb{1} + \gamma_5\not n_i) \longrightarrow (\not q + m\,\mathbb{1})\,.$$

Ebenso ist zu entscheiden, ob das Experiment auf die Polarisation im Endzustand empfindlich ist oder ob das auslaufende Fermion unabhängig von seiner Spinausrichtung gezählt wird. Im ersten Fall liefert $|T|^2$ die Wahrscheinlichkeiten, das auslaufende Teilchen in den Zuständen mit Spin in

Richtung von $+\widehat{\boldsymbol{n}}_f$ bzw. von $-\widehat{\boldsymbol{n}}_f$ zu finden, aus denen sich die Polarisation berechnen lässt. Im zweiten Fall, in dem der Spin nicht nachgewiesen wird, kann man wieder ersetzen

$$\frac{1}{2}(\not{p}+m\,\mathbb{1})(\mathbb{1}+\gamma_5\not{n}_f) \longrightarrow (\not{p}+m\,\mathbb{1})\,.$$

Wir merken noch an, dass die Elemente $\Gamma_V^\mu=\gamma^\mu$ und $\Gamma_A^\mu=\gamma^\mu\gamma_5$ auf Grund der Eigenschaft (4.42) der γ-Matrizen selbst diese Eigenschaft besitzen, d. h.

$$\gamma^0\left(\Gamma^\mu_{V/A}\right)^\dagger\gamma^0=\Gamma^\mu_{V/A}\,. \tag{4.111}$$

Im einfachsten Fall, d. h. wenn das einlaufende Fermion unpolarisiert ist und wenn der Spin des auslaufenden Fermions nicht nachgewiesen wird, bleibt somit

$$\sum_{\text{Spins}}|T|^2=Q_\mu Q_\nu\,\mathrm{Sp}\,\{(\not{p}+m\,\mathbb{1})\Gamma^\mu(\not{q}+m\,\mathbb{1})\Gamma^\nu\} \tag{4.112}$$

zu berechnen. In jedem Fall entsteht letztendlich die Spur von Produkten von γ-Matrizen. Hierfür gibt es allgemeine Formeln, die wir jetzt herleiten und zusammenstellen.

Ausgangspunkt ist die Beziehung (4.37) aus Band 2 für die symmetrische Summe von je zwei Pauli-Matrizen

$$\sigma^{(i)}\sigma^{(j)}+\sigma^{(j)}\sigma^{(i)}=2\delta_{ij}\,\mathbb{1}\,.$$

Aus dieser folgt für $\{\sigma^\mu\}=(\mathbb{1}_2,-\boldsymbol{\sigma})$ und $\{\widehat{\sigma}^\mu\}=(\mathbb{1}_2,\boldsymbol{\sigma})$ die Beziehung

$$\sigma^\mu\widehat{\sigma}^\nu+\sigma^\nu\widehat{\sigma}^\mu=2g^{\mu\nu}\,\mathbb{1}_2\,,$$

die wir aus Abschn. 4.1.2 kennen. Umgeschrieben auf die γ-Matrizen (4.28) ist sie äquivalent zu (4.32), d. h.

$$\gamma^\mu\gamma^\nu+\gamma^\nu\gamma^\mu=2g^{\mu\nu}\,\mathbb{1}_4\,.$$

Alle jetzt folgenden Formeln für die Spuren folgen aus dieser Relation und aus der Darstellung (4.28). Da die Spur unter zyklischen Permutationen ihrer Faktoren invariant ist, gelten diese Formeln in allen Darstellungen, die Transformationsmatrix $\mathbf{S}$ in

$$\gamma'^\mu\gamma'^\nu\cdots\gamma'^\tau=\mathbf{S}\gamma^\mu\gamma^\nu\cdots\gamma^\tau\mathbf{S}^{-1}$$

hebt sich bei der Bildung der Spur heraus.

Im Einzelnen gelten folgende Regeln:

(i) Die Spur der Einheitsmatrix ist 4, die Spur von γ_5 verschwindet,

$$\mathrm{Sp}\,\mathbb{1}_4=4\,,\qquad \mathrm{Sp}\,\gamma_5=0\,, \tag{4.113}$$

(ii) Die Spur des Produkts einer *ungeraden* Anzahl von γ-Matrizen verschwindet

$$\mathrm{Sp}\{\underbrace{\gamma^\alpha\gamma^\beta\cdots\gamma^\tau}_{2k+1}\}=0 \tag{4.114}$$

Dies folgt aus folgender Überlegung: γ^μ in (4.28) ist eine *ungerade* Blockmatrix in dem Sinne, dass sie nur in den Nebendiagonalblöcken von Null verschiedene Einträge hat. Das Produkt aus zwei Matrizen, $\gamma^\mu\gamma^\nu$ ist dagegen *gerade*, hat also nur in den Diagonalblöcken von Null verschiedene Einträge. Man sieht sofort ein, dass alle Produkte mit einer geraden Zahl von Faktoren *gerade* sind, alle Produkte mit einer ungeraden Zahl von Faktoren *ungerade* sind.

(iii) Die Spur von Produkten mit einer geraden Zahl $2n$ von Faktoren lässt sich durch mehrfaches Anwenden des Antikommutators (4.32) und durch Ausnutzen der Zyklizität der Spur auf Spuren von Produkten mit $2n-2$ Faktoren zurückführen. Die Formeln für zwei, vier und sechs Faktoren lauten

$$\mathrm{Sp}\{\gamma^\alpha\gamma^\beta\}=4g^{\alpha\beta}\,, \tag{4.115}$$

$$\mathrm{Sp}\{\gamma^\alpha\gamma^\beta\gamma^\sigma\gamma^\tau\}=4\left(g^{\alpha\beta}g^{\sigma\tau}-g^{\alpha\sigma}g^{\beta\tau}+g^{\alpha\tau}g^{\beta\sigma}\right), \tag{4.116}$$

$$\begin{aligned}\mathrm{Sp}\{\gamma^\alpha\gamma^\beta\gamma^\mu\gamma^\nu\gamma^\sigma\gamma^\tau\}&=g^{\alpha\beta}\,\mathrm{Sp}\{\gamma^\mu\gamma^\nu\gamma^\sigma\gamma^\tau\}\\&-g^{\alpha\mu}\,\mathrm{Sp}\{\gamma^\beta\gamma^\nu\gamma^\sigma\gamma^\tau\}+g^{\alpha\nu}\,\mathrm{Sp}\{\gamma^\beta\gamma^\mu\gamma^\sigma\gamma^\tau\}\\&-g^{\alpha\sigma}\,\mathrm{Sp}\{\gamma^\beta\gamma^\mu\gamma^\nu\gamma^\tau\}+g^{\alpha\tau}\,\mathrm{Sp}\{\gamma^\beta\gamma^\mu\gamma^\nu\gamma^\sigma\}\,,\end{aligned} \tag{4.117}$$

Als Beispiel rechne man (4.116) im Einzelnen nach. Es ist

$$\begin{aligned}\frac{1}{4}\,\mathrm{Sp}\{\gamma^\alpha\gamma^\beta\gamma^\sigma\gamma^\tau\}&=2g^{\alpha\beta}\frac{1}{4}\,\mathrm{Sp}\{\gamma^\sigma\gamma^\tau\}-\frac{1}{4}\,\mathrm{Sp}\{\gamma^\beta\gamma^\alpha\gamma^\sigma\gamma^\tau\}\\&=2g^{\alpha\beta}g^{\sigma\tau}-2g^{\alpha\sigma}\frac{1}{4}\,\mathrm{Sp}\{\gamma^\beta\gamma^\tau\}+\frac{1}{4}\,\mathrm{Sp}\{\gamma^\beta\gamma^\sigma\gamma^\alpha\gamma^\tau\}\\&=2g^{\alpha\beta}g^{\sigma\tau}-2g^{\alpha\sigma}g^{\beta\tau}+2g^{\alpha\tau}\frac{1}{4}\,\mathrm{Sp}\{\gamma^\beta\gamma^\sigma\}-\frac{1}{4}\,\mathrm{Sp}\{\gamma^\beta\gamma^\sigma\gamma^\tau\gamma^\alpha\}\\&=2g^{\alpha\beta}g^{\sigma\tau}-2g^{\alpha\sigma}g^{\beta\tau}+2g^{\alpha\tau}g^{\beta\sigma}-\frac{1}{4}\,\mathrm{Sp}\{\gamma^\beta\gamma^\sigma\gamma^\tau\gamma^\alpha\}\,.\end{aligned}$$

Die letzte Spur ist aber dieselbe wie die auf der linken Seite der Gleichung, so dass (4.116) unmittelbar folgt.

(iv) Spuren mit γ_5: Wird γ_5 mit einer, zwei oder drei γ-Matrizen multipliziert, so hat das Produkt immer die Spur Null

$$\mathrm{Sp}\{\gamma_5\gamma^\alpha\}=0\,,\quad \mathrm{Sp}\{\gamma_5\gamma^\alpha\gamma^\beta\}=0\,,\quad \mathrm{Sp}\{\gamma_5\gamma^\alpha\gamma^\beta\gamma^\sigma\}=0\,. \tag{4.118}$$

Die Matrix γ_5 (4.35) ist proportional zum Produkt aus den vier γ-Matrizen γ^μ, $\mu = 0, 1, 2, 3,$. Die erste und die dritte Relation (4.118) folgen daher aus der Regel (4.114). In der zweiten sind α und β entweder gleich – dann ist man bei der zweiten Regel (4.113), oder sie sind verschieden, kommen dann aber beide in γ_5 vor. Durch Nachbarvertauschungen verschiebt man sie solange, bis ihr Quadrat auftritt, das gleich plus oder minus der Einheitsmatrix ist. Es verbleibt das Produkt von zwei γ-Matrizen, die aber zu *verschiedenen* Lorentz-Indizes gehören. Gemäß der Regel (4.115) ist die Spur dieses Produkts immer gleich Null.
Erst im Produkt mit vier γ-Matrizen gibt es ein von Null verschiedenes Resultat,

$$\mathrm{Sp}\{\gamma_5\gamma^\alpha\gamma^\beta\gamma^\sigma\gamma^\tau\} = 4\mathrm{i}\varepsilon^{\alpha\beta\sigma\tau}\,. \tag{4.119}$$

Es mag verwundern, dass das Ergebnis der Regel (4.119) rein imaginär ist, obwohl doch das Absolutquadrat einer Amplitude berechnet wird, das per Definition reell ist. In der Tat tritt diese Spur nie für sich allein oder im Kreuzprodukt mit einem der reellen Ausdrücke (4.115)–(4.117) auf, wohl aber dann, wenn zwei Terme der Art (4.119) miteinander multipliziert werden. Die erste Aussage folgt in der Praxis daher, dass zwei der Indizes des ε-Symbols mit derselben kinematischen Variablen kontrahiert werden. Das Produkt eines symmetrischen Ausdrucks mit dem antisymmetrischen ε-Symbol gibt aber Null. Es kann aber durchaus vorkommen, dass zwei Terme der Art (4.119) aufeinandertreffen und teilweise oder vollständig kontrahiert werden müssen. Eine für diesen Fall nützliche Formel ist die folgende

$$\varepsilon^{\alpha\beta\sigma\tau}\varepsilon_{\alpha\beta\mu\nu} = -2\{\delta^\sigma{}_\mu\delta^\tau{}_\nu - \delta^\sigma{}_\nu\delta^\tau{}_\mu\}\,. \tag{4.120}$$

Kehren wir zum Beispiel (4.112) zurück und setzen zur Illustration $\Gamma^\mu = \gamma^\mu(\mathbb{1}-\gamma_5)$, so ist

$$\begin{aligned}\sum_{\text{Spins}}|T|^2 &= Q_\mu Q_\nu\,\mathrm{Sp}\{(\not p + m\,\mathbb{1})\gamma^\mu(\mathbb{1}-\gamma_5)(\not q + m\,\mathbb{1})\gamma^\nu(\mathbb{1}-\gamma_5)\}\\ &= Q_\mu Q_\nu 2\ \mathrm{Sp}\{(\not p + m\,\mathbb{1})\gamma^\mu\not q\gamma^\nu(\mathbb{1}-\gamma_5)\}\\ &= 2Q_\mu Q_\nu[\mathrm{Sp}\{\not p\gamma^\mu\not q\gamma^\nu\} - \mathrm{Sp}\{\gamma_5\not p\gamma^\mu\not q\gamma^\nu\}]\\ &= 8Q_\mu Q_\nu[p^\mu q^\nu - g^{\mu\nu}p\cdot q + q^\mu p^\nu - \mathrm{i}\varepsilon^{\alpha\mu\beta\nu}p_\alpha q_\beta]\end{aligned}$$

Hierbei wird ausgenutzt, dass $(\mathbb{1}-\gamma_5)^2 = 2(\mathbb{1}-\gamma_5)$ und $(\mathbb{1}+\gamma_5)(\mathbb{1}-\gamma_5) = 0$ ist. Nur die ersten drei Terme zwischen den eckigen Klammern tragen bei (und sind reell), der rein imaginäre vierte Term gibt Null.

Beispiel 4.3

Nehmen wir an, die Streuamplitude entsteht durch den Austausch eines Photons mit dem kovarianten Propagator (2.149) zwischen zwei geladenen

Fermionen. In der Feynman-Eichung hat die Amplitude dann die Gestalt

$$T = c\, \overline{u^{(2)}(p_2')}\gamma^\mu u^{(2)}(p_2) \frac{-g_{\mu\sigma}}{Q^2 + \mathrm{i}\epsilon} \overline{u^{(1)}(p_1')}\gamma^\sigma u^{(1)}(p_1)\,,$$

mit $Q = p_1 - p_1' = p_2' - p_2$ und c einer Konstanten, die im Moment ohne Belang ist. Bildet man das Absolutquadrat der Amplitude und mittelt bzw. summiert über die Spins im Anfangs- und Endzustand, dann entsteht ein Ausdruck der Form

$$\left[p_2'^{\mu} p_2^\nu + (m_2^2 - p_2' \cdot p_2) g^{\mu\nu} + p_2^\mu p_2'^{\nu}\right] g_{\mu\sigma} g_{\nu\tau}$$
$$\left[p_1'^{\sigma} p_1^\tau + (m_1^2 - p_1' \cdot p_1) g^{\sigma\tau} + p_1^\sigma p_1'^{\tau}\right],$$

den man direkt ausmultiplizieren kann. Manchmal ist es aber einfacher, die Spurausdrücke zuerst zu vereinfachen. So ist der zweite Faktor in eckigen Klammern ja nichts anderes als

$$\frac{1}{4} \mathrm{Sp}\left\{(\not p_1' + m_1\, \mathbb{1})\gamma^\sigma(\not p_1 + m_1\, \mathbb{1})\gamma^\tau\right\}.$$

Betrachtet man den Term proportional zu $g^{\mu\nu}$ im ersten Faktor und beachtet, dass

$$g^{\mu\nu} g_{\mu\sigma} g_{\nu\tau} = g_{\sigma\tau}$$

ist, dann wird in

$$g_{\sigma\tau} \frac{1}{4} \mathrm{Sp}\left\{(\not p_1' + m_1\, \mathbb{1})\gamma^\sigma(\not p_1 + m_1\, \mathbb{1})\gamma^\tau\right\}$$

über die Indizes σ und τ summiert. Dafür gibt es Formeln, die die Produkte in den Spurausdrücken um jeweils zwei Faktoren reduzieren und somit vereinfachen. Diese Formeln lauten

$$g_{\mu\nu}\gamma^\mu\gamma^\nu = 4\, \mathbb{1}\,, \quad g_{\mu\nu}\gamma^\mu \not p \gamma^\nu = -2\not p \tag{4.121}$$

$$g_{\mu\nu}\gamma^\mu \not p \not q \gamma^\nu = 4\, p \cdot q\,, \quad g_{\mu\nu}\gamma^\mu \not p \not q \not r \gamma^\nu = -2 \not r \not q \not p \tag{4.122}$$

$$g_{\mu\nu}\gamma^\mu \not p \not q \not r \not s \gamma^\nu = 2\left(\not s \not p \not q \not r + \not r \not q \not p \not s\right) \tag{4.123}$$

Bemerkungen

1. In den etwas schematischen Beispielen dieses Abschnitts und in den einfachen Prozessen niedrigster Ordnung, die wir im nächsten Kapitel studieren, ist es sicher ratsam, die Spuren mit Hilfe der angegebenen Regeln zur Übung von Hand zu berechnen. Heutzutage gibt es aber algebraische Programmpakete, die es erlauben, Spuren von Produkten von γ-Matrizen auf dem Rechner auszuwerten. Diese wird man vorziehen, wenn die Produkte viele Faktoren haben und wenn man sicherstellen will, dass das Ergebnis keine Vorzeichen- und Rechenfehler enthält.
2. Die Spurtechniken lassen sich alternativ und ebenso einfach für zweikomponentige Spinoren formulieren, wobei anstelle der Produkte von γ-Matrizen Produkte

$$\sigma^\alpha \widehat{\sigma}^\beta \sigma^\gamma \widehat{\sigma}^\delta \ldots$$

treten, in denen σ-Matrizen und $\widehat{\sigma}$-Matrizen alternieren[6]. Die Rechnungen sind in solchen Situationen, in denen man die Massen vernachlässigen kann, sogar erheblich einfacher.

4.3.4 Chirale Zustände und ihre Kopplungen an Spin-1 Teilchen

In diesem Abschnitt definieren wir chirale Fermion-Felder, erklären ihre physikalische Bedeutung und zeigen, in welcher Weise sie in Wechselwirkungstermen der elektromagnetischen, der Schwachen und der Starken Wechselwirkung auftreten.

Definition 4.1 Chirale Felder

Es sei $\psi(x)$ ein quantisierter Dirac-Spinor, der Lösung der Dirac-Gleichung ist. Die daraus durch Anwendung der Projektionsoperatoren (4.39) entstehenden Felder

$$\big(\psi(x)\big)_{\mathrm{R}} := P_+\psi(x) = \frac{1}{2}\big(\mathbb{1}+\gamma_5\big)\psi(x)\,, \tag{4.124}$$

$$\big(\psi(x)\big)_{\mathrm{L}} := P_-\psi(x) = \frac{1}{2}\big(\mathbb{1}-\gamma_5\big)\psi(x)\,, \tag{4.125}$$

heißen *rechts-chirale* bzw. *links-chirale Felder.*

Die physikalische Bedeutung der chiralen Felder erschließt sich aus folgenden Bemerkungen. Kehrt man zur natürlichen oder Hochenergie-Darstellung (4.28) zurück, beachtet die explizite Form (4.35) von γ_5 und betrachtet Spinoren (4.30) im Impulsraum, so sieht man, dass ψ_{R} mit dem zweikomponentigen Spinor $\widetilde{\phi}(p)$, ψ_{L} mit dem Spinor $\widetilde{\chi}(p)$ identisch ist, die den Weyl-Gleichungen (4.27a), (4.27b) genügen. Für hohe Energien $E \gg m$, bzw. wenn die Masse überhaupt gleich Null ist, entkoppeln diese und werden zu[7]

$$p_\mu\widehat{\sigma}^\mu\widetilde{\phi}(p, m=0) = 0\,, \qquad p_\mu\sigma^\mu\widetilde{\chi}(p, m=0) = 0\,. \tag{4.126}$$

Beachtet man die Definition von σ^μ und von $\widehat{\sigma}^\mu$ sowie $\{p_\mu\} = (E, -\boldsymbol{p})$ mit $|\boldsymbol{p}| = E$, so sieht man, dass $\widetilde{\phi}(p, m=0)$ Eigenzustand der Helizität zum Eigenwert $+1/2$ ist und dass $\widetilde{\chi}(p, m=0)$ Eigenzustand der Helizität zum Eigenwert $-1/2$ ist. Im Limes $m \to 0$ gehen die chiralen Zustände in Eigenzustände der Helizität über. Analoge Aussagen gelten für den Spinor $v(p)$, d. h. für Eigenzustände des Impulses für Antiteilchen.

Den Zusammenhang zwischen der Chiralität eines Teilchens oder Antiteilchens und seiner Polarisation entlang der Richtung seines räumlichen Impulses kann man noch genauer ausarbeiten. Wir wollen dies anhand eines Beispiels tun, das den allgemeinen Fall erhellt.

Beispiel 4.4 Dichtematrix für links-chirales Feld

Die Dichtematrix $\varrho^{(+)}$, (4.103), entstand aus der Matrix $u(p)\overline{u(p)}$ in (4.97). Berechnet man statt dieser die Dichtematrix für ein Teilchen, das sich im

[6] Man findet Beispiele in A. Kersch und F. Scheck, Nucl. Phys. B **263**, 475, 1986.

[7] Dies waren die Originalgleichungen, die H. Weyl noch vor der Entdeckung der Dirac-Gleichung vorgeschlagen hatte. Sie wurden zunächst kritisiert und verworfen, weil sie nicht unter der Raumspiegelung invariant sind. Erst nach der Entdeckung der Paritätsverletzung in der Schwachen Wechselwirkung im Jahre 1956 wurde ihre physikalische Bedeutung erkannt.

links-chiralen Zustand

$$u_{\mathrm{L}}(p) = \frac{1}{2}(\mathbb{1} - \gamma_5)u(p)$$

befindet, so ist die zugehörige Dichtematrix

$$\varrho_{\mathrm{L}}^{(+)} = u_{\mathrm{L}}(p)\overline{u_{\mathrm{L}}(p)} = \frac{1}{4}\big(\mathbb{1} - \gamma_5\big)\big(\not{p} - m\,\not{n}\big) = P_-\big(\not{p} - m\,\not{n}\big)P_+\,. \tag{4.127}$$

Der Beweis dieser Formel ist einfach: Mit

$$\overline{u_{\mathrm{L}}(p)} \equiv u_{\mathrm{L}}^{\dagger}(p)\gamma^0 = \frac{1}{2}u^{\dagger}(p)(\mathbb{1} - \gamma_5)\gamma^0 = \frac{1}{2}\overline{u(p)}(\mathbb{1} + \gamma_5)$$

und nach Einsetzen und Ausmultiplizieren von (4.97) ist

$$\begin{aligned} u_{\mathrm{L}}(p)\overline{u_{\mathrm{L}}(p)} &= \frac{1}{2}(\mathbb{1} - \gamma_5)\frac{1}{2}\big(\not{p} + \not{p}\gamma_5\not{n} + m\,\mathbb{1} + m\gamma_5\not{n}\big)\frac{1}{2}(\mathbb{1} + \gamma_5) \\ &= \frac{1}{2}(\mathbb{1} - \gamma_5)\frac{1}{2}\big(\not{p} - m\not{n} + (\mathbb{1} + \gamma_5)m\not{n}\big)\frac{1}{2}(\mathbb{1} + \gamma_5)\,. \end{aligned}$$

Hierbei haben wir den Term $m\not{n}$ addiert und subtrahiert derart, dass ein Faktor $(\mathbb{1} + \gamma_5)$ links von $\not{n}$ auftritt, der mit dem gemeinsamen linken Faktor $(\mathbb{1} - \gamma_5)$ Null ergibt. Da γ_5 mit $\not{p}$ bzw. $\not{n}$ antikommutiert, kann man den rechten gemeinsamen Faktor $(\mathbb{1} + \gamma_5)$ nach links durchziehen. Damit ist die Formel (4.127) bewiesen.

Zur Interpretation des Ergebnisses (4.127) betrachten wir die Polarisation entlang des räumlichen Impulses $\boldsymbol{p}$ und wählen die 3-Richtung parallel zu diesem, d. h.

$$\{p^{\mu}\} = (E, 0, 0, p)^T\,, \quad (p \equiv |\boldsymbol{p}|)\,, \quad \widehat{\boldsymbol{n}} = \pm\widehat{\boldsymbol{e}}_3\,.$$

Mit dem Ausdruck (4.96) für den Vierervektor n ist dann

$$m\,\{n^{\mu}\} = \Big(\pm p, 0, 0, \pm\big(m + \frac{p^2}{E + m}\big)\Big)^T = \pm\big(p, 0, 0, E\big)^T\,,$$

wobei $p^2 = E^2 - m^2 = (E + m)(E - m)$ eingesetzt ist. Die Dichtematrix ist damit

$$\varrho_{\mathrm{L}}^{(+)} = \frac{1}{4}\big(\mathbb{1} - \gamma_5\big)\big(\gamma^0 + \gamma^3\big)(E \mp p)\,. \tag{4.128}$$

Dieses Resultat sagt folgendes aus: Die relative Wahrscheinlichkeit, den Spin entlang der positiven bzw. der negativen Impulsrichtung ausgerichtet zu finden, ist mit $\beta = p/E$

$$R := \frac{w(h = +1/2)}{w(h = -1/2)} = \frac{E - p}{E + p} = \frac{1 - \beta}{1 + \beta}\,. \tag{4.129}$$

Wenn die Geschwindigkeit des Fermions nahe oder gleich der Lichtgeschwindigkeit ist, so ist dieses Verhältnis genähert

$$R = \frac{1 - \beta^2}{1 + \beta^2} \approx \frac{1}{4\gamma^2} = \frac{m^2}{4E^2}\,,$$

in Übereinstimmung mit der oben gemachten Aussage, dass $u_{\mathrm{L}}(p)$ bei $m = 0$ einen Zustand mit Helizität $-1/2$ beschreibt. Anders ausgedrückt heißt dieses Ergebnis: wird ein massives Fermion in einem links-chiralen Zustand mit hoher Energie $E \gg m$ erzeugt, dann ist der Zustand mit Spinausrichtung parallel zum Impuls gegenüber dem Zustand mit Spinausrichtung antiparallel um dieses Verhältnis unterdrückt.

Für die Spinoren $P_- v(p)$, die Antiteilchen beschreiben, gilt ein analoges Resultat. Allerdings stellt dieser Spinor *rechts*händige Zustände dar, denn es ist

$$P_-(\not{p}+m\not{n})P_+ =: \varrho_{\mathrm{R}}^{(-)} ; \tag{4.130}$$

die Interpretation überträgt sich von der oben gefundenen auf diesen Fall, indem man parallele und antiparallele Spinausrichtung vertauscht. So hat z. B. ein masseloses Antiteilchen, das in einem solchen chiralen Zustand erzeugt wurde, die Helizität $+1/2$. Wir halten also die Zuordnungen der Projektionsoperatoren P_+ und P_- zur Chiralität wie folgt fest:

$$P_- v(p) \equiv v_{\mathrm{R}}(p)\,, \qquad P_+ v(p) \equiv v_{\mathrm{L}}(p)\,. \tag{4.131}$$

Der Operator P_+ projiziert auf *rechts*-chirale Teilchen- und auf *links*-chirale Antiteilchenzustände, während der Operator P_- auf *links*-chirale Teilchen- und auf *rechts*-chirale Antiteilchenzustände projiziert.

a) Vektor- und Axialvektorkopplungen

Nachdem die physikalische Bedeutung der chiralen Felder (4.124) und (4.125) geklärt ist, betrachten wir jetzt den typischen Wechselwirkungsvertex des Beispiels 4.2

$$\overline{\psi(x)}\Gamma^\mu\psi(x) \qquad \text{mit} \qquad \Gamma^\mu = \gamma^\mu\big(a\,\mathbb{1}+b\gamma_5\big)\,. \tag{4.132}$$

Nutzt man aus, dass Projektionsoperatoren idempotent sind und dass $\gamma^\mu\gamma_5 = -\gamma_5\gamma^\mu$ ist, so folgt

$$\begin{aligned}\Gamma^\mu &= \gamma^\mu\big(a\,\mathbb{1}+b\gamma_5\big) = (a+b)\gamma^\mu P_+^2 + (a-b)\gamma^\mu P_-^2 \\ &= (a+b)P_-\gamma^\mu P_+ + (a-b)P_+\gamma^\mu P_-\,.\end{aligned} \tag{4.133}$$

Ein Blick auf die Entwicklungen (4.84) und (4.85) nach Erzeugungs- und Vernichtungsoperatoren von Teilchen und Antiteilchen zeigt, dass

(a1) ein mit Impuls p und Spinprojektion r *ein*laufendes Teilchen durch den Spinor $u^{(r)}(p)$,
(a2) ein mit (p', r') *aus*laufendes Teilchen durch $\overline{u^{(r')}(p')}$,
(b1) ein mit (q, s) *ein*laufendes Antiteilchen durch $\overline{v^{(s)}(p)}$,
(b2) ein mit (q', s') *aus*laufendes Antiteilchen durch $v^{(s')}(p')$

dargestellt wird, d. h. dass anstelle des Vertex $\overline{\psi(x)}\Gamma^\mu\psi(x)$ je nach Auswahl der äußeren Teilchen die Vertizes

$$\overline{u^{(r')}(p')}\Gamma^\mu u^{(r)}(p)\,, \quad \overline{v^{(s)}(q)}\Gamma^\mu v^{(s')}(q')\,, \quad \overline{u^{(r)}(p)}\Gamma^\mu v^{(s)}(q)\,,$$

$$\overline{v^{(s)}(q)}\Gamma^\mu u^{(r)}(p)$$

treten. Der erste Term steht für die Streuung eines Teilchens von (r, p) nach (r', p'), der zweite für die Streuung eines Antiteilchens von (s, q) nach

(s', q'), der dritte beschreibt die Erzeugung eines Teilchen-Antiteilchen Paares, der vierte die Vernichtung eines solchen Paares. Dabei kommt es bei diesen Zuordnungen der Chiralität offensichtlich nicht darauf an, ob die beiden Spinoren sich auf dasselbe Teilchen oder auf zwei verschiedene Teilchen beziehen. Im zweiten Fall würden wir die Spinoren wie in Beispiel 4.3 mit einem Teilchenindex nummerieren. Zusammen mit den bereits bewiesenen Zuordnungen

$$P_{+/-}u^{(r)}(p) = u^{(r)}_{\mathrm{R/L}}(p)\,, \quad \overline{u^{(r)}(p)}P_{+/-} = \overline{u^{(r)}_{\mathrm{L/R}}(p)}\,,$$

$$P_{+/-}v^{(s)}(q) = v^{(s)}_{\mathrm{L/R}}(q)\,, \quad \overline{v^{(s)}(q)}P_{+/-} = \overline{v^{(s)}_{\mathrm{R/L}}(q)}$$

liest man eine physikalisch wichtige Auswahlregel bei Wechselwirkungen ab, die an den Vertex $\overline{\psi^{(k)}(x)}\Gamma^\mu\psi^{(i)}(x)$ koppeln (i und k stehen für zwei möglicherweise verschiedene Fermionsorten und werden weggelassen, wenn es sich bei beiden um dasselbe Feld handelt):

Auswahlregel für Vektor/Axialvektorkopplung: Eine Wechselwirkung, bei der zwei Fermionen über den Operator

$$\overline{\psi^{(k)}(x)}\gamma^\mu\left(a\,\mathbb{1}+b\gamma_5\right)\psi^{(i)}(x) \tag{4.134}$$

koppeln, erhält die Chiralität, wenn eines der Teilchen einläuft, das andere ausläuft. Wird ein Teilchen-Antiteilchen Paar erzeugt oder vernichtet, so geschieht dies mit entgegengesetzten Chiralitäten (vgl. Abb. 4.2).

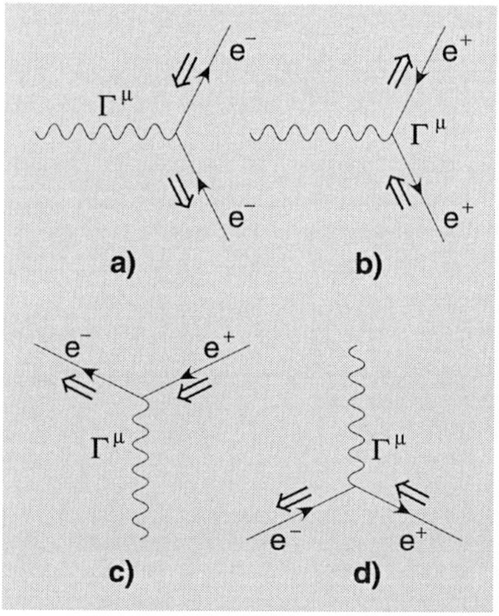

Abb. 4.2a–d. Eine beliebige Mischung aus Vektor- und Axialvektorkopplung korreliert die Chiralitäten der äußeren Teilchen wie eingezeichnet: Beispiel (**a**) zeigt die Streuung eines links-chiralen Elektrons, (**b**) die eines rechts-chiralen Positrons, (**c**) zeigt die Erzeugung eines Elektron-Positron Paares, (**d**) die Vernichtung eines Elektron-Positron Paares

Bemerkung

Verabredet man – wie dies in der Quantenelektrodynamik allgemein üblich ist – die Fermionlinien mit Pfeilen zu versehen, die den Fluss der *negativen* Ladung angeben und folgt man in den Bildern der Abb. 4.2 diesen Pfeilen, so sagt die Auswahlregel, dass die Chiralität (relativ zur Pfeilrichtung) an jedem Vertex erhalten bleibt, ganz gleich ob es sich um Streuung oder Paarerzeugung bzw. -vernichtung handelt.

Die Abb. 4.2, die schon einige schematische Beispiele zeigt, ergänzen wir um drei realistische Fälle aus der elektromagnetischen und der Schwachen Wechselwirkung:

Beispiel 4.5 Elektromagnetische Paarerzeugung

In niedrigster Ordnung wird der Prozess $e^- + e^+ \to \mu^- + \mu^+$ wie in Abb. 4.3 skizziert durch den Austausch eines einzelnen, virtuellen Photons vermittelt. Da die Kopplung von geladenen Fermionen an Photonen durch (4.61) gegeben ist, ist in (4.132) $a = 1$, $b = 0$ zu setzen. Der Ausdruck (4.133) zeigt, dass dann rechts- und links-chirale Zustände mit gleicher Stärke ankoppeln. Trifft ein unpolarisierter Strahl von Positronen auf einen ebenfalls unpolarisierten Strahl von Elektronen, so werden die beiden möglichen Konstellationen der Chiralitäten im Endzustand mit gleichen Gewichten erzeugt, die auslaufenden Strahlen von μ^- und μ^+ sind also auch unpolarisiert. Gelingt es dagegen, im gleichen Experiment nur solche μ^+ zu akzeptieren, die ihren Spin entlang des Impulses ausgerichtet haben, so weiß man, dass das begleitende μ^- linkshändig ist. Die Variante dieses Prozesses, bei der die Myonen durch τ-Leptonen ersetzt sind, d. h. der Prozess $e^- + e^+ \to \tau^- + \tau^+$, wird in der Tat dazu benutzt, um polarisierte τ-Strahlen zu präparieren.

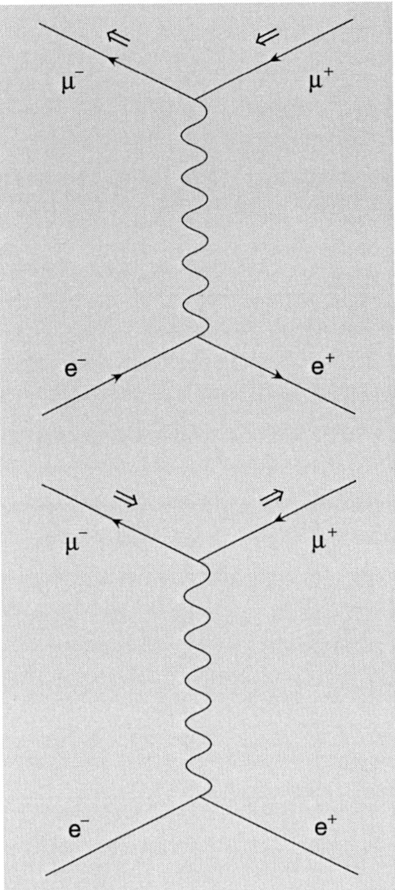

Abb. 4.3. Die Erzeugung eines $\mu^+\mu^-$-Paares aus unpolarisierten Elektron- und Positronstrahlen

Beispiel 4.6 Die Zerfälle $\pi^0 \to e^+e^-$, $\eta \to \mu^+\mu^-$, $\eta \to e^+e^-$

Die Chiralitätsauswahlregeln haben eine interessante Anwendung in den Zerfällen von Spin-0 Mesonen in zwei Leptonen, die wir in diesem und im nächsten Beispiel ausarbeiten. Pionen, ebenso wie das η haben den Spin Null und sind instabile, stark wechselwirkende Mesonen. Ihre Massen sind, in MeV bzw. Einheiten der Elektronenmasse, $m_{\pi^0} = 134{,}98\,\text{MeV} = 264{,}14\,m_e$, $m_\eta = 547{,}3\,\text{MeV} = 1071{,}0\,m_e$. Wenn ein Meson in seinem Ruhesystem in zwei Teilchen zerfällt, dann laufen diese mit entgegengesetzt gleichen räumlichen Impulsen auseinander, im Beispiel des η also

$$q = (m_\eta, 0, 0, 0)^T = (E_1, \boldsymbol{k})^T + (E_2, -\boldsymbol{k})^T\,, \qquad E_i = \sqrt{m_i^2 + \boldsymbol{k}^2}\,.$$

Wir legen die 3-Achse entlang von $\boldsymbol{k}$. Im Zerfallsprozess bleiben der Gesamtdrehimpuls $\boldsymbol{J}^2$ und seine Projektion $\mathbf{J}_3$ erhalten, wobei $\boldsymbol{J}$ im Endzustand sich aus dem relativen Bahndrehimpuls $\boldsymbol{\ell}$ der beiden Teilchen und ihren Spins zusammensetzt und für die magnetischen Quantenzahlen $J_3 = m_\ell + m_s^{(1)} + m_s^{(2)}$ ist. Das zerfallende Meson ruht und hat Spin Null, somit ist $J_3 = 0$. Die relative Bewegung der beiden Teilchen im Endzustand enthält zwar alle Werte des Bahndrehimpulses ℓ, aber die Projektion m_ℓ auf die Flugrichtung ist in jeder Partialwelle gleich Null (s. Band 2, Abschn. 1.9.3). Die beiden Quantenzahlen $m_s^{(1)}$ und $m_s^{(2)}$, deren Summe somit gleich Null sein muss, sind nichts anderes als die Projektionen der Spins der beiden Fermionen auf ihre Impulse. Nun entsteht ein physikalisch interessanter Konflikt zwischen der Erhaltung des Drehimpulses und der Auswahlregel (4.134) für die Chiralitäten: Drehimpulserhaltung fordert, dass die Spins in einer der beiden in Abb. 4.4 skizzierten Weisen ausgerichtet sind. Da das Meson keine Leptonzahl trägt, sind die Fermionen im Endzustand Antiteilchen voneinander. Wenn die Wechselwirkung vom Typus (4.132) ist – das ist hier mit $a = 1$ und $b = 0$ der Fall –, dann bevorzugt sie die Produktion des Paares mit *entgegen*gesetzten Chiralitäten, die durch die Erhaltung des Drehimpulses erzwungenen Konstellationen der Abb. 4.4 sind somit um den Faktor $(m_i/E)^2$ unterdrückt. Der Zerfall $\pi^0 \to e^+e^-$ ist in der Tat sehr selten. Der Zerfall des η in ein $\mu^+\mu^-$-Paar ist genähert um den Faktor $(m_\mu/m_e)^2$ häufiger als der Zerfall in ein e^+e^--Paar, obwohl der zur Verfügung stehende Phasenraum kleiner ist. Wären die Massen der Fermionen im Endzustand exakt gleich Null, so wäre der Zerfall verboten.

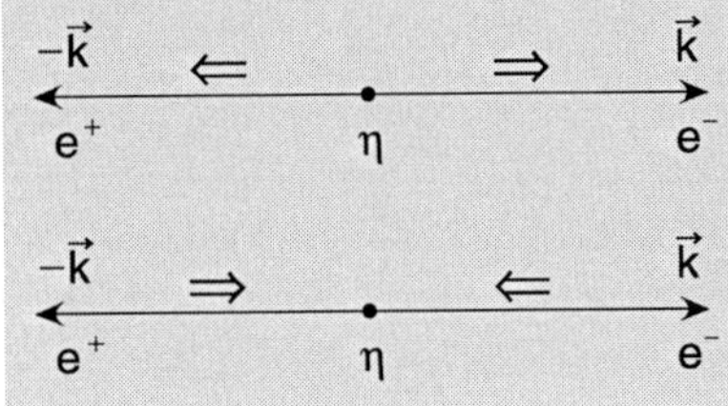

Abb. 4.4. Zerfällt ein Meson mit Spin Null in zwei Fermionen, dann müssen die Spins entgegengesetzt ausgerichtet sein. Da es sich aber um ein Teilchen-Antiteilchen Paar handelt, favorisiert jede Vektor- oder Axialvektorkopplung die (wegen der Erhaltung des Drehimpulses verbotene) parallele Ausrichtung. Sind die Massen beider Fermionen gleich Null, so ist dieser Zerfall nicht möglich

Beispiel 4.7 Schwache Wechselwirkung mit geladenen Strömen

In der Schwachen Wechselwirkung, die durch den Austausch von virtuellen $W^\pm$-Bosonen vermittelt wird, ist die Kopplung an Fermion-Paare (e^-, ν_e), (μ^-, ν_μ), (τ^-, ν_τ) vom Typus (4.132) mit $a = 1$ und $b = -1$, d. h. es treten

Vertizes der Art

$$\overline{\psi^{(\nu_e)}(x)}\gamma^\mu\big(\mathbb{1}-\gamma_5\big)\psi^{(e)}(x) \quad \text{bzw.} \quad \overline{\psi^{(e)}(x)}\gamma^\mu\big(\mathbb{1}-\gamma_5\big)\psi^{(\nu_e)}(x)$$

und entsprechende Ausdrücke für die beiden anderen Leptonfamilien auf. Da hier zwei Teilchen mit unterschiedlichen elektrischen Ladungen erzeugt oder vernichtet werden, spricht man von Wechselwirkung über *geladene Ströme.* Natürlich muss die elektrische Ladung im gesamten Streu- oder Zerfallsprozess erhalten sein. Das ist in den Zerfällen

$$\pi^+ \to \mu^+ + \nu_\mu\,, \quad \pi^+ \to e^+ + \nu_e\,, \quad \pi^- \to \mu^- + \overline{\nu_\mu}\,, \quad \pi^- \to e^- + \overline{\nu_e}\,,$$

der Fall. Bei Neutrinos, die (nahezu oder) exakt masselos sind, ist die Chiralität (praktisch) gleich der Helizität. Neutrinos werden somit immer linkshändig, Antineutrinos immer rechtshändig auftreten. Da das zerfallende Meson Spin Null hat, gilt dieselbe Überlegung für die Erhaltung des Drehimpulses wie im vorhergehenden Beispiel, der geladene Partner wird also im Zerfall des π^+ mit longitudinaler Polarisation -1, im Zerfall des π^- mit longitudinaler Polarisation $+1$ erzeugt, in Konflikt mit der Auswahlregel für Vektor/Axialvektorkopplung, die die jeweils andere Polarisation bervorzugt. Ohne die Details der Dynamik zu kennen, kann man auf Grund dieser einfachen Überlegungen voraussagen, dass die Wahrscheinlichkeiten für die Zerfälle $\pi^+ \to e^+\nu_e$ und $\pi^+ \to \mu^+\nu_\mu$ genähert im Verhältnis

$$\frac{\Gamma(\pi^+ \to e^+\nu_e)}{\Gamma(\pi^+ \to \mu^+\nu_\mu)} \approx \frac{m_e^2}{m_\mu^2} = \left(\frac{0.511}{105.658}\right)^2 = 2{,}34\times 10^{-5}$$

stehen sollten. Das ist noch nicht ganz richtig, denn einerseits kommt auf Grund der allgemeinen Formel (3.37) noch ein Faktor $\kappa = (M^2-m^2)/(2M)$ mit $M = m_\pi$ und $m = m_e$ oder $m = m_\mu$, andererseits das Absolutquadrat des T-Matrixelements dazu. Beides zusammen gibt einen Faktor proportional zu $(1-m^2/M^2)^2$, so dass man das Verhältnis

$$\frac{\Gamma(\pi^+ \to e^+\nu_e)}{\Gamma(\pi^+ \to \mu^+\nu_\mu)} \approx \frac{m_e^2}{m_\mu^2}\left(\frac{1-(m_e/m_\pi)^2}{1-(m_\mu/m_\pi)^2}\right)^2 = 1{,}28\times 10^{-4} \tag{4.135}$$

erwartet. Dies liegt in der Tat sehr nahe am experimentellen Ergebnis, das $1{,}23\cdot 10^{-4}$ ist. Obwohl der elektronische Zerfall den größeren Phasenraum anbietet, ist er gegenüber dem myonischen Zerfall stark unterdrückt. Wären sowohl ν_e als auch das Elektron strikt masselos, so wäre der Zerfall $\pi^+ \to e^+\nu_e$ nicht möglich.

Die Starke Wechselwirkung ist ebenso wie die elektromagnetische Wechselwirkung durch reine Vektorkopplungen ausgezeichnet. In der Schwachen Wechselwirkung koppeln die $W^\pm$-Bosonen über den Term (4.132) mit $a = -b = 1$, das Z^0-Boson koppelt ebenfalls über solche Terme, allerdings mit unterschiedlichen Koeffizienten a und b, je nachdem welches äußere Fermion betroffen ist. In allen diesen Wechselwirkungen spielen chirale Felder eine wichtige dynamische Rolle, insbesondere gelten die oben erarbeiteten Auswahlregeln.

b) Skalare und pseudoskalare Kopplungen

Wir schließen diesen Abschnitt mit einigen Bemerkungen über solche Fälle, wo sesquilineare Terme der Art

$$\overline{\psi(x)}\Gamma\psi(x) \qquad \text{mit} \qquad \Gamma = c\,\mathbb{1} + \mathrm{i}\,d\gamma_5 \tag{4.136}$$

auftreten. So sind z. B. Massenterme in der Lagrangedichte (4.58) vom diesem Typus mit $c = 1$ und $d = 0$, aber auch sog. Yukawa-Kopplungen an *skalare* oder *pseudoskalare* (Spin-0) Teilchen enthalten solche Terme, im ersten Fall mit $(c = 1, d = 0)$, im zweiten mit $(c = 0, d = 1)$. Auch hier gibt es Auswahlregeln für die Chiralität, die aber anders lauten als bei den Vektor- oder Axialvektorkopplungen des vorhergehenden Abschnitts.

Zerlegt man die quantisierten Felder (4.84) und (4.85) in ihre rechts- und links-chiralen Anteile, $\psi = P_+\psi + P_-\psi$ und $\overline{\psi} = \overline{\psi}P_- + \overline{\psi}P_+$, so ist aufgrund der oben ausgeführten Analyse

$$P_{+/-}\psi(x) = \frac{1}{(2\pi)^{3/2}} \sum_{r=1}^{2} \int \frac{\mathrm{d}^3 p}{2E_p} \left[a^{(r)}(\boldsymbol{p})\, u^{(r)}_{R/L}(\boldsymbol{p})\,\mathrm{e}^{-\mathrm{i}px} + b^{(r)\,\dagger}(\boldsymbol{p})\, v^{(r)}_{L/R}(\boldsymbol{p})\,\mathrm{e}^{\mathrm{i}px} \right] ,$$

$$\overline{\psi(x)}P_{+/-} = \frac{1}{(2\pi)^{3/2}} \sum_{r=1}^{2} \int \frac{\mathrm{d}^3 p}{2E_p} \left[a^{(r)\,\dagger}(\boldsymbol{p})\, \overline{u^{(r)}_{L/R}(\boldsymbol{p})}\,\mathrm{e}^{-\mathrm{i}px} + b^{(r)}(\boldsymbol{p})\, \overline{v^{(r)}_{R/L}(\boldsymbol{p})}\,\mathrm{e}^{\mathrm{i}px} \right] .$$

Da beide Terme in (4.136) mit γ_5 vertauschen, bleiben nur zwei Anteile stehen,

$$\overline{\psi(x)}\Gamma\psi(x) = \overline{\psi(x)}P_+\Gamma P_+\psi(x) + \overline{\psi(x)}P_-\Gamma P_-\psi(x) .$$

Aus diesen Ausdrücken und durch Vergleich mit dem im Unterabschn. a) diskutierten Fall liest man unmittelbar die folgende Regel ab:

Auswahlregel für Skalar/Pseudoskalarkopplung: Eine Wechselwirkung, bei der zwei Fermionen über den Operator

$$\overline{\psi^{(k)}(x)}\big(c\,\mathbb{1} + \mathrm{i}\,d\gamma_5\big)\psi^{(i)}(x) \tag{4.137}$$

koppeln, ändert die Chiralität, wenn eines der Teilchen einläuft, das andere ausläuft. Wird ein Teilchen-Antiteilchen Paar erzeugt oder vernichtet, so geschieht dies mit gleichen Chiralitäten.

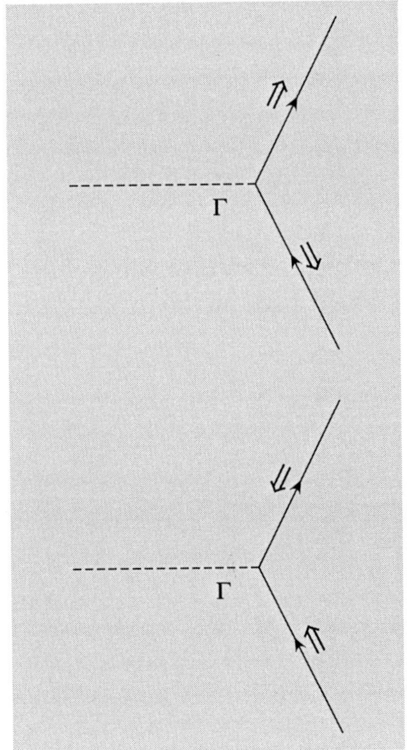

Abb. 4.5. Eine Kopplung, die eine beliebige Linearkombination der Operatoren $\mathbb{1}$ und γ_5 enthält, korreliert die Chiralitäten von äußeren Linien in der eingezeichneten Weise. Die gestrichelten Linien symbolisieren ein Spin-0 Teilchen, das skalar oder pseudoskalar ist. Sind die Fermionen strikt masselos, dann geben die Pfeile die Helizitäten an

Diese Regel ist in Abb. 4.5 durch einige typische Vertizes illustriert. Wenn man sich darauf einigt, die Fermionlinien mit Pfeilen in Richtung des Flusses der negativen Ladung zu versehen, oder, was dasselbe ist, wenn für

– für *ein*laufende *Teilchen* der Pfeil zum Vertex *hin,*
– für *aus*laufende *Teilchen* der Pfeil vom Vertex *weg,*

- für *ein*laufende *Antiteilchen* der Pfeil vom Vertex *weg*,
- für *aus*laufende *Antiteilchen* zum Vertex *hin*

zeigt, dann gilt hier: die Chiralität ändert sich an Vertizes mit Skalar/Pseudoskalarkopplung immer.
Wenn die Wechselwirkung im Beispiel 4.7 statt des Operators $\gamma^\mu(a\,\mathbb{1} - b\gamma_5)$ den Term $c\,\mathbb{1} + \mathrm{i}\,d\gamma_5$ enthielte, so wäre das Verzweigungsverhältnis (4.135) nicht um den Faktor $(m_e/m_\mu)^2$ unterdrückt und hätte somit den Wert 5.49, also mehr als vier Größenordnungen größer als was man experimentell findet!

4.4 Die Dirac-Gleichung als Ein-Teilchen-Theorie?

Nachdem wir herausgearbeitet haben, dass die Dirac-Gleichung sich von der Schrödinger-Gleichung auch in ihrer Interpretation deutlich unterscheidet und eigentlich nur in ihrer quantisierten Form als Theorie von Teilchen und Antiteilchen verstanden werden kann, mag es überraschen, dass wir in diesem Abschnitt doch noch einen Versuch wagen sie als Ein-Teilchen-Theorie zu verwenden (daher das Fragezeichen im Titel). Dafür gibt es Gründe, die sich auf konkrete physikalische Situationen beziehen. In vielen Problemen der Atom- und der Molekülphysik, bei denen Bindungsenergien i. Allg. sehr klein gegen die Ruhemasse sind und bei denen relativistische Korrekturen an den Resultaten der Schrödinger-Theorie immer noch klein sind, ist es durchaus berechtigt, die mit Antiteilchen verbundenen Freiheitsgrade zu vernachlässigen. Als Ausgangspunkt für die Bewertung von echten Strahlungskorrekturen – das sind Effekte höherer Ordnung, die aus der Quantenelektrodynamik folgen – ist es vernünftig, sich auf das Wasserstoffspektrum zu beziehen, das aus der Ein-Teilchen Dirac-Gleichung folgt, wenn man dort das Coulombpotential einsetzt. Auch für die Analyse von wasserstoffähnlichen Atomen, bei denen das Elektron durch ein Myon μ^- oder ein Antiproton $\overline{p}$ ersetzt ist, bietet sich die Dirac-Gleichung mit äußerem Potential an. Formal gesehen bedeutet dieser Zugang, dass man das Spektrum des Dirac-Operators mit Potential auf positive Energien einschränkt[8] und die Freiheitsgrade vernachlässigt, die virtuelle Elektron-Positron Paare enthalten. (Dabei ist zu beachten, dass auch ein mit der Bindungsenergie B gebundener Zustand die Gesamtenergie $E = m - B$ hat, die positiv bleibt, solange $B \ll m$ ist.)

4.4.1 Separation der Dirac-Gleichung in sphärischen Polarkoordinaten

Es gibt eine elegante Methode die Dirac-Gleichung in eine Radialgleichung zu überführen, die auf Dirac selbst zurückgeht. Man geht aus von der Hamilton'schen Form (4.72) mit einem äußeren, kugelsymmetrischen Coulombpotential $U(r)$. Da $U(r) = q\Phi(r)$ proportional zur Zeitkomponente eines Viererpotentials $A^\mu = (\Phi(r), \mathbf{0})$ ist, das in (4.62) über die Vorschrift der minimalen Kopplung eingeführt wird, erscheint es in dieser Gleichung

[8] s. z. B. G.E. Brown and D.G. Ravenhall, Proc. Roy. Soc. London A **208**, 552, 1952.

mit γ^0 multipliziert. Beim Übergang zur Form (4.70) wird mit einem zusätzlichen Faktor γ^0 multipliziert, so dass wegen $\gamma^{0\,2} = \mathbb{1}_4$ das Potential in (4.72) mit $\mathbb{1}_4$ multipliziert erscheint[9]. Beschränkt man sich auf stationäre Zustände mit positiver Energie,

$$\Psi(t,\boldsymbol{x}) = \mathrm{e}^{-\mathrm{i}Et}\psi(\boldsymbol{x}) \,,$$

dann ist folgende Gleichung zu lösen

$$E\psi(\boldsymbol{x}) = \Big(-\mathrm{i}\boldsymbol{\alpha}\cdot\nabla + U(r)\,\mathbb{1} + m\beta\Big)\psi(\boldsymbol{x}) \,, \tag{4.138}$$

wo die Matrizen $\boldsymbol{\alpha}$ und β die in (4.71) angegebenen sind. Neben diesen Matrizen verwendet man noch die drei Matrizen

$$\boldsymbol{S} := (\gamma_5)_{\mathrm{St}}\boldsymbol{\alpha} = \begin{pmatrix} \boldsymbol{\sigma} & 0 \\ 0 & \boldsymbol{\sigma} \end{pmatrix} . \tag{4.139}$$

Der Gradientenoperator wird in Radialanteil und Bahndrehimpuls zerlegt,

$$\nabla = \widehat{\boldsymbol{r}}(\widehat{\boldsymbol{r}}\cdot\nabla) - \widehat{\boldsymbol{r}}\times(\widehat{\boldsymbol{r}}\times\nabla) = \widehat{\boldsymbol{r}}(\widehat{\boldsymbol{r}}\cdot\nabla) - \mathrm{i}\,\frac{1}{r}\widehat{\boldsymbol{r}}\times\boldsymbol{\ell} \,.$$

Das Skalarprodukt aus $\widehat{\boldsymbol{r}}$ und ∇ (in dieser Reihenfolge!) ist gleich $\partial/\partial r$ und

$$\boldsymbol{\alpha}\cdot\nabla = \boldsymbol{\alpha}\cdot\widehat{\boldsymbol{r}}\frac{\partial}{\partial r} - \mathrm{i}\,\frac{1}{r}\boldsymbol{\alpha}\cdot(\widehat{\boldsymbol{r}}\times\boldsymbol{\ell}) \,.$$

Im zweiten Term kann man eine bekannte Relation für Pauli-Matrizen verwenden (s. Band 2, (4.37)). Für zwei Vektoren $\boldsymbol{a}$ und $\boldsymbol{b}$ gilt

$$(\boldsymbol{\sigma}\cdot\boldsymbol{a})(\boldsymbol{\sigma}\cdot\boldsymbol{b}) = \boldsymbol{a}\cdot\boldsymbol{b} + \mathrm{i}\,\boldsymbol{\sigma}\cdot\big(\boldsymbol{a}\times\boldsymbol{b}\big) \,. \tag{4.140}$$

Mit dieser Formel, mit $\boldsymbol{\alpha} = \gamma_5\boldsymbol{S}$ und mit $\widehat{\boldsymbol{r}}\cdot\boldsymbol{\ell} = 0$ ist

$$\mathrm{i}\,\boldsymbol{\alpha}\cdot(\widehat{\boldsymbol{r}}\times\boldsymbol{\ell}) = \mathrm{i}\,\gamma_5\boldsymbol{S}\cdot(\widehat{\boldsymbol{r}}\times\boldsymbol{\ell}) = \gamma_5(\boldsymbol{S}\cdot\widehat{\boldsymbol{r}})(\boldsymbol{S}\cdot\boldsymbol{\ell}) \quad \text{und}$$

$$\boldsymbol{\alpha}\cdot\nabla = \gamma_5(\boldsymbol{S}\cdot\widehat{\boldsymbol{r}})\left(\frac{\partial}{\partial r} - \frac{1}{r}(\boldsymbol{S}\cdot\boldsymbol{\ell})\right) .$$

Der eigentliche Trick besteht darin, einen Operator einzuführen, der die ganze Information über den Bahndrehimpuls $\boldsymbol{\ell}$, den Spin $\boldsymbol{s} = \boldsymbol{\sigma}/2$ und den Gesamtdrehimpuls $\boldsymbol{j} = \boldsymbol{\ell} + \boldsymbol{s}$ enthält. Dieses leistet der Dirac'sche Operator K, der wie folgt definiert ist:

$$K := \beta\left(\boldsymbol{S}\cdot\boldsymbol{\ell} + \mathbb{1}_4\right) \equiv \begin{pmatrix} K^{(0)} & 0 \\ 0 & -K^{(0)} \end{pmatrix} , \quad K^{(0)} = \boldsymbol{\sigma}\cdot\boldsymbol{\ell} + \mathbb{1}_2 \,. \tag{4.141}$$

Eigenschaften des Operators (4.141):

1. Der Operator $K^{(0)}$, aus dem K sich zusammensetzt, lässt sich durch die Quadrate aller beteiligten Drehimpulse ausdrücken. Mit $\boldsymbol{j} = \boldsymbol{\ell} + \boldsymbol{s}$ ist

$$K^{(0)} = \boldsymbol{\sigma}\cdot\boldsymbol{\ell} + \mathbb{1} = 2\boldsymbol{s}\cdot\boldsymbol{\ell} + \mathbb{1} = \boldsymbol{j}^2 - \boldsymbol{\ell}^2 - \boldsymbol{s}^2 + \mathbb{1} \,.$$

[9] Hätte man es dagegen mit einem Lorentz-*skalaren* Potential zu tun, so würde dieses mit β multipliziert, also additiv zur Masse m erscheinen.

Seine Eigenfunktionen sind offensichtlich die gekoppelten Spin-Bahn-zustände

$$|j\ell m\rangle = \sum_{m_\ell, m_s} \big(\ell, m_\ell; 1/2, m_s | jm\big) \, |\ell m_\ell\rangle \, |1/2, m_s\rangle$$

wo $|\ell m_\ell\rangle$ Kugelflächenfunktionen und $|1/2, m_s\rangle$ Eigenzustände des Spins sind. Bezeichnet man seine Eigenwerte mit $-\kappa$, d. h. setzt man $K^{(0)}|j\ell m\rangle = -\kappa|j\ell m\rangle$, dann sind diese gleich

$$\kappa = -j(j+1) + \ell(\ell+1) - \frac{1}{4}\,.$$

Man bemerkt, dass dieser Eigenwert sowohl positive als auch negative Werte annehmen kann.

2. Mithilfe der Relation (4.140), die mit $\boldsymbol{a} = \boldsymbol{b} = \boldsymbol{\ell}$ und mit $\boldsymbol{\ell} \times \boldsymbol{\ell} = \mathrm{i}\boldsymbol{\ell}$

$$\big(\boldsymbol{\sigma} \cdot \boldsymbol{\ell}\big)^2 = \boldsymbol{\ell}^2 - \boldsymbol{\sigma} \cdot \boldsymbol{\ell}$$

ergibt, kann man das Quadrat von $K^{(0)}$ berechnen und findet

$$\big(K^{(0)}\big)^2 = \boldsymbol{\ell}^2 + \boldsymbol{\sigma} \cdot \boldsymbol{\ell} + \mathbb{1} = \boldsymbol{j}^2 - \boldsymbol{s}^2 + \mathbb{1}\,.$$

Setzt man die Eigenwerte ein, so sieht man, dass das Quadrat von κ mit dem Eigenwert j auf eindeutige Weise zusammenhängt,

$$\kappa^2 = j(j+1) - \frac{3}{4} + 1 = \big(j + \frac{1}{2}\big)^2\,.$$

Daraus folgen Regeln, wie die Eigenwerte ℓ und j aus der Angabe von κ berechnet werden,

$$j = |\kappa| - \frac{1}{2}\,, \qquad (4.142)$$

$$\text{für} \quad \kappa > 0 \quad \text{gilt } \ell = \kappa\,, \qquad (4.143)$$

$$\text{für} \quad \kappa < 0 \quad \text{gilt } \ell = -\kappa - 1\,. \qquad (4.144)$$

Die Angabe des Eigenwertes κ, der positiv oder negativ sein kann, legt die Werte von j und von ℓ fest. Insbesondere sein Vorzeichen legt fest, wie Spin und Bahndrehimpuls gekoppelt sind: Ist $\kappa > 0$, so ist $j = \ell - 1/2$, ist $\kappa < 0$, so ist $j = \ell + 1/2$. Es ist deshalb sinnvoll, die Eigenzustände von $K^{(0)}$ mit $|\kappa, m\rangle$ anstelle von $|j\ell m\rangle$ zu bezeichnen.

3. Damit sind auch die Eigenwerte und Eigenfunktionen von K, (4.141) gefunden. Es ist

$$K \begin{pmatrix} |\kappa, m\rangle \\ |-\kappa, m\rangle \end{pmatrix} = -\kappa \begin{pmatrix} |\kappa, m\rangle \\ |-\kappa, m\rangle \end{pmatrix}\,. \qquad (4.145)$$

Die Zahl κ durchläuft dabei den Wertevorrat

$$\kappa = \pm 1, \pm 2, \pm 3, \ldots\,. \qquad (4.146)$$

Führt man den Operator K in die stationäre Dirac-Gleichung (4.138) ein, so wird diese zu

$$E\psi(\boldsymbol{x}) = H\psi(\boldsymbol{x})$$

$$\text{mit} \quad H = -\mathrm{i}\gamma_5 \boldsymbol{S}\cdot\widehat{\boldsymbol{r}}\left(\frac{\partial}{\partial r}\mathbb{1} + \frac{1}{r}\mathbb{1} - \beta\frac{1}{r}K\right) + U(r)\,\mathbb{1} + \beta m\,. \tag{4.147}$$

Wir zeigen jetzt, dass die Operatoren H und K kommutieren. Dazu genügt es, den Kommutator von $\gamma_5 \boldsymbol{S}\cdot\widehat{\boldsymbol{r}} = \boldsymbol{\alpha}\cdot\widehat{\boldsymbol{r}}$ mit $K = \mathrm{diag}\big((\boldsymbol{\sigma}\cdot\boldsymbol{\ell}+\mathbb{1}), -(\boldsymbol{\sigma}\cdot\boldsymbol{\ell}+\mathbb{1})\big)$ zu berechnen: Es ist

$$\left[\begin{pmatrix} 0 & \boldsymbol{\sigma}\cdot\widehat{\boldsymbol{r}} \\ \boldsymbol{\sigma}\cdot\widehat{\boldsymbol{r}} & 0 \end{pmatrix}, \begin{pmatrix} \boldsymbol{\sigma}\cdot\boldsymbol{\ell}+\mathbb{1} & 0 \\ 0 & -(\boldsymbol{\sigma}\cdot\boldsymbol{\ell}+\mathbb{1}) \end{pmatrix}\right] \equiv \begin{pmatrix} 0 & -A \\ A & 0 \end{pmatrix},$$

$$\text{mit} \quad A = (\boldsymbol{\sigma}\cdot\widehat{\boldsymbol{r}})(\boldsymbol{\sigma}\cdot\boldsymbol{\ell}+\mathbb{1}) + (\boldsymbol{\sigma}\cdot\boldsymbol{\ell}+\mathbb{1})(\boldsymbol{\sigma}\cdot\widehat{\boldsymbol{r}})\,.$$

Verwendet man wieder die Relation (4.140) und beachtet $\widehat{\boldsymbol{r}}\cdot\boldsymbol{\ell} = 0$, so ist

$$(\boldsymbol{\sigma}\cdot\widehat{\boldsymbol{r}})(\boldsymbol{\sigma}\cdot\boldsymbol{\ell}) + (\boldsymbol{\sigma}\cdot\boldsymbol{\ell})(\boldsymbol{\sigma}\cdot\widehat{\boldsymbol{r}}) = \frac{\mathrm{i}}{r}\boldsymbol{\sigma}\cdot\big(\boldsymbol{r}\times\boldsymbol{\ell} + \boldsymbol{\ell}\times\boldsymbol{r}\big)\,,$$

wobei wir benutzt haben, dass $r = |\boldsymbol{x}|$ mit $\boldsymbol{\ell}$ kommutiert. Die Summe in den runden Klammern ist nicht gleich Null, weil $\boldsymbol{\ell}$ nicht mit $\boldsymbol{r}$ vertauscht. Vielmehr folgt mit $[\ell_i, x_j] = \mathrm{i}\varepsilon_{ijk}x_k$ (s. Band 2, Abschn. 1.9.1)

$$\boldsymbol{\ell}\times\boldsymbol{r} = -\boldsymbol{r}\times\boldsymbol{\ell} + 2\mathrm{i}\boldsymbol{r}\,.$$

Mit dieser Formel wird aber klar, dass die Hilfsgröße A und somit auch der Kommutator von H und K gleich Null sind. Für die Operatoren H und K gibt es gemeinsame Eigenfunktionen, die als Produkte von Funktionen der Radialvariablen r und Spin-Bahn-Eigenfunktionen gewählt werden können. Man macht den Ansatz

$$\psi_{\kappa,m}(\boldsymbol{x}) = \begin{pmatrix} g_\kappa(r)\ |\kappa, m\rangle \\ \mathrm{i}\, f_\kappa(r)\,|-\kappa, m\rangle \end{pmatrix}. \tag{4.148}$$

Der Faktor i ist Konventionssache und führt dazu, dass die gekoppelten Differentialgleichungen, denen die Radialfunktionen $g_\kappa(r)$ und $f_\kappa(r)$ genügen, rein reell werden. Um diese abzuleiten müssen wir noch die Wirkung des Operators $\boldsymbol{\sigma}\cdot\widehat{\boldsymbol{r}}$ auf die Funktionen $|\kappa, m\rangle$ berechnen. Es ist

$$(\boldsymbol{\sigma}\cdot\widehat{\boldsymbol{r}})\,|\kappa, m\rangle = -\,|-\kappa, m\rangle\,. \tag{4.149}$$

Der Beweis dieser Formel geht wie folgt: Der Operator $(\boldsymbol{\sigma}\cdot\widehat{\boldsymbol{r}})$ ist ein Tensoroperator der Stufe Null, unter Raumspiegelung ist er ungerade. Daher muss $(\boldsymbol{\sigma}\cdot\widehat{\boldsymbol{r}})|\kappa, m\rangle$ proportional zu $|-\kappa, m\rangle$ sein, denn nur dieser Zustand hat dieselben Werte von j und m und unterscheidet sich aufgrund von (4.143) und (4.144) von $|\kappa, m\rangle$ durch seine Parität,

$$(\boldsymbol{\sigma}\cdot\widehat{\boldsymbol{r}})\,|\kappa, m\rangle = \alpha\,|-\kappa, m\rangle\,.$$

Mit (4.140) folgt, dass $(\boldsymbol{\sigma}\cdot\widehat{\boldsymbol{r}})^2 = 1$ ist, die Norm des Zustands $(\boldsymbol{\sigma}\cdot\widehat{\boldsymbol{r}})|\kappa, m\rangle$ ist gleich 1,

$$\langle\kappa, m|\,(\boldsymbol{\sigma}\cdot\widehat{\boldsymbol{r}})^2\,|\kappa, m\rangle = 1 = |\alpha|^2\,.$$

Um den Koeffizienten α, dessen Betrag gleich 1 ist, zu berechnen, genügt es, die Relation zwischen $|\kappa, m\rangle$ und $|-\kappa, m\rangle$ in einem Spezialfall auszuwerten. Man wähle $\widehat{\boldsymbol{r}} = \widehat{\boldsymbol{e}}_3$ und $\theta = 0$. Dann ist

$$Y_{\ell m_\ell}(0, \phi) = \sqrt{\frac{2\ell+1}{4\pi}}\delta_{m_\ell 0} .$$

Setzt man die Definition des gekoppelten Zustands $|\kappa, m\rangle$ ein, so ergibt sich mit $m_s = m$ die Bestimmungsgleichung

$$2m\sqrt{2\ell+1}\big(\ell, 0; 1/2, m | jm\big) = \alpha\sqrt{2\bar{\ell}+1}\big(\bar{\ell}, 0; 1/2, m | jm\big) ,$$

wobei für positives κ die Quantenzahlen die Werte $\ell = \kappa$, $\bar{\ell} = \ell - 1$, $j = \ell - 1/2$ annehmen, während sie für negatives κ die Werte $\ell = (-\kappa) - 1$, $\bar{\ell} = \ell + 1$ und $j = \ell + 1/2$ haben. Die Werte der Clebsch-Gordan-Koeffizienten $\big(\ell, m_\ell; 1/2, m_s | jm\big)$, die man direkt berechnen kann (s. Aufgabe 4.7), sind in der Tabelle angegeben

$j \ \backslash \ m_s$	$\frac{1}{2}$	$-\frac{1}{2}$
$\ell + \frac{1}{2}$	$\sqrt{\frac{\ell+1/2+m}{2\ell+1}}$	$\sqrt{\frac{\ell+1/2-m}{2\ell+1}}$
$\ell - \frac{1}{2}$	$-\sqrt{\frac{\ell+1/2-m}{2\ell+1}}$	$\sqrt{\frac{\ell+1/2+m}{2\ell+1}}$

Nun setzt man $m_\ell = 0$, $m_s = m = \pm 1/2$ und bestätigt, dass bei $\kappa > 0$ und bei $\kappa < 0$ stets $\alpha = -1$ herauskommt. Damit ist (4.149) bewiesen.

Setzt man (4.148) in (4.147) ein und verwendet die Relation (4.149), so erhält man ein System von zwei gekoppelten, homogenen und reellen Differentialgleichungen für die Radialfunktionen

$$f_\kappa'(r) = \frac{\kappa - 1}{r} f_\kappa(r) - \big(E - U(r) - m\big) g_\kappa(r) , \tag{4.150}$$

$$g_\kappa'(r) = -\frac{\kappa + 1}{r} g_\kappa(r) + \big(E - U(r) + m\big) f_\kappa(r) . \tag{4.151}$$

Zwei Grenzfälle sind von besonderem physikalischen Interesse: der im Vergleich zur Ruhemasse sehr hoher Energien und der von Energien sehr nahe an der Ruhemasse.

(i) Wenn $E \gg m$ ist, so dass der Massenterm in (4.150), (4.151) vernachlässigt werden kann, erfüllen die Radialfunktionen die Symmetrierelationen

$$g_{-\kappa}(r) = f_\kappa(r) , \quad f_{-\kappa}(r) = -g_\kappa(r) . \tag{4.152}$$

Die oberen und die unteren Komponenten in (4.148) sind von derselben Größenordnung. Dieser Grenzfall ist z. B. dann relevant, wenn man die Streuung von Elektronen oder Myonen an Kernen bei Energien studiert, die im Vergleich zur Ruhemasse groß sind.

(ii) In schwach gebundenen Atomen ist die Bindungsenergie B in $E = m - B$ klein gegenüber m, d. h. $|E - m| \ll m$. Da auch das Potential klein ist, ist in diesem Grenzfall der zweite Term auf der rechten Seite von (4.150) gegenüber dem zweiten Term auf der rechten Seite von (4.151) um $B/(2m)$

unterdrückt. Man sieht, dass $f_\kappa(r)$ wesentlich kleiner als $g_\kappa(r)$ sein muss. Tatsächlich geht im nichtrelativistischen Limes des Wasserstoffatoms die sog. „große" Komponente $g_\kappa(r)$ in die entsprechende Radialfunktion der Schrödinger-Gleichung über, während die „kleine" Komponente $f_\kappa(r)$ nach Null strebt.

4.4.2 Wasserstoff-Ähnliche Atome mit der Dirac-Gleichung

In diesem Abschnitt wird gezeigt, dass die radialen Gleichungen (4.150), (4.151) mit der potentiellen Energie von Punktladungen

$$U(r) = -\frac{Z\alpha}{r}$$

exakt gelöst werden können. Dabei interessiert hier vor allem der Fall gebundener Zustände, d. h. Zustände mit $E < m$.

Für sehr große Werte der Radialvariablen r kann man $U(r)$ und die Terme $(\kappa \pm 1)/r$ vernachlässigen. Aus (4.150) folgt dann genähert

$$f'_\kappa(r) \approx -(E-m)g_\kappa(r) = (m-E)g_\kappa(r)\,.$$

Differenziert man (4.151) noch einmal, vernachlässigt alle Terme der Ordnung $\mathcal{O}(1/r)$ und setzt die genäherte Gleichung für $f'_\kappa(r)$ ein, so ist

$$g''_\kappa(r) \approx (m^2-E^2)g_\kappa(r)\,.$$

Da wir gebundene Zustände suchen, ist $E < m$, aber $m^2 - E^2$ ist immer noch reell-positiv. Man definiert daher

$$\lambda := \sqrt{m^2-E^2} \tag{4.153}$$

und stellt fest, dass die Asymptotik der Funktion $g_\kappa(r)$ proportional zu $\mathrm{e}^{-\lambda r}$ sein muss. Auch das asymptotische Verhalten von $f_\kappa(r)$ muss dasselbe sein, allerdings modifiziert mit dem Faktor $\sqrt{(m-E)/(m+E)}$. Da es sich als nützlich erweist, außer dem erwarteten asymptotischen Verhalten einen Faktor $1/r$ aus den Funktionen herauszuziehen, substituiert man zunächst

$$g_\kappa(r) = \frac{1}{r}\mathrm{e}^{-\lambda r}\sqrt{m+E}\,\big(u(r)+v(r)\big)\,,$$
$$f_\kappa(r) = \frac{1}{r}\mathrm{e}^{-\lambda r}\sqrt{m-E}\,\big(u(r)-v(r)\big)\,.$$

Verwendet man – ganz ähnlich wie im nichtrelativistischen Fall – die dimensionslose Variable

$$\varrho := 2\lambda r \tag{4.154}$$

und rechnet auf die Funktionen u und v um, so genügen diese dem System

$$\frac{\mathrm{d}u}{\mathrm{d}\varrho} = \left(1-\frac{Z\alpha E}{\lambda\varrho}\right)u(\varrho) - \left(\frac{\kappa}{\varrho}+\frac{Z\alpha m}{\lambda\varrho}\right)v(\varrho)\,, \tag{4.155}$$

$$\frac{\mathrm{d}v}{\mathrm{d}\varrho} = \left(-\frac{\kappa}{\varrho}+\frac{Z\alpha m}{\lambda\varrho}\right)u(\varrho) + \frac{Z\alpha E}{\lambda\varrho}v(\varrho)\,. \tag{4.156}$$

Das Verhalten der Lösungen in der Nähe von $r = 0$ ist nicht so einfach festzustellen wie im Fall der Schrödinger-Gleichung, bei der dieses einfach durch den Zentrifugalterm $\ell(\ell+1)/r^2$ bestimmt war. Man könnte durch Elimination von $f_\kappa(r)$ mit etwas Rechnung eine Differentialgleichung *zweiter* Ordnung für die „große" Komponente $g_\kappa(r)$ herleiten und würde dabei feststellen, dass $U(r)$ darin sowohl linear als auch quadriert auftritt. Der Term $U^2(r) = (Z\alpha)^2/r^2$ steht in Konkurrenz zum Zentrifugalterm, so dass das Verhalten der Lösungen bei $r = 0$ gegenüber dem nichtrelativistischen Fall abgeändert wird.

Etwas einfacher ist folgender Zugang: Man setzt

$$u(\varrho) = \varrho^\gamma \phi(\varrho)\,, \qquad v(\varrho) = \varrho^\gamma \chi(\varrho) \quad \text{mit} \quad \phi(0) \neq 0\,,\ \chi(0) \neq 0$$

und bestimmt den Exponenten γ aus dem System (4.155), (4.156). An der Stelle $\varrho = 0$ liefert dieses ein lineares Gleichungssystem für $\phi(0)$ und $\chi(0)$,

$$\gamma\,\phi(0) = -\frac{Z\alpha E}{\lambda}\phi(0) - \left(\kappa + \frac{Z\alpha m}{\lambda}\right)\chi(0)$$

$$\gamma\,\chi(0) = \left(-\kappa + \frac{Z\alpha m}{\lambda}\right)\phi(0) + \frac{Z\alpha E}{\lambda}\chi(0)\,.$$

Dies ist ein homogenes System und hat nur dann eine von Null verschiedene Lösung, wenn die Determinante gleich Null ist,

$$\det\begin{pmatrix} \gamma + Z\alpha E/\lambda & \kappa + Z\alpha m/\lambda \\ \kappa - Z\alpha m/\lambda & \gamma - Z\alpha E/\lambda \end{pmatrix} = 0\,,$$

d. h. wenn $\gamma^2 - \kappa^2 + (Z\alpha)^2 = 0$ ist. Von den beiden Lösungen dieser Gleichung ist nur die positive Wurzel

$$\gamma = \sqrt{\kappa^2 - (Z\alpha)^2}\,. \tag{4.157}$$

zulässig, wenn die Lösungen bei $r = 0$ regulär sein sollen. Man zieht also auch das Verhalten bei $r = 0$ aus den Radialfunktionen heraus und erhält aus (4.155) und (4.156) ein System von Differentialgleichungen für $\phi(\varrho)$ und $\chi(\varrho)$,

$$\varrho\frac{\mathrm{d}\phi}{\mathrm{d}\varrho} = \left(\varrho - \left(\gamma + \frac{Z\alpha E}{\lambda}\right)\right)\phi(\varrho) - \left(\kappa + \frac{Z\alpha m}{\lambda}\right)\chi(\varrho) \tag{4.158}$$

$$\varrho\frac{\mathrm{d}\chi}{\mathrm{d}\varrho} = -\left(\kappa - \frac{Z\alpha m}{\lambda}\right)\phi(\varrho) - \left(\gamma - \frac{Z\alpha E}{\lambda}\right)\chi(\varrho)\,. \tag{4.159}$$

An dieser Stelle lohnt es sich, für einen Moment innezuhalten und den Stand der Dinge aus einer physikalischen Perspektive festzustellen. Damit wird dann auch eine Strategie für das weitere Vorgehen vorgezeichnet. Die Funktionen $\phi(\varrho)$ und $\chi(\varrho)$ sind aus den gesuchten Funktionen $f_\kappa(r)$ und $g_\kappa(r)$ entstanden, indem wir deren Asymptotik $\sim \mathrm{e}^{-\lambda r}$ und ihr Verhalten im Ursprung $\sim r^\gamma$ herausgezogen haben. Ähnlich wie im entsprechenden nichtrelativistischen Problem steht also zu erwarten, dass die „Überbleibsel" $\phi(\varrho)$ und $\chi(\varrho)$ einfache Polynome sind, wenn $f_\kappa(r)$ und

$g_\kappa(r)$ zu L^2-normierbaren Eigenfunktionen von H gehören. Dass dies tatsächlich der Fall ist, sieht man an folgender Rechnung, aus der auch gleich die expliziten Formeln für die Eigenwerte der Energie und die Eigenfunktionen folgen.

Um die Schreibweise etwas zu vereinfachen, setzen wir vorübergehend $Z\alpha E/\lambda =: \sigma$ und $Z\alpha m/\lambda =: \tau$. Differenziert man beispielsweise (4.159) nach ϱ, so ist

$$\chi' + \varrho\chi'' = -(\kappa - \tau)\phi' - (\gamma - \sigma)\chi' .$$

Für die Ableitung ϕ' setzt man (4.158) ein und eliminiert danach ϕ, indem man noch einmal (4.159) verwendet. Diese Ersetzung ergibt

$$\varrho\chi'' + (2\gamma + 1 - \varrho)\chi' = \chi\Big((\gamma - \sigma) + \frac{1}{\varrho}(-\gamma^2 + \sigma^2 + \kappa^2 - \tau^2)\Big) .$$

Nun ist aber $-\gamma^2 + \kappa^2 = (Z\alpha)^2$ und $\sigma^2 - \tau^2 = -(Z\alpha)^2$, so dass der zweite Term auf der rechten Seite verschwindet. Es bleibt eine Differentialgleichung *zweiter* Ordnung für die Funktion $\chi(\varrho)$ allein

$$\varrho\chi''(\varrho) + \big(2\gamma + 1 - \varrho\big)\chi'(\varrho) - \Big(\gamma - \frac{Z\alpha E}{\lambda}\Big)\chi(\varrho) = 0 . \tag{4.160}$$

Die Differentialgleichung (4.160) ist nichts anderes als die Kummer'sche Differentialgleichung (s. Band 2, Anhang A.2.2, (A.28))

$$zw''(z) + (c - z)w'(z) - aw(z) = 0 ,$$

deren bei $z = 0$ reguläre Lösung $w(z) = {}_1F_1(a; c; z)$ die bekannte konfluente hypergeometrische Funktion ist. Mit den reellen Parametern

$$a \equiv \gamma - \frac{Z\alpha E}{\lambda} , \qquad c \equiv 2\gamma + 1 .$$

lautet die gesuchte Lösung bis auf einen Normierungsfaktor

$$\chi(\varrho) = {}_1F_1\big(\gamma - Z\alpha E/\lambda; 2\gamma + 1; \varrho)\big) . \tag{4.161}$$

Die andere Radialfunktion $\phi(\varrho)$ kann man auf dieselbe Weise erhalten, indem man auch für diese eine Differentialgleichung zweiter Ordnung herleitet und feststellt, dass dies wieder eine Kummer'sche Differentialgleichung ist. Es ist aber einfacher, $\phi(\varrho)$ aus (4.159) und der bekannten Beziehung

$$z\,{}_1F_1'(a; c; z) + a\,{}_1F_1(a; c; z) = a\,{}_1F_1(a + 1; c; z)$$

für die Ableitung der konfluenten hypergeometrischen Funktion zu berechnen. Es folgt

$$\phi(\varrho) = \frac{Z\alpha E/\lambda - \gamma}{\kappa - Z\alpha m/\lambda}\,{}_1F_1\big(\gamma + 1 - Z\alpha E/\lambda; 2\gamma + 1; \varrho\big) . \tag{4.162}$$

Von hier an argumentiert man in der aus der Schrödinger-Theorie gewohnten Weise. Die bekannte Asymptotik der Funktion ${}_1F_1$

$${}_1F_1\big(a; c; \varrho\big) \sim \frac{\Gamma(c)}{\Gamma(c - a)}(-\varrho)^{-a} + \frac{\Gamma(c)}{\Gamma(a)}\,\mathrm{e}^{\varrho}\varrho^{a-c}$$

würde den oben festgestellten exponentiellen Abfall

$$f_\kappa(r)\,,\; g_\kappa(r) \sim \mathrm{e}^{-\lambda r} = \mathrm{e}^{-\varrho/2}$$

ruinieren, wenn der zweite Term nicht auf Null gesetzt werden könnte. Wie man sieht, ist dies genau dann möglich, wenn a gleich Null oder gleich einer negativen ganzen Zahl ist, d. h. wenn

$$\frac{Z\alpha E}{\lambda} - \gamma = n'\,, \quad n' \in \mathbb{N}_0\,, \quad \text{mit} \quad \lambda = \sqrt{m^2 - E^2} \tag{4.163}$$

gilt. Ist diese Bedingung erfüllt, so ist die Funktion $\chi(\varrho)$ wie erwartet ein Polynom in ϱ. Ist $n' \geq 1$, dann gilt dies auch für die Funktion $\phi(\varrho)$; lediglich bei $n' = 0$ muss man etwas genauer hinschauen: Die Funktion ${}_1F_1\big(1; 2\gamma+1; \varrho\big)$ in (4.162) ist kein Polynom mehr und wächst daher asymptotisch zu stark an. Gleichzeitig ist aber der Zähler des Vorfaktors auf der rechten Seite von (4.162) gleich Null. Die Funktion $\phi(\varrho)$ ist in diesem Fall gleich Null, vorausgesetzt, der *Nenner* des Vorfaktors ist ungleich Null. Genau dies muss man nachprüfen:

Ist $\gamma = Z\alpha E/\lambda$, so ist

$$\kappa^2 = \gamma^2 + (Z\alpha)^2 = (Z\alpha)^2 \frac{\lambda^2 + E^2}{\lambda^2} = \left(Z\alpha \frac{m}{\lambda}\right)^2$$

und somit ist $\kappa = \pm Z\alpha m/\lambda$. Mit dem positiven Wert verschwindet der Nenner des Vorfaktors, mit dem negativen Wert aber nicht. Daraus folgt eine Einschränkung:

Bei $n' = 0$ ist nur der negative Wert von κ zulässig.

Man überlegt sich, dass die Hauptquantenzahl n der gebundenen Zustände im nichtrelativistischen Wasserstoffatom mit n' wie folgt zusammenhängt

$$n = n' + |\kappa|\,, \qquad n \in \mathbb{N}\,. \tag{4.164}$$

Aus der Bedingung (4.163) für die Energie folgt die gesuchte Formel für die Eigenwerte von H

$$E_{n|\kappa|} = m \left\{ 1 + \left(\frac{Z\alpha}{n - |\kappa| + \sqrt{\kappa^2 - (Z\alpha)^2}} \right)^2 \right\}^{-1/2}\,. \tag{4.165}$$

Die Quantenzahlen n, κ und $j = |\kappa| - 1/2$ nehmen dabei folgende Werte an

$$\begin{aligned} & n \in \mathbb{N}\,; \\ & \kappa = \pm 1\,,\, \pm 2\,,\, \ldots\,,\, -n\,; \\ & j = \frac{1}{2}\,,\, \frac{3}{2}\,,\, \ldots\,,\, n - \frac{1}{2}\,. \end{aligned} \tag{4.166}$$

Jetzt ist es nicht schwer, die Formeln bis zu den ursprünglich angesetzten Radialfunktionen $f_\kappa(r)$ und $g_\kappa(r)$ zurück zu verfolgen und überdies unter Verwendung bekannter Formeln für Integrale mit Exponentialfunktionen, Potenzen und konfluenten hypergeometrischen Funktionen gemäß

$$\int_0^\infty r^2\,\mathrm{d}r\, \big(f_\kappa^2(r) + g_\kappa^2(r)\big) = 1$$

zu normieren. Man findet das Resultat

$$g_{n\kappa}(r) = 2\lambda N(n,\kappa)\sqrt{m+E}\,\varrho^{\gamma-1}\,\mathrm{e}^{-\varrho/2}$$
$$\Big\{-(n-|\kappa|)\,{}_1F_1\big(-n+|\kappa|+1;\,2\gamma+1;\,\varrho\big)$$
$$+\Big(\frac{Z\alpha m}{\lambda}-\kappa\Big)\,{}_1F_1\big(-n+|\kappa|;\,2\gamma+1;\,\varrho\big)\Big\}\,, \qquad (4.167)$$

$$f_{n\kappa}(r) = -2\lambda N(n,\kappa)\sqrt{m-E}\,\varrho^{\gamma-1}\,\mathrm{e}^{-\varrho/2}$$
$$\Big\{(n-|\kappa|)\,{}_1F_1\big(-n+|\kappa|+1;\,2\gamma+1;\,\varrho\big)$$
$$+\Big(\frac{Z\alpha m}{\lambda}-\kappa\Big)\,{}_1F_1\big(-n+|\kappa|;\,2\gamma+1;\,\varrho\big)\Big\}\,, \qquad (4.168)$$

wobei die Normierungskonstante $N(n,\kappa)$ gleich

$$N(n,\kappa) = \frac{\lambda}{m}\frac{1}{\Gamma(2\gamma+1)}\left\{\frac{\Gamma(2\gamma+n-|\kappa|+1)}{2Z\alpha(Z\alpha m/\lambda-\kappa)\Gamma(n-|\kappa|+1)}\right\}^{1/2} \qquad (4.169)$$

ist. Die Radialvariable und die Parameter sind

$$\varrho = 2\lambda\, r\,,$$
$$\lambda = \sqrt{m^2-E^2_{n|\kappa|}} = \frac{Z\alpha m}{\sqrt{n^2-2(n-|\kappa|)(|\kappa|-\gamma)}}\,, \qquad (4.170)$$
$$\gamma = \sqrt{\kappa^2-(Z\alpha)^2}\,.$$

Das Problem der gebundenen Zustände im Wasserstoffatom und in wasserstoffähnlichen Atomen ist damit vollständig gelöst. Die Zustände mit positiver Energie, die in einem Kontinuum liegen, kann man mit denselben Verfahren herleiten, s. Bemerkung 4 unten.

Bemerkungen

1. Die Bindungsenergien (4.165) hängen von der Hauptquantenzahl n, dem Betrag von κ, aber nicht vom Vorzeichen dieser Quantenzahl ab. Dies bedeutet, dass Zustände mit demselben Drehimpuls j, die zu verschiedenen Paaren von Bahndrehimpulsen $(\ell,\bar{\ell})$ gehören, energetisch entartet sind. So enthält z. B. der Zustand mit $(n=2,\,\kappa=-1,\,j=1/2)$ die Bahndrehimpulse $\ell=0$ in der großen Komponente in (4.148) und $\bar{\ell}=1$ in der kleinen Komponente und entspricht dem nichtrelativistischen $2s_{1/2}$-Zustand, während der Zustand mit $(n=2,\,\kappa=+1,\,j=1/2)$ die Bahndrehimpulse $\ell=1$ und $\bar{\ell}=0$ enthält und dem nichtrelativistischen Zustand $2p_{1/2}$ entspricht.
   Der Zustand mit $(n=2,\,\kappa=-2,\,j=3/2)$, der das Analogon des $2p_{3/2}$-Zustands ist, hat dagegen eine höhere Energie als der „$2p_{1/2}$"-Zustand. Da $\kappa=+2$ ausgeschlossen ist, ist er nicht entartet. Ich habe die spektroskopische Bezeichnung in Anführungsstriche gesetzt, weil die relativistischen Bindungszustände nicht mehr Eigenfunktionen des Bahndrehimpulses sind – sie enthalten ja jeweils zwei Werte ℓ und $\bar{\ell}=\ell\pm 1$. Da aber die Komponente mit der Radialfunktion $g_{n\kappa}(r)$ groß ist im Vergleich mit ihrer Partnerin $f_{n\kappa}(r)$, kann man den Wert ℓ, der zur großen

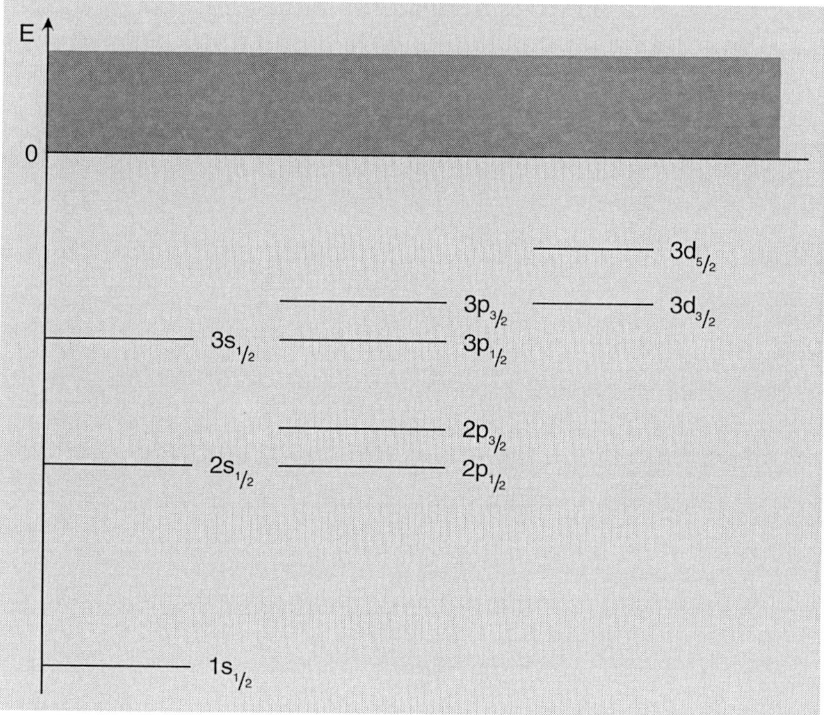

Abb. 4.6. Das Spektrum der Bindungsenergien in einem relativistischen, wasserstoffähnlichen Atom (nicht maßstabsgetreu). Zustände mit gleicher Hauptquantenzahl und gleichem Gesamtdrehimpuls j bleiben entartet

Komponente gehört, zur Bezeichnung des Zustandes verwenden. Diese Bezeichnung deckt sich mit der nichtrelativistischen Nomenklatur.
In Abb. 4.6 ist das Spektrum (4.165) skizziert. Die sehr starke Entartung des nichtrelativistischen Spektrums wird zwar großenteils aufgehoben, es verbleibt aber die Entartung von Niveaus mit gleicher Hauptquantenzahl und gleichem Gesamtdrehimpuls $j = |\kappa| - 1/2$.

2. Den schwach relativistischen Grenzfall erreicht man, indem man nach Potenzen von $(Z\alpha)$ entwickelt. Für die Energie (4.165) beispielsweise ergibt sich:

$$E_{n|\kappa|} \simeq m \left\{ 1 - \frac{(Z\alpha)^2}{2n^2} - \frac{(Z\alpha)^4}{2n^4} \left(\frac{n}{|\kappa|} - \frac{3}{4} \right) \right\} . \tag{4.171}$$

Der erste Term in der geschweiften Klammer ist die Ruhemasse, der zweite gibt die Bindungsenergie wieder, wie sie aus der nichtrelativistischen Theorie folgt. Der dritte Term stellt die erste relativistische Korrektur dar und ist insofern bemerkenswert, als er zwar von $Z\alpha$ und vom Drehimpuls j, nicht aber von der Masse abhängt. In myonischen Atomen und solchen mit einem ungepaarten Elektron sind die relativistischen Korrekturen an $E_{n|\kappa|}/m$ dieselben. Hält man die Hauptquantenzahl n fest, so sind sie für kleine Werte von j wichtiger als für große. Im selben Grenzfall geht die „kleine“ Komponente $f_{n\kappa}(r)$ nach Null, die „große“ geht in die entsprechende nichtrelativistische Wellenfunktion über. Etwas genauer: bei $\kappa > 0$ geht $g_{n\kappa}(r)$ in die Eigenfunktion $y_{n\ell}(r)/r$ mit $\ell = \kappa$ über, bei $\kappa' < 0$ in $y_{n\bar{\ell}}(r)/r$ mit $\bar{\ell} = |\kappa'| - 1$. Vergleicht man $\kappa = \ell$ und $\kappa' = -(\ell + 1)$, so entspricht dies der Aussage, dass die Zustände mit $(n, j = \ell - 1/2)$ und $(n, j = \ell + 1/2)$ in diesem Grenzfall dieselbe Radialfunktion haben.

3. Von praktischer Bedeutung ist auch der Fall, bei dem die Ladungsdichte $\varrho(r)$ zwar immer noch kugelsymmetrisch, im Ursprung aber nicht mehr singulär ist. Dieser ist dann gegeben, wenn der Kern eine endliche Ausdehnung besitzt, die von ihm erzeugte Ladungsdichte somit in eine Taylor-Reihe um $r = 0$ entwickelt werden kann,

$$\varrho(r) = \varrho^{(0)} + \varrho^{(1)}\, r + \frac{1}{2!}\varrho^{(2)}\, r^2 + \mathcal{O}(r^3)\,. \tag{4.172}$$

Das zugehörige Potential ist dann bei $r = 0$ ebenfalls regulär,

$$U(r) = -4\pi Z\alpha^2 \left\{ \int_0^\infty r'\,\mathrm{d}r'\,\varrho(r') - \frac{1}{6}\varrho^{(0)}\, r^2 \right.$$
$$\left. -\frac{1}{12}\varrho^{(1)}\, r^3 - \frac{1}{40}\varrho^{(2)}\, r^4 + \mathcal{O}(r^5) \right\}. \tag{4.173}$$

Dieses Potential, das in der Nähe des Nullpunkts die Form einer Parabel hat, konkurriert nicht mehr mit den Zentrifugaltermen in den Differentialgleichungen für $f(r)$ und $g(r)$. Daher ist das Verhalten dieser Funktionen bei $r = 0$ nicht mehr r^γ mit γ wie in (4.157) angegeben, sondern hängt nur von κ allein ab.

Leitet man aus dem System (4.150), (4.151) nach dem Muster von (4.160) Differentialgleichungen für $f(r)$ bzw. $g(r)$ allein her, so stellt man fest, dass diese für $f(r)$ bzw. $g(r)$ die Zentrifugalterme

$$\frac{\kappa(\kappa-1)}{r^2} \quad \text{bzw.} \quad \frac{\kappa(\kappa+1)}{r^2}$$

enthalten. Man macht daher die Ansätze

$$f(r) = r^\alpha \sum_{n=0}^{\infty} a_n r^n \quad \text{und} \quad g(r) = r^\beta \sum_{n=0}^{\infty} b_n r^n\,, \qquad (a_0 \neq 0\,,\ b_0 \neq 0)\,,$$

und stellt fest, dass die charakteristischen Koeffizienten α und β die Gleichungen

$$\alpha(\alpha+1) = \kappa(\kappa-1)\,, \quad \beta(\beta+1) = \kappa(\kappa+1)$$

erfüllen. Aus den je zwei Lösungen $\alpha = (\kappa - 1, -\kappa)$ und $\beta = (\kappa, -\kappa - 1)$ sucht man – je nach Vorzeichen von κ – diejenigen aus, die positiv oder gleich Null sind. Das bedeutet, dass die Funktion $g(r)$ für $\kappa > 0$ wie r^κ, für $\kappa < 0$ wie $r^{-\kappa-1}$ losläuft, während $f(r)$ für $\kappa > 0$ das Verhalten $r^{\kappa-1}$, für $\kappa < 0$ das Verhalten $r^{-\kappa}$ hat.

Macht man einen Ansatz, bei dem das Verhalten am Ursprung bereits herausgezogen ist,

$$\kappa > 0 \left\{ \begin{array}{l} g_\kappa(r) = r^\kappa G_\kappa(r) \,, \\ f_\kappa(r) = r^{\kappa-1} F_\kappa(r) \,, \end{array} \right. \tag{4.174}$$

$$\kappa < 0 \left\{ \begin{array}{l} g_\kappa(r) = r^{-\kappa-1} F_\kappa(r) \,, \\ f_\kappa(r) = -r^{-\kappa} G_\kappa(r) \,, \end{array} \right. \tag{4.175}$$

so genügen die Radialfunktion $F_\kappa(r)$ und $G_\kappa(r)$ dem System von Differentialgleichungen erster Ordnung

$$\begin{aligned} \frac{\mathrm{d}F_\kappa(r)}{\mathrm{d}r} &= \big(U(r) - E + m \ \operatorname{sign}\kappa\big) r G_\kappa(r) \\ \frac{\mathrm{d}G_\kappa(r)}{\mathrm{d}r} &= -\frac{1}{r}\left\{\big(U(r) - E - m \operatorname{sign}\kappa\big) F_\kappa(r) + \big(2\,|\kappa| + 1\big) G_\kappa(r)\right\}, \end{aligned} \tag{4.176}$$

das mit folgenden Anfangsbedingungen gelöst werden muss

$$F_\kappa(0) = a_0 \,, \quad G_\kappa(0) = -\frac{U(0) - E - m \ \operatorname{sign}\kappa}{2|\kappa| + 1} a_0 \,, \tag{4.177}$$

$$F'_\kappa(0) = 0 \quad G'_\kappa(0) = 0 \,. \tag{4.178}$$

Ein System von Differentialgleichungen erster Ordnung der Art von (4.176) eignet sich gut für numerische Integration – wenn eine analytische Lösung nicht möglich ist. Einige Hinweise wie man ein Integrationsverfahren und die Suche nach Eigenwerten für gebundene Zustände aufbaut, findet man in [(Scheck) 1996]. Solche Verfahren sind von Bedeutung für die Analyse von myonischen Atomen.

4. Es ist auch ohne weitere Schwierigkeiten möglich, die Radialgleichungen (4.150) und (4.151) für ein Coulomb-Potential $U(r) \propto 1/r$ und *positive* Energien exakt zu lösen, s. z. B. [Scheck 1996]. Diese Streuzustände im Feld einer punktförmigen Ladung sind für die Phasenanalyse des Wirkungsquerschnitts für Streuung von Elektronen an realistischen Potentialen langer Reichweite wichtig. Wir bemerken noch, dass die Dirac-Gleichung im Gegensatz zur Schrödinger-Gleichung nicht den klassischen Rutherford-Querschnitt liefert.

4.5 *Pfadintegrale mit fermionischen Feldern

Zunächst sieht das Pfadintegral für fermionische Felder, formal betrachtet, ganz ähnlich aus wie im Fall bosonischer Felder. In Analogie zu (2.193) und (2.183) lautet die Wirkung für ein Dirac-Feld und sein Adjungiertes

$$S = \int \mathrm{d}^4x \ \mathcal{L}(\psi, \eta, x) \quad \text{mit} \tag{4.179a}$$

$$\mathcal{L} = \overline{\psi}\left(\tfrac{\mathrm{i}}{2} \overset{\leftrightarrow}{\partial} \gamma^\mu - m\right)\psi + \mathcal{L}_\mathrm{W} + \overline{\eta}\psi + \overline{\psi}\eta \,. \tag{4.179b}$$

Hierbei übernimmt η die Rolle einer äußeren Quelle. Bildet man die Euler-Lagrange Gleichungen zur Lagrangedichte (4.179b), so erhält man – abgesehen von der zusätzlich immer möglichen Wechselwirkungsdichte $\mathcal{L}_W$ – die Dirac Gleichung

$$(\mathrm{i}\partial\!\!\!/ - m)\,\psi = \eta \tag{4.180}$$

und die dazu adjungierte Gleichung. Dies bedeutet, dass η ebenfalls ein vierkomponentiges Spinorfeld ist, dessen Adjungiertes genau so wie $\overline{\psi}$ definiert ist,

$$\overline{\eta} = \eta^\dagger \gamma^0 \,.$$

Problematischer ist es allerdings, der Integration $\int \mathcal{D}\psi$ über ein Dirac-Feld einen Sinn zu geben, denn weder ψ noch η sind bosonische Felder. Auch wenn das Dirac-Feld hier nicht der kanonischen Quantisierung unterworfen ist, so müssen ψ und die äußere Quelle η doch Graßmann-wertig sein. Was dies bedeutet, möchte ich an einem einfachen, endlichdimensionalen Beispiel klar machen.

Es sei V ein n-dimensionaler Vektorraum und $\Lambda^*(V)$ die Algebra der äußeren Formen über V. Man kennt die äußere oder Cartan'sche Ableitung d,

$$\mathrm{d} \,:\, \Lambda^k(V) \longrightarrow \Lambda^{k+1}(V)\,,$$

die eine Antiderivation vom Grad 1 ist. Sie erfüllt eine graduierte Leibnizregel, d. h. mit $\omega \in \Lambda^k$ und $\chi \in \Lambda^l$ ist die äußere Ableitung des Produkts $\omega \wedge \chi$ gleich

$$\mathrm{d}\,(\omega \wedge \chi) = (\mathrm{d}\omega) \wedge \chi + (-)^k \omega \wedge (\mathrm{d}\chi)\,, \tag{4.181}$$

mit dem charakteristischen Vorzeichen, das vom Grad der ersten Form bestimmt wird, an der die Ableitung vorbei gezogen wird.

Etwas allgemeiner spricht man von einer *Antiderivation vom Grad r*, wenn sie folgende Eigenschaften hat:

(i) Sie bildet Λ^k auf Λ^{k+r} ab,

$$T \,:\, \Lambda^k(V) \longrightarrow \Lambda^{k+r}(V)\,. \tag{4.182a}$$

(ii) Sie wirkt linear, d. h. mit $\omega, \chi \in \Lambda^*$ und $\lambda, \mu \in \mathbb{C}$ gilt

$$T\,(\lambda\omega + \mu\chi) = \lambda T\omega + \mu T\chi\,. \tag{4.182b}$$

(iii) Sie erfüllt die graduierte Leibnizregel (4.181)

$$T\,(\omega \wedge \chi) = (T\omega) \wedge \chi + (-)^k \omega \wedge (T\chi)\,. \tag{4.182c}$$

Wir betrachten jetzt speziell Antiderivationen θ_i vom Grad (-1), die somit die Räume $\Lambda^k(V)$ wie folgt aufeinander abbilden:

$$\Lambda^n(V) \rightarrow_\theta\rightarrow \Lambda^{n-1}(V) \rightarrow_\theta \ldots \rightarrow \Lambda^1(V) \rightarrow_\theta\rightarrow \Lambda^0(V)\,.$$

Es sei $\{\omega_k\}$ ein Satz von Basis-Einsformen im Raum Λ^1. Der dazu duale Satz von Antiderivationen θ_i, $i = 1, 2, \ldots, n$, sei durch deren Wirkung auf Nullformen und auf Einsformen wie folgt definiert:

$$f \in \Lambda^0 : \quad \theta_i f = 0\,; \qquad \omega_k \in \Lambda^1 : \quad \theta_i \omega_k = \delta_{ik}\,. \tag{4.183}$$

Eine beliebige (glatte) p-Form $\chi \in \Lambda^p$ wird nach der Basis $\omega_{k_1} \wedge \omega_{k_2} \wedge \ldots \wedge \omega_{k_p}$ entwickelt. Die Wirkung der Antiderivation θ_i auf χ folgt aus ihrer Wirkung auf die Basisformen in Λ^p,

$$\theta_i \left(\omega_{k_1} \wedge \omega_{k_2} \wedge \ldots \wedge \omega_{k_p}\right) = \delta_{ik_1} \omega_{k_2} \wedge \ldots \wedge \omega_{k_p}$$
$$-\delta_{ik_2} \omega_{k_1} \wedge \omega_{k_3} \wedge \ldots \wedge \omega_{k_p} + \cdots + (-)^{p-1} \delta_{ik_p} \omega_{k_1} \wedge \omega_{k_2} \wedge \ldots \wedge \omega_{k_{p-1}} .$$

Die θ_i können hintereinander geschaltet werden, also $\theta_{i_2} \circ \theta_{i_1}$ oder $\theta_{i_3} \circ \theta_{i_2} \circ \theta_{i_1}$ usw. bis hin zu

$$\theta_n \circ \theta_{n-1} \circ \cdots \circ \theta_1 \equiv \int \mathrm{d}\theta . \tag{4.184}$$

Man bestätigt leicht, dass dieses so definierte $\int \mathrm{d}\theta$ auf jeder p-Form Null ergibt, solange p kleiner ist als n, während es auf der (einzigen) Basis-n-Form den Wert 1 liefert,

$$\int \mathrm{d}\theta\, \omega = 0 \quad \text{für} \quad \omega \in \Lambda^p \quad \text{mit} \quad p < n ,$$
$$\int \mathrm{d}\theta\, (\omega_1 \wedge \cdots \wedge \omega_n) = 1 .$$

Wie man sieht, hat $\int \mathrm{d}\theta$ Eigenschaften eines Integrals. Man hat somit eine Spur, die man weiter verfolgen kann. Ist zum Beispiel eine Linearkombination von äußeren Formen

$$F(\omega) = c_0 + \sum_{i=1}^{n} c_i\, \omega_i + \sum_{i<j} c_{ij}\, \omega_i \wedge \omega_j + \ldots + c_{1\ldots n}\, \omega_1 \wedge \cdots \wedge \omega_n$$

gegeben, so gibt ihr Integral (4.184) den Koeffizienten der höchsten Form

$$\int \mathrm{d}\theta\, F(\omega) = c_{1\ldots n} .$$

Wie wirkt sich ein Basiswechsel und wie eine Translation der Variablen auf dieses Integral aus? Bei einem Basiswechsel für die Einsformen in Λ^1

$$\omega_i = \sum_{k=1}^{n} a_{ik} \chi_k , \quad \text{oder kürzer geschrieben} \quad \omega = \mathbf{A} \chi , \tag{4.185}$$

werden auch die θ_i transformiert und durch andere Antiderivationen γ_k ersetzt. Definiert man das Integral wie in (4.184), dann gilt mit

$$\omega_1 \wedge \omega_2 \wedge \cdots \wedge \omega_n = (\det \mathbf{A})\, \chi_1 \wedge \chi_2 \wedge \cdots \wedge \chi_n \quad \text{auch}$$
$$\int \mathrm{d}\gamma\, (\omega_1 \wedge \omega_2 \wedge \cdots \wedge \omega_n) = \det \mathbf{A} .$$

Daraus folgen eine Reihe von Gleichungen

$$c_{12\ldots n} \int \mathrm{d}\gamma\, (\omega_1 \wedge \cdots \wedge \omega_n) = \int \mathrm{d}\gamma\, F(\omega) = \int \mathrm{d}\gamma\, F(\mathbf{A}\gamma)$$
$$= (\det \mathbf{A})\, c_{12\ldots n} \int \mathrm{d}\gamma\, \gamma_1 \wedge \cdots \wedge \gamma_n = (\det \mathbf{A}) \int \mathrm{d}\gamma\, F(\gamma) ,$$

die zeigen, dass der Basiswechsel folgende Auswirkung auf das Integral hat

$$\int \mathrm{d}\gamma\ F(\mathbf{A}\gamma) = (\det \mathbf{A}) \int \mathrm{d}\theta\ F(\theta)\ . \tag{4.186}$$

Dieses Resultat wird besonders bemerkenswert, wenn man es mit der Transformationsformel für gewöhnliche Integrale vergleicht: Dort hätte man mit $x = \mathbf{A}y$ und $\partial x/\partial y = \det \mathbf{A}$

$$\int \mathrm{d}y\ f(\mathbf{A}y) = (\det \mathbf{A})^{-1} \int \mathrm{d}x\ f(x)\ .$$

Der Vorfaktor in (4.186) ist das Inverse der Jacobi-Determinante, die bei gewöhnlichen Integralen über kommutierende Variablen auftritt.

Eine Translation von Graßmann-wertigen Variablen kann man folgendermaßen behandeln. Man bette den Vektorraum V in einen größeren Vektorraum W ein, dessen Dimension $\dim W = N$ sei, $N > n$, und betrachte die äußere Algebra $\Lambda^*(W)$ über diesem. Als Basis für Einsformen verwende man die vorherige Basis in $\Lambda^1(V)$, ergänzt um $(N-n)$ weitere Basisformen,

$$(\omega_1\,, \omega_2\,, \ldots\,, \omega_n\,, \chi_{n+1}\,, \ldots \chi_N)\ .$$

Ist ω eine beliebige äußere Form, die mit Hilfe der ω_i dargestellt werden kann, χ eine solche, die aus den χ_k aufgebaut ist, dann gilt

$$\theta_n \circ \theta_{n-1} \circ \cdots \circ \theta_1\ (\omega + \chi) = \theta_n \circ \theta_{n-1} \circ \cdots \circ \theta_1\ \omega$$

und es folgt die verallgemeinerte Translationsformel

$$\int \mathrm{d}\theta\ F(\omega + \chi) = \int \mathrm{d}\theta\ F(\omega)\ . \tag{4.187}$$

Auf der Basis dieses endlichdimensionalen Beispiels ergibt sich jetzt eine Möglichkeit, einem Integral vom Typus

$$I := \int \mathcal{D}\overline{\psi}\ \mathcal{D}\psi\ \exp\left\{\sum_{r,s} \overline{\psi}_r C_{rs} \psi_s + \sum_r \left(\overline{\psi}_r \eta_r + \overline{\eta}_r \psi_r\right)\right\} \tag{4.188}$$

ein Ergebnis zuzuordnen. Dazu betrachte man zuerst ein einfacheres Gauß'sches Integral:

$$\begin{aligned}
\int \mathrm{d}\bar{\theta}\,\mathrm{d}\theta\ \exp\left\{\sum \lambda_i \bar{\omega}_i \omega_i\right\} &= \int \mathrm{d}\bar{\theta}\,\mathrm{d}\theta\ \exp\{\lambda_1 \bar{\omega}_1 \omega_1\} \cdots \exp\{\lambda_n \bar{\omega}_n \omega_n\} \\
&= \int \mathrm{d}\bar{\theta}\,\mathrm{d}\theta\ (1 + \lambda_1 \bar{\omega}_1 \omega_1)(1 + \lambda_2 \bar{\omega}_2 \omega_2) \cdots (1 + \lambda_n \bar{\omega}_n \omega_n) \\
&= \prod_{i=1}^{n} \lambda_i\ .
\end{aligned}$$

Das Integral (4.188) ist von diesem Typus, wobei die Matrix $\mathbf{C}$ die Eigenschaft

$$\gamma^0 \mathbf{C}^\dagger \gamma^0 = \mathbf{C}$$

hat. Man berechnet – in Matrixschreibweise –

$$\overline{(\psi + \mathbf{C}^{-1}\eta)}\mathbf{C}\left(\psi + \mathbf{C}^{-1}\eta\right) = \left(\overline{\psi} + \eta^\dagger (\mathbf{C}^{-1})^\dagger \gamma^0\right)\mathbf{C}\left(\psi + \mathbf{C}^{-1}\eta\right)$$
$$= \left(\overline{\psi} + \overline{\eta}\mathbf{C}^{-1}\right)\mathbf{C}\left(\psi + \mathbf{C}^{-1}\eta\right) = \overline{\psi}\mathbf{C}\psi + \overline{\eta}\psi + \overline{\psi}\eta + \overline{\eta}\mathbf{C}^{-1}\eta \, .$$

Bis auf den von ψ unabhängigen letzten Term ist dies das Argument der Exponentialfunktion in (4.188). Verwendet man jetzt die Integralformel (4.186) und die Translationsformel (4.187) und integriert über die verschobene Variable $(\psi + \mathbf{C}^{-1}\eta)$ und ihr Adjungiertes, dann erhält man das Ergebnis

$$I = (\det \mathbf{C}) \, \exp\{-\overline{\eta}\mathbf{C}^{-1}\eta\} \, . \tag{4.189}$$

Vergleicht man dieses mit der Formel (2.196), die für bosonische Felder gilt, dann liegt der Unterschied nur in der Stellung der Determinanten. Im bosonischen Fall steht sie im Nenner, im fermionischen Fall im Zähler.

Als Abschluss dieses Abschnitts betrachten wir das erzeugende Funktional für ein freies Fermionfeld. Es sei

$$F\,[\overline{\eta}, \eta] := \frac{W^{(0)}[\overline{\eta}, \eta]}{W^{(0)}[0, 0]} \, , \tag{4.190}$$

wobei das Funktional $W^{(0)}[\overline{\eta}, \eta]$ durch den formalen Ausdruck

$$W^{(0)}[\overline{\eta}, \eta] =$$
$$\int \mathcal{D}\overline{\psi}\, \mathcal{D}\psi \, \exp\left\{ \mathrm{i} \int \mathrm{d}^4 x \, \left[\overline{\psi(x)}(\mathrm{i}\partial\!\!\!/ - m)\psi(x) + \overline{\eta(x)}\psi(x) + \overline{\psi(x)}\eta(x) \right] \right\} \, .$$

gegeben ist. Aufgrund des oben durchgeführten Beispiels und nach dem Muster der Rechnung des Abschnitts Abschn. 2.8.4 erhält man für dieses Integral das folgende Ergebnis:

$$W^{(0)}[\overline{\eta}, \eta] = \det\,(\mathrm{i}\partial\!\!\!/ - m) \exp\left\{ \frac{1}{2} \int \mathrm{d}^4 x \int \mathrm{d}^4 y \overline{\eta(x)} S_F(x-y)\eta(y) \right\} \, . \tag{4.191}$$

Auch hier ist bemerkenswert, dass man das Dirac-Feld zwar Graßmann-wertig behandelt, aber nicht (kanonisch) quantisiert hat und dennoch auch hier den Feynman-Propagator (4.110) wiederfindet. Alle höheren Green-Funktionen bekommt man wie im Fall der bosonischen Felder aus den Funktionalableitungen des Funktionals $F[\overline{\eta}, \eta]$.

Elemente der Quantenelektrodynamik und der Schwachen Wechselwirkung

Inhalt

Einführung

Die Quantenfeldtheorie in ihrer Anwendung auf die elektroschwachen oder starken Wechselwirkungen hat zwei ganz unterschiedliche Gesichter, ein pragmatisch-empirisches und ein algebraisch-systematisches. Der pragmatische Zugang besteht in einer Reihe von Regeln und formalen Rechenvorschriften, die in der Anwendung auf konkrete physikalische Prozesse sehr erfolgreich sind, aber mathematisch auf einer schlingernden Basis stehen. Der mathematisch strenge, formale Zugang andererseits ist schwierig und führt erst über einen langen und mühsamen Weg zu Resultaten, die mit der Phänomenologie verglichen werden können. Überhaupt ist Quantenfeldtheorie, wenn man sie in einiger Tiefe verstehen will, sehr technisch und umfangreich und sprengt um ein Vielfaches den Rahmen eines Lehrbuchs der fortgeschrittenen Quantenmechanik. Für ein vertieftes Studium gibt es aber eine Reihe exzellenter Monographien, auf die im Literaturverzeichnis gesondert hingewiesen wird.

In diesem Kapitel gebe ich am Beispiel der Quantenelektrodynamik einen Eindruck von den Rechentechniken und den praktischen Erfolgen der „handwerklichen" Quantenfeldtheorie und gebe einen Einblick in die physikalischen Aussagen, die in den Strahlungskorrekturen der Quantenelektrodynamik stecken. Zugleich lernt man exemplarisch, wie man eine Quantenfeldtheorie regularisiert und wie man im Rahmen der störungstheoretischen Renormierung die Vorhersagen herausarbeitet, die in ihr verborgen sind[1]. Wie wir heute wissen, ist die Quantenelektrodynamik Teil des sog. *Standardmodells der elektromagnetischen, Schwachen und Starken Wechselwirkungen,* das eine nichtabelsche Eichtheorie ist. Die Beschreibung dieses Modells und seiner Quantisierung ist zu umfangreich, um sie hier darzustellen. Das Kapitel schließt aber mit einigen Bemerkungen hierzu und mit Beispielen der Schwachen Wechselwirkung in Baumnäherung.

5.1 *S*-Matrix und Störungsreihe

Quantenfeldtheorien, die in dem Sinne realistisch sind, dass sie physikalisch interessante Prozesse beschreiben, verstehen wir heute fast nur in einem störungstheoretischen Sinn. Damit ist gemeint, dass man von einer wohldefinierten, lösbaren Theorie ausgeht – das kann die Quantenfeldtheorie freier, nichtwechselwirkender Felder sein, aber auch ein exakt bekannter Grenzfall wie z. B. der von Elektronen in einem äußeren Potential –

[1] Man kann mit gutem Recht von der „verborgenen" Vorhersagekraft der Quantenelektrodynamik sprechen, denn es ist keineswegs offensichtlich, dass die quantisierte Form der Maxwell'schen Theorie zusammen mit der Dirac-Gleichung elektromagnetische Präzisionsmessungen bis in in hohe Ordnungen der Störungsreihe beschreibt. Man sagt, dass einige der Väter dieser wunderschönen Theorie lange Zeit überzeugt waren, sie habe nur vorläufige Gültigkeit und würde den ultrapräzisen Tests im Experiment nicht standhalten.

und aus den Wechselwirkungen die physikalisch interessierenden Größen durch eine Entwicklung nach „kleinen" Parametern berechnet. Die Entwicklungsparameter können eine oder mehrere Kopplungskonstanten sein, aber auch Impulse oder Massen, die für das betrachtete System typisch sind. So werden beispielsweise Streuprozesse zwischen Elektronen und Photonen nach α, der Sommerfeld'schen Feinstrukturkonstanten entwickelt, Strahlungskorrekturen in gebundenen Zuständen, d. h. in Atomen mit Kernladungszahl Z, werden nach $(Z\alpha)$ und nach dem mittleren Impuls der gebundenen Leptonen entwickelt.

Der *Geist* der Störungstheorie ist weitgehend derselbe wie in der nichtrelativistischen Quantenmechanik, auch sind die Resultate manchmal durchaus ähnlich interpretierbar, die *Techniken* und die konkreten Schwierigkeiten sind aber verschieden. Die Techniken unterscheiden sich, weil die moderne Störungstheorie der Quantenfeldtheorie in einer Weise aufgebaut wird, dass sie auf jeder Stufe manifest Lorentz-kovariant ist[2]. Besondere und grundsätzliche Schwierigkeiten der Quantenfeldtheorie, die die nichtrelativistische Störungsrechnung nicht kennt, gehen darauf zurück, dass jede Feldtheorie *unendlich viele* Freiheitsgrade beschreibt. Dies hat u. a. zur Folge, dass Heisenberg- oder Schrödingerbild einerseits und Wechselwirkungsbild[3] andererseits nicht mehr unitär äquivalent sind, und die Rechnungen, die zur S-Matrix führen, ohne tiefere Analyse zunächst nur heuristischen Wert haben.

Ausgangspunkt ist folgende formale Reihenentwicklung der S-Matrix nach Produkten der Wechselwirkung $H_1^{(w)}$ im Wechselwirkungsbild

$$\mathbf{S} = \mathbb{1} + \sum_{n=1}^{\infty} \frac{(-\mathrm{i})^n}{n!} \int_{-\infty}^{+\infty} \mathrm{d}t_1 \int_{-\infty}^{+\infty} \mathrm{d}t_2 \cdots \int_{-\infty}^{+\infty} \mathrm{d}t_n \times T\Big(H_1^{(w)}(t_1) H_1^{(w)}(t_2) \ldots H_1^{(w)}(t_n) \Big) , \tag{5.1}$$

die wir im Kern schon von der zeitabhängigen Störungsrechnung kennen und in der das Symbol T die zeitliche Ordnung – mit von rechts nach links aufsteigenden Zeiten – bedeutet. Die Vorstellung ist dabei die, dass der Hamiltonoperator der Theorie sich zerlegen lässt in einen freien Anteil H_0, dessen Eigenzustände bekannt sind, und in eine Wechselwirkung, die in einem zunächst etwas vagen Sinne klein ist. Ein konkretes Beispiel ist die Quantenelektrodynamik mit Elektronen, die klassisch durch die Lagrangedichte (4.60) mit minimaler Kopplung beschrieben wird. Hier ist

$$\mathcal{L} = \mathcal{L}_\gamma + \mathcal{L}_D + \mathcal{L}_1 , \qquad \text{mit} \tag{5.2}$$

$$\mathcal{L}_\gamma = -\frac{1}{4} {:} F_{\mu\nu} F^{\mu\nu} {:} , \tag{5.3}$$

$$\mathcal{L}_D = {:} \overline{\psi(x)} \Big(\frac{1}{2} \mathrm{i} \gamma^\mu \overleftrightarrow{\partial}_\mu - m_e \mathbb{1} \Big) \psi(x) {:} , \tag{5.4}$$

$$\mathcal{L}_1 = -e \, {:} \overline{\psi(x)} \gamma^\mu \psi(x) A_\mu(x) {:} , \quad (e = -|e|) . \tag{5.5}$$

Die Hamiltondichte berechnet sich daraus nach der in Abschn. 2.1.4 erläuterten Vorschrift, indem man die kanonisch konjugierten Feldimpulse

[2] In der Frühzeit der Quantenfeldtheorie wurde die Störungsreihe von ihren Pionieren genauso aufgebaut wie man dies aus der nichtrelativistischen Quantenmechanik kannte, so z. B. Uehlings Berechnung der Vakuumpolarisation oder Bethes Analyse der Lamb-Shift, (E.A. Uehling, Phys. Rev. **8**, 55, 1935; H.A. Bethe, Phys. Rev. **72**, 339, 1947). Daher das Eigenschaftswort „modern" für die kovariante Formulierung.

[3] s. Band 2, Abschn. 3.6.

aufstellt, die Funktion

$$\widetilde{\mathcal{H}} = \sum_i \pi^i \partial_0 \phi^i - \mathcal{L}$$

bildet und die Legendre-Transformation ausführt, die auf die eigentliche Hamiltondichte $\mathcal{H}(\phi^i, \pi^k)$ führt. Im vorliegenden Fall ist dies sehr einfach: da $\mathcal{L}_1$ keine Ableitungsterme enthält, ist $\mathcal{H}_1 = -\mathcal{L}_1$ und

$$H_1 = \int \mathrm{d}^3x\, \mathcal{H}_1(x) = e \int \mathrm{d}^3x :\overline{\psi(x)}\gamma^\mu \psi(x) A_\mu(x): .$$

Setzt man dies in (5.1) ein, so entsteht eine Lorentz-kovariante Reihe

$$\mathbf{S} = \mathbb{1} + \sum_{n=1}^{\infty} \frac{(-\mathrm{i})^n}{n!} \int \mathrm{d}^4x_1 \int \mathrm{d}^4x_2 \cdots \int \mathrm{d}^4x_n \times T\Big(\mathcal{H}_1(x_1)\mathcal{H}_1(x_2)\ldots\mathcal{H}_1(x_n)\Big) \tag{5.6}$$

nach aufsteigenden Monomen in der Hamiltondichte der Wechselwirkung[4]. Diese wird auch Dyson-Reihe genannt.

Das Problem, das sich eigentlich in voller Allgemeinheit stellt, ist folgendes: Leitet man die Bewegungsgleichungen für $\psi(x)$ und für $A^\mu(x)$ aus der Lagrangedichte (5.2) her, so erhält man

$$\big(\mathrm{i}\gamma^\mu \partial_\mu - m\,\mathbb{1}\big)\psi(x) = e :\gamma^\nu \psi(x) A_\nu(x): , \tag{5.7}$$

$$\Box A^\mu(x) = e :\overline{\psi(x)}\gamma^\mu \psi(x): . \tag{5.8}$$

Das ist ein System von gekoppelten Bewegungsgleichungen für den fermionischen Feldoperator ψ und den bosonischen Operator A^μ. Stellen wir uns für einen Moment vor, wir würden exakte Lösungen $\boldsymbol{\psi}$ und $\mathbf{A}^\mu$ dieses Systems kennen – soweit diese überhaupt existieren. Das wären sicherlich sehr komplizierte Operatoren, die nur noch wenig mit den freien Feldern ψ und A^μ zu tun hätten, die Lösungen der kräftefreien Dirac-Gleichung und der quellenfreien Maxwell-Gleichungen sind. So würde beispielsweise $\overline{\boldsymbol{\psi}}$ viel mehr tun als ein freies Elektron zu erzeugen; vielmehr würde dieser Operator Zustände erzeugen, die zwar die Quantenzahlen eines einzelnen Elektrons tragen, die aber u. a. auch beliebig viele Photonen enthalten. Auch $\mathbf{A}^\mu$ würde vermutlich Zustände erzeugen, die neben einzelnen Photonen auch e^+e^--Paare enthielten. Selbst vom Grundzustand der exakt gelösten Theorie wüssten wir nicht, wie er sich vom Grundzustand der Theorie ohne Wechselwirkung unterscheidet. Die Erfahrung mit den Grundzuständen von N-Fermionensystemen (Band 2, Abschn. 5.3) lässt vermuten, dass der Grundzustand der vollen Quantenelektrodynamik ein hochkorrelierter Zustand ist und vom störungstheoretischen Vakuum abweicht.

Die Störungstheorie umgeht dieses praktisch unlösbare Problem, indem sie von den *freien Feldern* und dem *störungstheoretischen Vakuum* ausgeht und die Effekte der gegenseitigen Wechselwirkung in einer systematischen Reihenentwicklung aufbaut. Allerdings treten massive technische und interpretatorische Probleme auf, die das nichtrelativistische N-Teilchensystem nicht kennt. Auch sind, zumindest in diesem heuristischen Zugang, viele Rechenschritte formaler Natur und werden aus mathematischer Sicht „im

[4] Die Bezeichnung „(w)“, die weiter oben benutzt wurde, um auf das Wechselwirkungsbild hinzuweisen, lassen wir hier und im folgenden weg.

Nebel“ vollzogen. Mit viel physikalischer Intuition und einiger Vorsicht führen sie dennoch zu brauchbaren weil eindeutigen Resultaten, die im Vergleich mit dem Experiment getestet werden können.

Die Herleitung der Reihe (5.1) macht vom Operator $\mathbf{U}(t, t_0)$ der zeitlichen Entwicklung im Wechselwirkungsbild Gebrauch, der Lösung der Schrödinger-Gleichung mit dem Hamiltonoperator H_1 ist (s. Band 2, Abschn. 3.3.5),

$$\mathrm{i}\dot{\mathbf{U}}(t, t_0) = H_1 \mathbf{U}(t, t_0) .$$

Mit der Randbedingung $\mathbf{U}(t_0, t_0) = \mathbb{1}$ erfüllt er die Integralgleichung

$$\mathbf{U}(t, t_0) = \mathbb{1} - \mathrm{i} \int_{t_0}^{t} \mathrm{d}t' \, H_1(t') \mathbf{U}(t', t_0) , \tag{5.9}$$

die man wie in der nichtrelativistischen Theorie iterativ löst – hier ganz formal –,

$$\mathbf{U}(t, t_0) = \mathbb{1} - \mathrm{i} \int_{t_0}^{t} \mathrm{d}\tau_1 \, H_1(\tau_1) \left[\mathbb{1} - \mathrm{i} \int_{t_0}^{\tau_1} \mathrm{d}\tau_2 \, H_1(\tau_2) \mathbf{U}(\tau_2, t_0) \right] = \ldots$$
$$= \mathbb{1} + \sum_{n=1}^{\infty} (-\mathrm{i})^n \int_{t_0}^{t} \mathrm{d}\tau_1 \int_{t_0}^{\tau_1} \mathrm{d}\tau_2 \cdots \int_{t_0}^{\tau_{n-1}} \mathrm{d}\tau_n \, H_1(\tau_1) H_1(\tau_2) \ldots H_1(\tau_n) .$$

An den Integrationsgrenzen liest man ab, dass die Zeitargumente von rechts nach links aufsteigend geordnet sind, $\tau_1 \geq \tau_2 \geq \ldots \geq \tau_{n-1} \geq \tau_n$, womit der Aussage Rechnung getragen wird, dass $H_1(t)$ und $H_1(t')$ zu verschiedenen Zeiten unter Umständen nicht miteinander kommutieren. Die Integrationen kann man alle auf das Intervall (t_0, t) ausdehnen, wenn man eine Zeitordnung des Monoms im Integranden einführt und durch $n!$ dividiert. Wir zeigen dies am Beispiel $n = 2$. Hier gilt

$$\int_{t_0}^{t} \mathrm{d}\tau_1 \int_{t_0}^{\tau_1} \mathrm{d}\tau_2 \, H_1(\tau_1) H_1(\tau_2) = \int_{t_0}^{t} \mathrm{d}\sigma_2 \int_{\sigma_2}^{t} \mathrm{d}\sigma_1 \, H_1(\sigma_1) H_1(\sigma_2) .$$

Ersetzt man die Integranden durch das zeitgeordnete Produkt

$$T\big(H_1(\tau_1) H_1(\tau_2)\big) = H_1(\tau_1) H_1(\tau_2) \Theta(\tau_1 - \tau_2) + H_1(\tau_2) H_1(\tau_1) \Theta(\tau_2 - \tau_1) ,$$

und führt beide Integrationen über das ganze Intervall von t_0 bis t, dann bekommt man zweimal das darüber stehende Doppelintegral. Man kann dieses somit durch

$$\frac{1}{2!} \int_{t_0}^{t} \mathrm{d}\tau_1 \int_{t_0}^{t} \mathrm{d}\tau_2 \, T\big(H_1(\tau_1) H_1(\tau_2)\big)$$

ersetzen, das den selben Wert hat. Verallgemeinert man diese Überlegung auf das n-fache Produkt, dann muss man das zuletzt erhaltene Integral mit n Faktoren durch $n!$ dividieren.

Die S-Matrix (5.1) entsteht daraus durch den doppelten Grenzübergang $(t_0 \to -\infty, t \to +\infty)$,

$$\mathbf{S} = \lim_{t_0 \to -\infty} \lim_{t \to +\infty} \mathbf{U}(t, t_0) .$$

Sie enthält wie erwartet einen diagonalen Anteil $\mathbb{1}$, der für „keine Streuung" steht, und eine Reihe in der Wechselwirkung H_1 und damit in den Erzeugungs- und Vernichtungsoperatoren, die in den an H_1 beteiligten Feldern vorkommen. Bei der Berechnung von Matrixelementen S_{fi} der S-Matrix zwischen einem gegebenen Anfangszustand $|i\rangle$ und einem ausgewählten Endzustand $|f\rangle$ wird es also wesentlich darauf ankommen, wieviele Teilchen in diesen Zuständen vorkommen. Damit wird die Zahl der Erzeugungs- und Vernichtungsoperatoren festgelegt und somit die minimale Ordnung n, in der der betrachtete Prozess auftreten kann.

Bei der Auswertung konkreter Matrixelemente S_{fi} mit Hilfe der Dyson-Reihe (5.6) macht man vom Wick'schen Theorem für zeitgeordnete Produkte Gebrauch, das wir in Band 2 bewiesen haben, (Band 2, Abschn. 5.3.5). Wir wiederholen es an dieser Stelle nicht, sondern illustrieren seine Anwendung durch eine Reihe von expliziten Beispielen, die wir weiter unten ausarbeiten.

5.1.1 Bausteine der Quantenelektrodynamik mit Leptonen

Die Quantenelektrodynamik mit Elektronen, Myonen und τ-Leptonen ist eine wunderschöne Theorie: Sie ist nicht nur das Musterbeispiel für alle renormierbaren, quantisierten Eichtheorien, sie hat auch einen schier unglaublichen empirischen Erfolg aufzuweisen. Trotz aller mathematischen Schwierigkeiten sind die Vorhersagen der Strahlungskorrekturen wohldefiniert und sind mit allen heute bekannten Präzisionsexperimenten in Übereinstimmung. In diesem Abschnitt stellen wir die Bausteine zusammen, die mit der allgemeinen Reihe (5.6) die formalen Regeln definieren, nach denen die kovariante Störungstheorie vorgeht. Damit wird die Basis geschaffen, auf der wir einige wichtige Beispiele rechnen und diskutieren können.

Die definierende Lagrangedichte ist

$$\mathcal{L} = \mathcal{L}_\gamma + \sum_{f=e,\mu,\tau} \mathcal{L}_D^{(f)} + \mathcal{L}_1 , \tag{5.10}$$

wobei das Symbol f abkürzend für das Elektron-Positron-Feld, das $\mu^-\mu^+$-Feld oder das $\tau^-\tau^+$-Feld steht, die Lagrangedichte $\mathcal{L}_\gamma$ des freien Photonfeldes in (5.3) angegeben ist und wo

$$\mathcal{L}_D^{(f)} = :\overline{\psi^{(f)}(x)}\Big(\frac{1}{2}\mathrm{i}\gamma^\mu \overleftrightarrow{\partial}_\mu - m_f \mathbb{1}\Big)\psi^{(f)}(x): , \tag{5.11}$$

$$\mathcal{L}_1 = -e \sum_f :\overline{\psi^{(f)}(x)}\gamma^\mu \psi^{(f)}(x) A_\mu(x): , \quad (e = -|e|) \tag{5.12}$$

ist. Jedes der geladenen Leptonen e, μ und τ wechselwirkt in identischer Weise mit dem Strahlungsfeld, Unterschiede in den Observablen können daher nur aus den unterschiedlichen Massen

$$m_e = 0{,}511\,\text{MeV}\,, \quad m_\mu = 105{,}66\,\text{MeV}\,, \quad m_\tau = 1777\,\text{MeV} \tag{5.13}$$

herrühren. Dieses empirische Faktum, das auch für die schwachen Wechselwirkungen der Leptonen gilt, wird mit *Lepton-Universalität* bezeichnet. Die Partner $\nu_f = (\nu_e, \nu_\mu, \nu_\tau)$ koppeln nicht an das Maxwell-Feld, weil sie ungeladen sind. Die geladenen Leptonen haben untereinander keine direkte Wechselwirkung, sie sprechen miteinander nur auf dem Umweg über das Strahlungsfeld und über ihre schwache Wechselwirkung mit $W^\pm$- und Z-Bosonen. Die ungeladenen Leptonen wechselwirken nur über $W^\pm$- und Z-Bosonen.

Der für die Quantenelektrodynamik charakteristische Wechselwirkungsterm

$$\mathcal{L}_1 = -e{:}\overline{\psi^{(f)}(x)}\gamma^\mu \psi^{(f)}(x) A_\mu(x){:}$$

hat mit den Entwicklungen (2.143) für das Photonfeld und (4.84) bzw. (4.85) für das jeweilige Fermionfeld und sein Adjungiertes folgende Struktur in den Erzeugungs- und Vernichtungsoperatoren $a^{(f)}$, $b^{(f)}$, $a^{(f)\dagger}$, $b^{(f)\dagger}$ für das Lepton der Sorte f, c und $c^\dagger$ für das Photon (wir unterdrücken die Spinfreiheitsgrade)

$$\begin{aligned}\mathcal{L}_1 \sim -e\Big\{\ldots\,\overline{u_f(q)}\,a^{(f)\dagger}(q) + \ldots\,\overline{v_f(q)}\,b^{(f)}(q)\Big\}\gamma^\mu \epsilon_\mu(k)\\ \times\Big\{\ldots\,c(k) + \ldots c^\dagger(k)\Big\}\Big\{\ldots\,u_f(p)\,a^{(f)}(p) + \ldots v_f(p)\,b^{(f)\dagger}(p)\Big\}\end{aligned}$$

und definiert damit den (einzigen) Grundvertex der Theorie: An jedem Vertex greift nur *ein* Photon an, das entweder vernichtet oder erzeugt wird, aber je *zwei* fermionische Teilchen oder Antiteilchen, f oder $\bar{f}$. Die Anteile in den geschweiften Klammern stehen für die Zerlegungen

$$\psi = \psi^{(+)} + \psi^{(-)}\,, \quad \overline{\psi} = \overline{\psi}^{(+)} + \overline{\psi}^{(-)}\,, \quad A^\mu = \left(A^\mu\right)^{(+)} + \left(A^\mu\right)^{(-)}$$

in positive und negative Frequenzanteile. Für alle *äußeren* Fermionen, die ein- oder auslaufen, gelten die Formeln

$$\begin{aligned}\langle 0|\,\psi^{(f)}(x)\,\big|f^-(p,r)\big\rangle &= \langle 0|\left(\psi^{(f)}(x)\right)^{(+)}\big|f^-(p,r)\big\rangle\\ &= \frac{1}{(2\pi)^{3/2}}u_f^{(r)}(p)\,e^{-\mathrm{i}p\cdot x}\,,\end{aligned} \tag{5.14}$$

$$\begin{aligned}\big\langle f^+(p,s)\big|\,\psi^{(f)}(x)\,|0\rangle &= \big\langle f^+(p,s)\big|\left(\psi^{(f)}(x)\right)^{(-)}|0\rangle\\ &= \frac{1}{(2\pi)^{3/2}}v_f^{(s)}(p)\,e^{\mathrm{i}p\cdot x}\,,\end{aligned} \tag{5.15}$$

$$\begin{aligned}\big\langle f^-(p,r)\big|\,\overline{\psi^{(f)}(x)}\,|0\rangle &= \big\langle f^-(p,r)\big|\left(\overline{\psi^{(f)}(x)}\right)^{(-)}|0\rangle\\ &= \frac{1}{(2\pi)^{3/2}}\overline{u_f^{(r)}(p)}\,e^{\mathrm{i}p\cdot x}\,,\end{aligned} \tag{5.16}$$

$$\begin{aligned}\langle 0|\,\overline{\psi^{(f)}(x)}\,\big|f^+(p,s)\big\rangle &= \langle 0|\left(\overline{\psi^{(f)}(x)}\right)^{(+)}\big|f^+(p,s)\big\rangle\\ &= \frac{1}{(2\pi)^{3/2}}\overline{v_f^{(s)}(p)}\,e^{-\mathrm{i}p\cdot x}\,.\end{aligned} \tag{5.17}$$

Für die *äußeren*, ein- und auslaufenden Photonen gilt

$$\langle 0 | A_\mu(x) | k, \lambda \rangle = \frac{1}{(2\pi)^{3/2}} \epsilon_\mu^{(\lambda)}(k)\, e^{-ik\cdot x}\,, \tag{5.18}$$

$$\langle k, \lambda | A_\mu(x) | 0 \rangle = \frac{1}{(2\pi)^{3/2}} \epsilon_\mu^{(\lambda)}(k)\, e^{ik\cdot x}\,. \tag{5.19}$$

Da es aber *physikalische* Photonen sein müssen, kommen hier nur die beiden *transversalen* Zustände $\lambda = 1$ und $\lambda = 2$ (oder Linearkombinationen davon) vor. Die Exponentialfunktionen werden bei der Integration über die Impulse δ-Distributionen für die Erhaltung des gesamten Viererimpulses an jedem Vertex liefern; was wir aber schon jetzt notieren können ist der Faktor $1/(2\pi)^{3/2}$, den jedes äußere Teilchen beiträgt, sowie den Spinor bzw. die Polarisation:

(f1) $u_f^{(r)}(p)$ für jedes mit Impuls p und Spinorientierung r *einlaufende* f^-,

(f2) $v_f^{(s)}(p)$ für jedes mit Impuls/Spin (p, s) *auslaufende* f^+,

(f3) $\overline{u_f^{(r)}(p)}$ für jedes mit Impuls/Spin (p, r) *auslaufende* f^-,

(f4) $\overline{v_f^{(s)}(p)}$ für jedes mit Impuls/Spin (p, s) *einlaufende* f^+ und

(ph) $\epsilon_\mu^{(\lambda)}(k)$ für jedes mit Impuls k und Polarisation λ ein- oder auslaufende Photon.

Tritt ein Photon als *innere* Linie auf, d. h. wird ein virtuelles Photon zwischen zwei Vertizes ausgetauscht, so wird es (in der Feynman-Eichung) durch den Propagator (2.149)

$$\langle 0 | T\, A^\mu(x) A^\nu(y) | 0 \rangle = \frac{i}{(2\pi)^4} \int d^4k\, e^{-ik\cdot(x-y)} \frac{-g^{\mu\nu}}{k^2 + i\varepsilon} \tag{5.20}$$

dargestellt. Dies wird sich darin widerspiegeln, dass in der Impulsraum-Darstellung jede innere Photonlinie in den Beitrag $-g^{\mu\nu}/(k^2 + i\varepsilon)$ zu übersetzen sein wird.

Für ein virtuelles Lepton f, das von $x \in M^4$ nach $y \in M^4$ propagiert, steht der Fermionpropagator (4.110)

$$\langle 0 | T\, \psi^{(f)}(x) \overline{\psi^{(f)}(y)} | 0 \rangle = \frac{i}{(2\pi)^4} \int d^4p\, e^{-ip\cdot(x-y)} \frac{(\not{p} + m_f \mathbb{1})}{p^2 - m_f^2 + i\varepsilon}\,. \tag{5.21}$$

In der Darstellung im Impulsraum wird daher für eine solche innere Leptonlinie ein Faktor

$$\frac{(\not{p} + m_f \mathbb{1})}{p^2 - m_f^2 + i\epsilon}$$

stehen. Mit der Reihe (5.6) und mit diesen Formeln sind die wesentlichen Bausteine zusammengestellt, aus denen man Regeln für die Berechnung konkreter Prozesse der Quantenelektrodynamik aufstellen kann.

Wesentlich schwieriger ist es die Frage zu beantworten, welche Werte für die Massen m_f in (5.11) und für die Kopplungskonstante e bzw. α in (5.12) eingesetzt werden sollen. Es wird sich nämlich herausstellen, auch wenn wir hier die physikalischen, aus dem Experiment bekannten Massen m_f und die in der Thomson-Streuung gemessene, physikalische Ladung e, vgl. Abschn. 2.4.3, verwenden, dass diese Anfangswerte durch höhere Beiträge der Störungstheorie abgeändert werden. Wir müssen also darauf gefasst sein, die Lagrangedichte (5.10) im Laufe der Entwicklung durch Zusatz- oder „Gegen"terme[5] abändern zu müssen, um diesen Korrekturen Rechnung zu tragen. Wenn z. B. $m_f^{(0)}$ die ursprünglichen, „nackten" Massen sind, so ist (5.11) zu ersetzen durch

$$\mathcal{L}_D^{(f)} + \delta m_f :\overline{\psi^{(f)}(x)}\psi^{(f)}(x):\,, \quad \text{mit} \quad \delta m_f = m_f - m_f^{(0)}\,.$$

Dieses Phänomen der Renormierung von Massen und Kopplungskonstanten kommt auch schon in der nichtrelativistischen Quantentheorie von N Teilchen vor, allerdings mit einem wesentlichen Unterschied: dort sind Unterschiede zwischen den physikalischen Größen und den Parametern der definierenden Theorie *endlich*, in einer renormierbaren Quantenfeldtheorie sind sie i. Allg. *unendlich.* Mit anderen Worten, da die physikalischen Werte endlich sind, heißt dies, dass die nackten Parameter unendlich groß sein müssen. Auch die Wellenfunktionen der wechselwirkenden Theorie unterscheiden sich von denen der freien Theorie in der Störungstheorie um unendlich große Faktoren. Man spricht bei diesen Phänomenen von *Massenrenormierung, Ladungsrenormierung,* bzw. *Wellenfunktionsrenormierung*[6]. Sie überziehen die Quantenfeldtheorie – auch wenn sie renormierbar ist – nicht nur mit einem Filigran von mathematischen Subtilitäten, sondern bringen auch weitgehend unanschauliche Aspekte mit sich.

5.1.2 Feynman-Regeln für Quantenelektrodynamik mit geladenen Leptonen

In diesem Abschnitt formulieren wir zuerst die Feynman'schen Regeln für die Störungstheorie der Quantenelektrodynamik in Form einer Reihe von Anweisungen, wie Diagramme in Formeln umzusetzen sind und geben erst dann eine Rechtfertigung der einzusetzenden Funktionen, Faktoren und Vorzeichen aus den oben beschriebenen Bausteinen der Theorie, soweit solche Vorschriften nicht schon aus den allgemeinen Prinzipien der Kapitel 2 und 3 bekannt sind.

Regeln für Amplituden der Quantenelektrodynamik:

(R0) Das Ziel: Die Regeln geben den zweiten Anteil in der symbolischen Zerlegung der S-Matrix

$$\mathbf{S} = \mathbb{1} + \mathbf{R}$$

in den Diagonalanteil $\mathbb{1}$ und die Reaktionsmatrix $\mathbf{R}$, für den betrachteten Übergang vom Anfangszustand „i" in den Endzustand „f"

$$S_{fi} = \delta_{fi} + R_{fi}\,. \tag{5.22}$$

[5] Auf englisch heißen solche Terme *counter terms*, die „nackten" Konstanten $e^{(0)}$ und $m_f^{(0)}$ nennt man im angelsächsischen Sprachgebrauch etwas verschämt *bare constants*.

[6] Auf englisch spricht man von *mass renormalization, charge renormalization* und *wave function renormalization*.

Die T-Matrix, deren Elemente in die allgemeinen Ausdrücke der Abschnitte 3.2.3 und 3.2.4 für Wirkungsquerschnitte bzw. Zerfallswahrscheinlichkeiten einzusetzen sind, ensteht daraus, indem man aus R_{fi} den Faktor $\mathrm{i}(2\pi)^4\delta(P_f - P_i)$ herauszieht, wo P_i und P_f die Summe aller Viererimpulse im Anfangs- bzw. Endzustand sind.

(R1) Diagramme: Für einen gegebenen Prozess $A+B \to C+D+\cdots$ zeichnet man alle *verbundenen* Diagramme der Ordnung n. Äußere und innere Leptonlinien werden mit Pfeilen versehen derart, dass die Pfeilrichtung die Flussrichtung der *negativen* Ladung angibt. Mit dieser Vorschrift gleichwertig sind die Regeln, die wir in Abschn. 4.3.4 formuliert haben: Man legt fest, wer Teilchen heißen soll – in der Quantenelektrodynamik sind dies traditionell e^- bzw. μ^- und τ^- – und legt damit fest, wer Antiteilchen ist. Bei einem *Teilchen* zeigt der Pfeil zum Vertex hin, wenn es einläuft, vom Vertex weg, wenn es ausläuft. Bei einem *Antiteilchen* zeigt der Pfeil vom Vertex weg, wenn es ein- bzw. zum Vertex hin, wenn es ausläuft.

Die Faktoren der folgenden Regeln (R2) bis (R4) sind *von rechts nach links* zu notieren, indem man dieser so definierten Pfeilrichtung folgt.

(R2) Äußere Linien: Für ein einlaufendes Lepton f^- steht der Spinor $u_f^{(r)}(p)$, für ein auslaufendes der Spinor $\overline{u_f^{(r)}}(p)$, wobei die gegebenen Impulse und Spinausrichtungen einzusetzen sind. Für ein Antiteilchen f^+ steht $\overline{v_f^{(r)}}(p)$, wenn es einläuft, $v_f^{(r)}(p)$, wenn es ausläuft.
Jedes ein- oder auslaufende Photon bringt die Funktion $\epsilon_\mu^{(\lambda)}(k)$, mit $\lambda = 1, 2$. Der Index μ ist mit γ^μ an demjenigen Vertex zu verjüngen, an dem das Photon angreift (s. nächste Regel).

(R3) Vertizes: An jedem Vertex ist $e\gamma^\mu$ einzusetzen, sowie eine δ-Distribution für die an diesem Vertex auftretenden Viererimpulse, derart, dass Energie und Impuls an diesem Vertex erhalten sind. Um diese Bilanz aufzustellen, muss man zuvor die Flussrichtung der Impulse klären.

(R4) Innere Linien: Jede innere Leptonlinie wird durch den Propagator im Impulsraum

$$\frac{(\not{p} + m_f \mathbb{1})}{p^2 - m_f^2 + \mathrm{i}\varepsilon}$$

dargestellt. Die Richtung, in die der virtuelle Impuls p fließt, folgt den Pfeilen, d. h. geht in dieselbe Richtung wie die negative Ladung.
Jede innere Photonlinie bringt den Impulsraum-Propagator

$$\frac{-g_{\mu\nu}}{k^2 + \mathrm{i}\varepsilon}$$

ein (wenn man die Feynman-Eichung gewählt hat). Die Indizes μ und ν beziehen sich auf die beiden Vertizes, zwischen die der Propagator eingespannt ist, und werden mit den in Regel (R3) festgesetzten Matrizen γ^μ bzw. γ^ν kontrahiert.

(R5) Integrationen: Der nach den bisherigen Regeln aufgestellte Ausdruck ist über die Impulse aller *inneren* Linien zu integrieren. Die Spinsummen, ebenso wie die Summe über Lepton- und Antileptonbeiträge sind bereits in den Propagatoren enthalten. Bei dieser Integration bleibt immer eine δ-Distribution für die Differenz $P_i - P_f$ als gemeinsamer Faktor stehen, die beim Übergang von der R- zur T-Matrix herausfällt.

(R6) Vorzeichen: (a) Die Amplitude T_{fi} erhält einen Faktor $(-)^{\Pi}$, wo Π die Permutation der Leptonen gleicher Sorte im Endzustand ist.
(b) Ist L die Anzahl der im Diagramm enthaltenen geschlossenen Leptonschleifen, so erhält T_{fi} den Faktor $(-)^L$.

(R7) *C*-Invarianz der Maxwell-Theorie: Wenn an einer geschlossenen Schleife aus virtuellen Leptonlinien eine *ungerade* Anzahl von Photonen angreift, so gibt diese den Beitrag Null.

(R8) Zahlenfaktoren: Das Matrixelement R_{fi} mit insgesamt l_a äußeren Leptonlinien und b_a äußeren Photonlinien erhält den numerischen Faktor

$$\left((2\pi)^{-3/2}\right)^{l_a+b_a} ,$$

d. h. jedes äußere Teilchen, ob Fermion oder Boson, bringt einen Faktor $(2\pi)^{-3/2}$.
Bezeichnen l_i die Zahl der inneren Leptonlinien, b_i die Zahl der inneren Bosonlinien, n wie oben die Ordnung, dann erhält R_{fi} außerdem den Faktor

$$\mathrm{i}^{n+l_i+b_i}\,(2\pi)^{4(n-l_i-b_i)} .$$

Man beachte, dass diese Faktoren für das Matrixelement R_{fi} gelten. Das Matrixelement T_{fi}, das die eigentliche Streu- oder Zerfallsamplitude darstellt, folgt aus R_{fi} durch Abtrennen eines Faktors $\mathrm{i}\,(2\pi)^4$ und der Distribution $\delta(P_i - P_f)$.

Die Regel (R1) spricht von verbundenen Diagrammen, d. h. von Diagrammen, die nicht in zwei oder mehr disjunkte Teile zerfallen. Diese Festlegung ist plausibel, da sonst Anteile auftreten würden, wo Teilchen ohne Wechselwirkung aneinander vorbeifliegen würden.
Regel (R2) und der erste numerische Faktor aus (R8) sind Konsequenzen der Zerlegungen (2.143) und (4.84), (4.85) der quantisierten Felder nach Normalschwingungen und der Konventionen, die wir gewählt haben.
Der zweite numerische Faktor in (R8) setzt sich aus folgenden Beiträgen zusammen

- $(-\mathrm{i})^n$ von der Dyson-Reihe (5.6),
- dem Vorzeichen $(-)^n$ aus dem Vorzeichen der Wechselwirkung (5.12),
- einem Faktor i von jedem Leptonpropagator (5.21) und jedem Photonpropagator (5.20), insgesamt $\mathrm{i}^{l_i+b_i}$,

– einem Faktor $(2\pi)^{-4(l_i+b_i)}$, der ebenfalls von den Propagatoren stammt, sowie einem $(2\pi)^4$, das aus jeder Integration $\int d^4x$ mit Exponentialfunktionen stammt, d. h. insgesamt $(2\pi)^{4n}$.

Zur Regel (R3), die die Vertizes betrifft: An jedem Vertex stoßen je drei innere oder äußere Linien aufeinander, zwei fermionische und eine bosonische. Sowohl die Propagatoren als auch die Feldoperatoren selbst tragen dazu Exponentialfunktionen mit x mal der Bilanz des Viererimpulses am Vertex bei. Integriert über x entsteht 4π mal je eine δ-Distribution. Über die inneren Impulse, die ja in den Propagatoren enthalten sind, wird ohne Einschränkung integriert.

Die Regel (R6a) ist offensichtlich, weil Fermionfelder der gleichen Sorte immer antivertauschen. Die Regeln (R6b) und (R7) benötigen eine eingehendere Analyse: Es sei

$$j^\alpha(x) = :\overline{\psi(x)}\gamma^\alpha\psi(x):$$

für eine gegebene, feste Leptonsorte „f". Da in einer geschlossenen Schleife nur ein- und dieselbe Leptonsorte umlaufen kann, lassen wir die Bezeichnung f weg. Man überlegt sich leicht, dass der Beitrag einer solchen geschlossenen Schleife immer den Faktor

$$\langle 0|\, T\, j^{\mu_1}(x_1) j^{\mu_2}(x_2) \ldots j^{\mu_m}(x_m)\, |0\rangle \tag{5.23}$$

enthält. Um diesen Ausdruck auf ein Produkt von Propagatoren (5.21) zurückzuführen, muss man die Feldoperatoren im Vakuumerwartungswert so lange umordnen, bis die Fermionoperatoren in der Reihenfolge $\psi\overline{\psi}\psi\overline{\psi}\ldots$ erscheinen. Dafür ist aber immer eine *ungerade* Zahl von Permutationen notwendig. Der Einfachheit halber betrachten wir ein Beispiel:

$$\begin{aligned}
&\langle 0|\, T\, \overline{\psi(x)}_\alpha \left(\gamma^\mu\right)_{\alpha\beta} \psi_\beta(x) \overline{\psi(y)}_\sigma \left(\gamma^\nu\right)_{\sigma\tau} \psi_\tau(y)\, |0\rangle \\
&= -\left(\gamma^\mu\right)_{\alpha\beta}\left(\gamma^\nu\right)_{\sigma\tau} \langle 0|\, T\, \psi_\beta(x)\overline{\psi(y)}_\sigma \psi_\tau(y)\overline{\psi(x)}_\alpha\, |0\rangle \\
&= -\left(\gamma^\mu\right)_{\alpha\beta}\left(\gamma^\nu\right)_{\sigma\tau} \langle 0|\, T\, \psi_\beta(x)\overline{\psi(y)}_\sigma\, |0\rangle \, \langle 0|\, T\, \psi_\tau(y)\overline{\psi(x)}_\alpha\, |0\rangle
\end{aligned}$$

Für jede geschlossene Schleife entsteht ein Faktor -1.
Greifen an der Schleife m Photonen an, d. h. hat sie m Vertizes, so muss laut Regel (R7) diese Zahl gerade sein. Dies folgt aus der Invarianz der Wechselwirkung unter Ladungskonjugation. Wendet man nämlich $\mathbf{C}$ auf (5.23) an und beachtet, dass der Stromoperator unter der Ladungskonjugation ungerade ist, $\mathbf{C}^{-1} j^\mu(x)\mathbf{C} = -j^\mu(x)$, so ist

$$\begin{aligned}
&\langle 0|\, T\, j^{\mu_1}(x_1) j^{\mu_2}(x_2) \ldots j^{\mu_m}(x_m)\, |0\rangle \\
&= \langle 0|\, \mathbf{C}^{-1}\mathbf{C} T\, j^{\mu_1}(x_1) j^{\mu_2}(x_2) \ldots j^{\mu_m}(x_m) \mathbf{C}^{-1}\mathbf{C}\, |0\rangle \\
&= (-)^m\, \langle 0|\, T\, j^{\mu_1}(x_1) j^{\mu_2}(x_2) \ldots j^{\mu_m}(x_m)\, |0\rangle\ .
\end{aligned}$$

Ist die Zahl der Vertizes m ungerade, so verschwindet der Beitrag. Die Abb. 5.1a zeigt ein Beispiel, bei dem die Amplitude aufgrund von (R7) verschwindet, Abb. 5.1b ein solches, das einen von Null verschiedenen Beitrag liefert.

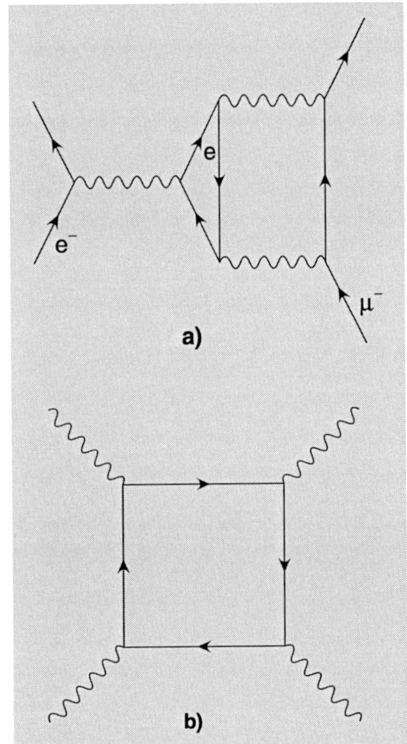

Abb. 5.1. (**a**) Dieses Diagramm könnte in der Ordnung $n = 6$ zur Elektron-Myonstreuung beitragen. Da aber eine ungerade Anzahl Photonen an der inneren Elektronschleife angreifen, ist sein Beitrag gleich Null. (**b**) Dieses Diagramm beschreibt einen Beitrag niedrigster Ordnung, $n = 4$, zur Streuung von Licht an Licht. Da hier vier Photonen an die Schleife koppeln, verschwindet sein Beitrag nicht

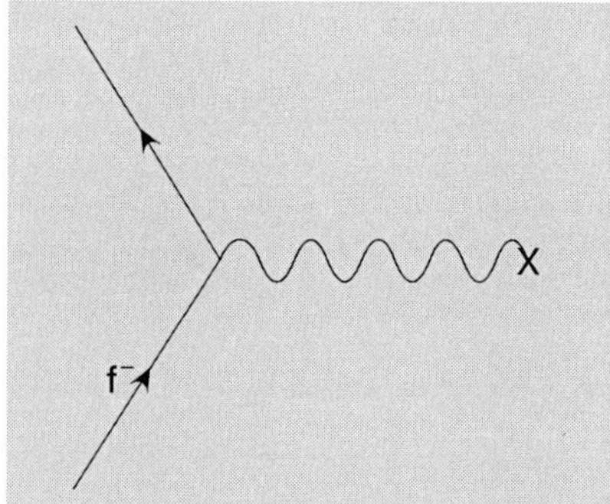

Abb. 5.2. Zwischen dem äußeren Potential, das durch ein X symbolisiert ist, und dem streuenden Lepton f^- wird ein virtuelles Photon ausgetauscht

Die Feynman'schen Regeln für die Quantenelektrodynamik werden noch durch eine weitere ergänzt, die die Streuung an einem äußeren Coulomb-Potential zu berechnen gestattet. Das äußere Potential ist ein Modell für ein sehr schweres geladenes Teilchen, also etwa für einen Atomkern großer Masse, an dem das Elektron gestreut wird. Bei einem solchen Prozess muss zwar die Energie erhalten sein, nicht aber der räumliche Impuls, da das schwere Teilchen beliebig Impuls aufnehmen oder abgeben kann, ohne selbst in Bewegung zu geraten. Man bezeichnet solche gutmütigen Streupartner in den Diagrammen mit einem X, wie in Abb. 5.2 skizziert.

Die Regel lautet

(R9) Streuung am äußeren Potential: Man behandelt das geladene Lepton und das virtuelle Photon wie in den Regeln (R1) bis (R8), mit Ausnahme von (R3), angegeben. Am (hier einzigen) Vertex schreibt man anstelle der vierdimensionalen δ-Distribution eine eindimensionale für die Energie allein. Außerdem wird der Faktor $e\gamma^\mu$ ersetzt durch

$$\delta_{\mu 0}\frac{Ze}{(2\pi)^3}\frac{\widetilde{\varrho}(\boldsymbol{k})}{\boldsymbol{k}^2}\,, \tag{5.24}$$

wo $\widetilde{\varrho}(\boldsymbol{k})$ der zur Ladungsdichte $\varrho(\boldsymbol{x})$ gehörende Formfaktor ist,

$$\widetilde{\varrho}(\boldsymbol{k}) = \int \mathrm{d}^3x\, e^{-\mathrm{i}\boldsymbol{k}\cdot\boldsymbol{x}}\varrho(\boldsymbol{x})$$

und die Ladungsdichte auf 1 normiert ist, $\int \mathrm{d}^3x\, \varrho(\boldsymbol{x}) = 1$.

Der Beweis dieser Regel ist als Aufgabe 5.1 gestellt.

5.1.3 Einfache Prozesse in Baumnäherung

In diesem Abschnitt illustrieren wir die Feynman-Regeln der Quantenelektrodynamik, indem wir die Prozesse

(a): $e^\mp + \gamma \longrightarrow e^\mp + \gamma\,,$
(b): $e^- + e^- \longrightarrow e^- + e^-\,,$
(c): $e^- + e^+ \longrightarrow e^- + e^+\,,$
(d): $e^- + e^+ \longrightarrow \gamma + \gamma\,,$
(e): $e^- + e^+ \longrightarrow \mu^- + \mu^+\,,$
(f): $e^- + e^+ \longrightarrow \tau^- + \tau^+$

in der niedrigsten Ordnung, das ist hier $n = 2$, berechnen. Da in dieser Ordnung noch keine inneren Schleifen vorkommen, sehen die zugehörigen Diagramme so aus wie Kinder einen Tannenbaum zeichnen. Man nennt sie daher *Baumdiagramme*[7]. Der Prozess (a) ist der *Compton-Effekt* am Elektron oder Positron, (b) wird *Møller-Streuung* genannt, (c) ist die *Bhabha-Streuung* – alle drei nach bekannten Physikern benannt. Der Prozess (d) wird schlichter und weniger pietätvoll *Paarvernichtung im Fluge* genannt und (e) und (f) sind Paarerzeugungsprozesse aus kollidierenden Elektron-

[7] Auf englisch werden sie *tree diagrams* genannt.

und Positronstrahlen, deren Reihe sich fortsetzen lässt zu $e^- e^+ \to p\bar{p}$, $e^- e^+ \to q\bar{q}$ (wo q ein Quark bezeichnet) usw.

Die Reaktionen (c), (e) und (f) sind für Experimente an $e^+ e^-$-Speicherringen von besonderer Bedeutung, weil man einerseits an ihnen die Quantenelektrodynamik samt Strahlungskorrekturen bei hohen Energien gut testen kann, und weil sie andererseits als Referenzreaktionen für die Erzeugung von Hadronen durch $e^- e^+$-Paarvernichtung dienen. Das bedeutet im zweiten Fall, dass man das Verhältnis

$$R = \frac{\mathrm{d}\sigma(e^- e^+ \to q\bar{q})}{\mathrm{d}\sigma(e^- e^+ \to \mu^- \mu^+)}$$

von Quark-Antiquark- zu Myon-Antimyon-Erzeugung misst, um etwas über hadronische Physik zu lernen.

Sowohl die Bhabha-Streuung (c) als auch die Paarvernichtung in zwei Photonen (d) werden häufig als Analysatorreaktionen für die Polarisation des Positrons verwendet, indem man die einlaufenden Positronen z. B. an einer polarisierten Eisenfolie streut und die Spinabhängigkeit der Wirkungsquerschnitte ausnutzt, um die Polarisation des Positrons zu bestimmen. Die Spinabhängigkeit der Compton-Streuung (a) dient zur Messung der Polarisation von Photonen. Man sieht also, dass die Reaktionen (a)–(f) weit mehr als akademischen Stoff für Übungsaufgaben liefern.

Bevor wir diese Reaktionen im Einzelnen analysieren, wollen wir einige ihrer allgemeinen Eigenschaften herausarbeiten und Beziehungen zwischen ihnen klären. Dazu betrachten wir etwas allgemeiner die Zwei-Teilchen-Reaktion $A + B \to C + D$ mit den angegebenen Massen und Viererimpulsen

$$A\,(m_1,\, p_1) + B\,(m_2,\, p_2) \longrightarrow C\,(M_1, q_1) + D\,(M_2, q_2) \tag{5.25}$$

und definieren die Lorentz-invarianten kinematischen Variablen

$$s := (p_1 + p_2)^2 = (q_1 + q_2)^2\,, \tag{5.26}$$

$$t := (p_1 - q_1)^2 = (p_2 - q_2)^2\,, \tag{5.27}$$

$$u := (p_1 - q_2)^2 = (q_1 - p_2)^2\,, \tag{5.28}$$

wobei ersichtlich die Relation $p_1 + p_2 = q_1 + q_2$ für Energie- und Impulserhaltung benutzt ist. Diese Variablen, die *Mandelstam-Variable* genannt werden (nach Stanley Mandelstam), sind nicht linear unabhängig, denn es ist

$$s + t + u = m_1^2 + m_2^2 + M_1^2 + M_2^2\,, \tag{5.29}$$

in Worten: ihre Summe ist gleich der Summe der Quadrate aller vier äußeren Massen. Diese Aussage ist leicht nachzurechnen: Mit

$$s = m_1^2 + m_2^2 + 2p_1 \cdot p_2\,,$$
$$t = m_1^2 + M_1^2 - 2p_1 \cdot q_1\,,$$
$$u = m_1^2 + M_2^2 - 2p_1 \cdot q_2$$

und mit $p_2 - q_1 - q_2 = -p_1$ folgt

$$s + t + u = m_1^2 + m_2^2 + M_1^2 + M_2^2 + 2m_1^2 - 2p_1^2 = m_1^2 + m_2^2 + M_1^2 + M_2^2\,.$$

Die physikalische Bedeutung von s und t versteht man am schnellsten, wenn man sie im Schwerpunktssystem auswertet. Mit $\boldsymbol{p}_1 = -\boldsymbol{p}_2$ sieht man, dass s das Quadrat der gesamten Energie ist

$$s = (E_{p_1} + E_{p_2})^2 .$$

Die Variable t beschreibt den Impulsübertrag und ist somit eine Funktion des Streuwinkels im Schwerpunktssystem. Wir betrachten zwei Spezialfälle, die für die Beispiele (a)–(f) ausreichen:

(i) Paare gleicher Masse im Anfangs- und im Endzustand, $m_1 = m_2 \equiv m$ und $M_1 = M_2 \equiv M$: Wenn κ und κ' den Betrag des räumlichen Impulses vor bzw. nach der Streuung bezeichnen, so gilt im Schwerpunktssystem

$$s = 4(m^2 + \kappa^2) = 4(M^2 + \kappa'^2) , \tag{5.30}$$

$$\begin{aligned} t &= m^2 + M^2 - 2\sqrt{(\kappa^2 + m^2)(\kappa'^2 + M^2)} + 2\kappa\kappa' \cos\theta \\ &= m^2 + M^2 - \frac{s}{2} + \frac{1}{2}\sqrt{(s - 4m^2)(s - 4M^2)} \cos\theta \end{aligned} \tag{5.31}$$

$$u = m^2 + M^2 - \frac{s}{2} - \frac{1}{2}\sqrt{(s - 4m^2)(s - 4M^2)} \cos\theta . \tag{5.32}$$

(ii) Elastische Streuung, $m_1 = M_1 \equiv m$ und $m_2 = M_2 \equiv M$:
Da es sich um elastische Streuung handelt, ist jetzt $\kappa = \kappa'$. Eine kleine Rechnung zeigt (siehe auch Band 1, Aufgabe 4.3), dass

$$\kappa = \frac{1}{2\sqrt{s}}\sqrt{\big(s - (m + M)^2\big)\big(s - (m - M)^2\big)} = \kappa' , \tag{5.33}$$

$$s = m^2 + M^2 + 2\kappa^2 + 2\sqrt{(\kappa^2 + m^2)(\kappa^2 + M^2)} , \tag{5.34}$$

$$t = -2\kappa^2(1 - \cos\theta) . \tag{5.35}$$

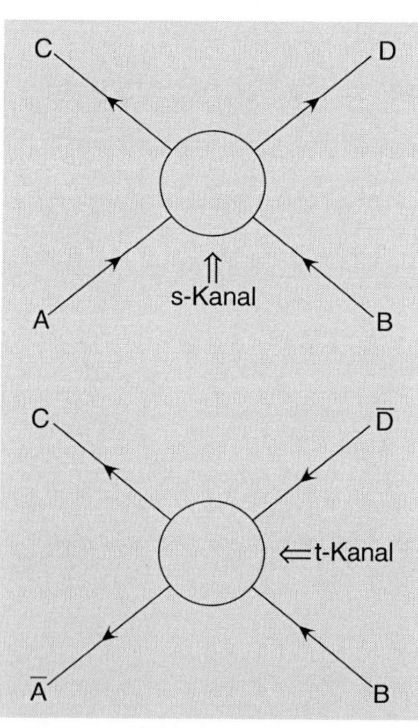

Abb. 5.3. (**a**) zeigt die Reaktion $A + B \to C + D$ im s-Kanal; (**b**) zeigt die Reaktion $B + \overline{D} \to C + \overline{A}$, d. h. den der ersten Reaktion zugeordneten t-Kanal. Die Pfeile an den äußeren Linien folgen hier nicht den Feynman-Regeln, sondern bezeichnen die einlaufenden bzw. auslaufenden Teilchen. Die Blase im Wechselwirkungsgebiet steht für alle Diagramme, die zu diesen Prozessen beitragen

Den Streuprozess (5.25), der in Abb. 5.3a skizziert ist, zunächst ohne das Gebiet der Wechselwirkung störungstheoretisch aufzuschlüsseln, kann man noch weiter analysieren und auf mögliche Symmetrien untersuchen. So kann man das Teilchen D durch sein Antiteilchen $\overline{D}$ ersetzen und festlegen, dass es nicht auslaufen, sondern einlaufen soll. Gleichzeitig wird A durch $\overline{A}$ ersetzt und als aus- statt einlaufend betrachtet, d. h. man assoziiert zu (5.25) den Prozess

$$B + \overline{D} \longrightarrow C + \overline{A} ,$$

wie in Abb. 5.3b) gezeigt. Formal entsteht die Amplitude für diesen Prozess, Abb. 5.3b), aus der für (5.25), Abb. 5.3a), indem man von q_2 nach $-q_2$, p_1 nach $-p_1$ fortsetzt. Dabei wird die t-Variable des ersten zur physikalischen s-Variablen des zweiten Prozesses, die s-Variable des ersten wird zur physikalischen t-Variablen des zweiten. Daher stammt die Bezeichnung s-Kanal für die ursprüngliche Reaktion, t-Kanal für die daraus durch Fortsetzung entstehende. Auf der analytischen Seite bedeutet dies: Wenn man die Amplitude der s-Kanal Reaktion (5.25) kennt und als Funktion von s und t geschrieben hat, dann bekommt man daraus die Amplitude für die zugehörige t-Kanal Reaktion $B+\overline{D} \to C+\overline{A}$, indem man s und t vertauscht und zu den richtigen kinematischen Bereichen dieser Variablen analytisch fortsetzt.

Die t-Kanal Reaktion kann auch in der anderen Richtung, d. h. als $A+\overline{C} \to \overline{B}+D$ betrachtet werden, der ladungskonjugierten, inversen Reaktion von $B+\overline{D} \to C+\overline{A}$. Diese Operation, die man *crossing* nennt, ist besonders dann interessant, wenn beim Überkreuzen der äußeren Linien wieder derselbe Prozess herauskommt. Ein Beispiel hierfür ist Bhabha-Streuung

$$e^- + e^+ \longrightarrow e^- + e^+ ,$$

deren t-Kanal Partner wieder dieselbe Reaktion ist. Das Absolutquadrat der Streuamplitude, durch s und t ausgedrückt, muss bei Vertauschung $s \leftrightarrow t$ symmetrisch sein.

Man beachte, dass hier die Rede von dem jeweiligen relativen Antiteilchen ist, man würde also besser vom ladungskonjugierten Partner sprechen. Da die Ladungskonjugation die Vorzeichen aller additiven Quantenzahlen und insbesondere auch der elektrischen Ladung umkehrt, die Teilchen beim Kreuzen der äußeren Linien in der Reaktion aber die Seiten wechseln, ist klar, dass die Auswahlregeln für die t-Kanal Reaktion genau dann erfüllt sind, wenn sie für die ursprüngliche Reaktion erfüllt waren.

Kehrt man noch einmal zur allgemeinen Reaktion (5.25) zurück, so kann man noch einen weiteren Partner dazu finden: man lässt Teilchen A und das Antiteilchen $\overline{D}$ von D einlaufen, die Teilchen C und $\overline{B}$ auslaufen, d. h. man betrachtet

$$A+\overline{D} \longrightarrow C+\overline{B} .$$

Was dabei entsteht wird die zu (5.25) assoziierte u-Kanal Reaktion genannt. Man überlegt sich in ähnlicher Weise wie oben, dass jetzt die Variablen s und u ihre Rollen tauschen, während t seine Funktion beibehält. Betrachten wir das Beispiel der Møller-Streuung (b), $e^- + e^- \to e^- + e^-$, dann liegt sowohl im t-Kanal als auch im u-Kanal der Prozess $e^- + e^+ \to e^- + e^+$ vor, das Absolutquadrat der Amplitude für die Møller-Streuung muss daher eine $t \leftrightarrow u$-Symmetrie haben.

Für die Streuprozesse, die wir in diesem Abschnitt studieren, kann man folgende Tabelle aufstellen, die über ihre t- und u-Kanal Partner und damit über eventuell vorhandene Symmetrien in s, t, u Auskunft gibt.

Die $t-u$ Symmetrie in den ersten beiden Zeilen von Tabelle 5.1, die $s-t$ Symmetrie in der letzten, die durch Umrahmung gekennzeichnet sind, werden wir dazu nutzen, die Rechnungen zu verkürzen. Aber auch dann, wenn wie in der dritten Zeile keine Symmetrie vorhanden ist, sind das *crossing* und die damit verknüpfte analytische Fortsetzung nützlich, weil man

Tab. 5.1. Einige typische Prozesse der leptonischen Quantenelektrodynamik mit ihren gekreuzten Kanälen.

s-Kanal	t-Kanal	u-Kanal	Symmetrie
$e^-e^+ \to \gamma\gamma$	$e^\pm\gamma \to e^\pm\gamma$	$e^-\gamma \to e^-\gamma$	$t \leftrightarrow u$
$e^-e^- \to e^-e^-$	$e^-e^+ \to e^-e^+$	$e^-e^+ \to e^-e^+$	$t \leftrightarrow u$
$e^+e^- \to \mu^+\mu^-$	$e^-\mu^+ \to e^-\mu^+$	$e^-\mu^- \to e^-\mu^-$	
$e^-e^+ \to e^-e^+$	$e^-e^+ \to e^-e^+$	$e^-e^- \to e^-e^-$	$s \leftrightarrow t$

aus dem Wirkungsquerschnitt eines der drei assoziierten Prozesse die für die beiden anderen herleiten kann.

a) Compton-Streuung am Elektron und am Positron

Die Streuung eines Photons am Elektron wird in der niedrigsten Ordnung $n=2$ durch die beiden Baumdiagramme der Abb. 5.4 beschrieben: Im Diagramm 5.4a) wird – physikalisch gesprochen – das einlaufende Photon zuerst absorbiert bevor das auslaufende Photon emittiert wird. Im Diagramm 5.4b) wird das auslaufende emittiert bevor das einlaufende absorbiert wurde. Die Regeln (R1) bis (R8) des vorhergehenden Abschnitts sind hier sehr einfach umzusetzen: In der Ordnung $n=2$ sind die einzigen verbundenen Diagramme die in Abb. 5.4 gezeichneten. Die Integration über den inneren Impuls des virtuellen Elektrons/Positrons gibt zwei δ-Distributionen, die sich so umschreiben lassen, dass die erwartete Distribution $\delta(P_i - P_f)$ auftritt und gleichzeitig der Impuls im Propagator festgelegt wird. Das Beispiel des Diagramms 5.4a) mag als Illustration dienen: Bezeichnet man den Impuls der virtuellen Linie mit Q, so verlangt die Regel (R3) den Faktor

$$\delta(p_1+p_2-Q)\delta(Q-p_2-q_2)$$
$$=\delta\big(Q-(q_1+q_2)\big)\delta\big((p_1+p_2)-(q_1+q_2)\big)\,,$$

sie liefert also die erwartete δ-Distribution für die Erhaltung von Energie und Impuls und legt Q auf $Q=p_1+p_2$ fest. Analoges gilt für das zweite Diagramm. Dies bedeutet, dass wir direkt das T-Matrixelement aufstellen können, ohne den Umweg über R_{fi} zu nehmen.

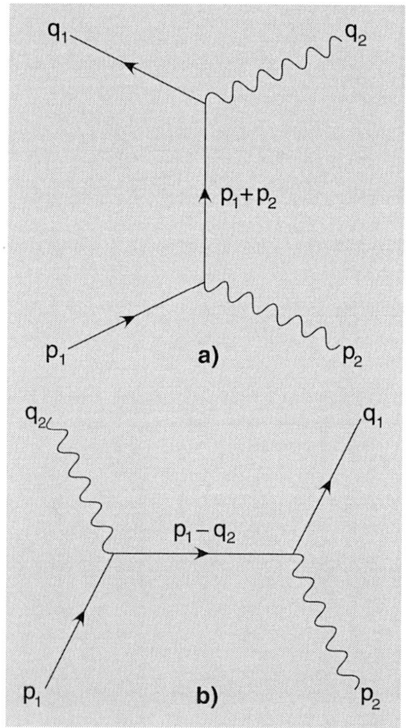

Abb. 5.4. (**a**) Das einlaufende Photon wird vom einlaufenden Elektron geschluckt, das dann in Form des Elektron-Positronpropagators mit dem unphysikalischen Impuls (p_1+p_2) weiterläuft, bevor es das auslaufende Photon ausspuckt und wieder auf seine Massenschale zurückkehrt; (**b**) Das einlaufende Elektron emittiert zuerst das auslaufende Photon und absorbiert erst dann das einlaufende Photon

Kürzen wir die Polarisation des einlaufenden und des auslaufenden Photons ab, $\epsilon' \equiv \epsilon_\mu^{(\lambda')}(q_2)$ und $\epsilon \equiv \epsilon_\nu^{(\lambda)}(p_2)$, unterdrücken aber die Spinorientierungen der ein- und auslaufenden Elektronzustände und schreiben für die Elektronmasse einfach $m_1 \equiv m$, dann lautet die T-Amplitude

$$\begin{aligned} &T(e^-\gamma \to e^-\gamma)\\ &= -\frac{e^2}{(2\pi)^6}\overline{u(q_1)}\left(\not\epsilon'\frac{(\not p_1+\not p_2)+m\,\mathbb{1}}{(p_1+p_2)^2-m^2}\not\epsilon+\not\epsilon\frac{(\not p_1-\not q_2)+m\,\mathbb{1}}{(p_1-q_2)^2-m^2}\not\epsilon'\right)u(p_1)\\ &= -\frac{e^2}{(2\pi)^6}\overline{u(q_1)}\left(\not\epsilon'\frac{(\not p_1+\not p_2)+m\,\mathbb{1}}{2p_1\cdot p_2}\not\epsilon-\not\epsilon\frac{(\not p_1-\not q_2)+m\,\mathbb{1}}{2p_1\cdot q_2}\not\epsilon'\right)u(p_1)\,. \end{aligned} \tag{5.36}$$

Im zweiten Schritt wurde dabei $p_1^2=m^2=q_1^2$ und $p_2^2=0=q_2^2$ ausgenutzt. Bevor ich aus dieser Amplitude den Wirkungsquerschnitt berechne, schiebe ich an dieser Stelle einige Bemerkungen ein:

Bemerkungen

1. Die Invarianz unter Eichtransformationen $A_\mu(x) \mapsto A'_\mu(x) = A_\mu - \partial_\mu \chi(x)$ übersetzt sich im Impulsraum, d. h. bei Fourier-Transformation in die Aussage
$$\widetilde{A}_\mu(k) \longmapsto \widetilde{A}'_\mu = \widetilde{A}_\mu(k) + c\, k_\mu \,,$$
wo c eine Zahl ist, deren Wert hier nicht von Belang ist (sie ist proportional zu $\widetilde{\chi}(k)$). Dies bedeutet, dass in allen Amplituden mit äußeren Photonen die Ersetzung
$$\epsilon_\mu \longmapsto \epsilon_\mu + c\, k_\mu \tag{5.37}$$
durchgeführt werden muss. Wenn die physikalische Amplitude beim Ersetzen von ϵ_μ durch k_μ einen Term ergibt, der gleich Null ist, dann ist die Eichinvarianz erfüllt und man hat richtig gerechnet.
Diesen einfachen Test wollen wir am Beispiel der Ersetzung $\not\epsilon \mapsto \not p_2$ in der Amplitude (5.36) durchführen: Ersetzt man $\not\epsilon$ durch $\not p_2$ im ersten Summanden, dann gibt dessen Zähler mit $\not p_1 \not p_2 + \not p_2 \not p_1 = 2p_1 \cdot p_2$ und mit $\not p_2 \not p_2 = p_2^2 = 0$
$$(\not p_1 + \not p_2 + m\,\mathbb{1})\not p_2 = 2p_1 \cdot p_2 - \not p_2 \not p_1 + m \not p_2 \,.$$
Jetzt kann man $\not p_1$ auf $u(p_1)$ anwenden und erhält $\not p_1 u(p_1) = m u(p_1)$, so dass sich die letzten beiden Terme auf der rechten Seite wegheben, wenn sie auf den Spinor $u(p_1)$ angewandt werden. Insgesamt ist somit
$$\overline{u(q_1)}\not\epsilon' \frac{\not p_1 + \not p_2 + m\,\mathbb{1}}{2p_1 \cdot p_2} \not p_2 u(p_1) = \overline{u(q_1)}\not\epsilon'\, u(p_1) \,.$$
Im zweiten Summanden gibt die Ersetzung $\not\epsilon \to \not p_2$ für den Zähler
$$\not p_2 (\not p_1 - \not q_2 + m\,\mathbb{1}) = \not p_2 (\not q_1 - \not p_2 + m\,\mathbb{1}) = 2p_2 \cdot q_1 - \not q_1 \not p_2 + m \not p_2 \,.$$
Dabei wurde die Energie-Impulsbilanz in der Form $p_1 - q_2 = q_1 - p_2$ benutzt, aus deren Quadrat noch $p_1 \cdot q_2 = p_2 \cdot q_1$ folgt. Lässt man jetzt $\not q_1$ nach links auf $\overline{u(q_1)}$ wirken und verwendet die Dirac-Gleichung $\overline{u(q_1)}\not q_1 = m\overline{u(q_1)}$, dann folgt
$$\overline{u(q_1)} \left(-\not p_2 \frac{(\not p_1 - \not q_2) + m\,\mathbb{1}}{2p_1 \cdot q_2} \not\epsilon' \right) u(p_1) = -\overline{u(q_1)}\not\epsilon'\, u(p_1) \,.$$
Beide Anteile zusammengenommen ergeben tatsächlich Null. In derselben Weise führt die Leserin/der Leser den zweiten Test auf Eichinvarianz durch, bei dem $\not\epsilon'$ durch $\not q_2$ ersetzt wird und bei dem ebenfalls Null herauskommt.

2. Das in der vorangegangenen Bemerkung beobachtete Verschwinden der Amplitude, wenn immer man die Polarisation eines Photons durch dessen Impuls ersetzt, ist eine allgemeine Eigenschaft. Deswegen nennt man Terme, in denen anstelle von $\epsilon_\mu^{(\lambda)}(k)$ der Vektor k_μ tritt, auch *Eichterme*. Da es sich im betrachteten Prozess ausschließlich um äußere, d. h. physikalische, transversale Photonen handelt, kommen in der

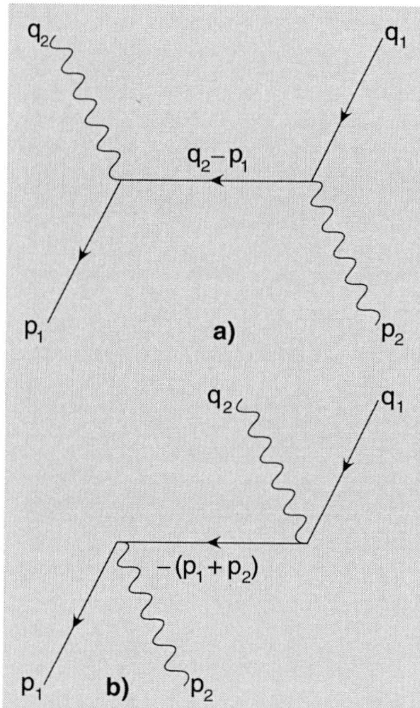

Abb. 5.5. Compton-Streuung am Positron: experimentell zwar recht exotisch, da schwer zu realisieren, aber als Beispiel für einen Prozess in Baumnäherung instruktiv

Amplitude (5.36) nur die Polarisationen $\lambda = 1$ und $\lambda = 2$ vor. Bei der Berechnung von $|T|^2$ und der Summation über die Spins, die wir gleich ausführen werden, kann man dennoch unbesorgt alle vier Polarisationen der Photonen mitzählen, d. h. auch die unphysikalischen $\epsilon^{(0)}$ und $\epsilon^{(3)}$. Es wird sich nämlich herausstellen, dass diese nur Eichterme der eben definierten Art liefern, deren Beitrag gleich Null ist.

3. Die Compton-Streuung am Positron wird völlig analog behandelt: Die beiden Diagramme der Ordnung $n = 2$ sind in Abb. 5.5 gezeichnet. Übersetzt man diese Bilder den Regeln (R1)–(R8) folgend in eine Streuamplitude, so ist

$$
\begin{aligned}
&T(e^+\gamma \to e^+\gamma)\\
&= -\frac{e^2}{(2\pi)^6}\overline{v(p_1)}\\
&\left(\not{\epsilon}'\frac{(\not{q}_2-\not{p}_1)+m\,\mathbb{1}}{(p_1-q_2)^2-m^2}\not{\epsilon}+\not{\epsilon}\frac{-(\not{p}_1+\not{p}_2)+m\,\mathbb{1}}{(p_1+p_2)^2-m^2}\not{\epsilon}'\right)v(q_1)\\
&= -\frac{e^2}{(2\pi)^6}\overline{v(p_1)}\\
&\left(-\not{\epsilon}'\frac{(\not{q}_2-\not{p}_1)+m\,\mathbb{1}}{2p_1\cdot q_2}\not{\epsilon}+\not{\epsilon}\frac{-(\not{p}_1+\not{p}_2)+m\,\mathbb{1}}{2p_1\cdot p_2}\not{\epsilon}'\right)v(q_1)\,,
\end{aligned}
\tag{5.38}
$$

wo wieder $p_2^2 = 0 = q_2^2$ und $p_1^2 = m^2 = q_1^2$ eingesetzt wurde. Den oben beschriebenen Test auf Eichinvarianz führt man als kleine Übung selbst aus.

Wir fahren fort mit der Berechnung des differentiellen Wirkungsquerschnitts

$$
\begin{aligned}
&\mathrm{d}\sigma(e^-\gamma \to e^-\gamma) = (2\pi)^{10}\delta(q_1+q_2-p_1-p_2)\\
&\frac{1}{4E_{p_1}E_{p_2}|\boldsymbol{v}|}\frac{1}{4}\sum_{r,s}\sum_{\lambda,\lambda'}\left|T(e^-\gamma \to e^-\gamma)\right|^2\frac{\mathrm{d}^3q_1}{2E_{q_1}}\frac{\mathrm{d}^3q_2}{2E_{q_2}}\,.
\end{aligned}
\tag{5.39}
$$

Der erste Faktor nach der δ-Distribution stammt vom Flussfaktor (3.28), der zweite kommt von der Mittelung über die Polarisationen des Elektrons und des Photons (es sind je zwei). Mit (5.33), $m_1 = m$ und $M = 0$ ist der Betrag des räumlichen Impulses $\kappa = (s-m^2)/(2\sqrt{s})$ und mit der Formel (3.30) folgt für den Flussfaktor

$$
4E_{p_1}E_{p_2}|\boldsymbol{v}| = 4\kappa\sqrt{s} = 2(s-m^2)\,.
$$

Wertet man den invarianten, quadrierten Impulsübertrag t gemäß (5.35) aus, so ist

$$
t = -\frac{\left(s-m^2\right)^2}{2s}\left(1-\cos\theta\right),
$$

was erlaubt $\mathrm{d}(\cos\theta)$ durch $\mathrm{d}t$ auszudrücken. Da der spingemittelte Wirkungsquerschnitt sicher nicht vom Azimuthwinkel ϕ abhängt, kann man über diesen integrieren. Dann ist

$$2\pi\,\mathrm{d}(\cos\theta) = 2\pi\frac{\mathrm{d}(\cos\theta)}{\mathrm{d}t}\,\mathrm{d}t = 2\pi\frac{2s}{(s-m^2)^2}\,\mathrm{d}t\,,$$

der differentielle Wirkungsquerschnitt $\mathrm{d}\sigma/\mathrm{d}\Omega$ lässt sich in den invarianten Wirkungsquerschnitt $\mathrm{d}\sigma/\mathrm{d}t$ umrechnen. Es gilt

$$\frac{\mathrm{d}\sigma}{\mathrm{d}t} = \frac{2s}{(s-m^2)^2}\int_0^{2\pi}\mathrm{d}\phi\,\frac{\mathrm{d}\sigma}{\mathrm{d}\Omega}\,. \tag{5.40}$$

Die weitere Vorgehensweise ist klar vorgezeichnet: Man berechnet $\mathrm{d}\sigma/\mathrm{d}\Omega$ im Schwerpunktssystem, drückt das Ergebnis als Funktion der Invarianten s und t aus und setzt es in (5.40) ein. Den dann insgesamt invarianten Ausdruck $\mathrm{d}\sigma/\mathrm{d}t$ kann man hernach in jedem beliebigen Bezugssystem auswerten, das durch das Experiment vorgegeben ist.

Den differentiellen Wirkungsquerschnitt im Schwerpunktssystem erhält man, indem man die allgemeine Formel (5.39) über den Impuls $\boldsymbol{q}_1$ des auslaufenden Elektrons und über den Betrag κ' des Impulses des auslaufenden Photons integriert. Die Integration $\int \mathrm{d}^3 q_1 \ldots$ wird durch die drei räumlichen δ-Distributionen aufgefangen, so dass bei Verwendung von sphärischen Polarkoordinaten für q_2, $\mathrm{d}^3 q_2 = \kappa'^2\,\mathrm{d}\kappa'\,\mathrm{d}\Omega$,

$$\frac{\mathrm{d}\sigma}{\mathrm{d}\Omega} = (2\pi)^{10}\frac{1}{2(s-m^2)}\int_0^\infty \kappa'^2\,\mathrm{d}\kappa'\,\frac{1}{(2E_{q_1}2\kappa')}\,\frac{1}{4}\sum_{\text{Spins}}|T|^2\delta^{(1)}(E_{q_1}+\kappa'-\sqrt{s})$$

zu berechnen bleibt. Hierbei ist ausgenutzt, dass $E_{q_2} = |\boldsymbol{q}_2| = \kappa'$ ist und dass die Summe der Energien im Anfangszustand (im Schwerpunktssystem) gleich $\sqrt{s}$ ist. Die Energie des Elektrons im Endzustand ist $E_{q_1} = \sqrt{\kappa'^2+m^2}$ und es bleibt das Integral

$$J \equiv \int_0^\infty \frac{\kappa'\,\mathrm{d}\kappa'}{\sqrt{\kappa'^2+m^2}}\delta^{(1)}\big(\sqrt{\kappa'^2+m^2}+\kappa'-\sqrt{s}\big)\sum|T|^2$$

auszurechnen. Natürlich erhält J nur dort einen Beitrag, wo

$$\kappa' = \frac{s-m^2}{2\sqrt{s}}$$

ist, es handelt sich aber um ein Integral vom Typus $\int \mathrm{d}x\; f(x)\delta\big(g(x)\big)$, das man mit der Formel (A.11) aus Band 2, d.h.

$$\delta\big(g(x)\big) = \sum_i \frac{1}{|g'(x_i)|}\delta(x-x_i)$$

(Summe über die einfachen Nullstellen) bekommt. Damit ist

$$J = \sum_{\text{Spins}}|T|^2\frac{s-m^2}{2s}\,.$$

Fasst man alle Faktoren zusammen, setzt (5.40) ein und beachtet, dass in natürlichen Einheiten $e^2 = 4\pi\alpha$ ist, so bekommt man

$$\frac{\mathrm{d}\sigma}{\mathrm{d}t} = \frac{\alpha^2\pi}{(s-m^2)^2}\,\frac{1}{4}\sum_{\text{Spins}}\left|\frac{(2\pi)^6}{e^2}T\right|^2 .$$

Zuletzt müssen wir nun die Spinsummen von $|T|^2$ ausrechnen. Gehen wir von (5.36) aus und setzen in den Nennern $s = (p_1 + p_2)^2$ bzw. $u = (p_1 - q_2)^2$ ein, so ist

$$M \equiv -\frac{(2\pi)^6}{e^2}T = \epsilon_\mu^{(\lambda')}(q_2)\,\overline{u^{(s)}(q_1)}\,Q^{\mu\nu}u^{(r)}(p_1)\,\epsilon_\nu^{(\lambda)}(p_2) \quad \text{mit}$$

$$Q^{\mu\nu} = \gamma^\mu\frac{\not p_1 + \not p_2 + m\,\mathbb{1}}{s-m^2}\gamma^\nu + \gamma^\nu\frac{\not p_1 - \not q_2 + m\,\mathbb{1}}{u-m^2}\gamma^\mu .$$

Wie weiter oben bemerkt darf man bei den Summen über λ und über λ' eigentlich nur die Werte 1 und 2 berücksichtigen. Das folgende Argument zeigt, dass man aber genauso gut über alle vier Werte der Polarisation summieren kann, d. h. auch über die longitudinalen und die zeitartigen Polarisationen, ohne den Wert des Wirkungsquerschnitts zu verändern. Diese Beobachtung ist in Übereinstimmung mit der in Kap. 2, Abschn. 2.5.3 gemachten Feststellung, dass die Beiträge der longitudinalen und der skalaren Photonen sich gegenseitig wegheben.

Wir betrachten das Beispiel des einlaufenden Photons, der Fall des auslaufenden Photons ist völlig analog. Gemäß (2.142) ist

$$\epsilon_\mu^{(\lambda)}(k)\,g_{\lambda\bar\lambda}\,\epsilon_\nu^{(\bar\lambda)}(k) = g_{\mu\nu} .$$

Verwendet man die in Abschn. 2.5.2 angegebenen Ausdrücke für $\epsilon_\mu^{(0)}(k)$ und $\epsilon_\mu^{(3)}(k)$, dann folgt hieraus

$$\begin{aligned}\sum_{\lambda=1}^{2}\epsilon_\mu^{(\lambda)}(k)\epsilon_\nu^{(\lambda)}(k) &= -g_{\mu\nu} + \epsilon_\mu^{(0)}(k)\epsilon_\nu^{(0)}(k) - \epsilon_\mu^{(3)}(k)\epsilon_\mu^{(3)}(k)\\ &= -g_{\mu\nu} + \frac{1}{k\cdot t}\big(k_\mu t_\nu + t_\mu k_\nu - k_\mu k_\nu/(k\cdot t)\big) .\end{aligned}$$

Der zweite Summand auf der rechten Seite besteht aus drei Eichtermen, d. h. aus Termen, die k_μ oder k_ν enthalten und die nicht zur Amplitude beitragen. Deshalb darf man in den Summen über die Polarisationen des einlaufenden ebenso wie über die des auslaufenden Photons folgendermassen ersetzen:

$$\sum_{\lambda=1}^{2}\epsilon_\mu^{(\lambda)}(p_2)\epsilon_\nu^{(\lambda)}(p_2) \longmapsto -g_{\mu\nu}\,, \quad \sum_{\lambda'=1}^{2}\epsilon_\sigma^{(\lambda')}(q_2)\epsilon_\tau^{(\lambda')}(q_2) \longmapsto -g_{\sigma\tau} . \qquad (5.41)$$

Die Summen über die Spinorientierungen des Elektrons werden mit Hilfe der Spurtechniken ausgeführt. Es entsteht somit

$$\begin{aligned}\frac{1}{4}\sum_{\text{Spins}}|M|^2 &= \frac{1}{4}\,\mathrm{Sp}\left\{(\not q_1 + m\,\mathbb{1})Q^{\sigma\tau}(\not p_1 + m\,\mathbb{1})\widetilde{Q}_{\sigma\tau}\right\}\\ &= \frac{1}{4}\,\mathrm{Sp}\left\{(\not q_1 + m\,\mathbb{1})Q^{\sigma\tau}(\not p_1 + m\,\mathbb{1})Q_{\tau\sigma}\right\}\end{aligned}$$

wobei die Beziehung

$$\widetilde{Q}_{\sigma\tau} \equiv \gamma^0 (Q_{\sigma\tau})^\dagger \gamma^0 = Q_{\tau\sigma}$$

verwendet wurde, die man leicht nachrechnet (man beachte die Vertauschung der Indizes!).

Natürlich muss man jetzt wieder den vollen Ausdruck für $Q^{\mu\nu}$ einsetzen und die Spuren mit Hilfe der Formeln aus Abschn. 4.3.3 berechnen und durch die Variablen s, t und u ausdrücken. Man verkürzt aber diese Rechnung um die Hälfte, wenn man die früher festgestellte $s \leftrightarrow u$-Symmetrie ausnutzt. Wir machen daher den Ansatz

$$\frac{1}{4}\sum_{\text{Spins}} |M|^2 = a(s,u) + b(s,u) + a(u,s) + b(u,s)\,,$$

wobei die Funktionen $a(s,u)$ und $b(s,u)$ durch

$$\begin{aligned} a(s,u) &= \frac{1}{4}\frac{1}{(s-m^2)^2} \\ &\quad \times \mathrm{Sp}\left\{(\not{q}_1 + m\,\mathbb{1})\gamma^\mu(\not{p}_1+\not{p}_2+m\,\mathbb{1})\gamma^\nu(\not{p}_1+m\,\mathbb{1})\gamma_\nu(\not{p}_1+\not{p}_2+m\,\mathbb{1})\gamma_\mu\right\}, \end{aligned}$$

$$\begin{aligned} b(s,u) &= \frac{1}{4}\frac{1}{(s-m^2)(u-m^2)} \\ &\quad \times \mathrm{Sp}\left\{(\not{q}_1 + m\,\mathbb{1})\gamma^\mu(\not{p}_1+\not{p}_2+m\,\mathbb{1})\gamma^\nu(\not{p}_1+m\,\mathbb{1})\gamma_\mu(\not{p}_1-\not{q}_2+m\,\mathbb{1})\gamma_\nu\right\} \end{aligned}$$

gegeben sind. An dieser Stelle verwendet man die Formeln des Abschnitts 4.3.3, dabei insbesondere die summierten Ausdrücke (4.121)–(4.123), setzt die auftretenden Skalarprodukte in die Variablen s und u gemäß

$$\begin{aligned} p_1\cdot p_2 = q_1\cdot q_2 &= \frac{1}{2}(s-m^2)\,, \quad & p_1\cdot q_1 &= m^2 - \frac{1}{2}t = \frac{1}{2}(s+u)\,, \\ p_1\cdot q_2 = q_1\cdot p_2 &= \frac{1}{2}(m^2-u)\,, \quad & p_2\cdot q_2 &= -\frac{1}{2}t = \frac{1}{2}(s+u) - m^2 \end{aligned}$$

um und bekommt

$$\begin{aligned} a(s,u) &= \frac{2}{(s-m^2)^2}\left\{4m^4 - (s-m^2)(u-m^2) + 2m^2(s-m^2)\right\}\,, \\ b(s,u) &= \frac{2m^2}{(s-m^2)(u-m^2)}\left\{4m^2 + (s-m^2) + (u-m^2)\right\}\,. \end{aligned}$$

Für den invarianten Wirkungsquerschnitt erhält man hiermit den folgenden Ausdruck

$$\begin{aligned} \frac{\mathrm{d}\sigma}{\mathrm{d}t} = \frac{8\pi\alpha^2}{(s-m^2)^2}&\left\{\left(\frac{m^2}{s-m^2}+\frac{m^2}{u-m^2}\right)^2\right. \\ &\left. +\frac{m^2}{s-m^2}+\frac{m^2}{u-m^2}-\frac{1}{4}\left(\frac{s-m^2}{u-m^2}+\frac{u-m^2}{s-m^2}\right)\right\}\,. \end{aligned} \tag{5.42}$$

Dieses Ergebnis, dessen $s \leftrightarrow u$-Symmetrie offensichtlich ist, ist Lorentz-invariant: $\mathrm{d}\sigma$ ist eine physikalische Größe und kann daher nicht vom gewählten Bezugssystem abhängen, die Variablen s, t und u sind per Konstruktion invariant.

Bemerkungen

1. Die iε-Vorschrift im Nenner des Elektron-Positron Propagators ist bei Baumdiagrammen bedeutungslos und wurde deshalb hier von vorneherein weggelassen. Sobald aber der Beitrag eines Diagramms Integrationen über Impulse in echten, inneren Schleifen enthält, wird diese Vorschrift wichtig.
So lehrreich es ist, für einige Beispiele Rechnungen mit Spuren der hier gezeigten Art analytisch und von Hand durchzuführen, in der modernen Praxis verwendet man heutzutage oft algebraische Programmpakete, die auch kompliziertere Spurausdrücke effizient und fehlerarm ausführen.
2. Für die experimentelle Praxis ist die Auswertung von (5.42) im Laborsystem, in dem das Elektron vor der Streuung ruht, von besonderem Interesse. Bezeichnet man die Energien des Photons vor und nach der Streuung mit ω bzw. ω', den Streuwinkel (das ist der Winkel zwischen dem einlaufenden und dem auslaufenden räumlichen Photonimpuls) mit θ_{L}, dann ist mit $p_1 = (m, \mathbf{0})^T$
$$\begin{aligned} s &= (p_1 + p_2)^2 = m^2 + 2m\omega\,, \\ t &= (p_1 - q_1)^2 = (q_2 - p_2)^2 = -2\omega\omega'(1 - \cos\theta_{\mathrm{L}})\,, \\ u &= (p_1 - q_2)^2 = m^2 - 2m\omega' \\ &= 2m^2 - s - t = m^2 - 2m\omega + 2\omega\omega'(1 - \cos\theta_{\mathrm{L}})\,. \end{aligned}$$
Aus den Gleichungen für u ergibt sich der Zusammenhang zwischen ω' und ω
$$\omega' = \frac{m\omega}{m + \omega(1 - \cos\theta_{\mathrm{L}})}\,. \tag{5.43}$$
Um aus (5.42) den Wirkungsquerschnitt im Laborsystem herzuleiten, brauchen wir die Ableitung von t nach $\cos\theta_{\mathrm{L}}$. Es ist
$$t = -2\omega\omega'(1 - \cos\theta_{\mathrm{L}}) = -2m\omega^2 \frac{1 - \cos\theta_{\mathrm{L}}}{m + \omega(1 - \cos\theta_{\mathrm{L}})}\,,$$
woraus $\mathrm{d}t/\mathrm{d}\cos\theta_{\mathrm{L}} = 2\omega'^2$ folgt. Damit ist
$$\frac{\mathrm{d}\sigma}{\mathrm{d}\Omega_{\mathrm{L}}} = \frac{\mathrm{d}\sigma}{\mathrm{d}t}\frac{\mathrm{d}t}{\mathrm{d}\Omega_{\mathrm{L}}} = \frac{\mathrm{d}\sigma}{\mathrm{d}t}\frac{\omega'^2}{\pi}\,.$$
Setzt man das Ergebnis (5.42) ein, so folgt
$$\frac{\mathrm{d}\sigma}{\mathrm{d}\Omega_{\mathrm{L}}} = \frac{1}{2}\left(\frac{\alpha}{m}\right)^2 \left(\frac{\omega'}{\omega}\right)^2 \left\{\frac{\omega}{\omega'} + \frac{\omega'}{\omega} - \sin^2\theta_{\mathrm{L}}\right\}\,. \tag{5.44}$$
3. Bei der Berechnung von (5.42) und (5.44) haben wir vorausgesetzt, dass die einlaufenden Teilchen unpolarisiert sind und dass die Polarisation der auslaufenden Teilchen nicht nachgewiesen wird. Es ist nicht schwer, den im Vergleich zu (5.44) etwas allgemeineren Fall zu behandeln, in

dem das einlaufende Photon polarisiert ist und die Polarisation des auslaufenden nachgewiesen wird. Man findet

$$\left(\frac{\mathrm{d}\sigma}{\mathrm{d}\Omega_{\mathrm{L}}}\right)^{\gamma\,\mathrm{pol.}} = \frac{1}{4}\left(\frac{\alpha}{m}\right)^2\left(\frac{\omega'}{\omega}\right)^2\left\{\frac{\omega}{\omega'}+\frac{\omega'}{\omega}+4\left(\epsilon'\cdot\epsilon\right)^2-2\right\}. \quad (5.45)$$

Diese Formel geht auf O. Klein und Y. Nishina zurück. Im Grenzfall kleiner Energie des Photons ist $\omega' \approx \omega \ll m$ und die Formel (5.45) geht in den Thomson-Wirkungsquerschnitt

$$\left(\frac{\mathrm{d}\sigma}{\mathrm{d}\Omega_{\mathrm{L}}}\right)_{\mathrm{Thomson}} = \left(\frac{\alpha}{m}\right)^2\left(\epsilon'\cdot\epsilon\right)^2$$

über, den wir in Kapitel 2 in der halbklassischen Theorie berechnet haben.

4. Natürlich kann man auch zulassen, dass das Elektron polarisiert ist, an dem das Photon streut und bzw. oder dass man die Polarisation des auslaufenden Elektrons nachweist. In der Berechnung der Spuren sind dann die Formeln (4.97) (bzw. (4.98) für Positronen) einzusetzen. Dies ist zwar von Hand noch durchführbar, ist aber ein Beispiel, das man heute eher mit Hilfe eines algebraischen Programmpakets auf dem Rechner behandelt.
5. Die invariante Schreibweise von $\sum|T|^2$ als Funktion der Variablen (s, t, u) ist auch deshalb nützlich, weil man durch analytische Fortsetzung in die entsprechenden kinematischen Bereiche damit zugleich die Prozesse in den gekreuzten Kanälen erhält. Im Beispiel der Compton-Streuung ist außer der Symmetrie zwischen s- und u-Kanal der t-Kanal $e^+e^- \rightarrow \gamma\gamma$ von Interesse. Diese Paarvernichtung im Fluge in Situationen wo sowohl das Elektron als auch das Positron polarisiert sind, wird in der Praxis genutzt, um die Polarisation zu messen. Die Formeln für die Wirkungsquerschnitte mit polarisierten Teilchen findet man in der Literatur[8].

b) Bhabha-Streuung $e^+e^- \rightarrow e^+e^-$

In diesem Beispiel tritt zum ersten Mal der Photonpropagator auf. In der niedrigsten Ordnung $n = 2$ tragen die zwei Diagramme der Abb. 5.6 bei. Das virtuelle Photon kann zwischen dem Elektron und dem Positron ausgetauscht werden, es kann aber auch durch Paarvernichtung enstehen und durch Paarerzeugung wieder verschwinden. Elektron und Positron erscheinen nur in äußeren Linien und sind daher beide auf ihrer Massenschale, das Photon tritt nur als innere Linie auf und ist daher nicht auf seiner Massenschale. Auch hier kann man gleich die T-Amplitude aufschreiben, ohne den Umweg über die R-Matrix zu machen. Mit den Bezeichnungen der Impulse wie in Abb. 5.6 ist diese

$$\begin{aligned} T(e^+e^- \rightarrow e^+e^-) = -\frac{e^2}{(2\pi)^6}\Bigg\{&\overline{u(q_-)}\gamma^\mu u(p_-)\,\frac{-g_{\mu\nu}}{(p_- - q_-)^2}\,\overline{v(p_+)}\gamma^\nu v(q_+) \\ &+\overline{v(p_+)}\gamma^\mu u(p_-)\,\frac{-g_{\mu\nu}}{(p_- + p_+)^2}\,\overline{u(q_-)}\gamma^\nu v(q_+)\Bigg\}. \quad (5.46) \end{aligned}$$

Die invarianten Skalarprodukte in den Nennern dieser Amplitude sind gerade t bzw. s,

$$t = (p_- - q_-)^2\,, \qquad s = (p_- + p_+)^2\,.$$

[8] z. B. L.A. Page, Phys. Rev. **106**, 394, 1957; V.N.Baier, Enrico Fermi School „Physics with intersecting storage rings“, Academic Press, 1971.

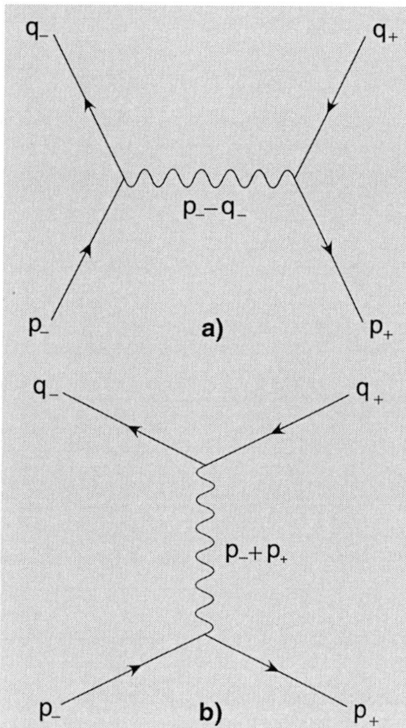

Abb. 5.6. Baumdiagramme für die Bhabha-Streuung; (**a**) ein virtuelles Photon wird zwischen dem Elektron und dem Positron ausgetauscht; (**b**) das Elektron und das Positron vernichten in ein virtuelles Photon, das anschliessend wieder in ein e^+e^--Paar übergeht

Die Berechnung des invarianten Wirkungsquerschnitts verläuft analog zum vorhergehenden Beispiel, so dass wir sie überspringen können. Man findet

$$\frac{\mathrm{d}\sigma}{\mathrm{d}t} = \frac{2\pi\alpha^2}{s(s-4m^2)} \left\{ \frac{1}{s^2}\Big((t-2m^2)^2+(u-2m^2)^2+4m^2 s\Big) + \frac{1}{t^2}\Big((s-2m^2)^2+(u-2m^2)^2+4m^2 t\Big) + \frac{2}{st}(u-2m^2)(u-6m^2) \right\}. \tag{5.47}$$

Die $s \leftrightarrow t$-Symmetrie dieser Formel ist offensichtlich und bestätigt unsere frühere, allgemeinere Überlegung. Auch die Spezialisierung des Wirkungsquerschnitts auf das Schwerpunkts- oder das Laborsystem ist leicht zu vollziehen, indem man die Darstellung von s, t und u im jeweiligen Bezugssystem verwendet.

c) Paarerzeugung von Leptonen und Quarks

In Speicherringen, in denen ein Positronstrahl auf einen Elektronstrahl fokussiert wird, werden außer der elastischen Streuung $e^+e^- \to e^+e^-$ vielerlei Produktionsprozesse beobachtet und gemessen, bei denen das e^+e^--Paar verschwindet und Zustände erzeugt werden, die ebenso wie das e^+e^--Paar die additiven Quantenzahlen des Vakuums tragen. Besonders wichtig sind dabei die leptonischen Produktionsprozesse

$$e^+ + e^- \longrightarrow \mu^+ + \mu^- \quad \text{und} \quad e^+ + e^- \longrightarrow \tau^+ + \tau^-\,, \tag{5.48}$$

sowie die Produktion von Quark-Antiquark Paaren

$$e^+ + e^- \longrightarrow \overline{q} + q\,, \qquad q = u, d, s, c, b, t\,, \tag{5.49}$$

d. h. – in der Reihenfolge aufsteigender Massen – *up-*, *down-*, *strange-*, *charm-*, *bottom-* und *top*-quarks. Da die Quarks nicht als freie Teilchen auftreten, „hadronisieren" die $q\overline{q}$ Zustände in i. Allg. kompliziertere *out*-Zustände physikalischer Hadronen. Im Fall von Quarks berechnen wir also nur den ersten Schritt dessen, was im Experiment wirklich geschieht.

Wenn der Positron- und der Elektronstrahl (vom Labor aus gesehen) kollinear aufeinander gerichtet sind und dieselbe Energie haben, dann sitzt das im Labor beobachtende Experiment bereits im Schwerpunktssystem[9].

Zur Paarerzeugung $e^+e^- \to f^+f^-$, wo f kein Elektron ist, trägt in der Ordnung $n=2$ nur das Diagramm a) der Abb. 5.7 bei (das ist das Diagramm b) der Abb. 5.6), in dem das Elektron im Endzustand durch f^-, das Positron durch f^+ ersetzt sind). Verwendet man dieselbe Notation für die Impulse wie dort und setzt $m_e \equiv m$ und $m_f \equiv M$, so ist die T-Amplitude mit $s=(p_- + p_+)^2$

$$T(e^+e^- \to f^+f^-) = -\frac{e^2}{(2\pi)^6}\Big(\overline{v_e(p_+)}\gamma^\mu u(p_-)\Big)\frac{g_{\mu\nu}}{s}\Big(\overline{u_f(q_-)}\gamma^\nu v_f(q_+)\Big)\,. \tag{5.50}$$

Der Flussfaktor (3.30) ist mit (5.30) in diesem Fall

$$E_{e^+}E_{e^-}\,|\boldsymbol{v}| = \kappa\sqrt{s} = \frac{1}{2}\sqrt{s(s-4m^2)}\,.$$

[9] Es gibt auch asymmetrische Speicherringe, bei denen die kollidierenden Strahlen nicht dieselbe Energie haben, auch können die beiden Strahlen unter einem anderen Winkel als 180° aufeinander treffen.

Integriert man den allgemeinen Ausdruck aus Abschn. 3.2.3 über $\boldsymbol{q}_+$, dann bleibt mit $\kappa' \equiv |\boldsymbol{q}_+|$

$$\int \mathrm{d}q_+^3\, \mathrm{d}\sigma = \frac{(2\pi)^{10}}{8\sqrt{s(s-4m^2)}}\mathrm{d}\Omega$$

$$\times \int_0^\infty \frac{\kappa'^2\,\mathrm{d}\kappa'}{\kappa'^2+M^2}\delta(\sqrt{s}-2\sqrt{\kappa'^2+M^2})\frac{1}{4}\sum_{\text{Spins}}|T|^2$$

zu berechnen. Das Argument der δ-Distribution hat seine Nullstelle bei $\kappa' = \sqrt{s-4M^2}/2$. Mit der bekannten Regel für die Auswertung dieser Distribution ist dies

$$\int \mathrm{d}^3q_+\, \mathrm{d}\sigma = \frac{\sqrt{s-4M^2}}{s\sqrt{s-4m^2}}\,\mathrm{d}\Omega\, \frac{(2\pi)^{10}}{64}\sum_{\text{Spins}}|T|^2 .$$

Die Spurregeln geben uns in schon gewohnter Weise das Absolutquadrat der Amplitude, gemittelt und summiert über die Spinorientierungen im Anfangs- bzw. Endzustand

$$\sum_{\text{Spins}}\left|\frac{(2\pi)^6}{e^2}T(e^+e^- \to f^+f^-)\right|^2$$

$$= \frac{1}{s^2}\,\mathrm{Sp}\,\{(\not p_+ - m\,\mathbb{1})\gamma^\mu(\not p_- + m\,\mathbb{1})\gamma^\sigma\}\,\mathrm{Sp}\left\{(\not q_- + M\,\mathbb{1})\gamma_\mu(\not q_+ - M\,\mathbb{1})\gamma_\sigma\right\}$$

$$= \frac{16}{s^2}\left\{p_+^\mu p_-^\sigma - (p_+\cdot p_- + m^2)g^{\mu\sigma} + p_+^\sigma p_-^\mu\right\}$$

$$\times\left\{q_{-\mu}q_{+\sigma} - (q_-\cdot q_+ + M^2)g_{\mu\sigma} + q_{-\sigma}q_{+\mu}\right\}$$

$$= \frac{16}{s^2}\Big\{2p_-\cdot q_-\, p_+\cdot q_+ + 2p_-\cdot q_+\, p_+\cdot q_-$$

$$+ 2M^2 p_-\cdot p_+ + 2m^2 q_-\cdot q_+ + 4m^2M^2\Big\}$$

$$= \frac{16}{s^2}\Big\{4m^2M^2 + M^2(s-2m^2) + m^2(s-2M^2)$$

$$+ \frac{1}{2}(m^2+M^2-t)^2 + \frac{1}{2}(m^2+M^2-u)^2\Big\} .$$

Dieser Ausdruck ist bemerkenswert: er ist bei $m \leftrightarrow M$ und ebenso bei $t \leftrightarrow u$ invariant. Die erste Symmetrie ist offensichtlich, wenn man bedenkt, dass die Reaktion in beiden Richtungen ablaufen kann und Invarianz unter Zeitspiegelung gilt. Die zweite Symmetrie folgt aus Abb. 5.7 und der oben gemachten Bemerkung, dass die Amplituden für $e^-f^- \to e^-f^-$ und für $e^-f^+ \to e^-f^+$ sich nur durch das Vorzeichen der Ladung am $\overline{f}f\gamma$-Vertex unterscheiden.

Es ist jetzt nicht schwer, den differentiellen Wirkungsquerschnitt im Schwerpunktssystem durch s und durch $z := \cos\theta$ auszudrücken. Man findet mit $e^2 = 4\pi\alpha$

$$\frac{\mathrm{d}\sigma}{\mathrm{d}\Omega} = \frac{\alpha^2\sqrt{s-4M^2}}{4s\sqrt{s}}\left\{1+z^2+\frac{4(m^2+M^2)}{s}(1-z^2)+\frac{16m^2M^2}{s^2}z^2\right\} . \tag{5.51}$$

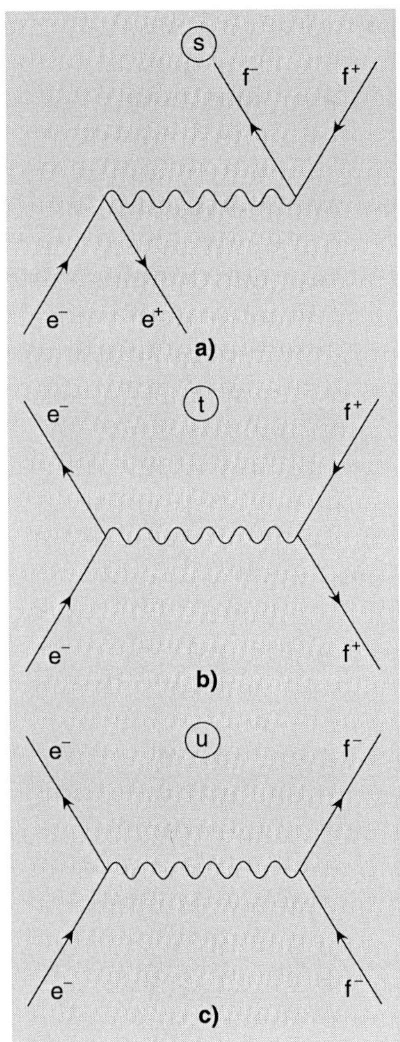

Abb. 5.7a–c. Wenn $e^+e^- \to f^+f^-$ der s-Kanal ist, dann sind die zugehörigen t- und u-Kanal Reaktionen $e^-f^+ \to e^-f^+$ bzw. $e^-f^- \to e^-f^-$. Die Amplitude für den Prozess (**c**) unterscheidet sich von der in (**b**) nur durch das Vorzeichen der Ladung am rechten Vertex

In der Praxis wird $M^2 \gg m^2$ und $s \gg m^2$ sein, so dass man die Terme in der Elektronenmasse vernachlässigen kann. Außerdem kann man den β-Faktor des erzeugten Teilchens f einführen,

$$\beta^{(f)} = \frac{|\boldsymbol{q}_-|}{E_{q_-}} = \frac{|\boldsymbol{q}_+|}{E_{q_+}} = \frac{\kappa'}{\sqrt{s}/2} = \frac{\sqrt{s-4M^2}}{\sqrt{s}}\,, \qquad (M \equiv m_f)\,,$$

Dann ist $4M^2/s = 1-\beta^{(f)2}$ und

$$\frac{\mathrm{d}\sigma}{\mathrm{d}\Omega} \approx \frac{\alpha^2}{4s}\beta^{(f)}\left\{(1+\cos^2\theta)+(1-\beta^{(f)2})\sin^2\theta\right\}\,.$$

Wir berechnen den über alle Winkel integrierten Wirkungsquerschnitt in dieser Näherung,

$$\begin{aligned}\sigma(e^+e^- \to f^+f^-) &= \int \mathrm{d}\Omega\,\frac{\mathrm{d}\sigma}{\mathrm{d}\Omega} \approx \frac{4\pi\alpha^2}{3s}\left\{1+\frac{1}{2}\left(1-\beta^{(f)2}\right)\right\}\beta^{(f)} \\ &= \frac{4\pi\alpha^2}{3s}\,\frac{(s+2M^2)\sqrt{s-4M^2}}{s^{3/2}}\,. \end{aligned} \tag{5.52}$$

Dieser integrierte Wirkungsquerschnitt ist in Abb. 5.8 über dem Quadrat der Schwerpunktsenergie s aufgetragen.

Eine Anwendung von besonderem Interesse an e^+e^--Speicherringen ist die Suche nach schweren Quark-Antiquark Paaren bei hohen Energien, bei der man den integrierten Produktionsquerschnitt (5.52) auf den Wirkungsquerschnitt für ein $\mu^+\mu^-$ Paar normiert. Wenn s so groß ist, dass man m_μ^2 dagegen vernachlässigen kann, dann ist

$$\sigma(e^+e^- \to \mu^+\mu^-) \approx \frac{4\pi\alpha^2}{3s}\,. \tag{5.53}$$

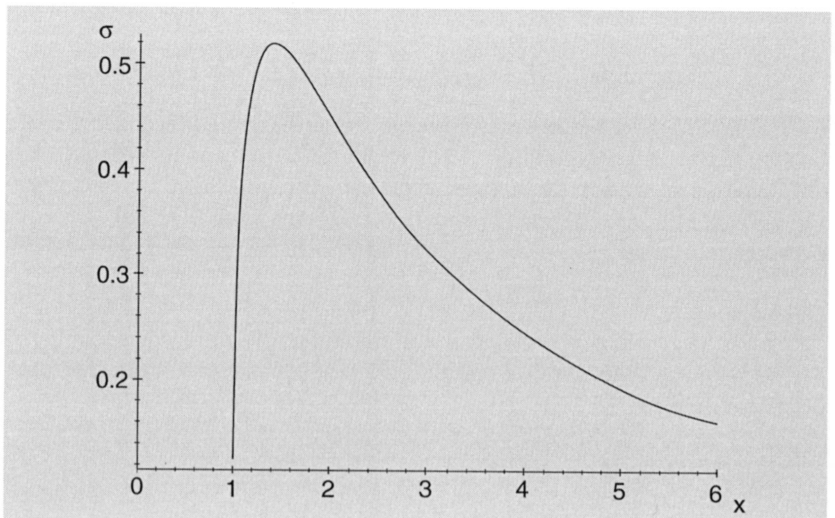

Abb. 5.8. Der integrierte Wirkungsquerschnitt (5.52) für die Erzeugung eines f^+f^- Paares aus e^+e^- Vernichtung in Einheiten von $\pi\alpha^2/3M^2/3$, als Funktion der dimensionslosen Variablen $s/(4M^2)$

Nehmen wir nun an, dass eine Reihe von Teilchen mit Massen M_i und Ladungen q_i (in Einheiten der Elementarladung) existiert, mit $M_i \gg m_\mu$, dann ist der gesamte Wirkungsquerschnitt normiert auf den Querschnitt (5.53) gleich

$$\frac{\sigma\big(e^+e^- \to \sum(f^+f^-)\big)}{\sigma(e^+e^- \to \mu^+\mu^-)} \approx 1 + \sum_{i=1\,(i\neq\mu)}^{N} q_i^2 \frac{(s+2M_i^2)\sqrt{s-4M_i^2}}{s^{3/2}}$$

$$= 1 + \sum_{i=1\,(i\neq\mu)}^{N} q_i^2 \sqrt{1 - \frac{12M_i^4}{s^2} - \frac{16M_i^6}{s^3}}\,, \qquad (5.54)$$

wobei die Summe über die neuen Spezies dort abbricht, wo $4M_{N+1}^2 \geq s$ ist, d. h. wo die Schwerpunktsenergie nicht ausreicht, das f^+f^--Paar mit dieser Masse zu erzeugen. Im Prinzip ist es ganz einfach, neue fundamentale Teilchen zu entdecken: An jeder Schwelle zur Erzeugung eines neuen Paares $f_i^+f_i^-$ steigt das Verhältnis (5.54) um eine Stufe an, deren Höhe proportional zur quadrierten Ladung dieser Teilchen ist.

5.2 Strahlungskorrekturen, Regularisierung und Renormierung

Sobald man die Ebene der Baumdiagramme verlässt und solche Feynman-Diagramme studiert, die geschlossene Fermionschleifen enthalten, treten erhebliche und nicht einfach zu behebende mathematische Schwierigkeiten auf, deren vollständige Behandlung weit über den Rahmen dieses Buches hinausgehen würde. Streng genommen gehört diese Thematik schon in eine vertiefende Vorlesung, die sich überwiegend an Theoretikerinnen und Theoretiker wendet. Andererseits treten bei der Behandlung höherer Ordnungen physikalisch interessante und neue Phänomene auf, die von recht grundsätzlicher Natur sind und daher zur physikalischen Allgemeinbildung gehören. Dieser Abschnitt gibt einen Einblick – unter Verzicht auf analytische Strenge und auf Vollständigkeit – in die Schwierigkeiten, die auftreten, aber auch in die Vorhersagen der Quantenelektrodynamik für die sog. Strahlungskorrekturen an physikalischen Prozessen, die im Experiment getestet werden können.

5.2.1 Selbstenergie eines Elektrons zur Ordnung $\mathcal{O}(e^2)$

Das Diagramm der Abb. 5.9 zeigt einen virtuellen Prozess, bei dem ein Elektron ein Photon emittiert und wieder absorbiert derart, dass beide, das Elektron und das Photon, in den Zwischenzuständen der geschlossenen Schleife nicht auf ihrer Massenschale sind. (Diese Sprechweise ist, wie wir inzwischen wissen, nicht ganz richtig: der fermionische Zwischenzustand wird durch einen Elektron-Positron Propagator beschrieben, das Diagramm fasst zwei virtuelle Prozesse zusammen, einen, wo ein Elektron und einen, wo ein Positron außerhalb seiner Massenschale überläuft.) Unabhängig davon, ob die Linien mit Impuls p und q äussere oder innere Linien sind,

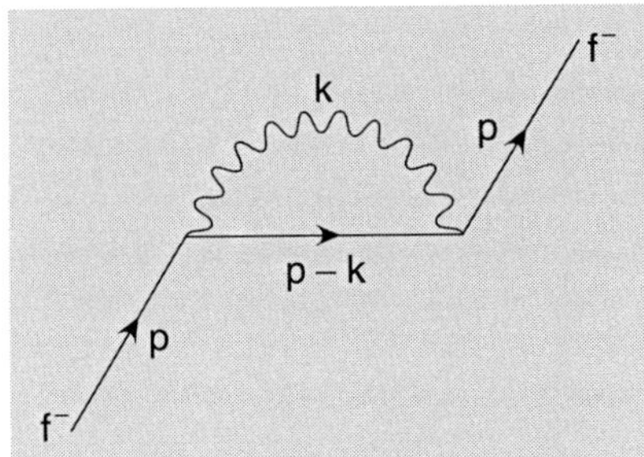

Abb. 5.9. Eine äußere oder innere Fermionlinie mit Impuls p wird durch eine geschlossene Schleife abgeändert, in der ein virtuelles Photon und ein virtuelles Elektron bzw. Positron umlaufen

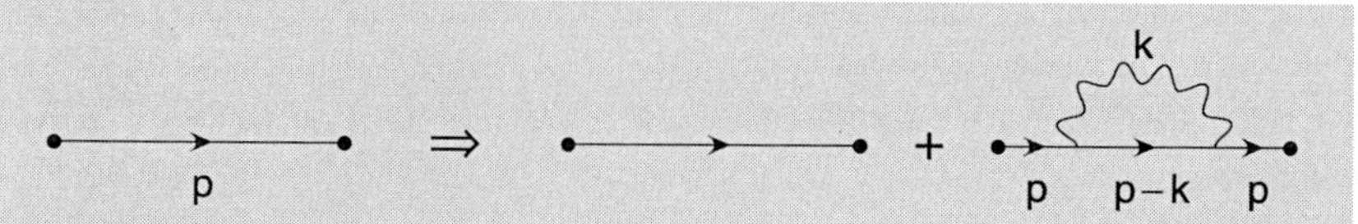

Abb. 5.10. Eine innere Fermionlinie wird wie angegeben durch die Summe zweier Diagramme ersetzt. Die Vertizes, zwischen denen sie verläuft, sind durch Punkte bezeichnet

bedeutet dieser Prozess, in dem das Elektron sich nur mit sich selbst beschäftigt, eine Art *Selbstenergie* der Ordnung e^2, die eine Änderung der Masse m des Elektrons bewirkt.

Kürzen wir den fermionischen Propagator im Impulsraum durch das Symbol

$$S_F(p) := \frac{\not p + m\,\mathbb{1}}{p^2 - m^2 + \mathrm{i}\varepsilon} \tag{5.55}$$

ab und ersetzen wir die *innere* Fermionlinie links in Abb. 5.10 durch die rechts in Abb. 5.10 gezeichnete Summe, so bedeutet dies die Ersetzung

$$S_F(p) \longmapsto S_F(p) + S_F(p)\Sigma^{(0)}(p)S_F(p)\,,$$

wo $\Sigma^{(0)}(p)$ durch das Integral über die Schleife gegeben ist,

$$\Sigma^{(0)}(p) = -\mathrm{i}\frac{e^2}{(2\pi)^4}\int \mathrm{d}^4k\,\gamma^\mu S_F(p-k)\gamma_\mu \frac{1}{k^2 + \mathrm{i}\varepsilon}\,.$$

Dieser Ausdruck ist mit einiger Vorsicht zu behandeln, da das Integral zwei erkennbare Probleme hat: Zum einen macht es für $k^2 \to 0$ Schwierigkeiten, also für *kleine* Werte des Impulses k, bei denen das virtuelle Photon sehr „weich“ ist, zum anderen wird es sich bei *großen* Werten von k wie $\int \mathrm{d}^4k/k^3$ verhalten. Das erste Problem, das man per Analogie zum sichtbaren Licht das *Infrarot-Problem* nennt, ist darauf zurückzuführen, dass das Photon keine Masse hat. Es kann vorläufig aus der Welt geschafft werden, indem man dem Photon eine kleine, aber endliche Masse m_γ gibt und erst am Ende einer Rechnung, die *alle* Prozesse der gegebenen Ordnung zusammenfasst, nachschaut, ob das messbare Resultat endlich bleibt, wenn man m_γ nach Null schickt. Wir ersetzen also

$$\Sigma^{(0)} \mapsto \Sigma(p) = -\mathrm{i}\frac{e^2}{(2\pi)^4}\int \mathrm{d}^4k\,\gamma^\mu S_F(p-k)\gamma_\mu \frac{1}{k^2 - m_\gamma^2 + \mathrm{i}\varepsilon}\,.$$

Wesentlich ernster ist die Divergenz bei sehr großen Werten von k, die vermutlich eine logarithmische Divergenz sein wird. (Dies bedeutet, wenn man die Integrale in jeder Komponente von k bei einem großen Wert Λ abbricht, dass das Resultat logarithmisch von Λ abhängt.) Da dies im Bereich sehr „harter“ Photonen passiert, spricht man – wieder in Analogie zum sichtbaren Spektrum – von *Ultraviolett-Divergenz.*

Erstes Ziel dieses Abschnitts ist es, diese Größe $\Sigma(p)$ genauer zu analysieren, einerseits um die Vermutung zu erhärten, dass das Integral tatsächlich logarithmisch divergiert, andererseits um Wege aufzuzeigen, wie man ihm dennoch eine physikalisch wohldefinierte Bedeutung geben kann.

Da die rein rechnerischen Aspekte von hier an etwas trocken und technisch werden und vielleicht vom Leitgedanken dieser Analyse ablenken, habe ich die einfachen, aber manchmal langen Zwischenrechnungen in den Anhang verlegt. In Anhang A.2 ist gezeigt, dass man Σ wie folgt umschreiben kann:

$$\Sigma(p) = \frac{\alpha}{2\pi} \int\limits_0^1 \mathrm{d}z \; (2m\,\mathbb{1} - \not{p}(1-z))\, I(p,m,m_\gamma)\,, \tag{5.56}$$

wobei $I(p,m,m_\gamma)$ eine Abkürzung für folgendes Integral ist

$$I(p,m,m_\gamma) := \int\limits_0^\infty \frac{\mathrm{d}\lambda}{\lambda} \exp\left\{\mathrm{i}\lambda\left(p^2 z(1-z) - m^2 z - m_\gamma^2(1-z) + \mathrm{i}\varepsilon\right)\right\}. \tag{5.57}$$

An (5.57) sieht man sehr deutlich, wo das Ultraviolett-Problem liegt: das Integral über λ ist logarithmisch divergent.

Vor dieser Schwierigkeit sollte man nicht kapitulieren, sondern sich zunächst klarmachen, dass wir uns mit diesem herausgegriffenen Beitrag der Störungsrechnung aus mehreren Gründen von dem was wirklich messbar ist, ein Stück weit entfernt haben. Wenn wir innere oder äußere Fermionlinien in dieser Weise korrigieren, dann gibt es eine Reihe anderer Korrekturen, die in derselben Ordnung in α auftreten und die wir – aus Gründen der Konsistenz – ebenfalls berücksichtigen müssen. Außerdem ist die oben angesprochene Überlegung wichtig, welches denn nun die physikalischen, d. h. im Experiment bestimmbaren Parameter, in der Quantenelektrodynamik also die Massen und Ladungen sind und wie sie mit den Parametern der Lagrangedichte zusammenhängen, von der man ausgegangen ist.

Ein mathematisch strenger Zugang würde darin bestehen, diese Fragen sozusagen in einem Schritt zu beantworten und die Theorie so umzuformulieren – falls sie zur Klasse der sog. renormierbaren Theorien gehört –, dass an keiner Stelle Unendlichkeiten auftreten. Ein solcher Zugang ist jedoch aufwändig, mathematisch anspruchsvoll und nicht sonderlich praktikabel. Deshalb versucht man in einer heuristischen Behandlung, divergenten Ausdrücken wie dem in (5.56) einen endlichen Wert zuzuordnen, indem man sie einem Verfahren der *Regularisierung* unterwirft. Mit anderen Worten, man entwirft ein Verfahren, das $\Sigma(p)$ und andere divergente Resultate der Störungstheorie durch endliche Größen, bzw. existierende Integrale ersetzt. Wie wir sehen werden läuft dies auf eine Aufspaltung des unregularisierten $\Sigma(p)$ in endliche und unendliche Anteile hinaus.

Ein solches Verfahren ist natürlich nur dann sinnvoll, wenn es folgende Bedingungen erfüllt:

(a) Die Lorentz-Kovarianz der Theorie und die Invarianz der Observablen unter Eichtransformationen werden nicht verletzt;
(b) Die physikalischen, messbaren Vorhersagen der Theorie hängen nicht davon ab, auf welche Weise man regularisiert hat;

(c) Die von der Art der Regularisierung abhängigen und somit mathematisch unbestimmten Terme der Störungstheorie lassen sich durch eine Neudefinition der in die Theorie eingehenden Parameter absorbieren und bleiben damit prinzipiell unbeobachtbar.

In der Quantenelektrodynamik und anderen quantisierten Eichtheorien gibt es verschiedene Verfahren der Regularisierung. Das für die Praxis der Störungstheorie wichtigste ist die sog. *dimensionale Regularisierung,* die darin besteht Lorentz-skalare Integrale in der Dimension der Raumzeit analytisch fortzusetzen derart, dass sie konvergent und somit wohldefiniert sind. Ein einfaches Beispiel mag diese Methode erläutern. Nehmen wir an, wir möchten dem Integral

$$J = \int \mathrm{d}^\nu p\, g(p^2)\,, \qquad \nu \in \mathbb{C}\,,$$

einen Sinn geben, wenn wir wissen, dass es für ein $\nu = n$, (reelle) Dimension eines Raumes $\mathbb{R}^n$, mit p einem Vektor auf $\mathbb{R}^n$ und mit p^2 dem Normquadrat, wohldefiniert ist. Bei ganzzahliger Dimension kann man immer sphärische Polarkoordinaten einführen und kann über die ganze S^{n-1} integrieren, so dass nur das Integral über den Betrag $\kappa = |p|$ verbleibt,

$$\mathrm{d}^n p = \kappa^{n-1}\,\mathrm{d}\kappa\,\mathrm{d}\phi \prod_{k=1}^{n-2} \sin^k\theta_k\,\mathrm{d}\theta_k\,.$$

Das Integral über die Oberfläche der Einheitskugel S^{n-1} ist $\int \mathrm{d}\Omega = 2\pi^{n/2}/\Gamma(n/2)$ und somit ist

$$J = \frac{2\pi^{n/2}}{\Gamma(n/2)} \int_0^\infty \kappa^{n-1}\,\mathrm{d}\kappa\, g(\kappa^2)\,.$$

Nehmen wir weiterhin an, dass es ein Gebiet in der komplexen ν-Ebene gibt, das den Punkt $\nu = n$ einschließt und in dem das Integral konvergiert, so gibt diese Formel eine analytische Fortsetzung des Integrals von $\nu = n$ weg in die komplexe ν-Ebene. Dann wird es möglich, J nach $\nu = 4$ fortzusetzen und, falls es dort divergent ist, die Art der Singularität festzustellen und im Sinne der oben beschriebenen Aufspaltung abzutrennen.

Für prinzipielle, nicht unbedingt auf die phänomenologische Praxis ausgerichtete Untersuchungen gibt es ein Regularisierungsverfahren, das von Pauli und Villars vorgeschlagen wurde[10]. Es respektiert sowohl die Lorentz-Kovarianz als auch die Eichinvarianz und besteht darin, dass man Hilfsteilchen mit großen Massen M_i einführt, deren Anzahl und deren möglicherweise unphysikalische Kopplungskonstanten C_i man so einrichtet, dass die Summe aller Beiträge, die der physikalischen Teilchen und die der Hilfsteilchen, konvergent wird. Zuletzt studiert man den Grenzübergang $M_i \to \infty$ und erhält auf diese Weise eine additive Aufteilung des betrachteten Beitrags in divergente Anteile (im Limes $M_i \to \infty$) und in endliche, von den Massen M_i und Kopplungskonstanten C_i unabhängige Anteile.

[10] W. Pauli and F. Villars, Rev. Mod. Phys. **21**, 434, 1949.

Im Beispiel (5.56) genügt es, ein Hilfsteilchen mit Masse M und imaginärer Kopplung ie einzuführen, so dass (5.57) wie folgt ersetzt wird

$$I(p,m,m_\gamma) \longmapsto I(p,m,m_\gamma) - I(p,m,M)\,.$$

Das kritische Integral I wird dadurch zu einem konvergenten Integral, weil

$$\int_0^\infty \frac{\mathrm{d}x}{x}\left(e^{iax}-e^{ibx}\right) = \ln\left(\frac{b}{a}\right)$$

ist. Der Ausdruck (5.56) wird durch eine endliche, regularisierte Größe ersetzt, die wir mit $\Sigma^{\text{reg}}(p)$ bezeichnen wollen,

$$\Sigma^{\text{reg}}(p) = \frac{\alpha}{2\pi}\int_0^1 \mathrm{d}z\big(2m\,\mathbb{1} - \not p(1-z)\big)$$
$$\ln\left(\frac{M^2(1-z)}{m^2z + m_\gamma^2(1-z) - p^2z(1-z) - \mathrm{i}\varepsilon}\right).$$

Im Zähler des Logarithmus sind die Terme $p^2z(1-z)$ und m^2z gegenüber $M^2(1-z)$ vernachlässigt, da M ohnehin sehr groß sein soll. Spaltet man den Logarithmus gemäß $\ln(b/a) = \ln(b/c) + \ln(c/a)$ auf, so kann man Σ^{reg} umschreiben,

$$\Sigma^{\text{reg}}(p) = \frac{\alpha}{2\pi}\int_0^1 \mathrm{d}z\big(2m\,\mathbb{1} - \not p(1-z)\big)\ln\left(\frac{M^2(1-z)}{m^2z^2 + m_\gamma^2(1-z)}\right)$$
$$+\frac{\alpha}{2\pi}\int_0^1 \mathrm{d}z\big(2m\,\mathbb{1} - \not p(1-z)\big)$$
$$\ln\left(\frac{m^2z^2 + m_\gamma^2(1-z)}{m^2z + m_\gamma^2(1-z) - p^2z(1-z) - \mathrm{i}\varepsilon}\right).$$

Im ersten Summanden ist der Grenzübergang $m_\gamma \to 0$ harmlos, man kann den Term $m_\gamma^2(1-z)$ im Nenner weglassen. Auch die $\mathrm{i}\varepsilon$-Vorschrift im Nenner des zweiten Summanden ist hier unwesentlich. Im ersten kann man den Logarithmus wieder auseinanderziehen,

$$\ln\left(\frac{M^2(1-z)}{m^2z^2}\right) = \ln\left(\frac{M^2}{m^2}\right) + \ln\left(\frac{1-z}{z^2}\right)$$

und feststellen, dass der zweite Anteil hiervon nur endliche Beiträge liefert, die für großes M^2 vernachlässigt werden dürfen, so dass

$$\int_0^1 \mathrm{d}z\big(2m\,\mathbb{1} - \not p(1-z)\big)\ln\left(\frac{M^2(1-z)}{m^2z^2}\right)$$
$$\approx \ln\left(\frac{M^2}{m^2}\right)\left(\frac{3}{2}m\,\mathbb{1} - \frac{1}{2}(\not p - m\,\mathbb{1})\right).$$

Somit erhält man

$$\Sigma^{\text{reg}}(p) \approx \frac{3\alpha}{4\pi} m \ln\left(\frac{M^2}{m^2}\right) \mathbb{1} - \frac{\alpha}{4\pi} \ln\left(\frac{M^2}{m^2}\right) (\not{p} - m\,\mathbb{1})$$
$$+ \frac{\alpha}{2\pi} \int_0^1 \mathrm{d}z \big(2m\,\mathbb{1} - \not{p}(1-z)\big)$$
$$\ln\left(\frac{m^2 z^2 + m_\gamma^2 (1-z)}{m^2 z + m_\gamma^2 (1-z) - p^2 z(1-z)}\right) .$$

Damit hat der regularisierte Ausdruck die Form angenommen

$$\Sigma^{\text{reg}}(p) \equiv A\,\mathbb{1} + B\big(\not{p} - m\,\mathbb{1}\big) + C(p) , \tag{5.58}$$

$$A = \frac{3\alpha}{2\pi} m \ln\left(\frac{M}{m}\right) , \quad B = -\frac{\alpha}{4\pi} m \ln\left(\frac{M^2}{m^2}\right) . \tag{5.59}$$

Die Konstanten A und B hängen von der Hilfsmasse M ab und gehen mit $M \to \infty$ logarithmisch nach Unendlich. Die Funktion $C(p)$ ist endlich, wegen des Logarithmus ist sie gleich Null, wenn immer das Fermion auf seiner Massenschale $p^2 = m^2$ ist. Dieser Anteil ist also unproblematisch. Welche Rolle spielen aber die unphysikalischen, weil divergenten Größen A und B?

Wir zeigen im folgenden, dass der Term A ganz aus der Theorie verschwindet, wenn man nur konsequent die physikalische Masse identifiziert, d. h. den Massenparameter der Lagrangedichte, von der man ausgegangen ist, in der betrachteten Ordnung Störungstheorie renormiert. Der Term B dagegen muss im Zusammenhang mit anderen Strahlungskorrekturen derselben Ordnung diskutiert werden – in der Hoffnung, dass er durch andere divergente Anteile aufgehoben wird.

5.2.2 Renormierung der Fermionmasse

Der regularisierte Ausdruck (5.58) kann mittels einer einfachen, aber etwas längeren Rechnung auch auf folgende Weise geschrieben werden,

$$\Sigma^{\text{reg}}(p) = A\,\mathbb{1} + \big(\not{p} - m\,\mathbb{1}\big)\left[B + \Sigma^{\text{end}}(p)\right] . \tag{5.60}$$

(Die Zwischenrechnung findet man im Anhang A3; die Bezeichnung „end" steht für „endlich".) Hierbei ist

$$\Sigma^{\text{end}}(p)\,\mathbb{1} = \Sigma_a(p^2)\,\mathbb{1} + \left\{\frac{\not{p} + m\,\mathbb{1}}{p^2 - m^2} - 2m\,\mathbb{1}\,\frac{\partial}{\partial p^2}\bigg|_{p^2=m^2}\right\} \Sigma_b(p^2) ,$$

$$\Sigma_a(p^2) \approx \frac{\alpha}{4\pi}\left(1 - \frac{m^2}{p^2}\right)\left\{1 + \left(1 + \frac{m^2}{p^2}\right)\Lambda(p^2)\right\} ,$$

$$\Sigma_b(p^2) \approx \frac{\alpha}{4\pi} m \left(1 - \frac{m^2}{p^2}\right)\left\{1 - \left(3 - \frac{m^2}{p^2}\right)\Lambda(p^2)\right\} ,$$

$$\Lambda(p^2) = -p^2 \int_0^1 \mathrm{d}z\, \frac{1-z}{m^2(1-z) + m_\gamma^2 z - p^2 z(1-z)} .$$

In der Lagrangedichte (5.11), auf der wir die Störungsreihe aufgebaut haben, stehen zunächst die nackten, unkorrigierten Massenparameter $m_f^{(0)}$. Diese wären mit den im Experiment messbaren, physikalischen Massen der Leptonen identisch, wenn wir alle Korrekturen höherer Ordnung vernachlässigen dürften. Wenn wir aber Korrekturen von der im vorhergehenden Abschnitt diskutierten Art aufnehmen, dann sollten wir in die kräftefreie Lagrangedichte die *physikalischen* Massen m_f einsetzen, d. h. zu $\mathcal{L}$ einen Term

$$\mathcal{L}_M = \sum_f \delta m_f :\overline{\psi^{(f)}(x)}\psi^{(f)}(x):, \quad \text{mit} \quad \delta m_f = m_f - m_f^{(0)} \tag{5.61}$$

addieren, der die Differenzen der physikalischen und der nackten Massen enthält,

$$\mathcal{L} \longmapsto \mathcal{L}' = \mathcal{L} + \mathcal{L}_M .$$

Nur wenn man die physikalischen Massen in die freie Lagrangedichte eingesetzt hat, hat man sichergestellt, dass ein physikalischer Einteilchenzustand nicht gestreut wird, d. h. dass für die S-Matrix

$$\langle q|\, \mathbf{S}\, |p\rangle = \langle q|p\rangle = 2E_p\, \delta(\boldsymbol{q} - \boldsymbol{p}) \tag{5.62}$$

gilt. Da m_f in jeder weiteren Ordnung der Störungstheorie korrigiert wird, heißt dies, dass man von Ordnung zu Ordnung das Wechselwirkungsbild ändert, auf dem die Dyson-Reihe aufbaut. Die Feynman-Regeln für den neuen Störungsterm $\mathcal{L}_M$ kann man leicht angeben. Ein Diagramm, das die Wirkung dieses Terms auf die Fermionlinie der Sorte f darstellt, zeichnet man wie in Abb. 5.11 gezeigt als ein X an der inneren oder äußeren Fermionlinie. Was für jedes der drei Leptonen gilt, diskutieren wir hier stellvertretend für ein Elektron und lassen dabei wie im vorigen Abschnitt den Index an m_e und an den Feldern weg. Der Zusatz $\mathcal{L}_M$ trägt schon in erster Ordnung bei, für eine Elektronlinie als Beispiel ist

$$\begin{aligned}\langle q|\, \mathbf{R}^{(1)}\, |p\rangle &= \mathrm{i}\delta m\, \langle q| \int \mathrm{d}^4 x :\overline{\psi^{(f)}(x)}\psi^{(f)}(x): |p\rangle \\ &= \mathrm{i}\frac{\delta m}{(2\pi)^3}(2\pi)^4 \delta(\boldsymbol{q}-\boldsymbol{p})\overline{u(q)}u(p) .\end{aligned}$$

Das in Abb. 5.9 gezeigte Diagramm trägt wie wir schon wissen in zweiter Ordnung bei,

$$\begin{aligned}\langle q|\, \mathbf{R}^{(2)}\, |p\rangle = &-\frac{e^2}{(2\pi)^3}\delta(\boldsymbol{q}-\boldsymbol{p})\overline{u(q)} \\ &\int \mathrm{d}^4 k\, \gamma^\mu \frac{\not{p} - \not{k} + m\, \mathbb{1}}{(p-k)^2 - m^2 + \mathrm{i}\varepsilon}\gamma_\mu \frac{1}{k^2 + \mathrm{i}\varepsilon} u(p) \\ = &-\mathrm{i}\frac{1}{(2\pi)^3}(2\pi)^4 \delta(\boldsymbol{q}-\boldsymbol{p})\overline{u(q)}\,\Sigma(p) u(p) .\end{aligned}$$

Aus der Forderung (5.62) folgt, dass die Summe dieser beiden Beiträge gleich Null sein muss. Setzt man hier den regularisierten Ausdruck (5.60) ein und beachtet, dass $(\not{p} - m\, \mathbb{1})u(p) = 0$ ist, dann folgt

$$\delta m = A \approx \frac{3\alpha m}{2\pi} \ln\left(\frac{M}{m}\right) . \tag{5.63}$$

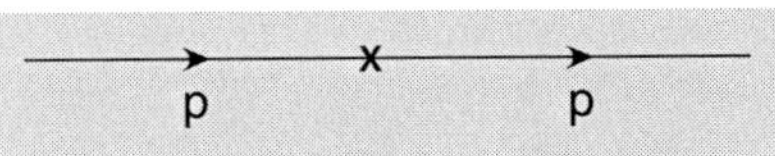

Abb. 5.11. Der Störterm $\mathcal{L}_M = \sum_f \delta m_f : \overline{\psi^{(f)}(x)}\psi^{(f)}(x)$: enthält keinen Propagator, er erzeugt und vernichtet Fermionen am selben Raumzeitpunkt und wird durch ein X dargestellt

Dieses wichtige Ergebnis, das zuerst von V. Weisskopf gefunden wurde, zusammen mit der eingangs gemachten Bemerkung, hat folgende Bedeutung: Wenn man von vorneherein die physikalische Masse des Elektrons (und ebenso der anderen Leptonen f^-) in die Bewegungsgleichungen einführt, dann tritt die Konstante A gar nicht auf. Sie ist in der *Renormierung* der Masse $m_f^{(0)} \mapsto m_f$ verborgen. Im Limes $M \to \infty$, bei dem die Hilfsmasse der Regularisierung nach Unendlich geschickt wird, ist die Renormierung der Masse allerdings unendlich groß.

Hier und in der weiteren Analyse setzen wir voraus, dass die Masse M des Hilfsteilchens endlich bleibt. Den Grenzübergang $M \to \infty$ führen wir immer erst am Ende einer Rechnung aus und dies auch nur mit der gehörigen Vorsicht.

Der Zusatzterm $\mathcal{L}_M$ trägt natürlich auch zu jeder inneren Linie bei, wie das in Abb. 5.12 skizziert ist. Übersetzt in Formeln und mit (5.55) hat man

$$\begin{aligned} S_F(p) \longmapsto & S_F(p) + S_F(p)\Sigma(p)S_F(p) - S_F(p)\delta m S_F(p) \\ &= S_F(p) + S_F(p)\left[(\not{p} - m\,\mathbb{1})\big(B + \Sigma^{\text{end}}(p)\big)\right] S_F(p) \\ &= S_F(p) + \big(B + \Sigma^{\text{end}}(p)\big) S_F(p) \,. \end{aligned}$$

Man muss beachten, dass man hier in der Ordnung $\mathcal{O}(e^2)$ arbeitet. In der regularisierten Version der Theorie, in der alle Beiträge endlich sind, sind die folgenden, unterschiedlichen Schreibweisen äquivalent

$$\begin{aligned} & S_F(p) + \big(B + \Sigma^{\text{end}}(p)\big) S_F(p) \\ & \quad \approx (1+B)\big(1 + \Sigma^{\text{end}}(p)\big) S_F(p) \approx (1+B)\frac{S_F(p)}{1 - \Sigma^{\text{end}}(p)} \,. \end{aligned}$$

Sie unterscheiden sich durch Terme von höherer Ordnung als $\mathcal{O}(e^2)$, die konsequenterweise weggelassen werden. Man beachte, dass es die *physikalische* Masse ist, die im Propagator (5.55) erscheint.

Es verbleibt noch die im Grenzfall $M \to \infty$ divergente Konstante B. Bedenkt man, dass der Propagator immer zwei Vertizes verbindet, deren jeder mit der elektrischen Ladung verziert ist, so könnte man den Faktor $(1+B)$ durch eine Renormierung der Ladung absorbieren. Es wird sich jedoch zeigen, dass die Eichinvarianz, die ja nach wie vor für die quantisierte Theorie gilt, diesen Term mit einer anderen, ebenfalls divergenten Korrektur am Vertex verknüpft derart, dass sich diese Beiträge sogar kompensieren.

Es ist in der Quantenelektrodynamik üblich, die multiplikative Größe $(1+B)$ zusammen mit allen Beiträgen, die in höheren als der zweiten Ordnung hinzukommen, mit einem eigenen Symbol zu bezeichnen:

$$Z_2 := 1 + B + \mathcal{O}(e^4) \,. \tag{5.64}$$

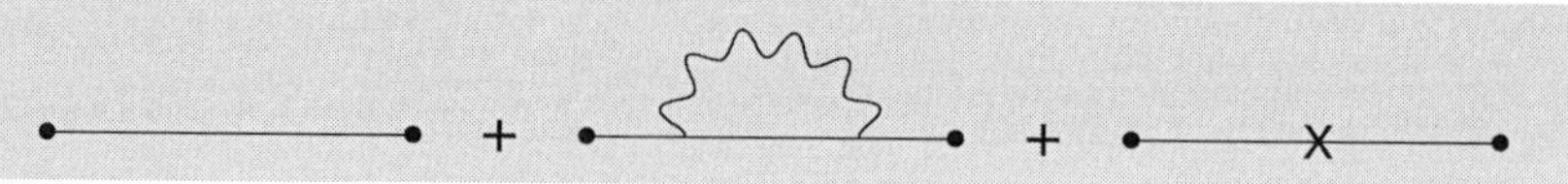

Abb. 5.12. Eine innere Fermionlinie wird außer durch die Selbstenergie noch durch den Zusatzterm (5.61) zur Lagrangedichte abgeändert

Einen solchen, in der Störungstheorie divergenten Faktor, von denen es in der Quantenelektrodynamik drei Stück gibt, nennt man *Renormierungskonstante.*

Nachdem wir wissen wie eine innere Fermionlinie durch die Selbstenergie modifiziert wird, bleibt die Frage, ob und gegebenenfalls wie äußere Fermionlinien zu modifizieren sind. Als Antwort auf diese Frage ergeben sich zwei Alternativen:

1) Entweder bringt man an den äußeren Linien keine Strahlungskorrektur an und verwendet konsequent die physikalischen Massen. Es gibt dann keine weitere Korrektur.
2) Oder man korrigiert die äußeren Linien in der beschriebenen Weise und erhält für jede solche Linie einen Faktor

$$(Z_2)^{1/2} = \sqrt{1+B+\mathcal{O}(e^2)} \approx 1 + \frac{1}{2}B\,.$$

Wenn man also alle Diagramme berücksichtigt, die diese äußeren Linien korrigieren, so muss man das Ergebnis *durch je einen Faktor* $Z_2^{1/2}$ *für jede äußere Linie dividieren.*

5.2.3 Streuung am äußeren Potential

Als besonders instruktive Beispiele, aus denen einige der wichtigen physikalischen Effekte der Quantenelektrodynamik erkennbar werden, betrachten wir die Strahlungskorrekturen der Ordnung $\mathcal{O}(e^2)$ zur Streuung eines Leptons an äußeren Potentialfeldern, d. h. an einem äußeren, statischen Magnetfeld, einer als sehr schwer angenommenen Punktladung Ze, oder auch an einem Atomkern, dessen Ladungsdichte endliche Ausdehnung hat.

a) Der g-Faktor von Elektron, Myon und τ-Lepton

Bevor wir die Korrekturen der Ordnung $\mathcal{O}(e^2)$ berechnen, zeigen wir noch, dass der g-Faktor der geladenen Leptonen in der noch nicht (strahlungs-) korrigierten Dirac-Theorie den natürlichen Wert $g_{\text{nat}} = 2$ hat. Es sei q die elektrische Ladung des betrachteten Leptons, also $q = -|e|$ für (e^-, μ^-, τ^-), $q = +|e|$ für (e^+, μ^+, τ^+). Die Wechselwirkung mit einem äußeren Potential ist ebenfalls durch (5.12) gegeben, wo jetzt allerdings $A_\mu(x)$ ein *klassisches* statisches Potential ist und daher aus der Vorschrift der Normalordnung herausgezogen werden kann,

$$\mathcal{H}_1 = \mathcal{L}_1 = q \sum_f :\overline{\psi^{(f)}(x)}\gamma^\mu \psi^{(f)}(x): A_\mu^{\text{klass}}(\boldsymbol{x})\,.$$

Um das mit dem Spin verknüpfte magnetische Moment herauszufinden, betrachten wir die Streuung des Teilchens an einem stationären Magnetfeld $\boldsymbol{B} = \nabla \times \boldsymbol{A}(\boldsymbol{x})$ in einer Kinematik, in der die räumlichen Impulse vor und nach der Streuung entgegengesetzt gleich sind,

$$\langle \boldsymbol{p}' |\, \boldsymbol{j}(x=0)\, |\boldsymbol{p}\rangle \cdot \boldsymbol{A}(\boldsymbol{p}-\boldsymbol{p}')\,, \quad \boldsymbol{p}' = -\boldsymbol{p}\,.$$

Diese Kinematik bietet den Vorteil, dass man im Grenzfall $|\boldsymbol{p}| \to 0$ in das Ruhesystem des Teilchens geführt wird und dass man auf diese Weise direkt mit dem entsprechenden nichrelativistischen Ausdruck vergleichen kann. Verwendet man die Standard-Darstellung (4.41), die dem nichtrelativistischen Grenzfall angepasst ist, sowie die Beziehung (4.140) (s. auch Band 2, (4.37)) so folgt

$$\begin{aligned}\langle -\boldsymbol{p}|\, j^k(0)\, |\boldsymbol{p}\rangle &= \frac{1}{(2\pi)^3} q\, \overline{u(-\boldsymbol{p})}\gamma^k u(\boldsymbol{p}) \\ &= \frac{q}{(2\pi)^3} u^\dagger(-\boldsymbol{p}) \begin{pmatrix} 0 & \sigma^{(k)} \\ \sigma^{(k)} & 0 \end{pmatrix} u(\boldsymbol{p}) = \frac{2q}{(2\pi)^3} \mathrm{i}\varepsilon^{klm} p^l \left(\chi^\dagger \sigma^{(m)} \chi\right).\end{aligned}$$

Die Streuamplitude für magnetische Streuung in der Rückwärtsrichtung ist daher

$$T = \mathrm{i}\,\frac{2q}{(2\pi)^3} \varepsilon^{klm} p^l \left(\chi^\dagger \sigma^{(m)} \chi\right) A^k(2\boldsymbol{p}) . \tag{5.65}$$

Die entsprechende Streuamplitude in der Schrödinger-Theorie ist durch das Matrixelement

$$T^{\text{unrel.}} = \langle -\boldsymbol{p}|\, H_1^{\text{unrel.}}\, |\boldsymbol{p}\rangle$$

gegeben, wobei die Wechselwirkung mit den Formeln (Band 2, (4.22) und (4.23)), durch

$$H_1^{\text{unrel.}} = -\boldsymbol{\mu}\cdot\boldsymbol{B} = -g\,\frac{q}{2m}\boldsymbol{s}\cdot\boldsymbol{B}\,, \qquad B^r = \varepsilon^{rst}\partial_s A^t(\boldsymbol{x})$$

und die Wellenfunktionen durch

$$|\boldsymbol{p}\rangle = \sqrt{\frac{2m}{(2\pi)^3}}\, e^{\mathrm{i}\boldsymbol{p}\cdot\boldsymbol{x}} \chi$$

gegeben sind. Die Normierung der Wellenfunktion ist dabei so gewählt, dass sie mit der kovarianten Normierung von $\langle \boldsymbol{p}'|\boldsymbol{p}\rangle$ im unrelativistischen Grenzfall übereinstimmt. Wälzt man die partielle Ableitung von $\boldsymbol{A}(\boldsymbol{x})$ auf die Wellenfunktion ab, so ist

$$T^{\text{unrel.}} = \mathrm{i}\,\frac{g\,q}{(2\pi)^3} \varepsilon^{rst} p^s \left(\chi^\dagger \sigma^{(t)} \chi\right) A^r(2\boldsymbol{p}) . \tag{5.66}$$

Aus dem Vergleich der Amplituden (5.65) und (5.66) liest man den Wert des g-Faktors ab:

$$g_{\text{nat}} = 2 . \tag{5.67}$$

Bemerkungen

1. Das Resultat (5.67) gibt in der Tat einen für die Dirac-Theorie natürlichen Wert des g-Faktors eines Leptons, allerdings muss man diese Aussage etwas genauer beleuchten. Es wird oft gesagt oder geschrieben, der Wert $g_{\text{nat}} = 2$ sei eine Konsequenz der Vorschrift der minimalen Kopplung (4.59). Dies ist leider nicht richtig, es sei denn man postuliert, die „wahre“ Lagrangedichte für Fermionen sei genau die in (4.58) angegebene. Addiert man nämlich eine hinreichend glatte Divergenz

   $$\mathcal{L}_D \longmapsto \mathcal{L}'_D = \mathcal{L}_D + \partial_\mu M^\mu(x)$$

zur Lagrangedichte, dann ändert sich nichts an den Euler-Lagrange-Gleichungen, d. h. an der Dirac-Gleichung und ihrer Adjungierten. So kann man z. B.

$$M^{\mu}(x) = -\mathrm{i} \sum_f \frac{a^{(f)}}{8m} \overline{\psi^{(f)}(x)} \sigma^{\mu\nu} \overleftrightarrow{\partial}_\nu \psi^{(f)}(x) , \quad \text{mit} \tag{5.68}$$

$$\sigma^{\mu\nu} = \frac{\mathrm{i}}{2} (\gamma^\mu \gamma^\nu - \gamma^\nu \gamma^\mu) \tag{5.69}$$

wählen, wo $a^{(f)}$ reelle Parameter sind[11]. Führt man in der so modifizierten Lagrangedichte die minimale Kopplung ein und addiert $\mathcal{L}_\gamma$ hinzu, so entsteht wie zuvor die Theorie (5.11), (5.12), zu der aber ein neuer Wechselwirkungsterm

$$\mathcal{L}_{\mathrm{P}} = q \sum_f \frac{a^{(f)}}{4m_f} \overline{\psi^{(f)}(x)} \sigma^{\mu\nu} \psi^{(f)}(x)\, F_{\mu\nu}(x) \tag{5.70}$$

tritt, der – wenn man ihn ausarbeitet – den g-Faktor in

$$g' = g_{\text{nat}}\left(1 + a^{(f)}\right) \tag{5.71}$$

abändert. Dieser Zusatzterm wurde von Pauli eingeführt. Ihn ad hoc einzuführen, ohne eine tiefere Notwendigkeit hierfür, erscheint relativ unnatürlich, aber ausschließen kann man ihn nicht.

2. Akzeptiert man, dass $g_{\text{nat}} = 2$ der natürliche Wert für ein Lepton ist, dann ist es sinnvoll eine Abweichung davon als *Anomalie des g-Faktors* zu bezeichnen,

$$a^{(f)} := \frac{1}{2}\left(g^{(f)} - g^{(f)}_{\text{nat}}\right) = \frac{1}{2}\left(g^{(f)} - 2\right). \tag{5.72}$$

Für die Leptonen haben wir also $g^{(e)}_{\text{nat}} = g^{(\mu)}_{\text{nat}} = g^{(\tau)}_{\text{nat}} = 2$. Die Anomalien, die von Strahlungskorrekturen herrühren, werden aber auf Grund der stark verschiedenen Massen unterschiedlich sein.

3. Geladene und ungeladene Fermionen, die außer der elektromagnetischen auch der Starken Wechselwirkung unterliegen, haben g-Faktoren, die stark vom natürlichen Wert 2 abweichen. So findet man beispielsweise für Proton und Neutron

$$\boldsymbol{\mu}_{p/n} = g^{(p/n)} \frac{|e|}{2m_p} \boldsymbol{s} , \quad \text{mit} \tag{5.73}$$

$$g^{(p)} = 5{,}585695 ,$$

$$g^{(n)} = -3{,}826086 .$$

Der Ursprung dieser Zahlenwerte ist sicher in der Starken Wechselwirkung zu suchen. Auch wenn wir sie nicht absolut berechnen können, so gibt es doch Modelle, die auf dem sog. additiven Quark-Modell aufbauen und die es gestatten, wenigstens Relationen zwischen den magnetischen Momenten bzw. den g-Faktoren verschiedener, stark wechselwirkender Fermionen herzuleiten[12].

[11] Die Definition (5.69) ist bis auf einen Faktor $1/\sqrt{2}$ das Element $\Gamma_T^{[\mu,\nu]}$ der Clifford-Algebra (4.38).

[12] Für eine frühe Arbeit, in der solche Relationen hergeleitet wurden, s. H. Rubinstein, R. Socolov, and F. Scheck, Phys. Rev. **154** (1967) 1608.

4. Wenn ein negativ geladenes Fermion f^- in einem wasserstoffähnlichen Zustand gebunden ist, dann ändert die Anomalie die aus Band 2, (4.25) bekannte Formel für die Spin-Bahnkopplung in

$$U_{\ell s}(r) = \frac{1}{2m_f^2}\left(1+2a^{(f)}\right)\frac{1}{r}\frac{\mathrm{d}U(r)}{\mathrm{d}r}\boldsymbol{\ell}\cdot\boldsymbol{s}\,. \tag{5.74}$$

Diesen Effekt kann man ausnutzen, um die Anomalie des magnetischen Moments aus der Feinstruktur zu bestimmen. Ein Beispiel ist das Σ^-, das die Masse $m(\Sigma^-) = 1197{,}45$ MeV und den Spin 1/2 hat und das genügend langlebig ist, um es in wasserstoffartige, atomare Bahnen einzufangen. Aus der Feinstruktur von Σ^--Atomen hat man das magnetische Moment zu

$$\mu(\Sigma^-) = -1{,}160 \pm 0{,}025 \times \frac{|e|}{2m_p} \tag{5.75}$$

bestimmt. (Es ist hier in Einheiten des Bohr'schen Magnetons für Protonen ausgedrückt.)

b) Elektrische und magnetische Formfaktoren für Spin-1/2 Teilchen

Punktförmige Fermionen, die nicht mehr als den natürlichen g-Faktor (5.67) und somit das natürliche magnetische Moment $q/(2m)$ besitzen, sind aus physikalischer Sicht nicht nur uninteressant, sie sind auch eine Idealisierung, die in der Natur nicht vorkommt. Dies ist bei den stark wechselwirkenden Nukleonen und anderen Baryonen deutlich sichtbar, aber selbst im Fall der Leptonen, die sehr viel näher an diesem Grenzfall liegen, gibt es Abweichungen vom Punktteilchen – wenn man nur genau genug messen kann. Dies kann man intuitiv so verstehen: Ein Fermion, das Wechselwirkungen mit Photonen oder anderen Teilchen unterworfen ist, wird immer von solchen Teilchen – wenn auch nur virtuell – umgeben sein und auf diese Weise nichttriviale Formfaktoren besitzen.

Wenn ein Fermion auf Grund seiner Wechselwirkungen eine innere Struktur besitzt, die seine elektromagnetischen Eigenschaften abändern, dann ist es nützlich die Ein-Teilchen-Matrixelemente des elektromagnetischen Stromoperators nach Lorentz-Kovarianten und invarianten Formfaktoren zu zerlegen. Zieht man die Elementarladung als gemeinsamen Faktor heraus und verwendet man die Translationsformel (2.30), um den Stromoperator $j^\mu(x)$ auf $x = 0$ zu verschieben, dann werden die Formfaktoren eines gegebenen Teilchens durch die folgende Zerlegung definiert:

$$\begin{aligned}&\langle q|\, j^\mu(0)\,|p\rangle \\ &= \frac{1}{(2\pi)^3}\overline{u(q)}\left\{\gamma^\mu F_1(Q^2) - \frac{\mathrm{i}}{2m}\sigma^{\mu\nu}Q_\nu F_2(Q^2) - \frac{1}{2m}Q^\mu F_3(Q^2)\right\}u(p)\,.\end{aligned} \tag{5.76}$$

Hierbei ist $Q = p - q$ der Impulsübertrag, die Faktoren $F_i(Q^2)$ sind Lorentz-skalare Funktionen, die Nenner $2m$ sind eingeführt, um allen Formfaktoren die gleiche Dimension zu geben, mit dem Faktor i vor dem zweiten

Term schließlich werden alle $F_i(Q^2)$ reell, wenn $j^\mu(x)$ hermitesch ist, s. Aufgabe 5.2. Es ist nicht schwer zu zeigen, dass der dritte Formfaktor identisch verschwinden muss, wenn der Stromoperator erhalten ist, d. h. wenn $\partial_\mu j^\mu(x) = 0$ gilt. Im Fall des elektromagnetischen Stromes hat man es also nur mit den Formfaktoren F_1 und F_2 zu tun. Deren physikalische Bedeutung kann man wie folgt ausarbeiten.

Verwendet man die Dirac-Gleichung einmal für $u(p)$, einmal für $\overline{u(q)}$,

$$\not{p}u(p) = mu(p)\,, \qquad \overline{u(q)}\not{q} = m\overline{u(q)}\,,$$

dann lässt sich das Matrixelement von $\mathrm{i}\sigma^{\mu\nu}(p_\nu - q_\nu)$ zwischen diesen Spinoren berechnen,

$$\begin{aligned}
&\overline{u(q)}\mathrm{i}\sigma^{\mu\nu}(p_\nu - q_\nu)u(p) \\
&= -\frac{1}{2}\overline{u(q)}\left[\gamma^\mu\not{p} - \not{p}\gamma^\mu - \gamma^\mu\not{q} + \not{q}\gamma^\mu\right]u(p) \\
&= -\frac{1}{2}\overline{u(q)}\left[2\gamma^\mu\not{p} - 2p^\mu + 2\not{q}\gamma^\mu - 2q^\mu\right]u(p) \\
&= -2m\overline{u(q)}\gamma^\mu u(p) + (p+q)^\mu\overline{u(q)}u(p)\,,
\end{aligned}$$

Dies ist eine Identität, die für Impulsraum-Spinoren auf der Massenschale gilt, und die *Gordon-Identität* genannt wird,

$$(p+q)^\mu\overline{u(q)}u(p) = 2m\overline{u(q)}\gamma^\mu u(p) + \overline{u(q)}\mathrm{i}\sigma^{\mu\nu}(p_\nu - q_\nu)u(p)\,. \tag{5.77}$$

Setzt man sie in (5.76) ein, dann ensteht die äquivalente Form

$$\langle q|\, j^\mu(0)\,|p\rangle = \frac{1}{(2\pi)^3}\overline{u(q)}\left\{(F_1+F_2)\gamma^\mu - \frac{1}{2m}(p^\mu+q^\mu)F_2\right\}u(p)\,. \tag{5.78}$$

Ähnlich wie im vorhergehenden Unterabschnitt analysiert man spezielle kinematische Situationen und ausgewählte Komponenten des Stromoperators in der Zerlegung (5.78).

1. Für den *elektrischen Formfaktor* betrachtet man die 0-Komponente des Stroms, und ihr Matrixelement zwischen Zuständen mit entgegengesetzt gleichen räumlichen Impulsen

$$\langle \boldsymbol{q} = -\boldsymbol{p}|\, j^0(0)\,|\boldsymbol{p}\rangle = \frac{1}{(2\pi)^3}\overline{u(-\boldsymbol{p})}\left\{(F_1 + F_2)\gamma^0 - \frac{E_p}{m}F_2\right\}u(\boldsymbol{p})\,.$$

In der Standard-Darstellung (4.41) der γ-Matrizen ist

$$\overline{u(-\boldsymbol{p})}\gamma^0 u(\boldsymbol{p}) = u^\dagger(-\boldsymbol{p})u(\boldsymbol{p}) = 2m\,, \quad \overline{u(-\boldsymbol{p})}u(\boldsymbol{p}) = 2E_p\,.$$

Der Impulsübertrag ist $Q = p - q = (0, 2\boldsymbol{p})$ und somit ist die entsprechende Invariante $t = (q-p)^2 = -4\boldsymbol{p}^2 = -4E_p^2 + 4m^2$. Damit ist

$$\begin{aligned}
\langle -\boldsymbol{p}|\, j^0(0)\,|\boldsymbol{p}\rangle &= \frac{1}{(2\pi)^3}\left\{2m(F_1+F_2) - \frac{2E_p^2}{m}F_2\right\} \\
&= \frac{2m}{(2\pi)^3}\left\{F_1 + \frac{t}{4m^2}F_2\right\}\,.
\end{aligned}$$

Diese spezielle Linearkombination der beiden Formfaktoren wird *elektrischer Formfaktor* genannt und wie folgt bezeichnet

$$G_{\mathrm{E}}(t) := F_1(t) + \frac{t}{4m^2} F_2(t) \,. \tag{5.79}$$

Man bestätigt, dass der Wert von F_1 ebenso wie der von G_{E} bei $t=0$ gleich der Ladung des Fermions in Einheiten der Elementarladung ist, d. h. für ein f^- gleich -1. Um dies zu sehen berechnet man einerseits das Matrixelement der Ladung,

$$\langle q| \int \mathrm{d}^3x \, j^0(x) \, |p\rangle = (-1) \, \langle q|p\rangle = (-1) \, 2E_p \, \delta(\boldsymbol{p}-\boldsymbol{q}) \,,$$

andererseits, unter Ausnutzung der allgemeinen Zerlegung (5.76) und der Translationsformel

$$\int \mathrm{d}^3x \, \langle q| \, j^0(x) \, |p\rangle = (2\pi)^3 \delta(\boldsymbol{p}-\boldsymbol{q}) \, \langle q| \, j^0(0) \, |p\rangle$$
$$= \delta(\boldsymbol{p}-\boldsymbol{q}) F_1(0) u^\dagger(\boldsymbol{q}) u(\boldsymbol{p}) = F_1(0) \, 2E_p \, \delta(\boldsymbol{p}-\boldsymbol{q}) \,.$$

Aus dem Vergleich der beiden Rechnungen folgt in der Tat $F_1(0) = -1$.

2. Den *magnetischen Formfaktor* isoliert man, indem man räumliche Komponenten des Stromoperators analysiert,

$$\langle -\boldsymbol{p}| \, j^k(0) \, |\boldsymbol{p}\rangle = \frac{1}{(2\pi)^3} \Big(F_1 + F_2 \Big) \overline{u(-\boldsymbol{p})} \gamma^k u(\boldsymbol{p}) \,.$$

Das Produkt auf der rechten Seite arbeitet man unter Verwendung der Standard-Darstellung aus,

$$\overline{u(-\boldsymbol{p})} \gamma^k u(\boldsymbol{p}) = 2\varepsilon_{klm} \, p^l \chi^\dagger \sigma^{(m)} \chi \,,$$

so dass

$$\langle -\boldsymbol{p}| \, j^k(0) \, |\boldsymbol{p}\rangle = \frac{1}{(2\pi)^3} \Big(F_1 + F_2 \Big) \varepsilon_{klm} \, Q^l \chi^\dagger \sigma^{(m)} \chi$$

folgt. Es ist naheliegend, die Summe aus F_1 und F_2 als *magnetischen Formfaktor* zu definieren,

$$G_{\mathrm{M}}(t) := F_1(t) + F_2(t) \,. \tag{5.80}$$

An der Stelle $t=0$ gibt er das magnetische Moment des Teilchens (in Einheiten des entsprechenden Magnetons $e/(2m)$), dabei ist $F_1(0)$ der natürliche Anteil, $F_2(0)$ das anomale magnetische Moment.

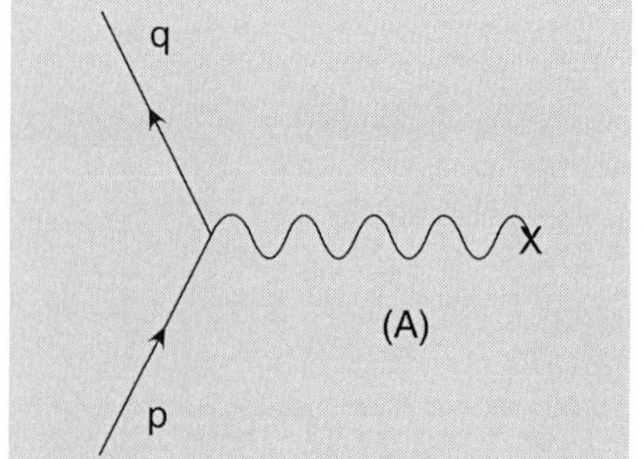

Abb. 5.13. Streuung an einem äußeren Potential Ze/r

c) Korrekturen zur Streuung am äußeren Potential

Wir studieren jetzt die Streuung eines Leptons f an der äußeren punktförmigen Ladung Ze, verallgemeinern dann aber auch auf den Fall, in dem diese Ladung auf ein lokales räumliches Gebiet verteilt ist. Damit wird das elektrostatische Potential modelliert, das ein schwerer Atomkern erzeugt.

Das Baumdiagramm (A) der Abb. 5.13 in eine Amplitude übersetzt gibt mit der Regel (R9)

$$M = 2\pi e_0 \mathrm{i}\overline{u(q)}\gamma^\mu u(p)\widetilde{A}_\mu\big((\boldsymbol{p}-\boldsymbol{q})^2\big)\,, \quad \text{mit} \tag{5.81}$$

$$\widetilde{A}_\mu\big((\boldsymbol{p}-\boldsymbol{q})^2\big) = \frac{Ze_0}{(2\pi)^3}\delta_{\mu 0}\frac{1}{(\boldsymbol{p}-\boldsymbol{q})^2}\,.$$

Die verbundenen Diagramme, die zur Ordnung $\mathcal{O}(e^2)$ diese Amplitude korrigieren, sind in Abb. 5.14 gezeichnet. Mithilfe der Feynman-Regeln werden sie in Formeln übersetzt und geben im einzelnen:

Diagramme (B1) und **(B2)**:

$$\begin{aligned} B_{12} &= B_1 + B_2 \\ &= -2\pi\mathrm{i}e_0\overline{u(q)} \\ &\quad \times \left\{\delta m\,\mathbb{1} + \frac{\mathrm{i}e_0^2}{(2\pi)^4}\int\frac{\mathrm{d}^4k}{k^2+\mathrm{i}\varepsilon}\gamma^\lambda S_F(q-k)\gamma_\lambda\right\} S_F(q)\gamma^\mu u(p)\widetilde{A}_\mu\,; \end{aligned}$$

Diagramme (C1) und **(C2)**:

$$\begin{aligned} C_{12} &= C_1 + C_2 \\ &= -2\pi\mathrm{i}e_0\overline{u(q)}\gamma^\mu S_F(p) \\ &\quad \times \left\{\delta m\,\mathbb{1} + \frac{\mathrm{i}e_0^2}{(2\pi)^4}\int\frac{\mathrm{d}^4k}{k^2+\mathrm{i}\varepsilon}\gamma^\lambda S_F(p-k)\gamma_\lambda\right\} u(p)\widetilde{A}_\mu\,; \end{aligned}$$

Vertexkorrektur (D):

$$\begin{aligned} D &= -2\pi\mathrm{i}e_0\overline{u(q)} \\ &\quad \times \left\{\frac{\mathrm{i}e_0^2}{(2\pi)^4}\int\frac{\mathrm{d}^4k}{k^2+\mathrm{i}\varepsilon}\gamma^\lambda S_F(q-k)\gamma^\mu S_F(p-k)\gamma_\lambda\right\} u(p)\widetilde{A}_\mu\,; \end{aligned}$$

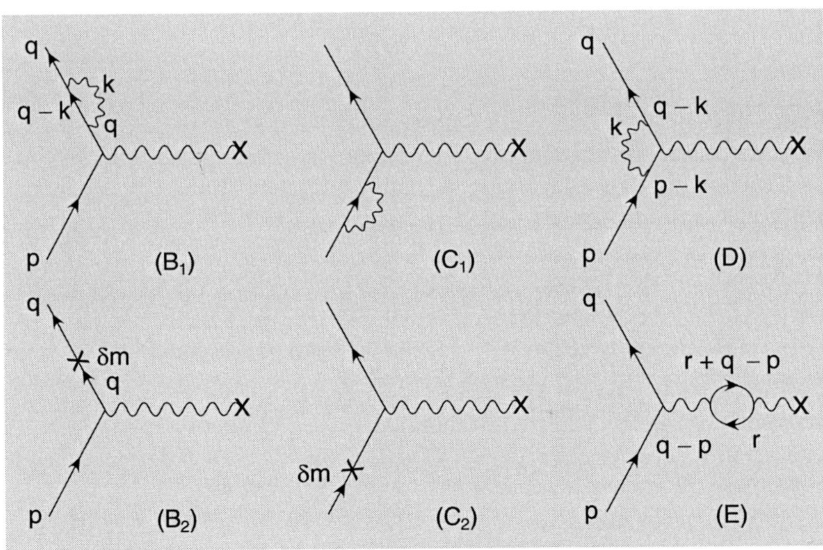

Abb. 5.14. Strahlungskorrekturen zur Streuung am äußeren Potential in der Ordnung e^2. Diagramme (B1), (C1), (B2) und (C2) stellen die Selbstenergie dar, (D) ist die Vertexkorrektur, (E) die Vakuumpolarisation

Vakuumpolarisation (E):

$$E = 2\pi \mathrm{i} e_0 \overline{u(q)} \gamma^\nu u(p) \frac{1}{(q-p)^2 + \mathrm{i}\varepsilon} \times \frac{\mathrm{i}e_0^2}{(2\pi)^4} \sum_f \int \mathrm{d}^4 r \; \mathrm{Sp}\left\{ \gamma_\nu S_F^{(f)}(r) \gamma^\mu S_F^{(f)}(r+q-p) \right\} \widetilde{A}_\mu \,.$$

Im Ausdruck (E) dissoziiert das Photon in ein virtuelles $f^+ f^-$-Paar, das dann wieder in ein Photon übergeht. Ganz gleich für welches Lepton die äußere Linie steht, der dominante Beitrag wird hier auf Grund der kleinen Masse des Elektrons von virtuellen e^+e^--Paaren stammen. Dass die Spur über die geschweifte Klammer zu nehmen ist, sieht man leicht ein, wenn man die linke und die rechte Photonlinie „abstreift" und die dann relevante Vakuumschleife

$$\langle 0 | \, T \left(\overline{\psi^{(f)}(x)} \gamma^\mu \psi^{(f)}(x) \right) \left(\overline{\psi^{(f)}(y)} \gamma^\nu \psi^{(f)}(y) \right) | 0 \rangle$$

berechnet. Als Spezialfall des Wick'schen Theorems und mit der Abkürzung

$$-\frac{1}{2} S_F(z) = \frac{\mathrm{i}}{(2\pi)^4} \int \mathrm{d}^4 r \, e^{-\mathrm{i} r \cdot z} \frac{(\not{r} + m_f \,\mathbb{1})}{r^2 - m_f^2 + \mathrm{i}\varepsilon} \,.$$

gibt er der Reihe nach (es wird wieder über doppelt vorkommende Dirac-Indizes summiert)

$$\begin{aligned} &\langle 0 | \, T \left(\overline{\psi^{(f)}(x)} \gamma^\mu \psi^{(f)}(x) \right) \left(\overline{\psi^{(f)}(y)} \gamma^\nu \psi^{(f)}(y) \right) | 0 \rangle \\ &\quad = -\left(\gamma^\mu\right)_{\alpha\beta} \left(\gamma^\nu\right)_{\sigma\tau} \langle 0 | \, T \, \psi_\beta^{(f)}(x) \overline{\psi_\sigma^{(f)}(y)} \, | 0 \rangle \, \langle 0 | \, T \, \psi_\tau^{(f)}(y) \overline{\psi_\alpha^{(f)}(x)} \, | 0 \rangle \\ &\quad = -\frac{1}{4} \left(\gamma^\mu\right)_{\alpha\beta} \left(S_F(x-y) \right)_{\beta\sigma} \left(\gamma^\nu\right)_{\sigma\tau} \left(S_F(y-x) \right)_{\tau\alpha} \\ &\quad \equiv -\frac{1}{4} \, \mathrm{Sp} \left\{ \gamma^\mu S_F(x-y) \gamma^\nu S_F(y-x) \right\} \,. \end{aligned}$$

In allen Diagrammen der Abb. 5.14 sind zwei äußere Fermionlinien enthalten. Da wir diese Linien mit Selbstenergien und Massentermen korrigiert haben, müssen alle Beiträge mit dem Faktor Z_2^{-1} multipliziert werden.

Das unkorrigierte Diagramm (A) und die Terme B_{12} und C_{12} lassen sich wie folgt zusammenfassen,

$$\begin{aligned} &(A) + B_{12} + C_{12} \\ &\quad = 2\pi \mathrm{i} e_0 Z_2^{-1} \widetilde{A}_\mu \overline{u(q)} \left\{ \gamma^\mu - \left[(\delta m - A) \,\mathbb{1} - (\not{q} - m \,\mathbb{1}) B \right] S_F(q) \gamma^\mu \right. \\ &\qquad \left. - \gamma^\mu S_F(p) \left[(\delta m - A) \,\mathbb{1} - B (\not{p} - m \,\mathbb{1}) \right] \right\} u(p) \,. \end{aligned}$$

Die endlichen Terme Σ^{end} tragen nicht bei, da sie auf der Massenschale $p^2 = m^2 = q^2$ gleich Null sind. Weiterhin ist $A = \delta m$ und $(\not{q} - m \,\mathbb{1}) S_F(q) = \mathbb{1}$ und natürlich ebenso $S_F(p)(\not{p} - m \,\mathbb{1}) = \mathbb{1}$. Schließlich kann der entstehende Faktor $1 + 2B$ in dieser Ordnung wie folgt umgeformt werden

$$1 + 2B \approx (1 + B)^2 \approx Z_2^2 \,.$$

Setzt man diese Aussagen ein, dann bleibt ein sehr einfaches Ergebnis für diese Anteile

$$(A) + B_{12} + C_{12} = 2\pi \mathrm{i} e_0 Z_2 \overline{u(q)} \gamma^\mu u(p) \widetilde{A}_\mu \,. \tag{5.82}$$

Die Vertexkorrektur im Diagramm (D) und die Vakuumpolarisation im Diagramm (E) geben so interessante physikalische Ergebnisse, dass wir sie in zwei eigenen Abschnitten analysieren.

5.2.4 Vertexkorrektur und anomales magnetisches Moment

Das Diagramm (D) hat eine Infrarotdivergenz, ist also nicht definiert, solange das Photon als strikt masselos behandelt wird. Da diese Divergenz nach Addition weiterer Diagramme derselben Ordnung wieder verschwindet, umgeht man sie, indem man dem virtuellen Photon wieder eine kleine, aber endliche Masse m_γ zuschreibt. Mit den in Abb. 5.14 definierten Impulsvariablen ist

$$D = -2\pi \mathrm{i} e_0 Z_2^{-1} \frac{\mathrm{i} e_0^2}{(2\pi)^4} \int \frac{\mathrm{d}^4 k}{k^2 - m_\gamma^2 + \mathrm{i}\varepsilon} \overline{u(q)} \gamma^\lambda S_F(q-k) \gamma^\mu S_F(p-k) \gamma_\lambda u(p) \widetilde{A}_\mu \,.$$

Den Ausdruck zwischen den Impulsraum-Spinoren im Zähler kann man etwas umformen, wenn man $\not{q}$ nach links und $\not{p}$ nach rechts durchtauscht bis man die Dirac-Gleichung $(\not{p} - m\,\mathbb{1})u(p) = 0$ bzw. $\overline{u(q)}(\not{q} - m\,\mathbb{1}) = 0$ verwenden kann. Außerdem lässt sich die Summe über λ mit den Formeln des Abschnitts 4.3.3 ausführen. Tut man dies, dann folgt

$$\begin{aligned} &\overline{u(q)} \gamma^\lambda (\not{q} - \not{k} + m\,\mathbb{1}) \gamma^\mu (\not{p} - \not{k} + m\,\mathbb{1}) \gamma_\lambda u(p) \\ &\quad = \overline{u(q)} \big\{ -2\not{k} \gamma^\mu \not{k} - 4 m k^\mu + 4(q+p)^\mu \not{k} \\ &\qquad + 4(q \cdot p - q \cdot k - p \cdot k) \gamma^\mu \big\} u(p) \,. \end{aligned}$$

Mit $q^2 = m^2 = p^2$ ist das Produkt der drei Propagator-Nenner (wenn wir die $\mathrm{i}\varepsilon$-Zusätze weglassen)

$$(k^2 - m_\gamma^2)(k^2 - 2k \cdot p)(k^2 - 2k \cdot q) \,.$$

Es ist nicht schwer folgende Integraldarstellungen für Terme der Art $1/(ab)$ und $1/(a^2 b)$ zu beweisen

$$\frac{1}{ab} = \int_0^1 \mathrm{d}x \, \frac{1}{\big[ax + b(1-x)\big]^2} \,, \tag{5.83}$$

$$\frac{1}{a^2 b} = \int_0^1 \mathrm{d}x \, \frac{2x}{\big[ax + b(1-x)\big]^3} \,. \tag{5.84}$$

Die erste hiervon beweist man direkt, die zweite folgt aus der ersten durch Differentiation nach dem Parameter a. Mit (5.83) ist

$$\frac{1}{k^2 - m_\gamma^2} \frac{1}{(k^2 - 2k \cdot q)(k^2 - 2k \cdot p)} = \frac{1}{k^2 - m_\gamma^2} \int_0^1 \mathrm{d}x \, \frac{1}{\big[k^2 - 2k \cdot r(x)\big]^2} \,,$$

wobei die Abkürzung $r(x) = px + q(1-x)$ benutzt wird. Wendet man jetzt (5.84) mit $b = k^2 - m_\gamma^2$ und $a = [\dots]$ an, so ist derselbe Ausdruck gleich

$$= \int_0^1 2y\,\mathrm{d}y \int_0^1 \mathrm{d}x \, \frac{1}{\left[\left(k^2 - 2k\cdot r(x)\right)y + \left(k^2 - m_\gamma^2\right)(1-y)\right]^3}$$

$$= \int_0^1 2y\,\mathrm{d}y \int_0^1 \mathrm{d}x \, \frac{1}{\left[(k - yr(x))^2 - r^2(x)y^2 - m_\gamma^2(1-y)\right]^3} .$$

Man setzt den umgeformten Zähler und die Integraldarstellung für das Produkt der Nenner ein, definiert die neue Integrationsvariable $v := k - yr(x)$ und erhält

$$\begin{aligned} D = &-2\pi \mathrm{i} e_0 Z_2^{-1} \frac{\mathrm{i}e_0^2}{(2\pi)^4} \int_0^1 2y\,\mathrm{d}y \int_0^1 \mathrm{d}x \int \mathrm{d}^4 v \\ &\times \frac{1}{\left[v^2 - y^2 r^2(x) - m_\gamma^2(1-y)\right]^3} \overline{u(q)} \{-2\not{v}\gamma^\mu\not{v} - 2y\not{r}\gamma^\mu\not{v} - 2y\not{v}\gamma^\mu\not{r} \\ &-2y^2\not{r}\gamma^\mu\not{r} - 4mv^\mu\, \mathbb{1} - 4myr^\mu\, \mathbb{1} + 4(p+q)^\mu(\not{v} + y\not{r}) \\ &+4\gamma^\mu(p\cdot q - q\cdot v - yq\cdot r - p\cdot v - yp\cdot r)\}\, u(p)\widetilde{A}_\mu . \end{aligned}$$

Der Nenner hängt nur vom Quadrat v^2 ab, daher geben die in v ungeraden Terme des Zählers keine Beiträge. Die in v bilinearen Terme geben Integrale der Form

$$\int \mathrm{d}^4 v \, \frac{v^\alpha v^\beta}{\left(v^2 - \Lambda^2\right)^3} = \frac{1}{4} g^{\alpha\beta} \int \mathrm{d}^4 v \, \frac{v^2}{\left(v^2 - \Lambda^2\right)^3} ,$$

Diese Vereinfachungen kann man ausnutzen sowie die Summenformel $\gamma_\alpha\gamma^\mu\gamma^\alpha = -2\gamma^\mu$ verwenden. Die Größe D ist somit proportional zu

$$\begin{aligned} &\int \mathrm{d}^4 v \, \frac{1}{\left(v^2 - \Lambda^2\right)^3} \\ &\quad\times \overline{u(q)} \left\{v^2\gamma^\mu - 2y^2\not{r}(x)\gamma^\mu\not{r}(x) - 4myr^\mu(x)\, \mathbb{1} + 4(p+q)^\mu y\not{r}(x) \right. \\ &\quad \left. + 4\gamma^\mu \left[p\cdot q - y(p+q)\cdot r(x)\right]\right\} u(p) . \end{aligned}$$

Setzt man jetzt $r(x)$ ein und ordnet etwas um, so entsteht

$$\begin{aligned} D = &-2\pi \mathrm{i} e_0 Z_2^{-1} \frac{\mathrm{i}e_0^2}{(2\pi)^4} \int_0^1 2y\,\mathrm{d}y \int_0^1 \mathrm{d}x \int \frac{\mathrm{d}^4 v}{\left(v^2 - \Lambda^2\right)^3} \\ &\times \overline{u(q)} \{a(x,y)\gamma^\mu + b(x,y)p^\mu + c(x,y)q^\mu\}\, u(p)\widetilde{A}_\mu , \end{aligned}$$

wobei die vier Funktionen $\Lambda^2(x, y)$, $a(x, y)$, $b(x, y)$ und $c(x, y)$ wie folgt gegeben sind

$$\begin{aligned}
\Lambda^2(x, y) &= y^2\left[m^2x^2 + m^2(1-x)^2 + 2p\cdot q\, x(1-x)\right] + m_\gamma^2(1-y)\,,\\
a(x, y) &= v^2 + 4p\cdot q\,\left(1-y+y^2x(1-x)\right)\\
&\quad + 2m^2y^2(1-2x+2x^2) - 4m^2y\,,\\
b(x, y) &= 4my(1-x-xy)\,,\\
c(x, y) &= 4my(x-y+xy)\,.
\end{aligned}$$

Die erste von ihnen, $\Lambda^2(x, y)$, ist invariant unter $x \leftrightarrow (1-x)$. Wenn man also über x von 0 bis 1 integriert, dann kann man sowohl $b(x, y)$ als auch $c(x, y)$ durch ihren Mittelwert ersetzen,

$$\begin{aligned}
&\int_0^1 \mathrm{d}x \cdots \left[b(x, y)p^\mu + c(x, y)q^\mu\right]\\
&= \int_0^1 \mathrm{d}x \cdots \frac{1}{2}\left[b(x, y) + c(x, y)\right]\left[p^\mu + q^\mu\right]\,.
\end{aligned}$$

Dieser Mittelwert hängt nur noch von y ab, $[b(x, y)+c(x, y)]/2 = 2my(1-y)$, so dass

$$\begin{aligned}
D = &-2\pi\mathrm{i}e_0 Z_2^{-1}\frac{\mathrm{i}e_0^2}{(2\pi)^4}\int_0^1 2y\,\mathrm{d}y\int_0^1 \mathrm{d}x\int\frac{\mathrm{d}^4v}{\left(v^2-y^2r^2(x)-m_\gamma^2(1-y)\right)^3}\\
&\times\overline{u(q)}\left\{a(x, y)\gamma^\mu + 2my(1-y)\left(p+q\right)^\mu\right\}u(p)\widetilde{A}_\mu\,.
\end{aligned}$$

Dieses Ergebnis formen wir noch ein letztes Mal um mit dem Ziel, die effektive Struktur des Vertex und damit seine physikalische Bedeutung besser sichtbar zu machen. Wenn es nämlich gelingt, die Lorentz-Kovariante $\overline{u(q)}\left(p^\mu + q^\mu\right)u(p)$ durch $\overline{u(q)}\gamma^\mu u(p)$ und $\overline{u(q)}\sigma^{\mu\nu}(p-q)_\nu u(p)$ zu ersetzen, wo $\sigma^{\mu\nu}$ in (5.69) definiert ist, dann kann anhand des Wechselwirkungsterms (5.70) das effektive magnetische Moment des Fermions identifiziert werden. Setzt man die Gordon-Zerlegung (5.77) ein, so folgt

$$\begin{aligned}
D = &-2\pi\mathrm{i}e_0 Z_2^{-1}\frac{\mathrm{i}e_0^2}{(2\pi)^4}\int_0^1 2y\,\mathrm{d}y\int_0^1 \mathrm{d}x\\
&\int\frac{\mathrm{d}^4v}{\left(v^2-m^2y^2+y^2x(1-x)(p-q)^2-m_\gamma^2(1-y)\right)^3}\\
&\times\overline{u(q)}\Big\{\left[a(x, y)+4m^2y(1-y)\right]\gamma^\mu\\
&+\mathrm{i}\sigma^{\mu\nu}\left(p-q\right)_\nu 2my(1-y)\Big\}u(p)\widetilde{A}_\mu\,.
\end{aligned}$$

Damit nimmt D eine einfache Form an, die es erlauben wird, das magnetische Moment des f^- mit seinen Strahlungskorrekturen zu berechnen,

$$D \equiv 2\pi \mathrm{i} e_0 Z_2^{-1} \overline{u(q)} \left\{ F_1\big((p-q)^2\big)\gamma^\mu - \frac{\mathrm{i}}{2m}\sigma^{\mu\nu}(p-q)_\nu F_2\big((p-q)^2\big) \right\} u(p)\widetilde{A}_\mu .$$

Die beiden Formfaktoren F_1 und F_2 sind durch die darüber stehende Integraldarstellung definiert. Noch bevor wir diese auswerten, stellen wir fest, dass sich hier ein physikalisch wichtiges Resultat abzeichnet: Das Lepton f^- hatte in der definierenden Theorie (5.11) und (5.12) die Punktladung -1 und den natürlichen g-Faktor (5.67) und hatte keine innere Struktur in dem Sinne, dass $F_1^{(0)}(t) = 1$, $F_2^{(0)}(t) \equiv 0$, bzw. $G_{\mathrm{E}}^{(0)}(t) = G_{\mathrm{M}}^{(0)}(t) = 1$ sind. Durch die Strahlungskorrekturen werden beide Formfaktoren in nichttrivialer Weise abgeändert, das Lepton bekommt eine innere Struktur.

Leider braucht es noch ein wenig Arbeit bevor man die Früchte dieser Analyse ernten kann: Der oben definierte Formfaktor $F_1\big((p-q)^2\big)$ ist zunächst noch durch ein divergentes Integral gegeben. Technisch liegt dies daran, dass die Funktion $a(x, y)$ einen Summanden v^2 enthält, der die Integration $\int \mathrm{d}^4 v$ ruiniert. Man müsste also auch hier wieder zuerst regularisieren und prüfen, ob die divergenten Anteile aus den observablen Anteilen herausgehalten werden können. Im vorliegenden Fall denken wir uns das Integral, das F_1 liefern soll, in einer der beschriebenen Weisen regularisiert – damit die folgenden Rechnungen wohldefiniert werden –, geben die regularisierten Ausdrücke aber nicht explizit an. Man schreibt anstelle von $F_1(t)$

$$F_1(t) = F_1(0) + [F_1(t) - F_1(0)] , \quad t = (p-q)^2 ,$$

und stellt fest, dass der zweite Summand in eckigen Klammern schon konvergent, d. h. vom Regularisierungsverfahren unabhängig ist. Wir müssen daher zunächst nur den potentiell gefährlichen Term $F_1(0)$ unter die Lupe nehmen. Fassen wir alle Diagramme (A) bis (D) zusammen, so ist

$$\begin{aligned}(A) + B_{12} + C_{12} + D &= 2\pi \mathrm{i} e_0 \left[Z_2 + Z_2^{-1} F_1(0)\right] \overline{u(q)}\gamma^\mu u(p)\widetilde{A}_\mu \\ &+ 2\pi \mathrm{i} e_0 Z_2^{-1}\overline{u(q)} \left\{[F_1(t) - F_1(0)]\,\gamma^\mu - \frac{\mathrm{i}}{2m}\sigma^{\mu\nu}(p-q)_\nu F_2(t)\right\} u(p)\widetilde{A}_\mu .\end{aligned} \tag{5.85}$$

Auffallend ist, dass $F_1(0)$ nach Aufsummation aller Beiträge derselben Ordnung in einer speziellen Kombination mit der Renormierungskonstanten Z_2 erscheint. Tatsächlich liegt hier die Rettung. In Anhang A4 zeigen wir, dass folgende wichtige Identität gilt

$$Z_2 + F_1(0) = 1 . \tag{5.86}$$

Sie sagt aus, dass der ebenfalls divergente Term B, (5.59), der in (5.64) auftritt, sich gegen die Vertexkorrektur $F_1(0)$ weghebt. Aus dieser Identität schließt man in der betrachteten Ordnung der Störungstheorie

$$Z_2 + Z_2^{-1} F_1(0) \approx Z_2 + \big(1 + F_1(0)\big) F_1(0) \approx Z_2 + F_1(0) = 1 .$$

In derselben Ordnung muss man im zweiten Summanden von (5.85) alle Formfaktoren wie folgt ersetzen

$$Z_2^{-1} F_i \approx \big(1 + F_1(0)\big) F_i \approx F_i \,.$$

In der Ordnung, zu der man bis hierher gerechnet hat, ergibt sich damit ein *konvergentes* Resultat

$$(A) + B_{12} + C_{12} + D = 2\pi \mathrm{i} e_0 \\ \times \overline{u(q)} \left\{ \gamma^\mu \big(1 + F_1(t) - F_1(0)\big) - \frac{\mathrm{i}}{2m} \sigma^{\mu\nu} (p-q)_\nu F_2(t) \right\} u(p) \widetilde{A}_\mu \,, \tag{5.87}$$

das wir im folgenden im Hinblick auf seinen physikalischen Inhalt auswerten wollen.

Bemerkungen

1. Diese Rechnungen sind wohldefiniert, solange alle potentiell divergenten Größen regularisiert und somit endlich sind. Nur in diesem Rahmen ist es richtig, alle Terme der Ordnung $\mathcal{O}(e_0^4)$ aus Konsistenzgründen wegzulassen, wenn man wie hier die Strahlungskorrekturen in der Ordnung $\mathcal{O}(e_0^2)$ gerechnet hat.
2. Das Ergebnis (5.87), das ja – bis auf den noch zu diskutierenden Vorfaktor e_0 – eine physikalische, d. h. *observable* Streuamplitude darstellt, ist frei von jeder Divergenz. Obwohl wir das nicht wirklich bewiesen haben ist zumindest plausibel, dass es wohldefiniert ist, d. h. dass es nicht vom gewählten Regularisierungsverfahren abhängt. Divergente Anteile sind entweder durch Renormierung, d. h. durch Rückrechnen auf die physikalische Masse absorbiert oder, wie im Beispiel (5.86), heben sich auf.
3. Unsere Analyse ist an dieser Stelle unvollständig, weil die Amplitude (5.87) noch die nackte Ladung e_0 als Vorfaktor enthält. Im nächsten Abschnitt zeigen wir, dass e_0 selbst divergent ist, zusammen mit der Vakuumpolarisation (E) aber im Rahmen der Renormierung durch die *physikalische* Ladung e ersetzt wird. Mit dem Vorbehalt dieses Arguments setzen wir in (5.87) die endliche, physikalische Ladung e ein.

Jetzt ist man gespannt zu erfahren, was in dem vollständig endlichen, physikalischen Resultat (5.87) enthalten ist. Die erste Beobachtung ist, dass das f^- kein Punktteilchen mehr ist, sondern durch die Strahlungskorrekturen eine elektrischen Formfaktor (5.79) bekommt,

$$G_{\mathrm{E}}^{(f)}(t) = 1 + \big(F_1(t) - F_1(0)\big) + \frac{t}{4m^2} F_2(t) \,. \tag{5.88}$$

Auch der magnetische Formfaktor $G_{\mathrm{M}}^{(f)}(t)$, (5.80), ist jetzt nicht mehr identisch gleich 1, sondern zeigt ebenso wie $G_{\mathrm{E}}^{(f)}(t)$, dass die Wechselwirkung mit dem Strahlungsfeld dem Lepton f^- eine innere Struktur verleiht. Von besonderem Interesse ist dabei, dass ein anomales magnetisches Moment auftritt, das wir aus (5.87) ausrechnen können. Ersetzt man schon jetzt e_0

durch e, so ist

$$F_2(t=0) = \frac{\mathrm{i}e^2}{(2\pi)^4} 4m^2 \int_0^1 2y\,\mathrm{d}y \int_0^1 \mathrm{d}x \int \mathrm{d}^4v \, \frac{y(1-y)}{\left(v^2 - m^2y^2 + \mathrm{i}\varepsilon\right)^3} \,,$$

wobei wir die weiter oben unterdrückte iε-Vorschrift wieder eingefügt haben. Das Integral über v gibt (s. Aufgabe 5.3)

$$\int \mathrm{d}^4v \, \frac{1}{\left(v^2 - \Lambda^2 + \mathrm{i}\varepsilon\right)^3} = -\frac{\mathrm{i}\pi^2}{2\Lambda^2}$$

und somit ist

$$F_2(0) = \frac{\mathrm{i}e^2}{(2\pi)^4} 4m^2 \frac{-\mathrm{i}\pi^2}{2m^2} \int_0^1 2y\,\mathrm{d}y \int_0^1 \mathrm{d}x \, \frac{1-y}{y} = \frac{e^2}{8\pi^2} \,.$$

Setzt man noch $e^2 = 4\pi\alpha$ ein, dann ergibt sich

$$F_2(0) \equiv a^{(f)} = \frac{\alpha}{2\pi} \,. \qquad (5.89)$$

Dies ist ein klassisches Resultat, das von J. Schwinger gefunden wurde[13]. Neben der Lamb-shift gehört es zu den großen Erfolgen der Quantenelektrodynamik.

Bemerkungen

1. Am Schwinger'schen Resultat (5.89) ist bemerkenswert, dass die Anomalie in dieser Ordnung nicht von der Natur des Leptons abhängt. Der Wert $\alpha/(2\pi)$ ist derselbe für das Elektron, das Myon und das τ-Lepton. In höheren Ordnungen schon der reinen Quantenelektrodynamik ist dies nicht mehr so, wie man an den Resultaten der Tabelle 5.2 ablesen kann. Außerdem können in höheren Ordnungen auch Hadronen in den Diagrammen der Störungstheorie als virtuelle Zwischenzustände auftreten. Für das Elektron sind diese Beiträge klein und noch unterhalb der heutigen experimentellen Genauigkeit. Für Myonen sind sie dagegen nicht mehr so klein und schon jetzt außerhalb des experimentellen Fehlerbalkens. Die in Klammern angegebenen experimentellen und theoretischen Unsicherheiten der Tabelle 5.2 sind so zu verstehen, dass sie sich auf die jeweils letzten Ziffern des Eintrags beziehen, z. B. bedeutet 1,2345(14) das Resultat $1{,}2345 \pm 0{,}0014$. Wie man sieht, sind schon die Korrekturen, die von der reinen Quantenelektrodynamik vorhergesagt werden, ab der vierten Ordnung für Myonen anders als für Elektronen[14].
2. Die eigentliche Anomalie, also die Abweichung des magnetischen Moments vom jeweiligen Bohr'schen Magneton

$$a^{(f)} = \frac{\mu^{(f)}}{e/(2m_f)} - 1 = \frac{1}{2}\left(g^{(f)} - 2\right)$$

[13] J. Schwinger, Phys. Rev. **73**, 416 (1948)

[14] Die Originalzitate, in denen die Messungen bzw. Rechnungen zu den Anomalien publiziert sind, findet man in der jeweils neuesten Auflage der *Review of Particle Properties,* die alle zwei Jahre neu erscheint. Zur Zeit ist die Referenz: Journal of Physics G, Nucl. Part. Phys. **33** (2006) 1–1231. Die jeweils aktuelle Version ist auch im Internet unter `http://pdg.lbl.gov` (pdg steht für Particle Data Group) zu finden.

	$a^{(e)}$	$a^{(\mu)}$
Experiment	$1159{,}652186(4)\times 10^{-6}$	$1165{,}9208(6)\times 10^{-6}$
2. Ordnung	$\frac{\alpha}{2\pi}$	$\frac{\alpha}{2\pi}$
4. Ordnung	$-0{,}328478965\left(\frac{\alpha}{\pi}\right)^2$	$\approx a_4^{(e)}+\left(\frac{\alpha}{\pi}\right)^2$
6. Ordnung	$1{,}181\left(\frac{\alpha}{\pi}\right)^3$	$\approx a_6^{(e)}+20\left(\frac{\alpha}{\pi}\right)^3$
Hadronische Korrektur	≈ 0	$67(9)\times 10^{-9}$
Theorie (gesamt)	$1159{,}652359(282)\times 10^{-6}$	$1165{,}9208(6)\times 10^{-6}$

Tab. 5.2. Anomalie des magnetischen Moments von Leptonen. In der letzten Spalte bedeutet $a_n^{(e)}$ den Beitrag der Ordnung n zur Anomalie des Elektrons.

kann man unter Ausnutzung eines einfachen physikalischen Effekts *direkt* messen. Das Prinzip, das wir hier für das Myon beschreiben, ist folgendes: Bringt man das μ^- in das Feld einer magnetischen Flasche, in deren Zentrum das Magnetfeld homogen ist, dann wird es dort eine Spiralbahn mit der charakteristischen Zyklotron-Frequenz[15]

$$\omega_{\mathrm{c}} = \frac{eB}{m_\mu \gamma}$$

durchlaufen. Hierbei ist B die Stärke des Magnetfelds, γ der relativistische Faktor $\gamma = 1/\sqrt{1-\beta^2}$ des Teilchens. Gleichzeitig präzediert das magnetische Moment um die Richtung des B-Feldes mit der Winkelgeschwindigkeit

$$\omega_{\mathrm{s}} = \left(1+\gamma a^{(\mu)}\right)\frac{eB}{m_\mu \gamma} .$$

Nun sieht man sofort, dass der Spin in Phase mit der Bahnbewegung präzedieren würde, wenn die Anomalie gleich Null wäre. In diesem Fall würde das magnetische Moment und damit der Spin auch nach einer großen Zahl von Umläufen immer in dieselbe Richtung zeigen. Ist die Anomalie dagegen nicht gleich Null, dann gerät die Spin-Präzession mit der Bahnspirale außer Takt. Der Unterschied der beiden Frequenzen ist

$$\omega_{\mathrm{a}} = \frac{e}{m_\mu} a^{(\mu)} B ,$$

er ist proportional zu $a^{(\mu)}$. Mit konstantem Feld und über den Zeitraum T ist der Winkel, um den der Spin wandert,

$$\theta = \frac{e}{m_\mu} a^{(\mu)} BT .$$

Kennt man B und T und kann man θ messen, so hat man die Anomalie – ohne den Umweg über die Messung des magnetischen Moments. Den Spin des Myons kann man aus seiner Zerfallsverteilung $\mu^- \to e^- + \nu_\mu + \overline{\nu_e}$ bestimmen, die relativ zur Spinorientierung asymmetrisch ist.

[15] Diese Formeln findet man z. B. in dem Handbuch *Muon Physics,* Vols. I–III, V.W. Hughes and C.S. Wu (eds.), Academic Press 1977, und dort Band II, S. 12.

3. Die Invarianz der Theorie der Leptonen und ihrer Wechselwirkungen unter der kombinierten, diskreten Transformation

   $$\boldsymbol{\Theta} = \boldsymbol{\Pi}\mathbf{CT}$$

   hat u. a. zur Folge, dass die magnetischen Momente von f^- und von f^+ entgegengesetzt gleich sind. Dies ist getestet worden mit dem Ergebnis

   $$\frac{g^{(e^+)} - g^{(e^-)}}{\langle g^{(e)} \rangle} = \left(-0{,}5 \pm 2{,}1\right) \times 10^{-12} \tag{5.90}$$

   für Elektron und Positron und

   $$\frac{g^{(\mu^+)} - g^{(\mu^-)}}{\langle g^{(\mu)} \rangle} = \left(-2{,}6 \pm 1{,}6\right) \times 10^{-8} \tag{5.91}$$

   für das Myon und sein Antiteilchen. Dabei bedeutet $\langle g^{(f)} \rangle$ den Mittelwert.

5.2.5 Vakuumpolarisation

Die Berücksichtigung des Beitrags (E), Abb. 5.14, zur Streuung bedeutet eine Änderung des äußeren Potentials $\widetilde{A}_\mu \mapsto \widetilde{A}'_\mu = \widetilde{A}_\mu + \Delta\widetilde{A}_\mu$. Setzt man $Q := p - q$ so ist dabei

$$\Delta\widetilde{A}_\mu = \frac{1}{Q^2}\Pi_{\mu\nu}(Q)\widetilde{A}^\nu(Q) \tag{5.92}$$

$$\Pi^{\mu\nu}(Q) = \frac{\mathrm{i}e_0^2}{(2\pi)^4}\sum_f \int \mathrm{d}^4r \;\mathrm{Sp}\left\{\gamma^\mu S_F^{(f)}(r)\gamma^\nu S_F^{(f)}(r-Q)\right\} . \tag{5.93}$$

Bevor man diesen Ausdruck weiter bearbeitet ist es hilfreich, das Tensorintegral $\Pi^{\mu\nu}(Q)$ mit Blick auf die Eichinvarianz der Theorie zu untersuchen und festzustellen, ob hieraus Einschränkungen folgen, die seine konkrete Berechnung vereinfachen. Eine Eichtransformation $A_\mu(x) \mapsto A'_\mu(x) = A_\mu(x) - \partial_\mu\chi(x)$ im Ortsraum bedeutet im Impulsraum eine Ersetzung der Form

$$\widetilde{A}_\mu(Q) \longmapsto \widetilde{A}'_\mu(Q) = \widetilde{A}_\mu(Q) + \widetilde{\chi}(Q)Q_\mu .$$

Wenn der Ausdruck (5.92) sich dabei nicht ändern soll, dann muss offenbar

$$Q_\mu\Pi^{\mu\nu}(Q) = 0 = \Pi^{\mu\nu}(Q)Q_\nu$$

erfüllt sein. Andererseits ist $\Pi^{\mu\nu}$ ein kontravariantes Tensorfeld zweiter Stufe. Da es nur vom Impuls Q abhängt, sind die einzigen Tensoren dieser Art, nach denen man $\Pi^{\mu\nu}$ zerlegen kann, die Tensoren $Q^\mu Q^\nu$ und die (inverse) Metrik $g^{\mu\nu}$, d. h. die Zerlegung nach Kovarianten hat die Form

$$\Pi^{\mu\nu}(Q) = \Pi(Q^2)Q^\mu Q^\nu + \Phi(Q^2)g^{\mu\nu} ,$$

wo $\Pi(Q^2)$ und $\Phi(Q^2)$ Lorentz-skalare Funktionen sind. Die Bedingung der Eichinvarianz liefert die Einschränkung $Q^2\Pi(Q^2) + \Phi(Q^2) = 0$, so dass

$$\Pi^{\mu\nu}(Q^2) = \left(Q^\mu Q^\nu - Q^2 g^{\mu\nu}\right)\Pi(Q^2) \tag{5.94}$$

sein muss.

Diese Überlegungen stehen insofern noch auf einer unsicheren Basis, als $\Pi^{\mu\nu}(Q)$ ein Integral der Art $\int \mathrm{d}^4 r\,(1/r^2)$ ist und somit divergiert. Auch in diesem Fall muss man offensichtlich zuerst regularisieren. Verwenden wir wieder die Methode von Pauli und Villars und bezeichnen wir den Beitrag eines herausgegriffenen Leptons mit $\Pi^{\mu\nu}(Q, m_f^2)$, dann heißt dies

$$\Pi^{\mu\nu}(Q, m_f^2) \longmapsto (\Pi^{\mathrm{reg}})_f^{\mu\nu}(Q) = \Pi^{\mu\nu}(Q, m_f^2) + c_f \Pi^{\mu\nu}(Q, M_f^2)\,, \tag{5.95}$$

wobei der Zusatzterm von einer sehr großen Masse M_f abhängt und der Vorfaktor c_f so gewählt sein soll, dass der modifizierte Ausdruck wohldefiniert und endlich ist. Mit wohldefiniert ist hier zweierlei gemeint: zum einen soll das Regularisierungsverfahren die Eichinvarianz nicht verletzen, zum anderen soll über den endlichen Anteil der regularisierten Vakuumpolarisation in einer physikalisch konsistenten Weise verfügt werden. Die erste Forderung wird vom Verfahren von Pauli und Villars erfüllt. Die zweite hat mit der Frage zu tun, wie und bei welcher Energieskala die observable elektrische Ladung definiert ist. Die Elementarladung bzw. die Sommerfeld'sche Feinstrukturkonstante α wird ja als Input benutzt, Korrekturen hieran, die von virtuellen Prozessen der Störungsreihe herrühren, beziehen sich auf diesen aus einem Experiment entnommenen Anfangswert.

Eine detaillierte Analyse des Ausdrucks (5.95) findet man im Anhang E. Sie zeigt, dass es genügt, die Konstante $c_f = -1$ zu wählen. Das Ergebnis der Regularisierung und der im Anhang erklärten Umformungen ist vergleichsweise einfach:

$$(\Pi_f^{\mathrm{reg}})^{\mu\nu}(Q) = \frac{\alpha_0}{3\pi}\left(Q^\mu Q^\nu - Q^2 g^{\mu\nu}\right)$$
$$\left\{\ln\left(\frac{M_f}{m_f}\right)^2 - 6\int\limits_0^1 \mathrm{d}z\, z(1-z)\ln\left(1 - \frac{Q^2}{m_f^2 - \mathrm{i}\varepsilon} z(1-z)\right)\right\}\,, \tag{5.96}$$

wobei α_0 noch mit der nackten Ladung gebildet ist. Das Ergebnis (5.96) erfüllt offensichtlich die Forderung (5.94) der Eichinvarianz. Es besteht aus zwei Summanden, von denen der erste mit $M_f \to \infty$ logarithmisch divergiert, der zweite endlich ist und so eingerichtet ist, dass er am Punkt $Q^2 = 0$ gleich Null ist. Der erste, im Limes $M_f \to \infty$ divergente Anteil wird, wie wir jetzt zeigen, durch Renormierung der Ladung absorbiert. Der zweite Summand führt bei $Q^2 \neq 0$ zu beobachtbaren, physikalisch sehr interessanten Effekten.

a) Renormierung der elektrischen Ladung

Modifiziert man das Baumdiagramm der Møller-Streuung $e^- + e^- \to e^- + e^-$ wie in Abb. 5.15 skizziert, so heißt dies in Formeln übersetzt[16]

$$\frac{-g^{\mu\nu}}{Q^2} \longmapsto \frac{-g^{\mu\nu}}{Q^2} - \frac{g^{\mu\alpha}}{Q^2}\sum_f (\Pi_f^{\mathrm{reg}})_{\alpha\beta}(Q)\frac{g^{\beta\nu}}{Q^2}\,, \tag{5.97}$$

hier mit $Q = p_1 - q_1 = q_2 - p_2$. Der Anteil $Q^\mu Q^\nu$ in (5.96) trägt nicht bei, weil er zwischen den Spinoren der äußeren Teilchen genommen Null gibt,

$$\overline{u(q_1)}\not{Q}(p_1) = \overline{u(q)}(\not{p}_1 - \not{q}_1)u(p_1) = 0 = \overline{u(q_2)}\not{Q}(p_2)\,.$$

[16] Das Minuszeichen beim zweiten Term ist eine Folge der Regel (R6).

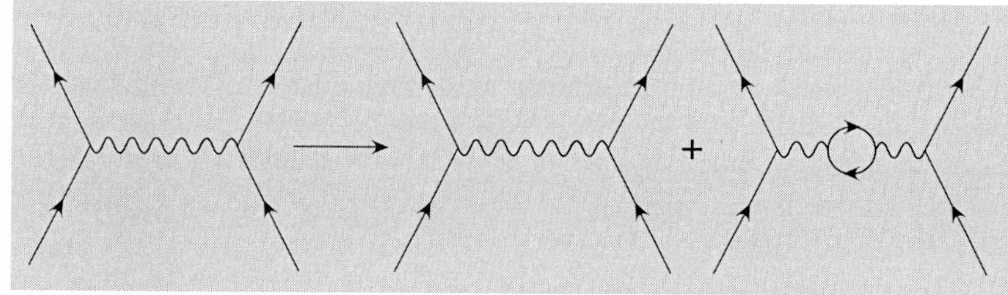

Abb. 5.15. Zur Møller-Streuung wird ein Schleifendiagramm addiert, bei dem virtuelle $f^- f^+$-Paare umlaufen

Die Summe der Diagramme der Abb. 5.15 ist daher proportional zu $g^{\mu\nu}$,

$$-\frac{g^{\mu\nu}}{Q^2}\left\{1-\frac{\alpha_0}{3\pi}\sum_f \ln\left(\frac{M_f}{m_f}\right)^2 \right.$$
$$\left.+\frac{2\alpha_0}{\pi}\sum_f \int_0^1 \mathrm{d}z\, z(1-z)\ln\Big(1-\frac{Q^2}{m_f^2-\mathrm{i}\varepsilon}z(1-z)\Big)\right\} .$$

Dies bedeutet, dass der Photonpropagator im Grenzfall $Q^2 \to 0$ multiplikativ um einen Faktor

$$Z_3 \approx 1-\sum_f \frac{\alpha_0}{3\pi}\ln\left(\frac{M_f}{m_f}\right)^2 \tag{5.98}$$

abgeändert wird. Da dies auch in höheren Ordnungen so sein wird, wird der Renormierungsfaktor generell mit Z_3 bezeichnet. Der Ausdruck auf der rechten Seite gilt aber nur in der hier betrachteten zweiten Ordnung, daher das $\approx$-Zeichen.

Man prüft leicht nach, dass derselbe Faktor auch bei der Streuung am äußeren Potential oder jedem anderen Prozess mit einer inneren Photonlinie auftritt, so dass sich folgende Vermutung aufdrängt: Da die Renormierungskonstante Z_3 stets als Faktor vor e_0^2 auftritt, muss man das Produkt $e_0 Z_3^{1/2} =: e$ als die *physikalische* Ladung interpretieren. Hier, wo wir nur zur zweiten Ordnung gerechnet haben, ersetzen wir auf der rechten Seite von (5.98) aus Gründen der Konsistenz α_0 durch α und gelangen zur Vorschrift

$$e_0^2 \longmapsto e^2 := Z_3 e_0^2 \approx e_0^2\left\{1-\frac{\alpha}{3\pi}\sum_f \ln\left(\frac{M_f}{m_f}\right)^2\right\} , \tag{5.99}$$

wobei der erste Schritt die Definition, der zweite den expliziten Ausdruck in der zweiten Ordnung Störungstheorie angibt.

Bemerkungen

1. Die physikalische Ladung eines Elektrons kann man z. B. aus der Thomson-Streuung, d. h. bei $Q^2 = 0$ bestimmen, s. Abschn. 2.4.3. Was

man dabei tatsächlich misst, hängt mit der nackten Ladung über

$$e = e_0 \sqrt{1 - \frac{\alpha}{3\pi} \sum_f \ln(\frac{M_f}{m_f})^2 + \mathcal{O}(\alpha^2)}$$

zusammen. Hat man die Renormierung der Ladung durchgeführt, verbleiben nur noch endliche Strahlungskorrekturen, die zu wohldefinierten und messbaren Effekten führen.

2. So wie wir die Renormierung der Ladung angesetzt haben, zeichnet sie die Skala $Q^2 = 0$ aus. Das ist in Übereinstimmung mit der Feststellung, dass der klassische Limes der Thomson-Streuung, aus der man die physikalische Ladung entnimmt, bei $Q^2 = 0$ erreicht wird. Man nennt diesen Punkt die *Renormierungsskala*. In der Quantenelektrodynamik ist diese Skala physikalisch ausgezeichnet, weil man im Grenzfall kleiner Energien in der klassischen Theorie landet, sie ist aber keineswegs unumstößlich. Weiter unten werden wir zeigen, dass man α durchaus auch bei einer anderen Skala definieren kann, wenn dies aus physikalischen Gründen sinnvoll erscheint. In jedem Fall wird die Störungsreihe sich der wahren Antwort schrittweise nähern, die einzelnen Beiträge werden aber je nach gewählter Skala unterschiedlich groß sein.
3. Man sieht schon hier, dass die Renormierung nicht nur ein mathematisch subtiles, sondern auch physikalisch weitgehend unanschauliches Phänomen ist. Nach der Formel (5.99) ist die nackte Ladung *größer* als die physikalische. Schickt man die Massen der Hilfsteilchen nach Unendlich, dann wird sie unendlich groß. In der regularisierten Version der Theorie ist alles endlich, die Modifikationen wären für endliches M_f eigentlich auch nicht dramatisch: Setzt man als Beispiel $M_f = 10\,\text{GeV}$, so ändert sich α um etwa 3%.
4. Es bleibt offen, wie man verfahren soll, wenn das Photon zu einer äußeren Linie gehört, d. h. auf seiner Massenschale sitzt. Formal gesehen, gibt die in Abb. 5.16 gezeichnete Modifikation

$$\frac{1}{k^2}\left(\Pi_f^{\text{reg}}\right)^{\mu\nu}(k)\epsilon_\nu(k) = -\frac{k^2}{k^2}\left\{\left(-\frac{\alpha}{3\pi}\right)\sum_f \ln\left(\frac{M_f}{m_f}\right)^2 + \mathcal{O}(k^2)\right\}\epsilon^\mu(k)\,,$$

wobei $\epsilon_\mu(k)k^\mu = 0$ benutzt ist. Da $k^2 = 0$ ist, bleibt dieses Ergebnis zunächst offen, weil gleich 0/0. Diese Unbestimmheit lässt sich vermeiden, wenn man sich vorstellt, dass das äußere Photon von einer weit entfernten Quelle stammt und ein klein wenig von seiner Massenschale entfernt ist. Es tritt dann wieder ein Faktor Z_3 auf, der sich in das Produkt von $Z_3^{1/2}$ für die Ladung am Vertex der Abb. 5.16 und einen ebensolchen Faktor für die weit entfernte Ladung aufteilt. Dies bedeutet, dass man sowohl am Vertex als auch an der fernen Quelle die renormierten, physikalischen Ladungen einsetzen soll.

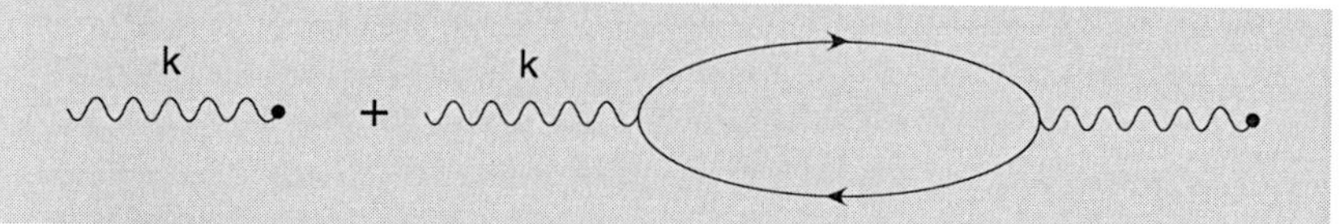

Abb. 5.16. Korrektur einer äußeren Photonlinie durch Vakuumpolarisation

Ähnlich wie bei der Renormierungskonstanten Z_2, (5.64), ergeben sich die Alternativen:

(a) Entweder bringt man an äußeren Photonlinien keine Korrektur an und setzt an allen Vertizes die physikalische (renormierte) Ladung ein;
(b) Oder man versieht auch äußere Photonlinien mit Strahlungskorrekturen, teilt dann das Ergebnis durch $Z_3^{1/2}$ für jede solche äußere Linie.

b) Beobachtbare Effekte der Vakuumpolarisation

In zweiter Ordnung Störungstheorie ist der regularisierte Ausdruck (5.96) von der Form

$$(\Pi^{\text{reg}})^{\mu\nu}(Q) = \left(Q^\mu Q^\nu - Q^2 g^{\mu\nu}\right)\left(C + \Pi^{\text{end}}(Q^2)\right), \tag{5.100}$$

wobei der erste Term $C = \alpha/(3\pi)\sum_f \ln\left(M_f/m_f\right)^2$ durch Renormierung der Ladung absorbiert wird, der zweite, endliche Term

$$\Pi^{\text{end}}(Q^2) = -\frac{2\alpha}{\pi}\sum_f \int\limits_0^1 \mathrm{d}z\, z(1-z)\ln\left(\frac{m_f^2 - Q^2 z(1-z)}{m_f^2 - \mathrm{i}\varepsilon}\right)$$

durch die Forderung festgelegt wurde, dass er bei $Q^2 = 0$ verschwindet. Dieser durch diese Forderung, durch seine Lorentz-Invarianz und durch die Eichinvarianz eindeutig bestimmte Term ist beobachtbar und soll hier weiter diskutiert werden.

Mit der Variablensubstitution $z := (1-x)/2$ und mit einer partiellen Integration bezüglich x, die den Logarithmus „befreit", wird er zu

$$\Pi^{\text{end}}(Q^2) = \frac{\alpha}{\pi}Q^2\sum_f \int\limits_0^1 \mathrm{d}x\, \frac{x^2(1-x^2/3)}{4m_f^2 - Q^2(1-x^2) - \mathrm{i}\varepsilon}\,.$$

Substituiert man noch $s := 4m_f^2/(1-x^2)$, so ist

$$\mathrm{d}s = \frac{s^2}{2m_f^2}x\,\mathrm{d}x\,, \quad x^2 = 1 - \frac{4m_f^2}{s}$$

$$\Pi^{\text{end}}(Q^2) = \frac{\alpha}{3\pi}Q^2\sum_f \int\limits_{4m_f^2}^{\infty} \mathrm{d}s\, \frac{\left(1+2m_f^2/s\right)\sqrt{1-4m_f^2/s}}{s(s-Q^2-\mathrm{i}\varepsilon)}\,. \tag{5.101}$$

Diese Formel ist schon aus einem funktionentheoretischen Blickwinkel interessant, weil sie den endlichen Anteil der Vakuumpolarisation als Integral über einen Schnitt darstellt, der von $(2m_f)^2$ nach Unendlich läuft. Das virtuelle Fermion-Paar f^+f^- trägt erst dann bei, wenn die Variable s über dieser Schwelle liegt[17]. Um sie aber wirklich anschaulich zu machen, übersetzen wir sie mittels Fourier-Transformation in den Ortsraum und kehren zu unserem Beispiel der Streuung am äußeren Potential zurück. Lassen wir die Strahlungskorrekturen $F_1(t)-F_1(0)$ und $F_2(t)$ aus (5.87) außer acht, so ist nach Ausführen der Ladungsrenormierung

$$\begin{aligned}M(Q) &\equiv 2\pi \mathrm{i} e \overline{u(q)}\gamma^\mu u(p)\\ &\quad\times\left\{g_{\mu\nu}+\frac{1}{Q^2}\left(Q_\mu Q_\nu - Q^2 g_{\mu\nu}\right)\Pi^{\mathrm{end}}(Q^2)\right\}\widetilde{A}^\nu(Q^2)\\ &= 2\pi \mathrm{i} e \overline{u(q)}\gamma^\mu u(p)\left\{1-\Pi^{\mathrm{end}}(Q^2)\right\}\widetilde{A}_\mu(Q^2)\,.\end{aligned}$$

Hierbei wurde wieder $\overline{u(q)}\gamma^\mu u(p) Q_\mu = 0$ benutzt. Das äußere Potential im Impulsraum wird nach Ladungsrenormierung

$$\widetilde{A}_\mu\big((\boldsymbol{p}-\boldsymbol{q})^2\big) = \frac{Ze}{(2\pi)^3}\delta_{\mu 0}\frac{1}{(\boldsymbol{p}-\boldsymbol{q})^2}\,.$$

In den übrigen Formeln muss man beachten, dass $E_p = E_q$ und daher $Q^2 = -\boldsymbol{Q}^2$ ist, d. h.

$$\Pi^{\mathrm{end}}(Q^2) = -\frac{\alpha}{3\pi}\boldsymbol{Q}^2\sum_f\int_{4m_f^2}^{\infty}\mathrm{d}s\,\frac{\left(1+2m_f^2/s\right)\sqrt{1-4m_f^2/s}}{s(s+\boldsymbol{Q}^2-\mathrm{i}\varepsilon)}\,.$$

Wir stellen uns vor, das äußere Fermion ist ein Elektron oder ein negatives Myon und das Potential wird von einem Atomkern mit der Ladung Ze erzeugt. Es sei

$$\widetilde{U}(\boldsymbol{Q}^2) := -Ze^2\left\{1-\Pi^{\mathrm{end}}(Q^2=-\boldsymbol{Q}^2)\right\}\frac{1}{(2\pi)^3}\frac{1}{\boldsymbol{Q}^2}\,.$$

In den Ortsraum transformiert hat man dann

$$\begin{aligned}U(\boldsymbol{x}) &= \frac{-Ze^2}{(2\pi)^3}\int \mathrm{d}^3 Q\, e^{\mathrm{i}\boldsymbol{Q}\cdot\boldsymbol{x}}\\ &\quad\times\left\{\frac{1}{\boldsymbol{Q}^2}+\frac{\alpha}{3\pi}\sum_f\int_{4m_f^2}^{\infty}\mathrm{d}s\,\frac{\left(1+2m_f^2/s\right)\sqrt{1-4m_f^2/s}}{s(s+\boldsymbol{Q}^2-\mathrm{i}\varepsilon)}\right\}.\end{aligned}$$

Die beiden zu berechnenden Integrale über $\boldsymbol{Q}$ lassen sich mit der Formel

$$\frac{1}{(2\pi)^3}\int \mathrm{d}^3 Q\,\frac{e^{\mathrm{i}\boldsymbol{Q}\cdot\boldsymbol{x}}}{\boldsymbol{Q}^2+A^2} = \frac{e^{-A|\boldsymbol{x}|}}{4\pi|\boldsymbol{x}|} \tag{5.102}$$

auswerten, bzw. durch eindimensionale Integrale darstellen. Der zweite Term in geschweiften Klammern insbesondere gibt

$$\frac{-Ze^2}{4\pi}\frac{\alpha}{3\pi}\sum_f\int_{4m_f^2}^{\infty}\mathrm{d}s\,\frac{1}{s}\left(1+\frac{2m_f^2}{s}\right)\sqrt{1-4m_f^2/s}\,\frac{e^{-r\sqrt{s}}}{r}\,,\qquad (r=|\boldsymbol{x}|)\,,$$

[17] Tatsächlich kann man diesen Ausdruck mittels einer sog. Dispersionsrelation herleiten, d. h. mittels des Cauchy'schen Integralsatzes. Sie ist dann der Realteil einer komplexen Amplitude, deren Imaginärteil über das optische Theorem die f^+f^--Erzeugung beschreibt, s. z. B. G. Källén, Handbuch der Physik, *Quantenelektrodynamik*, Vol. 1, Springer Berlin-Göttingen-Heidelberg, 1958

oder, wenn man noch $y^2 := s/(4m_f^2)$ substituiert, d. h. $\mathrm{d}s = 8m_f^2 y\,\mathrm{d}y$ einsetzt,

$$= \frac{-Ze^2}{4\pi}\frac{2\alpha}{3\pi}\sum_f \int_1^\infty \mathrm{d}y\, \frac{1}{y^2}\Big(1+\frac{1}{2y^2}\Big)\sqrt{y^2-1}\,\frac{e^{-2m_f r y}}{r}\,,$$

so dass die gesamte, zur Ordnung e^2 korrigierte potentielle Energie gleich

$$U(r) = -\frac{Ze^2}{4\pi r}\left\{1+\sum_f \frac{2\alpha}{3\pi}\int_1^\infty \mathrm{d}y\, e^{-2m_f r y}\Big(1+\frac{1}{2y^2}\Big)\frac{\sqrt{y^2-1}}{y^2}\right\} \tag{5.103}$$

ist. Das Produkt $m_f r$, das im Argument der Exponentialfunktion erscheint, ist mit den richtigen Faktoren $\hbar$ und c versehen äquivalent zum Verhältnis der Radialvariablen zur reduzierten Compton-Wellenlänge des Leptons f, $\lambdabar_C = \lambda_C/(2\pi)$,

$$m_f r \mathrel{\widehat{=}} \frac{r}{\hbar/(m_f c)}\,.$$

Dies bedeutet, dass der Beitrag eines gegebenen Leptons f zur Vakuumpolarisation eine Reichweite von der Größenordnung seiner Compton-Wellenlänge $\lambdabar_C^{(f)}$ hat. Für Elektronen ist diese $\lambdabar_C^{(e)} = 386$ fm, für ein Myon $\lambdabar_C^{(\mu)} = 1{,}87$ fm, für ein τ-Lepton $\lambdabar_C^{(\tau)} = 0{,}11$ fm. An diesen Zahlen sieht man schon, dass der bei weitem größte Beitrag von virtuellen e^+e^--Paaren stammen wird. Außerdem, da $\lambdabar_C^{(e)}$ immer noch klein gegenüber typischen Dimensionen elektronischer Atome ist, wird die Aussage nicht überraschen, dass dieser Anteil in der Lamb-shift des Wasserstoffatoms relativ klein ist: die Vakuumpolarisation trägt ca. -17 MHz zur Lamb-shift bei, die insgesamt 1060 MHz beträgt.

In myonischen Atomen dagegen, die ja um das Verhältnis $m_e/m_\mu \approx 1/207$ kleiner sind und deren räumliche Ausdehnung vergleichbar mit $\lambdabar_C^{(e)}$ oder kleiner als diese sind, ist die von virtuellen e^+e^--Paaren verursachte Vakuumpolarisation die dominante Strahlungskorrektur.

Man kann die Grenzfälle $m_f r \gg 1$ und $m_f r \ll 1$ noch weiter abschätzen. Ist $m_f r \gg 1$, d. h. ist $r \gg \lambdabar_C^{(e)}$, so ist der Integrand im Vakuumpotential nur in der Nähe der unteren Integrationsgrenze groß. Approximiert man bei $y = 1$

$$\Big(1+\frac{1}{2y^2}\Big)\frac{\sqrt{y^2-1}}{y^2} \approx \frac{3}{2}\sqrt{2(y-1)}$$

und substituiert $u := y - 1$, dann ist

$$\int_1^\infty \mathrm{d}y\, e^{-2m_e r y}\Big(1+\frac{1}{2y^2}\Big)\frac{\sqrt{y^2-1}}{y^2}$$

$$\approx e^{-2m_e r}\int_0^\infty \mathrm{d}u\, e^{-2m_e r u}\frac{3}{2}\sqrt{2u} = \frac{3\sqrt{\pi}}{8}\frac{e^{-2m_e r}}{(m_e r)^{3/2}}$$

die effektive potentielle Energie ist dann

$$U(r) \approx -\frac{Ze^2}{4\pi r}\left\{1+\frac{\alpha}{4\sqrt{\pi}}\frac{e^{-2m_e r}}{(m_e r)^{3/2}}\right\}, \quad r \gg \lambdabar_C^{(e)}\,. \tag{5.104}$$

Die von virtuellen Elektron-Positron Paaren induzierte Vakuumpolarisation klingt in dieser Näherung mit r stärker als ein Yukawa-Potential ab.

Auch im anderen Grenzfall $r \ll \lambda_C^{(e)}$ kann man eine genäherte Formel angeben, die – hier ohne Beweis – die folgende ist:

$$U(r) \approx -\frac{Ze^2}{4\pi r}\left\{1-\frac{2\alpha}{3\sqrt{\pi}}\left[\ln(m_e r)+C_{\mathrm{E}}+\frac{5}{6}\right]\right\}, \quad r \ll \lambda_C^{(e)}, \qquad (5.105)$$

wo $C_{\mathrm{E}} = 0{,}577216$ die Euler'sche Konstante ist.

c) Die induzierte Ladungsdichte der Vakuumpolarisation

Betrachtet man das Ergebnis (5.103), so fällt auf, dass der zweite Term in den geschweiften Klammern für alle r positiv ist und somit die ungestörte Coulomb-Wechselwirkung *verstärkt*. In der Tat stellt man fest, dass beispielsweise der $1s$-Zustand im myonischen Blei-Atom durch die Wirkung der Vakuumpolarisation stärker, nicht schwächer gebunden wird. Dies widerspricht der Intuition: Stellt man sich nämlich anschaulich vor, die Vakuumpolarisation werde durch virtuelle e^+e^--Paare erzeugt, die sich innerhalb der Compton-Wellenlänge $\lambda_C^{(e)}$ des Elektrons bewegen, dann müssten die virtuellen Elektronen von der positiven Ladung Ze angezogen, die virtuellen Positronen von ihr abgestoßen werden derart, dass das Integral über diese Polarisationsladungsdichte gleich Null bleibt. Dies wäre aber gleichbedeutend damit, dass die ursprüngliche Ladung $+Ze$ zwar insgesamt erhalten wäre, aber durch die Polarisation auf einen größeren Bereich verteilt, räumlich also „verschmiert" würde. Ein solcher Effekt führt immer zu einer *Abschwächung* der Bindung, eine räumlich verteilte Ladungsdichte bindet weniger stark als dieselbe in einem Punkt konzentrierte Ladung – im Widerspruch zur oben gemachten Feststellung! Es kommt aber noch eigenartiger: Wenn man aus der potentiellen Energie bzw. dem Potential vermittels der Poisson-Gleichung die zugehörige Ladungsdichte berechnet, dann hat diese für $r \neq 0$ immer das gleiche Vorzeichen. Wie kann das sein, wo doch das Integral über die induzierte Polarisationsdichte Null ergeben muss?

Um die gestellte Frage zu beantworten, betrachten wir das Potential

$$\Phi^{\mathrm{Pol}}(r) = \frac{Ze}{4\pi r}\frac{2\alpha}{3\pi}\int_1^\infty \mathrm{d}y\, e^{-2mry}\Big(1+\frac{1}{2y^2}\Big)\frac{\sqrt{y^2-1}}{y^2},$$

(das ist der zweite Term auf der rechten Seite von (5.103) für eines der Leptonen f, nachdem ein Faktor $(-e)$ herausgenommen ist), bzw. mit $\xi := 2mr$ die dimensionslose Funktion

$$\varphi^{\mathrm{Pol}}(\xi) := \lim_{M\to\infty}\int_1^\infty \mathrm{d}y\, e^{-(m/M)y}e^{-\xi y}\Big(1+\frac{1}{2y^2}\Big)\frac{\sqrt{y^2-1}}{y^2}. \qquad (5.106)$$

Die konvergenzerzeugende Exponentialfunktion ist aus einem rein technischen Grund eingeführt, der weiter unten klar wird und ändert nichts am Argument. Jetzt berechnet man die Dichte über die Poisson-Gleichung

$$\varrho^{\mathrm{Pol}}(\xi) = -\boldsymbol{\Delta}_\xi \varphi^{\mathrm{Pol}}(\xi).$$

Mithilfe der bekannten Formel

$$\left(\boldsymbol{\Delta}-\kappa^2\right)\frac{e^{-\kappa r}}{r}=-4\pi\delta(\boldsymbol{r})$$

und mit $\kappa = 2my$ findet man

$$\varrho^{\mathrm{Pol}}(\xi)=\lim_{M\to\infty}\left\{4\pi\delta(\boldsymbol{x})\int_1^\infty \mathrm{d}y\, e^{-(m/M)y}\left(1+\frac{1}{2y^2}\right)\frac{\sqrt{y^2-1}}{y^2}\right.$$
$$\left.-\frac{4m^2}{r}\int_1^\infty \mathrm{d}y\, e^{-(m/M)y}e^{-\xi y}\left(1+\frac{1}{2y^2}\right)\sqrt{y^2-1}\right\}. \quad (5.107)$$

Man sieht, dass der Konvergenzfaktor nur im ersten Term gebraucht wird, weil dieser logarithmisch divergiert. Im zweiten Term spielt er keine Rolle. Diese Polarisationsdichte hat ein merkwürdiges Verhalten, das sich aber ohne Schwierigkeiten erhellen lässt. Solange $r \neq 0$ ist, trägt nur der zweite Term auf der rechten Seite von (5.107) bei, der überall das gleiche Vorzeichen hat. Im Ursprung, bei $r = 0$, hat die Dichte zwei Singularitäten, die Distribution des ersten Terms mit logarithmisch divergentem Faktor,

$$4\pi\,\delta(\boldsymbol{x})\,\ln\left(\frac{m}{M}\right),$$

sowie einen Pol dritter Ordnung $1/r^3$ im zweiten Term auf der rechten Seite von (5.107). Diesen erkennt man, wenn man die Ladungsdichte in derselben Näherung wie das Potential (5.105) berechnet. Dennoch ist das Integral über die Polarisationsdichte gleich Null – wie es sein muss. Um dies zu sehen, berechnet man ihr Integral unter Verwendung der Formel

$$\int_0^\infty r^2\,\mathrm{d}r\,\frac{e^{-\kappa r}}{r}=\frac{1}{\kappa^2}$$

(wieder mit $\kappa = 2my$) und findet

$$\int \mathrm{d}^3x\,\varrho^{\mathrm{Pol}}=\lim_{M\to\infty}\left\{\int_1^\infty \mathrm{d}y\, e^{-(m/M)y}\left(1+\frac{1}{2y^2}\right)\frac{\sqrt{y^2-1}}{y^2}\right.$$
$$\left.-\int_1^\infty \mathrm{d}y\, e^{-(m/M)y}\left(1+\frac{1}{2y^2}\right)\frac{\sqrt{y^2-1}}{y^2}\right\}=0.$$

Dieses Ergebnis ist in einem gewissen Sinn typisch für die Quantenelektrodynamik, als sie es schafft, das Potential, das beobachtbar ist, wohldefiniert vorherzusagen, obwohl die (nicht direkt beobachtbare) Polarisationsdichte schon kräftig singulär ist. Die Quantenelektrodynamik bewegt sich gewissermaßen „am Rande des Abgrunds". Wenn man die induzierte Ladungsdichte (5.107) physikalisch deuten will, dann kann man nur dieses sagen: Solange ein Testteilchen bei großen Abständen vorbeifliegt, d. h. mit kleinen Impulsüberträgen an der positiven Ladung streut, sieht es im wesentlichen nur dessen *physikalische* Ladung. Kommt es näher, d. h. streut es mit größerem Impulsübertrag, dann sieht es mehr und mehr von der *nackten* Ladung des Streuzentrums, die ja größer als die physikalische ist. Allerdings ist die nackte Ladung streng genommen unendlich groß, das Phänomen der Vakuumpolarisation bleibt also ein Stück weit unanschaulich.

Bemerkungen

1. Das Phänomen der laufenden Kopplungskonstanten:
Die Vakuumpolarisation bewirkt, dass der Photonpropagator durch das Einfügen von Schleifen mit virtuellen $f\bar{f}$-Paaren gemäß

$$-\frac{g^{\mu\nu}}{q^2+\mathrm{i}\varepsilon}-\frac{g^{\mu\alpha}}{q^2+\mathrm{i}\varepsilon}\Pi^{\mathrm{reg}}_{\alpha\beta}(q)\frac{g^{\beta\nu}}{q^2+\mathrm{i}\varepsilon}\equiv D'^{\mu\nu}(q)$$

abgeändert wird. Dies ist nichts anderes als die Ersetzung (5.97), hier mit den korrekten iε-Vorschriften in den Nennern versehen. Genauso wie in (5.94) nutzen wir die Eichinvarianz aus, um $\Pi_{\alpha\beta}$ in Kovariante zu zerlegen, ziehen hier aber einen Faktor e_0^2 explizit heraus,

$$\Pi^{\mathrm{reg}}_{\alpha\beta}(q)=e_0^2\big[q_\alpha q_\beta-q^2 g_{\alpha\beta}\big]\pi(q^2)\,.$$

(Der Lorentz-Skalar $\pi(q^2)$ unterscheidet sich von $\Pi(q^2)$ in (5.94) durch den Faktor e_0^2. Ausserdem haben wir der Kürze halber die Bezeichnung „reg" weggelassen.) Gl. (5.96) zeigt, dass

$$\pi(q^2)=\frac{1}{12\pi^2}\sum_f \ln\Big(\frac{M_f}{m_f}\Big)^2+\pi^{\mathrm{end}}(q^2)\,,\quad \text{mit}$$

$$\pi^{\mathrm{end}}(q^2)=-\frac{1}{2\pi^2}\sum_f\int_0^1 \mathrm{d}z\, z(z-1)\ln\Big(1-\frac{q^2 z(1-z)}{m_f^2-\mathrm{i}\varepsilon}\Big)\,.$$

Bis auf Eichterme, deren Beitrag zu jedem physikalischen Diagramm Null gibt, ist somit

$$D'^{\mu\nu}(q)=-\Big[g^{\mu\nu}-\frac{1}{q^2}q^\mu q^\nu\Big]\frac{d'(q^2)}{q^2+\mathrm{i}\varepsilon}\qquad(+\text{ Eichterme})\,,\quad \text{mit}$$

$$d'(q^2)=1-e_0^2\pi(q^2)\,.$$

Es sei nun μ^2 das Quadrat eines beliebigen, aber festgehaltenen Impulses. Man definiert eine neue Lorentz-skalare Funktion $\pi^{\mathrm{end}}(q^2,\mu^2)$ über

$$\pi^{\mathrm{end}}(q^2,\mu^2):=\pi(q^2)-\pi(\mu^2)=\pi^{\mathrm{end}}(q^2)-\pi^{\mathrm{end}}(\mu^2)\,. \tag{5.108}$$

Die Größe μ^2 wird *Renormierungspunkt* genannt. Die Funktion $\pi^{\mathrm{end}}(q^2,\mu^2)$ ist frei von der logarithmischen Divergenz und ist daher endlich. Setzt man diese Definition in $d'(q^2)$ ein und beachtet, dass wir in der zweiten Ordnung Störungstheorie arbeiten, so ist

$$\begin{aligned}d'(q^2)&=1-e_0^2\pi(\mu^2)-e_0^2\pi^{\mathrm{end}}(q^2,\mu^2)\\&\approx\Big(1-e_0^2\pi(\mu^2)\Big)\Big(1-e_0^2\pi^{\mathrm{end}}(q^2,\mu^2)\Big)\,.\end{aligned}$$

Dem Vorfaktor ordnet man ein eigenes Symbol zu,

$$Z(\mu^2) := 1 - e_0^2 \pi(\mu^2) \,, \tag{5.109}$$

womit und wiederum unter Beachtung der Ordnung, in der wir rechnen, $d'(q^2)$ in folgender Weise geschrieben werden kann,

$$d'(q^2) = Z(\mu^2)\Big[1 - e_0^2 Z(\mu^2)\, \pi^{\text{end}}(q^2, \mu^2)\Big] .$$

Da wir natürliche Einheiten verwenden, ist $\alpha_0 = e_0^2/(4\pi)$ bzw. für die physikalische Kopplungskonstante $\alpha^2 = e^2/(4\pi)$. Definiert man das in der letzten Gleichung auftretende Produkt

$$\alpha_0 Z(\mu^2) =: \alpha(\mu^2) \tag{5.110}$$

als *physikalische Kopplung bei der Skala* μ^2, dann ist das Produkt

$$\alpha_0 d'(q^2) = \alpha(\mu^2)\Big[1 - 4\pi\alpha(\mu^2)\pi^{\text{end}}(q^2, \mu^2)\Big] \tag{5.111}$$

unabhängig von μ^2.

Wertet man das Resultat (5.110) einmal bei $q^2 = \mu^2$, einmal bei $q^2 = 0$ aus und beachtet, dass $\pi^{\text{end}}(q^2 = \mu^2, \mu^2)$ gleich Null ist, dann folgt

$$\alpha(\mu^2) = \alpha(0)\Big[1 - 4\pi\alpha(0)\pi^{\text{end}}(q^2, 0)\Big] \approx \frac{\alpha(0)}{1 + 4\pi\alpha(0)\pi^{\text{end}}(q^2, 0)} ,$$

oder, wenn man den Integralausdruck für π^{end} einsetzt,

$$\frac{\alpha(\mu^2)}{\alpha(0)} = 1 + \frac{2\alpha(0)}{\pi} \sum_f \int_0^1 \mathrm{d}z\, z(z-1) \ln\Big(1 - \frac{q^2 z(1-z)}{m_f^2 - \mathrm{i}\varepsilon}\Big) . \tag{5.112}$$

Dies ist eine sehr interessante Formel, weil man sie auf zwei unterschiedliche Weisen interpretieren kann:

(a) Betrachtet man $\alpha \equiv \alpha(0) \approx 1/137$ – wie dies in der Quantenelektrodynamik mit leichten Fermionen üblich ist – als *die* Kopplungskonstante, dann stellt (5.112) die Modifikation des Photonpropagators durch den Effekt der Vakuumpolarisation dar. Das Ergebnis

$$\big[1 - 4\pi\alpha\pi^{\text{end}}(q^2, 0)\big] = d_{\text{QED}}^{\text{ren}}(q^2)$$

ist der (in zweiter Ordnung) korrigierte und renormierte Ausdruck für $d'(q^2)$.

(b) Die Formel (5.112) kann aber auch so gelesen werden, dass sie die Abhängigkeit der physikalischen Kopplung von der Skala μ^2 angibt. Der numerische Wert der Sommerfeld'schen Feinstrukturkonstanten hängt dann davon ab, bei welcher Skala μ^2 die physikalische, elektrische Elementarladung bestimmt wird. Man spricht auch von einer (mit der Skala μ^2) *laufenden Kopplungskonstanten*[19].

Wir haben mehrfach betont, dass der Renormierungspunkt $\mu^2 = 0$ in der Quantenelektrodynamik physikalisch dadurch ausgezeichnet ist,

[18] Auf englisch wird sie *running coupling constant* genannt.

dass die Thomson-Streuung als Limes $q^2 \to 0$ des Photon-Elektron-Wirkungsquerschnitts die physikalische Ladung des Elektrons bei Impulsübertrag Null festlegt[19]. Es ist aber genauso gut möglich, die elektrische Ladung bzw. α an einem anderen Punkt $\mu^2 \neq 0$ zu definieren, d. h. das Renormierungsprogramm bei diesem μ^2 durchzuführen. In der elektroschwachen Wechselwirkung z. B. ist eine natürliche Skala durch die Massenquadrate des $W^\pm$ oder des Z^0 vorgegeben, für die man beispielsweise $\alpha(m_Z^2) \approx 1/128$ findet. Eine beobachtbare physikalische Größe A, die man störungstheoretisch berechnet, hat dann für zwei Wahlen des Renormierungspunktes zwei Reihenentwicklungen

$$A \approx A_0 + A_2\alpha(0) + A_4\alpha^2(0) ,$$
$$A \approx A'_0 + A'_2\alpha(\mu^2) + A'_4\alpha^2(\mu^2) ,$$

mit unterschiedlichen Koeffizienten. Obwohl beide Reihen – vorausgesetzt sie sind konvergent oder semi-konvergent – sich der „wahren" Antwort annähern sollten, kann es geschickte und ungeschickte Wahlen der Renormierungsskala geben. Wählt man μ^2 in der Umgebung einer durch die physikalische Situation vorgegebenen Skala, wird die Reihe vermutlich früher abgebrochen werden können, als wenn ein weit davon abgelegener Wert verwendet wird.
Während in der Quantenelektrodynamik wie wir sie in den vorangegangenen Abschnitten beschrieben haben, die Wahl des Renormierungspunktes $\mu^2 = 0$ durch die Physik nahegelegt wird, ist dies in anderen, nichtabelschen Eichtheorien, so z. B. der elektroschwachen oder der Quantenchromodynamik, der Theorie der Starken Wechselwirkung, nicht mehr der Fall.

2. Wo ist Z_1 geblieben?
Man wird bemerkt haben, dass zwar von einer Renormierungskonstanten Z_2, (5.64), die äußere Fermionlinien korrigiert, und von Z_3, (5.99), die die elektrische Ladung multipliziert, die Rede war, bislang aber nicht von einem Z_1. In der Tat, Z_2, das man auch Wellenfunktions-Renormierung der Fermionen nennt, verknüpft den renormierten Fermion-Propagator mit dem nackten Propagator, Z_3 (Wellenfunktions-Renormierung des Photons genannt) setzt den renormierten Photon-Propagator mit dem nackten Propagator in Verbindung, während das bisher noch nicht erwähnte Z_1 die Korrektur des Vertexanteils enthält. Man kann zeigen, dass die Renormierungskonstanten Z_1 und Z_2 der Quantenelektrodynamik gleich sind, $Z_1 = Z_2$. Diese Aussage verbirgt sich, in der zweiten Ordnung Störungsrechnung, hinter der (im Anhang F bewiesenen) Gleichung (5.86) – und dies ist auch der Grund, warum wir Z_1 nicht explizit eingeführt und diskutiert haben.
3. Bemerkungen zum Renormierbarkeitsbeweis:
In den vorangegangenen Abschnitten wurden die *Regularisierung* divergenter Ausdrücke der Quantenelektrodynamik und die *Renormierung* als Plattform, auf der der Kontakt zu den messbaren Größen hergestellt wird, in der zweiten Ordnung der Störungsreihe behandelt. Dabei zeigte

[19] Diese Aussage ist Teil einer Reihe von sog. Niederenergie-Theoremen, denen zufolge die Photonstreuung an einem Fermion bei kleinen Impulsüberträgen vollständig durch die statischen elektromagnetischen Eigenschaften des Fermions (so z. B. Ladung und magnetisches Moment) bestimmt sind.

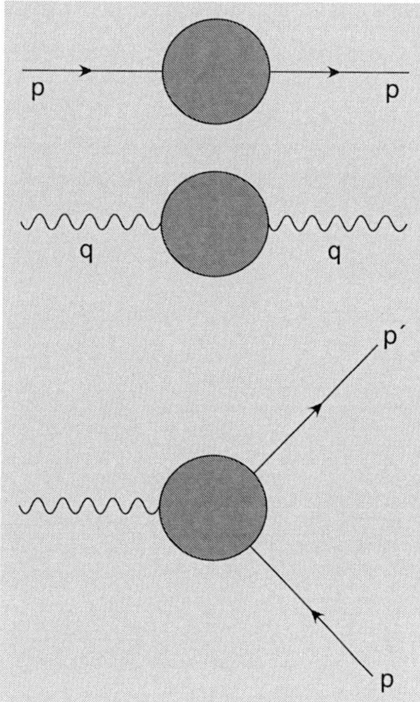

Abb. 5.17. Fermion-Propagator, Photon-Propagator und Vertexteil in der Quantenelektrodynamik zur Ordnung n. Die schraffierten Flächen verbergen alle Diagramme der betrachteten Ordnung, die zu diesen beitragen

es sich, dass alle daraus berechneten Observablen nach der richtigen Identifizierung der physikalischen Massen und Ladungen frei von Divergenzen sind und in eindeutiger Weise vorhergesagt werden. Dieses intuitiv ansprechende, mathematisch aber schwer auf saubere und vollständige Weise fassbare Verfahren lässt sich ebenso in *allen* endlichen Ordnungen der Störungstheorie durchführen – das ist der Inhalt des Renormierungsprogramms, das für die Quantenelektrodynamik und andere sogenannt renormierbare, physikalisch relevante Theorien gilt. Im Fall der Quantenelektrodynamik sind die drei wesentlichen Größen, deren Ultraviolett-Divergenzen analysiert werden müssen, der exakte Fermion-Propagator[20]

$$\mathrm{i}S_F(p) = \int \mathrm{d}^4x\, e^{\mathrm{i}p\cdot x} \langle 0|\, T\, \psi(x)\psi(0)\, |0\rangle \;, \tag{5.113}$$

der in allen Ordnungen behandelte Photon-Propagator

$$\mathrm{i}D^{\mu\nu}(q) = \int \mathrm{d}^4x\, e^{\mathrm{i}q\cdot x} \langle 0|\, T\, A^\mu(x)A^\nu(0)\, |0\rangle \;, \tag{5.114}$$

und der vollständige Vertexteil

$$\begin{aligned} &S_F(p)\Gamma_\mu(p,p')S_F(p') \\ &= -\int \mathrm{d}^4x \int \mathrm{d}^4y\, e^{\mathrm{i}p\cdot x}e^{-\mathrm{i}p'\cdot y} \langle 0|\, T\, \psi(x) j_\mu(0)\overline{\psi(y)}\, |0\rangle \;. \end{aligned} \tag{5.115}$$

Alle drei Grundgrößen sind in Abb. 5.17 skizziert, wobei die schraffierten Schleifen die Summe aller jeweils beitragenden Feynman-Diagramme der beliebigen, aber endlichen Ordnung n darstellen. Hätte man es mit *freien* Feldern zu tun, dann wäre

$$S_f^{\mathrm{frei}}(p) = \frac{\not p + m_0\,\mathbb{1}}{p^2 - m_0^2 + \mathrm{i}\varepsilon} \,,$$

$$D^{\mu\nu}_{\mathrm{frei}}(q) = -\frac{g^{\mu\nu}}{q^2 + \mathrm{i}\varepsilon} \,,$$

$$\Gamma_\mu^{\mathrm{frei}} = \gamma_\mu \,.$$

Ähnlich wie in der zweiten Ordnung zeigt man für beliebige, endliche Ordnung folgende Aussagen. Passt man (für jedes der geladenen Leptonen) den Massenkorrekturterm $\delta m = m - m_0$ so an, dass $\delta m - \Sigma(p) = 0$ für $\not p = m\,\mathbb{1}$, d. h. wenn das Fermion auf seiner Massenschale sitzt, dann gilt

$$S_F(p) \longrightarrow \frac{Z_2}{\not p - m} \quad \text{für} \quad \not p \to m\,\mathbb{1} \,.$$

Ebenso hat $D^{\mu\nu}(q)$ für $q^2 \to 0$ den Grenzwert

$$D^{\mu\nu}(q) \longrightarrow -Z_3 \frac{g^{\mu\nu}}{q^2} \,,$$

während der Vertex bei $p = p'$ und für $\not p \to m\,\mathbb{1}$ in

$$\Gamma_\mu(p,p) \longrightarrow Z_1^{-1}\gamma_\mu$$

[20] Wir schreiben ihn für eine herausgegriffene Leptonsorte f, unterdrücken aber den Index f.

übergeht. Die *renormierten* Propagatoren, die *renormierte* Vertexfunktion und die *renormierte,* physikalische Ladung werden wie folgt definiert:

$$S_F(p) = Z_2 S_F^{\text{ren}}(p)\,,$$

$$D^{\mu\nu}(q) = Z_3 D^{\mu\nu}_{\text{ren}}(q)\,,$$

$$\Gamma_\mu(p,p') = Z_1^{-1}\Gamma_\mu^{\text{ren}}(p,p')\,,$$

$$e_0 = \frac{Z_1}{Z_2\sqrt{Z_3}}e_{\text{ren}}\,. \tag{5.116}$$

Drückt man die so definierten renormierten Funktionen durch die physikalische Masse und die physikalische Ladung aus, so zeigt es sich, dass diese Funktionen für alle Werte von p und p' *endlich* sind. Alle vom Regularisierungsverfahren abhängigen Terme, und das heißt in Wahrheit alle Divergenzen der Theorie, stecken allein in den drei Renormierungskonstanten Z_1, Z_2 und Z_3. Die weitere Analyse der Diagramme n-ter Ordnung, die Teil des hier nicht beschriebenen Renormierbarkeitsbeweises ist, zeigt, dass – ähnlich wie in der zweiten Ordnung – alle Z_i-Faktoren sich multiplikativ wegheben und das Endergebnis wohldefiniert und endlich ist. Alle Selbstenergie- und Vertexteile sind, wie man sagt, multiplikativ renormierbar.

4. Universalität der elektrischen Ladung:
Wie schon angekündigt kann man zu beliebiger, endlicher Ordnung beweisen, dass Z_1 und Z_2 gleich sind,

$$Z_1 = Z_2\,. \tag{5.117}$$

Diese wichtige Relation folgt aus einer Identität, die von Ward und Takahashi angegeben wurde. Ohne hier den Beweis zu geben, sei diese der Vollständigkeit halber zitiert,

$$\left(p-p'\right)^\mu \Gamma_\mu(p,p') = \Big(S_F(p)\Big)^{-1} - \Big(S_F(p')\Big)^{-1}\,. \tag{5.118}$$

Die Relation (5.117) folgt hieraus wenn man $\not{p}'$ nach $m\,\mathbb{1}$ streben lässt. Gl. (5.117) hat zwei wichtige Konsequenzen: Zum einen bedeutet sie, dass mit der Renormierbarkeit der Vertexfunktion zugleich die Renormierbarkeit der Selbstenergie des Leptons bewiesen wird und umgekehrt. Zum anderen hat sie zur Folge, dass (5.116) sich zu

$$e_{\text{ren}} = \sqrt{Z_3}e_0 \tag{5.119}$$

vereinfacht. Die Renormierung der elektrischen Ladung hängt nur vom Photonpropagator, nicht aber von der Natur des Fermions ab, an das dieses koppelt. In diesem Sinne ist die Renormierung der Ladung universell.

5. Problematik der S-Matrix bei Infrateilchen:
Eine wesentliche Voraussetzung bei der Definition der S-Matrix ist, dass es überhaupt isolierte, freie Ein-Teilchen-Zustände gibt. Dies sind die

asymptotischen Zustände, die lange vor dem eigentlichen Streuprozess präpariert bzw. lange danach in Detektoren nachgewiesen werden sollen. In der Quantenelektrodynamik gibt es solche Zustände nicht. Da das Photon strikt masselos ist, kann ein einzelnes Elektron stets von einer Wolke von sehr „weichen" Photonen umgeben sein, also solchen, deren Energien beliebig klein sind. Anders ausgedrückt, die Energieschale $p^2 = m^2$ eines Elektrons ist niemals isoliert, sondern schließt an ein Kontinuum von Energie-Impulsflächen an, auf denen es von einem, zwei oder mehr Photonen sehr kleiner Energie begleitet wird. Wenn ein geladenes Teilchen solcherart in eine Photonwolke eingebettet ist, spricht man von *Infrateilchen* – in Anlehnung an den Begriff der Infrarot-Divergenz, die ja ebenfalls mit der Masselosigkeit des Photons zu tun hat. In der Quantenelektrodynamik gibt es, streng genommen, keine S-Matrix. Man mag sich also fragen, warum man dennoch aus diesem hier undefinierten Begriff nützliche, weil richtige Formeln für Wirkungsquerschnitte auch dann ziehen kann, wenn man über die Baumnäherung hinausgeht. Die Antwort auf diese Frage, über die seit der Entwicklungszeit der Quantenelektrodynamik viel gearbeitet wurde, liegt letztlich in einer sorgfältigen Untersuchung dessen, was man im Experiment wirklich tut, wenn man Strahlen präpariert und Streuprodukte in Detektoren nachweist. Ein heuristischer Zugang, den wir weiter oben schon skizziert haben, besteht darin, den zu studierenden Prozess über die tatsächliche, in jedem realistischen Experiment *endliche* Auflösung der Detektoren zu integrieren und alle solchen Prozesse dazu zu addieren, bei denen zusätzlich weiche Photonen innerhalb der experimentellen Auflösung – natürlich zur selben Ordnung in α! – emittiert werden. Symbolisch dargestellt, heißt das

$$\begin{aligned}
&\mathrm{d}\sigma^{(n)}(A+B \to C+D)\\
&- \text{strahlungskorrigiert zur Ordnung } \mathcal{O}(\alpha^n) -\\
&+\int_\Delta \mathrm{d}\sigma^{(n-k)}(A+B \to C+D+\underbrace{\gamma+\gamma+\cdots+\gamma}_{k}),\\
&- \text{strahlungskorrigiert zur Ordnung } \mathcal{O}(\alpha^{n-k}).
\end{aligned}$$

In der rechentechnischen Praxis verwendet man oft eine fiktive, endliche Photonmasse, führt die angegebene Prozedur aus und lässt im Endergebnis diese Hilfsmasse nach Null gehen. Alternativ behandelt man die auftretenden Amplituden mit dimensionaler Regularisierung und stellt auch hier fest, dass die Messgrößen, in der beschriebenen Weise integriert und aufaddiert, vollkommen endlich sind. Es gibt aber auch einen mathematisch sauberen Zugang zur Quantenelektrodynamik, der ganz auf den Begriff der S-Matrix verzichtet [Steinmann (2000)].

5.3 Ausblick: Die Quantenelektrodynamik im Rahmen der elektroschwachen Wechselwirkung

Im Standardmodell der elektroschwachen Wechselwirkung wird die Quantenelektrodynamik mit der Schwachen Wechselwirkung in einer Eichtheorie vereinigt, die auf der Eichgruppe $SU(2) \times U(1)$ aufbaut. Die Konstruktion dieses Modells ist zwar nicht schwierig, erfordert aber einige Vorbereitungen und eine umfangreiche technische Analyse. Deshalb beschränke ich mich in diesem Ausblick auf eine Reihe allgemeiner Bemerkungen und einige Beispiele, und verweise für alles Tiefergehende auf die spezialisierten Monographien zu diesem Gebiet sowie auf Band 3.

Die Teilchen, die an den Wechselwirkungen im Standardmodell teilnehmen, sind:

– Vier Bosonen mit Spin 1:
  - das Photon γ, das masselos ist,
  - das Z^0, das elektrisch ungeladen ist und dessen Masse den Wert $m_Z = 91{,}187 \pm 0{,}007$ GeV hat,
  - die W-Bosonen, W^+ und W^-, die die elektrischen Ladungen $+1$ bzw. -1 tragen und deren Masse den Wert $m_W = 80{,}40 \pm 0{,}03$ GeV hat.

  Während γ und Z^0 ihre eigenen Antiteilchen sind, sind W^+ und W^- Antiteilchen voneinander.
– Ein Boson mit Spin 0, elektrisch ungeladen, dessen Masse im Bereich 110–160 GeV liegt, das aber noch nicht nachgewiesen wurde.
– Sechs Leptonen in drei Paaren geordnet: (e^-, ν_e), (μ^-, ν_μ), (τ^-, ν_τ) und ihre Antiteilchen,
– Achtzehn Quarks ebenfalls in Paaren und je drei Spezies („Farben“) auftretend:
  (u, d), (c, s), (t, b) und ihre Antiteilchen,
  deren Charakteristika ebenso wie die der Leptonen in Tabelle 5.3 zusammengefasst sind.

Die ersten fünf Teilchen, die Bosonen mit Spin 1 bzw. Spin 0, können zwar als freie Teilchen erzeugt und nachgewiesen werden, ihre Rolle ist aber auch, die Wechselwirkungen zwischen den Fermionen, den eigentlichen Bausteinen der Materie, zu vermitteln. Jedes von ihnen kann – als virtuelles Teilchen – zwischen Paaren von Fermionen ausgetauscht werden, nach Maßgabe der zugrundeliegenden Vertizes des Standardmodells.

Von den Massen der Neutrinos weiß man heute, dass einige von ihnen, wenn nicht alle, von Null verschieden sind, sie sind aber auf jeden Fall sehr viel kleiner als die ihrer geladenen Partner. Für jede Lepton-Familie gibt es eine eigene Leptonzahl, L_e, L_μ und L_τ, deren jede in den elektroschwachen Wechselwirkungen additiv, d. h. wie elektrische Ladungen erhalten ist. Wir haben ihre Werte in der Form (L_e, L_μ, L_τ) in der vierten Spalte von Tabelle 5.3 angegeben.

Tab. 5.3. Charakteristika der Leptonen und Quarks.

Teilchen	Ladung $\times \lvert e \rvert$	Masse [MeV]	Lepton-zahlen	Baryon-zahl
e^-	-1	0,511	(1,0,0)	0
ν_e	0	$\simeq 0$	(1,0,0)	0
μ^-	-1	105,66	(0,1,0)	0
ν_μ	0	$\simeq 0$	(0,1,0)	0
τ^-	-1	1777,03	(0,0,1)	0
ν_τ	0	$\simeq 0$	(0,0,1)	0
u	$+2/3$	1,5 – 3	(0,0,0)	1/3
d	$-1/3$	3 – 7	(0,0,0)	1/3
c	$+2/3$	1000 – 1600	(0,0,0)	1/3
s	$-1/3$	100 – 300	(0,0,0)	1/3
t	$+2/3$	174 200 (3300)	(0,0,0)	1/3
b	$-1/3$	4100 – 4500	(0,0,0)	1/3

Quarks ihrerseits können nie in freien asymptotischen Ein-Teilchen-Zuständen auftreten, ihre Massen können daher nicht wie die der Leptonen bestimmt werden. Diese Massen treten aber sehr wohl in Quark-Propagatoren auf, die in der störungstheoretischen Behandlung der Quantenchromodynamik verwendet werden. Auch wenn wir hierauf nicht eingehen, mag dieser Hinweis erklären, warum die Quarkmassen nur innerhalb gewisser Grenzen bekannt sind.

Für alle sechs Quarks der Tabelle sind nur die sog. „flavour"-Quantenzahlen angegeben, das sind diejenigen Quantenzahlen, die für die Auswahlregeln der elektromagnetischen und schwachen Wechselwirkungen von Bedeutung sind. Von jedem Quark gegebener flavour gibt es drei Ausführungen, die sich durch eine weitere Quantenzahl, die sog. „colour" („Farbe") unterscheiden. Diese Farbe spielt nur in der Quantenchromodynamik eine Rolle, die eine nichtabelsche Eichtheorie über der Gruppe $SU(3)_c$ ist, die elektroschwachen Wechselwirkungen sehen diesen Freiheitsgrad nicht.

5.3.1 Schwache Wechselwirkung mit geladenen Strömen

Unter den verschiedenen Typen von Wechselwirkungen, die das Standardmodell (mit oder ohne Quantenchromodynamik) enthält, zitieren wir hier beispielhaft den einen Typus, der für den β-Zerfall der Kerne und ähnliche Prozesse in der Elementarteilchenphysik verantwortlich ist.

Bezeichnet $W_\mu(x)$ das nach den Regeln der kanonischen Quantisierung aufgebaute Feld, das linear in Vernichtungsoperatoren für positiv geladene W-Bosonen und in Erzeugungsoperatoren für negative W-Bosonen ist, bezeichnen weiterhin

$$f(x) \equiv \psi^{(f)}(x)$$

das quantisierte Dirac-Feld für ein geladenes Lepton der Sorte f und

$$\nu_f(x) \equiv \psi^{(\nu_f)}(x)$$

das Dirac-Feld des zugehörigen Neutrinos, so lautet ein typischer Wechselwirkungsterm des elektroschwachen Modells

$$\mathcal{L}_{\mathrm{CC}} = -\frac{e}{2\sqrt{2}} \left\{ \sum_f \overline{\nu_f(x)} \gamma^\mu \left(\mathbb{1} - \gamma_5\right) f(x) W_\mu(x) + \overline{f(x)} \gamma^\mu \left(\mathbb{1} - \gamma_5\right) \nu_f(x) W_\mu^\dagger(x) \right\} . \tag{5.120}$$

Diese Wechselwirkung hat einige bemerkenswerte Eigenschaften:

(i) Ihr Vorfaktor enthält die elektrische Elementarladung und einen Zahlenfaktor, der aus der Gruppenstruktur des Modells folgt. Die elektromagnetischen und die schwachen Wechselwirkungen werden durch dieselbe Kopplungskonstante charakterisiert, eine Aussage, die zunächst sehr überraschend ist, wenn man die unterschiedliche Phänomenologie der elektromagnetischen Physik von Atomen und Kernen mit jener des Kern-β-Zerfalls vergleicht.

(ii) Das quantisierte Feld $W_\mu(x)$ ist ähnlich wie das Maxwell-Feld ein Vektorfeld, hier allerdings zu einer von Null verschiedenen Masse. Seine Kopplung an die Leptonen einer Familie verknüpft jeweils ein geladenes und ein ungeladenes Fermion derart, dass $\mathcal{L}_{\mathrm{CC}}$ insgesamt elektrisch neutral ist[21].

(iii) Der leptonische Anteil ist eine kohärente Mischung aus einem Vektorstrom

$$\overline{\psi^{(1)}(x)} \gamma^\mu \psi^{(2)}(x) ,$$

der bis auf die Tatsache, dass er zwei verschiedene Felder verbindet, genauso wie die elektromagnetische Stromdichte aufgebaut ist, sowie einem Axialvektorstrom

$$\overline{\psi^{(1)}(x)} \gamma^\mu \gamma_5 \psi^{(2)}(x) ,$$

der neu ist. Wie wir schon früher bemerkt haben (s. Abschn. 4.3.1), bedeutet die Mischung dieser Terme, dass paritätsungerade Observable auftreten können. In der Tat, während der Vektorstrom sich unter einer Lorentz-Transformation mit $\mathbf{\Lambda}$ transformiert, transformiert $\overline{\psi^{(1)}(x)} \gamma^\mu \gamma_5 \psi^{(2)}(x)$ sich mit $\left(\det \mathbf{\Lambda}\right) \mathbf{\Lambda}$. (Unter Transformationen $\mathbf{\Lambda} \in L_+^\uparrow$ transformieren sie gleich, ist aber eine Raumspiegelung dabei, so gibt es ein relatives Minuszeichen.) Da die Koeffizienten der beiden Anteile gleichen Betrag haben, ist die Paritätsverletzung sogar maximal! Anders formuliert und bei Verwendung der chiralen Fel-

[21] Der leptonische Faktor ist ein direktes Analogon des elektromagnetischen Stroms. Weil er aber die Ladung ändert, also z. B. ein e^- vernichtet und ein ν_e erzeugt, nennt man ihn den „geladenen Strom" – auf englisch *charged current*. Dies erklärt auch die Notation $\mathcal{L}_{\mathrm{CC}}$ der Lagrangedichte.

der (4.125) heißt das, dass nur links-chirale Felder an das W-Boson koppeln. Für die Kopplung (5.120) gelten also die spezifischen Auswahlregeln, die wir in Abschn. 4.3.4 hergeleitet und diskutiert haben.

Aufgrund der Kenntnisse, die wir in Kapitel 2 gesammelt haben, ist es nicht schwer einzusehen, dass der kovariante Propagator für W-Bosonen im Impulsraum die Form hat

$$\frac{-g^{\mu\nu}+q^{\mu}q^{\nu}/m_W^2}{q^2-m_W^2+\mathrm{i}\varepsilon}\,. \tag{5.121}$$

Es ist somit offensichtlich, wie die Feynman-Regeln erweitert werden, wenn wir diese neue Wechselwirkung aufnehmen. Allerdings gibt es da eine Besonderheit: betrachten wir Prozesse wie den Myon-Zerfall $\mu^- \to e^- + \overline{\nu_e} + \nu_\mu$ oder den Kern-β-Zerfall, dann sind die auftretenden Impulsüberträge sehr klein im Vergleich zur Masse des W-Bosons. Im Zähler von (5.121) wird man den zweiten Term, in seinem Nenner den ersten Term vernachlässigen können. Dies hat zur Folge, dass der Austausch eines virtuellen W zwischen den Leptonpaaren (1, 2) und (3, 4) – also z. B. zwischen dem Paar (μ^-, ν_μ) und dem Paar (e^-, ν_e) – genähert durch eine effektive Lagrangedichte beschrieben werden kann,

$$\mathscr{L}_{\text{eff}} \approx \frac{e^2}{8m_W^2}\Big(\overline{\psi^{(1)}(x)}\gamma^\mu(\mathbb{1}-\gamma_5)\psi^{(2)}(x)\Big)\Big(\overline{\psi^{(4)}(x)}\gamma_\mu(\mathbb{1}-\gamma_5)\psi^{(3)}(x)\Big) + \text{h. c.}, \tag{5.122}$$

aus der der W-Propagator scheinbar verschwunden ist. (Der Zusatz „h. c." weist darauf hin, dass hier der hermitesch-konjugierte Ausdruck des ersten stehen muss.) Diese effektive Wechselwirkung wird, da sie alle vier beteiligten Felder am selben Raumzeit-Punkt verknüpft, *Kontaktwechselwirkung* genannt. In einer ähnlichen Form wurde dieser Typus Wechselwirkung schon in den 1930-er Jahren von E. Fermi zur Beschreibung des β-Zerfalls der Kerne eingeführt. Da er den Vorfaktor mit $G/\sqrt{2}$ bezeichnete, wird die Größe

$$G := \sqrt{2}\,\frac{e^2}{8m_W^2} \,\widehat{=}\, \frac{\pi\alpha}{\sqrt{2}\,m_W^2} \tag{5.123}$$

noch heute die *Fermi'sche Konstante* genannt. Sie ist dimensionsbehaftet, $[G]=[E^{-2}]$, weil sie den Faktor $1/m_W^2$ enthält, als Überbleibsel des W-Propagators. Die Größe der Masse des W-Bosons erklärt auch den sehr großen Unterschied in den Stärken der elektromagnetischen und der schwachen Wechselwirkung, den man in der Atom- und Kernphysik sowie in der Elementarteilchenphysik bei kleinen Energien beobachtet.

Wenn wir dies hier auch nicht ausführen wollen, so merken wir noch an, dass der Grundvertex, der die Kopplung der Fermionen an das elektrisch neutrale Z^0-Feld $Z_\mu(x)$ beschreibt, eine definierte Linearkombination des neutralen Partners des geladenen Stroms und des elektromagnetischen Stroms enthält,

$$\mathcal{L}_{\text{NC}} = \Big\{\alpha \Big[\sum_f \overline{\nu_f(x)}\gamma^\mu(\mathbb{1}-\gamma_5)\nu_f(x) + \sum_f \overline{f(x)}\gamma^\mu(\mathbb{1}-\gamma_5)f(x)\Big] + \beta\, j^\mu_{\text{e.m.}}(x)\Big\} Z_\mu(x)\,. \tag{5.124}$$

In diesen neutralen Wechselwirkungstermen (daher der Index „NC“ für *neutral currents*) kommen die Neutrinos zwar wieder rein linkshändig vor, nicht aber ihre geladenen Partner, die auch in dem reinen Vektorstrom $j^\mu_{\text{e.m.}}(x)$ vorkommen. Daher können Observable, die auf diese Wechselwirkung zurückzuführen sind, zwar auch Terme enthalten, die unter Raumspiegelung ungerade sind, die Paritätsverletzung wird aber nicht mehr maximal sein.

Bemerkungen

1. Was die Quarks angeht, so legt das Standardmodell der elektroschwachen Wechselwirkungen zwar auch deren Vertizes an die Bosonen des Modells eindeutig fest, es treten aber zwei Komplikationen auf, die getrennt diskutiert werden müssen. Zum einen sind die Flavour-Eigenzustände der Tabelle 5.3 nicht genau die Zustände, die an Vertizes der schwachen Wechselwirkung koppeln. Vielmehr sind es unitäre Mischungen dieser Zustände, die an schwachen Vertizes mit geladenen Strömen erzeugt oder vernichtet werden. Zum anderen werden die Matrixelemente der schwachen Ströme durch die starke Wechselwirkung in einer Weise modifiziert, die zwar einfach zu parametrisieren, aber schwer wirklich zu berechnen ist.
2. Die Quantisierung des Standardmodells folgt in weiten Teilen dem Vorbild der Quantenelektrodynamik und führt zu einem erweiterten Satz von Feynman-Regeln zur Berechnung von Amplituden im Rahmen der kovarianten Störungsrechnung. Diese erweiterte Theorie, in die die Quantenelektrodynamik eingebettet ist, erweist sich als renormierbar, so dass Strahlungskorrekturen eindeutig vorhergesagt werden und getestet werden können.

5.3.2 Rein leptonische Prozesse und der Myon-Zerfall

Es gibt einige Prozesse der schwachen Wechselwirkung, an denen ausschließlich Leptonen teilnehmen und die mit realistischem Aufwand messbar sind. Zu diesen gehören:

– Der Zerfall des negativen oder des positiven Myons

$$\mu^- \to e^- + \overline{\nu_e} + \nu_\mu\,, \quad \big(\mu^+ \to e^+ + \nu_e + \overline{\nu_\mu}\big)\,; \tag{5.125}$$

– Die dazu analogen leptonischen Zerfälle von $\tau^{\pm}$, d. h.

$$\tau^- \to e^- + \overline{\nu_e} + \nu_\tau\,, \quad \left(\tau^+ \to e^+ + \nu_e + \overline{\nu_\tau}\right), \tag{5.126}$$

$$\tau^- \to \mu^- + \overline{\nu_\mu} + \nu_\tau\,, \quad \left(\tau^+ \to \mu^+ + \nu_\mu + \overline{\nu_\tau}\right); \tag{5.127}$$

– Der sogenannte inverse Myon-Zerfall

$$\nu_\mu + e^- \longrightarrow \mu^- + \nu_e\,, \tag{5.128}$$

bei dem ein einlaufender Strahl von myonischen Neutrinos auf Elektronen in einem Target trifft und bei dem das Myon des Endzustands nachgewiesen wird;

– Die elastische Streuung von elektronischen oder myonischen Neutrinos an Elektronen

$$\nu_e + e^- \to \nu_e + e^-\,, \quad \overline{\nu_e} + e^- \to \overline{\nu_e} + e^-\,, \tag{5.129}$$

$$\nu_\mu + e^- \to \nu_\mu + e^-\,, \quad \overline{\nu_\mu} + e^- \to \overline{\nu_\mu} + e^-\,. \tag{5.130}$$

– Die Zerfälle des Z^0 in Lepton-Antilepton Paare

$$Z^0 \to f + \overline{f}\,, \tag{5.131}$$

wo f ein geladenes Lepton oder ein Neutrino ist.

In diesen Zerfällen und Reaktionen kann man die schwachen Wechselwirkungen sozusagen in Reinkultur studieren, ohne Korrekturen anbringen zu müssen, die auf andere als die elektroschwachen Wechselwirkungen zurückgehen. Die elektroschwachen Strahlungskorrekturen selbst sind zwar i. Allg. klein, aber müssen unter Umständen – je nach Messgenauigkeit – berücksichtigt werden.

In Aufgabe 5.6 sollen der Leser oder die Leserin anhand der durch (5.120) und (5.124) definierten Vertizes entscheiden, zu welchen der angeführten Prozesse nur der geladene Strom, zu welchen nur der neutrale Strom und zu welchen beide Ströme beitragen. Neben solchen rein schwachen Prozessen gibt es auch solche, bei denen elektromagnetische und schwache Wechselwirkungen gleichzeitig beitragen und somit interferieren können. Beispiele sind die Paarerzeugungsprozesse (5.48),

$$e^+ + e^- \to \mu^+ + \mu^-\,, \quad e^+ + e^- \to \tau^+ + \tau^-\,,$$

die wir im Rahmen der reinen Quantenelektrodynamik in Abschn. 5.1.3(c) berechnet haben. Man macht sich leicht klar, dass zu diesen auch solche Diagramme beitragen, in denen das Photon durch ein Z^0 ersetzt ist. Bei Energien, die im Vergleich zur Masse des Z^0 klein sind, sind diese Beiträge um den Faktor $1/m_Z^2$ unterdrückt. Sobald man aber in die Nähe des Z^0-Pols selber kommt, werden sie groß und vergleichbar mit den elektromagnetischen Amplituden.

Als Beispiel für rein leptonische Prozesse betrachten wir den Zerfall des Myons in ein Elektron und zwei Neutrinos,

$$\mu^-(q) \to e^-(p) + \overline{\nu_e}(k_1) + \nu_\mu(k_2)\,,$$

wo wir die Vierer-Impulse in Klammern angegeben haben. Das Myon möge vor dem Zerfall (bezüglich des beobachtenden Bezugssystems) ruhen, d. h. es sei $q = (m_\mu, \mathbf{0})^T$. Wenn man die beiden Neutrinos nicht beobachten kann, dann hat das Elektron ein kontinuierliches Energiespektrum, dessen unteres und oberes Ende leicht auszurechnen sind: Laufen die Neutrinos mit entgegengesetzt gleichen räumlichen Impulsen aus, so hat das Elektron den Impuls $\boldsymbol{p} = 0$ und seine Energie ist $E_p = m_e$. Laufen die Neutrinos in eine gemeinsame Richtung, das Elektron in die dazu entgegengesetzte Richtung, so hat es den Impuls $\boldsymbol{p}_{\max}$, die Neutrinos haben die Impulse $-x\boldsymbol{p}_{\max}$ bzw. $-(1-x)\boldsymbol{p}_{\max}$, mit x einer Zahl zwischen 0 und 1. Wenn wir die Massen der Neutrinos vernachlässigen können, dann ist die Summe ihrer Energien gleich dem Betrag von $\boldsymbol{p}_{\max}$. Der Energiesatz sagt dann $E_p + |\boldsymbol{p}| = m_\mu$, woraus $(E_p - m_\mu)^2 = E_p^2 - m_e^2$ folgt. Der ganze kinematische Bereich des Elektrons ist somit

$$m_e \le E_p \le W , \qquad \text{mit} \quad W = \frac{m_\mu^2 + m_e^2}{2m_\mu} . \tag{5.132}$$

Die Differenz der Vierer-Impulse q des Myons und p des Elektrons sei mit $\Sigma := q - p$ bezeichnet. Energie-Impulserhaltung besagt zugleich, dass $\Sigma = k_1 + k_2$ sein muss. Die allgemeine Formel (3.34) gibt den Ausdruck

$$\frac{\mathrm{d}^3\Gamma}{\mathrm{d}p^3} = \frac{(2\pi)^7}{4m_\mu E_p} \int \frac{\mathrm{d}^3k_1}{2E_1} \int \frac{\mathrm{d}^3k_2}{2E_2}\, \delta(\Sigma - k_1 - k_2) \sum_{\text{Spin}} \left| T(\mu^- \to e^- \overline{\nu_e}\nu_\mu) \right|^2 ,$$

wobei wir zulassen, dass das Myon polarisiert ist, die Polarisation des Elektrons aber nicht nachgewiesen werden soll. Für die Aufstellung der Amplitude T und für die Berechnung ihres Absolutquadrats ist die effektive Kontaktwechselwirkung (5.122) eine sehr gute Näherung. Um dies einzusehen muss man nur den quadrierten Impulsübertrag $q^2 = m_\mu^2$ mit m_W^2 vergleichen: $m_\mu^2/m_W^2 \simeq 2 \times 10^{-6}$. Das Diagramm mit Austausch eines W vereinfacht sich also wie in Abb. 5.18 schematisch gezeigt.

Die Berechnung von $|T|^2$ geschieht mit den Spurregeln des Abschnitts 4.3.3. Bei der anschließenden Integration über k_1 und k_2 muss man beachten, dass die Integration in diesen Impulsen symmetrisch ist und daher alle in diesen Variablen *anti*symmetrischen Terme von vorneherein weggelassen werden können. Die symmetrischen Anteile lassen sich alle auf die beiden folgenden Integrale zurückführen

$$\int \frac{\mathrm{d}^3k_1}{2E_1} \int \frac{\mathrm{d}^3k_2}{2E_2} (k_1 \cdot k_2)\delta(\Sigma - k_1 - k_2) = \frac{\pi}{4}\Sigma^2 \equiv I_0 , \tag{5.133}$$

$$\begin{aligned} &\int \frac{\mathrm{d}^3k_1}{2E_1} \int \frac{\mathrm{d}^3k_2}{2E_2} \left(k_1^\mu k_2^\nu - (k_1 \cdot k_2) g^{\mu\nu} + k_2^\mu k_1^\nu\right) \\ &\quad \times \delta(\Sigma - k_1 - k_2) = \frac{\pi}{6}\left(\Sigma^\mu \Sigma^\nu - \Sigma^2 g^{\mu\nu}\right) \equiv J^{\mu\nu} . \end{aligned} \tag{5.134}$$

Diese Integrale berechnet man z. B. folgendermaßen:

(a) Da $\Sigma = k_1 + k_2$ und $k_1^2 = 0 = k_2^2$, ist $(k_1 \cdot k_2) = \Sigma^2/2$. Das Integral über den Raumanteil von k_2 wird mit dem Raumanteil der

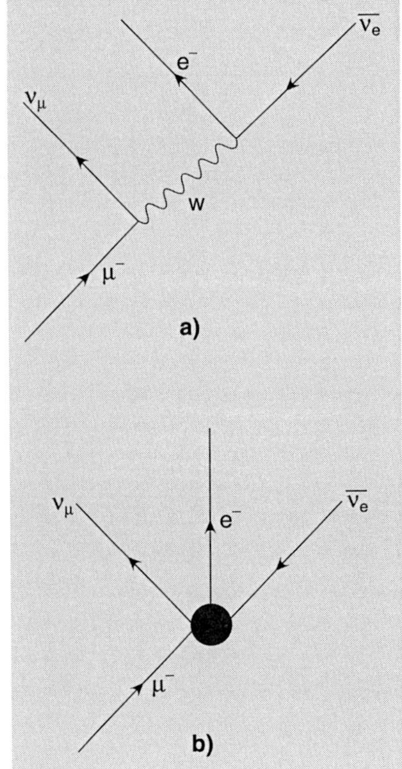

Abb. 5.18. (**a**) Der Myonzerfall entsteht in der Baumnäherung durch den Austausch eines W-Bosons, (**b**) Da $q^2 \ll m_W^2$ ist, schrumpft das Diagramm zu einer Kontaktwechselwirkung, bei der vier Fermionen am selben Raum-Zeitpunkt miteinander wechselwirken

δ-Distribution ausgeführt. Das verbleibende Integral über $\boldsymbol{k}_1$ führt man in einem Bezugssystem aus, in dem der räumliche Anteil von Σ gleich Null ist, $\boldsymbol{\Sigma} = \boldsymbol{0}$. Dann ist nämlich $\boldsymbol{k}_2 = -\boldsymbol{k}_1$ und $E_2 = E_1$. Verwendet man sphärische Polarkoordinaten für $\boldsymbol{k}_1$, d. h. $\mathrm{d}^3k_1 = E_1^2 \,\mathrm{d}E_1 \,\mathrm{d}\Omega_1$, dann ergibt sich

$$I_0 = \frac{\Sigma^2}{2}\pi \int_0^\infty \mathrm{d}E_1 \, \delta(\Sigma^0 - 2E_1) = \frac{\pi}{4}\Sigma^2 .$$

(b) Das zweite Integral zerlegt man am besten in Lorentz-Kovariante, d. h.

$$J^{\mu\nu} = A\,\Sigma^\mu \Sigma^\nu + B\,\Sigma^2 g^{\mu\nu}$$

und berechnet die Koeffizienten A und B aus den Kontraktionen

$$g_{\mu\nu} J^{\mu\nu} = (A + 4B)\Sigma^2 , \qquad \Sigma_\mu \Sigma_\nu J^{\mu\nu} = (A + B)\Sigma^4 .$$

Die erste Kontraktion ist proportional zu I_0, $g_{\mu\nu}J^{\mu\nu} = -2I_0$; in der zweiten wird der Integrand in beiden Indizes mit $\Sigma = k_1 + k_2$ verjüngt, was Null ergibt. Es ist also $B = -A$, während die erste Kontraktion $(A + 4B)\Sigma^2 = -\pi\Sigma^2/2$ gibt. Daraus folgt, wie behauptet,

$$A = \frac{\pi}{6} = -B .$$

Der Spinvektor des ruhenden Myons ist $s^{(\mu)} = (0, \widehat{\boldsymbol{n}})$, wenn wir annehmen, dass es vollständig in der angegebenen Richtung polarisiert sei. (Anderenfalls ist der Einheitsvektor $\widehat{\boldsymbol{n}}$ durch einen Vektor $\boldsymbol{\zeta}$ zu ersetzen, dessen Betrag gleich dem Polarisationsgrad $P^{(\mu)}$ des Myons ist.) Der Winkel zwischen dem räumlichen Impuls des Elektrons und der Polarisationsrichtung des Myons sei mit θ bezeichnet, d. h.

$$\boldsymbol{p} \cdot \widehat{\boldsymbol{n}} = \sqrt{E_p^2 - m_e^2} \cos\theta ,$$

die Energie des Elektrons werde durch ihr Verhältnis zur Maximalenergie (5.132) ausgedrückt,

$$x := \frac{E_p}{W} , \tag{5.135}$$

deren Variationsbereich dann durch

$$x_0 \le x \le 1 , \qquad \text{mit} \quad x_0 = \frac{m_e}{W} ,$$

definiert ist. Man macht sich leicht klar, wenn man den Zerfall nicht gerade am unteren Ende des Elektronspektrums untersucht, dass die Masse des Elektrons mit wachsender Energie E_p schnell vernachlässigbar wird. Setzt man also $m_e \approx 0$, dann vereinfachen sich die Verhältnisse zu

$$W \approx \frac{m_\mu}{2} , \qquad 0 \le x \le 1 . \tag{5.136}$$

Unter dieser Voraussetzung findet man nach einer Rechnung, die jetzt methodisch wohlvertraut ist, die differentielle Zerfallswahrscheinlichkeit

$$\frac{\mathrm{d}^2\Gamma(x,\theta)}{\mathrm{d}x\,\mathrm{d}\theta} \approx \frac{m_\mu^5 G^2}{192\pi^3} x^2 \big\{(3 - 2x) + \cos\theta(1 - 2x)\big\} . \tag{5.137}$$

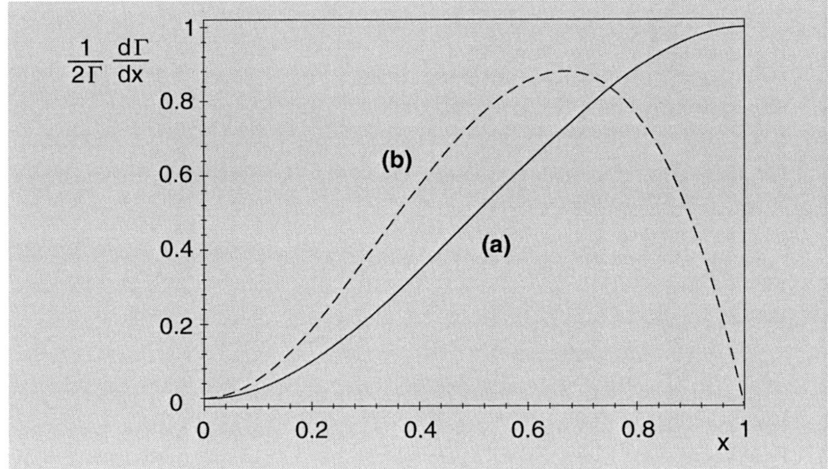

Abb. 5.19. (**a**) Energiespektrum des Elektrons im Myonzerfall, wenn die beiden Neutrinos nicht beobachtet werden, als Funktion der dimensionslosen Variabeln x; (**b**) Spektrum des $\overline{\nu_e}$ wenn Elektron und ν_μ ausintegriert sind

Diese Formel enthält einen isotropen, vom Winkel θ unabhängigen Summanden, der das charakteristische Spektrum der Abb. 5.19 liefert, das sog. Michel-Spektrum[22], und einen Anteil, der die Korrelation zwischen dem Spinerwartungswert des Myons und dem Impuls des Elektrons beschreibt. Da es im Anfangszustand eine solche Korrelation nicht gibt, ist seine Anwesenheit Maß und Indiz für Paritätsverletzung. Wenn das Myon nur partiell polarisiert war, so wird er mit $P^{(\mu)}$ multipliziert. Integriert man über den Emissionswinkel θ und über das Energiespektrum, so entsteht die Zerfallsbreite

$$\Gamma^{(0)}(\mu^- \to e^- \, \overline{\nu_e} \, \nu_\mu) \approx \int_{-1}^{+1} \mathrm{d}\cos\theta \int_0^1 \mathrm{d}x \frac{\mathrm{d}^2\Gamma(x,\theta)}{\mathrm{d}x \, \mathrm{d}\theta} = \frac{m_\mu^5 G^2}{192\pi^3} \,. \tag{5.138}$$

Berücksichtigt man alle Terme, die proportional zur Masse des Elektrons sind und berechnet den nächsten Term in der Entwicklung des W-Propagators nach m_μ^2/m_W^2, dann wird (5.138) durch

$$\Gamma(\mu^- \to e^- \, \overline{\nu_e} \, \nu_\mu) = \frac{m_\mu^5 G^2}{192\pi^3} \left\{ 1 - 8\frac{m_e^2}{m_\mu^2} + \mathcal{O}\left(\frac{m_e^3}{m_\mu^3}\right) \right\} \left\{ 1 + \frac{3m_\mu^2}{5m_W^2} \right\} \tag{5.139}$$

ersetzt (s. Aufgabe 5.7). Zu diesem Ergebnis kommen noch Strahlungskorrekturen hinzu, von denen die wichtigsten die reinen Korrekturen der Quantenelektrodynamik sind. In der niedrigsten Ordnung in α laufen diese darauf hinaus, die Rate (5.139) mit dem Faktor

$$C_{\text{Photon}} = \left\{ 1 + \frac{\alpha}{8\pi}(25 - 4\pi^2) \right\} \tag{5.140}$$

zu multiplizieren (s. z. B. Scheck (1996)).

[22] So benannt nach Louis Michel, französischer Theoretiker (1923–1999), der die allgemeinste Form dieses Spektrums zu einer Zeit hergeleitet und diskutiert hat, zu der die für den Zerfall verantwortliche Wechselwirkung nicht gut bekannt war.

Bemerkungen

1. Setzt man in diese Ergebnisse Zahlen ein, dann sieht man, dass die „photonische" Strahlungskorrektur etwa 0,44 % beträgt, die m_e-Korrektur und die Propagatorkorrektur dagegen praktisch vernachlässigbar sind. Für die Praxis wichtig ist, dass die Lebensdauer des Myons sehr genau bekannt ist,
$$\tau^{(\mu)} = (2{,}19703 \pm 0{,}00004) \cdot 10^{-6}\,\mathrm{s} \tag{5.141}$$
und somit als wichtigste Information für die Fermi'sche Konstante dienen kann. Aus (5.141) folgt
$$G = (1{,}16637 \pm 0{,}00001) \cdot 10^{-5}\,\mathrm{GeV}^{-2}\,, \tag{5.142}$$
nachdem man, wie allgemein üblich, auf die Einheit GeV umgerechnet hat.
2. Die Form des Energiespektrums der Abb. 5.19a) ist qualitativ gut zu verstehen, wenn man sich an die Chiralitäts-Auswahlregel (4.134) des Abschnitts 4.3.4 erinnert. Wir betrachten die zwei Extremfälle maximaler und minimaler Energie des Elektrons, d. h. $x = 1$ und $x = x_0$:
   (a) Bei $x = 1$ laufen die beiden Neutrinos in derselben Richtung, s. Abb. 5.20a), ihre Spins stehen antiparallel, weil eines von ihnen ein Teilchen, das andere ein Antiteilchen ist. Das Elektron, das durch die Wechselwirkung linkshändig erzeugt wird, läuft in die dazu entgegengesetzte Richtung. Nimmt man diese Richtung als die 3-Achse, dann sieht man, dass $\mathbf{J}_3$, die Projektion des gesamten Drehimpulses in der in Abb. 5.20a) gezeichneten Konfiguration erhalten ist (zur Erinnerung: die Projektion des Bahndrehimpulses ist Null!). Das Elektron übernimmt die Chiralität des zerfallenden Myons. Diese einfache Analyse erklärt nicht nur, warum das Elektron bevorzugt mit großer Energie emittiert wird, sondern illustriert auch die Winkelverteilung (5.137). Setzt man dort $x = 1$ ein, dann hat die Verteilung ihr Maximum bei $\theta = \pi$.
   (b) Bei $x = x_0$ bleibt das Elektron einfach da liegen, wo das Myon war. Hier ist es der Phasenraum, der sich mit $x \to x_0$ schließt und die differentielle Zerfallsrate nach Null streben lässt.
3. Will man anstelle des Elektron-Spektrums das Energiespektrum des ν_μ ausrechnen, indem man über alle Impulse von e^- und $\overline{\nu_e}$ integriert, dann kann man aus Abb. 5.20a) schließen, dass es dasselbe wie das des Elektrons in Abb. 5.19 sein muss. Integriert man dagegen über die Impulse von e^- und ν_μ und ermittelt das Spektrum des $\overline{\nu_e}$, dann zeigt die einfache Bilanzzeichnung der Abb. 5.20b), dass das Antineutrino nicht mit maximaler Energie emittiert werden kann. (An der Schwelle geht die Rate ohnehin wegen des sich schließenden Phasenraums nach Null.) In der Tat, führt man die Rechnung wirklich durch, dann findet man – bis auf kleine Terme in der Elektronmasse – die Verteilung
$$\frac{m_\mu^5 G^2}{192\pi^3}\, g(x)\,, \quad \text{mit} \quad g(x) = 6x^2(1-x)\,,$$

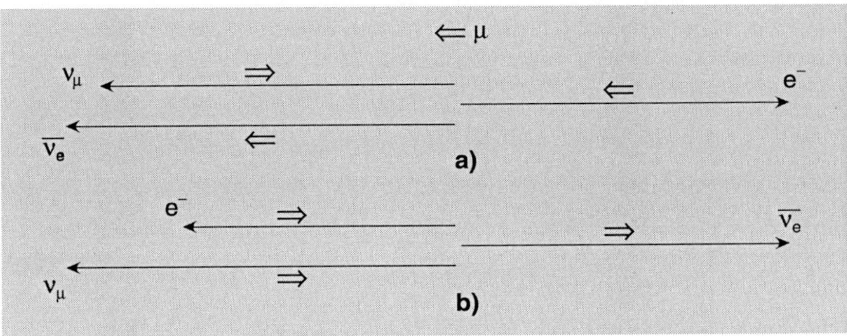

Abb. 5.20. (**a**) Im Ruhesystem des zerfallenden Myons läuft das Elektron bei maximaler Energie in die zur Flugrichtung der beiden Neutrinos entgegengesetzte Richtung, die Erhaltung der Projektion des Gesamtdrehimpulses ist respektiert; (**b**) Hat das $\overline{\nu_e}$ dagegen maximale Energie, müssen Elektron und ν_μ in die entgegengesetzte Richtung laufen. Weil diese beiden linkshändig sind, das $\overline{\nu_e}$ aber rechtshändig ist, gibt es keine Möglichkeit, $\mathbf{J}_3$ zu erhalten

die sowohl bei $x = 0$ als auch bei $x = 1$ verschwindet. Diese Funktion ist in Abb. 5.19 aufgetragen und wird dort mit $f(x) = x^2(3-2x)$ verglichen, die in (5.137) auftritt.

4. Integriert man die doppelt differentielle Rate (5.137) nur über die Energie, dann folgt mit

$$\int_0^1 \mathrm{d}x\, x^2(3-2x) = \frac{1}{2}\,, \qquad \int_0^1 \mathrm{d}x\, x^2(1-2x) = -\frac{1}{6}$$

eine in der Praxis wichtige Formel für die Energie-gemittelte Asymmetrie des Zerfalls,

$$\frac{1}{\Gamma}\frac{\mathrm{d}\Gamma(\cos\theta)}{\mathrm{d}\cos\theta} = \frac{1}{2}\left(1 - \frac{1}{3}\cos\theta\right). \tag{5.143}$$

Ich erinnere daran, dass alle Terme in $\cos\theta$, hier und in (5.137) mit $P^{(\mu)}$ multipliziert werden, wenn das Myon nur partiell polarisiert war. Die Formel (5.143) dient dann als Analysator für die Polarisation des Myons. Alle Ergebnisse lassen sich auch direkt auf die leptonischen Zerfälle (5.126) und (5.127) des τ-Leptons übertragen.

5.3.3 Zwei einfache semi-leptonische Prozesse

Zum Abschluss betrachten wir zwei einfache Prozesse, in denen sowohl Leptonen als auch Hadronen vorkommen und die daher in die Klasse der sog. *semi-leptonischen Prozesse* gehören. Das erste Beispiel greift den Zerfall $\pi^- \to \mu^- + \overline{\nu_\mu}$ auf, den wir schon (in seiner ladungskonjugierten Form) in Abschn. 4.3.4, Beispiel 4.7, im Vergleich zum analogen elektronischen Zerfall $\pi^- \to e^- + \overline{\nu_e}$ diskutiert haben,

$$\pi^-(q) \longrightarrow \mu^-(p) + \overline{\nu_\mu}(k)\,. \tag{5.144}$$

Ein π^- ist im Quarkmodell aus einem Antiquark $\overline{u}$ (elektrische Ladung $-2/3$) und einem d-Quark (elektrische Ladung $-1/3$) aufgebaut,

$$\pi^- \sim (\overline{u}d)_{\text{gebunden}}\,.$$

Da auch beim Pionzerfall die freigesetzte Energie und die räumlichen Impulse der Teilchen im Endzustand klein sind, können wir uns an der effektiven Wechselwirkung (5.122) orientieren und dort

$$\psi^{(1)}(x) = \psi^{(\mu)}(x) \equiv \mu(x)\,, \quad \psi^{(2)}(x) = \psi^{(\nu_\mu)}(x) \equiv \nu_\mu(x)\,,$$
$$\psi^{(3)}(x) = \psi^{(d)}(x) \equiv d(x)\,, \quad \psi^{(4)}(x) = \psi^{(u)}(x) \equiv u(x)$$

(mit der vereinfachten Notation wie in (5.120)) einsetzen. Allerdings ist das Quark-Antiquark Paar in einer kaum berechenbaren Weise gebunden, so dass wir das Matrixelement des geladenen Stroms für das physikalische Pion parametrisieren müssen. Man zeigt noch folgendes: Da das Pion ein pseudoskalares Teilchen ist, kann im Übergang (π^- zu Vakuum) nur der Axialvektorstrom beitragen. Wenn q den Impuls des zerfallenden Pions bezeichnet, so ist

$$\begin{aligned}&\langle 0|\,\overline{u(x)}\gamma^\mu(\mathbb{1}-\gamma_5)d(x)\,\big|\pi^-(q)\big\rangle\\ &= -\,\langle 0|\,\overline{u(x)}\gamma^\mu\gamma_5 d(x)\,\big|\pi^-(q)\big\rangle = -\frac{\mathrm{i}}{(2\pi)^{3/2}}\widetilde{f}_\pi q^\mu\,. \end{aligned} \tag{5.145}$$

Der Formfaktor $\widetilde{f}_\pi$, der durch diesen Ansatz definiert wird, könnte im Prinzip noch von q^2 abhängen. Da beim Pionzerfall aber $q^2 = m_\pi^2$ einen festen Wert hat, ist dies eine Konstante. Man nennt sie die *Zerfallskonstante des Pions.* Mit dieser Parametrisierung und mit den Bezeichnungen p für den Impuls des Myons, k für den des Antineutrinos ist die für den Zerfall verantwortliche Amplitude

$$\begin{aligned}T(\pi^- \to \mu^-\,\overline{\nu_\mu}) &= \frac{-\mathrm{i}}{\sqrt{2}(2\pi)^{9/2}}\widetilde{f}_\pi G\,\overline{u^{(\mu)}(p)}\not{q}\big(\mathbb{1}-\gamma_5\big)v^{(\nu_\mu)}(k)\\ &= \frac{-\mathrm{i}}{\sqrt{2}(2\pi)^{9/2}}\widetilde{f}_\pi G\, m_\mu\overline{u^{(\mu)}(p)}\big(\mathbb{1}-\gamma_5\big)v^{(\nu_\mu)}(k)\,.\end{aligned}$$

Im zweiten Schritt ist hier $\not{q} = \not{p} + \not{k}$ eingesetzt und die Dirac-Gleichung für das Myon und das Antineutrino verwendet worden, die Neutrinomasse ist vernachlässigt. Mit Hilfe der Formel (3.37) und mit den Spurtechniken für den leptonischen Teil ergibt sich nach einer kurzen Zwischenrechnung die Zerfallsbreite

$$\Gamma(\pi^- \to \mu^-\overline{\nu_\mu}) = \frac{G^2\widetilde{f}_\pi^2 m_\pi}{8\pi}\, m_\mu^2\big(1 - m_\mu^2/m_\pi^2\big)^2\,. \tag{5.146}$$

Ihre Ähnlichkeit zur Formel (4.135) ist bemerkenswert. Hier wie dort stammt der Faktor m_μ^2 aus dem Konflikt zwischen Drehimpulserhaltung und der Auswahlregel (4.134), während der Faktor in Klammern das verfügbare Phasenraumvolumen widerspiegelt.

Bemerkungen

1. Der Formfaktor $\widetilde{f}_\pi$, der hier sogar konstant ist, parametrisiert unsere Unkenntnis dessen, was innerhalb des Pions vorgeht. Setzen wir die gemessene Lebensdauer des Pions ein,

$$\tau^{(\pi)} = 2{,}6033 \pm 0{,}0005 \times 10^{-8}\ \mathrm{s}\,, \tag{5.147}$$

dann gibt die Formel (5.146) einen Wert von etwa $\widetilde{f}_\pi \simeq 135\,\text{MeV}$, also ungefähr den Wert einer Pionmasse.

2. Dieselbe Analyse und Rechnung gelten natürlich auch für den Zerfallskanal $\pi^- \to e^- + \overline{\nu_e}$, man muss nur überall m_μ durch m_e ersetzen. Damit wird das Verhältnis der Zerfallsbreiten des elektronischen und des myonischen Endzustands bestätigt, das wir in Abschn. 4.3.4, (4.135), angegeben hatten.
3. Das Ergebnis der ersten Bemerkung mag enttäuschend sein, hat man doch scheinbar nicht viel mehr gemacht, als eine experimentelle Zahl (die Lebensdauer) durch eine andere (den Formfaktor) zu ersetzen. Dieser trügerische Eindruck ändert sich sofort, wenn wir zeigen, dass jetzt ein Zerfall wie der semi-leptonische τ-Zerfall $\tau^+ \to \pi^+ + \overline{\nu_\tau}$ vollständig vorhergesagt wird. Stellt man sich den Zerfall $\pi^- \to \tau^- + \overline{\nu_\tau}$ (den es aus kinematischen Gründen nicht gibt) „gekreuzt" vor, d. h. denkt man sich das einlaufende π^- durch ein auslaufendes π^+ und gleichzeitig das auslaufende τ^- durch ein einlaufendes τ^+ ersetzt, dann ensteht der kinematisch erlaubte Prozess
$$\tau^+(p) \longrightarrow \pi^+(q) + \overline{\nu_\tau}(k)\,, \tag{5.148}$$
dessen T-Matrixamplitude wie folgt gegeben ist:
$$\begin{aligned} T(\tau^+ \to \pi^+\,\overline{\nu_\tau}) &= \frac{-\mathrm{i}}{\sqrt{2}(2\pi)^{9/2}}\,\widetilde{f}_\pi\, G\,\overline{v^{(\nu_\tau)}(k)}\,\not{q}\big(\mathbb{1}-\gamma_5\big)v^{(\tau)}(p) \\ &= \frac{-\mathrm{i}}{\sqrt{2}(2\pi)^{9/2}}\,\widetilde{f}_\pi\, G\, m_\tau \overline{v^{(\nu_\tau)}(k)}\big(\mathbb{1}+\gamma_5\big)v^{(\tau)}(p)\,. \end{aligned}$$
Dabei muss man beachten, dass beim zweiten Schritt die Energie-Impulsbilanz $p = q + k$, d. h. $\not{q} = \not{p} - \not{k}$ eingesetzt wurde und $\not{p}$ an γ_5 vorbeigezogen wurde, damit es auf den rechts stehenden Spinor wirken kann (daher das Minuszeichen). Daraus berechnet man ähnlich wie zuvor die Zerfallsbreite für diesen Kanal,
$$\Gamma(\tau^+ \to \pi^+\overline{\nu_\tau}) = \frac{G^2\,\widetilde{f}_\pi^2 m_\tau^3}{16\pi}\big(1 - m_\pi^2/m_\tau^2\big)^2\,. \tag{5.149}$$
Man kann aber noch mehr tun: Nehmen wir an, das zerfallende τ^+ sei polarisiert. Aufgrund der Paritätsverletzung in der schwachen Wechselwirkung ist die Winkelverteilung des emittierten Pions relativ zum Spin-Erwartungswert des τ^+ nicht isotrop. Bezeichnet θ den Winkel zwischen $\boldsymbol{s}^{(\tau)}$ und $\boldsymbol{q}$, so findet man
$$\frac{1}{\Gamma}\,\frac{\mathrm{d}\Gamma(\tau^+ \to \pi^+\,\overline{\nu_\tau})}{\mathrm{d}(\cos\theta)} = \frac{1}{2}\big(1 - \cos\theta\big)\,. \tag{5.150}$$
Diese Verteilung kann als Analysator für die Polarisation des τ^+ dienen. In e^+e^--Speicherringen beispielsweise werden τ^+ und τ^- über elektromagnetische Wechselwirkung jeweils in Paaren erzeugt. Die Auswahlregel (4.134) besagt, dass die Chiralitäten des τ^+ und seines Partners τ^- korreliert sind. Hat man also die Polarisation des τ^+ durch die Asymmetrie seines Zerfalls (5.150) festgelegt, dann kennt man die des begleitenden, negativ geladenen τ-Leptons.

Historische Anmerkungen zu diesem Band und zu Band 2

Im folgenden sind die Lebensdaten einiger für die Entwicklung der Quantenmechanik und der Quantenfeldtheorie bedeutender Persönlichkeiten – ohne Anspruch auf Vollständigkeit – zusammengestellt und mit Hinweisen auf weiterführende Literatur versehen. Insbesondere zur Entwicklungsgeschichte der Quantenmechanik gibt es eine große Zahl von Büchern von unterschiedlicher Sachkompetenz. Ich empfehle, sich in erster Linie an Originalliteratur zu halten, die manchmal zwar subjektiv ist, aber stets einen lebendigen und unmittelbaren Eindruck von den Entwicklungen vermittelt. So ist beispielsweise der Briefwechsel Max Born – Albert Einstein zusammen mit den (vom Herausgeber Max Born) eingeschobenen Briefen Wolfgang Paulis sehr nützlich, wenn man die Einwände Einsteins gegen die Interpretation der Quantenmechanik richtig einschätzen will. Zur Frühgeschichte der Quantenfeldtheorie sind die Vorträge und Vorlesungen von R. Jost [Jost (1995)] sehr empfehlenswert. Er war selbst eine der großen Figuren der Quantenfeldtheorie und behandelt diese Themen mit besonderer fachlicher Kenntnis „von innen".

Die Beteiligung von bedeutenden Physikern an der Entwicklung nuklearer Waffen, insbesondere das „Manhattan Project", d. h. dem Bau der ersten Atombomben in Los Alamos, und die damit verbundene Verantwortung sind oft und ausführlich dargestellt und diskutiert worden. Weniger bekannt, aber nicht minder aufschlussreich ist die Frühgeschichte der Anwendung von Kernspaltung und dabei insbesondere ihre französische Komponente unter Frédéric Joliot-Curie, die in [Weart (1979)] sorgfältig dargestellt ist. Man muss den damaligen wissenschaftlichen Kenntnisstand und die Zeitumstände kennen, wenn man die Entwicklung und das aus heutiger Sicht schwer zu vertretende Engagement so vieler kluger Köpfe für eine schlimme Sache verstehen will.

Ebenfalls empfehlenswert, wenn auch hier nicht explizit zitiert, sind einige allgemeinwissenschaftliche Bücher von bedeutenden Protagonisten der Quantenfeldtheorie und der Elementarteilchenphysik, so z. B. die Bücher von Freeman Dyson. Sein neuestes Werk *Imagined Worlds,* (Harvard University Press, Cambridge 1997) gibt ein Beispiel für die umfassenden Kenntnisse und die kreative Unabhängigkeit eines großen Geistes.

Bohr, Niels Hendrik David: ∗ 7. 10. 1885 in Kopenhagen, † 18. 11. 1962 in Kopenhagen. Nobelpreis 1922 für seine Arbeiten zur Struktur der Atome und der Strahlung, die sie aussenden.

Bohr wandte sich früh der Theoretischen Physik zu, er promovierte über ein Thema der Elektronentheorie der Metalle. Ein Aufenthalt 1912 an Rutherfords Institut in Manchester, d. h. zu einer Zeit als dort bahnbrechende

Entdeckungen über Radioaktivität und Struktur der Atome entstanden waren, zusammen mit Plancks und Einsteins Quantenhypothese, deren Bedeutung sich mehr und mehr durchsetzte, war Anstoß und Grundlage für Bohrs Arbeiten zur Struktur der Atome und der atomaren Übergänge. Man muss sich dabei vergegenwärtigen, dass der Nachweis der Kleinheit der Atomkerne durch Streuexperimente mit α-Teilchen (1911, E. Rutherford, H. Geiger und E. Marsden) einen besonders großen und wichtigen Schritt im Verständnis der Struktur der Materie darstellt. Dies war die Basis für die Entwicklung des – wie wir es heute nennen – „Bohr'schen Atommodells". Bohrs zentrale Rolle in der Interpretation der in den frühen 1920er Jahren entdeckten, richtigen Quantenmechanik ist kaum zu überschätzen, man spricht allgemein von der „Kopenhagener Interpretation", die bis heute Grundlage unseres Verständnisses der Quantenmechanik ist. Allerdings ist dieser Kopenhagener Geist immer wieder kritisiert worden, vielleicht auch deshalb, weil er viele Worte braucht und dennoch die Merkwürdigkeiten der Quantenwelt nicht vollständig klärt. In den 1930er Jahren entwickelte N. Bohr wichtige Aspekte der Kerne als Systeme mit kollektiven Anregungen der Nukleonen, insbesondere die Vorstellung des *compound nucleus*, die für das Verständnis der Umwandlungsprozesse von Kernen grundlegend waren. Dieses Modell eines schweren Kerns als Quantensystem mit Kollektivanregungen (quantisierter Flüssigkeitstropfen, quantisierter starrer Rotator), das von Aage Bohr, einem Sohn von Niels Bohr, und Ben Mottelson (sie erhielten 1975, zusammen mit Leo James Rainwater den Nobelpreis) und anderen entwickelt wurde, steht im Gegensatz zum Schalenmodell der Kerne, für das Maria Goeppert-Mayer und J. Hans D. Jensen 1963 mit dem Nobelpreis ausgezeichnet wurden.

Abraham Pais, der selbst Theoretischer Physiker war und der mit Niels Bohr gut befreundet war, hat ein lebendiges und instruktives Buch über ihn geschrieben [Pais (1991)].

Born, Max: $*$ 11. 12. 1882 in Breslau, † 5. 1. 1970 in Bad Pyrmont. Erhielt den Nobelpreis 1954 (!) für seine grundlegenden Beiträge zur Entwicklung der Quantenmechanik, insbesondere für die statistische Interpretation der Wellenfunktion.

Max Borns Leben und Schicksal, seine wissenschaftliche Entwicklung, die einen ungewöhnlich breiten Bogen umspannt, und seine vielseitigen Interessen findet man sehr lebendig in seiner Autobiographie geschildert [Born (1975)], die ich aus vielerlei Gründen empfehle. Max Born war bereits ein etablierter Theoretiker, der sich mit seinen Arbeiten und einem Buch zur Dynamik der Kristallgitter einen Namen gemacht hatte, als die überaus fruchtbaren Göttinger Jahre (1921–1926) in einer atemberaubend stürmischen Entwicklung die Quantenmechanik zu Tage brachten. Die Liste der Studenten, Assistenten und Mitarbeiter und Mitarbeiterinnen, die in diesen Jahren mit und bei Born waren, enthält fast alle großen Namen der Quantentheorie: Pauli, Heisenberg, Jordan, Dirac, Fermi und viele andere. Max Borns Beiträge zur Entwicklung der nach Heisenberg benannten Matrizenmechanik, zur Interpretation der Wellenfunktionen und zu vielen Anwendungen der Quantenmechanik waren von zentraler Bedeutung, auch wenn der Glanz der ganz jungen Leute um ihn herum seine Leistung manchmal scheinbar überstrahlte. Vielleicht ist dies der Grund, warum ihm der Nobelpreis so viel später als Heisenberg, Pauli und Dirac verliehen wurde.

Max Borns Schicksal gibt unter anderem auch beredtes Zeugnis davon, welch irreparable Zerstörung am Geistes- und Kulturleben Deutschlands – neben den bekannten physischen Schrecken und Gräueln – in den Jahren der Nazi-Diktatur von 1933 bis 1945 angerichtet wurde. Aufgewachsen in einer bürgerlichen, vom konservativen Liberalismus der 1848er Revolution geprägten deutsch-jüdischen Familie, die in der deutschen Kultur tief verwurzelt war, studierte er in Breslau (1901–1903), in Heidelberg (Sommer 1902), Zürich (Sommer 1903) und in Göttingen (1903–1906), wo er Mathematiker vom Range von Felix Klein, David Hilbert (dessen Privatassistent er war) und Hermann Minkowski als Lehrer hatte. Nach einem ersten Militärdienst und einer Assistenzzeit im Physikalischen Laboratorium bei Lummer in Breslau kehrte er 1908 auf Einladung Minkowskis nach Göttingen zurück. Minkowski war auf ihn durch Arbeiten zur Relativitätstheorie aufmerksam geworden, die geplante Zusammenarbeit kam aber wegen Minkowskis unerwartetem Tod im Winter 1909 nicht mehr zustande. Nach seiner Habilitation 1909 arbeitete Born über Gitterdynamik. Die Tätigkeit auf einem Extraordinariat an der Universität Berlin, auf das er 1915 auf Vorschlag Plancks berufen wurde, wurde durch weiteren Militärdienst unterbrochen. 1919 wurde Born nach Frankfurt am Main berufen (im Tausch mit Max von Laue, der nach Berlin ging), 1921 dann auf ein Ordinariat in Göttingen (als Nachfolger von Peter Debye). Mit Beginn der Nazi-Diktatur erhielt Born 1933 Lehrverbot und wurde – unter Fortzahlung seiner Bezüge – unbefristet beurlaubt. Erst 1938 wurde seine Ausbürgerung veranlasst und aller Besitz konfisziert. Von 1933 bis 1935 war er Lecturer in Cambridge, England. Eine geplante Berufung an das Indian Institute of Science, Bangalore, die von Chandrasekhar Venkata Raman betrieben wurde, kam nicht zustande. Ein Professor Aston, Kollege von Raman, hatte befunden „... ein zweitrangiger Ausländer, der aus seinem Land vertrieben worden ist, ist nicht gut genug für uns ... “. Von 1936 bis zur Emeritierung 1953 war Born Professor in Edinburgh. 1953 kehrte Max Born mit seiner Frau Hedwig nach Deutschland zurück. Er war einer der Unterzeichner des Göttinger Manifests gegen die atomare Bewaffnung (1957). Born hat sich immer vehement gegen eine Beteiligung von Wissenschaftlern an militärischen Projekten wie der Atombombe ausgesprochen, er selbst vermutet in seiner Autobiographie, dass seine unverhohlene Kritik der Grund für eine gewisse Abkühlung seines Verhältnisses zu Robert Oppenheimer war. Er bemerkt, dass dieser ihn nie nach Princeton eingeladen hat. Max Born war mit Albert Einstein bis zu dessen Tod nah befreundet. Der Briefwechsel aus den Jahren 1916 bis 1955 [Born (1969)] gibt nicht nur Einblick in die Debatten um die Quantenmechanik, sondern gibt interessanten Aufschluss über die recht unterschiedlichen Charaktere der beiden Freunde ebenso wie ihr völlig verschiedenes Verhältnis zu ihrer geistigen Heimat Deutschland.

De Broglie, Prince Louis-Victor Pierre Raymond: ∗ 15. 8. 1892 in Dieppe, † 19. 3. 1987 in Paris. Erhielt 1929 den Nobelpreis für seine Entdeckung der Wellennatur des Elektrons.

Wenn man einen Eindruck von der Welt bekommen will, aus der Prince Louis-Victor de Broglie kam, dann sollte man Marcel Prousts *A la Recherche du Temps Perdu* (Bibliothèque de la Pléiade (1954)) lesen. Daher wird es nicht überraschen, dass er eigentlich Diplomat werden wollte und deshalb an der Sorbonne in Paris Geschichte studierte. Er begann allerdings schon mit 18 Jahren Physik zu studieren, entschloss sich aber erst nach einigem Zögern zur Forschung in der Physik. Sein großer Wurf, die Doppelnatur des Elektrons, ist Inhalt seiner Doktorarbeit (1924) und war die Grundlage für Schrödingers spätere Entwicklung der Wellenmechanik. De Broglie wurde 1928 Professor am Institut Henri Poincaré, Paris, wo er bis zu seiner Emeritierung 1962 lehrte.

Dirac, Paul Adrien Maurice: ∗ 8. 8. 1902 in Bristol, † 20. 10. 1984 in Tallahassee, Florida. Erhielt 1933 den Nobelpreis, zusammen mit Erwin Schrödinger für die Entdeckung „neuer produktiver Formen der Atomtheorie".

Diracs Vater war gebürtiger Schweizer aus Monthay im Wallis, der 1888 nach England auswanderte und dort als Französischlehrer arbeitete. Dirac, der eigentlich Mathematik studieren wollte, wurde zunächst Elektroingenieur an der Universität Bristol – er hatte den Eindruck, mit Mathematik könne er wohl nur Lehrer werden, ein Beruf der ihn wohl aufgrund eines gespannten Verhältnisses zum Vater abschreckte. Er studierte dann doch Mathematik in Bristol (1921–1923) und am St. Johns College in Cambridge von 1923 bis 1926, wo er mit einer Arbeit mit dem Titel „Quantenmechanik" promovierte. Dieser vorausgegangen war Diracs intensives Studium der Göttinger Matrizenmechanik wobei er als gebildeter Mathematiker die Analogie der Kommutatoren von Observablen mit den Poisson-Klammern der kanonischen Mechanik erkannte. Es folgten Stationen bei Niels Bohr in Kopenhagen und bei Max Born in Göttingen (1927). Seine Entwicklung der relativistischen Gleichung für Teilchen mit Spin-1/2 fällt ins Jahr 1928. Erst 28 Jahre alt wurde Dirac 1930 Fellow of the Royal Society, man hatte also seine außergewöhnliche Bedeutung früh erkannt. Im Jahr 1932 wurde Dirac auf den Lucasian Chair an der Universität Cambridge berufen, ein Lehrstuhl, den Dirac 37 Jahre lang innehatte und auf dem im 18. Jahrhundert Isaac Newton wirkte. Nach seiner Emeritierung 1969 siedelte Dirac in die Vereinigten Staaten nach Tallahassee, Florida, um, wo er an der Florida State University bis zu seinem Tod forschte. In Westminster Abbey erinnert seit 1995 eine Tafel an Paul Dirac, demselben Ort wo Isaac Newton beigesetzt wurde.

Mit Diracs Namen sind außer der relativistischen Quantenmechanik von Fermionen verschiedene andere Themen verbunden, die in der Physik seither eine wichtige Rolle spielen und oft wieder aufgegriffen werden, so z. B. die Theorie magnetischer Monopole, die Beschreibung von Lagrangeschen Systemen mit Nebenbedingungen und seine Lagrangesche Quantenmechanik als Fundament für die Pfadintegralmethode, die später von Feynman und anderen zur Blüte gebracht wurde.

Dyson, Freeman: $*$ 1923, britisch-amerikanischer Mathematiker und Theoretischer Physiker. Professor Emeritus der School of Natural Sciences, Institute for Advanced Studies in Princeton. Freeman Dyson hat u. a.wichtige Beiträge zur Entwicklung der Quantenelektrodynamik geleistet, die in dem Buch Schweber, S.S. : *QED and the Men who Made It: Dyson, Feynman, Schwinger, and Tomonaga,* (Princeton University Press, Princeton 1994) gewürdigt werden. Indem er Feynmans pragmatischen Zugang zur Quantenelektrodynamik mit Schwingers mathematischen Techniken in Einklang brachte, hat Dyson das Filigran der Quantenfeldtheorie, also ihre zahlreichen Subtilitäten, aufgelöst und transparent gemacht. Die Ehrung durch einen Nobelpreis hätte er ohne Zweifel verdient.

Ehrenfest, Paul: $*$ 18. 1. 1880 in Wien, † 25. 9. 1933 in Leiden. Ehrenfest studierte in Wien und in Göttingen, in Wien bei Boltzmann, bei dem er 1904 promovierte, in Göttingen unter Klein, Hilbert, Minkowski und Carathéodory. Nach einem Aufenthalt in St. Petersburg (ab 1907) wurde er 1912 an die Universität Leiden in Holland berufen. Einstein, der ein naher Freund war, hat von ihm gesagt, Ehrenfest sei der beste Lehrer in unserem Fach, den er gekannt habe. Paul Ehrenfest hat sich 1933 das Leben genommen.

Einstein, Albert: $*$ 14. 3. 1879 in Ulm, † 18. 4. 1955 in Princeton, N.Y. (U.S.A.). Deutscher und schweizerischer Physiker, 1940 in den USA eingebürgert. Einsteins Bezüge zur Quantentheorie sind vielfältig, hat er doch in vielen ihrer Bereiche wesentliche Beiträge geliefert. Dies vergisst man manchmal über seiner nachdenklich-differenzierten, kritischen Haltung zu ihrer Interpretation. Den Nobelpreis erhielt er 1921 für seine Leistungen in Theoretischer Physik, vor allem aber für die Entdeckung des photoelektrischen Effekts aus dem Jahr 1905. Auch heute noch viel diskutiert, wenn auch meist in anderem Licht, ist seine Arbeit mit Podolski und Rosen über korrelierte Zustände in der Quantenmechanik.

Fermi, Enrico: $*$ 29. 9. 1901 in Rom, † 29. 11. 1954 in Chicago. Italienisch-amerikanischer Physiker. Erhielt den Nobelpreis 1938, nicht etwa für seine Entdeckung der Statistik von Spin-1/2 Teilchen (die dem Pauli-Prinzip unterliegen), sondern für seine Arbeiten über künstliche Radioaktivität und über Kernreaktionen, die durch langsame Neutronen induziert werden. Von 1927 bis 1938 Professor für Theoretische Physik an der Universität Rom, dem Zeitpunkt, zu dem er vor der Mussolini-Diktatur floh und in die Vereinigten Staaten emigrierte. Von 1938 bis 1942 war Fermi Professor für Physik an der Columbia University, New York. Er leitete eine Reihe von heute klassischen Experimenten, die zum ersten Kernreaktor und zur kontrollierten nuklearen Kettenreaktion führten. Im Manhattan Project spielte er eine zentrale Rolle bei der Entwicklung der Kernenergienutzung und der Atombomben. Ab 1946 bis zu seinem Tod war er Professor am Institute for Nuclear Studies der Universität Chicago.

Feynman, Richard Phillips: ∗ 11.5.1918 in New York, † 15. 2. 1988 in Pasadena. Zusammen mit Julian Schwinger und Sin-Itiro Tomonaga erhielt er den Nobelpreis 1965 für seine Beiträge zur Quantenelektrodynamik und zu deren tiefgreifenden Konsequenzen für die Elementarteilchenphysik. Er promovierte 1942 bei J.A. Wheeler an der Princeton University, war von 1945 bis 1950 Professor für Theoretische Physik an der Cornell University, Ithaka N.Y., ab 1950 am California Institute of Technology in Pasadena, Kalifornien. Seine Beteiligung am Manhattan Project beschreibt Feynman in den gesammelten Interviews *Surely You're Joking, Mr. Feynman* (Bantam Books, New York 1985) mit erstaunlicher Unbekümmertheit.

Fock, Vladimir Aleksandrovich: ∗ 22.12.1898 in St. Petersburg, † 27.12.1974 in St. Petersburg. Russischer Theoretischer Physiker. Wichtige Beiträge zur Quantentheorie, darunter die Hartree-Fock Methode in der Viel-Teilchenphysik und der Begriff des Fock-Raums.

Heisenberg, Werner Karl: ∗ 5. 12. 1901 in Würzburg, † 1. 2. 1976 in München. Erhielt 1932 den Nobelpreis für die Entwicklung der Quantenmechanik und für wichtige Anwendungen derselben.

Heisenberg studierte in München, wo W. Wien, A. Sommerfeld, A. Pringsheim und andere seine akademischen Lehrer waren. Während des Wintersemesters 1922/23 studierte er in Göttingen bei Max Born, David Hilbert und anderen. Nach der Promotion 1923 bei Sommerfeld in München wurde er Assistent bei Born an der Universität Göttingen, wo er 1924 die venia legendi erhielt. Max Born beschreibt die Beinahe-Katastrophe in Heisenbergs Rigorosum, wo er in der Prüfung in Experimentalphysik bei Willy Wien unter anderem bei der Frage nach dem Auflösungsvermögen optischer Instrumente strauchelte und nur nach massiver Intervention Sommerfelds mit der Bewertung „cum laude" promoviert wurde. Besonders lebendig ist die Beschreibung in [Born (1975)] wie Heisenberg ziemlich betreten nach Göttingen zurückkehrte und sich nicht mehr sicher war, ob Professor Born ihn noch als Assistent annehmen würde, wie er dann andererseits seine Wissenslücken gewissenhaft aufarbeitete und gerade das Auflösungsvermögen des Mikroskops beim Verständnis der Unschärferelation verwertete. Nach Besuchen bei Niels Bohr in Kopenhagen, wo er 1926 auch Dozent an der Universität wurde, wurde Heisenberg 1927, also erst 26 Jahre alt, nach Leipzig berufen. 1941 wurde er Professor an der Universität Berlin und Direktor des Kaiser-Wilhelm-Instituts (dem späteren Max-Planck-Institut) in Berlin. Nach dem Krieg wegen seiner Beteiligung am „Uran-Verein" zusammen mit anderen in England interniert, kehrte er 1946 nach Göttingen zurück, als Professor und als Direktor des neu gegründeten Max-Planck-Instituts. Ab 1958 war er Professor an der Universität München und bis Ende 1970 Direktor des Max-Planck-Instituts für Physik und Astrophysik, das von Göttingen nach München umgezogen war.

Auch an Heisenbergs Leben und Schicksal, ähnlich wie an dem seines Lehrers Max Born, kann man viel über Geist und Ungeist einer Zeit erfahren, die aus heutiger Sicht so schwer verständlich ist, und die zugleich die Zeit des dramatischen Übergangs der Physik aus der friedlichen akademischen Sphäre in das Rampenlicht der Kernenergie und ihrer unheilvollen Anwendungen war. Heisenberg, aufgewachsen in der idealistischen Atmosphäre der Jugendbewegung, musisch vielseitig interessiert – Heisenberg war ebenso wie Born ein versierter Pianist –, hatte nicht die Weitsicht und das Stehvermögen eines Max von Laue, die Gefahren zu einem frühen Zeitpunkt zu erkennen und dem Ungeist entschlossen zu widerstehen. Wie vergiftet die Atmosphäre war, kann man an einer Episode ablesen, über die Max Born in [Born (1975)] berichtet: Heisenberg besuchte Born 1934 am Cavendish Laboratory in England, um dem – wie Born selbst es ausdrückt – Heimwehkranken das von höchster Stelle autorisierte Angebot zu überbringen, nach Deutschland zurückzukehren – allerdings weiterhin unter Lehrverbot und natürlich ohne seine Familie. Born war zutiefst erschüttert, dass sein Freund und Schüler Heisenberg bereit war, ihm ein solches Angebot zu überbringen.

Heisenbergs Beiträge zur Quantenmechanik und zur Quantenfeldtheorie sind zahlreich und entscheidend gewesen. So sind mit seinem Namen nicht nur die Matrizenmechanik und die Unschärferelation verbunden, sondern unter vielen anderen Themen die Theorie des Ferromagnetismus, die Feldquantisierung, der Isospin und die S-Matrix. Was die letztere angeht, so hat seine etwas großzügige Ausführung der Idee die dann richtigen und ernsthaften Untersuchungen von R. Jost und einer ganzen von diesem ausgehenden Schule stimuliert, wie man in der Rede Res Josts bei der Verleihung der Max-Planck-Medaille der Deutschen Physikalischen Gesellschaft 1984 in [Jost (1995)] (oder in *Physikalische Blätter,* 40 (1984) 178) in diskreter aber deutlicher Diktion nachlesen kann.

Hilbert, David: ∗ 23. 1. 1862 in Königsberg, † 14. 2. 1943 in Göttingen. Einer der bedeutendsten Mathematiker des 20. Jahrhunderts, dem die mathematische Physik, die Relativitätstheorie und die Quantenmechanik wichtige Impulse verdanken.

Jordan, Pascual Ernst: ∗ 18. 10. 1902 in Hannover, † 31. 7. 1980 in Hamburg. Studium und Promotion (1924) in Göttingen bei Max Born. Habilitiert (1926) an der Universität Göttingen, umhabilitiert an die Universität Hamburg, ab 1928 Professor an der Universität Rostock, ab 1944 an der Universität Berlin. Ab 1947 Gastprofessor an der Universität Hamburg. Pascual Jordan hatte wesentlichen Anteil an der Entwicklung der Göttinger Quantenmechanik und an der Idee der Feldquantisierung – mehr als gemeinhin bekannt ist. Auch hierzu findet man Aufschluss in Borns Autobiographie.

Jost, Res: ∗ 10. 1. 1918 in Bern, † 3. 10. 1990 in Zürich. Jost studierte an der Universität Bern und an der Universität Zürich, wo er 1946 bei Gregor Wentzel über ein Thema der Mesontheorie promovierte. Nach einem ersten Aufenthalt in Kopenhagen wurde er Assistent von W. Pauli an der ETH Zürich. Er folgte Pauli 1949 in dessen Forschungsjahr an das Institute for Advanced Studies in Princeton, und wurde für fünf Jahre Mitglied des Instituts. Extraordinarius an der ETH seit 1955, wurde Jost 1959 dort Ordinarius, als Nachfolger Paulis.

Jost lieferte grundlegende Beiträge zur Streutheorie, zur Quantenelektrodynamik, zur axiomatischen Quantenfeldtheorie und zu anderen Bereichen der theoretischen Physik. Insbesondere gehört er zu den Gründungsvätern der axiomatisch begründeten Quantenfeldtheorie. In seinen späten Jahren befasste er sich besonders mit der Vor- und Frühgeschichte der Quantenfeldtheorie, zu der er mit einer Reihe von Aufsätzen beitrug [Jost 1995].

Majorana, Ettore: ∗ 5. 8. 1906 in Catania (Sizilien), † 26. 3. 1938 vermutlich im Tyrrhenischen Meer. Italienischer (genauer Sizilianischer) Theoretischer Physiker, der von Fermi, Heisenberg und anderen geprägt wurde. Von 1937 bis zu seinem rätselhaften Verschwinden vom Postschiff auf der Route Neapel–Catania war er Professor an der Universität Neapel. Er war ein genialer junger Mann, nur wenig jünger als Enrico Fermi, der über Dirac-Theorie, über Kernkräfte und über Kernphysik arbeitete. Er soll sehr zurückhaltend gewesen sein, was vielleicht erklärt, warum viele seiner Beiträge zur Theoretischen Physik nur in unpublizierten Rechnungen und Notizen erhalten sind. Möglicherweise ist er vor den Konsequenzen aus der Physik der Kernumwandlung, die er wohl rasch durchschaut hat, erschrocken und zurückgewichen. Seine vom Geheimnis umhüllte, leider so kurze Lebensgeschichte ist sehr schön in dem Büchlein von Leonardo Sciascia, einem Volksschullehrer und späteren freien Schriftsteller in Palermo, beschrieben worden. Offenbar plante Majorana sein Verschwinden minutiös. Beging Ettore Majorana Selbstmord oder zog er sich hinter die Mauern eines Kartäuserklosters in Palermo zurück, weil er nichts mit den schrecklichen Konsequenzen der kernphysikalischen Erkenntnisse zu tun haben wollte?

Noether, Emmy Amalie: ∗ 23. 3. 1882 in Erlangen, † 14. 4. 1938 in den USA. Emmy Noether war eine der ganz großen Persönlichkeiten in der Mathematik des 20. Jahrhunderts. Ihre klassische Arbeit aus dem Jahr 1918 mit dem Titel *Invariante Variationsprobleme* enthält die beiden Theoreme, die bis heute für große Bereiche der Physik von zentraler Bedeutung sind, darunter die Mechanik, die klassische Feldtheorie aber auch die lokalen Eichtheorien. Nur wenige Arbeiten aus der mathematischen Grundlagenforschung haben die Physik des zwanzigsten Jahrhunderts so nachhaltig beeinflusst.

Frau Noether wuchs in der engen, Männer-dominierten Kaiserzeit auf, in der die Hochschulkarriere für Frauen verschlossen war. Sie konnte sich zwar 1919, zur Zeit der Weimarer Republik, an der Universität Göttingen habilitieren, wurde 1922 auch zur außerplanmäßigen Professorin ernannt, bekam aber nie eine Stelle als Hochschullehrerin, obwohl ihre fachliche Exzellenz unbestritten war und sie von den Mathematikern ihrer Göttinger Zeit, insbesondere David Hilbert mit Nachdruck unterstützt wurde. Mit Beginn der Diktatur 1933 wurde ihr die venia legendi wieder entzogen. Sie floh in die Vereinigten Staaten und erhielt dort eine Gastprofessur am Bryn Mawr Womens's College, wo sie bis zu ihrem unerwartet frühen Tod wirkte.

Pauli, Wolfgang Ernst: ∗ 25. 4. 1900 in Wien, † 15. 12. 1958 in Zürich. Erhielt 1945 den Nobelpreis für die Entdeckung des Ausschließungsprinzips.

Obwohl dies in der Physik nicht üblich ist, kann man mit Fug und Recht den jungen Wolfgang Pauli als Wunderkind bezeichnen. Er promovierte 1921 bei Arnold Sommerfeld in München. Mit knapp 20 Jahren schrieb er einen Übersichtsartikel zur Allgemeinen Relativitätstheorie, der noch heute eine Standardreferenz darstellt. Er war für jeweils ein Jahr Assistent bei Born in Göttingen und bei Bohr in Kopenhagen. Von 1923 bis 1928 war er Dozent an der Universität Hamburg und wurde dann an die ETH Zürich berufen. 1940 erhielt er den Lehrstuhl für Theoretische Physik in Princeton, kehrte aber nach dem Ende des Zweiten Weltkriegs an die ETH Zürich zurück, wo er bis zu seinem Tod lehrte und arbeitete. Außer dem Ausschliessungsprinzip, das wir nach ihm benennen, hat Pauli mit dem Postulat der Existenz eines (damals noch einzigen) Neutrinos – in heutiger Terminologie des ν_e –, ebenso wie mit einigen grundlegenden Arbeiten zur Quantenfeldtheorie Bahnbrechendes geleistet. So bewies er beispielsweise das Theorem, das den Spin von Teilchen mit ihrer Statistik korreliert, aufbauend auf Arbeiten von Markus Fierz.

Er muss überaus kritisch, manchmal zu kritisch gewesen sein, wodurch er bisweilen nicht nur anderen, sondern sich selbst im Weg stand. Um Pauli ranken sich allerlei Anekdoten, die von Generation zu Generation weitererzählt werden, hin und wieder auch ein Witz wie dieser, der seine Kritiklust illustriert: Frisch verstorben schwebt Pauli gen Himmel und begehrt stürmisch, unverzüglich zu Gott-Vater geführt zu werden. Als ihm dieser Wunsch gewährt wird, bittet er diesen ihm endlich die Weltformel zu zeigen. Zwei Engel bringen eine Tafel und Kreide, Gott-Vater beginnt zu schreiben, aber während die Formel immer länger wird, beginnt Pauli immer heftiger den Kopf verneinend zu schütteln …

Planck, Max Karl Ernst Ludwig: ∗ 23. 4. 1858 in Kiel, † 4. 10. 1947 in Göttingen. Den Nobelpreis erhielt er 1918 für seine Entdeckung der Energiequanten.

Max Planck studierte in München und Berlin, wo G. Kirchhoff und H. Helmholtz zu seinen akademischen Lehrern gehörten. Promotion in München 1879, von 1880 bis 1885 dort Privatdozent, dann Extraordinarius in Kiel bis 1889. Er wurde dann als Nachfolger von Gustav Kirchhoff an die Universität Berlin berufen, an der er bis zu seiner Emeritierung im Jahr 1926 lehrte und forschte. Wissenschaftlich begann Planck mit Arbeiten in der Thermodynamik und speziell zur Entropie bei irreversiblen Prozessen. Sein epochales Werk, das ihn schließlich zur richtigen Formel für die Schwarzkörper-Strahlung führte, entstand in den insgesamt ungeheuer fruchtbaren Berliner Jahren. Die Entstehungsgeschichte der Strahlungsformel und das kritische Wechselspiel mit Ludwig Boltzmann ist nicht in wenigen Sätzen zu beschreiben, deshalb empfehle ich die drei Vorträge in [Jost (1995)] zu lesen, die sich mit Planck, der Vorgeschichte der Planck'schen Formel, seinem Verhältnis zu Ernst Mach und zu Ludwig Boltzmann in kenntnisreicher Weise befassen. Bemerkenswert ist, dass Planck zunächst ein überzeugter Anti-Atomist war, im festen Glauben an die absolute Irreversibilität des natürlichen Geschehens. Ich zitiere „ . . . da zieht einer aus, um den Atomismus zu widerlegen und berechnet am Schluss mit, für damalige Verhältnisse, unerhörter Präzision die Loschmidt'sche Zahl, also die wahre Masse der Atome" (Jost (1995), *Ernst Mach und Max Planck.*). Eine Zeitlang sieht es so aus, als hätten die Fachkollegen weder die Planck'sche Entdeckung noch ihren Urheber sonderlich ernst genommen, mit einer einzigen Ausnahme: Albert Einstein, dessen Arbeit *Über einen die Erzeugung und Verwandlung des Lichtes betreffenden heuristischen Gesichtspunkt* aus dem Jahre 1905 als eigentlicher Beginn der Quantentheorie bezeichnet werden kann.

Max Planck hat ein schweres Schicksal gehabt: Seine erste Frau, Marie Merck, verstarb 1909; alle vier Kinder aus erster Ehe hat er überlebt, sein Sohn Karl fiel 1916 vor Verdun, sein Sohn Erwin wurde im Januar 1945 wegen seiner Beteiligung am Widerstand gegen Hitler gehenkt. Auch das Schicksal so vieler Berliner Familien ausgebombt zu werden, blieb ihm nicht erspart.

Max Planck war mutig und widersetzte sich offen einigen politischen Entscheidungen während der Nazi-Diktatur. So versuchte er durch persönliche Intervention bei Hitler die Vertreibung Fritz Habers aus Deutschland rückgängig zu machen, allerdings ohne Erfolg.

Schrödinger, Erwin Rudolf Josef Alexander: ∗ 12. 8. 1887 in Wien, † 4. 1. 1961 in Wien. Schrödinger erhielt den Nobelpreis 1933, zusammen mit Dirac für seine Beiträge zur Quantentheorie der Atome.

Studium in Wien von 1906 bis 1910, u.a. bei F. Hasenöhrl. Während des Ersten Weltkrieges Offizier der Artillerie, ab 1920 Assistent bei Max Wien in Wien, Extraordinariat in Stuttgart, Ordinariat in Breslau, sodann an der Universität Zürich, als Nachfolger von Max von Laue. Im Jahr 1927 wurde er als Nachfolger von Max Planck an die Universität Berlin berufen, verließ 1933 Deutschland aus Protest gegen das neue Regime. Nach verschiedenen Zwischenstationen (Oxford, Graz bis zum Anschluss Österreichs an Deutschland, Princeton) wurde er an das neu geschaffene Institute for Advanced Studies in Dublin berufen, dessen Direktor er wurde und an dem er bis zu seiner Emeritierung 1955 arbeitete. Schrödinger war neben de Broglie sicher der prominenteste Kritiker der Doppelnatur der Materie, also des Teilchen-Welle-Dualismus, und versuchte die Quantenmechanik als reine Wellentheorie zu retten.

Schwinger, Julian Seymour: ∗ 12. 2. 1918 in New York, † 16. 7. 1994 in Los Angeles. Erhielt 1965 zusammen mit Tomonaga und Feynman den Nobelpreis für seine epochalen Beiträge zur Quantenelektrodynamik. Studium am City College of New York und an der Columbia University, N.Y., als Research Fellow, später Assistent von R. Oppenheimer an der University of California in Berkeley (1939–1941). Nach kriegsbedingten, aber immer forschungsnahen Tätigkeiten am Radiation Laboratory des MIT in Cambridge, USA, war er Professor an der Harvard University von 1945 bis 1972. Von

1972 bis zu seinem Tod 1994 war Schwinger Professor an der University of California in Los Angeles.

Sommerfeld, Arnold Johannes Wilhelm: ∗ 5.12.1868 in Königsberg, † 26.4.1951 in München.

Sommerfeld studierte Mathematik an der Universität Königsberg, wo Hilbert, Hurwitz und Lindemann zu seinen akademischen Lehrern gehörten. Im Jahr 1893 wurde er Assistent bei Felix Klein in Göttingen, 1897 wurde er Professor für Mathematik an der Bergbauakademie in Clausthal, 1900 Professor für Mechanik an der Universität Aachen, 1906 schließlich Professor für Theoretische Physik an der Universität München. Sommerfeld hat wichtige Arbeiten über partielle Differentialgleichungen und ihre Anwendungen geschrieben und an Felix Kleins großem Werk über Kreiseltheorie mitgewirkt. Seine Arbeiten über atomare Spektren und zur Quantenmechanik stammen aus den ersten Münchner Jahren: die elliptischen Bahnen in Bohrs Atommodell, die magnetische Quantenzahl etc. Wichtig waren auch seine Arbeiten über die Elektronentheorie der Metalle. Sommerfeld begründete eine große und berühmte Schule der Theoretischen Physik, aus der viele bedeutende Physiker hervorgingen. Auch diese einzigartige Schule bedeutender Köpfe wurde durch die Barbarei der Diktatur ab 1933 zerstört. Unter den Lehrbüchern, die Arnold Sommerfeld verfasst hat und von denen einige noch heute empfehlenswert sind, hat der Band *Atombau und Spektrallinien* für die Generation seiner Schüler ähnlich prägenden Einfluss gehabt wie Heitlers Buch über die Quantentheorie der Strahlung. Auch Sommerfeld hätte für einige seiner Leistungen einen Nobelpreis verdient.

Tomonaga, Sin-Itiro: ∗ 31.3.1906 in Tokyo, † 8.7.1979 in Tokyo. Zusammen mit Feynman und Schwinger durch den Nobelpreis 1965 für seine Arbeiten zur Quantenelektrodynamik geehrt. Er studierte in Tokyo bei H. Yukawa und Y. Nishina, sowie in Leipzig bei Heisenberg (1937–1939), wo er eine Arbeit über ein Thema der Kernphysik anfertigte, die als Dissertation in Tokyo angenommen wurde. Ab 1941 war Tomonaga Professor für Physik an der Universität Tokyo. Schon in den Jahren 1941 bis 1943 und somit wohl als Erster entwickelte er die kovariante Formulierung der Quantenelektrodynamik, seine Arbeiten wurden in der westlichen Welt aber erst 1947 bekannt, also zu einer Zeit als sowohl Feynman als auch Schwinger unabhängig ihre eigenen Lösungen desselben Themas entwickelt hatten.

Wigner, Eugene Paul: ∗ 17.11.1902 in Budapest, † 1.1.1995 in Princeton, New Jersey. Erhielt den Nobelpreis 1963, zusammen mit Maria Goeppert-Mayer und J. Hans D. Jensen, aber nicht für das Schalenmodell, sondern für seine Beiträge zur Theorie der Kerne und der Elementarteilchen, insbesondere die Entdeckung und die Anwendung fundamentaler Symmetrieprinzipien.

Er studierte und erwarb den Ingenieursgrad der Chemie an der Technischen Hochschule in Berlin. Schon in den Berliner Jahren 1928 bis 1930 arbeitete er neben seiner Lehrtätigkeit über Anwendungen der Gruppentheorie auf die Quantenmechanik. In den Jahren 1930 bis 1933 arbeitete Wigner jedes Jahr längere Zeit in Princeton, verlor nach der Machtergreifung Hitlers seine Berliner Anstellung und emigrierte in die Vereinigten Staaten. Von 1938 an war er Professor für Mathematische Physik an der Princeton University. Auch Wigner gehört zu der Gruppe hochbegabter Physiker, die am Manhattan Project mitgearbeitet haben.

Aufgaben mit Hinweisen und ausgewählten Lösungen

Aufgaben: Kapitel 1

1.1 Stellen Sie fest, in welcher Weise die Wellenfunktionen des Elektrons im ersten und im dritten Beispiel von Abschn. 1.1.1 normiert sind.

1.2 Betrachten Sie die Klein'sche Gruppe $\{\mathbb{1}, \mathbf{P}, \mathbf{T}, \mathbf{PT}\}$ bestehend aus der Identität der Lorentz-Gruppe, der Raumspiegelung, der Zeitumkehr und dem Produkt aus Raumspiegelung und Zeitumkehr im Licht der Bemerkung 2 zum Wigner'schen Theorem (Satz 1.1). Überlegen Sie, wie die Elemente dieser Gruppe realisiert werden.

1.3 Bestätigen Sie die Relation (1.14) durch direktes Auswerten der Exponentialreihe.

1.4 Haar'sches Maß für $SU(2)$: Zeigen Sie, dass die Gewichtsfunktion $\varrho(\phi, \theta, \psi)$ im Volumenelement $\mathrm{d}\mathbf{R} = \varrho(\phi, \theta, \psi)\, \mathrm{d}\phi\, \mathrm{d}\theta\, \mathrm{d}\psi$ des Raums der Euler'schen Winkel gleich $\sin\theta$ ist.

Lösung Aus Abb. 1 liest man folgende Relation (mit den in der Abbildung gegebenen Bezeichnungen) ab

$$\widehat{e}_3\, \mathrm{d}\phi + \widehat{e}_\eta\, \mathrm{d}\theta + \widehat{e}_{\bar{3}}\, \mathrm{d}\psi = \widehat{e}_{\bar{1}}\, \mathrm{d}x'^1 + \widehat{e}_{\bar{2}}\, \mathrm{d}x'^2 + \widehat{e}_{\bar{3}}\, \mathrm{d}x'^3 .$$

Diese Gleichung multipliziert man der Reihe nach von links mit $\widehat{e}_{\bar{1}}$, $\widehat{e}_{\bar{2}}$ und $\widehat{e}_{\bar{3}}$, und setzt die Skalarprodukte der Einheitsvektoren ein, die man aus der Abbildung abliest. Dies ergibt

$$\begin{aligned}
&\big(\widehat{e}_{\bar{1}}, \widehat{e}_3\big) = -\sin\theta\cos\psi\,, && \big(\widehat{e}_{\bar{1}}, \widehat{e}_\eta\big) = \sin\psi\,, && \big(\widehat{e}_{\bar{1}}, \widehat{e}_{\bar{3}}\big) = 0\,,\\
&\big(\widehat{e}_{\bar{2}}, \widehat{e}_3\big) = \sin\theta\sin\psi\,, && \big(\widehat{e}_{\bar{2}}, \widehat{e}_\eta\big) = \cos\psi\,, && \big(\widehat{e}_{\bar{2}}, \widehat{e}_{\bar{3}}\big) = 0\,,\\
&\big(\widehat{e}_{\bar{3}}, \widehat{e}_3\big) = \cos\theta\,, && \big(\widehat{e}_{\bar{3}}, \widehat{e}_\eta\big) = 0\,, && \big(\widehat{e}_{\bar{3}}, \widehat{e}_{\bar{3}}\big) = 1\,.
\end{aligned}$$

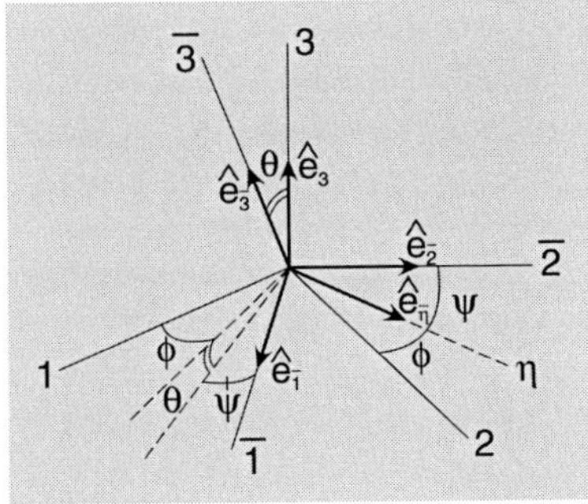

Abb. 1.

Dann entstehen die Beziehungen

$$\begin{aligned}
\mathrm{d}x'^1 &= -\sin\theta\cos\psi\, \mathrm{d}\phi + \sin\psi\, \mathrm{d}\theta\,,\\
\mathrm{d}x'^2 &= \sin\theta\sin\psi\, \mathrm{d}\phi + \cos\psi\, \mathrm{d}\theta\,,\\
\mathrm{d}x'^3 &= \cos\theta\, \mathrm{d}\phi + \mathrm{d}\psi\,.
\end{aligned} \tag{A.1}$$

Aus (A.1) folgt die Jacobi-Determinante für $(\phi, \theta, \psi) \mapsto (x'^1, x'^2, x'^3)$

$$\frac{\partial\big(x'^1, x'^2, x'^3\big)}{\partial\big(\phi, \theta, \psi\big)} = \det\begin{pmatrix} -\sin\theta\cos\psi & \sin\psi & 0\\ \sin\theta\sin\psi & \cos\psi & 0\\ \cos\theta & 0 & 1 \end{pmatrix} = -\sin\theta\,.$$

Die Jacobi-Determinante für die Transformation zwischen $\mathbf{R} = (\phi, \theta, \psi)$ und $\mathbf{R}' = (\phi', \theta', \psi')$ ist somit:

$$\frac{\partial(\phi, \theta, \psi)}{\partial(\phi', \theta', \psi')} = \frac{\partial(\phi, \theta, \psi)}{\partial(x'^1, x'^2, x'^3)} \frac{\partial(x'^1, x'^2, x'^3)}{\partial(\phi', \theta', \psi')} = \frac{\sin\theta'}{\sin\theta} . \tag{A.2}$$

Hieraus folgt: Bis auf eine Konstante, die man unbeschadet gleich 1 wählen kann, ist $\varrho(\phi, \theta, \psi) = \sin\theta$.

Bemerkung Man stellt unschwer fest, dass die Beziehungen (A.1) dieselben Aussagen enthalten wie Band 1, (3.81), wenn man die Bezeichnungen hier wie dort folgendermaßen identifiziert: $\alpha \equiv \phi$, $\beta \equiv \theta$ und $\gamma \equiv \psi$.

1.5 Die 2×2-Einheitsmatrix und die drei Pauli-Matrizen seien mit $\{\sigma_\mu\} = (\mathbb{1}, \sigma^{(i)})$ bezeichnet. Es sei

$$\mathbf{A} := \sum_0^3 a_\mu \sigma_\mu , \quad a_\mu \in \mathbb{R} .$$

Zeigen Sie mit Hilfe der bekannten Relationen für Pauli-Matrizen, dass folgende Beziehung gilt:

$$\sum_{i=1}^3 \sigma_i \mathbf{A} \sigma_i = 2(\mathrm{Sp}\,\mathbf{A})\ \mathbb{1} - \mathbf{A} .$$

Zeigen Sie, dass die beiden $SU(2)$-Partner eines gegebenen Elements $\mathbf{R} \in SO(3)$ durch

$$\mathbf{U} = \pm \frac{1}{2\sqrt{1 + \mathrm{Sp}\,\mathbf{R}}} \Big(\mathbb{1} + \sum_{i,k} R_{ik} \sigma_i \sigma_k \Big) \tag{A.3}$$

gegeben sind.

Lösung Mit dem bekannten Antikommutator

$$\sigma_i \sigma_j + \sigma_j \sigma_i = 2\delta_{ij}$$

und mit der daraus folgenden Relation $(\sigma_i)^2 = \mathbb{1}$ berechnet man

$$\sum_{i=1}^3 \sigma_i \mathbf{A} \sigma_i = 3a_0\ \mathbb{1} + \sum_{j,i=1}^3 a_j \sigma_i \sigma_j \sigma_i = 3a_0\ \mathbb{1} - \sum_{j=1}^3 a_j \sigma_j = 4a_0\ \mathbb{1} - \sum_{\mu=0}^3 a_\mu \sigma_\mu .$$

Mit dieser Beziehung und mit $\mathrm{Sp}\,\mathbf{A} = 2a_0$ folgt

$$\sum_{i=1}^3 \sigma_i \mathbf{A} \sigma_i = 4a_0\ \mathbb{1} - \mathbf{A} = 2(\mathrm{Sp}\,\mathbf{A})\ \mathbb{1} - \mathbf{A} .$$

Die Transformationsformel (1.16) ausgeschrieben lautet

$$\sum_i x'^i \sigma_i = \mathbf{U} \sum_j x^j \sigma_j \mathbf{U}^\dagger = R_{ik} \sigma_i x^k .$$

Vergleicht man im zweiten und dritten Ausdruck die Koeffizienten von x^k, dann folgt $\mathbf{U}\sigma_k\mathbf{U}^\dagger = \sum_i R_{ik}\sigma_i$. Multipliziert man dies von rechts mit σ_k und summiert über k von 1 bis 3, so ist

$$\sum_{i,k} R_{ik}\sigma_i\sigma_k = \mathbf{U}\sum_k \sigma_k\mathbf{U}^\dagger\sigma_k = \mathbf{U}\left\{2(\mathrm{Sp}\,\mathbf{U})\,\mathbb{1} - \mathbf{U}^\dagger\right\} = 2(\mathrm{Sp}\,\mathbf{U})\mathbf{U} - \mathbb{1}\,,$$

woraus die behauptete Formel folgt, wenn man noch die Beziehung $\mathrm{Sp}\,\mathbf{U} = \sqrt{1+\mathrm{Sp}\,\mathbf{R}}$ benutzt, die aus derselben Gleichung und aus $\mathrm{Sp}(\sigma_i\sigma_k) = 2\delta_{ik}$ folgt.

1.6 In (1.43) sind die Wellenfunktionen des quantisierten, symmetrischen Kreisels angegeben. Anhand der Symmetrieeigenschaften der D-Funktionen soll gezeigt werden, dass die Vielfachheit in der Wahl der Achsen des körperfesten Bezugssystems in der vor (1.43) beschriebenen Weise tatsächlich auf diese Funktionen führt.

1.7 Schreiben Sie die Formel (1.70) als Kopplung von zwei gleichen Drehimpulsen zum Gesamtdrehimpuls Null.

1.8 Beweisen Sie die Kommutatoren der Erzeugenden $\mathbf{J}_3$ und $\mathbf{J}_\pm$ mit sphärischen Tensoroperatoren der Stufe κ,

$$[\mathbf{J}_3, T_\mu^{(\kappa)}] = \mu\, T_\mu^{(\kappa)}\,, \qquad [\mathbf{J}_\pm, T_\mu^{(\kappa)}] = \sqrt{\kappa(\kappa+1) - \mu(\mu\pm 1)}\, T_{\mu\pm 1}^{(\kappa)}\,.$$

Hinweis Beachten Sie die Formel

$$\left\langle \phi'_{jm'} \middle| \phi_{jm} \right\rangle = D^{(j)}_{m'm} = \langle jm' |\, \mathbf{D}^{(j)}\, | jm\rangle\,,$$

die aus der Definition der D-Matrizen und des Transformationsverhaltens der Basisfunktionen unter Drehungen folgt. Betrachten Sie dann die Transformation

$$\mathbf{D}^{(\kappa)}\mathbf{T}^{(\kappa)}\mathbf{D}^{(\kappa)\,-1} = e^{\mathrm{i}\varepsilon\widehat{e}\cdot\boldsymbol{J}}\mathbf{T}^{(\kappa)}e^{-\mathrm{i}\varepsilon\widehat{e}\cdot\boldsymbol{J}}$$

für kleines ε, wo $\widehat{e}$ ein beliebiger Einheitsvektor ist.

1.9 Man leite die Orthogonalitätsrelationen für die $6j$- und für die $9j$-Symbole her.

1.10 Beweisen Sie die Formel (1.97), die Matrixelemente von Vektoroperatoren zwischen Zuständen zum selben Wert J durch Matrixelemente der Drehimpulsoperatoren ausdrückt.

1.11 Leiten Sie die Kommutatoren der Erzeugenden der Euklidischen Gruppe in zwei Dimensionen her.
Hinweis Diese Gruppe besteht aus den Drehungen um den Ursprung und den Translationen entlang der 1- und der 2-Achse. Es empfiehlt sich daher, homogene Koordinaten einzuführen. Vergleichen Sie mit (1.138).

1.12 Zeigen Sie, dass das Produkt aus der Nullkomponente p^0 des Energie-Impulsvektors eines Teilchens und der Distribution $\delta(\boldsymbol{p}-\boldsymbol{p}')$ unter

allen $\Lambda \in L_+^\uparrow$ invariant ist. Welchen Zusammenhang sehen Sie mit den Aussagen der kovarianten Normierung?
Hinweise Nach dem Zerlegungssatz kann jedes $\Lambda \in L_+^\uparrow$ als Produkt einer Drehung und einer Speziellen Lorentz-Transformation dargestellt werden. Zeigen Sie die behauptete Invarianz getrennt für Drehungen und für „boosts" entlang der 3-Achse. Im zweiten Fall ist

$$p'^0 = \gamma p^0 + \gamma\beta p^3\,, \qquad p'^3 = \gamma\beta p^0 + \gamma p^3\,.$$

1.13 Berechnen Sie die Kommutatoren der Erzeugenden $\mathbf{M}^{\mu\nu}$ mit den Erzeugenden $\mathbf{P}^\nu$ und untereinander, d. h. prüfen Sie die Formeln (1.121) und (1.122) nach.

1.14 Es seien **U**, **V** und **T** Elemente von $SU(2)$, wobei die Einträge von **V** und von **T** als

$$V_{11} = y_1 + \mathrm{i}y_2 \quad V_{12} = y_3 + \mathrm{i}y_4 \qquad T_{11} = z_1 + \mathrm{i}z_2 \quad T_{12} = z_3 + \mathrm{i}z_4$$

geschrieben werden sollen. Zeigen Sie, dass die Punkte $y := (y_1, y_2, y_3, y_4)^T$ und $z := (z_1, z_2, z_3, z_4)^T$ auf S^3, der Einheitskugel im $\mathbb{R}^4$ liegen. Zeigen Sie: die Wirkung von $\mathbf{U} : \mathbf{V} \mapsto \mathbf{T}$ bedeutet eine eigentliche Drehung $z = \mathbf{A}y$ auf der S^3, d. h. $\mathbf{A}^T\mathbf{A} = \mathbb{1}_{4\times 4}$ und $\det \mathbf{A} = 1$.
Hinweis Beachten Sie, dass jedes $\mathbf{U} \in SU(2)$ sich als

$$\mathbf{U} = \begin{pmatrix} u & v \\ -v^* & u^* \end{pmatrix}, \qquad \text{mit} \quad |u|^2 + |v|^2 = 1$$

darstellen lässt.

1.15 Es seien (x, y, z) kartesische Koordinaten im $\mathbb{R}^3$. Schreiben Sie xy, xz und $x^2 - y^2$ als Komponenten eines sphärischen Tensoroperators. Der Erwartungswert

$$e\langle\alpha;\, j, m = j|\, 3z^2 - r^2\, |\alpha;\, j, m = j\rangle \equiv Q$$

ist das Quadrupolmoment. Berechnen Sie die Matrixelemente

$$e\langle\alpha;\, jm'|\, x^2 - y^2\, |\alpha;\, j, m = j\rangle$$

für $m' = j, j-1, j-2, \ldots$ und drücken Sie diese durch Q und Clebsch-Gordan Koeffizienten aus.
Hinweis Man benötigt die explizite Form der Kugelflächenfunktionen zu $\ell = 2$, d.h.

$$Y_{20} = \sqrt{\frac{5}{16\pi}}\left(3\cos^2\theta - 1\right)$$
$$Y_{21} = -\sqrt{\frac{15}{8\pi}}\,\sin\theta\cos\theta\, e^{\mathrm{i}\phi}$$
$$Y_{22} = \frac{1}{4}\sqrt{\frac{15}{2\pi}}\,\sin^2\theta\, e^{2\mathrm{i}\phi}\,,$$

wobei man noch die Symmetrierelation $Y_{\ell,-m} = (-)^m Y^*_{\ell m}$ benutzt.

1.16 Es sei $|(\ell s)j, m_j\rangle$ der Zustand eines ungepaarten Protons oder Neutrons im Schalenmodell der Kerne. Das magnetische Moment in einem solchen Zustand ist durch

$$\mu_j := g_j \langle j, m = j | \mathbf{J}_3 | j, m = j \rangle \mu_B , \quad \text{mit} \quad \mu_B = \frac{e\hbar}{2M_N c} \widehat{=} \frac{e}{2M_N}$$

definiert. Andererseits ist der zugehörige Operator die Summe der magnetischen Momente, die von der Bahnbewegung und dem Spin herrühren,

$$\boldsymbol{\mu} = \mu_B \{ g_\ell \boldsymbol{\ell} + g_s \boldsymbol{s} \} ,$$

mit $g_s^{(p)} = 5{,}58$ und $g_s^{(n)} = -3{,}82$. Der Erwartungswert dieses Operators ist gemäß Aufgabe 1.10 proportional zum Erwartungswert von $\boldsymbol{J}$, d. h. es ist

$$g_j \langle jm | \boldsymbol{J} | jm \rangle = \langle jm | \{ g_\ell \boldsymbol{\ell} + g_s \boldsymbol{s} \} | jm \rangle .$$

Berechnen Sie g_j als Funktion von g_ℓ und von g_s.

Erklärung und Hinweis Das Schalenmodell der Kerne nimmt an, dass das magnetische Moment des Kerns durch das magnetische Moment des letzten Protons oder Neutrons gegeben ist, das keinen Partner im Zustand $|j, -m\rangle$ vorfindet. (Beispiel: Der ^{209}Bi-Kern: ein einzelnes Proton im Zustand $1h_{9/2}$, d. h. $\ell 07 - kap/ = 5$ und $j = 9/2$, über einer abgeschlossenen Schale von 82 Protonen und einer ebenfalls abgeschlossenen Schale von 126 Neutronen.) Die Skalarprodukte $\boldsymbol{J} \cdot \boldsymbol{\ell}$ und $\boldsymbol{J} \cdot \boldsymbol{s}$ ersetzt man durch Linearkombinationen von $\boldsymbol{J}^2$, $\boldsymbol{\ell}^2$ und $\boldsymbol{s}^2$.

1.17 Zeigen Sie: Jedes Element der $\mathfrak{su}(3)$, d. h. jede spurlose, hermitesche 3×3-Matrix lässt sich als Linearkombination der Gell-Mann-Matrizen (1.99) schreiben. Die Gruppe $SU(3)$ enthält drei Untergruppen $SU(2)$, die man an den Erzeugenden (1.99) erkennen kann. Geben Sie die Erzeugenden der Lie-Algebren dieser Untergruppen als Linearkombinationen der λ_k, $k = 1, 2, \ldots , 8$, an. Kennzeichnen Sie Darstellungen dieser Untergruppen in den Abbildungen 1.6 bis 1.9.

1.18 Bestimmen Sie die Strukturkonstanten f_{ijk} der $SU(3)$, indem Sie die Kommutatoren der Erzeugenden λ_k ausrechnen. Betrachten Sie jetzt die Antikommutatoren der Erzeugenden und zeigen Sie, dass

$$\{\lambda_i, \lambda_j\} = \frac{4}{3}\delta_{ij} \, \mathbb{1} + 2 \sum_{k=1}^{8} d_{ijk} \lambda_k$$

und berechnen die in ihren Indizes symmetrischen Koeffizienten d_{ijk}.
Antwort: Es ergeben sich

$$d_{118} = d_{228} = d_{338} = \frac{1}{\sqrt{3}} = -d_{888} ,$$

$$d_{448} = d_{558} = d_{668} = d_{778} = -\frac{1}{2\sqrt{3}} ,$$

$$d_{146} = d_{157} = d_{256} = d_{344} = d_{355} = \frac{1}{2} = -d_{247} = -d_{366} = -d_{377} .$$

(Wenn man eines der Programmpakete MATHEMATICA oder MAPLE zur Verfügung hat, ist dies eine gute Übung in Matrizenrechnung.)

1.19 Es seien die Erzeugenden der $SU(3)$ mit $T_i = \lambda_i/2$, $i = 1, \dots, 8$, bezeichnet. Die drei $SU(2)$-Gruppen aus Aufg. 1.17 werden durch die Umdefinitionen

$$\begin{aligned} I_3 &= T_3\,, & I_\pm &= T_1 \pm \mathrm{i}T_2\,, \\ U_3 &= -\frac{1}{2}T_3 + \frac{\sqrt{3}}{2}T_8\,, & U_\pm &= T_6 \pm \mathrm{i}T_7\,, \\ V_3 &= \frac{1}{2}T_3 + \frac{\sqrt{3}}{2}T_8\,, & V_\pm &= T_4 \pm \mathrm{i}T_5 \end{aligned}$$

besonders klar herausgearbeitet. Stellen Sie die Kommutatoren dieser Erzeugenden untereinander und mit $Y := 2T_8/\sqrt{3}$ auf. Identifizieren Sie die Wirkung der Auf- und Absteigeoperatoren in (T_3, Y)-Diagrammen von Darstellungen der Gruppe.
Zeigen Sie mit Hilfe der eben berechneten Kommutatoren: die Randkurve einer irreduziblen Darstellung kann nirgends konkav sein. Die Besetzung mit Zuständen auf Punkten der Randkurve ist einfach.

Aufgaben: Kapitel 2

2.1 Zeigen Sie, dass

$$\int \mathrm{d}^3x\; f(x)\; \overset{\leftrightarrow}{\partial_0}\; g(x)$$

Lorentz-invariant ist, wenn $f(x)$ und $g(x)$ Lorentz-Skalare sind.

2.2 Beweisen Sie die Translationsformel (2.30), indem Sie die Kommutatoren (2.29) ausnutzen.

2.3 Aus der Hamiltondichte des Klein-Gordon-Feldes (2.25) soll der Hamiltonoperator (2.35) berechnet und durch Erzeugungs- und Vernichtungsoperatoren ausgedrückt werden. Führen Sie die analoge Rechnung durch, die zum Ausdruck (2.36) für den gesamten Impuls führt.

2.4 Es werde das Matrixelement eines Vektorstroms v_μ zwischen einem geladenen Pion π^+ (Masse m, Impuls q) und einem neutralen Pion π^0 (Masse m_0, Impuls q') betrachtet,

$$\left\langle \pi^0(q')\right| v_\mu(0) \left|\pi^+(q)\right\rangle . \tag{A.4}$$

Solch ein Matrixelement tritt in der Beschreibung des sogenannten Pion-β-Zerfalls

$$\pi^+(q) \longrightarrow \pi^0(q') + e^+(p) + \nu_e(k) \tag{A.5}$$

auf, der kinematisch möglich ist, weil $m - m_0 = 4{,}6\,\mathrm{MeV}$, das geladene Pion also schwerer als das neutrale Pion ist. Führen Sie eine Zerlegung des Matrixelements (A.4) nach Lorentz-Kovarianten undinvarianten Formfaktoren durch und bestimmen Sie Relationen zwischen den Formfaktoren, wenn der Strom $v_\mu(x)$ erhalten ist.

Lösung Da in (A.4) rechts und links Teilchen stehen, die dasselbe Verhalten unter der Parität haben, muss dieses Matrixelement selbst ein Lorentz-Vektor sein. Pionen tragen Spin Null. Als Kovariante kommen daher nur q_μ und q'_μ in Frage, oder, alternativ, deren Summe und Differenz,

$$P_\mu := q_\mu + q'_\mu\,, \qquad Q_\mu := q_\mu - q'_\mu\,,$$

so dass wir folgendes ansetzen können:

$$\langle\pi^0(q')|\, v_\mu(0)\, |\pi^+(q)\rangle = \frac{1}{(2\pi)^3}\left\{P_\mu f_+(Q^2) + Q_\mu f_-(Q^2)\right\}. \tag{A.6}$$

Der Vorfaktor ist natürlich Konventionssache, er ist hier gemäß der in Kap. 5 entwickelten Regel gewählt, dass jedes äußere Teilchen einen Faktor $1/(2\pi)^{3/2}$ einbringt. Die Formfaktoren können nur von Invarianten abhängen, also q^2, q'^2, $q\cdot q'$ oder entsprechende Skalarprodukte aus P und Q. Da sowohl das π^+ als auch das π^0 auf ihrer Massenschale liegen, ist nur eines dieser Skalarprodukte eine echte Variable. Für diese einzige Variable wählt man das Quadrat des Impulsübertrags Q^2. Im Pion-β-Zerfall (A.5) variiert dieses in einem im Vergleich zur Pionmasse kleinen Intervall,

$$m_e^2 \le Q^2 \le (m - m_0)^2$$

(und wird daher oft durch $Q^2 = 0$ approximiert). Wenn der Strom erhalten ist, d. h. wenn $\partial^\mu v_\mu(x) = 0$ gilt, so folgt die Beziehung

$$\left(m^2 - m_0^2\right) f_+(Q^2) + Q^2 f_-(Q^2) = 0\,. \tag{A.7}$$

Der Formfaktor $f_-(Q^2)$ ist sehr klein im Vergleich zu $f_+(Q^2)$; im Grenzfall $m = m_0$ ist $f_-(Q^2)$ identisch Null.

2.5 Beweisen Sie mit Hilfe des Cauchy'schen Residuensatzes die Integraldarstellungen (2.61) für $\Theta(\pm u)$.

2.6 Ein elektrisch neutrales und ein positiv geladenes Skalarfeld mögen die Dublettdarstellung einer $SU(2)$ aufspannen (innere Symmetrie),

$$\boldsymbol{\Phi}(x) = \begin{pmatrix} \phi^{(+)}(x) \\ \phi^{(0)}(x) \end{pmatrix}, \qquad \left(t = \frac{1}{2}\right). \tag{A.8}$$

Es sei folgende Lagrangedichte mit Selbstwechselwirkung gegeben:

$$\mathcal{L} = \frac{1}{2}\left(\partial_\mu \boldsymbol{\Phi}^\dagger, \partial^\mu \boldsymbol{\Phi}\right) - \frac{1}{2}\kappa\left(\boldsymbol{\Phi}^\dagger(x), \boldsymbol{\Phi}(x)\right) - \frac{\lambda}{4}\left(\boldsymbol{\Phi}^\dagger(x), \boldsymbol{\Phi}(x)\right)^2. \tag{A.9}$$

Der Kopplungsparameter λ soll reell und positiv sein, der Parameter κ reell, positiv oder negativ. Die Klammern $(\ldots, \ldots)$ bedeuten Kopplung zu $t = 0$, so dass die angesprochene Gruppe $SU(2)$ die Lagrangedichte (A.9) invariant lässt.

Wo liegt das Minimum der Energie für $\kappa > 0$, wo für $\kappa < 0$?

Welche Bedeutung hat κ im ersten Fall? Wenn man bei der Quantisierung vom Zustand mit der tiefsten Energie ausgeht, wie muss man bei negativem κ vorgehen?

Hat der Grundzustand der quantisierten Theorie bei $\kappa < 0$ noch die volle $SU(2)$-Symmetrie?

Lösung Für $\kappa > 0$ setze man $\kappa \equiv m^2$. Beide Felder sind massiv und haben dieselbe Masse m. Bei $\kappa < 0$ hat die Energie entartete Minima bei

$$\left(\boldsymbol{\Phi}^\dagger, \boldsymbol{\Phi}\right) = \frac{-\kappa}{\lambda} \equiv v^2 .$$

Jedes dieser Minima ist ein möglicher Grundzustand. In jedem von ihnen entwickelt $\boldsymbol{\Phi}(x)$ einen nichtverschwindenden Erwartungswert $\langle\Omega|\boldsymbol{\Phi}(x)|\Omega\rangle$. Da das Vakuum immer elektrisch neutral ist, kann dieser nur vom neutralen Feld stammen, $\langle\Omega|\phi^{(0)}(x)|\Omega\rangle$. Das dynamische Feld, das den neutralen Partner beschreibt, muss als

$$\theta^{(0)}(x) := \phi^{(0)}(x) - \left\langle\Omega\right|\phi^{(0)}(x)\left|\Omega\right\rangle$$

angesetzt werden. Dieses lässt sich in gewohnter Weise quantisieren. Der Grundzustand hat nicht mehr die volle $SU(2)$-Symmetrie.

Zusatz: Mehr hierzu und zur physikalischen Relevanz dieses Beispiels findet man z. B. in [Scheck (1996)].

2.7 Berechnen Sie den Hamiltonoperator (2.104) für das quantisierte Strahlungsfeld als Funktion der Erzeugungs- und Vernichtungsoperatoren für transversale Photonen, d. h. beweisen Sie (2.105).

2.8 Geben Sie die Komponenten des Operators $\boldsymbol{\nabla}$ in sphärischen Koordinaten an. Berechnen Sie die Kommutatoren des Nablaoperators mit den Erzeugenden ℓ_3 und $\ell_\pm$, d. h. beweisen Sie

$$\left[\ell_3, \nabla_\mu\right] = \mu\nabla_3 , \qquad \left[\ell_\pm, \nabla_\mu\right] = \sqrt{2-\mu(\mu\pm 1)}\;\nabla_{\mu\pm 1} .$$

2.9 Wenn ein Elektron, ein Myon oder ein schweres Meson, d. h. ein π^- oder K^- in einem Atom einen $E1$-Übergang macht, dann bewegen sich sowohl das Lepton bzw. Meson als auch der Kern, während der Schwerpunkt nahezu in Ruhe bleibt, wenn man den Rückstoß des emittierten Photons vernachlässigt. Zeigen Sie, dass dieser Effekt zur Ersetzung (2.126) im Dipoloperator führt.

Lösung Sei Z der Schwerpunkt des Kerns allein, S der Schwerpunkt des Gesamtsystems Kern plus Lepton bzw. Meson, m sei die Masse des letzteren, m_A die des Kerns. Da der Kern die Ladung $+Ze$ trägt, ist der Dipoloperator

$$\boldsymbol{D} = -e\boldsymbol{s} + Ze\boldsymbol{s}_Z ,$$

wobei $\boldsymbol{s}$ die Koordinate des Leptons bzw. Mesons, $\boldsymbol{s}_Z$ die des Kerns im gemeinsamen Schwerpunktssytem bezeichnet. Die atomaren Wellenfunktionen werden immer als Funktionen von $\boldsymbol{r}$, den Koordinaten des Leptons bzw. Mesons bezogen auf den Punkt Z berechnet. Es ist

$$m\boldsymbol{s} + m_A\boldsymbol{s}_Z = 0 ,$$

und somit (s. Abb. 2)

$$\boldsymbol{r} = \boldsymbol{s} - \boldsymbol{s}_Z = -\frac{m + m_A}{m}\boldsymbol{s}_Z .$$

Drückt man $\boldsymbol{s}$ und $\boldsymbol{s}_Z$ durch $\boldsymbol{r}$ aus,

$$\boldsymbol{s} = \frac{m_A}{m + m_A}\boldsymbol{r} , \quad \boldsymbol{s}_Z = -\frac{m}{m + m_A}\boldsymbol{r} ,$$

und setzt in $\boldsymbol{D}$ ein, dann ist

$$\boldsymbol{D} = -e\left(1 + \frac{(Z-1)m}{m + m_A}\right)\boldsymbol{r} . \tag{A.10}$$

Für Elektronen ist diese Korrektur vernachlässigbar, in μ-Atomen ist sie noch klein, in π^-- oder K^--Atomen kann sie wichtig werden.

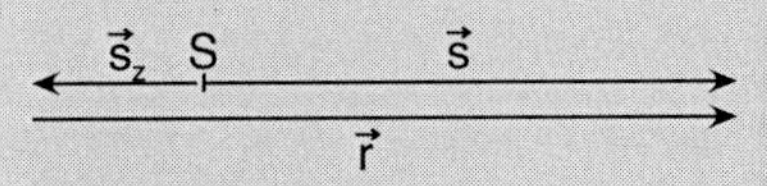

Abb. 2.

2.10 Zeigen Sie, dass die Definition der Distributionen

$$\delta_\pm(p) := \Theta(\pm p^0)\,\delta(p^2) ,$$

die bei der Identifizierung des Trägers des Feldtensors $F^{\mu\nu}(p)$ in Abschn. 2.6.2 auftritt, Lorentz-invariant ist.

Aufgaben: Kapitel 3

3.1 In einer Zwei-Teilchenreaktion $A + B \to C + D + \cdots$ sei κ der Betrag des räumlichen Impulses im Schwerpunktssystem. Zeigen Sie, dass man κ durch m_A^2, m_B^2 und die Variable $s = (p+q)^2$ ausdrücken kann (s. (3.26)).

3.2 Für ein nichtrelativistisches Teilchen mit Spin 1/2 konstruiere man das allgemeinste, rotationsinvariante – aber nicht notwendig paritätsinvariante – Potential mit Reichweite Null. Man zeige, dass die Amplitude für Streuung an diesem Potential in Born'scher Näherung nur s- und p-Welle enthält.

3.3 Aus der Kinematik des Zerfalls $\pi^+ \to \mu^+\nu_\mu$ wird eine Schranke für die Masse des myonischen Neutrinos gewonnen. Im Bezugssystem, in dem das Pion vor dem Zerfall ruht, werde $|\boldsymbol{p}|^{(\mu)} = 29{,}788 \pm 0{,}001$ MeV gemessen, außerdem weiß man

$$m(\pi^+) = 139{,}57018 \pm 0{,}00035\,\text{MeV} ,$$
$$m(\mu) = 105{,}6583568 \pm 0{,}0000052\,\text{MeV} .$$

Ziehen Sie aus diesen Daten einen Schluss über $m(\nu_\mu)$.

3.4 Aus der Kinematik des Drei-Körper-Zerfalls

$$^3\text{He} \longrightarrow {}^3\text{He} + e^- + \overline{\nu_e}$$

am oberen Ende des Elektronenspektrums kann man Information über die Masse des $\overline{\nu_e}$ gewinnen. Diskutieren Sie die Form dieses Spektrums unter folgenden Annahmen: Die quadrierte Zerfallsamplitude $\sum |T|^2$ ist in der Nähe des oberen Endes konstant; Mutter- und Tochterkern sind sehr schwer, so dass der Tochterkern zwar jeden Impulsübertrag, aber keine Energie aufnimmt.

Aufgaben: Kapitel 4

4.1 Berechnen Sie die pseudoskalaren Produkte

$$\overline{u_i^{(r)}(p)}\gamma_5 u_k^{(s)}(p)\,, \quad \overline{v_i^{(r)}(p)}\gamma_5 v_k^{(s)}(p)$$

aus den Lösungen (4.46) und (4.47), wobei die Spinoren auch zu zwei verschiedenen Teilchen i und k gehören können.

4.2 Beweisen Sie, dass $\overline{\psi(x)}\gamma^\mu\psi(x)$ sich wie ein Lorentz-Vektor transformiert.

4.3 Unter Verwendung von zweikomponentigen Spinoren stellen Sie eine Lagrangedichte für das Dirac-Feld in der Hochenergie-Darstellung auf.
Lösung Im Ortsraum ist der vierkomponentige Dirac-Spinor durch zwei zweikomponentige Spinorfelder $\phi(x)$ und $\chi(x)$ ausgedrückt

$$\psi(x) = \begin{pmatrix} \phi(x) \\ \chi(x) \end{pmatrix}.$$

Die Lagrangedichte muss Lorentz-skalar und hermitesch sein und soll die Bewegungsgleichungen (4.74) und (4.75) liefern. Man sieht, dass

$$\begin{aligned}\mathcal{L}_D = \frac{i}{2}&\left[\phi^*(x)\widehat{\sigma}^\mu \overset{\leftrightarrow}{\partial}_\mu \phi(x) + \chi^*(x)\sigma^\mu \overset{\leftrightarrow}{\partial}_\mu \chi(x)\right] \\ &- m\left[\phi^*(x)\chi(x) + \chi^*(x)\phi(x)\right]\end{aligned} \tag{A.11}$$

alle Bedingungen erfüllt.

4.4 Man beweise die Formeln (4.97) und (4.98).
Lösung Im Ruhesystem und in der Standard-Darstellung ist

$$\begin{aligned}u(\mathbf{0})\overline{u(\mathbf{0})} &= 2m\begin{pmatrix} 1/2\left(\mathbb{1}_2 + \boldsymbol{\sigma}\cdot\widehat{\boldsymbol{n}}\right) & 0 \\ 0 & 0 \end{pmatrix} \\ &= 2m\frac{1}{2}(\mathbb{1}+\gamma^0)\frac{1}{2}(\mathbb{1}-\gamma_5\widehat{\boldsymbol{n}}\cdot\boldsymbol{\gamma})\,, \\ v(\mathbf{0})\overline{v(\mathbf{0})} &= 2m\begin{pmatrix} 0 & 0 \\ 0 & 1/2\left(\mathbb{1}_2 - \boldsymbol{\sigma}\cdot\widehat{\boldsymbol{n}}\right) \end{pmatrix} \\ &= 2m\frac{1}{2}(\mathbb{1}-\gamma^0)\frac{1}{2}(\mathbb{1}-\gamma_5\widehat{\boldsymbol{n}}\cdot\boldsymbol{\gamma})\,.\end{aligned}$$

Jetzt berechnet man die Summe und Differenz $u(\boldsymbol{p})\overline{u(\boldsymbol{p})} \pm v(\boldsymbol{p})\overline{v(\boldsymbol{p})}$, indem man die „angeschobenen" Lösungen $u(\boldsymbol{p}) = N\left(\not{p} + m\,\mathbb{1}\right)u(\mathbf{0})$ und

$v(\boldsymbol{p}) = -N\big(\not{p} - m\,\mathbb{1}\big)v(\boldsymbol{0})$ einsetzt. So ist z. B.

$$\begin{aligned}
&u(\boldsymbol{p})\overline{u(\boldsymbol{p})} + v(\boldsymbol{p})\overline{v(\boldsymbol{p})} \\
&= \frac{1}{4(E_p+m)}\{(\not{p}+m\,\mathbb{1})(\mathbb{1}+\gamma^0)(\mathbb{1}-\gamma_5 n^i\gamma^i)(\not{p}+m\,\mathbb{1}) \\
&\quad - (\not{p}-m\,\mathbb{1})(\mathbb{1}-\gamma^0)(\mathbb{1}-\gamma_5 n^i\gamma^i)(\not{p}-m\,\mathbb{1})\} \\
&= \frac{1}{4(E_p+m)}\{\big[4m\not{p}+2\not{p}\gamma^0\not{p}+2m^2\gamma^0\big] \\
&\quad - \gamma_5 n^i\big[2m(\gamma^i\not{p}-\not{p}\gamma^i)-2m^2\gamma^0\gamma^i+2\not{p}\gamma^0\gamma^i\not{p}\big]\}\,.
\end{aligned}$$

Jetzt schiebt man $\not{p}$ in allen Summanden ganz nach links, indem man die Vertauschungsregeln der γ-Matrizen und die Gleichung $\not{p}\not{p} = m^2$ verwendet. Dies gibt der Reihe nach

$$\begin{aligned}
&u(\boldsymbol{p})\overline{u(\boldsymbol{p})} + v(\boldsymbol{p})\overline{v(\boldsymbol{p})} \\
&= \left\{\not{p} - \gamma_5 n^i\left[-\not{p}\gamma^i + \not{p}\gamma^0\frac{p^i}{E_p+m} + \frac{m}{E_p+m}p^i\right]\right\} \\
&= \not{p}\left\{\mathbb{1} + \gamma_5\left[-n^i\gamma^i + n^i p^i\Big(\frac{1}{E_p+m}\gamma^0 + \frac{1}{m(E_p+m)}\not{p}\Big)\right]\right\} \\
&= \not{p}\left\{\mathbb{1} + \gamma_5\left[\frac{\widehat{\boldsymbol{n}}\cdot\boldsymbol{p}}{m}\gamma^0 - \Big(n^i + \frac{\widehat{\boldsymbol{n}}\cdot\boldsymbol{p}}{m(E_p+m)}p^i\Big)\gamma^i\right]\right\} \\
&= \not{p}\big(\mathbb{1}+\gamma_5\not{n}\big)\,,
\end{aligned}$$

wo n der Vierer-Vektor (4.96) ist. In ganz ähnlicher Weise berechnet man

$$u(\boldsymbol{p})\overline{u(\boldsymbol{p})} - v(\boldsymbol{p})\overline{v(\boldsymbol{p})} = m\big(\mathbb{1}+\gamma_5\not{n}\big)\,.$$

Bildet man die Summe bzw. die Differenz dieser Ergebnisse, so folgen die behaupteten Gleichungen.

4.5 Zeigen Sie: Die Dichtematrix $\varrho^{(+)\dagger}$ beschreibt einen Zustand, der der Paritäts-gespiegelte zu dem durch $\varrho^{(+)}$ beschriebenen ist.

4.6 Beweisen Sie die Formeln

$$u_{\mathrm{L/R}}(p)\overline{u_{\mathrm{R/L}}(p)} = \frac{1}{2}\,P_{\mp}\big(m\;\mathbb{1} - \gamma_5\not{p}\not{n}\big)\,.$$

Berechnen Sie die Summe

$$u_{\mathrm{L}}(p)\overline{u_{\mathrm{L}}(p)} + u_{\mathrm{R}}(p)\overline{u_{\mathrm{R}}(p)} + u_{\mathrm{L}}(p)\overline{u_{\mathrm{R}}(p)} + u_{\mathrm{R}}(p)\overline{u_{\mathrm{L}}(p)}$$

und vergleichen Sie mit einem Resultat aus Aufgabe 4.4.

4.7 Berechnen Sie die Clebsch-Gordan Koeffizienten $\big(\ell, m_\ell; 1/2, m_s|jm\big)$ indem Sie die Zustände $|j,m\rangle$ aus dem höchsten Zustand $|j = \ell + 1/2,$ $m = \ell + 1/2\rangle$ explizit konstruieren (s. auch Band 2, Abschn. 4.1.6).

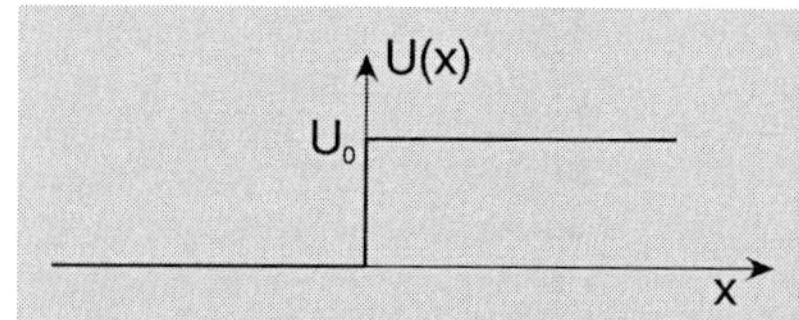

Abb. 3.

4.8 Es werde die Raumspiegelung $x = (t, \boldsymbol{x}) \mapsto x' = (t, -\boldsymbol{x})$ auf die Dirac-Gleichung (4.56) angewandt. Zeigen Sie, dass mit $\psi(x)$ auch

$$\psi_\Pi(x) = \gamma^0 \psi(x')$$

Lösung der Dirac-Gleichung ist.

Die beiden folgenden Aufgaben geben einen Hinweis darauf, wann die Dirac-Gleichung als Ein-Teilchen-Gleichung anwendbar ist und wann sie versagt, weil die Beimischung von Zuständen mit „negativer Energie" spürbar wird.

4.9 Ein Fermion werde in einer Dimension an einem Stufenpotential $U(x) = U_0 \Theta(x)$ gestreut. Es möge vor der Streuung von $x < 0$ her mit Impuls p und Spinorientierung $m_s = +1/2$ einlaufen.

Notieren Sie die einlaufende, die reflektierte und die nach positiven x durchlaufende Welle in der Standard-Darstellung. Nutzen Sie die Stetigkeit der Lösung bei $x = 0$ aus, um die freien Parameter in den drei Wellen bis auf eine gemeinsame Normierung festzulegen. Berechnen Sie den durchlaufenden und den reflektierten Strom im Verhältnis zum einlaufenden Strom. Diskutieren Sie die Ergebnisse für den Fall $(E - U_0)^2 < m^2$ und für den Fall $(E - U_0)^2 > m^2$, $U_0 > E + m$.

Bemerkung Die paradoxen Resultate des zweiten Falls werden *Klein'sches Paradoxon* genannt.

4.10 In enger Analogie zu (4.55) konstruiert man ein Wellenpaket $\psi(t, \boldsymbol{x})$ aus dem vollständigen System von kräftefreien Lösungen zu positiver und negativer Frequenz. Berechnen Sie den räumlichen Strom J^i für ein solches Paket. Schätzen Sie die Frequenzen der Oszillationen in den gemischten Termen (aus Lösungen zu positiven und negativen Frequenzen) ab.

Bemerkung Diese schnellen Oszillationen werden *Zitterbewegung* genannt.

4.11 Wir betrachten gebundene Zustände eines Elektrons im Coulomb-Potential bei schwach relativistischer Bewegung. Zeigen Sie: Für $\kappa < 0$, also $\ell = -\kappa - 1$, ist $r g_{n\kappa}(r) \approx y_{n\ell}(r)$, wo $y_{n\ell}(r)$ die Radialfunktionen des nichtrelativistischen Wasserstoffatoms sind (s. Band 2, (1.155)).

Bemerkung Das Resultat bedeutet, dass die Zustände

$$\left(n, \kappa, j = -\kappa - \frac{1}{2} = \ell + \frac{1}{2}\right) \qquad \text{und}$$

$$\left(n, \kappa' = -\kappa - 1, j = \kappa' - \frac{1}{2} = \ell - \frac{1}{2}\right)$$

im nichtrelativistischen Grenzfall die gleiche Radialfunktion besitzen.

Aufgaben: Kapitel 5

5.1 Arbeiten Sie die Regel (R9) im Detail aus.

5.2 Die Stromdichte $j^\mu(x)$ sei selbstadjungiert und sei erhalten, $\partial_\mu j^\mu(x) = 0$. In der Zerlegung nach Kovarianten sind dann nur die Formfaktoren

$F_1(Q^2)$ und $F_2(Q^2)$ von Null verschieden. Zeigen Sie, dass sie reell sind.

Lösung Wenn die Stromdichte selbstadjungiert ist, dann gilt

$$\langle p|\, j^\dagger_\mu(0)\, |q\rangle = \langle q|\, j_\mu(0)\, |p\rangle^* = \langle p|\, j_\mu(0)\, |q\rangle \ . \tag{A.12}$$

Das erste Gleichheitszeichen ist nichts anderes als die Definition des adjungierten Operators, das zweite gibt die Voraussetzung wieder. Setzt man die Zerlegung (5.76) ein, so gibt der mittlere Term in (A.12)

$$\begin{aligned}&\left\{u^\dagger(q)\gamma_0\left[\gamma_\mu F_1(Q^2) - \frac{\mathrm{i}}{2m}\sigma_{\mu\nu}(p-q)^\nu F_2(Q^2)\right]u(p)\right\}^* \\ &= u^\dagger(p)\left[\left(\gamma_0\gamma_\mu\right)^\dagger F_1^*(Q^2) + \frac{\mathrm{i}}{2m}\left(\gamma_0\sigma_{\mu\nu}\right)^\dagger (p-q)^\nu F_2^*(Q^2)\right]u(q) \\ &= \overline{u(p)}\left\{\gamma_0\gamma_\mu^\dagger\gamma_0\, F_1^*(Q^2) - \frac{\mathrm{i}}{2m}\gamma_0\sigma^\dagger_{\mu\nu}\gamma_0(q-p)^\nu F_2^*(Q^2)\right\}u(q) \,,\end{aligned}$$

wobei im letzten Schritt ein $(\gamma_0)^2 = \mathbb{1}$ zwischen $u^\dagger(p)$ und den Ausdruck rechts davon eingefügt wurde. Aus den Eigenschaften der γ-Matrizen folgt aber

$$\gamma_0\gamma^\dagger_\mu\gamma_0 = \gamma_\mu \,, \qquad \gamma_0\sigma^\dagger_{\mu\nu}\gamma_0 = \sigma_{\mu\nu} \,,$$

somit gibt das zweite Gleichheitszeichen in (A.12)

$$F_1^*(Q^2) = F_1(Q^2) \,, \qquad F_2^*(Q^2) = F_2(Q^2) \,, \tag{A.13}$$

beide Formfaktoren sind reell.

5.3 Beweisen Sie das bei der Berechnung des anomalen magnetischen Moments vorkommende Integral

$$I := \int \mathrm{d}^4 v \, \frac{1}{\left(v^2 - \Lambda^2 + \mathrm{i}\varepsilon\right)^3} = -\frac{\mathrm{i}\pi^2}{2\Lambda^2} \, .$$

Lösung Spaltet man auf in ein Integral über v_0 und ein solches über $\boldsymbol{v}$, das man in sphärischen Polarkoordinaten des $\mathbb{R}^3$ formuliert, dann ist mit $r \equiv |\boldsymbol{v}|$

$$\begin{aligned} I &= \int_{-\infty}^{+\infty} \mathrm{d}v^0 \int_0^\infty \mathrm{d}r\, r^2 \int \mathrm{d}\Omega \, \frac{1}{\left(v_0^2 - \overline{\Lambda}^2 + \mathrm{i}\varepsilon\right)^3} \\ &= 4\pi \int_0^\infty \mathrm{d}r\, r^2 \int_{-\infty}^{+\infty} \mathrm{d}v^0 \frac{1}{\left(v_0^2 - \overline{\Lambda}^2 + \mathrm{i}\varepsilon\right)^3} \,, \end{aligned}$$

wo $\overline{\Lambda}^2 := r^2 + \Lambda^2$ gesetzt ist. Im Nenner kann man gleichwertig

$$v_0^2 - \left(\overline{\Lambda}^2 - \mathrm{i}\varepsilon\right) \simeq \left(v_0 - (\overline{\Lambda} - \mathrm{i}\varepsilon)\right)\left(v_0 + (\overline{\Lambda} - \mathrm{i}\varepsilon)\right)$$

schreiben. Die Singularitäten des Integranden in der komplexen v_0-Ebene liegen wie in Abb. 4 gezeigt. Schließt man den Integrationsweg durch einen unendlich fernen Halbkreis in der unteren Halbebene wie in der Abbildung skizziert und verwendet den Cauchy'schen Integralsatz in der Form

$$\oint \mathrm{d}\zeta \, \frac{f(\zeta)}{(\zeta - z)^3} = \pi \mathrm{i} f''(z)$$

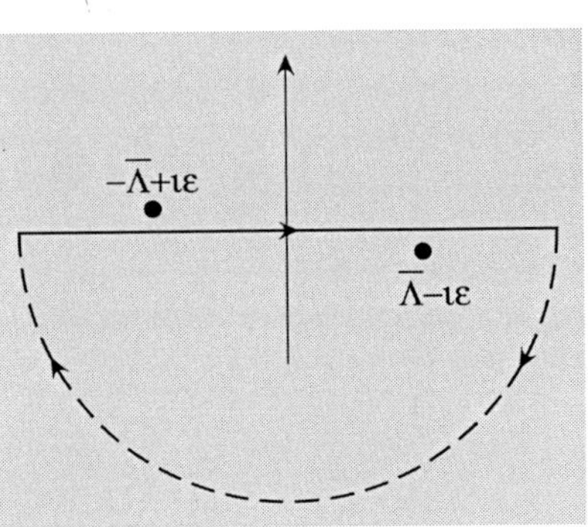

Abb. 4.

(sie folgt aus dem gewohnten Residuensatz durch zweimalige Ableitung nach z), dann ist

$$I = -4\pi^2 \mathrm{i} \int_0^\infty \mathrm{d}r\, r^2 \frac{12}{(2\Lambda)^5} = -\frac{3}{2}\pi^2 \mathrm{i} \int_0^\infty \mathrm{d}r\, \frac{r^2}{\left(r^2+\Lambda^2\right)^{5/2}} .$$

Das verbleibende Integral lässt sich durch partielle Integration mit $u'(r) = r/(r^2+\Lambda^2)^{5/2}$ und $v(r) = r$ elementar und direkt ausrechnen. Das Ergebnis ist

$$\int_0^\infty \mathrm{d}r\, \frac{r^2}{\left(r^2+\Lambda^2\right)^{5/2}} = \frac{1}{3\Lambda^2} ,$$

so dass das behauptete Ergebnis unmittelbar folgt.

5.4 Zur Ordnung $\mathcal{O}(\alpha)$ sind die differentiellen Wirkungsquerschnitte im Schwerpunktssystem für die folgenden Prozesse symmetrisch um 90°:

$$e^- + e^- \longrightarrow e^- + e^- \quad e^+ + e^- \longrightarrow \gamma + \gamma$$
$$e^+ + e^- \longrightarrow \mu^+ + \mu^- \quad e^+ + e^- \longrightarrow \tau^+ + \tau^- .$$

Woran liegt das? Warum gilt dies nicht für $e^+ + e^- \to e^+ + e^-$?

5.5 Man beweise die Integralformeln (A.11), die bei der Analyse der Selbstenergie auftreten.
Hinweis Da $x^2 = (x^0)^2 - \boldsymbol{x}^2$ ist, faktorisieren die nichtverschwindenden Integrale in solche über jede Koordinate. In jedem eindimensionalen Integral kann man den Integrationsweg in der komplexen Ebene um 45° drehen. Das Integral wird dabei zu einem Gauß-Integral.

5.6 Betrachten Sie die Prozesse (5.125) – (5.131), skizzieren Sie Baumdiagramme für diese Reaktionen und entscheiden Sie, zu welchen von ihnen der *geladene* schwache Strom, zu welchen der *neutrale* Strom beiträgt und zu welchen beide beitragen.

5.7 Berechnen Sie die Zerfallsrate des μ-Zerfalls mit Berücksichtigung des $W^\pm$-Propagators und zeigen Sie, dass die Rate wie in (5.139) angegeben modifiziert wird.

Literatur

Vorausgehende Bände

Diese werden im Text durchweg mit „Band 1“, „Band 2“ oder „Band 3“ zitiert, Verweise auf Gleichungen mit „Band 2, (1.27)“ oder ähnlich.

Scheck, F.: *Theoretische Physik, Band 1: Mechanik, Von den Newtonschen Gleichungen zum deterministischen Chaos* (Springer-Verlag, Heidelberg 2007)

Scheck, F.: *Theoretische Physik, Band 2: Nichtrelativistische Quantentheorie, Vom Wasserstoffatom zu den Vielteilchensystemen* (Springer-Verlag, Heidelberg 2006)

Scheck, F.: *Theoretische Physik, Band 3: Klassische Feldtheorie, Von der Elektrodynamik zu den Eichtheorien* (Springer-Verlag, Heidelberg 2006)

Klassiker

Neben den klassischen Büchern zur Quantenmechanik, die ich auch in Band 2 zitiert habe, ist hier noch das Buch von Wolfgang Heitler aufgenommen, das für eine ganze Generation von Physikern prägend war.

Condon, E. U., Shortley, E.H.: *The Theory of Atomic Spectra*, (Cambridge University Press, London 1957)

Dirac, P. A. M.: *The Principles of Quantum Mechanics*, (Oxford Science Publications, Clarendon Press Oxford 1996)

Heisenberg, W.: *Physikalische Prinzipien der Quantentheorie*, (BI Hochschultaschenbücher Mannheim 1958)

Heitler, W.: *The Quantum Theory of Radiation*, (Oxford University Press, Oxford 1953)

Von Neumann, J.: *Mathematische Grundlagen der Quantenmechanik*, (Springer-Verlag, Berlin 1932)

Pauli, W.: *General Principles of Quantum Mechanics* (Springer-Verlag, Heidelberg 1980); Pauli, W.: *Die allgemeinen Prinzipien der Wellenmechanik*, (Handbuch der Physik V/1, Springer-Verlag)

Wigner, E. P.: *Gruppentheorie und ihre Anwendung auf die Quantenmechanik der Atomspektren*, (Vieweg Verlag, Braunschweig 1931)

Umfangreiche Texte mit Handbuchcharakter

Hier sind einige Werke zusammengestellt, die – nach meiner Erfahrung – vielleicht für ein erstes Kennenlernen der angesprochenen Gebiete zu umfangreich sind, die sich aber hervorragend zur Vertiefung des Stoffes und zum Nachlesen konkreter Themen eignen.

Cohen-Tannoudji, C., Diu, B., Laloë, F.: *Mécanique Quantique I + II* (Hermann, Paris 1977)

Galindo, A., Pascual, P.: *Quantum mechanics I + II*, (Springer-Verlag, Berlin Heidelberg New York 1990)

Itzykson, Cl., Zuber, J.-B.: *Quantum Field Theory*, (McGraw-Hill, New York 1980)

Messiah, A.: *Mécanique Quantique 1 + 2*, (Dunod Paris 1969); deutsche Übersetzung bei (de Gruyter, Berlin 1991)

Zinn-Justin, J.: *Quantum Field Theory and Critical Phenomena*, (Clarendon Press, Oxford 1994)

Ausgewählte Lehrbücher zur relativistischen Quantenmechanik

Relativistische Quantenmechanik, als Bindeglied zwischen der nichtrelativistischen Quantentheorie und der Quantenfeldtheorie, behandelt überwiegend relativistische Elektronsysteme (Elektronenstreuung an Nukleonen und Kernen, Atomphysik u.a.), soweit sie mit der Ein-Teilchen Dirac-Gleichung behandelt werden können, die Physik von μ^--, π^--, K^-- und $\overline{p}$-Atomen, sowie generell Fragen der Atomphysik (einschliesslich Positronium und Myonium) und der Kernphysik.

Bethe, H. A., Jackiw, R. W.: *Intermediate Quantum Mechanics*, (Benjamin Cummings, Menlo Park 1986)

Bethe, H. A., Salpeter, E. E.: *Quantum Mechanics of One and Two Electron Atoms*, (Springer-Verlag, Berlin 1957)

Bjorkén, J. D., Drell, S. D.: *Relativistische Quantenmechanik*, (BI Hochschultaschenbücher, Mannheim 1966)

Rose, M. E.: *Relativistic Electron Theory*, (John Wiley & Sons, New York 1961)

Sakurai, J. J.: *Advanced Quantum Mechanics*, (Benjamin/Cummings 1984)

Scheck, F.: *Electroweak and Strong Interactions – An Introduction to Theoretical Particle Physics*, (Springer-Verlag, Heidelberg 1996)

Zwei Übungsbücher

Hier exemplarisch zwei Übungsbücher, die von besonderem Nutzen sein können, das eine eher traditionell in seiner Auswahl, das andere an aktuellen Forschungsthemen orientiert.

Flügge, S.: *Rechenmethoden der Quantentheorie*, (Springer-Verlag, Heidelberg 1999)

Basdevant, J.-L., Dalibard, J.: *The Quantum Mechanics Solver*, (Springer-Verlag, Ecole Polytechnique, Berlin 2000)

Ausgewählte Lehrbücher zur Quantenfeldtheorie

Einige ganz unterschiedliche Bücher, von denen die einen praktische Aspekte der Quantenelektrodynamik ausarbeiten, während andere den mathematischen und mehr axiomatischen Grundlagen gewidmet sind.

Bjorkén, J. D., Drell, S. D.: *Relativistische Quantenfelder*, (BI Hochschultaschenbücher, Mannheim 1966)

Bogoliubov, N. N., Shirkov, D. V.: *Introduction to the Theory of Quantized Fields*, (Interscience, New York 1959)

Collins, J. C.: *Renormalization*, (Cambridge University Press, Cambridge 1998)

Dittrich, W., Reuter, M.: *Classical and Quantum Dynamics*, (Springer-Verlag, Berlin, Heidelberg 2001)

Feynman, R. P., Hibbs, A. R.: *Quantum Mechanics and Path Integrals*, (McGraw-Hill 1965)

Gasiorowicz, S.: *Elementary Particle Physics*, (John Wiley & Sons, New York 1966)

Grosche, Ch., Steiner, F.: *Handbook of Feynman Path Integrals*, (Springer-Verlag, Berlin, Heidelberg, New York 1998)

Kleinert, H.: *Path Integrals in Quantum Mechanics, Statistics, and Polymer Physics*, (World Scientific, Singapore 1990)

Jauch, J. M., Rohrlich, F.: *The Theory of Photons and Electrons: The Relativistic Quantum Field Theory of Charged Particles with Spin one-half*, (Springer-Verlag, New York 1976)

Jost, R.: *The General Theory of Quantized Fields*, (Am. Mathematical Soc., Providence 1965)

Källen, G.: *Quantum Electrodynamics*, (Springer-Verlag, Berlin 1972)

Le Bellac, M.: *Quantum and Statistical Field Theory*, (Clarendon Press, Oxford 1991)

Mandl, F., Shaw, G.: *Quantenfeldtheorie*, (Aula Verlag, Wiesbaden 1993)

Ramond, P.: *Field Theory – a Modern Primer*, Benjamin/Cummings Publ. Co., Reading 1981)

Roepstorff, G.: *Pfadintegrale in der Quantenphysik*, (Vieweg, 1992)

Salmhofer, M.: *Renormalization*, (Springer-Verlag, Heidelberg 1999)

Scheck, F.: *Quantum Physics*, (Springer-Verlag, Heidelberg 2007)

Schweber, S. S.: *An Introduction to Quantum Field Theory*, (Row, Peterson & Co., Evanston 1961)

Simon, B.: *Functional Integration in Quantum Physics*, (Academic Press, 1979)

Streater, R. F., Wightman, A.S.: *Die Prinzipien der Quantenfeldtheorie*, BI Hochschultaschenbücher (Bibliographisches Institut, Mannheim 1969)

Weinberg, S.: *The Quantum Theory of Fields I + II*, (Cambridge University Press, Cambridge 1995, 1996)

Einige Monographien zu den quantisierten Eichtheorien und zur algebraischen Quantenfeldtheorie

Diese Werke eignen sich als vertiefende Lektüre für Theoretiker und solche, die es werden wollen. Über Eichtheorien als quantisierte Feldtheorien gibt es eine große Zahl von Büchern, deren Liste zu lang wäre, um sie hier vollständig anzugeben.

Bailin, D., Love, A.: *Introduction to Gauge Field Theory*, (Institute of Physics Publishing, 1993)

Bogoliubov, N. N., Logunov, A. A., Oksak, A. I., Todorov, I. T.: *General Principles of Quantum Field Theory*, (Kluwer, 1990)

Cheng, T. P., Li, L. F.: *Gauge Theory of Elementary Particle Physics*, (Oxford University Press, Oxford 1984)

Deligne, P. et al. (Hrsg.): *Quantum Fields and Strings: A Course for Mathematicians*, (Am. Math. Soc., Inst. for Advanced Study, Providence 2000)

Faddeev, L. D., Slavnov, A. A.: *Gauge Fields: An Introduction to Quantum Theory*, (Addison-Wesley, Reading 1991)

Haag, R.: *Local Quantum Physics*, (Springer-Verlag, Heidelberg 1999)

Piguet, O., Sorella, S. P.: *Algebraic Renormalization*, (Lecture Notes in Physics, Springer-Verlag 1995)

Steinmann, O.: *Perturbative Quantum Electrodynamics and Axiomatic Field Theory*, (Springer-Verlag, Heidelberg 2000)

Bücher zur Drehgruppe in der Quantenmechanik

Edmonds, A. R.: *Angular Momentum in Quantum Mechanics*, (Princeton University Press, Princeton 1957)

Fano, U., Racah, G.: *Irreducible Tensorial Sets*, (Academic Press, New York 1959)

Rose, M. E.: *Elementary Theory of Angular Momentum*, (Wiley, New York 1957)

Rotenberg, M., Bivins, R., Metropolis, N., Wooten, J. K.: *The 3j- and 6j-Symbols*, (Technical Press, MIT, Boston 1959)

de Shalit, A., Talmi, I.: *Nuclear Shell Theory*, (Academic Press, New York 1963)

Handbücher, Spezielle Funktionen

Abramowitz, M., Stegun, I. A.: *Handbook of Mathematical Functions* (Dover, New York 1965)

Bronstein, I. N., Semendjajew, K. A.: *Taschenbuch der Mathematik*, (Teubner, Stuttgart, Leipzig 1991)

Courant, R., Hilbert, D.: *Methoden der mathematischen Physik*, (Heidelberger Taschenbücher 1993)

Higher Transcendental Functions, The Bateman Manuscript Project, A. Erdélyi, W. Magnus, F. Oberhettinger, F. G. Tricomi, (McGraw-Hill, New York 1953)

Gradshteyn, I. S., Ryzhik, I. M.: *Table of Integrals, Series and Products* (Academic Press, New York and London 1965)

Ausgewählte mathematische Literatur, insbesondere über Lie-Algebren und Lie-Gruppen in der Physik

Auch diese Bücher sind von ganz unterschiedlichem Schwierigkeitsgrad. Einige sind relativ elementar, andere führen in die Tiefe und orientieren sich stark an der aktuellen Forschung in Theoretischer Physik.

de Azcárraga, J.A., Izquierdo, J. M.: *Lie Groups, Lie Algebras, Cohomology and some Applications in Physics*, (Cambridge University Press, Cambridge 1995)

Choquet-Bruhat, Y., deWitt-Morette, C., Dillard-Bleick, M.: *Analysis, Manifolds, and Physics*, (North Holland, Amsterdam 1982)

Fischer, H., Kaul, H.: *Mathematik für Physiker 1 + 2*, (Teubner Verlag, Stuttgart 1990, 1998)

Fuchs, J., Schweigert, Ch.: *Symmetries, Lie Algebras and Representations*, (Cambridge University Press, Cambridge 1997)

Hamermesh, M.: *Group Theory and Its Applications to Physical Problems*, (Addison-Wesley, Reading, Mass. 1962)

Lawson, H. B., Michelson, M.-L.: *Spin geometry*, (Princeton University Press, Princeton 1989)

Mackey, G. W.: *The theory of group representations*, (Univ. of Chicago Press, 1976) (Chicago lectures in mathematics)

O'Raifertaigh, L.: *Group Structure of Gauge Theories*, (Cambridge Monographs on Mathematical Physics, Cambridge 1986)

Richtmyer, R. D.: *Principles of Advanced Mathematical Physics*, (Springer-Verlag, New York 1981)

Sternberg, S.: *Group Theory and Physics*, (Cambridge University Press, Cambridge 1994)

In den historischen Anmerkungen zitierte Bücher

Es gibt eine große Zahl von wissenschaftshistorischen Büchern und Schriften über die Entwicklung der Quantenmechanik und der Quantenfeldtheorie, von denen ich stellvertretend das neueste Buch von J. Mehra zitiere. Besonders interessant sind auch die Briefwechsel von Protagonisten der Quantentheorie und die Sammelausgaben der Arbeiten von Niels Bohr, Werner Heisenberg, Wolfgang Pauli und vielen anderen, die man in einer gut bestückten naturwissenschaftlichen Bibliothek finden wird.

Born, M.: *Mein Leben*, (Nymphenburger Verlagshandlung, München 1975)

Born, M. (Hrsg.): *Albert Einstein – Max Born, Briefwechsel 1916 - 1955*, (Nymphenburger Verlagshandlung, München 1969)

Cassidy, D. C.: *Werner Heisenberg – Leben und Werk*, (Spektrum Akademischer Verlag, Weinheim 2001)

Jost, R.: *Das Märchen vom Elfenbeinernen Turm*, (Springer-Verlag, Heidelberg 1995)

Heisenberg, W.: *Der Teil und das Ganze*, (Piper Verlag, München 1969)

Mehra, J.: *The Conceptual Completion and the Extensions of Quantum Mechanics: 1932-1941*, (Springer-Verlag, New York 2001)

Pais, A.: *Niels Bohr's Times*, (Clarendon Press, Oxford 1991)

Pais, A.: *„Raffiniert ist der Herrgott ...": Albert Einstein; eine wissenschaftliche Biographie*, (Vieweg, Braunschweig 1986) Englische Originalausgabe: *„Subtle is the Lord ...", The Science and the Life of Albert Einstein*, (Clarendon Press, Oxford 1982)

Sciaccia, L.: *Das Verschwinden des Ettore Majorana*, (Elster Verlag, Zürich 1989); im Original: *La Scomparsa di Majorana*, (Einaudi, Torino 1975)

Weart, S. R.: *Scientists in Power*, (Harvard University Press, Cambridge 1979)

Interessante Information über Nobelpreisträger, die zur Entwicklung von Quantentheorie und Quantenfeldtheorie beigetragen haben (Lebensläufe, Preisreden u.a.), findet man auch im Internet unter `www.nobel.se/physics/laureates/index.html`

Anhang

A Beweis des Theorems von Wigner (nach V. Bargmann)

Der Bargmannsche Beweis des Theorems folgt dem von Wigner selbst gegebenen sehr nahe, ist aber übersichtlicher und etwas einfacher. Bargmanns Artikel[1] ist sehr klar geschrieben und ich empfehle dem Leser und der Leserin, ihn im Original nachzulesen. Die folgende Zusammenfassung, die man ähnlich auch bei [Galindo und Pascual (1990)] findet, ist für die ganz Eiligen.

A.1 Vorbemerkungen

Wenn wir von einer Symmetrietransformation im Hilbert-Raum sprechen, die eine konkrete physikalische Bedeutung haben soll, dann haben wir eine bijektive Abbildung vor Augen, die alle Übergangswahrscheinlichkeiten erhält. Es sei G eine Gruppe solcher Symmetrien, $g \in G$ ein Element und

$$\boldsymbol{\Psi} = \left\{ e^{i\alpha}\psi \,\middle|\, \alpha \in \mathbb{R} \right\} \in \mathcal{H} \tag{A.1}$$

ein Einheitsstrahl, auf den g wirken soll. Das Skalarprodukt zweier Einheitsstrahlen $\boldsymbol{\Psi}$ und $\boldsymbol{\Phi}$ wird als

$$\left(\boldsymbol{\Psi}, \boldsymbol{\Phi}\right) = |(\psi, \phi)| , \qquad \psi \in \boldsymbol{\Psi} , \ \phi \in \boldsymbol{\Phi} \tag{A.2}$$

definiert, die Norm eines Einheitsstrahles ist somit

$$\left(\boldsymbol{\Psi}, \boldsymbol{\Psi}\right)^{1/2} = \|\psi\| = 1 , \qquad \psi \in \boldsymbol{\Psi} .$$

Die Wirkung der Symmetrietransformation g auf einen Einheitsstrahl $\boldsymbol{\Psi}$

$$\boldsymbol{\Psi} \longmapsto \boldsymbol{\Psi}_g = g\boldsymbol{\Psi} , \qquad \boldsymbol{\Psi} \in \mathcal{H} , \ \boldsymbol{\Psi}_g \in \mathcal{H}' , \tag{A.3}$$

wird ergänzt um die Konvention, dass

$$g\left(\lambda\boldsymbol{\Psi}\right) := |\lambda| \, g\boldsymbol{\Psi} = |\lambda| \, \boldsymbol{\Psi}_g , \quad \lambda \in \mathbb{C} , \tag{A.4}$$

sein soll. Wir wählen je einen Repräsentanten $\psi \in \boldsymbol{\Psi}$ und $\psi' \in \boldsymbol{\Psi}_g$ des ursprünglichen Einheitsstrahls bzw. seines Bildes und setzen $\psi' = \mathbf{V}(g)\psi$.

A.2 Das Theorem

Wenn die Abbildung von Einheitsstrahlen in $\mathcal{H}$ auf Einheitsstrahlen in $\mathcal{H}'$,

$$g : \mathcal{H} \longrightarrow \mathcal{H}' : \boldsymbol{\Psi} \mapsto \boldsymbol{\Psi}_g , \tag{A.5}$$

innere Produkte ungeändert läßt,

$$\left(\boldsymbol{\Psi}_g, \boldsymbol{\Phi}_g\right) = \left(\boldsymbol{\Psi}, \boldsymbol{\Phi}\right) ,$$

[1] V. Bargmann, *Note on Wigner's Theorem on Symmetry Operations*, J. Math. Phys. **5** (1964) 862

dann gibt es eine Abbildung $\psi' = \mathbf{V}(g)\psi$ aller Vektoren in $\mathcal{H}$ auf Vektoren in $\mathcal{H}'$ derart, dass mit $\psi \in \boldsymbol{\Psi}$ auch $\psi' \in \boldsymbol{\Psi}_g$, und dass

$$\begin{aligned} \mathbf{V}(g)\big(\psi_1 + \psi_2\big) &= \mathbf{V}(g)\psi_1 + \mathbf{V}(g)\psi_2\,, \\ \mathbf{V}(g)\big(\lambda\psi\big) &= \chi(\lambda)\mathbf{V}(g)\psi\,, \\ \big(\mathbf{V}(g)\psi_1, \mathbf{V}(g)\psi_2\big) &= \chi\big((\psi_1, \psi_2)\big) \end{aligned} \tag{A.6}$$

gilt, wobei die Funktion $\chi(\lambda)$ für alle $\lambda \in \mathbb{C}$ entweder $\chi(\lambda) = \lambda$ oder $\chi(\lambda) = \lambda^*$ ist. Aus (A.6) folgt, dass $\|\mathbf{V}(g)\psi\| = \|\psi\|$, d. h. dass $\mathbf{V}(g)$ isometrisch ist. Diese Abbildung ist *linear* bzw. *antilinear*, je nachdem ob $\chi(\lambda) = \lambda$ oder $\chi(\lambda) = \lambda^*$ gilt.
Ist die Abbildung (A.5) surjektiv, dann ist $\mathbf{V}(g) : \mathcal{H} \to \mathcal{H}'$ surjektiv, $\mathbf{V}(g)$ ist dann *unitär* oder *antiunitär*, je nachdem ob $\chi(\lambda) = \lambda$ oder $\chi(\lambda) = \lambda^*$ ist.

A.3 Einzelne Schritte des Beweises

Wenn $\mathcal{H}$ eindimensional ist, $\dim \mathcal{H} = 1$, dann ist die Aussage trivial erfüllt: $\mathcal{H}$ enthält nur einen einzigen Einheitsstrahl. Mit ψ liegt auch jedes komplexe Vielfache $\lambda\psi$ davon in $\mathcal{H}$. Man definiert

$$\mathbf{V}(g)\big(\lambda\psi\big) := \chi(\lambda)\psi'\,, \quad \text{mit} \quad \chi(\lambda) = \lambda \text{ oder } \lambda^*\,.$$

Wenn $\dim \mathcal{H} \geq 2$, so sei $\mathcal{H}^\perp$ der Unterraum all der Elemente von $\mathcal{H}$, die zu ψ orthogonal sind. Es ist klar, dass das Bild von $\mathcal{H}^\perp$ unter der Symmetriewirkung g ebenfalls orthogonal auf dem Bild ψ' von ψ steht. Zu jedem Element $\phi \in \mathcal{H}^\perp$ läßt sich ein Repräsentant ϕ' des Einheitsstrahls $\boldsymbol{\Phi}_g$ finden derart, dass

$$\psi' + \phi' \in g\big(\boldsymbol{\Psi} + \boldsymbol{\Phi}\big) \equiv \big(\boldsymbol{\Psi} + \boldsymbol{\Phi}\big)_g$$

ist. Der Strahl $\big(\boldsymbol{\Psi} + \boldsymbol{\Phi}\big)_g$ liegt in der von $\boldsymbol{\Psi}_g$ und $\boldsymbol{\Phi}_g$ aufgespannten Ebene, seine Projektionen auf diese sind dieselben wie die von $\boldsymbol{\Psi} + \boldsymbol{\Phi}$ auf $\boldsymbol{\Psi}$ und $\boldsymbol{\Phi}$. Deshalb enthält der Strahl $\big(\boldsymbol{\Psi} + \boldsymbol{\Phi}\big)_g$ auch Elemente der Form $\psi' + e^{i\alpha}\phi'_1$, wo $\phi'_1 \in \boldsymbol{\Phi}_g$ liegt. Wählt man jetzt $\phi' = e^{i\alpha}\phi'_1$ – womit ϕ' eindeutig festgelegt ist – und setzt $\phi' = \mathbf{W}(g)\phi$, dann ist dieses $\mathbf{W}(g)$ unitär oder antiunitär, d. h. besitzt die Eigenschaften

$$\begin{aligned} \mathbf{W}(g)\big(\lambda_a\phi_a + \lambda_b\phi_b\big) &= \chi(\lambda_a)\mathbf{W}(g)\phi_a + \chi(\lambda_b)\mathbf{W}(g)\phi_b \\ \langle\mathbf{W}(g)\phi_a|\mathbf{W}(g)\phi_b\rangle &= \chi\big(\langle\phi_a|\phi_b\rangle\big)\,, \end{aligned} \tag{A.7}$$

wo die Funktion $\chi(\lambda)$ wie oben erklärt ist. Wenn diese Aussage, die wir weiter unten beweisen, richtig ist, kann man wie folgt weiter argumentieren.

Von dieser Stelle an verwenden wir auch solche Strahlen, die nicht auf 1 normiert sind, bezeichnen sie aber ebenfalls mit fetten Symbolen. Die von der Symmetrieoperation $g \in G$ induzierte Transformation überträgt sich direkt auf solche nichtnormierten Strahlen $\widetilde{\boldsymbol{\Psi}} = \varrho\boldsymbol{\Psi}$, $\varrho \geq 0$, indem das Bild mit demselben reellen, nichtnegativen Faktor ϱ multipliziert wird. Insbesondere werde ein Strahl, der den Repräsentanten $\lambda\psi + \mu\phi$ mit $\lambda, \mu \in \mathbb{C}$ enthält, mit dem Symbol $\big(\lambda\boldsymbol{\Psi} + \mu\boldsymbol{\Phi}\big)$ notiert.

Es sei

$$\mathbf{V}(g)\big(\lambda\psi + \phi\big) = \chi(\lambda)\psi' + \mathbf{W}(g)\phi\,.$$

Für $\lambda = 0$ ist $\mathbf{V}(g)\phi = \mathbf{W}(g)\phi \in \boldsymbol{\Phi}_g$. Wenn $\lambda \neq 0$ ist, dann gilt für den zugehörigen Strahl und für sein Bild unter g

$$\left(\lambda\boldsymbol{\Psi} + \boldsymbol{\Phi}\right) = |\lambda| \left(\boldsymbol{\Psi} + \frac{1}{\lambda}\boldsymbol{\Phi}\right) \quad \text{und}$$
$$\left(\lambda\boldsymbol{\Psi} + \boldsymbol{\Phi}\right)_g = |\lambda| \left(\boldsymbol{\Psi} + \frac{1}{\lambda}\boldsymbol{\Phi}\right)_g .$$

Auf Grund der Definition von $\mathbf{W}(g)$ und mit den Eigenschaften (A.7) schließt man

$$\psi' + \chi\left(\frac{1}{\lambda}\right)\mathbf{W}(g)\phi \in \left(\boldsymbol{\Psi} + \frac{1}{\lambda}\boldsymbol{\Phi}\right)_g = \frac{1}{|\lambda|}\left(\lambda\boldsymbol{\Psi} + \boldsymbol{\Phi}\right)_g ,$$

woraus man folgert, dass $\mathbf{V}(g)$ angewandt auf $\lambda\psi + \phi$ im Strahl $\left(\lambda\boldsymbol{\Psi} + \boldsymbol{\Phi}\right)_g$ liegt,

$$\begin{aligned}\mathbf{V}(g)(\lambda\psi + \phi) &= \chi(\lambda)\psi' + \mathbf{W}(g)\phi \in \frac{|\chi(\lambda)|}{|\lambda|}\left(\lambda\boldsymbol{\Psi} + \boldsymbol{\Phi}\right)_g \\ &= \left(\lambda\boldsymbol{\Psi} + \boldsymbol{\Phi}\right)_g .\end{aligned}$$

Dies bedeutet, dass $\mathbf{V}(g)$ die Symmetrietransformation $g \in G$ auf $\mathcal{H}$ realisiert und dass $\mathbf{V}(g)$ genauso wie $\mathbf{W}(g)$ entweder unitär oder antiunitär ist. Es bleibt somit, die Aussage (A.7) zu beweisen. Sei $\psi \in \boldsymbol{\Psi}$ ein Element des Einheitsstrahls $\boldsymbol{\Psi}$, ϕ_a und ϕ_b zwei Elemente aus $\mathcal{H}^{\perp}$. Dann gilt

$$|\langle\psi + \phi_a|\psi + \phi_b\rangle| = \left|\langle\psi' + \phi'_a|\psi' + \phi'_b\rangle\right| ,$$
$$|\langle\phi_a|\phi_b\rangle| = \left|\langle\phi'_a|\phi'_b\rangle\right| ,$$

Hieraus folgen die Aussagen

$$|\langle\phi_a|\phi_b\rangle| = |\langle\mathbf{W}(g)\phi_a|\mathbf{W}(g)\phi_b\rangle| , \tag{A.8}$$
$$\text{Re } \langle\phi_a|\phi_b\rangle = \text{Re } \langle\mathbf{W}(g)\phi_a|\mathbf{W}(g)\phi_b\rangle .$$

Falls $\langle\phi_a|\phi_b\rangle$ reell ist, gilt $\langle\phi_a|\phi_b\rangle = \langle\mathbf{W}(g)\phi_a|\mathbf{W}(g)\phi_b\rangle$. Für ein gegebenes Element $\psi + \lambda\phi$ gibt es ein eindeutig festgelegtes $\chi_\phi(\lambda) \in \mathbb{C}$ derart, dass $\psi' + \chi_\phi(\lambda)\mathbf{W}(g)\phi$ im Strahl $\left(\boldsymbol{\Psi} + \lambda\boldsymbol{\Phi}\right)_g$ liegt. Jetzt muß man noch zeigen, dass χ_ϕ entweder die Eins $\mathbb{1}$ oder der Operator $\mathbf{K}^{(0)}$ der komplexen Konjugation ist und gar nicht vom Element ϕ abhängt, auf das es wirkt.

Zunächst ist klar, dass $\chi_\phi(1) = 1$ und $|\chi_\phi(\lambda)| = |\lambda|$ ist. Mit (A.8) folgt damit, dass $\chi_\phi(\mathrm{i}) = \pm\mathrm{i}$ sein muß. Wenn $\sigma \in \mathbb{R}$ eine reelle Zahl ist, dann gilt auch $\chi_\phi(\sigma) = \sigma$ und aus diesen Formeln

$$\chi_\phi(\sigma + \mathrm{i}\tau) = \sigma + \chi_\phi(\mathrm{i})\tau \quad \text{für alle} \quad \sigma, \tau \in \mathbb{R} . \tag{A.9}$$

Aus der Formel (A.9) folgt für je zwei komplexe Zahlen λ und μ

$$\chi_\phi(\lambda\mu) = \chi_\phi(\lambda)\chi_\phi(\mu) , \qquad \lambda, \mu \in \mathbb{C} , \tag{A.10}$$

eine Formel, die wir gleich ausnutzen werden.

Wenn $\dim \mathcal{H} = 2$ ist, dann berechnet man die Wirkung von $\mathbf{W}(g)$ auf den Zustand $\lambda\mu\phi$, der aus $\phi \in \mathcal{H}^\perp$ durch Multiplikation mit zwei komplexen Zahlen entsteht, auf zwei verschiedene Weisen und verwendet (A.10). Einmal ist

$$\mathbf{W}(g)\big(\lambda\mu\phi\big) = \chi_\phi(\lambda\mu)\mathbf{W}(g)\phi = \chi_\phi(\lambda)\chi_\phi(\mu)\mathbf{W}(g)\phi\,,$$

das andere Mal ist

$$\mathbf{W}(g)\big(\lambda\mu\phi\big) = \chi_{\mu\phi}(\lambda)\mathbf{W}(g)\big(\mu\phi\big) = \chi_{\mu\phi}(\lambda)\chi_\phi(\mu)\mathbf{W}(g)\phi\,.$$

Vergleicht man die beiden rechten Seiten, dann sieht man, dass

$$\chi_\phi(\lambda) = \chi_{\mu\phi}(\lambda) \quad \text{für alle} \quad \mu \in \mathbb{C}\,.$$

Das bedeutet, dass χ_ϕ auf $\mathcal{H}^\perp$ – der hier eindimensional ist – nicht vom Zustand abhängt.

Für $\dim \mathcal{H} \geq 3$ geht man folgendermaßen vor. Man wähle zwei zueinander orthogonale Elemente $\phi_1, \phi_2 \in \mathcal{H}^\perp$, $\langle\phi_1|\phi_2\rangle = 0$, und setze $\phi = \lambda_1\phi_1 + \lambda_2\phi_2$. Die Wirkung von $\mathbf{W}(g)$ auf ϕ ist $\mathbf{W}(g)\phi = \lambda_1'\mathbf{W}(g)\phi_1 + \lambda_2'\mathbf{W}(g)\phi_2$, wobei $|\lambda_i'| = |\lambda_i|$. Beide Koeffizienten λ_i ungleich 0 vorausgesetzt, gilt

$$\big\langle(1/\lambda_i^*)\phi_i\big|\lambda_i\phi_i\big\rangle = \big\langle(1/\lambda_i^*)\phi_i\big|\phi\big\rangle = 1\,,$$

$$\chi_{\phi_i}^*(1/\lambda_i^*)\chi_{\phi_i}(\lambda_i) = \chi_{\phi_i}^*(1/\lambda_i^*)\lambda_i'\,, \quad \text{woraus} \quad \lambda_i' = \chi_{\phi_i}(\lambda_i) \quad \text{und}$$

$$\mathbf{W}(g)\phi = \chi_{\phi_1}(\lambda_1)\mathbf{W}(g)\phi_1 + \chi_{\phi_2}(\lambda_2)\mathbf{W}(g)\phi_2$$

folgen. Wählt man als Spezialfall zunächst $\Phi = \phi_1 + \phi_2$, dann kann man wieder die Wirkung von $\mathbf{W}(g)$ auf $\lambda\Phi$ auf zwei Weisen ausrechnen,

$$\mathbf{W}(g)(\lambda\Phi) = \begin{cases} \chi_\Phi(\lambda)\big(\mathbf{W}(g)\phi_1 + \mathbf{W}(g)\phi_2\big)\,, \\ \chi_{\phi_1}(\lambda)\mathbf{W}(g)\phi_1 + \chi_{\phi_2}(\lambda)\mathbf{W}(g)\phi_2\,, \end{cases}$$

woraus man sofort auf $\chi_{\phi_1} = \chi_{\phi_2} = \chi_\Phi$ schließt. Kehrt man zur Linearkombination $\phi = \lambda_1\phi_1 + \lambda_2\phi_2$ zurück, dann gilt ebenso

$$\mathbf{W}(g)(\lambda\phi) = \begin{cases} \chi_\phi(\lambda)\mathbf{W}(g)\phi = \chi_\phi(\lambda)\big(\chi_{\phi_1}(\lambda_1)\mathbf{W}(g)\phi_1 \\ \qquad\qquad + \chi_{\phi_2}(\lambda_2)(\mathbf{W}(g)\phi_2\big)\,, \\ \mathbf{W}(g)\big(\lambda\lambda_1\phi_1 + \lambda\lambda_2\phi_2\big) = \chi_{\phi_1}(\lambda\lambda_1)\mathbf{W}(g)\phi_1 \\ \qquad\qquad + \chi_{\phi_2}(\lambda\lambda_2)\mathbf{W}(g)\phi_2\,. \end{cases}$$

Dies bedeutet, dass für alle ϕ in der von ϕ_1 und ϕ_2 aufgespannten Ebene $\chi_{\phi_1} = \chi_\phi$ gilt, χ_ϕ also gar nicht von ϕ abhängt. Damit ist (A.7) bewiesen.

B Selbstenergie des Elektrons: Zwischenrechnung

In zweiter Ordnung $\mathcal{O}(e^2)$ und unter Verwendung einer kleinen Masse m_γ für das Photon geben die Feynmanschen Regeln die folgende Modifikation des Elektron-Propagators

$$S_F(p) \longmapsto S_F(p) + S_F(p)\Sigma(p)S_F(p)\,,$$

$$\Sigma(p) = -\mathrm{i}\frac{e^2}{(2\pi)^4}\int \mathrm{d}^4k\, \gamma^\mu S_F(p-k)\gamma_\mu \frac{1}{k^2 - m_\gamma^2 + \mathrm{i}\varepsilon}\,.$$

Wir holen hier die Umformung dieses Ausdrucks nach, die auf die Form (5.56) führt. Setzt man die Formel

$$\frac{\mathrm{i}(\not{q}+m\,\mathbb{1})}{q^2-m^2+\mathrm{i}\varepsilon} = (\not{q}+m\,\mathbb{1})\int\limits_0^\infty \mathrm{d}z\, e^{\mathrm{i}z(q^2-m^2+\mathrm{i}\varepsilon)}$$

einmal mit $q = p-k$ ein, einmal mit $q = k$ (unter Weglassen des Vorfaktors), so ist

$$\Sigma(p) = \mathrm{i}\frac{e^2}{(2\pi)^4}\int\limits_0^\infty \mathrm{d}z_1 \int\limits_0^\infty \mathrm{d}z_2 \int \mathrm{d}^4k$$
$$\gamma^\mu\big(\not{p}-\not{k}+m\,\mathbb{1}\big)\gamma_\mu e^{\mathrm{i}z_1[(p-k)^2-m^2+\mathrm{i}\varepsilon]} e^{\mathrm{i}z_2[k^2-m_\gamma^2+\mathrm{i}\varepsilon]}\,.$$

Mit den Formeln des Abschnitts 4.3.3 ist $\gamma^\mu\gamma_\mu = 4$ und $\gamma^\mu\not{q}\gamma_\mu = -2\not{q}$. Führt man außerdem die Variable

$$x := k - \frac{pz_1}{z_1+z_2} = k-p+\frac{pz_2}{z_1+z_2}$$

anstelle des Impulses k ein, so ist

$$\gamma^\mu\big(\not{p}-\not{k}+m\,\mathbb{1}\big)\gamma_\mu = 4m\,\mathbb{1}+2\not{x}-2\frac{z_2}{z_1+z_2}\not{p}\,,$$

$$z_1(p-k)^2+z_2k^2 = (z_1+z_2)x^2+\frac{z_1z_2}{z_1+z_2}p^2\,.$$

Um jetzt die x-Integration auszuführen, verwendet man drei leicht zu zeigende Integralformeln:

$$\int\frac{\mathrm{d}^4x}{(2\pi)^4}\left\{\begin{matrix}1\\ x^\mu\\ x^\mu x^\nu\end{matrix}\right\} e^{\mathrm{i}x^2(z_1+z_2)} = \frac{-\mathrm{i}}{16\pi^2(z_1+z_2)^2}\left\{\begin{matrix}1\\ 0\\ \mathrm{i}g^{\mu\nu}/2(z_1+z_2)\end{matrix}\right\}. \tag{B.11}$$

Damit wird $\Sigma(p)$ zu

$$\Sigma(p) = \frac{\alpha}{2\pi}\int\limits_0^\infty \mathrm{d}z_1\int\limits_0^\infty \mathrm{d}z_2\left(2m\,\mathbb{1}-\frac{z_2}{z_1+z_2}\not{p}\right)\frac{1}{(z_1+z_2)^2}$$
$$\times\exp\left[\mathrm{i}\left(p^2\frac{z_1z_2}{z_1+z_2}-m^2z_1-m_\gamma^2z_2+\mathrm{i}\varepsilon\right)\right].$$

Jetzt schiebt man in den Integranden die Identität

$$1 = \int\limits_0^\infty \frac{\mathrm{d}\lambda}{\lambda}\delta\left(1-\frac{z_1+z_2}{\lambda}\right)$$

ein und ersetzt die Variablen z_1 und z_2 durch

$$z = \frac{z_1}{\lambda}\,, \qquad \zeta = \frac{z_2}{\lambda}\,.$$

Die δ-Distribution erzwingt die Bedingung $z+\zeta=1$. Da nur die Wertebereiche $z_1 \in [0,\infty]$ und $z_2 \in [0,\infty]$ vorkommen, folgt, dass z und ζ zwischen 0 und 1 variieren, $z,\zeta \in [0,1]$. Nach Ausführen der Integration über ζ verbleibt

$$\Sigma(p) = \frac{\alpha}{2\pi}\int_0^1 \mathrm{d}z\,\left(2m\,\mathbb{1} - (1-z)\not{p}\right)$$
$$\int_0^\infty \frac{\mathrm{d}\lambda}{\lambda}\,\exp\left[\mathrm{i}\lambda\left(p^2 z(1-z) - m^2 z - m_\gamma^2(1-z) + \mathrm{i}\varepsilon\right)\right] .$$

Dies ist der Ausdruck (5.56) mit (5.57), den wir in Abschn. 5.2.1 weiter analysieren.

C Renormierung der Fermionmasse: Zwischenrechnung

Hier sind die Zwischenrechnungen zusammengestellt, die vom Ausdruck (5.58) für die regularisierte Selbstenergie zum Ausdruck (5.60) führen. Es sind zwei Integrale zu berechnen,

$$J_1 := \int_0^1 \mathrm{d}z\,\ln\left(\frac{m^2z^2 + m_\gamma^2(1-z)}{m^2 z + m_\gamma^2(1-z) - p^2 z(1-z)}\right)$$
$$= \int_0^1 \mathrm{d}z\,\ln\left(1 + (m^2-p^2)\frac{z(z-1)}{(m^2-p^2)z + p^2z^2 + m_\gamma^2(1-z)}\right) ,$$
$$J_2 := \int_0^1 \mathrm{d}z\,(z-1)\ln\left(\frac{m^2z^2 + m_\gamma^2(1-z)}{m^2 z + m_\gamma^2(1-z) - p^2 z(1-z)}\right) .$$

Im ersten von diesen integriert man partiell gemäß

$$\int_0^1 \mathrm{d}z\,\ln u(z) = z\ln u(z)\Big|_0^1 - \int_0^1 \mathrm{d}z\,z\frac{u'(z)}{u(z)}$$

und erhält

$$J_1 = (p^2-m^2)\int_0^1 \mathrm{d}z\,\frac{z\left[(m^2-m_\gamma^2)z^2 + 2m_\gamma^2 z - m_\gamma^2\right]}{\left[(m^2-p^2)z + p^2z^2 + m_\gamma^2(1-z)\right]\left[m^2z^2 + m_\gamma^2(1-z)\right]}$$
$$\approx (p^2-m^2)\int_0^1 \mathrm{d}z\,\frac{z}{(m^2-p^2)z + p^2z^2 + m_\gamma^2(1-z)} ,$$

wobei ausgenutzt wurde, dass m_γ sehr klein ist, der zweite Faktor im Zähler des Integranden näherungsweise gleich dem zweiten Faktor im Nenner ist.

Führt man noch die Variablensubstitution $y = 1 - z$ durch, dann ist

$$J_1 \approx (p^2 - m^2) \int_0^1 \mathrm{d}y \, \frac{1-y}{N(y)} \quad \text{mit}$$

$$N(y) = m^2(1-y) + m_\gamma^2 y - p^2 y(1-y) \, .$$

Das Integral J_2 wird ebenfalls partiell integriert, wobei der Faktor $(z-1) = u'(z)$ als Ableitung von $u(z) = z(z/2 - 1)$ gelesen wird.

$$\begin{aligned} J_2 &= (p^2 - m^2) \int_0^1 \mathrm{d}z \, z \left(\frac{z}{2} - 1\right) \\ &\quad \frac{-m_\gamma^2 (1-z)^2 + m^2 z^2}{\left[m^2 z + m_\gamma^2 (1-z) - p^2 z(1-z)\right]\left[m^2 z^2 + m_\gamma^2 (1-z)\right]} \\ &\approx (p^2 - m^2) \int_0^1 \mathrm{d}z \, z \left(\frac{z}{2} - 1\right) \frac{1}{m^2 z + m_\gamma^2 (1-z) - p^2 z(1-z)} \, , \end{aligned}$$

wobei wir wieder ausgenutzt haben, dass m_γ sehr klein ist. Führt man auch hier die Variable $y = 1 - z$ ein, so ist

$$J_2 \approx -\frac{1}{2}(p^2 - m^2) \int_0^1 \mathrm{d}y \, \frac{1-y^2}{N(y)} \, .$$

Den Integranden spaltet man in zwei Summanden auf,

$$\frac{1-y^2}{N(y)} = \frac{1-y}{N(y)} + \frac{y(1-y)}{N(y)}$$

und schreibt den zweiten dieser Terme als

$$\begin{aligned} \frac{y(1-y)}{N(y)} &= \frac{1}{p^2}\left[-1 + \frac{m^2(1-y) + m_\gamma^2 y}{N(y)}\right] \\ &\approx -\frac{1}{p^2} + \frac{m^2}{p^2}\frac{1-y}{N(y)} \, . \end{aligned}$$

Damit wird J_2 durch eine Konstante und durch dasselbe Integral wie J_1 ausgedrückt,

$$J_2 \approx -\frac{1}{2}(p^2 - m^2) \left\{ \left(1 + \frac{m^2}{p^2}\right) \int_0^1 \mathrm{d}y \, \frac{1-y}{N(y)} - \frac{1}{p^2} \right\} \, .$$

Das hierbei auftretende Integral ist bis auf einen Faktor $(-p^2)$ die in Abschn. 5.2.2 definierte Funktion $\Lambda(p^2)$,

$$\Lambda(p^2) = -p^2 \int_0^1 \mathrm{d}y \, \frac{1-y}{N(y)} \, .$$

Der Ausdruck

$$C(p) = \frac{\alpha}{2\pi} \int_0^1 dz \left[2m\,\mathbb{1} - \not{p}(1-z)\right] \ln \left(\frac{m^2 z^2 + m_\gamma^2 (1-z)}{m^2 z + m_\gamma^2 (1-z) - p^2 z(1-z)} \right)$$

kann somit vollständig durch dieses eine Integral bzw. die Funktion $\Lambda(p^2)$ ausgedrückt werden. Man findet ohne Schwierigkeit

$$C(p) \approx \frac{\alpha}{4\pi}(p^2 - m^2) \left\{ \frac{m}{p^2}\,\mathbb{1} - \left(\frac{1}{p^2}\Lambda(p^2) \right) m \left(3 - \frac{m^2}{p^2} \right) \mathbb{1} \right.$$
$$\left. + (\not{p} - m\,\mathbb{1}) \left(\frac{1}{p^2} + \left(1 + \frac{m^2}{p^2} \right) \right) \left(\frac{1}{p^2}\Lambda(p^2) \right) \right\}$$

Setzt man jetzt

$$C(p) \equiv \Sigma_b(p)\,\mathbb{1} + (\not{p} - m\,\mathbb{1})\,\Sigma_a(p)\,,$$

dann sind diese so definierten Funktionen

$$\Sigma_a(p^2) \approx \frac{\alpha}{4\pi} \left(1 - \frac{m^2}{p^2} \right) \left\{ 1 + \left(1 + \frac{m^2}{p^2} \right) \Lambda(p^2) \right\}\,,$$

$$\Sigma_b(p^2) \approx \frac{\alpha}{4\pi} m \left(1 - \frac{m^2}{p^2} \right) \left\{ 1 - \left(3 - \frac{m^2}{p^2} \right) \Lambda(p^2) \right\}\,,$$

$$\Lambda(p^2) = -p^2 \int_0^1 dz\, \frac{1-z}{m^2(1-z) + m_\gamma^2 z - p^2 z(1-z)}\,.$$

Als nächstes soll die regularisierte Größe $\Sigma^{\mathrm{reg}}(p)$ in die Form (5.60)

$$\Sigma^{\mathrm{reg}}(p) = A\,\mathbb{1} + (\not{p} - m\,\mathbb{1}) \left[B + \Sigma^{\mathrm{end}}(p^2) \right]$$

gebracht werden. Der Anteil Σ_a erscheint bereits mit dem gewünschten Vorfaktor $\not{p} - m\,\mathbb{1}$ und braucht daher nicht weiter umgeformt zu werden. Den Anteil $\Sigma_b(p^2)$ könnte man formal so einbauen, dass man unter Ausnutzung von $(\not{p} - m\,\mathbb{1})(\not{p} + m\,\mathbb{1}) = (p^2 - m^2)\,\mathbb{1}$ den Term $C(p)$ als

$$C(p) = (\not{p} - m\,\mathbb{1}) \left(\Sigma_a(p^2)\,\mathbb{1} + (\not{p} + m\,\mathbb{1}) \frac{1}{p^2 - m^2} \Sigma_b(p^2) \right) \tag{C.12}$$

schreibt. Dies ist aber noch nicht ganz richtig, weil die Funktion $\Sigma^{\mathrm{end}}(p^2)$ so eingerichtet sein soll, dass sie auf der Massenschale $p^2 = m^2$ verschwindet. Es ist zwar richtig, dass beide Funktionen $\Sigma_a(p^2)$ und $\Sigma_b(p^2)$ bei $p^2 = m^2$ gleich Null sind, aber $\Sigma_b(p^2)/(p^2 - m^2)$ gibt $0/0$ und bleibt unbestimmt. Entwickelt man Σ_b um die Massenschale $p^2 = m^2$

$$\Sigma_b(p^2)\,\mathbb{1} \approx \mathbb{1}\,\Sigma_b(p^2)\big|_{p^2=m^2} + 2m(\not{p} - m\,\mathbb{1})\, \frac{\partial \Sigma_b(p^2)}{\partial p^2}\bigg|_{p^2=m^2}\,,$$

wobei man wieder die Relation

$$(p^2 - m^2)\,\mathbb{1} = (\not{p} + m\,\mathbb{1})(\not{p} - m\,\mathbb{1}) \approx 2m(\not{p} - m\,\mathbb{1})$$

benutzt hat, dann sieht man, dass man im zweiten Faktor (in großen runden Klammern) von (C.12) noch $2m\partial\Sigma_b/\partial p^2$ bei $p^2 = m^2$ abziehen muß.

Dann ist die Forderung $\Sigma^{\text{end}}(p^2 = m^2) = 0$ erfüllt und man erhält das in Abschn. 5.2.2 angegebene Resultat

$$\Sigma^{\text{end}}\,\mathbb{1} = \Sigma_a(p^2)\,\mathbb{1} + (\not p + m\,\mathbb{1})\frac{1}{p^2 - m^2}\,\Sigma_b(p^2) - 2m\,\mathbb{1}\,\frac{\partial \Sigma_b}{\partial p^2}\bigg|_{p^2=m^2} . \qquad \text{(C.13)}$$

Man beachte, dass wiederum eine physikalische Forderung eingebaut wurde: im Propagator soll die physikalische Masse erscheinen.

D Beweis der Identität (5.86)

Es sei Σ(p) die (regularisierte) Selbstenergie (5.60) (Wir unterdrücken die Kennzeichnung „reg" um etwas Schreibaufwand zu sparen.) Man betrachtet

$$\overline{u(q)}\frac{\partial \Sigma(p)}{\partial p_\mu}u(p)$$

an der Stelle $q = p$ und überlegt sich, dass in (5.60) nur der Term B beiträgt, d. h. dass

$$\overline{u(q)}\frac{\partial \Sigma(p)}{\partial p_\mu}u(p)\bigg|_{q=p} = B\overline{u(p)}\gamma^\mu u(p) .$$

Setzt man andererseits (ohne Rücksicht auf die Regularisierung) die ursprüngliche Integraldarstellung für Σ ein, so ist

$$\overline{u(p)}\frac{\partial \Sigma(p)}{\partial p_\mu}u(p) = -\frac{\mathrm{i}e_0^2}{(2\pi)^4} \int \mathrm{d}^4k\,\overline{u(p)}\gamma^\lambda\left(\frac{\partial}{\partial p_\mu}S_F(p-k)\right)\gamma_\lambda\frac{1}{k^2+\mathrm{i}\varepsilon}u(p) .$$

Jetzt verwendet man die einfach zu zeigende Identität

$$\frac{\partial}{\partial p_\mu}S_F(p) = -S_F(p)\gamma^\mu S_F(p)$$

und erhält damit

$$\overline{u(p)}\frac{\partial \Sigma(p)}{\partial p_\mu}u(p) = \frac{\mathrm{i}e_0^2}{(2\pi)^4}\int\frac{\mathrm{d}^4k}{k^2+\mathrm{i}\varepsilon}\overline{u(p)}\gamma^\lambda S_F(p-k)\gamma^\mu S_F(p-k)\gamma_\lambda u(p).$$

Diesen Ausdruck vergleicht man nun mit dem Term D bei $q = p$, d. h. beim Impulsübertrag Null:

$$\begin{aligned} D(q=p) = &-2\pi\mathrm{i}e_0 Z_2^{-1}\frac{\mathrm{i}e_0^2}{(2\pi)^4} \\ &\int\frac{\mathrm{d}^4k}{k^2+\mathrm{i}\varepsilon}\overline{u(p)}\gamma^\lambda S_F(p-k)\gamma^\mu S_F(p-k)\gamma_\lambda u(p)\widetilde{A}_\mu \\ = &\,2\pi\mathrm{i}e_0 Z_2^{-1}\overline{u(p)}\gamma^\mu u(p)F_1(0)\widetilde{A}_\mu . \end{aligned}$$

Aus dem Vergleich der beiden Formeln folgt unmittelbar

$$B\overline{u(p)}\gamma^\mu u(p) = -F_1(0)\overline{u(p)}\gamma^\mu u(p) ,$$

und somit

$$F_1(0) + B + 1 = 1 \equiv F_1(0) + Z_2\,. \tag{D.14}$$

Um die Schreibarbeit etwas zu kürzen haben wir den Beweis rein formal durchgeführt. Es ist aber offensichtlich, dass man ihn für die regularisierten und infrarot-konvergenten Modifikationen der Integrale ebenso erhält. Wichtiger ist vielleicht die Bemerkung, dass diese Identität in allen endlichen Ordnungen gilt (s. Anhang F). Ihre physikalische Aussage ist, dass bei der Wechselwirkung eines Teilchens mit Photonen dessen innere Struktur nicht eingeht, wenn der Impulsübertrag nach Null strebt.

E Analyse der Vakuumpolarisation

Wir verwenden wieder die Integraldarstellung des Propagators

$$\frac{\mathrm{i}}{p^2 - m^2 + \mathrm{i}\varepsilon} = \int_0^\infty \mathrm{d}z\, e^{\mathrm{i}z(p^2 - m^2 + \mathrm{i}\varepsilon)}\,.$$

Schreiben wir m_i stellvertretend für $m_i \equiv m_f$ bzw. $m_i \equiv M_f$ in (5.95) dann ist

$$\begin{aligned}\Pi^{\mu\nu}\left(Q, m_i^2\right) = -\frac{\mathrm{i}e_0^2}{(2\pi)^4} \int \mathrm{d}^4k \int_0^\infty \mathrm{d}z_1 \int_0^\infty \mathrm{d}z_2 \\ \mathrm{Sp}\Big\{\gamma^\mu(\not{k} - m_i)\gamma^\nu(\not{k} - \not{Q} - m_i)\Big\} \\ \exp\Big[\mathrm{i}z_1\left(k^2 - m_i^2 + \mathrm{i}\varepsilon\right) + \mathrm{i}z_2\big((k-Q)^2 - m_i^2 + \mathrm{i}\varepsilon\big)\Big]\,.\end{aligned}$$

Der Spurausdruck wird mit den Spurregeln des Abschnitts 4.3.3 berechnet,

$$\begin{aligned}&\mathrm{Sp}\Big\{\gamma^\mu(\not{k} - m_i)\gamma^\nu(\not{k} - \not{Q} - m_i)\Big\} \\ &= 4\big[k^\mu(k-Q)^\nu + k^\nu(k-Q)^\mu - g^{\mu\nu}\left(k^2 - k\cdot Q - m_i^2\right)\big]\,.\end{aligned}$$

Auch das Argument der Exponentialfunktion wird mit Hilfe einer Variablensubstitution $k \mapsto x$ umgeschrieben, d. h. mit

$$\begin{aligned}&x := k - \frac{z_2}{z_1+z_2}Q = k - Q + \frac{z_1}{z_1+z_2}Q \quad \text{folgt} \\ &k^2 z_1 + (k-Q)^2 z_2 = (z_1+z_2)x^2 + \frac{z_1 z_2}{z_1+z_2}Q^2\,.\end{aligned}$$

Man verwendet wieder die Integrale (B.11) wie in Anhang B und erhält

$$\begin{aligned}\left(\Pi^{\mathrm{reg}}\right)^{\mu\nu}(Q) = -\frac{\alpha_0}{\pi}\sum_i c_i \int_0^\infty \mathrm{d}z_1 \int_0^\infty \mathrm{d}z_2 \\ \times \frac{1}{(z_1+z_2)^2}\exp\left\{\frac{z_1 z_2}{z_1+z_2}Q^2 - \left(m_i^2 - \mathrm{i}\varepsilon\right)(z_1+z_2)\right\}\end{aligned}$$

$$\times \left\{ 2\left(g^{\mu\nu}Q^2 - Q^\mu Q^\nu\right)\frac{z_1 z_2}{(z_1+z_2)^2} + g^{\mu\nu}\left(-\frac{\mathrm{i}}{z_1+z_2} - \frac{z_1 z_2}{(z_1+z_2)^2}Q^2 + m_i^2\right)\right\} . \qquad \text{(E.15)}$$

Bei der Herleitung dieser Formel wurde $\alpha_0 = e_0^2/(4\pi)$ eingesetzt und der aus der Spur resultierende Ausdruck wie folgt umgerechnet

$$\left[k^\mu(k-Q)^\nu + k^\nu(k-Q)^\mu - g^{\mu\nu}\left(k^2 - k\cdot Q - m_i^2\right)\right]$$
$$= \left(x^\mu + \frac{z_2}{z_1+z_2}Q^\mu\right)\left(x^\nu - \frac{z_1}{z_1+z_2}Q^\nu\right) + ((\mu \leftrightarrow \nu))$$
$$- g^{\mu\nu}\left[x^2 + \frac{z_2 - z_1}{z_1+z_2}(x\cdot Q) - \frac{z_1 z_2}{(z_1+z_2)^2}Q^2 - m_i^2\right] .$$

Betrachtet man das Zwischenergebnis (E.15), so sieht man, dass der erste Summand in geschweiften Klammern die erwartete eichinvariante Form hat, der zweite, zu $g^{\mu\nu}$ proportionale Summand dagegen nicht. Man zeigt aber, dass dieser zweite Term identisch verschwindet – natürlich vorausgesetzt, dass man die Massen und Kopplungskonstanten (m_i, c_i) so eingerichtet hat, dass die Integrale konvergent sind! –: Es sei

$$I := \int_0^\infty \mathrm{d}z_1 \int_0^\infty \mathrm{d}z_2 \, \frac{1}{(z_1+z_2)^2}$$
$$\times \sum_i c_i \left[m_i^2 - \frac{\mathrm{i}}{z_1+z_2} - \frac{z_1 z_2}{(z_1+z_2)^2}Q^2\right]$$
$$\exp\left\{\mathrm{i}\left[\frac{z_1 z_2}{z_1+z_2}Q^2 - \left(m_i^2 - \mathrm{i}\varepsilon\right)(z_1+z_2)\right]\right\}$$

Der Trick besteht darin, beide Integrationsvariablen mit einem reellen Faktor λ zu reskalieren und die Abhängigkeit des Integrals von λ zu betrachten. Mit $z_1 = \lambda x_1$ und $z_2 = \lambda x_2$ ist

$$I = \int_0^\infty \mathrm{d}x_1 \int_0^\infty \mathrm{d}x_2 \, \frac{1}{(x_1+x_2)^2}$$
$$\times \sum_i c_i \left[m_i^2 - \frac{\mathrm{i}}{\lambda(x_1+x_2)} - \frac{x_1 x_2}{(x_1+x_2)^2}Q^2\right]$$
$$\times \exp\left\{\mathrm{i}\lambda\left[\frac{x_1 x_2}{x_1+x_2}Q^2 - \left(m_i^2 - \mathrm{i}\varepsilon\right)(x_1+x_2)\right]\right\} \equiv \mathrm{i}\lambda\frac{\partial}{\partial\lambda}J(\lambda) ,$$

wobei der Integralausdruck auf der rechten Seite offenbar durch

$$J(\lambda) = \int_0^\infty \mathrm{d}x_1 \int_0^\infty \mathrm{d}x_2 \, \frac{1}{\lambda(x_1+x_2)^3}$$
$$\sum c_i \exp\left\{\mathrm{i}\lambda\left[\frac{x_1 x_2}{x_1+x_2}Q^2 - \left(m_i^2 - \mathrm{i}\varepsilon\right)(x_1+x_2)\right]\right\}$$

gegeben ist. Rechnet man $J(\lambda)$ mittels $x_1 = z_1/\lambda$, $x_2 = z_2/\lambda$ jetzt wieder auf die ursprünglichen Integrationsvariablen zurück, dann sieht man, dass $J(\lambda)$ gar nicht von λ abhängt, d. h. dass wie oben behauptet

$$I = \mathrm{i}\lambda \frac{\partial J}{\partial \lambda} = 0$$

gilt, der nichteichinvariante Summand tritt in der Tat nicht auf.

Den ersten, eichinvarianten Summanden formt man in einer zur Selbstenergie ganz ähnlichen Weise um, indem man den Faktor

$$1 = \int_0^\infty \frac{\mathrm{d}\lambda}{\lambda}\, \delta\left(1 - \frac{z_1 + z_2}{\lambda}\right)$$

einfügt und wiederum $z := z_1/\lambda$ und $\zeta := z_2/\lambda$ substituiert. Dann ist

$$\begin{aligned}
\left(\Pi^{\mathrm{reg}}\right)^{\mu\nu}(Q) &= \frac{2\alpha_0}{\pi}\left(Q^\mu Q^\nu - Q^2 g^{\mu\nu}\right) \int_0^\infty \mathrm{d}z \int_0^\infty \mathrm{d}\zeta \\
&\quad \times z\zeta\, \delta(1 - z - \zeta) \int_0^\infty \frac{\mathrm{d}\lambda}{\lambda} \qquad \text{(E.16)}\\
&\quad \sum_i c_i \exp\left\{\mathrm{i}\lambda\left[\frac{z\zeta}{z+\zeta} Q^2 - \left(m_i^2 - \mathrm{i}\varepsilon\right)(z+\zeta)\right]\right\} \\
&= \frac{2\alpha_0}{\pi}\left(Q^\mu Q^\nu - Q^2 g^{\mu\nu}\right) \int_0^1 \mathrm{d}z\, z(1-z) \\
&\quad \times \int_0^\infty \frac{\mathrm{d}\lambda}{\lambda} \sum_i c_i \exp\left\{\mathrm{i}\lambda\left[z(1-z)Q^2 - m_i^2 + \mathrm{i}\varepsilon\right]\right\} \qquad \text{(E.17)}
\end{aligned}$$

Offenbar reicht es aus, nur eine Hilfsmasse einzuführen: Setzt man $(c_1 = 1,\ m_1 = m_f)$ und $(c_2 = -1,\ m_2 = M_f)$ (mit $M_f \gg m_f$), dann ist

$$\begin{aligned}
\left(\Pi^{\mathrm{reg}}\right)^{\mu\nu}(Q) &= \Pi^{\mu\nu}(Q, m_f^2) - \Pi^{\mu\nu}(Q, M_f^2) \\
&\approx \frac{2\alpha_0}{\pi}\left(Q^\mu Q^\nu - Q^2 g^{\mu\nu}\right) \\
&\quad \int_0^1 \mathrm{d}z (1-z) z \ln\left(\frac{M_f^2}{m_f^2 - \mathrm{i}\varepsilon - Q^2 z(1-z)}\right). \qquad \text{(E.18)}
\end{aligned}$$

Dabei haben wir die Integralformel

$$\int_0^\infty \frac{\mathrm{d}\lambda}{\lambda}\left(e^{\mathrm{i}a\lambda} - e^{\mathrm{i}b\lambda}\right) = \ln\left(\frac{b}{a}\right)$$

verwendet. Mit $\int_0^1 \mathrm{d}z\, z(1-z) = 1/6$ und mit

$$\ln\left(\frac{M_f^2}{m_f^2 - \mathrm{i}\varepsilon - Q^2 z(1-z)}\right) = \ln\left(\frac{M_f^2}{m_f^2}\right) - \ln\left(1 - \frac{Q^2 z(1-z)}{m_f^2 - \mathrm{i}\varepsilon}\right)$$

folgt schließlich der im Text angegebene Ausdruck (5.96).

F Ward-Takahashi-Identität

Ziel dieses Abschnitts ist zu beweisen, dass die Renormierungskonstanten Z_1 und Z_2 der Quantenelektrodynamik gleich sind. Die folgende Rechnung ist formaler Natur, weil sie keine Rücksicht darauf nimmt, ob die auftretenden Integrale wirklich existieren. Sie läßt sich aber genauso an regularisierten Ausdrücken ausführen – um den Preis von etwas mehr Schreibarbeit.

Man geht vom Ausdruck (5.115) aus, den man mit der Differenz der Fermion-Impulse multipliziert,

$$\begin{aligned} V &\equiv (q-p)^\mu S_F(q)\Gamma_\mu(q,p)S_F(p) \\ &= -(q-p)^\mu \int \mathrm{d}^4 x \int \mathrm{d}^4 y\, e^{\mathrm{i}q\cdot x} e^{-\mathrm{i}p\cdot y} \langle 0|\, T\, \psi(x)\, j_\mu(0)\overline{\psi(y)}\, |0\rangle \ . \end{aligned} \tag{F.19}$$

Der Vakuumzustand ist translationsinvariant, deshalb kann man die Argumente im zeitgeordneten Produkt um den Vektor $-x$ verschieben,

$$\langle 0|\, T\, \psi(x)\, j_\mu(0)\overline{\psi(y)}\, |0\rangle = \langle 0|\, T\, \psi(0)\, j_\mu(-x)\overline{\psi(y-x)}\, |0\rangle$$

ohne dessen Erwartungswert zu ändern. Substituiert man $u := -x$, $v := y - x$, dann kann man V, (F.19), wie folgt weiter umformen

$$\begin{aligned} V &= -\int \mathrm{d}^4 u \int \mathrm{d}^4 v\, (q-p)^\mu e^{\mathrm{i}(p-q)\cdot u} e^{-\mathrm{i}p\cdot v} \langle 0|\, T\, \psi(0)\, j_\mu(u)\overline{\psi(v)}\, |0\rangle \\ &= -\mathrm{i} \int \mathrm{d}^4 u \int \mathrm{d}^4 v \left(\frac{\partial}{\partial u_\mu} e^{\mathrm{i}(p-q)\cdot u}\right) e^{-\mathrm{i}p\cdot v} \langle 0|\, T\, \psi(0)\, j_\mu(u)\overline{\psi(v)}\, |0\rangle \\ &= \mathrm{i} \int \mathrm{d}^4 u \int \mathrm{d}^4 v\, e^{\mathrm{i}(p-q)\cdot u} e^{-\mathrm{i}p\cdot v} \frac{\partial}{\partial u_\mu} \langle 0|\, T\, \psi(0)\, j_\mu(u)\overline{\psi(v)}\, |0\rangle \ . \end{aligned}$$

Wenn man jetzt die Ableitung des Vakuumerwartungswertes nach u_μ ausführt, dann gibt die Produktregel einerseits einen Term $\partial^\mu j_\mu(u)$, der gleich Null ist, weil $j_\mu(u)$ der erhaltene elektromagnetische Strom ist, andererseits gibt die Ableitung nach der Zeitkomponente u_0 nichtverschwindende Beiträge bei der Anwendung auf die Stufenfunktionen im zeitgeordneten Produkt,

$$\begin{aligned} T\, \psi(0)\, j_\mu(u)\overline{\psi(v)} = {} & \psi(0)\, j_\mu(u)\overline{\psi(v)}\Theta(-u_0)\Theta(u_0 - v_0) \\ & + \psi(0)\overline{\psi(v)}\, j_\mu(u)\Theta(-v_0)\Theta(v_0 - u_0) \\ & + j_\mu(u)\overline{\psi(v)}\psi(0)\Theta(u_0 - v_0)\Theta(v_0) + \cdots \ , \end{aligned}$$

$$\frac{\partial}{\partial u_0}\Theta(\pm u_0 - x) = \pm\,\delta(u_0 \mp x) \ , \qquad \text{mit} \quad x = 0\,, x = v_0 \text{ oder } x = -v_0 \ .$$

Arbeitet man diese Ableitungen aus, dann wird V gleich

$$V = \mathrm{i}\int \mathrm{d}^4u \int \mathrm{d}^4v\, e^{\mathrm{i}(p-q)\cdot u} e^{-\mathrm{i}p\cdot v}$$
$$\times \Big\{\delta(u_0)\langle 0|\, T\left[j_0(u),\,\psi(0)\right]\overline{\psi(v)}\,|0\rangle$$
$$+ \delta(u_0 - v_0)\,\langle 0|\, T\, \psi(0)\big[j_0(u)\overline{\psi(v)}\big]\,|0\rangle\Big\}\,.$$

Die hier auftretenden Kommutatoren (zu gleichen Zeiten) berechnet man mit Hilfe der kanonischen Vertauschungsrelationen (4.83)

$$\left[j_0(u),\,\psi(0)\right]\delta(u_0) = -\psi(u)\,\delta(u)\,, \tag{F.20}$$

$$\left[j_0(u),\,\overline{\psi(v)}\right]\delta(u_0 - v_0) = -\overline{\psi(v)}\,\delta(u - v)\,. \tag{F.21}$$

Setzt man die Kommutatoren (F.20) und (F.21) ein und nutzt wieder die Translationsinvarianz der Vakuumerwartungswerte aus, so ergibt sich

$$V = S_F(p) - S_F(q)\,,$$

d. h. V ist die Differenz des Fermion-Propagators (5.113) für Impuls p bzw. q. Multipliziert man (F.19) von links mit dem Inversen $\big(S_F(q)\big)^{-1}$, von rechts mit dem Inversen $\big(S_F(p)\big)^{-1}$ des jeweiligen Propagators, dann folgt

$$(q-p)^{\mu}\Gamma_{\mu}(q,\,p) = \big(S_F(q)\big)^{-1} - \big(S_F(p)\big)^{-1}\,. \tag{F.22}$$

Dies ist eine der *Ward-Takahashi-Identitäten*, sie spielt im Renormierungsbeweis für die Quantenelektrodynamik eine entscheidende Rolle.

Die Identität (F.22) ist der Schlüssel zum Beweis für die Gleichheit von Z_1 und Z_2. Man betrachtet den Grenzübergang $\not p \to m\,\mathbb{1}$. An dieser Stelle ist

$$\not p \to m\,\mathbb{1}: \quad \lim\big(S_F(p)\big)^{-1} = Z_2^{-1}\big(\not p - m\,\mathbb{1}\big)\,, \quad \text{d. h. } \big(S_F(p)\big)^{-1} = 0$$

und (F.22) gibt

$$\big(S_F(q)\big)^{-1} = (q-p)^{\mu}\Gamma_{\mu}(q,\,p)\Big| \qquad \text{bei } \not p \to m\,\mathbb{1}\,.$$

In der Nähe der Massenschale für q, d. h. in der Nähe von $\not q = m\,\mathbb{1}$ folgt hieraus

$$Z_2^{-1}\big(\not q - m\,\mathbb{1}\big) \approx (q-p)^{\mu}\Gamma_{\mu}(q,\,p)\Big| \approx Z_1^{-1}\big(\not q - m\,\mathbb{1}\big)\,, \qquad \not p \to m\,\mathbb{1}$$

woraus wiederum die Gleichheit der ersten beiden Renormierungskonstanten folgt, $Z_1 = Z_2$.

G Wichtige Zahlenwerte

Bezeichnung	Symbol	Wert	Dimension
Energieeinheit	1 eV	$1{,}60217733(49) \cdot 10^{-19}$	J
Einheit der Masse	$1\,\mathrm{eV}/c^2$	$1{,}78266270(54) \cdot 10^{-36}$	kg
Fläche	1 barn	10^{-28}	m^2
Lichtgeschwindigkeit	c	299 792 458	$\mathrm{m\,s^{-1}}$
Planck'sche Konstante	h	$6{,}6260755(40) \cdot 10^{-34}$	J s
$h/(2\pi)$	$\hbar$	$6{,}5821220(20) \cdot 10^{-22}$	MeV s
Umrechnungsfaktor	$\hbar c$	197,327053(59)	MeV fm
Umrechnungsfaktor	$(\hbar c)^2$	0,38937966(23)	$\mathrm{GeV^2}$ mbarn
Elementarladung	e	$1{,}60217733(49) \cdot 10^{-19}$	C
Masse des Elektrons	m_{e}	0,51099907(15)	MeV/c^2
Masse des Myons	m_{μ}	105,658389(34)	MeV/c^2
Masse des τ-Leptons	m_{τ}	1777,05(30)	MeV/c^2
Masse des Protons	m_{p}	938,27231(28)	MeV/c^2
Masse des Neutrons	m_{n}	939,56563(28)	MeV/c^2
n−p Massendifferenz	$m_{\mathrm{n}} - m_{\mathrm{p}}$	1,293318(9)	MeV/c^2
Masse des Pions $\pi^{\pm}$	m_{π}	139,56995(35)	MeV/c^2
Feinstrukturkonstante	$\alpha = e^2/(\hbar c)$	1/137,0359895(61)	(keine)
Rydberg-Energie	$hcR_{\infty} = m_{\mathrm{e}}c^2\alpha^2/2$	13,6056981(40)	eV
Bohr'scher Radius	$a_{\infty} = \hbar c/(\alpha m_{\mathrm{e}}c^2)$	$0{,}529177249(24) \cdot 10^{-10}$	m
Bohr'sches Magneton	$\mu_{\mathrm{B}}^{(\mathrm{e})} = e\hbar/(2m_{\mathrm{e}}c)$	$5{,}78838263(52) \cdot 10^{-11}$	$\mathrm{MeV\,T^{-1}}$
Kernmagneton	$\mu_{\mathrm{B}}^{(\mathrm{p})} = e\hbar/(2m_{\mathrm{p}}c)$	$3{,}15245166(28) \cdot 10^{-14}$	$\mathrm{MeV\,T^{-1}}$
Gravitationskonstante	G	$6{,}70711(86) \cdot 10^{-39}$	$\hbar c\ (\mathrm{GeV}/c^2)^{-2}$
Avogadro'sche Konstante	N_{A}	$6{,}0221367(36) \cdot 10^{23}$	$\mathrm{mol^{-1}}$
Boltzmann'sche Konstante	k	$8{,}617385(73) \cdot 10^{-5}$	$\mathrm{eV\,K^{-1}}$
Fermi'sche Konstante	$G_{\mathrm{F}}/(\hbar c)^3$	$1{,}16639(1) \cdot 10^{-5}$	$\mathrm{GeV^{-2}}$

Sachverzeichnis

A

B

C

D

E

F

G

H

J

K

L

M

N

P

Q